先进能源智能电网技术丛书

风电变流技术

蔡 旭 张建文 王 晗 著

科学出版社

北 京

内 容 简 介

本书总结了作者在风电变流技术领域十余年的研究成果,全面阐述了风电变流器本体的电力电子技术、风电变流器对机组的转矩控制和对电网的并网控制技术,内容包括全功率变换风力发电系统和双馈风力发电系统的原理、机侧和网侧变换器的优化控制、机侧与网侧变换器直流环节及变换器滤波环节的优化设计、风电变流器的电网故障穿越及其不间断运行技术、变流器的模块化并联扩容技术、并联型风电变流器的容错与重构运行技术和风电变流器的电压源型控制技术等。此外,书中还介绍了大量优化和改进风电变流器控制性能的最新技术,并附有大量的设计案例、仿真分析与实验验证。

本书适合从事风电变流器技术研究、开发与应用的技术人员和电力电子技术等相关专业的科技人员参考,也可作为高等学校电气工程专业高年级本科生和研究生的教学参考书。

图书在版编目(CIP)数据

风电变流技术 / 蔡旭,张建文,王晗著. —北京:科学出版社,2019.12
(先进能源智能电网技术丛书)
ISBN 978 - 7 - 03 - 063146 - 6

Ⅰ.①风… Ⅱ.①蔡… ②张… ③王… Ⅲ.①风力发电系统-变流技术 Ⅳ.①TM614

中国版本图书馆 CIP 数据核字(2019)第 250437 号

责任编辑:许 健 / 责任校对:谭宏宇
责任印制:黄晓鸣 / 封面设计:殷 靓

科学出版社 出版
北京东黄城根北街 16 号
邮政编码:100717
http://www.sciencep.com

南京展望文化发展有限公司排版
苏州市越洋印刷有限公司印刷
科学出版社发行 各地新华书店经销

*

2019 年 12 月第 一 版 开本:787×1092 1/16
2019 年 12 月第一次印刷 印张:28
字数:663 000

定价:150.00 元
(如有印装质量问题,我社负责调换)

序

当今人类社会面临能源安全和气候变化的严峻挑战,传统能源发展方式难以为继,随着间歇式能源大规模利用、大规模电动车接入、各种分布式能源即插即用要求和智能用户互动的发展,再加上互联网＋智慧能源、能源互联网(或综合能源网)等技术的蓬勃兴起,推动了能源清洁化、低碳化、智能化的发展。在能源需求增速放缓、环境约束强化、碳排放限制承诺的新形势下,习近平主席于 2014 年提出了推动能源消费、供给、技术和体制四大革命和全方位加强国际合作的我国能源长期发展战略。作为能源产业链的重要环节,电网已成为国家能源综合运输体系的重要组成部分,也是实现国家能源战略思路和布局的重要平台。实现电网的安全稳定运行、提供高效优质清洁的电力供应,是全面建设小康社会和构建社会主义和谐社会的基本前提和重要保障。

电力系统技术革命作为能源革命的重要组成部分,其现阶段的核心是智能电网建设。智能电网是在传统电力系统基础上,集成新能源、新材料、新设备和先进传感技术、信息技术、控制技术、储能技术等而构成的新一代电力系统,可实现电力发、输、配、用、储过程中的全方位感知、数字化管理、智能化决策、互动化交易。2014 年下半年,中央财经领导小组提出了能源革命、创新驱动发展的战略方向,指出了怎样解决使用新能源尤其是可再生能源所需要的智能电网问题是能源领域面临的关键问题之一。

放眼全球,智能电网已经成为全球电网发展和科技进步的重要标志,欧美等发达国家已将其上升为国家战略。我国也非常重视智能电网的发展,近五年来,党和国家领导人在历次政府工作报告中都强调了建设智能电网的重要性,国务院、国家发改委数次发文明确要加强智能电网建设,产业界、科技界也积极行动致力于在一些方向上起到引领作用。在"十二五"期间,国家科技部安排了近十二亿元智能电网专项资金,设置了九项科技重点任务,包括大规模间歇式新能源并网技术、支撑电动汽车发展的电网技术、大规模储能系统、智能配用电技术、大电网智能运行与控制、智能输变电技术与装备、电网信息与通信技术、柔性输变电技术与装备和智能电网集成综合示范,先后设立 863 计划重大项目 2 项、主题项目 5 项、支撑计划重大项目 2 项、支撑计划重点项目 5 项,总课题数合计 84 个。国家发改委、能源局、工信部、自然科学基金委、教育部等部委也在各个方面安排相关产业基金、重大示范工程和研究开发(实验)中心,国家电网公司、中国南方电网有限公司也制定了一系列相关标准,有力地促进了中国智能电网的发展,在大规模远距离输电、可再生能源并网、大电网安全控制等智能电网关键技术、装备和示范应用方面已经具有较强的国际竞争力。

国家能源智能电网(上海)研发中心也是在此背景下于 2009 年由国家能源局批准建立,总投资 2.8 亿元人民币,包括国家能源局、教育部、上海市政府、国家电网公司和上海交通大学的建设资金,下设新能源接入、智能输配电、智能配用电、电力系统规划、电力系统运行五个研究所。在"十二五"期间,国家能源智能电网(上海)研发中心面向国家重大需求和国际技术前沿,参与国家级重大科研项目六十余项,攻克了一系列重大核心技术,取得了系列科技成果。为了使这些优秀的科研成果和技术能够更好地服务于广大的专业研究人员,并促进智能电网学科的持续健康发展,科学出版社联合国家能源智能电网(上海)研发中心共同策划组织了这套"先进能源智能电网技术丛书"。丛书中每本书的选择标准都要求作者在该领域内具有长期深厚的科学研究基础和工程实践经验,主持或参与智能电网领域的国家863计划、973 计划以及其他国家重大相关项目,或者所著图书为其在已有科研或教学成果的基础上高水平的原创性总结,或者是相关领域国外经典专著的翻译。

"十三五"期间,我国要实施智能电网重大工程,设立智能电网重点专项,继续在提高清洁能源比例、促进环保减排、提升能效、推动技术创新、带动相关产业发展以及支撑国家新型城镇化建设等方面发挥重大作用。随着全球能源互联网、互联网＋智慧能源、能源互联网及新一轮电力体制改革的强力推动,智能电网的内涵、外延不断深化,"先进能源智能电网技术丛书"后续还会推出一些有价值的著作,希望本丛书的出版对相关领域的科研工作者、生产管理人员有所帮助,以不辜负这个伟大的时代。

江秀臣

2015.8.30 于上海

前　言

　　风电作为最具商业开发前景的可再生能源,是我国能源战略的关键环节。风电变流器是风力机与电网的接口,是两者交互的强可控环节,是控制发电与并网的核心部件。其机侧变换器控制发电机的转矩,实现变速运行;网侧变换器控制并网,将风力发电机发出的杂乱频率的电能转换为恒定的工频电能并入电网,对风电机组并网的性能起到决定性作用。国内外曾经发生的多起故障,例如:2011 年 2 月至 4 月发生的电网故障,造成了甘肃酒泉风电基地上千台机组脱网;同年河北沽源地区发生了上百次由于风电场与串联补偿电网相互作用而引起的 3～10 Hz 振荡;2015 年以来,新疆哈密地区频繁出现风电机群参与的大范围次同步振荡;等等。这些均与变流器的故障穿越、无功支撑能力和并网控制技术密切相关。

　　由于技术难度大,2006 年以前世界上风电变流器产品几乎全部被 ABB、CONVERTEAM、AMSC 等跨国公司垄断。使用跨国企业的变流器产品存在采购及运维成本高、技术支持不及时、开放性差等问题,使风电机组整机性能难以合理优化,对风电变流技术的高度依赖使风电整机制造企业受制于人。为满足风电产业高速发展的需求,必须具有自主可控的风电变流技术。另外,随着风电向多形式、高比例接入,单机向大容量、多等级发展,并网的可靠性及对电网的支撑作用日益重要。如何适应机组容量的快速增长、如何形成并网能力强且对电网友好的变流器产品、如何以最低成本实现高质量的变流器产品?解决这些问题是风电产业发展的迫切需求。

　　风电变流技术需要解决三大矛盾:首先是高性能与低成本的矛盾,需要变流器可靠性高、效率高、体积小、成本低;其次是解决与风力机和电网双端友好的矛盾,既能最大功率发电、高低电压穿越,又能抑制轴系的尖峰载荷,减小机组疲劳损伤;然后是风电高比例并网与电力系统稳定性的矛盾,为电网提供阻尼和惯量,消除宽频振荡。提供电网暂态支撑,甚至是参与电网频率调节。解决这些问题需要综合考虑风电变流技术的方方面面,需要对技术进行深入细致的持续优化。

　　本书总结了作者十余年风电变流技术的研究成果,针对上述问题与技术需求,系统地论述了风电变流器本体的电力电子技术、对机组的转矩控制技术、对电网的并网控制技术,力求做到由浅入深、深入浅出的效果。按照机组功率变换对容量的需求,风电机组分为两大类：一类是仅需部分功率变换的双馈风电机组；另一类是需要全部功率变换的风电机组，包括感应电机全功率变换、永磁同步电机全功率变换和电励磁同步电机全功率变换机组。对应的变流器分别为双馈变流器和全功率变换变流器。全书共 10 章，对部分功率变换的双馈风电变流和全功率变换的风电变流技术进行系统、深入的分析与研讨，并附有大量的设计案例、仿真分析与实验验证。绪论部分概述了风电变流器的技术现状和展望，第 2、3 章分别介绍全功率变换风力发电系统和双馈风力发电系统，以期为读者建立完整系统的风力发电概念，全面了解风电变流器的地位、作用和基本工作原理；之后的章节开始进行深入的研讨，第 4、5 章探讨机侧和网侧变换器的优化控制问题，第 6 章分析机侧与网侧变换器之间的直流环节及变换器滤波环节的优化设计问题，第 7 章研讨风电变流器的电网故障穿越及其不间断运行问题，第 8 章系统地分析与讨论变流器的模块化并联扩容技术，第 9 章研讨并联型风电变流器的容错与重构运行问题，第 10 章针对风电高比例并网引发的电力系统惯量缺失问题，探讨风电变流器的电压源型控制技术。

　　本书的撰写要感谢饶芳权院士多年来的鼓励与支持，感谢上海交通大学风力发电研究中心毕业的博士和硕士，研究成果的取得离不开他们的辛勤付出，他们是博士生张建文、王晗、陈根、韩刚、王鹏、凌禹、张鲁华、程孟增、张琛和吕敬，硕士生王磊、王来磊、吴竞之和叶迪卓然。另外，邵昊舒参与了本书第 10 章的整理、绘图、校对和排版工作。秦垚、吕伟对本书的排版与绘图做出了贡献。对国内外同行研究成果的参考、引用之处在书中尽量进行了标注，在此一并表示感谢。

　　本书的出版得到了国家 863 计划项目（编号：2012AA050203、2012AA052303）、国家科技支撑计划项目（编号：2013BAA01B04）、上海市科技发展基金（编号：10dz1203902、11dz1200200、12dz1200203）、国家自然科学基金和上海电气、华锐风电、运达风电、中达电通、南瑞科技和禾望电气等公司委托的横向项目的资助，在此表示衷心的感谢。

　　由于作者的水平有限，有些问题的探讨尚不深入，书中难免存在疏漏之处，欢迎广大读者批评指正。

蔡　旭

2019 年 8 月

于上海

目　录

第 1 章

绪 论

近年来,可再生能源快速发展,已成为世界能源转型的核心。风能资源丰富、技术成熟,是目前最具规模化开发前景的可再生能源。根据全球风能理事会的统计,2018 年全球新增装机容量超过 51.3 GW,全球累计装机容量达到 591 GW[1]。自 2009 年以来,中国一直保持着全球最大新增风电市场的地位,2018 年新增并网装机容量 20.59 GW,累计并网装机容量 184 GW[2]。中国提出 2030 年非化石能源占一次能源比重 20% 的目标[3],大力发展风电将是实现这一战略目标的重要手段。随着陆上风电的不断开发,风电开发从陆上单一重心转向海陆并重的局面,海上风电进入大发展时期。

海上风能资源丰富但开发成本高,提升风电机组的容量是提高海上风电经济性的有效途径。因此,海上风电机组向超大容量化发展。同时,由于中国东北、华北和西北地区特殊的地理环境,陆上风电开发也开始使用更大容量的机组。大容量风电机组采用变速运行,可以在较宽的风速范围内实现最大功率跟踪,提高风能变换效率与并网电能质量,降低机组的机械应力[4]。目前风电机组的主流机型根据电机类型划分为双馈风电机组、感应电机全功率变换机组、永磁同步机组和电励磁机组,根据驱动类型可以分为高速机组、直驱低速机组和半直驱机组。随着海上风电机组向 10 MW 级迈进,由于大型齿轮箱制造技术的限制,直驱和半直驱风电机组逐渐占据上风。

双馈风电机组的发电机定子与电网直接相连,转子经变流器与电网相连,发电机的定子和转子都可以与电网交互功率。双馈发电机可以运行在同步转速 ±30% 的范围内,满足不同风况需求,提高机组的发电效益。由于变流器容量仅为机组容量的 30%,双馈风电机组的制造成本较低。但是,由于定子与电网直接相连,而变流器的容量有限,使得双馈机组的低电压穿越与全功率变换机组相比难度大,并且机组的弱电网运行稳定性也较差[5-7]。

随着电网并网导则和机组可靠性要求的日益严苛,大容量风电机组采用全功率变换是趋势所在[8]。全功率变换风电机组采用同步发电机或鼠笼异步电机为发电机,发电功率经变流器全功率变换后接入电网,变流器的容量与发电机的容量相匹配。全功率变流器使得发电机和电网完全解耦,提升了风电机组的电网适应性。全功率变换风电机组的主要缺点是成本偏高[9-10]。鼠笼异步电机一般运行在高速状态,在风力机和发电机之间需要配置增速齿轮箱,故称为增速型全功率机组。低速同步发电机因在低速下仍然具有较高的运行效率,故风力机无需齿轮箱增速即可与发电机连接,系统可靠性更高[11-12],称为直驱型全功率风电机组。无齿轮箱设计还可提高机组的能量转换效率和可靠性,降低运行维护成本,但是低速同步发电机的极对数很多,发电机体积大,制造成本和技术难度均较高。如将风力机转速经一级齿轮箱适度增速,可大幅度减小同步发电机的直径、体积和重量,这种机组称为半直驱机组。直驱和半直驱型全功率风电机组将是未来超大容量海上风电机组的主要机型[13-14]。

风力发电系统由风力涡轮机、传动链、发电机、变流器、变压器和电气控制系统组成。风力机捕获风能,通过传动链将能量传送到发电机,发电机实现机电能量转换,变流器实现风电功率的变换与控制,将幅值和频率随风速变化而波动的电能转换为幅值和频率稳定的电能,工频变压器实现并网功率的电压匹配。其中,发电机和变流器是整个风力发电系统的关键组成部分。

作为发电机和电网的接口,风电变流器是风电机组中的核心设备,是机组电气性能、变换效率、可用度的决定性因素之一,是整个风力发电系统的关键与核心[9,15-17]。随着风电机组单机容量的不断增大,风电变流器的容量不断增大。由于风电功率的波动性,导致风电变流器的电热应力变化剧烈,给变流器的安全可靠带来威胁。而海上盐雾、湿度和灾害性天气严重影响电气设备的安全运行[18],对风电变流技术提出巨大的挑战[19-21]。随着风电并网渗透率的不断提高,需要风电机组具有更高的电网适应性[22-24]和电网故障支撑能力[25-27],风电机组的弱电网运行能力、主动阻尼电网频率变化的能力和电网高低电压穿越能力的提升均与风电变流技术密切关联,基于弱电网条件的电流型控制技术面临一系列挑战,需要探索新型变流技术以应对电网中风、光电源高渗透的环境。

1.1　主流风电变流器的电路拓扑结构

风电变流器一般采用背靠背结构,机侧变换器和网侧变换器之间设置直流环节,根据直流环节储能器件的不同,变换器可以分为电压源型变换器和电流源型变换器。电压源型变换器直流侧接电容,电流源型变换器直流侧接电感。在风电变流器中,多采用电压源型变换器[28-29],一些电流源型变换器的研究文献[30-31],但尚无应用案例。

当前风电变流器的主流拓扑是两电平拓扑和三电平拓扑,两电平拓扑应用于低压风电变流器中,三电平拓扑在中、低压风电变流器中均被应用。随着控制技术的成熟,更多电平的拓扑也开始探讨用于风电变流器[32-35]。表1-1为当前主流商用风电变流器的技术参数。可见,目前风电变流器低压和中压方案共存,多采用变流回路并联的拓扑结构。多变流回路并联能够有效提高变流器容量、降低生产成本、提高系统的运行可靠性。

表1-1　主流商用风电变流器的技术参数

制造商	变流器系列	额定功率	额定电压	拓扑结构
ABB	ACS 880	0.8～8 MW	690 V	两电平并联
ABB	PCS 6000	最高 12 MW	3.3 kV/4.16 kV	三电平并联
Ingeteam	DFIG, FCON LV MV‑xx00	最高 15 MW	690 V/3.3 kV	变流回路并联

制　造　商	变流器系列	额 定 功 率	额 定 电 压	拓 扑 结 构
西门子	Dynavert XL	最高 8 MW	690 V	两电平并联
Converteam	MV 3000	最高 6 MW	690 V	两电平并联
Converteam	MV 7000	5～8 MW	3.3 kV	三电平 NPC
禾望电气	HW FP690	5.5 MW	690 V	两电平并联
禾望电气	HW 8000	5～8 MW	3 000 V	三电平 NPC
上海电气	DFIGCON－xx00	1.25～4 MW	690 V	两电平并联
南瑞科技	NES5411、5412	2～6 MW	690 V	两电平并联
阳光电源	WG 3000 KFP	3 MW	690 V	两电平并联
阳光电源	WG 6000 KFP	6 MW	3.3 kV	三电平并联
中国中车	CRRC x MW	最高 6 MW	690 V	两电平并联
海德新能源	HD04FPx000	4～8 MW	690 V	两电平并联
海德新能源	HD04FP5000	5 MW	3 000 V	三电平并联

　　由于受到齿轮箱容量的制约,5 MW 以上风电机组的传动链采用直驱型较普遍。中压、低压海上风电机组共存,其中 690 V 低压机组历久弥新,3 000 V 中压机组方兴未艾。随着变流器容量的增大,需要采用更大功率等级的功率器件,或者采用多变流回路并联的拓扑结构来满足大功率变换的要求。另外,海上运维不便,对风电机组的运行可靠性提出了更高的要求,采用多变换器并联结构可以有效提升系统的可靠性。海上风电的投资高,对机组发电效率、可靠性和可用性的要求更高。

　　对于大容量风电机组,采用低压方案时,发电机和变流器的出口电流很大,不仅增加了电缆线路的传输损耗,而且带来诸多安装与可靠性问题。采用中压变流方案可以减小线路传输损耗,节省电缆成本,三电平拓扑还可提升功率变换效率,故中压变流方案备受欢迎。目前限制中压方案的瓶颈在于低速同步发电机出口电压的提升上。中压变流器技术上的问题已基本解决,但中压变流器的成本偏高,如采用 IGCT 等开关器件对水冷设备的特殊要求会进一步增加系统成本,因此中压变流方案的整体优势尚不明显,多 MW 级风电机组的低压和中压方案将会长期共存,10 MW 以上机组采用中压方案可能是必然的选择。

　　受功率半导体器件的限制,大功率风电变流器通常采用多变流回路并联的技术方案来增加系统容量[36-38]。此外,海上风电机组的运行维护的成本高,并联型变流器具有灵活的冗余控制特性,可提高海上风电变流器的运行可靠性[39-40]。西门子(Siemens)的海上直驱风电机组 SWT－6.0MW 采用两台变流器、SWT－8.0MW 采用六台变流器并联方案,Gamesa 的海上半直驱机组 G132－5.0MW 采用四台变流器并联方案。并联型风电变流器主要分为两电平并联型和三电平并联型两类。两电平并联型主要用于低压变流系统,三电平并联型应用于低压、中压变流系统。变流器的并联方式与发电机密切关联,超大型低速永磁同步发电机采用分瓣结构,每瓣用一个变流回路,变流回路在电网侧并联。

1.2　风电变流器的效率提升

　　效率是衡量功率变换器性能的重要指标。大容量风电机组的初始投资和运维成本均较高,变流器效率的高低直接关系到风电的经济性,提升风电变流器的效率是关键。变流器运行效率与其拓扑结构、开关器件、PWM 调制方式和并网导则要求等因素密切相关。

提高风电变流器的效率,可以采用高效率变换拓扑,如三电平拓扑的变换效率高于传统的两电平拓扑[41];可以采用软开关技术[42-43]替代传统的硬开关技术提高变换器效率;碳化硅、氮化镓等[44-45]新型功率器件实现大容量化后,可以替代传统的硅器件,在同等开关频率下这些宽禁带器件的开关损耗远低于硅器件;采用低损耗的 PWM 调制方式[46-47],如DPWM 调制使得一相电平钳位其对应开关器件不动作从而有效降低器件的功率损耗;采用有源阻尼控制[48-49]方法替代无源阻尼降低滤波器的功率损耗;采用中压功率变换方式替代传统的低压方案[50],通过提高电压减小电流,从而降低变换器中开关器件、滤波器和传输线路上的功率损耗;采用效率优化拓扑[51-52],提高变换器的变换效率。

对于大容量风电变流器,若采用低压变流方案,变流器的电流大,增加了并联电缆的数量和传输线路的损耗,影响系统的效率和可靠性[53-54]。为了减小电流,可以采用中压变流方案[55-57]。适用于中压变流器的拓扑主要有多电平拓扑、模块化多电平拓扑和 H 桥级联拓扑。模块化多电平拓扑[58]通过子模块串联提高变换器的电压和功率等级,可以扩展到任意电压和功率等级,子模块的开关频率较低,可以降低功率器件的损耗,提升变换器效率。多电平拓扑降低了功率器件所需的电压等级,在大功率变换器中应用较多[59],如三电平、五电平拓扑等。文献[60]比较了中点钳位型、飞跨电容型三电平和级联型中压全功率变流器的优缺点,结果表明变流器性能随着电平数的增加而提升。

并联型变流器的传统控制策略一般采用功率均分控制模式,功率均分控制策略简单,广泛应用于功率恒定的应用场合。风电功率具有随机、波动的特性,这就使得风电变流器的实际载荷波动剧烈。统计数据表明,风电变流器的平均载荷一般低于其额定功率的50%。变换器的实际运行效率与其负载水平密切相关,不同载荷时的效率差异较大,尤其是载荷较低时,其效率远低于额定工况下的效率。因此,传统的功率均分控制并不适合功率波动大、平均载荷低的场合。为了提高并联型风电变流器的运行效率,首先可以从提高单个变换器的效率着手,文献[41-43]和文献[46-52]提出了一系列提高单个变换器效率的方法。另外,可以充分利用并联结构的特点,从并联系统的整体控制策略着手,优化运行控制策略提升并联系统的整体效率。

变换器的实际效率与其实际负载功率密切相关,波动载荷下,并联型变换器运行效率的提高,可以通过动态分配并联系统内各个变换器的实际运行功率来实现。文献[61]提出一种提高并联型 DC-DC 变换器效率的电流分配策略,基于变换器的电流-效率模型,根据并联变换器的效率模型的差异采取不同的电流分配策略,该方法属于静态功率分配,未考虑载荷波动的工况。文献[62]基于变换器的损耗模型,优化微网各并联变换器的稳态功率分配。文献[63]提出并联逆变器的智能控制策略,基于粒子群算法离线优化并联变换器的功率分配从而提高并联系统低载工况下的效率。针对功率等级相同、结构不同的变换器并联系统,变换器效率曲线差异较大,文献[64]提出一种并联运行方式,可提高并联系统运行的优化自由度。文献[65]提出分级投切的功率控制策略,根据并联系统的运行工况分级投切变换器的数量,提高并联逆变器的整体效率。针对波动载荷下并联风电变流器优化运行问题,文献[66]提出一种提高运行效率的自适应功率优化控制方法,基于单个变换器的效率曲线,通过自适应算法实时优化不同载荷下并联变换回路的功率分配值,有效提高并联风电变流系统的运行效率。

1.3 风电变流器的可靠性提升

风电变流器作为风电机组中的关键部件,其运行的可靠性是风电变流技术的关键,尤其是海上风电变流器的可靠性直接关系到海上风电规模化开发的成败。

根据风力发电系统故障及停机原因的统计与分析,风电机组中电气系统和控制部分的故障率最高,变流器作为电气系统的主要组成部分,是风力发电系统的薄弱环节[67-68]。风电变流器的故障不仅会使得风电机组停机带来发电损失,同时还会增加运行维护成本,大幅增加风电的度电成本。

影响风电变流器可靠性的因素很多,其故障失效机制目前还没有明确的结论[17]。一般认为变流器的可靠性由其拓扑结构的可靠性和功率器件的可靠性共同决定[16]。文献[15]对多种工业应用场合的电力电子变换器的可靠性进行调研,结果表明:功率半导体器件是电力电子变换器中最为脆弱的部件。德国 IWES 的学者通过对双馈机组和感应电机全功率机组变流器的现场运行数据进行分析,发现功率器件的失效机制,如铝键合线脱落、焊接点和焊接层疲劳失效,并不是变流器故障的主要原因,恶劣环境下(如盐雾、凝露等)变流器硬件的欠防护和电气过应力才是变流器故障的主要原因[17]。尽管人们对于变流器故障机制的认识莫衷一是,但基于控制策略的改进提高变流器可靠性的方法会是一种主要手段。这种控制策略的改进一般是通过降低 IGBT 等开关器件电热应力的变化率来实现的。

引起功率器件失效的因素很多,如电气应力、湿热、机械应力、宇宙射线、腐蚀污染等。大量研究表明,热应力是引起 IGBT 模块失效的主要原因[69]。风电功率的随机波动造成变流器的载荷间歇性波动,使得变流器的热状态频繁变化,进一步增加了功率开关器件承受的热应力,降低了变流器的可靠性。海上高湿度及高盐雾的恶劣运行环境要求变流器采用高防护等级的结构设计,此时载荷的大幅波动使得变流器内部会出现热分布不均匀,产生"凝露"现象[17],影响变流器的安全可靠运行。

美国国防部提出 MIL‐HDBK‐217 导则,采用应力分析法评估电力电子设备的可靠性,将加速因子与基本故障率之积作为动态故障率来评估其可靠性。对于风电变流器而言,其整体故障率可以认为是所有器件故障率的线性叠加。由于风电变流器的运行工况复杂多变,MIL‐HDBK‐217 导则采用的故障率模型已无法准确评估风电变流器的可靠性。基于物理失效机制的可靠性模型可以更好地评估风电变流器等复杂电力电子系统的可靠性[70]。影响变流器可靠性的物理因素中,热应力引起的机械疲劳是 IGBT 模块失效的最主要因素。由于功率模块各层材料的热膨胀系数不同,长时间的结温波动会导致焊接层疲劳或键合线脱落[71],导致其工作寿命减短,从而影响功率模块的可靠性。

风电的随机、波动特性使得变流器的运行工况不断变化,亦使得 IGBT 结温长期处于波动状态,进而加速变流器使用寿命的终结。近年来,如何提高风电变流器的可靠性成为业界关注的重点。由于传统风电变流器的设计准则已经不能满足电力电子设备日益增长的可靠性要求,以可靠性为目标的设计准则应运而生。在设计阶段,通过变流器的寿命预测[72-75]、可用度评估[76-78]等,对系统的可靠性进行评估;在运行阶段,通过在线监测[79-81]和状态控制[82-83]等措施对其运行状态进行管理;故障后通过快速地诊断、定位、隔离故障[84-85],对变流器进行容错控制[86-88]、故障重构控制,维持系统的持续运行。

对于大容量复杂电力电子系统的可靠性问题,国内外学术界的研究方兴未艾。丹麦奥尔堡大学的可靠性研究中心,从变流器应力分析与寿命评估,提高可靠性控制策略等方面着手[89-94]研究电力电子系统的可靠性。文献[76]从理论计算入手对不同拓扑的变流器可靠性进行了对比分析。文献[95]研究了不同物理失效机制下热循环周期对半导体器件寿命的影响。文献[73]提出了基于结温波动的逆变器寿命评估方法。此外,基于任务配置的可靠性设计[21,96]也是电力电子可靠性研究的基础问题,实现基于实际工况及运行环境的电力电子变换器可靠性设计。

分析变流器的热应力及其影响是可靠性研究的基础,而如何对变流器进行热控制是提高其可靠性的重要手段,变流器的使用寿命主要取决于功率器件。因此,平滑功率器件的结温波动,降低变流器的热应力可以有效延长风电变流器的使用寿命。近年来国内外学者在这方面展开了许多针对性研究,文献[97]提出一种精确的电热模型,为热应力研究提供理论基础。文献[90]针对三电平拓扑中功率器件的损耗分布不均衡导致的热不平衡问题,研究通过优化调制的方法来均衡变流器内部的热分布。文献[91]比较了几种拓扑风电变流器低电压穿越过程中的热应力,其中三、五电平 H 桥拓扑可以有效减轻功率器件的热应力。文献[92-93]研究了双馈型变流器的热行为,并通过控制无功环流来改善变流器内部的热状态。文献[98]提出一种电热仿真模型的参数提取方法,为精确仿真变流器热应力提供基础。文献[99]研究了三相 PWM 逆变器中 IGBT 模块的结温高效准确仿真模型。文献[100-101]分析了不同风速记录时间对风电变流器寿命评估的影响。文献[102]针对并联型风电变流器,提出基于无功环流和正交环流的热控制来平滑结温波动。文献[103]提出一种基于开关序列调整的热控制来平滑结温波动。这些方法通过控制及调制策略的优化与改进,实现了功率器件的结温平滑,延长变流器使用寿命。这些热应力控制方法都是通过损耗控制的方法来平滑器件结温波动的,而采用损耗控制时变流器的运行方式与变流器效率最优是相悖的。需要综合考虑变流器的运行效率与热应力控制问题。

在随机、波动性风电载荷下,变流器功率器件的结温波动剧烈,会造成机械疲劳损伤导致器件失效,还会引起变流器内部热分布不均匀。对海上风电变流器而言,为了应对盐雾、潮湿等恶劣工作环境,一般采用封闭式全水冷的高防护等级柜体设计,此时,当风功率剧降时,变流器内部将会出现局部冷点,容易形成"凝露"现象。"凝露"会导致功率器件发生故障,给变流器的安全运行带来隐患[19]。预防"凝露"一般采用加热或者除湿控制降低变流器内部的相对或绝对湿度,提高露点温度的方法[104]。通过电热应力控制可以在不增加硬件设备的情况下均匀热分布,从而预防"凝露"现象发生。

1.4　风电变流器的可用度提升

随着变流器容量不断增加,变流器的安全可靠运行日益成为关注焦点,对变流器的故障穿越能力要求越来越高。控制变流器电热应力提高其可靠性方法只在正常工况下有效,当变流器处于故障工况时,就需要进行容错控制来提升变流器的容错性能,保证变流器故障后仍具有一定的运行能力,提高变流器的可用度。故障发生后,风电变流器通过容错控制可以使得风电机组故障后继续运行直至得到维修,减少故障造成的被动停机。

正常运行模式下,风电变流器需要具有良好的输出性能;而容错运行模式下,变流器可以牺牲部分性能指标来维持系统的继续运行,提高机组的总体发电量。根据系统有无冗余配置,变流器系统可以分为余度控制系统和容错控制系统[105-106]。余度控制系统利用冗余桥臂或冗余变换器替代故障单元从而实现系统硬件拓扑的容错;容错控制系统则改变控制策略实现系统软件控制的容错。有冗余配置的变流器一般可以保证故障前后性能不变,无冗余配置的变流器容错后往往需要降功率运行。

容错控制系统的总体性能与故障诊断隔离的速度与精度、有无冗余配置、容错控制策略密切相关。故障诊断与隔离模块是容错系统中最为关键的部分,只有快速地诊断故障、定位故障,才能迅速隔离故障,是实现容错控制的基础。

对于有冗余配置变流器系统,根据系统硬件冗余的方式可以分为开关级冗余、桥臂级冗余、模块级冗余和系统级冗余[87-88]。变换器发生故障后,先隔离故障器件、桥臂、模块或系统,再利用冗余的硬件单元替代故障单元,从而实现变换器故障后的容错运行。功率开关器件发生开路故障后,可以通过冗余桥臂[107-108]、虚拟桥臂[109-112]的容错控制策略实现变换器的容错运行。冗余桥臂方法是指变换器发生故障后,先隔离故障桥臂,再投入冗余桥臂替代故障桥臂,从而实现变换器故障后的容错运行。虚拟桥臂方法是利用双向开关将故障桥臂与直流母线中点相连,利用直流母线虚拟桥臂,变流器运行在三相四开关模式,从而实现故障后的容错运行。利用冗余桥臂或虚拟桥臂重构变换器时,每相桥臂都需要配置双向开关,增加了硬件成本,不便于推广应用,因此文献[113]提出一种最少硬件配置的容错运行拓扑,只需一个双向开关连接网侧变压器中点和直流母线中点。

对于无硬件冗余的变流器系统,可以利用双向开关连接背靠背变流器两侧变换器的同相桥臂,通过共用桥臂实现容错控制。文献[114-115]提出基于预测控制的桥臂复用容错控制策略,文献[116]对桥臂复用的方法进行了深入研究,提出共用直流母线、共用单相桥臂的容错控制方法。桥臂复用会增加共用桥臂的电压、电流应力,系统需要降功率运行,对于电机驱动系统还需要限制电机转速。三电平拓扑的电压矢量存在冗余矢量,增加了三电平拓扑容错控制的自由度[117-118]。当三电平拓扑的外管发生开路故障时,故障相无法产生对应的电压矢量,文献[119]通过减小调制度来满足电压输出需求,对于 P 型或 N 型小矢量的缺失则通过冗余矢量替代和优化开关序列实现容错控制。文献[120]提出一种钳位二极管开路故障容错控制方法,通过利用冗余开关状态实现容错运行。文献[121]针对永磁风电系统的机侧变换器,提出 d 轴电流注入的容错控制,消除外管开路导致的电流畸变和转矩波动,但注入 d 轴电流会改变系统的功率因数。

对于并联变换器系统,并联拓扑结构增加了容错控制的自由度。常规控制策略下,并联变流系统中的变换器故障后即切除,系统降功率运行。这种控制策略虽然简单却降低了并联系统的可用度。针对并联型电机驱动系统,文献[122]提出了直接补偿、不对称补偿的容错控制策略,文献[123]优化并联变换器的电流分配实现开路故障下最大转矩容错运行。容错运行后,系统的性能不可避免地会降低,文献[124]比较了最大转矩、最小损耗容错控制模式的优缺点,提出一种全转速范围最大转矩的容错控制策略。文献[125]提出一种转速、损耗协调容错控制策略,在低负载工况下采用最小损耗控制模式,在高负载工况下实行最大转矩控制模式,优化不同工况下系统的可用度和运行效率。

容错控制策略的故障穿越能力有限,一般只能实现单故障容错运行,当多故障发生后,容错控制策略就无法维持系统继续运行。这时,需要采用多故障下的重构控制,尤其是无硬件冗余的重构控制技术。基于软件控制层面的系统重构是大容量功率变换应用领域的首选。文献[126]提出一种基于FPGA的背靠背变流器的重构控制方法,该变流器通过共用一相桥臂实现故障重构,重构变流器运行在五桥臂模式。文献[127]提出一种永磁同步电机的重构驱动控制,正常时双三相独立运行,故障后共用一相桥臂采用五相运行模式实现重构控制,共用桥臂需要配置辅助双向开关,本质上是一种硬件辅助、软件优化的重构控制方法。基于三电平拓扑的结构特点,文献[128]提出了一种改变内外管占空比的方法实现三电平NPC逆变器的重构控制,该方法不具有普适性。文献[129]基于并联系统的结构特点,提出一种故障重构控制策略,可以实现多桥臂故障下的重构运行,提高了并联系统的可用度。

1.5　风电机组的电网支撑与电网故障穿越

常规电流型控制的风电变流器作为机组与电网交互的接口设备,无法主动响应电网的频率波动,使风电机组不能给电网提供频率阻尼和惯量支撑[130]。

随着风电渗透率的提高,缺少必要的惯量和阻尼将严重影响电网的稳定运行,因此如何改变风电变流器的控制方式,使得风电机组具备惯量响应能力,成为当下"电网友好型"风电场研究的热点问题之一。

虚拟惯量控制的一种方式是在机组主控制器中增加反应电网频率变化的附加功率,根据电网频率的变化动态修改功率指令,从而实现惯量响应与频率支撑[131-132],这种方法不能使机组自主响应电网频率波动。针对风电机组在虚拟惯量控制下的稳定性问题,文献[133]建立了考虑锁相环和虚拟惯量控制下的双馈风电机组小干扰信号模型,通过数学解析的方式分析了虚拟惯量影响系统的小干扰稳定性机理。

另外一种虚拟惯量控制方法是采用风电变流器的电压型控制,使风电机组在外特性上体现为电压源,可自主响应电网负荷变化,实现虚拟惯量控制。

文献[134]提出一种双馈风电机组虚拟同步控制方法,具有较强的弱网适应性,机侧变换器采用虚拟同步控制,模拟同步机转子运动方程,网侧变换器采用惯性同步方式实现与电网的同步。文献[135]提出一种新型虚拟同步风机故障穿越方法,利用动态补偿转子电压的故障分量来提高系统的故障穿越能力。文献[136]研究了全功率风电机组虚拟惯量控制的实验测试方法,实现了模拟仿真与实物实验的结合。文献[137]将虚拟惯量技术与风场黑启动相结合,使得风场黑启动过程中的频率稳定性大大提高。文献[138]将虚拟同步控制方法应用于全功率变流器中,转子侧变流器用于实现直流侧电压稳定,网侧变换器用于实现最大风功率跟踪。

风电机组的虚拟惯量控制如使用不当也会引发一些副作用,例如频率的二次跌落、加剧轴系低频扭振等。文献[139]改变虚拟惯量的附加功率方式,将附加有功功率改为斜坡式变化,实现对电网频率二次跌落的有效抑制。文献[140]利用扩张状态观测器动态实时评估风电机组的输出功率。在一次调频能力方面,文献[141]通过降功率运行使得风机具备一次调频能力,在频率变化时及时投入有功备用,抑制电网频率的深度跌落。

为了解决虚拟惯量控制导致的轴系振荡问题,文献[142]将传统的两质量块模型作为研究对象,指出电气负阻尼的产生原因是励磁控制参数的不当选择。文献[143]则将研究对象细化为三质量块模型,通过时域仿真指出电网故障也是导致轴系振荡的潜在原因之一。文献[144]指出风电机组的传动系统扭振现象如果得不到有效抑制,将导致机组转速失稳。

除了上述两种优化方向之外,目前虚拟惯量控制的研究还着眼于性能分析与综合评估。文献[145]将有无风电调频下的稳态频率偏移之差作为评价惯量控制的量化指标。文献[146]基于数模分析和仿真验证,论证了功率增量对于系统等效惯性时间常数的影响。文献[147]推导了虚拟惯量控制参数与电网频率变化之间的量化关系。

1.6 风电变流技术展望

采用两电平或三电平变换器并联组成的变流器是大功率风电变流器的主流结构,风电的全功率变换和超大容量化是发展趋势,容量将从多 MW 级进入 10 MW 级。伴随着容量的进一步提升和高压大电流宽禁带器件的技术突破,采用模块化多电平或级联多电平拓扑的海上风电变流器也将具有可行性。并联风电变流系统的运行优化控制、容错和重构可有效提升变流系统的效率和可用度。分瓣低速永磁同步发电机的技术进步,将推动多变流回路并联系统的快速发展,发电机-变流器-升压变压器组的整体优化设计与控制问题将得到应有的重视。

伴随着风电渗透率的提高,对风电机组的电网高低电压故障穿越能力将提出更高的要求,机组的电网故障不间断运行与故障支撑技术将得到更多的关注。风电变流器作为风力发电机与电网的接口,既是风电机组也是电网的强可控环节,其技术进步直接影响着机组的并网能力和发电效率,如提升机组的弱电网运行能力、提升不对称电网的运行能力、提升接入直流换流站的能力等。风电机组的电压源控制是改善机组电网适应性的方法之一,基于电流型控制的技术改进与优化同样有其强大的生命力。风电变流技术需要解决一系列问题:轻载且大幅波动工况下变流器的效率提升、以容错运行为代表的变流器可利用率提升、变流器的无故障穿越与不间断运行、变流器适应风电直流并网、以主动阻尼电网频率波动为代表的电网支撑技术和变流器的紧凑化、高可靠和维护便利化设计等问题。

参考文献

[1] 全球风能理事会.2018 全球风电发展报告[R].(2019-04).

[2] 北极星数据研究中心.2018 年中国风电行业报告[R].(2019-03).

[3] 董秀成,高建,张海霞.能源战略与政策[M].北京:科学出版社,2016:170-174.

[4] Wu B, Lang Y Q, Zargari N, et al. 风力发电系统的功率变换与控制[M].卫三民,周京华,王政,等

译.北京：机械出版社,2012：8-11.

［5］年珩,程鹏,贺益康.故障电网下双馈风电系统运行技术研究综述［J］.中国电机工程学报,2015,35(16)：4184-4197.

［6］Nian H, Cheng P, Zhu Z Q. Coordinated direct power control of DFIG system without phase-locked loop under unbalanced grid voltage conditions［J］. IEEE Transactions on Power Electronics，2016，31(4)：2905-2918.

［7］Yao J, Li H, Chen Z, et al. Enhanced control of a DFIG-based wind-power generation system with series grid-side converter under unbalanced grid voltage conditions［J］. IEEE Transactions on Power Electronics，2013，28(7)：3167-3181.

［8］Carroll J, McDonald A, McMillan D. Reliability comparison of wind turbines with DFIG and PMG drive trains［J］. IEEE Transactions on Energy Conversion，2015，30(2)：663-670.

［9］Blaabjerg F, Liserre M, Ma K. Power electronics converters for wind turbine systems［J］. IEEE Transactions on Industry Applications，2012，48(2)：708-719.

［10］Liserre M, Cardenas R, Molinas M, et al. Overview of multi-MW wind turbines and wind parks［J］. IEEE Transactions on Industrial Electronics，2011，58(4)：1081-1095.

［11］耿华,许德伟,吴斌,等.永磁直驱变速风电系统的控制及稳定性分析［J］.中国电机工程学报,2009(33)：68-75.

［12］Polinder H, van der Pijl F F A, de Vilder G J, et al. Comparison of direct-drive and geared generator concepts for wind turbines［J］. IEEE Transactions on Energy Conversion，2006，21(3)：725-733.

［13］Polinder H, Ferreira J A, Jensen B B, et al. Trends in wind turbine generator systems［J］. IEEE Journal of Emerging and Selected Topics in Power Electronics，2013，1(3)：174-185.

［14］邓秋玲,姚建刚,黄守道,等.直驱永磁风力发电系统可靠性技术综述［J］.电网技术,2011,35(9)：144-151.

［15］Yang S, Bryant A, Mawby P, et al. An industry-based survey of reliability in power electronic converters［J］. IEEE Transactions on Industry Applications，2011，47(3)：1441-1451.

［16］周雒维,吴军科,杜雄,等.功率变流器的可靠性研究现状及展望［J］.电源学报,2013(1)：1-15.

［17］Fischer K, Stalin T, Ramberg H, et al. Field-experience based root-cause analysis of power-converter failure in wind turbines［J］. IEEE Transactions on Power Electronics，2015，30(5)：2481-2492.

［18］黄玲玲,曹家麟,张开华,等.海上风电机组运行维护现状研究与展望［J］.中国电机工程学报,2016,36(3)：729-738.

［19］Zhang P, Du Y, Habetler T G, et al. A nonintrusive winding heating method for induction motor using soft starter for preventing moisture condensation［J］. IEEE Transactions on Industry Applications，2012，48(1)：117-123.

［20］Chung H S, Wang H, Blaabjerg F, et al. Reliability of power electronic converter systems［M］. Herts：Institution of Engineering and Technology，2015.

［21］de León-Aldaco S E, Calleja H, Alquicira J A. Reliability and mission profiles of photovoltaic systems：A FIDES approach［J］. IEEE Transactions on Power Electronics，2015，30(5)：2578-2586.

［22］贺益康,徐海亮.双馈风电机组电网适应性问题及其谐振控制解决方案［J］.中国电机工程学报,2014,34(29)：5188-5203.

［23］刘昌金.适应电网环境的双馈风电机组变流器谐振控制［D］.杭州：浙江大学,2012.

［24］杨东升,阮新波,吴恒.提高LCL型并网逆变器对弱电网适应能力的虚拟阻抗方法［J］.中国电机工

学报,2014,34(15):2327-2335.

[25] 王鹏,王晗,张建文,等.超级电容储能系统在风电系统低电压穿越中的设计及应用[J].中国电机工程学报,2014,34(10):1528-1537.

[26] Huang Q, Zou X, Zhu D, et al. Scaled current tracking control for doubly fed induction generator to ride-through serious grid faults [J]. IEEE Transactions on Power Electronics, 2016, 31(3): 2150-2165.

[27] 佘阳阳,姜卫东,阚超豪,等.不对称电网下背靠背系统前端整流器的优化控制方法[J].中国电机工程学报,2015,35(9):2261-2271.

[28] Gohil G, Bede L, Teodorescu R, et al. Line filter design of parallel interleaved vscs for high-power wind energy conversion systems [J]. IEEE Transactions on Power Electronics, 2015, 30(12): 6775-6790.

[29] Gohil G, Bede L, Teodorescu R, et al. Magnetic integration for parallel interleaved vscs connected in a whiffletree configuration[J]. IEEE Transactions on Power Electronics, 2016, 31(11): 7797-7808.

[30] Dai J, Xu D, Wu B. A novel control scheme for current-source-converter-based PMSG wind energy conversion systems[J]. IEEE Transactions on Power Electronics, 2009, 24(4): 963-972.

[31] Giraldo E, Garces A. An adaptive control strategy for a wind energy conversion system based on PWM-CSC and PMSG[J]. IEEE Transactions on Power Systems, 2014, 29(3): 1446-1453.

[32] Yuan X, Chai J, Li Y. A transformer-less high-power converter for large permanent magnet wind generator systems[J]. IEEE Transactions on Sustainable Energy, 2012, 3(3): 318-329.

[33] Yuan X. A set of multilevel modular medium-voltage high power converters for 10-MW wind turbines[J]. IEEE Transactions on Sustainable Energy, 2014, 5(2): 524-534.

[34] Diaz M, Cardenas R, Espinoza M, et al. Control of wind energy conversion systems based on the modular multilevel matrix converter[J]. IEEE Transactions on Industrial Electronics, 2017, 64(11): 8799-8810.

[35] Li J, Bhattacharya S, Huang A Q. A new nine-level active NPC (ANPC) converter for grid connection of large wind turbines for distributed generation[J]. IEEE Transactions on Power Electronics, 2011, 26(3): 961-972.

[36] 张建文,王鹏,王晗,等.多逆变器并联的均流控制策略[J].电工技术学报,2015,30(18):61-68.

[37] Li R, Xu D. Parallel operation of full power converters in permanent-magnet direct-drive wind power generation system[J]. IEEE Transactions on Industrial Electronics, 2013, 60(4): 1619-1629.

[38] Lv J, Zhang J, Cai X, et al. Circulating current control strategy for parallel full-scale wind power converters[J]. IET Power Electronics, 2016, 9(4): 639-647.

[39] Shahin A, Moussa H, Forrisi I, et al. Reliability improvement approach based on flatness control of parallel-connected inverters[J]. IEEE Transactions on Power Electronics, 2017, 32(1): 681-692.

[40] Yu X, Khambadkone A M. Reliability analysis and cost optimization of parallel-inverter system[J]. IEEE Transactions on Industrial Electronics, 2012, 59(10): 3881-3889.

[41] Kantar E, Hava A M. Optimal design of grid-connected voltage-source converters considering cost and operating factors[J]. IEEE Transactions on Industrial Electronics, 2016, 63(9): 5336-5347.

[42] 许春雨,陈国呈,张瑞斌,等.三相软开关逆变器的PWM实现方法[J].中国电机工程学报,2003,23(8):23-27.

[43] 张化光,王强,褚恩辉,等.新型谐振直流环节软开关逆变器[J].中国电机工程学报,2010,20(3):21-27.

[44] 盛况,郭清,张军明,等.碳化硅电力电子器件在电力系统的应用展望[J].中国电机工程学报,2012,32 (30): 1-7.

[45] 张波,邓小川,张有润,等.宽禁带半导体 SiC 功率器件发展现状及展望[J].中国电子科学研究院学报,2009,4(2): 111-118.

[46] Lee J S, Yoo S, Lee K B. Novel discontinuous PWM method of a three-level inverter for neutral-point voltage ripple reduction[J]. IEEE Transactions on Industrial Electronics, 2016, 63(6): 3344-3354.

[47] Jiao Y, Lee F C. New modulation scheme for three-level active neutral-point-clamped converter with loss and stress reduction[J]. IEEE Transactions on Industrial Electronics, 2015, 62(9): 5468-5479.

[48] Peña-Alzola R, Liserre M, Blaabjerg F, et al. LCL-filter design for robust active damping in grid-connected converters[J]. IEEE Transactions on Industrial Informatics, 2014, 10(4): 2192-2200.

[49] 陈新,韦徵,胡雪峰,等.三相并网逆变器 LCL 滤波器的研究及新型有源阻尼控制[J].电工技术学报,2014,29(6): 71-79.

[50] Papafotiou G A, Demetriades G D, Agelidis V G. Technology readiness assessment of model predictive control in medium-and high-voltage power electronics[J]. IEEE Transactions on Industrial Electronics, 2016, 63(9): 5807-5815.

[51] 陈根,王勇,蔡旭.兆瓦级中压风电变流器的新型串联混合三电平 NPC 拓扑[J].中国电机工程学报,2013,33(9): 48-54.

[52] 曾翔君,张宏韬,李迎,等.大功率直驱风电系统高效率变流器设计[J].中国电机工程学报,2010,20 (30): 15-21.

[53] Faulstich A, Stinke J K, Wittwer F. Medium voltage converter for permanent magnet wind power generators up to 5 MW[C]//Proceedings of the Seventh European Conference on Power Electronics and Applications. Dresden: EPE, 2005: 1-9.

[54] Zhang L, Cai X. A novel multi-level medium voltage converter designed for medium voltage wind power generation system[C]//Proceedings of the Second Asia-Pacific Power and Energy Engineering Conference. Chengdu: IEEE, 2010: 1-4.

[55] Ng C H, Parker M A, Ran L, et al. A multilevel modular converter for a large, light weight wind turbine generator[J]. IEEE Transactions on Power Electronics, 2008, 23(3): 1062-1074.

[56] Duran M J, Kouro S, Wu B, et al. Six-phase PMSG wind energy conversion system based on medium-voltage multilevel converter[C]//Proceedings of the Fourteenth European Conference on Power Electronics and Applications. Birmingham: EPE, 2011: 1-10.

[57] 李鑫,张建文,蔡旭.级联 H 桥中压风电变流器故障状态优化控制策略[J].电网技术,2018,42(3): 861-869.

[58] 王姗姗,周孝信,汤广福,等.模块化多电平电压源换流器的数学模型[J].中国电机工程学报,2011,31 (24): 1-8.

[59] Rodríguez J, Bernet S, Wu B, et al. Multilevel voltage-source-converter topologies for industrial medium-voltage drives[J]. IEEE Transactions on Industrial Electronics, 2007, 54(6): 2930-2945.

[60] Senturk O S, Helle L, Munk-Nielsen S, et al. Medium voltage three-level converters for the grid connection of a multi-MW wind turbine[C]//Proceedings of the Thirteenth European Conference on Power Electronics and Applications. Barcelona: EPE, 2009: 1-8.

[61] 孙晋坤,刘庆丰,冷朝霞,等.基于效率模型的 DC-DC 变换器并联系统电流分配策略[J].中国电机工程学报,2013,33(15): 10-18.

[62] Wang S, Liu J, Liu Z, et al. Efficiency-based optimization of steady-state operating points for parallel

source converters in stand-alone power system[C]//Proceedings of the Eighth International Power Electronics and Motion Control Conference. Hefei: IEEE, 2016: 163 - 170.

[63] Teng J H, Liao S H, Huang W H, et al. Smart control strategy for conversion efficiency enhancement of parallel inverters at light loads[J]. IEEE Transactions on Industrial Electronics, 2016, 63(12): 7586 - 7596.

[64] Vogt T, Peters A, Frohleke N, et al. Power profile based selection and operation optimization of parallel-connected power converter combinations[C]//Proceedings of the Seventh International Power Electronics Conference-ECCE Asia. Hiroshima: IEEE, 2014: 2887 - 2892.

[65] Yu X, Khambadkone A M, Wang H, et al. Control of parallel-connected power converters for low-voltage microgrid—Part I: A hybrid control architecture[J]. IEEE Transactions on Power Electronics, 2010, 25(12): 2962 - 2970.

[66] 陈根, 蔡旭. 提升并联型风电变流器运行效率的自适应功率优化控制[J]. 中国电机工程学报, 2017 (22): 6492 - 6499.

[67] Wang H, Ma K, Blaabjerg F. Design for reliability of power electronic systems[C]//Proceedings of the Thirty-eighth Annual Conference on IEEE Industrial Electronics Society. Montreal: IEEE, 2012: 33 - 44.

[68] Busca C. Modeling lifetime of high power IGBTs in wind power applications-an overview[C]//Proceedings of the Twentieth International Symposium on Industrial Electronics. Gdansk: IEEE, 2011: 1408 - 1413.

[69] Choi U M, Blaabjerg F, Lee K B. Study and handling methods of power IGBT module failures in power electronic converter systems[J]. IEEE Transactions on Power Electronics, 2015, 30(5): 2517 - 2533.

[70] Wang H, Liserre M, Blaabjerg F, et al. Transitioning to physics-of-failure as a reliability driver in power electronics[J]. IEEE Journal of Emerging and Selected Topics in Power Electronics, 2014, 2 (1): 97 - 114.

[71] Scheuermann U, Schmidt R. Impact of solder fatigue on module lifetime in power cycling tests[C]//Proceedings of the Fourteenth European Conference on Power Electronics and Applications. Birmingham: EPE, 2011: 1 - 10.

[72] Mainka K, Thoben M, Schilling O. Lifetime calculation for power modules, application and theory of models and counting methods[C]//Proceedings of the Fourteenth European Conference on Power Electronics and Applications. Birmingham: EPE, 2011: 1 - 8.

[73] Huang H, Mawby P A. A lifetime estimation technique for voltage source inverters[J]. IEEE Transactions on Power Electronics, 2013, 28(8): 4113 - 4119.

[74] Ma K, Liserre M, Blaabjerg F, et al. Thermal loading and lifetime estimation for power device considering mission profiles in wind power converter[J]. IEEE Transactions on Power Electronics, 2015, 30(2): 590 - 602.

[75] Sangwongwanich A, Yang Y, Sera D, et al. Lifetime evaluation of grid-connected PV inverters considering panel degradation rates and installation sites[J]. IEEE Transactions on Power Electronics, 2018, 33(2): 1225 - 1236.

[76] Richardeau F, Pham T T L. Reliability calculation of multilevel converters: Theory and applications [J]. IEEE Transactions on Industrial Electronics, 2013, 60(10): 4225 - 4233.

[77] Morozumi A, Yamada K, Miyasaka T, et al. Reliability of power cycling for IGBT power

semiconductor modules[J]. IEEE Transactions on Industry Applications，2003，39(3)：665-671.

[78] Hahn B，Durstewitz M，Rohrig K. Reliability of wind turbines[J]. Wind Energy，2007：329-332.

[79] 周生奇，周雒维，孙鹏菊，等. 小波相关分析在 IGBT 模块缺陷诊断中的应用[J]. 电机与控制学报，2012，12(6)：36-41.

[80] Zhou S，Zhou L，Sun P. Monitoring potential defects in an IGBT module based on dynamic changes of the gate current[J]. IEEE Transactions on Power Electronics，2013，28(3)：1479-1487.

[81] 周雒维，周生奇，孙鹏菊. 基于杂散参数辨识的 IGBT 模块内部缺陷诊断方法[J]. 电工技术学报，2012，27(5)：156-163.

[82] Yang S，Xiang D，Bryant A，et al. Condition monitoring for device reliability in power electronic converters：A review[J]. IEEE Transactions on Power Electronics，2010，25(11)：2734-2752.

[83] 李辉，刘盛权，冉立，等. 大功率并网风电机组变流器状态监测技术综述[J]. 电工技术学报，2016，31(8)：1-10.

[84] Deng F，Chen Z，Khan M R，et al. Fault detection and localization method for modular multilevel converters[J]. IEEE Transactions on Power Electronics，2015，30(5)：2721-2732.

[85] Caseiro L M A，Mendes A M S. Real-time IGBT open-circuit fault diagnosis in three-level neutral-point-clamped voltage-source rectifiers based on instant voltage error[J]. IEEE Transactions on Industrial Electronics，2015，62(3)：1669-1678.

[86] Li S，Xu L. Strategies of fault tolerant operation for three-level PWM inverters[J]. IEEE transactions on power electronics，2006，21(4)：933-940.

[87] Zhang W，Xu D，Enjeti P N，et al. Survey on fault-tolerant techniques for power electronic converters [J]. IEEE Transactions on Power Electronics，2014，29(12)：6319-6331.

[88] 徐殿国，刘晓峰，于泳. 变频器故障诊断及容错控制研究综述[J]. 电工技术学报，2015，30(21)：1-12.

[89] Wang H，Zhou D，Blaabjerg F. A reliability-oriented design method for power electronic converters [C]//Proceedings of the Twenty-eighth Annual IEEE Applied Power Electronics Conference and Exposition. Long Beach：IEEE，2013：2921-2928.

[90] Ma K，Blaabjerg F. Thermal optimised modulation methods of three-level neutral-point-clamped inverter for 10 MW wind turbines under low-voltage ride through[J]. IET Power Electronics，2012，5(6)：920-927.

[91] Ma K，Blaabjerg F，Liserre M. Thermal analysis of multilevel grid-side converters for 10-MW wind turbines under low-voltage ride through[J]. IEEE Transactions on Industry Applications，2013，49(2)：909-921.

[92] Zhou D，Blaabjerg F，Lau M，et al. Optimized reactive power flow of DFIG power converters for better reliability performance considering grid codes[J]. IEEE Transactions on Industrial Electronics，2015，62(3)：1552-1562.

[93] Zhou D，Blaabjerg F，Lau M，et al. Thermal behavior optimization in multi-MW wind power converter by reactive power circulation[J]. IEEE Transactions on Industry Applications，2014，50(1)：433-440.

[94] Isidoril A，Rossi F M，Blaabjerg F，et al. Thermal loading and reliability of 10-MW multilevel wind power converter at different wind roughness classes[J]. IEEE Transactions on Industry Applications，2014，50(1)：484-494.

[95] Oezkol E，Hartmann S. Load-cycling capability of HiPak IGBT modules[R]. ABB Application Note 5SYA2043-02 Jan，2012.

[96] Musallam M，Yin C，Bailey C，et al. Mission profile-based reliability design and real-time life consumption estimation in power electronics[J]. IEEE Transactions on Power Electronics，2015，30(5)：2601 - 2613.

[97] Ma K，Bahman A S，Beczkowski S，et al. Complete loss and thermal model of power semiconductors including device rating information[J]. IEEE Transactions on Power Electronics，2015，30(5)：2556 - 2569.

[98] 徐铭伟，周雒维，杜雄，等. NPT 型 IGBT 电热仿真模型参数提取方法综述[J]. 电力自动化设备，2013，33(1)：134 - 141.

[99] 徐铭伟，周雒维，杜雄，等. 三相逆变器中绝缘栅双极型晶体管模块结温仿真评估[J]. 重庆大学学报（自然科学版），2014，37(2)：37 - 45.

[100] Li H，Ji H，Li Y，et al. Reliability evaluation model of wind power converter system considering variable wind profiles[C]//Proceedings of the Sixth Annual IEEE Energy Conversion Congress and Exposition. Pittsburgh：IEEE，2014：3051 - 3058.

[101] 杨珍贵，周雒维，杜雄，等. 风速记录差异对评估风电变流器可靠性的影响[J]. 电网技术，2013，37(9)：2566 - 2572.

[102] Zhang J，Chen G，Cai X. Thermal smooth control for Multi-MW parallel wind power converter[C]//Proceedings of the 2013 IEEE Region 10 Conference. Xi'an：IEEE，2013：1 - 4.

[103] Chen G，Zhang J，Zhu M，et al. Adaptive thermal control for power fluctuation to improve lifetime of IGBTs in multi-MW medium voltage wind power converter[C]//Proceedings of the Seventh International Power Electronics Conference. Hiroshima：IEEE，2014：1496 - 1500.

[104] Bayerer R，Lassmann M，Kremp S. Transient hygrothermal-response of power modules in inverters—The basis for mission profiling under climate and power loading[J]. IEEE Transactions on Power Electronics，2016，31(1)：613 - 620.

[105] 蒋雪峰，黄文新，郝振洋，等. 双绕组永磁容错电机驱动的垂直提升系统研究[J]. 中国电机工程学报，2016，36(11)：3054 - 3061.

[106] 蒋雪峰，黄文新，郝振洋，等. 双绕组永磁容错电机的余度电驱动系统[J]. 电工技术学报，2015，30(6)：22 - 29.

[107] Fan Y，Zhu W，Zhang X，et al. Research on a single phase-loss fault-tolerant control strategy for a new flux-modulated permanent-magnet compact in-wheel motor[J]. IEEE Transactions on Energy Conversion，2016，31(2)：658 - 666.

[108] Errabelli R R，Mutschler P. Fault-tolerant voltage source inverter for permanent magnet drives[J]. IEEE Transactions on Power Electronics，2012，27(2)：500 - 508.

[109] Naidu M，Gopalakrishnan S，Nehl T W. Fault-tolerant permanent magnet motor drive topologies for automotive x-by-wire systems[J]. IEEE Transactions on Industry Applications，2010，46(2)：841 - 848.

[110] 年珩，周义杰，曾恒力. 开绕组永磁同步发电机的容错控制[J]. 电工技术学报，2015，30(10)：58 - 67.

[111] 郑玮仪，曾志勇，赵荣祥. 容错型三相并网变换器的建模分析与矢量调制[J]. 中国电机工程学报，2016，36(8)：2202 - 2212.

[112] 安群涛，孙醒涛，赵克，等. 容错三相四开关逆变器控制策略[J]. 中国电机工程学报，2010，20(3)：14 - 20.

[113] Freire N M A，Cardoso A J M. A fault-tolerant PMSG drive for wind turbine applications with minimal increase of the hardware requirements[J]. IEEE Transactions on Industry Applications，

2014，50(3)：2039 - 2049.

[114] Zhou D, Zhao J, Liu Y. Independent control scheme for nonredundant two-leg fault-tolerant back-to-back converter-fed induction motor drives[J]. IEEE Transactions on Industrial Electronics，2016，63(11)：6790 - 6800.

[115] Zhou D, Zhao J, Li Y. Model-predictive control scheme of five-leg ac-dc-ac converter-fed induction motor drive[J]. IEEE Transactions on Industrial Electronics，2016，63(7)：4517 - 4526.

[116] Jacobina C B À, de Freitas I S, Lima A M N. DC-link three-phase-to-three-phase four-leg converters [J]. IEEE Transactions on Industrial Electronics，2007，54(4)：1953 - 1961.

[117] 刘勇超,葛兴来,冯晓云.两电平与三电平 NPC 逆变器单桥臂故障重构拓扑 SVPWM 算法比较研究 [J].中国电机工程学报,2016,36(3)：775 - 783.

[118] Ku H K, Im W S, Kim J M, et al. Fault detection and tolerant control of 3-phase NPC active rectifier[C]//Proceedings of the Fourth Annual IEEE Energy Conversion Congress and Exposition. Raleigh：IEEE, 2012：4519 - 4524.

[119] Choi U M, Blaabjerg F, Lee K B. Reliability improvement of a T-type three-level inverter with fault-tolerant control strategy[J]. IEEE Transactions on Power Electronics，2015，30(5)：2660 - 2673.

[120] Choi U M, Lee J S, Blaabjerg F, et al. Open-circuit fault diagnosis and fault-tolerant control for a grid-connected NPC inverter [J]. IEEE Transactions on Power Electronics，2016，31(10)：7234 - 7247.

[121] Lee J S, Lee K B. Open-switch fault tolerance control for a three-level NPC/T-type rectifier in wind turbine systems[J]. IEEE Transactions on Industrial Electronics，2015，62(2)：1012 - 1021.

[122] Wang Z, Chen J, Cheng M, et al. Fault-tolerant control of paralleled-voltage-source- inverter-fed PMSM drives[J]. IEEE Transactions on Industrial Electronics，2015，62(8)：4749 - 4760.

[123] Duran M J, Prieto I G, Bermudez M, et al. Optimal fault-tolerant control of six-phase induction motor drives with parallel converters[J]. IEEE transactions on industrial electronics，2016，63(1)：629 - 640.

[124] Baneira F, Doval-Gandoy J, Yepes A, et al. Comparison of postfault strategies for current reference generation for dual three-phase machines in terms of converter losses[J]. IEEE Transactions on Power Electronics，2017，33(11)：8243 - 8246.

[125] Wang W, Zhang J, Cheng M, et al. Fault-tolerant control of dual three-phase permanent-magnet synchronous machine drives under open-phase faults[J]. IEEE Transactions on Power Electronics，2017，32(3)：2052 - 2063.

[126] Shahbazi M, Poure P, Saadate S, et al. FPGA-based reconfigurable control for fault-tolerant back-to-back converter without redundancy[J]. IEEE Transactions on Industrial Electronics，2013，60(8)：3360 - 3371.

[127] Wang W, Cheng M, Zhang B, et al. A fault-tolerant permanent-magnet traction module for subway applications[J]. IEEE Transactions on Power Electronics，2014，29(4)：1646 - 1658.

[128] Nguyen T D, Tuong N D, Lee H H. Carrier-based PWM strategy for post-fault reconfigured 3-level NPC inverter under imbalanced dc-link voltages[C]//Proceedings of the Eighth International Power Electronics and Motion Control Conference. Hefei：IEEE, 2016：2406 - 2411.

[129] 陈根,蔡旭.并联型风电变流器故障重构控制[J].中国电机工程学报,2018(15)：4339 - 4349.

[130] 王成山,王守相.分布式发电供能系统若干问题研究[J].电力系统自动化,2008,32(20)：1 - 4.

[131] 张建良,齐冬莲,吴越,等.双馈感应风机虚拟惯量控制器的设计及仿真实验研究[J].实验技术与管

理,2017,34(5):115-118.

[132] Zhang Z S, Sun Y Z, Lin J, et al. Coordinated frequency regulation by doubly fed induction generator-based wind power plants[J]. Renewable Power Generation Iet, 2012, 6(1):38-47.

[133] 马静,李益楠,邱扬,等.双馈风电机组虚拟惯量控制对系统小干扰稳定性的影响[J].电力系统自动化,2016,40(16):1-7.

[134] 张琛,蔡旭,李征.具有自主电网同步与弱网稳定运行能力的双馈风电机组控制方法[J].中国电机工程学报,2017,37(2):476-485.

[135] 程雪坤,孙旭东,柴建云,等.电网对称故障下双馈风力发电机的虚拟同步控制策略[J].电力系统自动化,2017,41(20):47-54.

[136] 侍乔明,王刚,马伟明,等.直驱永磁风电机组虚拟惯量控制的实验方法研究[J].中国电机工程学报,2015,35(8):2033-2042.

[137] 汤奕,戴剑丰,冯祎鑫,等.基于虚拟惯量的风电场黑启动频率协同控制策略[J].电力系统自动化,2017,41(3):19-24.

[138] Zhong Q C, Ma Z Y, Ming W L. Grid-friendly wind power systems based on the synchronverter technology[J]. Energy Conversion and Management, 2015, 89:719-726.

[139] Elitani S, Annakkage U D, Joos G. Short-term frequency support utilizing inertial response of DFIG wind turbines[C]//Proceedings of the 2011 IEEE Power and Energy Society General Meeting. San Diego, CA, USA:IEEE, 2011:1-8.

[140] 刘璋玮,刘锋,梅生伟,等.扩张状态观测器在双馈风机虚拟惯量控制转速恢复中的应用[J].中国电机工程学报,2016,36(5):1207-1217.

[141] Feng Y, Xie Z. Coordinated primary frequency regulation and inertia response based on DFIG using over speed and torque reserve[J]. Chinese Control Conference, 2017:9141-9144.

[142] 郝正航,余贻鑫.励磁控制引起的双馈风电机组传动系统扭振机理[J].电力系统自动化,2010,34(21):81-86.

[143] 解大,王瑞琳,王西田,等.多机型风电机组机网扭振的模型与机理[J].太阳能学报,2011,32(9):1281-1287.

[144] 张琛,李征,高强,等.双馈风电机组的不同控制策略对轴系振荡的阻尼作用[J].中国电机工程学报,2013,33(27):135-144.

[145] 朱国伟.直驱式风电机组参与调频对电网频率稳定性的影响[D].合肥:合肥工业大学,2016.

[146] Akbari M, Madani S M. Analytical evaluation of control strategies for participation of doubly fed induction generator-based wind farms in power system short-term frequency regulation[J]. Iet Renewable Power Generation, 2014, 8(3):324-333.

[147] 邢鹏翔,侍乔明,王刚,等.风电机组虚拟惯量控制的响应特性及机理分析[J].高电压技术,2018,44(4):1302-1310.

第 2 章

全功率变换风力发电系统

在全功率变换的风力发电系统中,发电功率全部经变流器处理后注入电网。一方面全功率变换风力发电系统具有较强的可控性,并网特性的可塑性强、软件定制能力高,并网性能优越。另一方面,随着大功率电力电子器件成本的降低、性能的提升,变换器转换效率得到提高、运行寿命延长、成本不断降低。这些因素使得采用全功率变换的风电机组越来越拥有更强的市场竞争优势[1-3]。全功率变换风电机组的典型代表有鼠笼异步发电机(squirrel cage induction generator,SCIG)全功率变换机组和永磁同步发电机(permanent magnet synchronous generator,PMSG)全功率变换机组[4-9]。

全功率风电变流器主要由机侧变换器、直流母线电容、网侧变换器、滤波器及相应的控制系统构成。额定电压为 690 V 的全功率风电变流器多采用两电平拓扑结构,随着技术水平的提高,也开始采用三电平拓扑以获得更好的性能。对于更高的电压等级,多采用三电平或更多电平的拓扑结构[10-11]。

本章以永磁同步电机全功率变换机组和鼠笼感应电机全功率变换机组为例,建立其数学模型,全面介绍全功率变换机组的运行控制原理,为后续变流器优化技术的探讨奠定基础。

2.1　全功率变换风电机组的工作原理

SCIG 和 PMSG 全功率变换机组系统结构如图 2-1 所示,以 PMSG 为例说明全功率变换机组的工作原理。风力机将风能转换成机械能,机械力矩驱动永磁同步发电机旋转发电,转换后的电能经由机侧变换器、直流母线、网侧变换器和并网滤波器构成的全功率变流系统后输送至电网。机侧变换器、网侧变换器具有相同的拓扑结构,组成背靠背连接的电压源型 PWM 变换器,中间的直流环节将两者解耦,因而可分别独立地进行控制而不发生相互影响。其中,机侧变换器的主要作用是控制风力发电机的电磁转矩,控制机组变速运行实现最大风功率跟踪,以提高机组的风能利用率;网侧变换器负责稳定直流侧电压,实现并网有功、无功功率的解耦控制,提高发电机输送至电网的电能质量及对电网提供必要的无功功率支撑[8]。

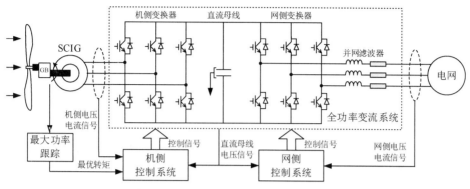

(a) 鼠笼异步发电机全功率风力发电系统

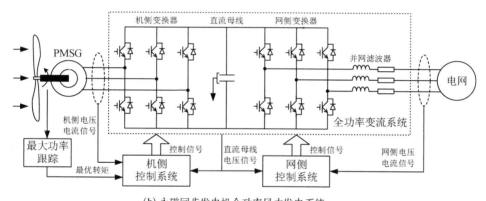

(b) 永磁同步发电机全功率风力发电系统

图 2-1　全功率变换机组系统结构图

2.2　全功率风电机组的数学模型

本节建立可用于电力系统电磁暂态仿真和稳定性研究的全功率风电系统的动态数学模型,主要包含风速模型、风力机模型、桨距角控制模型、驱动链模型、发电机模型和变流器模型等。

2.2.1　风速模型

风速的持续变化在一定时间和空间范围内是随机的,但从总的和长期统计结果来看,风速的变化仍然具有一定的分布规律。为了较精确地描述风能的随机性和间歇性的特点,从可实现的角度,将自然风速看做由基本风 V_A、阵风 V_B、渐变风 V_C 和随机风 V_D 四种风组成[9]。

基本风可以看做是一直存在的,它的大小等于风电场的平均风速,决定了风电机组能够向电网提供的有功功率大小,可以由风电场测量所得的威布尔分布函数近似确定:

$$V_A = A \cdot \Gamma \left[1 + \frac{1}{k} \right] \tag{2-1}$$

其中，V_A 为基本风速(m/s)；A、k 分别为威布尔分布的尺度参数和形状参数；Γ 为伽马函数。考虑秒级时间尺度时，基本风速可视为常数。

描述风速突然变化的特性一般用阵风来表示：

$$
V_B = \begin{cases} 0 & t < T_{1G} \\ V_{Gm}\left(1 - \cos 2\pi\,\dfrac{t - T_{1G}}{T_G}\right) & T_{1G} \leqslant t \leqslant T_{1G} + T_G \\ 0 & t > T_{1G} + T_G \end{cases} \tag{2-2}
$$

其中，V_B 为阵风风速(m/s)；V_{Gm} 为阵风的最大风速(m/s)；T_{1G} 为阵风的启动时间(s)；T_G 为阵风的持续时间(s)。

在风电系统动态稳定分析中，通常用它来考核系统在较大风速变化情况下的动态特性。

对风速的渐变特性可以用渐变风成分来表示：

$$
V_C = \begin{cases} 0 & t < T_{1R} \text{ 或 } t \geqslant T_{2R} + T_R \\ \dfrac{V_{Rm}}{3}\,\dfrac{T_{1R} - t}{T_{1R} - T_{2R}} & T_{1R} \leqslant t < T_{2R} \\ V_{Rm} & T_{2R} \leqslant t < T_{2R} + T_R \end{cases} \tag{2-3}
$$

其中，V_C 为渐变风风速(m/s)；V_{Rm} 为渐变风的最大风速值(m/s)；T_{1R} 为渐变风的启动时间(s)；T_{2R} 为渐变风的终止时间(s)；T_R 为渐变风的保持时间(s)。

风速的随机变化特性可用随机噪声风速来表示：

$$
\begin{cases} V_D = 2\displaystyle\sum_{i=1}^{N}\left[S_V(\omega_i)\Delta\omega\right]^{1/2}\cos(\omega_i + \varphi_i) \\ \omega_i = \left(i - \dfrac{1}{2}\right)\cdot\Delta\omega \\ S_V(\omega_i) = \dfrac{2K_N F^2\,|\,\omega_i\,|}{\pi^2\left[1 + (F\omega_i/\mu\pi)^2\right]^{4/3}} \end{cases} \tag{2-4}
$$

其中，φ_i 为 $0\sim2\pi$ 之间均匀分布的随机变量；K_N 为地表粗糙系数，一般取 0.004；F 为扰动范围(m^2)；μ 为相对高度的平均风速(m/s)；$\Delta\omega$ 为风速频率间距，一般取 $0.5\sim2.0$ rad/s；ω_i 为概率密度函数角速度(rad/s)；$S_V(\omega_i)$ 为风速随机分量分布谱密度(m^2/s)；N 为概率密度函数累加上限。

综合上述 4 种风速成分，可模拟实际作用在风力机上的风速：

$$
v = V_A + V_B + V_C + V_D \tag{2-5}
$$

这种风速模型虽然对风速的随机和间歇特性有比较精确的描述，但在实际应用中，一些相关的参数却很难确定，因此，此模型一般只用于仿真分析。若只考虑在平均风速及其单步变化下的情况，可利用上述方案模拟实时风速，如图 2-2 所示。

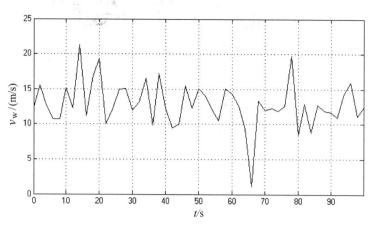

图 2 - 2　简化风速的实时模拟波形

2.2.2　风力机模型

风力机是接收流动的空气中风能的机械部件,在风电发电系统中承担着将风能转化为机械能的任务,是整个风电系统能量转换的首要机构。标准的风力机建模借助于叶素理论的分析方法,且需要详细的风力机转子尺寸和风速等输入信息,此建模过程计算量大且模型过于复杂,为此常采用下述方法。

当风力机处于稳定运行时,输出的机械功率 P_{wt} 可由下式描述:

$$P_{wt} = T_{wt} \omega_{wt} = \frac{1}{2} \rho \pi R^2 v^3 C_p(\lambda, \beta) \tag{2-6}$$

式中, T_{wt} 为风力机输出机械转矩; ω_{wt} 为风力机的角速度; ρ 为空气平均密度; R 为风力机的叶轮半径; v 表示风速; $C_p(\lambda, \beta)$ 为风能利用系数,用于表征风力机将风能转化为机械能的运行效率,该值的大小取决于叶尖速比 λ 和桨距角 β 两个参数的数学关系,可近似由下式表达:

$$\begin{cases} C_p(\lambda, \beta) = 0.517\,6(116/\lambda_i - 0.4\beta - 5)e^{-21/\lambda_i} + 0.006\,8\lambda \\ \dfrac{1}{\lambda_i} = \dfrac{1}{\lambda + 0.08\beta} - \dfrac{0.035}{\beta^3 + 1} \end{cases} \tag{2-7}$$

同时,为了描述风力机在不同风速中的运行状态,将风力机叶片线速度与风速的比值定义为叶尖速比 λ,可由下式计算:

$$\lambda = \frac{2\pi R n_{wt}}{v} = \frac{\omega_{wt} R}{v} \tag{2-8}$$

式中, n_{wt} 为风力机的机械转速。

根据式(2-7)和式(2-8),可作出风力机关于 C_p、β、λ 以及风力机输出功率与转速之间的关系特性曲线,如图 2-3 所示。

由图 2-3 可以看出,当桨距角 β 逐渐增大时,$C_p(\lambda, \beta)$ 曲线的峰值将显著地缩小。若保持桨距角恒定不变,风能利用系数 C_p 只与叶尖速比 λ 有关,此时可用一条曲线来描述 C_p

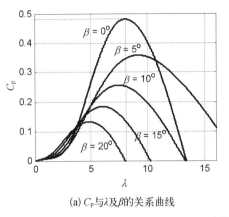
(a) C_p 与 λ 及 β 的关系曲线

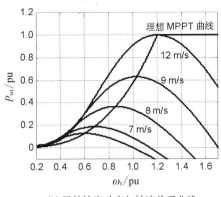
(b) 风轮输出功率与转速关系曲线

图 2 - 3   风力机的特性曲线

特性。对于一个特定的风力机,具有唯一的使得 C_p 最大的叶尖速比,称之为最佳叶尖速比 λ_{opt},对应的电机转速为最佳转速 ω_{opt},而对应的 C_p 值为最大风能利用系数 $C_{p\,max}$。当叶尖速比大于或小于最佳叶尖速比 λ_{opt} 时,风能利用系数 C_p 都会偏离最大风能利用系数 $C_{p\,max}$,引起机组效率的下降。因此,变速恒频风力发电就是当风速在一个较大的范围内变化时,通过改变风力机的转速,使其始终运行在 $C_{p\,max}$ 点附近,从而捕获最大风能。

从图 2 - 3(a)中可以看出,对于给定的一个风速信号,总存在一个最优的 λ 值使得风轮的功率系数最大。因此,随着风速的变化,如果风轮转速能够按照最优的 λ 值变化的话,风轮将运行在最大风能跟踪(maximum power point tracking,MPPT)工况下。在电网正常的条件下,变速风力发电系统通常近似地按照图 2 - 3(b)所示的理想最优功率曲线运行。

当风力机变速运行在最大功率跟踪状态时,输出的功率和转矩分别为

$$\begin{cases} P_{opt} = \dfrac{1}{2}\rho\pi R^2 \left(\dfrac{\omega_{wt}R}{\lambda_{opt}}\right)^3 C_{p\,max} = k_{opt\_P}\omega_{wt}^3 \\[2mm] T_{opt} = \dfrac{1}{2}\rho\pi R^2 \left(\dfrac{R}{\lambda_{opt}}\right)^3 \omega_{wt}^2 C_{p\,max} = k_{opt\_T}\omega_{wt}^2 \end{cases} \tag{2-9}$$

上式表明,当风机捕获到最大风能时,输出的最优功率和转矩分别与风机转速的三次幂方和平方成正比,比例系数分别为 k_{opt_P} 和 k_{opt_T},因此可通过对风力发电机的最优转矩闭环控制或最优转速闭环控制来实现最大风能跟踪。

2.2.3   桨距角控制模型

由上节风力机模型可知,桨距角的大小是影响其风能转换效率的主要因素之一,因此,必要条件下对桨距角的适当控制可作为调节风力机机械功率输出的有效途径。在正常风速情况下,风力机需尽可能多地捕获风能,即保持运行在最大风能跟踪状态,此时桨距角控制系统不工作,通常将其调至极限值 0°附近。然而在面对风速较高的情况时,为避免风力机捕获的风能超出其机械上限值,变桨控制将会被做为一个限功率环节投入运行,即通过调节桨距角的大小来减小风力机获得的机械功率。通常,桨距角的控制机构可用一阶数学模型来描述,即

$$\frac{\mathrm{d}\beta}{\mathrm{d}t} = \frac{1}{T_\beta}(\beta^* - \beta) \qquad (2-10)$$

式中，β^* 为桨距角控制的输入给定；T_β 为变桨控制系统的时间常数。常见的变桨控制策略如图 2-4 所示。

图 2-4 中，ω_{wt}^* 和 P_{wt}^* 分别为风力机转速 ω_{wt} 和输出功率 P_{wt} 的给定值。在上述控制模式下，桨距角伺服系统的工作状态由风力机转速和功率两个控制回路的输出共同决定。当风力机的实际运行转速和输出功率同时小于相应给定值时，两组 PI 调节器输出均为下限幅值，此时桨距角为最优，风机运行在最大功率跟踪状态。当风机转速或功率输出高于设定的给定值时，PI 调节器输出正值，即为桨距角的调节增量，通过变桨伺服系统的控制使得桨距角增大，风机捕获的功率随之减小，最终转速和功率输出被限制在给定值范围内。

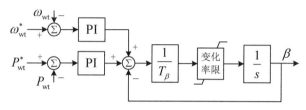

图 2-4　桨距角控制框图

2.2.4　驱动链模型

驱动链是联接风力机与发电机的纽带，可分为无齿轮箱直接驱动型和有齿轮箱的增速型两种，分别对应用于低速永磁发电机直驱机组、高速感应发电机增速机组或中速永磁发电机半直驱机组。数学模型可采取单质量块、两质量块、三质量块和六质量块等不同类型的质量块来表征。

1. 直驱系统驱动链模型

对于全功率直驱型风力发电机组，由于省略了变速齿轮箱，风力机的转轴直接驱动发电机的转子，因而两者具有相同的旋转速度，因此传动机械部件的动态特性远慢于电气部分，故采用单质量块方法来建立驱动链的模型。

当不考虑驱动链的扭转特性，即认为风力机与发电机为刚性连接时，有

$$\begin{cases} \dfrac{\mathrm{d}\omega_{wt}}{\mathrm{d}t} = \dfrac{1}{J}(T_m - T_e - D\omega_{wt}) \\ J = \dfrac{2H_t}{\omega_{wt}^2} \end{cases} \qquad (2-11)$$

式中，J 为风力机和发电机转子的总转动惯量；H_t 为总惯性时间常数；T_m 和 T_e 分别为风力机轴上的机械转矩和发电机的电磁转矩；D 为总黏滞摩擦系数。

2. 增速系统驱动链模型

增速型驱动链模型可由不同数量的质量块模型表征，比如六质量块模型、三质量块模型、两质量块模型等，依据分析问题的需求而定。

当分析系统在大扰动下的稳定性时,为了得到较精确的结果,驱动链模型至少要采用含风轮质量块和电机质量块的两质量块模型。如图 2-5 所示,这两个质量块通过具有一定刚度和阻尼的轴彼此相连。全部量折算到电机侧后,驱动链模型用微分方程表示为

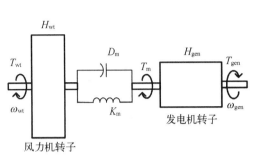

图 2-5　驱动链两质量块模型

$$\begin{cases} T_{wt} - T_m = 2H_{wt} \dfrac{d\omega_{wt}}{dt} \\ T_m = D_m(\omega_{wt} - \omega_{gen}) + K_m \displaystyle\int (\omega_{wt} - \omega_{gen}) dt \\ T_m - T_{gen} = 2H_{gen} \dfrac{d\omega_{gen}}{dt} \end{cases}$$

$$(2-12)$$

式中,T_{wt} 为风轮输出机械转矩;T_m 为电机侧机械转矩;T_{gen} 为电磁转矩;H_{wt} 为风轮转子惯性时间常数;H_{gen} 为电机惯性时间常数;K_m 和 D_m 分别是机械耦合的轴系刚度和阻尼系数。

当研究的焦点更多地集中在风力发电系统自身的瞬态响应时,由于机械部分的动态特性较电气特性慢得多,因此,可以采用单质量块的驱动链模型。忽略式(2-12)中的轴系刚度和阻尼系数后,两质量块模型可简化为单质量块模型。其数学表达式为

$$T_m - T_{gen} = 2(H_{gen} + H_{wt}) \frac{d\omega_{gen}}{dt}$$

$$(2-13)$$

2.2.5　发电机模型

1. 鼠笼异步发电机模型

在研究异步电机的多变量非线性数学模型时,为了便于分析,常作如下假设:忽略空间谐波,设三相绕组对称,在空间中互差 120° 电角度,所产生的磁动势沿气隙周围按正弦规律分布;忽略磁路饱和,认为各绕组的自感和互感都是恒定的;忽略铁心损耗;不考虑频率变化和温度变化对电机参数的影响。

将转子绕组折算到定子侧,折算后的定子和转子绕组匝数相等。参考方向的选取原则是定、转子绕组均采用电动机惯例。假设正向电流产生正向磁链,正感应电动势倾向于产生正电流,感应电动势总是阻止磁链发生变化。则定子电流在转子绕组中产生反向磁链,转子电流在定子绕组中也产生反向磁链。电机绕组可等效为图 2-6 所示的物理模型。这时三相异步电机的数学模型由下述电压方程、磁链方程、转矩方程和运

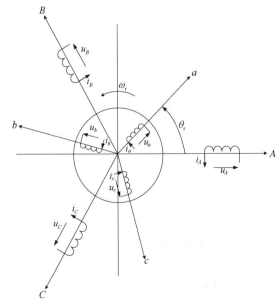

图 2-6　鼠笼异步电机模型图

动方程组成。

（1）三相静止坐标系下的电机模型

在三相静止坐标系下，三相异步电机的电压方程为

$$
\left\{\begin{array}{c} u_A \\ u_B \\ u_C \\ u_a \\ u_b \\ u_c \end{array}\right\} = \left\{\begin{array}{cccccc} R_s & 0 & 0 & 0 & 0 & 0 \\ 0 & R_s & 0 & 0 & 0 & 0 \\ 0 & 0 & R_s & 0 & 0 & 0 \\ 0 & 0 & 0 & R_r & 0 & 0 \\ 0 & 0 & 0 & 0 & R_r & 0 \\ 0 & 0 & 0 & 0 & 0 & R_r \end{array}\right\} \left\{\begin{array}{c} i_A \\ i_B \\ i_C \\ i_a \\ i_b \\ i_c \end{array}\right\} + p\left\{\begin{array}{c} \Psi_A \\ \Psi_B \\ \Psi_C \\ \Psi_a \\ \Psi_b \\ \Psi_c \end{array}\right\} \qquad (2-14)
$$

式中，u_A、u_B、u_C、u_a、u_b、u_c 为定子和转子相电压的瞬时值；i_A、i_B、i_C、i_a、i_b、i_c 为定子和转子相电流的瞬时值；Ψ_A、Ψ_B、Ψ_C、Ψ_a、Ψ_b、Ψ_c 为各相绕组的全磁链；R_s、R_r 为定子和转子的绕组电阻；微分算子 p 代替微分符号 $\mathrm{d}/\mathrm{d}t$。

三相定子绕组的磁链方程为

$$
\left\{\begin{array}{c} \Psi_A \\ \Psi_B \\ \Psi_C \\ \Psi_a \\ \Psi_b \\ \Psi_c \end{array}\right\} = \left\{\begin{array}{cccccc} L_{AA} & L_{AB} & L_{AC} & L_{Aa} & L_{Ab} & L_{Ac} \\ L_{BA} & L_{BB} & L_{BC} & L_{Ba} & L_{Bb} & L_{Bc} \\ L_{CA} & L_{CB} & L_{CC} & L_{Ca} & L_{Cb} & L_{Cc} \\ L_{aA} & L_{aB} & L_{aC} & L_{aa} & L_{ab} & L_{ac} \\ L_{bA} & L_{bB} & L_{bC} & L_{ba} & L_{bb} & L_{bc} \\ L_{cA} & L_{cB} & L_{cC} & L_{ca} & L_{cb} & L_{cc} \end{array}\right\} \left\{\begin{array}{c} i_A \\ i_B \\ i_C \\ i_a \\ i_b \\ i_c \end{array}\right\} \qquad (2-15)
$$

式中，对角线元素 L_{AA}、L_{BB}、L_{CC}、L_{aa}、L_{bb}、L_{cc} 是各有关绕组的自感，其余各项则是绕组间的互感。

感应电机的转矩方程为

$$
T_e = -n_p L_{ms}\left[(i_A i_a + i_B i_b + i_C i_c)\sin\theta + (i_A i_a + i_B i_b + i_C i_c)\sin\left(\theta + \frac{2}{3}\right)\right.
$$
$$
\left. + (i_A i_a + i_B i_b + i_C i_c)\sin\left(\theta - \frac{2}{3}\right)\right] \qquad (2-16)
$$

式中，n_p 为极对数；L_{ms} 为定转子之间互感。

感应电机的运动方程为

$$
\left\{\begin{array}{l} T_e - T_L = \dfrac{J_m}{n_p}\dfrac{\mathrm{d}\omega_r}{\mathrm{d}t} \\[3mm] \omega_r = \dfrac{\mathrm{d}\theta_r}{\mathrm{d}t} \end{array}\right. \qquad (2-17)
$$

式中，n_p 为极对数；ω_r 为发电机转子电角速度；θ_r 为转子位置角；J_m 为机组转动惯量；T_e 为

发电机的电磁转矩；T_L 为发电机的负载转矩。

(2) 两相静止坐标系下的电机模型

在两相静止 $\alpha - \beta$ 坐标系下建立感应电机的数学模型，其目的是建立和分析控制系统的传递函数。坐标变换中采用幅值不变的 $3s - 2s$ 坐标变换，对应的变换矩阵为

$$T_{3s/2s} = \frac{2}{3} \begin{bmatrix} 1 & -\dfrac{1}{2} & -\dfrac{1}{2} \\ 0 & \dfrac{\sqrt{3}}{2} & -\dfrac{\sqrt{3}}{2} \end{bmatrix} \tag{2-18}$$

根据参考文献[2]，可推导出感应电机的转子磁链方程为

$$\begin{cases} \dfrac{\mathrm{d}\psi_{r\alpha}}{\mathrm{d}t} = -\dfrac{R_r}{L_r}\psi_{r\alpha} - \omega_r\psi_{r\beta} + \dfrac{R_r L_m}{L_r}i_{s\alpha} \\ \dfrac{\mathrm{d}\psi_{r\beta}}{\mathrm{d}t} = -\dfrac{R_r}{L_r}\psi_{r\beta} + \omega_r\psi_{r\alpha} + \dfrac{R_r L_m}{L_r}i_{s\beta} \end{cases} \tag{2-19}$$

感应电机的定子电流方程为

$$\begin{cases} \dfrac{\mathrm{d}i_{s\alpha}}{\mathrm{d}t} = \dfrac{L_m R_r}{\sigma L_s L_r^2}\psi_{r\alpha} + \dfrac{L_m \omega_r}{\sigma L_s L_r}\psi_{r\beta} - \dfrac{L_m^2 R_r + L_r^2 R_s}{\sigma L_s L_r^2}i_{s\alpha} + \dfrac{1}{\sigma L_s}u_{s\alpha} \\ \dfrac{\mathrm{d}i_{s\beta}}{\mathrm{d}t} = \dfrac{L_m R_r}{\sigma L_s L_r^2}\psi_{r\beta} - \dfrac{L_m \omega_r}{\sigma L_s L_r}\psi_{r\alpha} - \dfrac{L_m^2 R_r + L_r^2 R_s}{\sigma L_s L_r^2}i_{s\beta} + \dfrac{1}{\sigma L_s}u_{s\beta} \end{cases} \tag{2-20}$$

感应电机的转矩方程为

$$T_e = \frac{n_p L_m}{L_r}(\psi_{r\alpha}i_{s\beta} - \psi_{r\beta}i_{s\alpha}) \tag{2-21}$$

感应电机的运动方程为

$$\frac{\mathrm{d}\omega_r}{\mathrm{d}t} = \frac{n_p}{J_m}(T_e - T_L) = \frac{n_p^2 L_m}{J_m L_r}(\psi_{r\alpha}i_{s\beta} - \psi_{r\beta}i_{s\alpha}) - \frac{n_p T_L}{J_m} \tag{2-22}$$

式中，$\psi_{r\alpha}$，$\psi_{r\beta}$ 为发电机转子磁链在 $\alpha - \beta$ 旋转坐标系的分量；$u_{s\alpha}$，$u_{s\beta}$ 和 $i_{s\alpha}$，$i_{s\beta}$ 为定子电压和电流在 $\alpha - \beta$ 旋转坐标系的分量；$\sigma = 1 - L_m^2/L_s L_r$ 为电机漏磁系数；L_s 为定子漏感；R_s 为定子绕组电阻；L_r 为转子漏感；R_r 为转子绕组电阻；L_m 为定转子之间互感。

(3) 两相旋转坐标系下的电机模型

进一步建立两相旋转坐标系感应电机的数学模型，其目的是为了对感应电机实现类似直流电机的控制[12-13]。采用的 $2s - 2r$ 坐标变换矩阵为

$$T_{2s/2r} = \begin{bmatrix} \cos\theta & \sin\theta \\ -\sin\theta & \cos\theta \end{bmatrix} = \begin{bmatrix} \cos\omega t & \sin\omega t \\ -\sin\omega t & \cos\omega t \end{bmatrix} \tag{2-23}$$

其中，$\theta = \omega t$ 为旋转坐标系的旋转角度，ω 为旋转坐标系的旋转角速度。

根据式（2-17），可得到感应电机在两相旋转 d-q 坐标的转子磁链方程为

$$\begin{cases} \dfrac{\mathrm{d}\psi_{rd}}{\mathrm{d}t} = -\dfrac{R_r}{L_r}\psi_{rd} + (\omega - \omega_r)\psi_{rq} + \dfrac{R_r L_m}{L_r}i_{sd} \\ \dfrac{\mathrm{d}\psi_{rq}}{\mathrm{d}t} = -\dfrac{R_r}{L_r}\psi_{rq} - (\omega - \omega_r)\psi_{rd} + \dfrac{R_r L_m}{L_r}i_{sq} \end{cases} \tag{2-24}$$

其中，$\omega_s = \omega - \omega_r$ 定义为转差角频率。

感应电机的定子电流方程为

$$\begin{cases} \dfrac{\mathrm{d}i_{sd}}{\mathrm{d}t} = \dfrac{L_m R_r}{\sigma L_s L_r^2}\psi_{rd} + \dfrac{L_m R_r}{\sigma L_s L_r}\psi_{rq} - \dfrac{L_m^2 R_r + L_r^2 R_s}{\sigma L_s L_r^2}i_{sd} + \omega i_{sq} + \dfrac{1}{\sigma L_s}u_{sd} \\ \dfrac{\mathrm{d}i_{sq}}{\mathrm{d}t} = \dfrac{L_m R_r}{\sigma L_s L_r^2}\psi_{rq} - \dfrac{L_m R_r}{\sigma L_s L_r}\psi_{rd} - \dfrac{L_m^2 R_r + L_r^2 R_s}{\sigma L_s L_r^2}i_{sq} - \omega i_{sd} + \dfrac{1}{\sigma L_s}u_{sq} \end{cases} \tag{2-25}$$

感应电机的运动方程为

$$\dfrac{\mathrm{d}\omega_r}{\mathrm{d}t} = \dfrac{n_p}{J_m}(T_e - T_L) = \dfrac{n_p^2 L_m}{J_m L_r}(\psi_{rd}i_{sq} - \psi_{rq}i_{sd}) - \dfrac{n_p T_L}{J_m} \tag{2-26}$$

感应电机的输出电磁转矩为

$$T_e = \dfrac{n_p L_m}{L_r}(\psi_{rd}i_{sq} - \psi_{rq}i_{sd}) \tag{2-27}$$

式中，ψ_{rd}、ψ_{rq} 为转子磁链在 d-q 旋转坐标系的分量；u_{sd}、u_{sq} 和 i_{sd}、i_{sq} 为定子电压和电流在 d-q 旋转坐标系的分量。

对式（2-22），稳态时候异步感应电机的端电压满足：

$$\begin{cases} u_{sd} = \dfrac{R_s L_r^2 + R_r L_m^2}{L_r^2}i_{sd} - \sigma L_s \omega i_{sq} - \dfrac{L_m R_r}{L_r^2}\psi_{rd} - \dfrac{L_m \omega_r}{L_r}\psi_{rq} \\ u_{sq} = \dfrac{R_s L_r^2 + R_r L_m^2}{L_r^2}i_{sq} + \sigma L_s \omega i_{sd} + \dfrac{L_m \omega_r}{L_r}\psi_{rd} - \dfrac{L_m R_r}{L_r^2}\psi_{rq} \end{cases} \tag{2-28}$$

忽略发电机定子电阻 R_s 和转子电阻 R_r 的影响，可得异步发电机的输出有功功率和无功功率功率计算公式为

$$\begin{cases} p_m = 1.5(u_{sd}i_{sd} + u_{sq}i_{sq}) = 1.5\dfrac{L_m}{L_r}\omega_r n_p(\psi_{rd}i_{sq} - \psi_{rq}i_{sd}) \\ q_m = 1.5(u_{sq}i_{sd} - u_{sd}i_{sq}) = 1.5\sigma L_s \omega(i_{sd}^2 + i_{sq}^2) + 1.5\dfrac{L_m}{L_r}\omega_r n_p(\psi_{rd}i_{sd} + \psi_{rq}i_{sq}) \end{cases}$$

$$\tag{2-29}$$

2. 永磁同步发电机模型

为了简化分析,在建立永磁同步发电机的数学模型之前,所做假设条件:忽略铁芯饱和现象,不计磁滞和涡流效应;认为电机磁路为线性的,不存在转子磁场谐波;定子三相绕组参数一致,且空间呈对称分布。则在三相静止 abc 坐标系下,永磁同步发电机的定子电压为

$$\begin{bmatrix} u_{sa} \\ u_{sb} \\ u_{sc} \end{bmatrix} = R_s \begin{bmatrix} i_{sa} \\ i_{sb} \\ i_{sc} \end{bmatrix} + \frac{\mathrm{d}}{\mathrm{d}t} \begin{bmatrix} \psi_{sa} \\ \psi_{sb} \\ \psi_{sc} \end{bmatrix} \qquad (2-30)$$

永磁同步发电机的磁链方程分别为

$$\begin{bmatrix} \psi_{sa} \\ \psi_{sb} \\ \psi_{sc} \end{bmatrix} = \begin{bmatrix} L_{aa} & M_{ab} & M_{ac} \\ M_{ba} & L_{bb} & M_{bc} \\ M_{ca} & M_{cb} & L_{cc} \end{bmatrix} \cdot \begin{bmatrix} i_{sa} \\ i_{sb} \\ i_{sc} \end{bmatrix} + \psi_f \begin{bmatrix} \cos\theta \\ \cos(\theta - 2\pi/3) \\ \cos(\theta + 2\pi/3) \end{bmatrix} \qquad (2-31)$$

式中,u_{sa}、u_{sb}、u_{sc} 和 i_{sa}、i_{sb}、i_{sc} 分别为定子端三相电压和电流;ψ_{sa}、ψ_{sb}、ψ_{sc} 为定子磁链;R_s 为定子绕组的等效电阻;L_{aa}、L_{bb}、L_{cc} 为定子各相绕组的自感,M_{ab}、M_{ba}、M_{bc}、M_{cb}、M_{ac}、M_{ca} 则表示定子各相绕组间的互感;ψ_f 为转子磁链,θ 为转子磁链与定子 a 相轴线的夹角。

由上述方程可知,永磁同步发电机在三相静止坐标系下的数学模型是时变的,求解过程较为复杂。为便于分析及控制器的设计,需将其转化至两相同步旋转坐标系进行解耦。若采取转子磁链定向,即同步旋转 dq 坐标系的 d 轴与转子磁链重合,q 轴则沿逆时针方向超前 $90°$,且 dq 坐标系以转子的电气角速度逆时针旋转,此时永磁同步发电机的空间模型如图 2-7 所示。

利用 Park 坐标变换,可得在磁链定向同步旋转坐标系下,永磁同步发电机的定子电压方程为

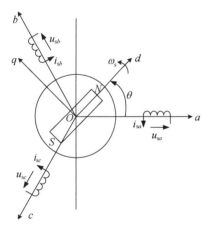

图 2-7　永磁同步电机空间模型

$$\begin{cases} u_{sd} = R_s i_{sd} + \dfrac{\mathrm{d}\psi_{sd}}{\mathrm{d}t} - \omega_s \psi_{sq} \\ u_{sq} = R_s i_{sq} + \dfrac{\mathrm{d}\psi_{sq}}{\mathrm{d}t} + \omega_s \psi_{sd} \end{cases} \qquad (2-32)$$

永磁同步发电机的磁链方程为

$$\begin{cases} \psi_{sd} = L_{sd} i_{sd} + \psi_f \\ \psi_{sq} = L_{sq} i_{sq} \end{cases} \qquad (2-33)$$

永磁同步发电机的转矩方程为

$$T_e = \frac{3}{2} n_p (i_{sq} \psi_{sd} - i_{sd} \psi_{sq}) \qquad (2-34)$$

式中，u_{sd}、u_{sq} 和 i_{sd}、i_{sq} 分别为定子电压和电流和 d 轴、q 轴分量；ψ_{sd} 和 ψ_{sq} 为定子磁链的 d 轴和 q 轴分量；L_{sd}、L_{sq} 为定子 dq 轴同步电感；ω_s 为转子电角速度；n_p 为定子绕组的极对数。

联立式(2-32)和式(2-33)，并消去定子磁链表达式，则可得永磁同步电机的定子电压方程为

$$\begin{cases} u_{sd} = R_s i_{sd} + L_{sd}\dfrac{\mathrm{d}i_{sd}}{\mathrm{d}t} - \omega_s L_{sq} i_{sq} \\ u_{sq} = R_s i_{sq} + L_{sq}\dfrac{\mathrm{d}i_{sq}}{\mathrm{d}t} + \omega_s L_{sd} i_{sd} + \omega_s \psi_f \end{cases} \tag{2-35}$$

根据上述方程式，可得永磁同步发电机的 dq 轴等效电路如图 2-8 所示。

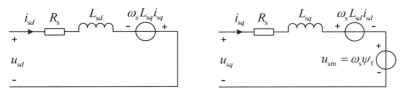

图 2-8 永磁同步电机 dq 轴等效电路

将磁链方程代入式(2-33)，电磁转矩方程则可进一步表示为

$$T_e = \frac{3}{2}n_p[i_{sq}\psi_f + (L_{sd} - L_{sq})i_{sd}i_{sq}] \tag{2-36}$$

式中，第一项是由转子磁链与定子电流 i_{sq} 间耦合作用产生的电磁转矩，第二项则为与转子凸极效应有关的磁阻转矩，若气隙磁链均匀且不存在凸极效应，则有 $L_{sd} = L_{sq} = L_s$，此时该项转矩值为零。

同时，通过电机定子电压、电流的 dq 轴分量，可计算出定子端输出功率为

$$\begin{cases} P_s = \dfrac{3}{2}(u_{sd}i_{sd} + u_{sq}i_{sq}) \\ Q_s = \dfrac{3}{2}(u_{sq}i_{sd} - u_{sd}i_{sq}) \end{cases} \tag{2-37}$$

式中，P_s 和 Q_s 分别为发电机定子侧输出的有功功率和无功功率。

2.2.6 变流器模型

全功率变换风电系统采用电压源型双 PWM 变流器，风电中常用的电压源型变换器拓扑主要有两电平拓扑和三电平拓扑。按照所处位置的不同，分为机侧变换器和网侧变换器，两者依靠中间的滤波电容稳定直流母线的电压。由于机侧、网侧变换器的主电路结构完全对称，故仅针对网侧变换器建立数学模型。

1. 两电平电压源型变流器

基于 LCL 滤波器的网侧变换器拓扑结构如图 2-9 所示，图中，u_{gr}、u_{ir} 和 u_{fr} 分别为电

网相电压、变流器的桥臂相电压及滤波电容相电压,其中 $x=a$,b,c;i_{gx}、i_{ix} 和 i_{fx} 分别为流过电网侧电感 L_g、变流器侧电感 L_i 和滤波电容 C_f 的电流,R_g、R_i 分别为各支路的等效电阻,R_f 为阻尼电阻。直流侧电容 C_{dc} 两端电压用 u_{dc} 表示,i_{load} 则为直流侧等效负载电流。

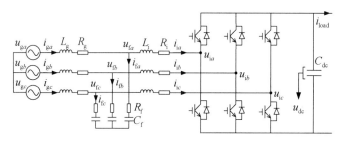

图 2-9   网侧变换器的结构图

假定滤波电感为线性且忽略磁路饱和现象,同时认为变流器中的功率管均为理想开关器件,不计开关损耗与死区效应。以电流流入变流器的方向定为正方向,则在三相静止 abc 坐标系下,网侧变换器的动态方程可由下式描述:

$$L_g \frac{\mathrm{d}}{\mathrm{d}t} \begin{bmatrix} i_{ga} \\ i_{gb} \\ i_{gc} \end{bmatrix} = \begin{bmatrix} u_{ga} \\ u_{gb} \\ u_{gc} \end{bmatrix} - R_g \begin{bmatrix} i_{ga} \\ i_{gb} \\ i_{gc} \end{bmatrix} - \begin{bmatrix} u_{fa} \\ u_{fb} \\ u_{fc} \end{bmatrix} \tag{2-38}$$

$$C_f \frac{\mathrm{d}}{\mathrm{d}t} \begin{bmatrix} u_{fa} \\ u_{fb} \\ u_{fc} \end{bmatrix} = \begin{bmatrix} i_{fa} \\ i_{fb} \\ i_{fc} \end{bmatrix} = \begin{bmatrix} i_{ga} \\ i_{gb} \\ i_{gc} \end{bmatrix} - \begin{bmatrix} i_{ia} \\ i_{ib} \\ i_{ic} \end{bmatrix} \tag{2-39}$$

$$L_i \frac{\mathrm{d}}{\mathrm{d}t} \begin{bmatrix} i_{ia} \\ i_{ib} \\ i_{ic} \end{bmatrix} = \begin{bmatrix} u_{fa} \\ u_{fb} \\ u_{fc} \end{bmatrix} - R_i \begin{bmatrix} i_{ia} \\ i_{ib} \\ i_{ic} \end{bmatrix} - \begin{bmatrix} u_{ia} \\ u_{ib} \\ u_{ic} \end{bmatrix} \tag{2-40}$$

$$C_{dc} \frac{\mathrm{d}u_{dc}}{\mathrm{d}t} = (i_{ga}S_a + i_{gb}S_b + i_{gc}S_c) - i_{load} \tag{2-41}$$

式中,S_x 表示网侧变换器三相桥臂的开关函数,且定义为

$$S_x = \begin{cases} 1, & \text{桥臂上管导通,下管关断} \\ 0, & \text{桥臂下管导通,上管关断} \end{cases}, \quad x=a,b,c \tag{2-42}$$

变流器的桥臂相电压与开关函数间的关系满足下面的方程式:

$$\begin{bmatrix} u_{ia} \\ u_{ib} \\ u_{ic} \end{bmatrix} = \frac{u_{dc}}{3} \begin{bmatrix} 2 & -1 & -1 \\ -1 & 2 & -1 \\ -1 & -1 & 2 \end{bmatrix} \cdot \begin{bmatrix} S_a \\ S_b \\ S_c \end{bmatrix} \tag{2-43}$$

上面方程式经 Park 变换后,可转变为两相旋转 dq 坐标系下的动态方程为

$$
\begin{cases}
L_{g} \dfrac{\mathrm{d}i_{gd}}{\mathrm{d}t} = u_{gd} - R_{g}i_{gd} + \omega_{g}L_{g}i_{gq} - u_{fd} \\[2mm]
L_{g} \dfrac{\mathrm{d}i_{gq}}{\mathrm{d}t} = u_{gq} - R_{g}i_{gq} - \omega_{g}L_{g}i_{gd} - u_{fq}
\end{cases}
\tag{2-44}
$$

$$
\begin{cases}
C_{f} \dfrac{\mathrm{d}u_{fd}}{\mathrm{d}t} = i_{gd} + \omega_{g}C_{f}u_{fq} - i_{id} \\[2mm]
C_{f} \dfrac{\mathrm{d}u_{fq}}{\mathrm{d}t} = i_{gq} - \omega_{g}C_{f}u_{fd} - i_{iq}
\end{cases}
\tag{2-45}
$$

$$
\begin{cases}
L_{i} \dfrac{\mathrm{d}i_{id}}{\mathrm{d}t} = u_{fd} - R_{i}i_{id} + \omega_{g}L_{i}i_{iq} - u_{id} \\[2mm]
L_{i} \dfrac{\mathrm{d}i_{iq}}{\mathrm{d}t} = u_{fq} - R_{i}i_{iq} - \omega_{g}L_{i}i_{id} - u_{iq}
\end{cases}
\tag{2-46}
$$

$$
C_{dc} \dfrac{\mathrm{d}u_{dc}}{\mathrm{d}t} = \frac{3}{2}(i_{id}S_{d} + i_{iq}S_{q}) - i_{load}
\tag{2-47}
$$

式中，u_{gd}、u_{gq} 和 i_{gd}、i_{gq} 分别为电网侧电压和电流的 d 轴、q 轴分量；u_{id}、u_{iq} 和 i_{id}、i_{iq} 分别为变流器侧电压和电流的 d 轴、q 轴分量；u_{fd}、u_{fq} 为滤波电容电压的 d 轴、q 轴分量；S_{d} 和 S_{q} 则分别为开关函数的 d 轴、q 轴分量，ω_{g} 为两相旋转 dq 坐标系的角速度。

忽略滤波器和直流环节的功率损耗，进一步可得网侧变换器的输出功率为

$$
\begin{cases}
P_{g} = \dfrac{3}{2}(u_{id}i_{id} + u_{iq}i_{iq}) \approx \dfrac{3}{2}(u_{gd}i_{gd} + u_{gq}i_{gq}) \\[2mm]
Q_{g} = \dfrac{3}{2}(u_{iq}i_{id} - u_{id}i_{iq}) \approx \dfrac{3}{2}(u_{gq}i_{gd} - u_{gd}i_{gq})
\end{cases}
\tag{2-48}
$$

2. 三电平电压源型变流器

对于中压大功率风力发电系统，通常采用二极管钳位型三电平变流器，其拓扑及等效电路如图 2-10 所示。区别于两电平变流器结构，三电平变流器的每相桥臂输出电压多了零电平，因此电压输出质量更优，电流谐波含量也相应降低。

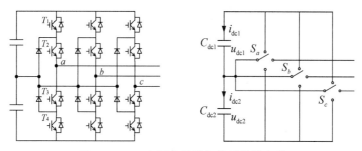

图 2-10　三电平变流器拓扑及等效电路

定义三电平变流器各相的开关函数为

$$S_y = \begin{cases} 1, & T_{y1}\,T_{y2}\ \text{导通},T_{y3}\,T_{y4}\ \text{关断} \\ 0, & T_{y2}\,T_{y3}\ \text{导通},T_{y1}\,T_{y4}\ \text{关断}, \\ -1, & T_{y3}\,T_{y4}\ \text{导通},T_{y1}\,T_{y2}\ \text{关断} \end{cases} y=a,b,c \qquad (2-49)$$

由此可知,三相不同开关状态的组合共计有 $3^3=27$ 种基本电压矢量,由于在控制过程中上桥臂开关管 T_{y1} 和 T_{y2} 分别与下桥臂开关管 T_{y3} 和 T_{y4} 的导通或关断状态互补,故可选取两个独立开关函数 S_{y1} 和 S_{y2} 来描述整个变流器的开关状态。这里分别定义上桥臂开关器件的开关函数 S_{y1} 和 S_{y2} 分别为

$$S_{y1} = \begin{cases} 1, & T_{y1}\ \text{导通} \\ 0, & T_{y1}\ \text{关断} \end{cases}, \ S_{y2} = \begin{cases} 1, & T_{y2}\ \text{导通} \\ 0, & T_{y2}\ \text{关断} \end{cases}, \ y=a,b,c \qquad (2-50)$$

那么各相开关函数与器件开关函数之间满足下列关系式:

$$S_y = S_{y1} + S_{y2} - 1, \ y=a,b,c \qquad (2-51)$$

因此,三电平变流器的桥臂相电压可由下面的方程式表述:

$$\begin{bmatrix} u_{ia} \\ u_{ib} \\ u_{ic} \end{bmatrix} = \frac{u_{dc1}}{3} \begin{bmatrix} 2 & -1 & -1 \\ -1 & 2 & -1 \\ -1 & -1 & 2 \end{bmatrix} \cdot \begin{bmatrix} S_{a1} \\ S_{b1} \\ S_{c1} \end{bmatrix} + \frac{u_{dc2}}{3} \begin{bmatrix} 2 & -1 & -1 \\ -1 & 2 & -1 \\ -1 & -1 & 2 \end{bmatrix} \cdot \begin{bmatrix} S_{a2} \\ S_{b2} \\ S_{c2} \end{bmatrix} \qquad (2-52)$$

此时,直流侧的开关函数模型可表示为

$$\begin{cases} C_{dc1}\dfrac{\mathrm{d}u_{dc1}}{\mathrm{d}t} = i_{dc1} = i_{ga}S_{a1} + i_{gb}S_{b1} + i_{gc}S_{c1} \\ C_{dc2}\dfrac{\mathrm{d}u_{dc2}}{\mathrm{d}t} = i_{dc2} = i_{ga}(S_{a2}-1) + i_{gb}(S_{b2}-1) + i_{gc}(S_{c2}-1) \end{cases} \qquad (2-53)$$

对比两电平变流器的动态方程可以看出,三电平变流器的内部开关控制更加复杂,虽然脉冲调制方法与两电平变流器有所不同,但在对交流电流的控制特性上二者没有区别,因此可采用相同的并网电流控制策略。

2.3　基本控制策略与控制参数设计方法

正常运行情况下全功率风力发电系统与变流器相关的核心控制策略包括:风力机的最大功率跟踪控制、网侧变换器的控制和机侧变换器的控制。

2.3.1　最大功率跟踪控制

对于全功率风力发电系统,需根据外界风速的变化实时调节风力机的转速,使得风能利用系数处于最大值状态,从而保证风机最大程度地捕获风能。这种最大风功率跟踪控制的过程,不仅有利于提高风电系统的发电效率,降低度电成本,也有助于缓解强阵风对机组本

体的冲击,延长机组的工作寿命。风力机转速的调节可通过变桨或控制发电机转矩两种方式实现,而控制模式的切换与风电机组的运行状态有关。

图 2-11 为风电机组的发电运行区间,整个控制过程大致可分为四个阶段:$A-B$ 为机组的启动阶段,此时维持最低转速运行,风电系统完成由脱网至并网状态的转变;$B-C$ 为最大功率跟踪运行阶段,通过控制风机转速实时变化使其工作在最优叶尖速比状态,机组在该风速段内保持最优功率输出;$C-D$ 为恒定最高转速运行阶段,此时机组转速限制在最大值附近,风速进一步增大时,风能利用系数偏离最佳值,但输出功率在达

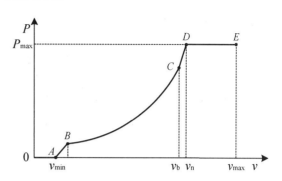

图 2-11　风电机组的发电运行区间

到最大值之前持续增大;$D-E$ 则为额定风速及以上的恒功率运行阶段,为了不超出机械强度和电气极限的约束,该阶段为需要变桨控制参与的限功率运行区域。值得说明的是,由于风功率的波动及不稳定性,全功率风力发电机组的大部分时间工作在变速运行状态,即 $B-C$ 段为其主要工作区域。

目前,在低于额定风速的变速运行区间,风电机组的最大风功率跟踪控制策略主要有最优叶尖速比法、爬山搜索法和最佳特性曲线法三种。其中,基于最优叶尖速比的最大功率跟踪控制方式,实现算法最为直接、简单,但由于在叶尖速比的闭环控制环路中,需实时、准确地获取风速和风机转速信息,检测精度要求较高,该法的实际应用场合较少。爬山搜索法则通过判断风电机组在当前风速下工作点的状态变化,不断调整转速控制指令的大小和方向,使得机组输出逐渐逼近最优值。该法对系统参数变化的敏感性较小,适于风机参数不确定的小型风力发电系统。对于大功率等级的风电机组,系统惯量较大,其最优工作点的搜寻及相应调整时间较长,而在此过程中风速的过快变化会带来搜寻效率及系统稳定性均降低的弊端。最佳特性曲线法具有快速性好、可靠性高的特点,是目前最常用的最大功率跟踪控制方法,普遍适用于大惯量风力发电机组,该控制方法可通过转速反馈或功率反馈两种方式来实现。

基于转速反馈的最大功率跟踪控制方法如图 2-12 所示,在该控制方式中,首先实时采样当前风力机的转速值,然后从机组的最优转矩特性曲线中查寻获得该转速值对应的最优输出转矩,并以此作为控制发电机转矩的参考值。对发电机的电磁转矩进行实时计算和反馈,并构建基于 PI 调节器的转矩控制环,其输出作为转矩电流控制的参考值,通过电流闭环控制发电机电磁转矩跟踪最优转矩曲线,即实现最大功率工作点的运行。

基于功率反馈的最大功率跟踪控制框图如图 2-13 所示,在该控制方式中,需要根据机组特性预先获取最优转速输出与功率输入的关系曲线,依据此函数关系计算出当前发电功率所

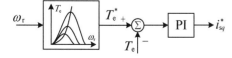

图 2-12　基于转速反馈的最大功率跟踪控制

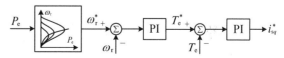

图 2-13　基于功率反馈的最大功率跟踪控制

对应的最优风机转速信息,即得到实时转速控制的参考值,进而采用 PI 调节器设置转速控制外环和转矩控制内环,最终通过对发电机转矩电流的调节,使得机组完成最大功率跟踪控制。

2.3.2 网侧变换器控制

网侧变换器的控制以稳定直流母线电压、实现并网功率的解耦控制为主要目标。对于采用 LCL 并网滤波器的变流器,常采取无源阻尼或有源阻尼的方法来抑制存在的谐振峰值,以保证变流系统的稳定运行。由于 LCL 滤波器的低频特性与同电感量的单 L 型滤波器近似,考虑到在正常电网下,电流内环的设计以基波控制为主,为简化分析,内环控制器的设计时采用单 L 型滤波器的方法。若取 $L_f = L_g + L_i$,$R_f = R_g + R_i$,网侧变换器的控制方程为

$$\begin{cases} u_{id} = -\left(R_f i_{gd} + L_f \dfrac{\mathrm{d}i_{gd}}{\mathrm{d}t}\right) + \omega_g L_f i_{gq} + u_{gd} \\ u_{iq} = -\left(R_f i_{gq} + L_f \dfrac{\mathrm{d}i_{gq}}{\mathrm{d}t}\right) - \omega_g L_f i_{gd} + u_{gq} \end{cases} \tag{2-54}$$

根据上式可得网侧变换器输出电流与电压间的传递函数为

$$\frac{i_{gd}(s)}{u_{id}(s)} = \frac{i_{gq}(s)}{u_{iq}(s)} = \frac{1}{L_f s + R_f} \tag{2-55}$$

式(2-54)表明,网侧变换器的 d 轴和 q 轴电流内环的传递函数相同,故可以使用一组参数相同的 PI 调节器来实现电流的零稳态误差跟踪。

基于电网电压定向,网侧变换器的输出功率方程为

$$\begin{cases} P_g = \dfrac{3}{2} u_{gd} i_{gd} = \dfrac{3}{2} u_{gm} i_{gd} \\ Q_g = -\dfrac{3}{2} u_{gd} i_{gq} = -\dfrac{3}{2} u_{gm} i_{gq} \end{cases} \tag{2-56}$$

网侧变换器一般采用内环电流、外环直流电压的级联控制方式,电流内环控制方程为

$$\begin{cases} u_{id} = -\left[k_{pi\_g}(i_{gd}^* - i_{gd}) + k_{ii\_g}\displaystyle\int(i_{gd}^* - i_{gd})\mathrm{d}t\right] + \Delta u_{id} + u_{gm} \\ u_{iq} = -\left[k_{pi\_g}(i_{gq}^* - i_{gq}) + k_{ii\_g}\displaystyle\int(i_{gq}^* - i_{gq})\mathrm{d}t\right] + \Delta u_{iq} \end{cases} \tag{2-57}$$

式中,k_{pi_g}、k_{ii_g} 分别为电流内环 PI 调节器的比例、积分系数;i_{gd}^*、i_{gq}^* 分别为 d 轴和 q 轴电流的给定值;Δu_{id} 和 Δu_{iq} 则表示 d 轴和 q 轴电压之间的耦合补偿项,为

$$\begin{cases} \Delta u_{id} = \omega_g L_f i_{gq} \\ \Delta u_{iq} = -\omega_g L_f i_{gd} \end{cases} \tag{2-58}$$

对于网侧变换器电压外环的控制方程有

$$i_{gd}^* = k_{pu\_g}(u_{dc}^* - u_{dc}) + k_{iu\_g}\int(u_{dc}^* - u_{dc})\mathrm{d}t \tag{2-59}$$

式中，$k_{\text{pu\_g}}$、$k_{\text{iu\_g}}$ 分别为直流电压外环 PI 调节器的比例、积分系数；u_{dc}^* 为直流母线电压的给定值。

　　基于电网电压定向的网侧变换器矢量控制框图如图 2-14 所示。其中，电压外环用于控制直流母线电压稳定，输出为内环有功电流分量的参考值。无功电流分量的参考值根据风机的需求决定，通常情况下，网侧变换器工作在单位功率因数状态，即无功电流的参考值为 0。为得到控制开关脉冲的桥臂电压信号，在电流内环的控制环路中加入了耦合电压补偿和电网电压前馈项。脉冲调制部分多采用 SVPWM 算法，以提高变流器的电压利用率和注入电网的电能质量。

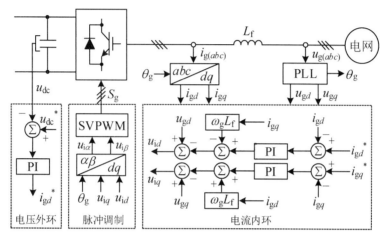

图 2-14　网侧变换器的控制框图

2.3.3　机侧变换器控制

　　机侧变换器主要控制发电机的运行，主要有针对鼠笼异步发电机的机侧变换器控制和针对永磁同步发电机的机侧变换器控制。

　　1. 针对鼠笼异步发电机的机侧变换器控制

　　发电机侧 VSC 作为整流器运行，控制异步发电机的定子电流，其控制取决于异步发电机的控制策略。对异步发电机，一般采用转子磁链定向的矢量控制策略，将旋转 d-q 坐标系的 d 轴定向于转子磁链的方向，此时有 $\psi_{rd} = \psi_{rM}$，$\psi_{rq} = 0$。采用转子磁链定向控制以后，感应电机在两相旋转 d-q 坐标的转子磁链方程为

$$\begin{cases} \dfrac{\mathrm{d}\psi_{rd}}{\mathrm{d}t} = -\dfrac{R_r}{L_r}\psi_{rM} + \dfrac{R_r L_m}{L_r} i_{sd} = 0 \\[3mm] \dfrac{\mathrm{d}\psi_{rq}}{\mathrm{d}t} = (\omega_r - \omega)\psi_{rd} + \dfrac{R_r L_m}{L_r} i_{sq} = 0 \end{cases} \tag{2-60}$$

感应电机的定子电流方程为

$$\begin{cases} \dfrac{\mathrm{d}i_{sd}}{\mathrm{d}t} = \dfrac{L_m R_r}{\sigma L_s L_r^2}\psi_{rM} - \dfrac{L_m^2 R_r + L_r^2 R_s}{\sigma L_s L_r^2} i_{sd} + \omega i_{sq} + \dfrac{1}{\sigma L_s} u_{sd} \\[3mm] \dfrac{\mathrm{d}i_{sq}}{\mathrm{d}t} = -\dfrac{L_m \omega_r}{\sigma L_s L_r}\psi_{rM} - \dfrac{L_m^2 R_r + L_r^2 R_s}{\sigma L_s L_r^2} i_{sq} - \omega i_{sd} + \dfrac{1}{\sigma L_s} u_{sq} \end{cases} \tag{2-61}$$

感应电机的运动方程为

$$\frac{\mathrm{d}\omega_{\mathrm{r}}}{\mathrm{d}t} = \frac{n_{\mathrm{p}}}{J_{\mathrm{m}}}(T_{\mathrm{e}} - T_{\mathrm{L}}) = \frac{n_{\mathrm{p}}^2 L_{\mathrm{m}}}{J_{\mathrm{m}} L_{\mathrm{r}}}\psi_{\mathrm{r}M} i_{sq} - \frac{n_{\mathrm{p}} T_{\mathrm{L}}}{J_{\mathrm{m}}} \tag{2-62}$$

感应电机的输出电磁转矩为

$$T_{\mathrm{e}} = \frac{n_{\mathrm{p}} L_{\mathrm{m}}}{L_{\mathrm{r}}}\psi_{\mathrm{r}M} i_{sq} \tag{2-63}$$

从式(2-60)~式(2-61)可得到定子 d 轴电流表达式为

$$i_{sd} = \frac{T_{\mathrm{r}} p + 1}{L_{\mathrm{m}}}\psi_{\mathrm{r}M} \tag{2-64}$$

定子 q 轴电流表达式为

$$i_{sq} = \frac{L_{\mathrm{r}} T_{\mathrm{e}}}{n_{\mathrm{p}} L_{\mathrm{m}}\psi_{\mathrm{r}M}} = \frac{T_{\mathrm{r}}\psi_{\mathrm{r}M}\omega_{\mathrm{s}}}{L_{\mathrm{m}}} \tag{2-65}$$

其中，$T_{\mathrm{r}} = L_{\mathrm{r}}/R_{r}$ 称为转子励磁时间常数，$\omega_{\mathrm{s}} = \omega - \omega_{\mathrm{r}}$ 为转差角速度。

由式(2-64)和式(2-65)可知，转子磁链的大小只与定子 d 轴电流有关，输出转矩只与定子 q 轴电流有关，可以通过独立控制 d 轴和 q 轴电流，实现对异步电机的转子磁链和输出电磁转矩的解耦控制。

对于异步发电机选取转子磁链旋转方向作为同步旋转坐标系的 d 轴，令 $R_{\mathrm{st}} = R_{\mathrm{s}} + R_{\mathrm{e}}$，$L_{\mathrm{st}} = L_{\mathrm{s}} + L_{\mathrm{e}}$，$T_{\mathrm{s}} = L_{\mathrm{st}}/R_{\mathrm{st}}$ 为等效定子电磁时间常数，$T_{\mathrm{r}} = L_{\mathrm{r}}/R_{\mathrm{r}}$ 为电机转子电磁时间常数，$\sigma_{\mathrm{t}} = 1 - L_{\mathrm{m}}^2/L_{\mathrm{r}} L_{\mathrm{st}}$ 为等效电机漏磁系数，则可得矢量控制下考虑 $\mathrm{d}v/\mathrm{d}t$ 电抗器后发电机 VSC 的控制方程为

$$\begin{cases} v_{md} = \dfrac{R_{\mathrm{st}} L_{\mathrm{r}}^2 + R_{\mathrm{r}} L_{\mathrm{m}}^2}{L_{\mathrm{r}}^2} i_{sd} + \sigma_{\mathrm{t}} L_{\mathrm{st}}\dfrac{\mathrm{d}i_{sd}}{\mathrm{d}t} - \sigma_{\mathrm{t}} L_{\mathrm{st}}\omega i_{sq} - \dfrac{L_{\mathrm{m}}\omega_{\mathrm{r}}}{L_{\mathrm{r}}}\psi_{\mathrm{r}M} \\[3mm] v_{mq} = \dfrac{R_{\mathrm{st}} L_{\mathrm{r}}^2 + R_{\mathrm{r}} L_{\mathrm{m}}^2}{L_{\mathrm{r}}^2} i_{sq} + \sigma_{\mathrm{t}} L_{\mathrm{st}}\dfrac{\mathrm{d}i_{sq}}{\mathrm{d}t} + \sigma_{\mathrm{t}} L_{\mathrm{st}}\omega i_{sd} + \dfrac{L_{\mathrm{m}}\omega_{\mathrm{r}}}{L_{\mathrm{r}}}\psi_{\mathrm{r}M} \end{cases} \tag{2-66}$$

根据式(2-66)可得发电机定子电流与电机 VSC 输出电压的传递函数为

$$\begin{cases} \dfrac{i_{sd}(s)}{v_{md}(s)} = \dfrac{1}{\sigma_{\mathrm{t}} L_{\mathrm{st}} s + \left(R_{\mathrm{st}} + \dfrac{R_{\mathrm{r}} L_{\mathrm{m}}^2}{L_{\mathrm{r}}^2}\right)} = \dfrac{1/R_{\mathrm{st}}}{\sigma_{\mathrm{t}}\tau_s s + \left(1 + \dfrac{R_{\mathrm{r}} L_{\mathrm{m}}^2}{R_{\mathrm{st}} L_{\mathrm{r}}^2}\right)} \\[5mm] \dfrac{i_{sq}(s)}{v_{mq}(s)} = \dfrac{1}{\sigma_{\mathrm{t}} L_{\mathrm{st}} s + \left(R_{\mathrm{st}} + \dfrac{R_{\mathrm{r}} L_{\mathrm{m}}^2}{L_{\mathrm{r}}^2}\right)} = \dfrac{1/R_{\mathrm{st}}}{\sigma_{\mathrm{t}}\tau_s s + \left(1 + \dfrac{R_{\mathrm{r}} L_{\mathrm{m}}^2}{R_{\mathrm{st}} L_{\mathrm{r}}^2}\right)} \end{cases} \tag{2-67}$$

式(2-67)表明，d 轴电流内环和 q 轴电流内环的传递函数相同，因此可以采用相同的

PI 调节器参数。采用 PI 调节器控制发电机的电流内环，对应的控制方程为

$$\begin{cases} v_{md} = -\left[k_{ip\_m}(i_{sd}^* - i_{sd}) + k_{ii\_m}\int(i_{sd}^* - i_{sd})dt\right] - \sigma_t L_{st}\omega i_{sq} - \dfrac{L_m\omega_r}{L_r}\psi_{rM} \\ v_{mq} = -\left[k_{ip\_m}(i_{sq}^* - i_{sq}) + k_{ii\_m}\int(i_{sq}^* - i_{sq})dt\right] + \sigma_t L_{st}\omega i_{sq} + \dfrac{L_m\omega_r}{L_r}\psi_{rM} \end{cases} \tag{2-68}$$

式中，k_{ip_m}、k_{ii_m} 分别为发电机侧 VSC 电流内环模拟 PI 调节器的比例系数和积分系数；i_{sd}^*、i_{sq}^* 分别为发电机侧定子 d 轴和 q 轴的电流参考值。

根据式（2-64）可知，稳态时候异步发电机的励磁电流与磁链为正比关系，因此可得励磁电流的参考值为

$$i_{sd}^* = \frac{1}{L_m}\psi_{rd}^* = \frac{1}{L_m}\psi_{rM} \tag{2-69}$$

转子磁链的参考值为异步发电机的额定磁链，其计算公式为

$$\psi_{rd}^* = \psi_{rM} = \sqrt{\frac{3}{2}}\frac{u_{sn\_m}}{\omega_n} = \frac{u_{ln}}{\omega_n} \tag{2-70}$$

其中，ω_n 为发电机的额定运行角速度。

发电机电磁转矩的参考值取决于外环的输出值，机侧变换器外环可以采用功率外环来跟踪风力机捕获的最大功率，也可以采用速度外环来跟踪风力机的最优转速，本文采用功率外环的控制方式，基于 PI 调节器的功率外环控制方程为

$$T_e^* = -\left[k_{ip\_p}(p_m^* - p_m) + k_{ii\_p}\int(p_m^* - p_m)dt\right] \tag{2-71}$$

式中，k_{ip_p}、k_{ii_p} 分别为发电机侧 VSC 功率外环模拟 PI 调节器的比例系数和积分系数；p_m^* 为发电机侧 VSC 的输出功率参考值。

功率外环的输出值为电磁转矩的参考值，需要转化为转矩电流的参考值，其对应的计算公式为

$$i_{sq}^* = \frac{L_r}{n_p L_m \psi_{rd}}T_e^* = KT_e^* \tag{2-72}$$

异步发电机的转子磁链不能直接测量，需要设计转子磁链观测器，根据异步电机的数学模型可得转子磁链的幅值和转子磁链的旋转角度计算公式如下所示：

$$\begin{cases} \psi_r = \dfrac{L_m}{T_r p + 1}i_{sd} \\ \theta_r = \int(\omega_r + \omega_s)dt = \int\left(\omega_r + \dfrac{L_m}{T_r\psi_r}i_{sq}\right)dt \end{cases} \tag{2-73}$$

综上，可得基于转子磁链定向控制的异步发电机的控制结构框图如图 2-15 所示。

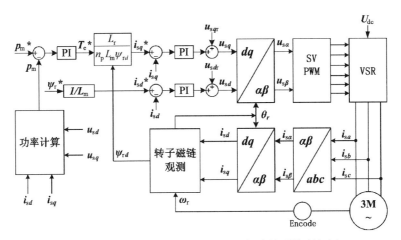

图 2 - 15 针对鼠笼异步发电机的机侧变换器控制框图

2. 针对永磁同步发电机的机侧变换器控制

根据永磁同步发电机的转矩方程表达式可知,通过改变定子电流 i_{sd} 和 i_{sq} 的大小,便可实现对电磁转矩的调节,而根据定子电流矢量在 dq 轴的分配比例不同,永磁同步发电机存在多种不同的矢量控制策略,如零 d 轴电流控制、最大转矩电流比控制、恒定气隙磁链控制、单位功率因数控制等。其中,永磁同步电机的零 d 轴电流控制方式,结构简单,应用最为广泛。

当采取 $i_{sd}=0$ 的转子磁场定向矢量控制策略时,发电机的转矩方程简化为

$$T_e = \frac{3}{2} n_p i_{sq} \psi_f \tag{2-74}$$

上式说明,永磁同步电机的电磁转矩仅由定子电流的 q 轴分量决定,调节 i_{sq} 的大小即可实现电机转速的控制,此时电机的定子电流可全部用于产生电磁转矩,具有较高的效率。值得说明的是,在 $i_{sd}=0$ 的控制方式下,还能够避免在 d 轴方向出现电枢反应,防止永磁体产生退磁现象。

根据定子电压方程,可得机侧变换器输出电流与电压间的传递函数为

$$\begin{cases} \dfrac{i_{sd}(s)}{u_{sd}(s)} = \dfrac{1}{L_{sd}s + R_s} \\ \dfrac{i_{sq}(s)}{u_{sq}(s)} = \dfrac{1}{L_{sq}s + R_s} \end{cases} \tag{2-75}$$

由上式可知,当 $L_{sd} \neq L_{sq}$ 时,机侧变换器的 d 轴和 q 轴电流内环控制需要两组不同参数的 PI 调节器。进一步,可得机侧变换器的内环控制方程为

$$\begin{cases} u_{sd} = -\left[k_{pd\_m}(i_{sd}^* - i_{sd}) + k_{id\_m}\int(i_{sd}^* - i_{sd})\mathrm{d}t \right] + \Delta u_{sd} \\ u_{sq} = -\left[k_{pq\_m}(i_{sq}^* - i_{sq}) + k_{iq\_m}\int(i_{sq}^* - i_{sq})\mathrm{d}t \right] + \Delta u_{sq} + u_{sm} \end{cases} \tag{2-76}$$

式中，k_{pd_m}、k_{id_m} 和 k_{pq_m}、k_{iq_m} 分别为定子 d 轴和 q 轴电流内环 PI 调节器的比例、积分系数；i_{sd}^*、i_{sq}^* 分别为 d 轴、q 轴电流的给定值；Δu_{sd} 和 Δu_{sq} 则表示 d 轴和 q 轴电压之间的耦合补偿项，具体表达式为

$$\begin{cases} \Delta u_{sd} = -\omega_s L_{sq} i_{sq} \\ \Delta u_{sq} = \omega_s L_{sd} i_{sd} \end{cases} \tag{2-77}$$

发电机定子 q 轴电流分量的给定值取决于外环的输出，当机侧变换器采用转矩外环来跟踪风力机的最优转矩时，基于 PI 调节器的转矩外环控制方程为

$$i_{sq}^* = k_{pt\_m}(T_e^* - T_e) + k_{it\_m}\int(T_e^* - T_e)\mathrm{d}t \tag{2-78}$$

式中，k_{pt_m}、k_{it_m} 分别为转矩外环 PI 调节器的比例、积分系数；T_e^* 为发电机电磁转矩的给定值。

针对永磁同步发电机的机侧变换器控制策略如图 2-16 所示。图中，发电机采用基于转子磁链定向的电流内环、转矩外环的控制方式，与网侧变换器相似，定子 dq 轴电流除了与各自控制电压有关外，还受到交叉耦合电压分量的影响，因此在定子电流的闭环控制环路中分别加入了去耦项。另外，在 q 轴定子电流环外级联串入了转矩控制外环，以获取 q 轴电流参考值，而发电机的电磁转矩指令由上文的最大功率跟踪算法获得。

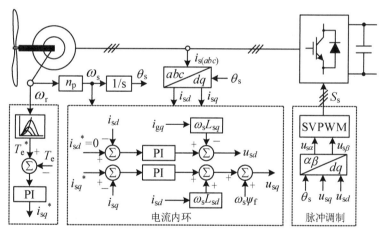

图 2-16　针对永磁同步发电机的机侧变换器控制框图

2.4　变流器控制参数设计

基于本节所述的风电变流器的基本控制原理，变流器控制参数主要涉及锁相环、网侧变换器电流内环和电压外环、机侧变换器电流内环和速度外环的控制参数。

2.4.1　锁相环控制参数设计

假设三相电网电压对称且无谐波畸变，仅存在基波电压分量，将该电压矢量同步定向于

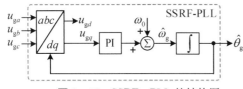

图 2-17 SSRF-PLL 的结构图

两相旋转 dq 坐标系的 d 轴上时,则有如下关系:$u_{gd} = u_{gm}$,$u_{gq} = 0$;其中,u_{gm} 为电网电压矢量的幅值。上述同步过程可通过锁相环实现,图 2-17 为基于单同步旋转坐标系的锁相环(SSRF-PLL)结构图。图中,u_{ga}、u_{gb}、u_{gc} 为三相并网相电压,$\hat{\omega}_g$ 和 $\hat{\theta}_g$ 分别为锁相环估测到的角频率和相角,ω_0 为基准角频率,取为电网额定角频率 314 rad/s。

忽略三相电网电压的初始相角,并以 SSRF-PLL 的输出相角为 Park 变换的旋转角度,则有

$$
\begin{cases}
u_{gd} = u_{gm}\cos(\omega_g t - \hat{\theta}_g) \\
u_{gq} = u_{gm}\sin(\omega_g t - \hat{\theta}_g)
\end{cases}
\tag{2-79}
$$

在 SSRF-PLL 闭环系统中,利用 PI 调节器控制相电压的 q 轴分量接近于零,即 $u_{gq} \approx 0$,则可认为锁相环输出相角 $\hat{\theta}_g$ 与电网相电压相角 θ_g 近似相等,这一动态过程即实现了电网电压的同步,且此时应满足下列关系:$\hat{\omega}_g \approx \omega_g$,$\hat{\theta}_g \approx \theta_g = \omega_g t$。对于 q 轴电压分量,可进一步简化为

$$
u_{gq} = u_{gm}\sin(\omega_g t - \hat{\theta}_g) \approx u_{gm}(\theta_g - \hat{\theta}_g)
\tag{2-80}
$$

由上面的方程式可知,θ_g 和 $\hat{\theta}_g$ 之间存在一定线性关系,利用这层联系并结合结构图 2-16 可得到 SSRF-PLL 的小信号模型,如图 2-18 所示。图中,k_{pPLL}、k_{iPLL} 分别为 PI 调节器的比例、积分系数;$D(s)$ 为电压扰动量,在理想电

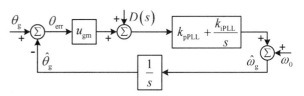

图 2-18 SSRF-PLL 的小信号模型图

网环境下,该扰动量为 0。根据 SSRF-PLL 的小信号模型,可得系统的闭环传递函数 $G_{cl}(s)$ 为

$$
G_{cl}(s) = \frac{u_{gm}(k_{pPLL}s + k_{iPLL})}{s^2 + u_{gm}(k_{pPLL}s + k_{iPLL})}
\tag{2-81}
$$

将上式比照典型二阶系统的表达式,并根据参数优化设计原则,可得

$$
\begin{cases}
k_{pPLL} = \dfrac{2\alpha_{PLL}}{u_{gm}} \\[3mm]
k_{iPLL} = \dfrac{(\alpha_{PLL}/\xi)^2}{u_{gm}}
\end{cases}
\tag{2-82}
$$

式中,α_{PLL} 为锁相环的设计带宽;ξ 为阻尼比,通常取为 0.707。

2.4.2 网侧变换器控制参数设计

1. 电流内环参数设计

对于 LCL 型滤波器,存在电流谐振问题,可以采用无源阻尼控制或者有源阻尼控制的

方法来解决,有关 LCL 的阻尼控制技术,在此不进行详细论述。

网侧并网逆变器多采用电压定向控制,取 $L=L_{\mathrm{g}}+L_{\mathrm{i}}$, $R=R_{\mathrm{g}}+R_{\mathrm{i}}$,并忽略电容电流,近似认为电网侧电流和变换器侧电流是相等的,则可得采用电压定向控制的网侧变换器控制方程为

$$\begin{cases} u_{\mathrm{id}} = \left(L\,\dfrac{\mathrm{d}}{\mathrm{d}t}i_{\mathrm{id}}+Ri_{\mathrm{id}}\right)+e_d+\omega_{\mathrm{g}}Li_{\mathrm{iq}} \\ u_{\mathrm{iq}} = \left(L\,\dfrac{\mathrm{d}}{\mathrm{d}t}i_{\mathrm{iq}}+Ri_{\mathrm{iq}}\right)+e_q+\omega_{\mathrm{g}}Li_{\mathrm{iq}} \end{cases} \tag{2-83}$$

其中,采用电网电压定向控制后,电网电压的分量 $e_d=E_{\mathrm{m}}$, $e_q=0$。

将式(2-83)中的 e_d 视为前馈项,以 u_{id} 和 u_{iq} 作为控制量,以 i_{id} 和 i_{iq} 作为输出量,并将交叉耦合项去掉,则由式(2-83)可以得到电流内环的传递函数为

$$\begin{cases} \dfrac{i_{\mathrm{id}}(s)}{u_{\mathrm{id}}(s)} = \dfrac{1}{sL+R} = \dfrac{1/R}{s\tau_{\mathrm{g}}+1} \\ \dfrac{i_{\mathrm{iq}}(s)}{u_{\mathrm{iq}}(s)} = \dfrac{1}{sL+R} = \dfrac{1/R}{s\tau_{\mathrm{g}}+1} \end{cases} \tag{2-84}$$

其中, $\tau_{\mathrm{g}}=L/R$,定义为网侧变换器的内环时间常数。

由式(2-84)可知,网侧变换器的变换器电压与变换器侧输出电流之间是一阶惯性环节的关系,为了构造电流内环的闭环传递函数,引入 PI 调节器来控制变换器侧电流,可以得到电流内环的传递函数如图 2-19 所示。

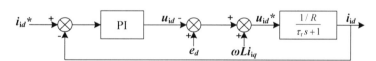

(a) d 轴电流内环结构图

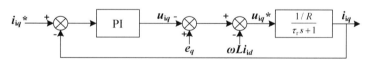

(b) q 轴电流内环结构图

图 2-19　网侧变换器的电流内环结构框图

PI 调节器的表达式一般为

$$G_{\mathrm{PI}}(s)=K_{\mathrm{p}}+\frac{1}{\tau s}=\frac{K_{\mathrm{p}}s+K_{\mathrm{i}}}{s}=\frac{K_{\mathrm{p}}s+K_{\mathrm{p}}/\tau}{s} \tag{2-85}$$

其中, K_{p} 为比例系数, K_{i} 为积分系数, τ 为内环积分时间常数,且有 $K_{\mathrm{i}}=K_{\mathrm{p}}/\tau$。

图 2-19 为网侧变换器在理想控制情况下,不考虑采样延时和控制延时效应的简化结构框图,而在实际控制中,采样延时和 PWM 控制延时会对系统的控制参数、控制性能,甚至对系统的控制稳定性产生较大的影响,因此在电流内环设计时候必须考虑延时效应。

一般情况下,在电流内环设计时候,将采样延时和控制延时等效为一阶延时环节,延时时间考虑 a 个开关周期 T_s 的时间,则可得内环等值框图如图 2-20 所示。

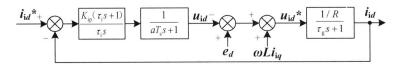

图 2-20 考虑延时后的网侧变换器的电流内环结构框图

简化后的电流内环开环传递函数为

$$G_i(s) = \frac{\dfrac{K_{ip}}{R}(\tau_i s + 1)}{\tau_i s(aT_s s + 1)(\tau_g s + 1)} \tag{2-86}$$

将电流内环设计为一型系统,令 $\tau_i = \tau_g$,利用零极点对消,可得简化后的电流内环开环传递函数为

$$\Phi_i(s) = \frac{K_{ip}}{R\tau_i s(aT_s s + 1)} = \frac{K}{s(Ts+1)} \tag{2-87}$$

式中, $K = K_{ip}/L$, $T = aT_s$。

根据式(2-87)和图 2-20 可得,电流内环的闭环传递函数为

$$W_i(s) = \frac{\Phi_i(s)}{1 + \Phi_i(s)} = \frac{K/T}{s^2 + \dfrac{1}{T}s + \dfrac{K}{T}} = \frac{\omega_n^2}{s^2 + 2\xi\omega_n s + \omega_n^2} \tag{2-88}$$

根据式(2-88)可得

$$\begin{cases} \omega_n = \sqrt{\dfrac{K}{T}} \\ \xi = \dfrac{1}{2}\sqrt{\dfrac{1}{KT}} \end{cases} \tag{2-89}$$

要达到二阶"最优"的动态性能,须满足 $\xi = 0.707$,也即 $KT = 0.5$,则可得电流内环 PI 参数设计公式为

$$\begin{cases} K_{ip} = \dfrac{0.5L}{aT_s} \\ K_{ii} = \dfrac{K_{ip}}{\tau_i} = \dfrac{0.5L}{aT_s\tau_i} = \dfrac{0.5R}{aT_s} \end{cases} \tag{2-90}$$

一般情况下,电阻 R 并不易求得,所以对于积分系数的求取,一般根据电流内环的时间常数来选取,一般取电流内环时间常数为 4~6 个开关周期。

根据式(2-90),可得电流内环的带宽为

$$\omega_{\mathrm{b}} = \omega_{\mathrm{n}}\big[(1-2\xi^2)+\sqrt{(1-2\xi^2)^2+1}\,\big]^{\frac{1}{2}} \tag{2-91}$$

当 ξ 取 0.707 时候，电流内环的带宽为

$$f_{\mathrm{bi}} = \frac{\omega_{\mathrm{n}}}{2\pi} = \frac{1}{2\sqrt{2}\,a\pi T_{\mathrm{s}}} \tag{2-92}$$

2. 电压外环参数设计

电压外环的结构框图如图 2-21 所示。

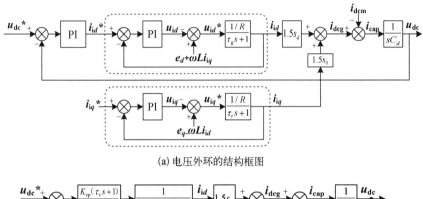

(a) 电压外环的结构框图

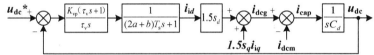

(b) 电压外环的简化结构框图

图 2-21　考虑延时后的网侧变换器的电流内环结构框图

为了简化电压外环的结构，将电流内环简化为一阶环节如式(2-93)所示：

$$W_{\mathrm{i}}(s) = \frac{1}{2(aT_{\mathrm{s}})^2 s^2 + 2aT_{\mathrm{s}}s+1} \approx \frac{1}{2aT_{\mathrm{s}}s+1} \tag{2-93}$$

考虑电压外环采样延时时间为 b 个开关周期，将该采样延时和电流内环的一阶环节进行合并，则可得电压外环的简化结构框图如图 2-21(b)所示。

由图 2-21(b)所示可得电压环的开环传递函数为

$$G_{\mathrm{v}}(s) = \frac{1.5 s_d K_{\mathrm{vp}}(\tau_{\mathrm{v}}s+1)}{\tau_{\mathrm{v}}C_d s^2\big[(2a+b)T_{\mathrm{s}}s+1\big]} \xlongequal{\diamond} \frac{K(ms+1)}{s^2(ns+1)} \tag{2-94}$$

其中，$K = \dfrac{1.5 s_d K_{\mathrm{vp}}}{\tau_{\mathrm{v}}C_d}$，$m = \tau_{\mathrm{v}}$，$n = (2a+b)T_{\mathrm{s}}$。

按照典型二型系统来设计电压环的参数，即对式(2-94)满足：

$$\begin{cases} m = Hn \\ K = \dfrac{H+1}{2H^2 n^2} \end{cases} \tag{2-95}$$

则可得电压环的 PI 参数设计公式为

$$\begin{cases} \tau_{v} = (2a+b)HT_{s} \\ K_{vp} = \dfrac{(H+1)C_{d}}{3s_{d}H(2a+b)T_{s}} \\ K_{vi} = \dfrac{K_{vp}}{\tau_{v}} = \dfrac{(H+1)C_{d}}{3s_{d}H^{2}(2a+b)^{2}T_{s}^{2}} \end{cases} \tag{2-96}$$

2.4.3 机侧变换器控制参数设计

以鼠笼异步发电机为例,介绍机侧变换器的控制参数设计方法。

1. 电流内环的参数设计

建立定子电流与电子电压的传递函数如下所示:

$$\begin{cases} \dfrac{i_{sd}(s)}{u_{sd}(s)} = \dfrac{1}{\sigma L_{s}s + \left(R_{s} + \dfrac{R_{r}L_{m}^{2}}{L_{r}^{2}}\right)} = \dfrac{1/R_{s}}{\sigma \tau_{s}s + \left(1 + \dfrac{R_{r}L_{m}^{2}}{R_{s}L_{r}^{2}}\right)} \\[4mm] \dfrac{i_{sq}(s)}{u_{sq}(s)} = \dfrac{1}{\sigma L_{s}s + \left(R_{s} + \dfrac{R_{r}L_{m}^{2}}{L_{r}^{2}}\right)} = \dfrac{1/R_{s}}{\sigma \tau_{s}s + \left(1 + \dfrac{R_{r}L_{m}^{2}}{R_{s}L_{r}^{2}}\right)} \end{cases} \tag{2-97}$$

电流内环的结构框图如图 2-22 所示。

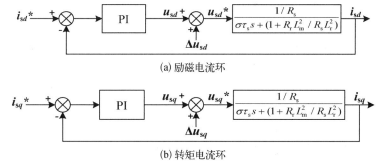

(a) 励磁电流环

(b) 转矩电流环

图 2-22 机侧变换器双电流闭环结构框图

如图 2-22 所示,同理考虑机侧变换器内环延时为 a 个开关周期,则可得机侧变换器的电流内环开环传递函数为

$$G_{i}(s) = \dfrac{\dfrac{K_{ip}}{R_{s}R_{sm}}(\tau_{i}s+1)}{\tau_{i}s(aT_{s}s+1)\left[\sigma \tau_{s}s + \left(1 + \dfrac{R_{r}L_{m}^{2}}{R_{s}L_{r}^{2}}\right)\right]} = \dfrac{\dfrac{K_{ip}}{R_{s}R_{sm}}(\tau_{i}s+1)}{\tau_{i}s(aT_{s}s+1)(\tau_{sm}s+1)} \tag{2-98}$$

定义: $L_{sm} = \sigma \tau_{s}$,$R_{sm} = 1 + \dfrac{R_{r}L_{m}^{2}}{R_{s}L_{r}^{2}}$,$\tau_{sm} = \dfrac{L_{sm}}{R_{sm}} = \dfrac{\sigma \tau_{s}}{1 + \dfrac{R_{r}L_{m}^{2}}{R_{s}L_{r}^{2}}} = \dfrac{\sigma L_{s}}{R_{s} + R_{r}\dfrac{L_{m}^{2}}{L_{r}^{2}}}$。

采用与 2.4.2 节相同的分析方法,取 $\tau_i = \tau_{sm}$,则可得内环的简化方程为

$$G_i(s) = \frac{\dfrac{K_{ip}}{R_s R_{sm}}}{\tau_i s(aT_s s + 1)} = \frac{\dfrac{K_{ip}}{\sigma L_s}}{s(aT_s s + 1)} = \frac{K}{s(Ts + 1)} \qquad (2-99)$$

其中, $K = \dfrac{K_{ip}}{\sigma L_s}$, $T = aT_s$。

电流内环的闭环传递函数为

$$W_i(s) = \frac{G_i(s)}{1 + G_i(s)} = \frac{\dfrac{K}{T}}{s^2 + \dfrac{1}{T}s + \dfrac{K}{T}} = \frac{\omega_n^2}{s^2 + 2\xi\omega_n s + \omega_n^2} \qquad (2-100)$$

根据式(2-100)可得

$$\begin{cases} \omega_n = \sqrt{\dfrac{K}{T}} \\[3mm] \xi = \dfrac{1}{2}\sqrt{\dfrac{1}{KT}} \end{cases} \qquad (2-101)$$

对于式(2-100)按照 $\xi = 0.707$、即 $KT = 0.5$,设计电流内环的 PI 参数,可得

$$\begin{cases} K_{ip} = \dfrac{0.5\sigma L_s}{aT_s} \\[3mm] K_{ii} = \dfrac{K_{ip}}{\tau_i} = \dfrac{0.5\sigma L_s}{aT_s \tau_i} = \dfrac{0.5}{aT_s}\left(R_s + R_r\dfrac{L_m^2}{L_r^2}\right) \end{cases} \qquad (2-102)$$

2. 速度外环的参数设计

可以将电流内环简化为一阶系统即

$$W_i(s) = \frac{1}{2aT_s s + 1} \qquad (2-103)$$

速度环输出为转矩,转矩经过一个比例系数即为 q 轴电流的参考值,其中转矩与 q 轴电流的关系式为

$$T_e = \frac{n_p L_m \psi_{rm}}{L_r} i_{sq} = k i_{sq} \qquad (2-104)$$

速度外环的结构框图如图 2-23 所示。

考虑速度外环采样延时时间为 b 个开关周期,将该采样延时和电流内环的一阶环节进行合并,则可得速度环的开环传递函数为

$$G_w(s) = \frac{n_p K_{vp}(\tau_w s + 1)}{\tau_w J s^2 [(2a+b)T_s s + 1]} = \frac{K(ms + 1)}{s^2(ns + 1)} \qquad (2-105)$$

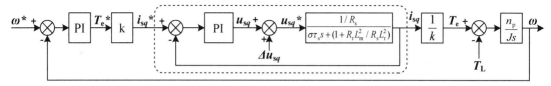

图 2-23 机侧变换器速度闭环结构框图

其中，$K = \dfrac{n_\mathrm{p}K_\mathrm{wp}}{\tau_\mathrm{w}J}$，$m = \tau_\mathrm{w}$，$n = (2a + b)T_\mathrm{s}$。

按照典型二型系统来设计速度环的参数，即对式(2-105)满足

$$\begin{cases} m = Hn \\ K = \dfrac{H+1}{2H^2n^2} \end{cases} \qquad (2-106)$$

则可得速度环的 PI 参数设计公式为

$$\begin{cases} \tau_\mathrm{w} = (2a+b)HT_\mathrm{s} \\ K_\mathrm{wp} = \dfrac{(H+1)J}{2n_\mathrm{p}H(2a+b)T_\mathrm{s}} \\ K_\mathrm{wi} = \dfrac{K_\mathrm{wp}}{\tau_\mathrm{w}} = \dfrac{(H+1)J}{2n_\mathrm{p}H^2(2a+b)^2T_\mathrm{s}^2} \end{cases} \qquad (2-107)$$

基于永磁同步发电机的机侧变换器的电流内环和速度外环控制器参数与鼠笼感应异步发电机的设计方法类似，此处不再重复介绍。

2.5 变流器主电路参数设计方法

本节主要介绍风电变流器中主电路的参数选型准则，包括以下器件：功率器件、网侧 LCL(LC)滤波器、机侧 dv/dt 滤波器、直流母线电容和卸荷电路等。

2.5.1 网侧变换器 IGBT 参数设计

功率组件的选型主要考虑功率器件的电压电流等级是否能满足需要。在初步选定功率器件型号的基础上，根据该功率器件的损耗与相关热阻进行热分析，以确定功率器件的结温是否满足要求，需要考虑最严峻的情况，并以此作为最终定型的依据。

风电变流器的功率器件可以选择 IPM，包含 IGBT 及其驱动部件。另外，一些功率器件厂家也直接提供功率模组 stack，包含功率器件、直流母线、DC-link 电容、吸收电容、均流电抗、IGBT 的驱动以及相关的温度、电压、电流传感器等，可有效减少研发时间。

对网侧变换器功率模组的选择主要考虑如下技术参数：

1) 并网变流器额定输出有功功率；

2) 网侧变换器的功率因数，满载有功时，0.95～1.0(超前)，-0.95～-1.0(滞后)；

3) 电网额定电压;对于低压系统,一般额定电压 690 V,需考虑电压波动±10％情况下变流器的持续工作;此时应考虑 1 700 V 耐压的功率模组;

4) 电网额定频率;我国电网电压额定频率 50 Hz,需考虑频率正常波动范围:47～52 Hz;

5) 变流器过载能力;应能保证 110％过载工况下长期连续可靠运行,保证 120％过载情况下连续可靠运行 1 min;

6) 开关频率;对 MW 级功率风电变流器,开关频率一般不超过 3 kHz;

7) 工作温度;模块核心的工作温度一般不超过 125℃;考虑模块的实际工作环境,散热方式可选择强制风冷或强制水冷。

2.5.2　机侧变换器 IGBT 参数设计

机侧变换器 IGBT 模组的选择与网侧变换器类似,对机侧变换器功率模组的选择主要考虑如下技术参数:

1) 发电机的额定输出有功功率;

2) 发电机的功率因数;

3) 发电机的效率;

4) 发电机的额定电压;对于低压系统,一般发电机的额定电压为 690 V,此时应考虑 1 700 V 耐压的功率模组;

5) 发电机额定频率;需考虑频率正常波动范围:0～50 Hz 或 0～60 Hz;

6) 变流器过载能力;应能保证 110％过载工况下长期连续可靠运行,保证 120％过载情况下连续可靠运行 1 min;

7) 开关频率;对 MW 级功率风电变流器,开关频率一般不超过 3 kHz;

8) 工作温度;模块核心的工作温度一般不超过 125℃;考虑模块的实际工作环境,散热方式可选择强制风冷或强制水冷。

2.5.3　网侧滤波器参数设计

由于损耗原因,兆瓦级并网逆变器工作于较低的开关频率,一般为 2～3 kHz。这就对滤波器的性能提出了更高的要求,这时只选用单电感的滤波方式已经不能满足电网电流谐波在 5％以下的要求,因此,兆瓦级并网型逆变器一般采用 LCL 结构的滤波器。LCL 结构的滤波器具有如下特点:通过合理的选择变流器侧电感 L_1,网侧电感 L_2 以及滤波电容 C_f 的参数,可以设置谐振频率点 f_{res},谐振频率前的谐波成分按−20 dB 的斜率衰减,谐振频率后的谐波成分按−60 dB 的斜率衰减,因此,利用这一性质可以很好地滤除开关频率及其倍数处的谐波成分;然而,由于谐振频率点的存在,使得谐振频率处附近的谐波成分被放大,为了使控制系统稳定并减少电流中谐振频率左右的谐波含量,可以通过增加一定大小的阻尼电阻 R_f 来满足电网要求。最后,在含有并网变压器的系统中,可以将并网变压器的等效电感视作网侧电感而设计 LC 型并网滤波器,一方面减少滤波器体积,降低成本,一方面也可以达到很好的滤波效果。

其设计步骤如下所述:

首先,设系统并联回路为 n,通过并网变压器与电网相连,可通过如下步骤得到各支路 LCR 滤波器的参数大小:

步骤 1:计算并网变压器的等效电感值。

通过并网变压器铭牌,可以通过下式估算并网变压器的等效电感值为

$$L_e = \frac{X\% \times U_e^2}{6\pi \times S \times f} \tag{2-108}$$

式中,L_e 为并网变压器等效电感值;$X\%$ 为变压器短路阻抗比;U_e 为变压器二次侧相电压有效值;S 为变压器容量;f 为额定工作频率。

步骤 2:确定滤波器 L 的参数。

步骤 2.1:确定滤波器 L 的最小值。

从谐波含量出发,可以得到滤波电感 L 的最小值 L_{min1},可通过下面方法进行计算。

根据不同调制算法,可以得到对应的电压谐波含量,从而得到各电流谐波含量可由下式得到:

$$I_a(h) = \frac{k(h) \times U_{dc}}{\sqrt{3 \times h \times 2\pi \times f \times L}} \tag{2-109}$$

式中,h 为谐波次数;f 为基波频率;L 为滤波电感值;U_{dc} 为直流电压;$k(h) \times U_{dc}$ 为谐波电压大小。

设计通过电感 L 后谐波大小为 $k\%$,可通过下式计算电感最小值:

$$L_{min1} = \sqrt{\sum I_a(h)^2} \leqslant k\% \times I_e \tag{2-110}$$

式中,$k\%$ 为设计的允许电流谐波大小;I_e 为系统额定电流有效值。

通过上述方法,可以得到满足电流谐波要求的电感 L 为 L_{min1}。

从纹波出发确定电感最小值 L_{min2},方法如下。

采用 SPWM 调制方法时,电感最小值为

$$L_{min2} \geqslant \frac{U_{dc}}{8 \times f_{sw} \times k \times I_m} \tag{2-111}$$

采用 SVPWM 调制方法时,电感最小值为

$$L_{min2} \geqslant \frac{U_{dc}}{4\sqrt{3} \times f_{sw} \times k \times I_m} \tag{2-112}$$

式中,f_{sw} 为开关频率;k 为设计中的纹波系数;I_m 为额定电流峰值。

通过纹波的要求,可以得到电感的最小值 L_{min2},将 L_{min1} 与 L_{min2} 比较,取其大者作为滤波器电感的最小值 L_{filter_min}。

步骤 2.2:确定输出滤波器电感的最大值。

输出电感最大值受到直流电压利用率的限制,与直流母线电压大小、调制方法、网侧功率因数、电网电压、流过该通路电流大小等因素有关,可基于下面的方法对电感最大值进行计算。

首先,计算电感 L 的最大值,包括滤波器电感与变压器等效电感,计算公式为

$$U_{dc}^2 = U_{em}^2 + (\omega L I_m)^2 - 2U_{em}\omega L I_m \cos[90° + \arc(\varphi)] \tag{2-113}$$

式中,U_{em} 为电网电压峰值;ω 为电网角频率;I_m 为额定电流峰值;φ 为网侧工作的功率因数。

可通过上式计算出电感 L 的最大值 L_{max}。因此滤波器输出电感的最大值为

$$L_{filter\_max} = L_{max} - nL_e \tag{2-114}$$

式中,L_{filter_max} 为输出滤波器电感最大值;n 为并联系统个数;L_e 为并网变压器等效电感。

至此,可以得到电感的取值范围:$L_{filter\_max} > L_{filter} > L_{filter\_min}$。 通过结合滤波效果与经济性等因素,可以得到最终电感值 L_{filter}。

步骤 3:确定输出电容 C_f 的容量。

C_f 的取值决定了由逆变器输出电感、滤波电容、并网变压器等效电感构成的三阶系统的谐振频率点。谐振频率的计算公式为

$$f_{res} = \frac{1}{2\pi}\sqrt{\frac{L_{filter} + nL_e}{L_{filter}nL_eC_f}} \tag{2-115}$$

式中,f_{res} 为谐振频率;C_f 为滤波器电容容量。

谐振频率的选取原则:一般将谐振频率设置在 10 倍基波频率与 1/2 开关频率之间。

除了考虑谐振频率的设置点,还需要考虑流过电容的无功电流大小,如果电容选取较大会对变流器容量提出更高的要求,因此一般需要限制流过滤波电容的无功电流为额定电流值的 5%。

步骤 4:阻尼电阻的确定。

为了抑制谐振,需要增加阻尼电阻以保证控制系统稳定以及降低电流谐波,可通过下式来确定 C_f 回路串联电阻 R_f 的大小:

$$R_f = \frac{1}{6\pi f_{res}C_f} \tag{2-116}$$

在特定情况下,阻尼电阻可通过有源阻尼的软件方法进行改进并去除,这里不再赘述。

2.5.4　机侧滤波器参数设计

很多工况下,变换器要通过长电缆来驱动电机,由于电缆与电机阻抗失配,会导致电压波在传播过程中进行反射,使机端线电压上升,最严重的情况下可能会产生 2 倍 U_{dc} 的过电压,这对电机绝缘带来严重问题。因此,在变换器长线传播的情况下设计合理的滤波器(dv/dt 滤波器)减少机端过电压,限制电机的 dv/dt,是变换器设计中必须要考虑的问题。

影响机侧过电压现象产生的原因主要有两个方面:电压反射现象和 PWM 脉冲的变化率。电压反射现象是由于阻抗不匹配导致的,与反射系数有关。变换器通过长线驱动电机,阻抗不匹配发生在电缆与电机以及电缆与变换器之间。高频时电机绕组呈现很大的特征阻抗,一般为电缆特征阻抗的 10～100 倍,因此,在电压波传播到电机端时,根据反射系数,会发生明显的电压反射,严重时可能达到 2 倍 U_{dc}。

从电压反射理论可以发现,当电压波由变换器经过电缆传播到电机端时,产生电压正反射,而反射波返回到变换器时会产生电压负反射,由此可以发现,如果在上升时间内负电压传播至电机端,则机端过电压现象会有所改善。

设 PWM 脉冲上升/下降时间为 t_r,PWM 电压波从变换器传播到电机侧需要的时间为 t_t,研究发现当 $t_r > 2t_t$ 时,电机端线电压峰值会随着 t_r 的增加而减小,从而改善机端过电压现象。

对于一个现有的系统,由于其电缆长度,电缆参数,反射系数等都是确定的,要改变过电压现象,可通过滤波器来增大 PWM 脉冲的上升时间来实现。

由上述分析可知,电机阻抗与电缆阻抗不匹配是因为电机绕组在高频下表现出很高的阻抗,常用的解决方案是在变换器侧增加 LC 滤波器(如图 2-24 所示),以达到增加变换器输出 PWM 脉冲的上升时间的作用,从而有效抑制电机端过电压。由于 LC 滤波器存在固有谐振,因此实际应用中需要在 LC 滤波器中增加阻尼电阻 R 来抑制 LC 滤波器的谐振问题。

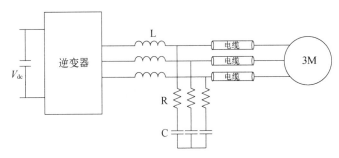

图 2-24 机侧变换器 LC 滤波器

机侧变换器的 LC 滤波器参数设计步骤如下。

步骤 1:确定输出电感 L 的大小。

输出电感 L 的作用一方面是减少电流上升率,一方面跟滤波电容 C 构成二阶系统来延长电压脉冲上升沿的上升时间,输出电感 L 的大小可以按照线路阻抗的 $0.2\,\mathrm{pu}$ 左右进行选择:

$$L = \frac{0.2U_e}{2\pi f I_e} \tag{2-117}$$

式中,U_e 为电机额定相电压;I_e 为电机额定工作电流;f 为额定工作频率。

步骤 2:确定滤波电阻 R 的大小。

滤波电阻 R 的作用主要是进行阻抗匹配,抑制电压的反射现象,滤波电阻 R 的选择应该与电缆阻抗相当,可采用如下公式得到:

$$R = Z_c = \sqrt{\frac{L_c}{C_c}} \tag{2-118}$$

式中,Z_c 为电缆特征阻抗;L_c 为电缆单位长度杂散电感参数;C_c 为电缆单位长度杂散电容参数。

步骤 3:确定滤波电容 C 的大小。

可通过选择滤波电容 C 的参数来设置脉冲上升沿的上升时间,具体方法可以通过如下公式计算。

可将 RLC 滤波器构成的系统看做带零点的二阶系统,表达式为

$$x(s) = \frac{\omega_n^2 (s+z)}{sz(s^2 + 2\zeta\omega_n + \omega_n^2)} \tag{2-119}$$

其特征方程为: $s^2 + 2\zeta\omega_n + \omega_n^2 = 0$

可设: $\beta_d = \arctan(\sqrt{1-\zeta^2}/\zeta)$

$$\psi = -\pi + \arctan[\omega_n\sqrt{1-\zeta^2}/(z-\zeta\omega_n)] + \arctan(\sqrt{1-\zeta^2}/\zeta)$$

由上述特性可以得到系统的阻尼比、特征频率、上升时间如下:

$$\begin{cases} \zeta = \dfrac{R}{2}\sqrt{\dfrac{C}{L}} \\[3mm] \omega_n = \dfrac{1}{\sqrt{LC}} \\[3mm] t_r = \dfrac{\beta_d - \psi}{\omega_n\sqrt{1-\zeta^2}} \end{cases} \tag{2-120}$$

通过上述特性的设置,可以得到满足需要的滤波电容 C 的大小。

步骤 4:参数修正。

根据设置的滤波器参数进行实验,可以得到过电压现象的抑制效果。其抑制效果跟很多因素有关,如电阻损耗大小、过电压高低、电压变化率大小、成本大小等。上面的选择方案是按限制过电压大小设计的,如果考虑减少滤波器带来的有功损耗,可以通过减少滤波电容 C 的大小来实现,但是这样会使得过电压抑制效果降低。滤波器参数的选取是一个综合考虑的折中,需要根据实际情况与设计目标进行多方面的参数修正才能达到满意的结果。

2.5.5　直流母线电容参数设计

一般来说,从满足电压环控制的跟踪特性来看,VSR 直流侧电容应尽量小,以确保 VSR 直流侧电压的快速跟踪特性;而从满足电压环控制的抗扰性能指标来看,VSR 直流侧电容应该尽可能大,以限制负载扰动时的直流电压动态降落。下面分别从这两个角度考虑电容电压参数的设计。

1. 满足 VSR 直流电压跟随性指标时的电容设计

讨论三相 VSR 从直流电压稳态最低值跃变到直流电压额定值的动态过程,直流母线电容的选择:

$$C \leqslant \frac{t_r^*}{R_{Le}\ln\dfrac{I_{dm}R_{Le} - U_{do}}{I_{dm}R_{Le} - U_{dc}}} \tag{2-121}$$

式中, t_r 为三相 VSR 直流电压从初始值 U_{do} 跃变到额定直流电压 U_{dc} 的时间; R_{Le} 为三相 VSR 额定侧等效负载电阻; I_{dm} 为三相 VSR 直流侧的最大输出电流;

一般情况下,工程上常取

$$I_{dm} = 1.2 \frac{U_{dc}}{R_{Le}} \qquad (2-122)$$

将上式代入，可得

$$C \leqslant \frac{t_r^*}{0.74 R_{Le}} \qquad (2-123)$$

可见，由三相 VSR 直流电压控制的跟随性指标，可求出直流侧电容的上限值。

2. 满足 VSR 电压抗扰性能指标的电容设计

若要求三相 VSR 满足负载阶跃扰动时的抗扰性能指标，则 VSR 直流侧电容应该足够大，其电容下限值为

$$C_{min} > \frac{U_{dc}}{2\Delta U_{max} R_{Le}} \qquad (2-124)$$

直流电容的设计理论可依据上述两种方法进行，但实际上很难同时满足这两方面要求，一般情况下直流电容的设计主要考虑抗扰性能指标。

2.5.6　卸荷回路参数设计

卸荷回路的功率器件选择应与机侧变换器的功率器件选择参数一致，此处不再赘述。

卸荷回路卸荷电阻的选择应考虑极端情况下卸荷回路应有卸放全部功率的能力及允许通过的最高电压两个方面，考虑最大允许电压为 $U_{dc\,max}$，则卸荷电阻 R 的大小为

$$R = \frac{U_{dc\,max}^2}{P_m} \qquad (2-125)$$

2.6　设计案例

以一台 3 MW/4 MVA 感应电机全功率变换风电变流器为例进行设计，其中感应发电机额定电压为 690 V，变流器直流母线电压设定为 1 100 V。变流器的主电路拓扑选择两电平背靠背双 PWM 变换器，采用两套 1.5 MW/2 MVA 变换器并联的方式来实现。设计出单台 1.5 MW/2 MVA 变换器的主电路参数如表 2-1 所示。

表 2-1　1.5 MW/2 MVA 感应电机全功变换变流器主回路电气参数

参　　数	数　值	参　　数	数　值
机侧 du/dt 电抗器	40 μH	LCL 电网侧电感	32 μH
母线电压设定值	1 100 V	LCL 变换器侧电感	100 μH
母线电容	29.7 mF	LCL 滤波电容	668 μF
机侧功率模组	1 800 A/1 700 V	LCL 阻尼电阻	0.1 Ω
卸荷回路功率模组	1 800 A/1 700 V	网侧功率模组	1 800 A/1 700 V
卸荷回路电阻	1 Ω/1 MJ	功率模组型号	SKiiP1814GB17E43DUW
机侧 VSC 开关频率	3 kHz	网侧 VSC 开关频率	3 kHz

　　基于 MTLAB,按照表 2-1 和附录 4 的发电机和电网参数建立 3 MW 感应电机全功率变换风电机组的仿真模型。进行仿真分析,得到如图 2-25 所示仿真波形。

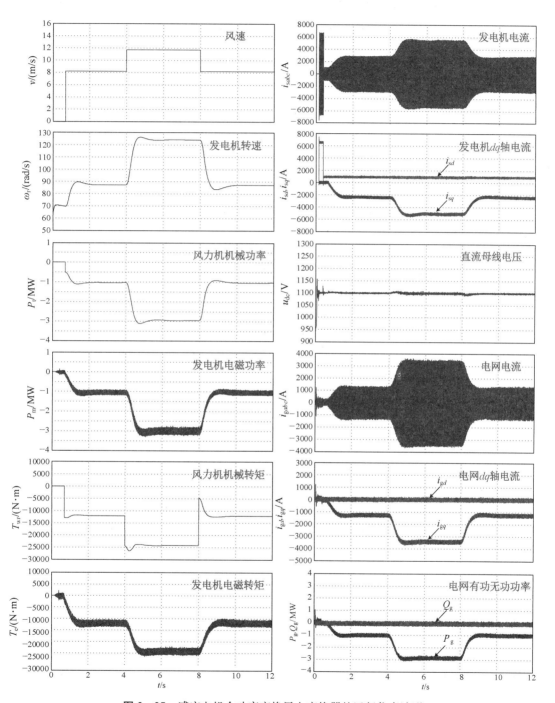

图 2-25　感应电机全功率变换风电变换器的运行仿真波形

　　仿真过程如下: ① 首先网侧 VSC 的预充电电路启动运行,待母线电容充满后,也即直流母线电压上升到二极管不控整流的最大值(976 V)时候,打开网侧 VSC 的主接触器; ② 启动网侧 VSC,控制直流母线电压上升到设定值(1 100 V);③ 启动机侧 VSC,先给发电机提供励磁电流,待发电机的磁场建立之后,允许风力机的输出转矩加载到发电机上,需要说明的是为了在仿真中加快仿真速度,先给发电机施加大于额定励磁电流(1 076 A)的励磁电流(7 000 A)来建立发电机的磁场,待发电机磁场达到一定值(1.1 Wb),励磁电流恢复额定励磁电流值(1 076 A);④ 发电机磁场建立后($t=0.7$ s),风力机的输出转矩加至发电机上,机组发电运行;风速为 8.2 m/s,风力机理论机械功率约为 1 MW,风力机的稳定转速为 1.45 rad/s;⑤ 在 $t=4.0$ s,风速由 8.2 m/s 突增为额定风速 11.7 m/s,此时风力机理论机械功率为 3 MW,风力机的稳定转速为 2.09 rad/s;⑥ 在 $t=8.0$ s,风速由额定风速 11.7 m/s 突减为 8.2 m/s,具体功率情况和转速情况与步骤④相同。

参考文献

[1] 蔡旭,李征.风电机组与风电场的动态建模[M].北京:科学出版社,2016.

[2] 程孟增.双馈风力发电系统低电压穿越关键技术研究[D].上海:上海交通大学,2012.

[3] 王晗.大型双馈风电机组故障穿越关键技术研究[D].上海:上海交通大学,2014.

[4] 凌禹.感应电机全功率变换风电机组关键技术研究[D].上海:上海交通大学,2013.

[5] 王鹏.感应电机风电机组全功率变流器控制和优化[D].上海:上海交通大学,2014.

[6] 吴竞之.基于鼠笼电机全功率风力发电的系统分析与研究[D].上海:上海交通大学,2013.

[7] 张建文.高可用度长寿命并联型风电变流器研究[D].上海:上海交通大学,2014.

[8] 韩刚.非理想电网下全功率风电变流器的优化控制[D].上海:上海交通大学,2019.

[9] 吴学光,张学成,印永华,等.异步风力发电系统动态稳定性分析的数学模型及其应用[J].电网技术,1998,22(6):68-72.

[10] 高宁,蔡旭,张亮,等.基于三电平中点钳位式拓扑的中压风电变流器[J].电机与控制应用,2010,37(12):56-62.

[11] 高宁,王勇,蔡旭.三电平中压风电变流器的研究[J].电力电子技术,2011,45(11):39-40.

[12] 王晗,王鹏,张建文,等.鼠笼型全功率风电变换器控制策略研究与实验[J].电力电子技术,2011,45(6):1-3.

[13] Wang H, Zhang J W, Cai X. Experiment study of squirrel-cage induction generator for the full-scale wind power converter[C]. IEEE 7th International Power Electronics and Motion Control Conference, 2012:1457-1463.

第 3 章

双馈风力发电系统

双馈风力发电系统（doubly fed induction generation，DFIG）是目前应用最广泛的主流风电机组之一[1-6]。与全功率变换器风力发电系统不同的是双馈风电变流器只提供转差功率，其额定容量仅是机组额定功率的 20%～30%，可显著降低变流器成本，是一种经济性较强的变速恒频风力发电系统[7-12]。与永磁直驱和半直驱风力发电系统相比，由于其电机转速较高，需配置多级齿轮箱增速，从而限制了其在海上等超大容量场合的应用。由于其定子绕组直接接入电网，对电网故障更为敏感[11-15]，变流器经转子间接控制机组的功率，相对于全功率变换风力发电系统，双馈风电机组在电网故障穿越和友好性方面的挑战更大。

3.1 双馈风力发电系统的基本工作原理

双馈感应电机风力发电系统主要由风力机及齿轮箱、双馈发电机、一个背靠背的 PWM 变流器和机组控制检测系统组成，图 3-1 为其系统结构示意图。

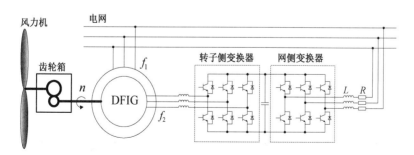

图 3-1 双馈感应电机风力发电系统结构示意图

双馈异步发电机是绕线式异步感应电机，其中定子绕组与电网直接相连；而转子绕组通过背靠背电压源型功率变换器接入电网。依据这两组变换器所处位置不同，通常分别称为机侧变换器（ride side converter，RSC）和网侧变换器（grid side converter，GSC）。机侧变换器控制机组的转矩实现变速运行、最大可能的捕获风能，并使定子有功和无功功率实现解耦控制。网侧变换器通过控制转子和电网之间有功的交换维持变流器直流母线电压恒定。风轮用于捕获风能,齿轮箱用于增加转速实现风轮与双馈电机转速的匹配。变桨控制系统按指令控制桨距角以改变风力输出的机械功率。

由电机学理论可知 DFIG 在稳定运行时,定子旋转磁势与转子旋转磁势相对静止、同步旋转[16-20]。在图 3-1 中,f_1、f_2 分别为 DFIG 定、转子电流的频率,由于定子与电网相连,所以 f_1 与电网频率相同,n 为发电机转子的转速。设发电机极对数为 p,则有

$$\frac{np}{60} \pm f_2 = f_1 \tag{3-1}$$

当 $n < n_1 (n_1$ 为同步转速)时,发电机转速在同步速以下运行时,称为亚同步运行状态,电网通过变流器向双馈电机的转子回路提供转差功率;当 $n > n_1$ 时,发电机转速高于同步速,称为超同步运行状态,双馈电机的转子通过变流器向电网回馈转差功率;当 $n = n_1$ 时,称为同步运行状态,$f_2 = 0$,此时双馈电机类似于同步机运行,变流器提供直流励磁。可见,当转速 n 变化时,只要调节转子的励磁频率 f_2,就可保持 f_1 始终与电网频率一致,从而实现变速恒频运行。由于变流器只提供转差功率,其额定容量一般为发电机额定功率的 $20\% \sim 30\%$。

3.2　双馈风力发电系统的动态模型

3.2.1　双馈感应电机模型

1. 空间矢量概念

空间矢量主要是用来简化感应电机描述的,用虚拟的相互垂直的两相绕组代替集中放置的三相绕组。如图 3-2(a)所示,感应电机定子三相绕组相隔 120°,每相绕组通入相差 120°的正弦波电流,就会在空气间隙中产生一个旋转的磁链。同样大小的磁链能够通过如图 3-2(b)所示垂直放置的两相绕组产生。这就是所谓的空间矢量的基本原理。假设 s_A,s_B,s_C 分别代表感应电机定子三相任意变量,按照定义,三相变量的空间矢量 s_{ABC} 为

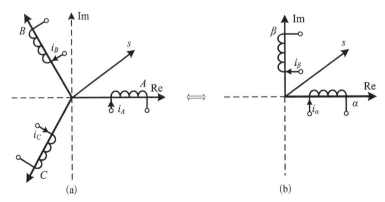

图 3-2　空间矢量的基本原理

$$s_{ABC} = \frac{2K}{3}(s_A + as_B + a^2 s_C) = s_{\alpha\beta} = s_\alpha + js_\beta \tag{3-2}$$

式中，K 是空间矢量比例系数或称坐标转换比例系数；a 是单位空间矢量算子，等于 $e^{j2\pi/3}$；$s_{\alpha\beta}$ 为两相变量的空间矢量；s_α、s_β 分别对应虚拟绕组的任意两相变量。

根据交流电机的坐标变换理论，从三相静止 ABC 坐标系到两相静止 $\alpha\beta$ 坐标系的变换称为 $3s/2s$ 变换，采用幅值恒定原则，$3s/2s$ 变换关系式为

$$C_{3s/2s} = \frac{2}{3}\begin{bmatrix} 1 & -\dfrac{1}{2} & -\dfrac{1}{2} \\[2mm] 0 & \dfrac{\sqrt{3}}{2} & -\dfrac{\sqrt{3}}{2} \end{bmatrix} \tag{3-3}$$

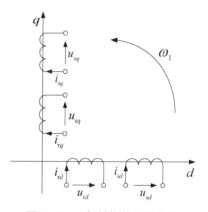

为了消除两相静止 $\alpha\beta$ 坐标系仍然存在的时变因子，需要进行坐标变换，将两相静止 $\alpha\beta$ 坐标系继续变换为以同步速 ω_1 旋转的两相静止 dq 坐标系，坐标变换空间矢量关系如图 3-3 所示。

从两相静止 $\alpha\beta$ 坐标系到两相同步 dq 坐标系的变换称为 $2s/2r$ 变换，其变换矩阵为

$$C_{2s/2r} = \frac{2}{3}\begin{bmatrix} \cos\theta_1 & \sin\theta_1 \\ -\sin\theta_1 & \cos\theta_1 \end{bmatrix} \tag{3-4}$$

其中，θ_1 为 d 轴与 α 轴之间的夹角，ω_1 为同步转速。

图 3-3　坐标转换关系示意图

根据上述两种变换矩阵，从三相静止 ABC 坐标系到两相同步旋转 dq 坐标系的变换阵为：

$$C_{3s/2r} = C_{2s/2r}C_{3s/2s} = \frac{2}{3}\begin{bmatrix} \cos\theta & \cos(\theta - 120°) & \cos(\theta + 120°) \\ -\sin\theta & -\sin(\theta - 120°) & -\sin(\theta + 120°) \end{bmatrix} \tag{3-5}$$

2. 三相坐标系下双馈电机数学模型空间矢量表征

规定定、转子绕组变量的正方向符合电动机惯例和右手螺旋定则。为了分析方便，假设[21-24]：

1）忽略磁饱和和空间谐波、三相绕组对称、磁动势沿气隙按正弦规律分布；

2）频率和温度对电机参数的影响不予考虑并忽略铁芯损耗；

3）转子绕组均折算到定子侧。

在此设定下，双馈电机的等效物理模型可表达成如图 3-4 的绕组模型的形式。图中，设 A 轴为参考坐标轴，则定子侧变量的空间矢量旋转角速度为 ω_1。转子旋转角速度为 ω_r，其 a 轴和定子 A 轴间的角度为 θ_r。转子侧变量的空间矢量相对于转子以转差速度旋转。这时，双馈感应发电机在三相 ABC/abc 自然坐标系下的数学模型空间矢量方程如下所示。

（1）电压方程

三相定子绕组及三相转子绕组折算到定子侧后，基于空间矢量表征的电压平衡方程分

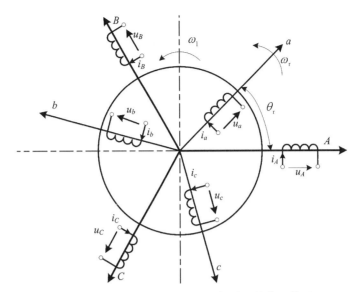

图 3 - 4　双馈感应电机在三相坐标系下的物理模型

别为

$$\boldsymbol{u}_{ABCs} = R_s \boldsymbol{i}_{ABCs} + \frac{\mathrm{d}\boldsymbol{\psi}_{ABCs}}{\mathrm{d}t} \tag{3-6}$$

$$\boldsymbol{u}_{abcr} = R_r \boldsymbol{i}_{abcr} + \frac{\mathrm{d}\boldsymbol{\psi}_{abcr}}{\mathrm{d}t} \tag{3-7}$$

式中，$\boldsymbol{u}$、$\boldsymbol{i}$、$\boldsymbol{\psi}$ 分别为电压、电流和磁链空间矢量；R 为电阻；下标"ABC"和"abc"分别表示定转子自然坐标系；下标"s"和"r"分别表示定子侧变量和转子侧变量。

（2）磁链方程

基于空间矢量的定转子磁链方程为

$$\boldsymbol{\psi}_{ABCs} = L_s \boldsymbol{i}_{ABCs} + L_m \boldsymbol{i}_{ABCr} \mathrm{e}^{\mathrm{j}\theta_r} \tag{3-8}$$

$$\boldsymbol{\psi}_{ABCr} = L_m \boldsymbol{i}_{ABCs} \mathrm{e}^{-\mathrm{j}\theta_r} + L_r \boldsymbol{i}_{ABCr} \tag{3-9}$$

式中，L 为电感；下标"m"表示互感。

（3）电磁转矩

基于空间矢量，通过推导可知，感应电机电磁转矩的方程为

$$T_e = \frac{3}{2} p_0 \boldsymbol{\psi}_{ABCs} \times \boldsymbol{i}_{ABCs} \tag{3-10}$$

式中，p_0 为极对数；符号"$\times$"表示矢量积。

把式（3-8）代入式（3-10），并利用 $\boldsymbol{i}_{ABCs} \times \boldsymbol{i}_{ABCs} = 0$ 的关系，电磁转矩方程可简化为

$$T_e = \frac{3}{2} p_0 L_m \boldsymbol{i}_{ABCr} \mathrm{e}^{\mathrm{j}\theta_r} \times \boldsymbol{i}_{ABCs} \tag{3-11}$$

（4）转子运动方程

根据动力学原理,在不考虑轴系刚度和阻尼系数时,电力拖动系统的运动方程可用一阶微分方程表示:

$$T_{\text{e}} - T_{\text{L}} = \frac{J}{p_0} \frac{\mathrm{d}\omega_{\text{r}}}{\mathrm{d}t} \tag{3-12}$$

式中,T_{L} 为负载转矩;p_0 为电机极对数;J 是电机转动惯量;ω_{r} 为电机转速。

由以上方程式可知,双馈电机的数学模型是一个非线性、时变、强耦合的多变量系统模型[25-28],必须通过坐标转换,特别是旋转坐标变换来实现变量解耦和简化,才能简化求解,适应线性控制策略的实施。

3. 同步旋转坐标系下双馈感应电机基于空间矢量的数学模型

利用坐标变换得到以同步速 ω_1 旋转的双馈电机空间矢量数学模型,坐标变换空间矢量关系如图 3-5 所示。

假定定转子三相绕组对称且不考虑零轴分量,则两相旋转 dq 坐标系中的双馈感应电机数学模型可表示为

（1）电压方程

同步旋转 dq 坐标系下,定转子电压方程的空间矢量表达式为

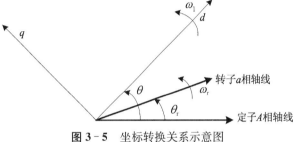

图 3-5　坐标转换关系示意图

$$\boldsymbol{u}_{dqs} = R_{\text{s}}\boldsymbol{i}_{dqs} + \frac{\mathrm{d}\boldsymbol{\psi}_{dqs}}{\mathrm{d}t} + j\omega_1\boldsymbol{\psi}_{dqs} \tag{3-13}$$

$$\boldsymbol{u}_{dqr} = R_{\text{r}}\boldsymbol{i}_{dqr} + \frac{\mathrm{d}\boldsymbol{\psi}_{dqr}}{\mathrm{d}t} + j\omega_2\boldsymbol{\psi}_{dqr} \tag{3-14}$$

式中,$\omega_2 = \omega_1 - \omega_{\text{r}}$ 是转速差;下标“dq”表示同步旋转坐标系中的分量。

（2）磁链方程

在同步旋转速度 dq 坐标系下,转子绕组相当于注入转差频率的励磁电流,从而消除了定转子磁链的时变因子。于是,定转子磁链方程的空间矢量形式为

$$\boldsymbol{\psi}_{dqs} = L_{\text{s}}\boldsymbol{i}_{dqs} + L_{\text{m}}\boldsymbol{i}_{dqr} \tag{3-15}$$

$$\boldsymbol{\psi}_{dqr} = L_{\text{m}}\boldsymbol{i}_{dqs} + L_{\text{r}}\boldsymbol{i}_{dqr} \tag{3-16}$$

（3）电磁转矩方程和运动方程

基于式(3-10)和式(3-15),同步旋转速度 dq 坐标系下电磁转矩为

$$T_{\text{e}} = \frac{3}{2}p_0\boldsymbol{\psi}_{dqs} \times \boldsymbol{i}_{dqs} = \frac{3}{2}p_0(L_{\text{s}}\boldsymbol{i}_{dqs} + L_{\text{m}}\boldsymbol{i}_{dqr}) \times \boldsymbol{i}_{dqs} = \frac{3}{2}p_0 L_{\text{m}}\boldsymbol{i}_{dqr} \times \boldsymbol{i}_{dqs} \tag{3-17}$$

运动方程仍然为

$$T_e - T_L = \frac{J}{p_0} \frac{\mathrm{d}\omega_r}{\mathrm{d}t} \tag{3-18}$$

（4）电机功率方程

把定子电压空间矢量、电流空间矢量考虑在其对应的复平面内，即 $\boldsymbol{u}_{dqs} = u_{ds} + ju_{qs}$、$\boldsymbol{i}_{dqs} = i_{ds} + ji_{qs}$，双馈电机定子有功功率和无功功率可分别为

$$P_s = \frac{3}{2} \mathrm{Re}(\boldsymbol{u}_{dqs} \boldsymbol{i}_{dqs}^*) \tag{3-19}$$

$$Q_s = \frac{3}{2} \mathrm{Im}(\boldsymbol{u}_{dqs} \boldsymbol{i}_{dqs}^*) \tag{3-20}$$

其中，$\boldsymbol{i}_{dqs}^*$ 是空间矢量 $\boldsymbol{i}_{dqs}$ 在复平面上的共轭。

3.2.2　网侧滤波器与变流器直流侧模型

图 3‐6 为变流器电路及电压、电流和功率参考方向，dq 坐标系下网侧变换器动态方程：

$$\boldsymbol{u}_{dqg} = -(R_f + j\omega_g L_f)\boldsymbol{i}_{dqf} - L_f \frac{\mathrm{d}\boldsymbol{i}_{dqf}}{\mathrm{d}t} + \boldsymbol{u}_{dqf} \tag{3-21}$$

式中，$\boldsymbol{u}_{dqg}$ 是网侧电压；$\boldsymbol{u}_{dqf}$ 是网侧变换器出口电压；ω_g 是网侧电压电角速度。

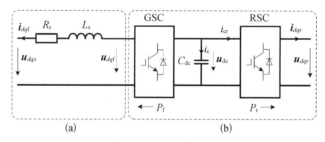

图 3‐6　变流器电路及各电量参考方向

储存在直流电容器中的能量 W_{dc} 为

$$W_{dc} = \frac{1}{2} C_{dc} u_{dc}^2 \tag{3-22}$$

式中，C_{dc} 为直流侧母线电容；u_{dc} 为直流侧母线电压。

如计及变换器的损耗，直流侧电容器中的能量可由流过功率变换器的功率决定，于是有

$$\frac{\mathrm{d}W_{dc}}{\mathrm{d}t} = \frac{1}{2} C_{dc} \frac{\mathrm{d}u_{dc}^2}{\mathrm{d}t} = -\frac{u_{dc}^2}{R_{los}} - P_f - P_r \tag{3-23}$$

式中，电阻 R_{los} 的损耗代表变换器总的导通和开关损耗；P_f 和 P_r 分别表示流过网侧变换器和机侧变换器的有功功率。

如果忽略变换器损耗，式(3‐23)可简化为

$$i_c = C_{dc}\frac{\mathrm{d}u_{dc}}{\mathrm{d}t} = -i_{cr} - \frac{P_f}{u_{dc}} = -\frac{P_r}{u_{dc}} - \frac{P_f}{u_{dc}} \qquad (3-24)$$

如果 $P_f = -P_r$，则直流母线电压恒定。瞬时功率 P_f 和 P_r 分别由下式决定：

$$P_f = \frac{3}{2}\mathrm{Re}(\boldsymbol{u}_{dqf}\boldsymbol{i}_{dqf}^*) \qquad (3-25)$$

$$P_r = \frac{3}{2}\mathrm{Re}(\boldsymbol{u}_{dqr}\boldsymbol{i}_{dqr}^*) \qquad (3-26)$$

3.2.3　机侧变换器矢量控制

机侧变换器的主要目标是控制双馈发电机的有功和无功输出。通常是采用功率电流双闭环的控制方案，由基于矢量定向策略的电流内环和功率外环组成。定向矢量有多种选择，最常用的方法是采用定子磁链定向的方法控制转子电流[29]。也就是说，dq 坐标系的 d 轴与定子磁链矢量方向一致，则转子电流的 q 轴分量决定双馈电机有功功率的输出，d 轴分量决定无功功率的输出。

根据空间矢量的定义，可得出同步坐标系下的定子磁链空间矢量：

$$\boldsymbol{\psi}_{dqs} = \boldsymbol{\psi}_{ABCs}\mathrm{e}^{\mathrm{j}\tilde{\theta}_1} = \psi_s\mathrm{e}^{\mathrm{j}(\theta_1 - \tilde{\theta}_1)} \qquad (3-27)$$

式中，$\tilde{\theta}_1$ 是同步角位移 θ_1 的评估值；ψ_s 是定子磁通幅值；$\theta_1 - \tilde{\theta}_1$ 是同步角位移和其评估值的误差。可以看出，对于精确的定子磁链定向，必须有 $\theta_1 = \tilde{\theta}_1$，此时有

$$\boldsymbol{\psi}_{dqs} = \psi_{ds} = \psi_s \qquad (3-28)$$

由式(3-28)可知，采用定子磁链定向后磁通空间矢量成为一个实数。定子磁链定向示意图如图 3-7 所示，其中，α_s、β_s 表示定子 $\alpha\beta$ 坐标系，α_r、β_r 表示转子 $\alpha\beta$ 坐标系。按照图 3-7 所示，忽略定子绕组电阻后，在稳态情况下，易得

$$\boldsymbol{u}_{dqs} = ju_{qs} = j\omega_1\psi_s \qquad (3-29)$$

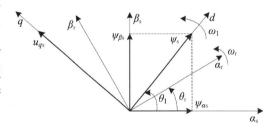

图 3-7　机侧变换器定子磁链定向控制示意图

而同步角位移通常可由定子 $\alpha\beta$ 坐标系下的定子磁通按下式评估

$$\tilde{\theta}_1 = \angle\boldsymbol{\psi}_{\alpha\beta s} \qquad (3-30)$$

式中，$\boldsymbol{\psi}_{\alpha\beta s}$ 是定子 $\alpha\beta$ 坐标系中定子磁链空间矢量。

令旋转坐标系转速为零，可得定子 $\alpha\beta$ 坐标系下的定子电压空间矢量方程：

$$\boldsymbol{u}_{\alpha\beta s} = R_s\boldsymbol{i}_{\alpha\beta s} + \frac{\mathrm{d}\boldsymbol{\psi}_{\alpha\beta s}}{\mathrm{d}t} \qquad (3-31)$$

利用上式可求出定子磁链在定子 $\alpha\beta$ 坐标系下的 $\alpha\beta$ 轴分量：

$$\psi_{\alpha s} = \int (u_{\alpha s} - R_s i_{\alpha s}) \mathrm{d}t \qquad (3-32)$$

$$\psi_{\beta s} = \int (u_{\beta s} - R_s i_{\beta s}) \mathrm{d}t \qquad (3-33)$$

则有

$$\tilde{\theta}_1 = \tan^{-1}(\psi_{\beta s}/\psi_{\alpha s}) \qquad (3-34)$$

1. 转子电流控制

为了导出转子电流控制法则,首先利用式(3-15)、式(3-16)消去式中的定子电流空间矢量,然后,再利用式(3-14),消去转子磁链空间矢量后,可以推导出基于转子电流和定子磁通的转子电压动态方程[30]:

$$\begin{aligned}
\boldsymbol{u}_{dqr} &= R_r \boldsymbol{i}_{dqr} + \sigma L_r \frac{\mathrm{d}\boldsymbol{i}_{dqr}}{\mathrm{d}t} + j\omega_2 \sigma L_r \boldsymbol{i}_{dqr} + j\omega_2 \frac{L_m}{L_s}\boldsymbol{\psi}_{dqs} + \frac{L_m}{L_s}\frac{\mathrm{d}\boldsymbol{\psi}_{dqs}}{\mathrm{d}t} \\
&= R_r \boldsymbol{i}_{dqr} + \sigma L_r \frac{\mathrm{d}\boldsymbol{i}_{dqr}}{\mathrm{d}t} + \boldsymbol{E}
\end{aligned} \qquad (3-35)$$

式中,$\boldsymbol{E}$ 是转子回路总感应电动势;σ 是总漏磁系数,可由下式定义:

$$\sigma = 1 - \frac{L_m^2}{L_s L_r} \qquad (3-36)$$

从式(3-35)可以看出,转子电流 d、q 轴分量分别由转子电压 d、q 轴分量控制,但从项 $j\omega_2 \sigma L_r \boldsymbol{i}_{dqr}$ 中的 $j\boldsymbol{i}_{dqr} = j(i_{dr} + ji_{qr})$ 可以看出,转子电流 d、q 轴分量之间存在耦合。另外,定子磁链及其导数也对转子电流有影响。从控制角度看,为了实现解耦控制,耦合项和磁链的影响一起可被作为系统的扰动来处理,从而消除其对转子电流的控制干扰。同时,在定子磁链定向的矢量控制中,不考虑定子的瞬态的影响,式(3-35)可简化为

$$\boldsymbol{u}_{dqr} = R_r \boldsymbol{i}_{dqr} + \sigma L_r \frac{\mathrm{d}\boldsymbol{i}_{dqr}}{\mathrm{d}t} + js\omega_1 \sigma L_r \boldsymbol{i}_{dqr} + js \frac{L_m}{L_s}u_{qs} \qquad (3-37)$$

因此,根据式(3-37),易得转子电流控制方程

$$\boldsymbol{u}_{dqr} = \boldsymbol{u}'_{dqr} + \Delta \boldsymbol{u}_{dqr} \qquad (3-38)$$

$$\boldsymbol{u}'_{dqr} = k_p(\boldsymbol{i}_{dqr,\mathrm{ref}} - \boldsymbol{i}_{dqr}) + k_i \int (\boldsymbol{i}_{dqr,\mathrm{ref}} - \boldsymbol{i}_{dqr})\mathrm{d}t \qquad (3-39)$$

其中,k_p、k_i 分别是比例和积分增益;$\Delta \boldsymbol{u}_{dqr}$ 是前馈电压补偿项,其为

$$\Delta \boldsymbol{u}_{dqr} = js\omega_1 \sigma L_r \boldsymbol{i}_{dqr} + js \frac{L_m}{L_s}u_{qs} \qquad (3-40)$$

将式(3-38)代入式(3-35),如果前馈电压补偿合适的话,转子电流动态方程可简化为

$$\sigma L_r \frac{\mathrm{d}\boldsymbol{i}_{dqr}}{\mathrm{d}t} = \boldsymbol{u}'_{dqr} - R_r \boldsymbol{i}_{dqr} \qquad (3-41)$$

其传递函数为

$$G(s) = \frac{1}{\sigma L_r p + R_r} \tag{3-42}$$

最后,为了习惯起见,写成 dq 分量的形式,式(3-38)、式(3-39)和式(3-40)分别为

$$\begin{cases} u_{dr} = u'_{dr} + \Delta u_{dr} \\ u_{qr} = u'_{qr} + \Delta u_{qr} \end{cases} \tag{3-43}$$

$$\begin{cases} u'_{dr} = k_p(i_{dr,\text{ref}} - i_{dr}) + k_i \int (i_{dr,\text{ref}} - i_{dr}) \mathrm{d}t \\ u'_{qr} = k_p(i_{qr,\text{ref}} - i_{qr}) + k_i \int (i_{qr,\text{ref}} - i_{qr}) \mathrm{d}t \end{cases} \tag{3-44}$$

$$\begin{cases} \Delta u_{dr} = -\omega_2 \sigma L_r i_{qr} \\ \Delta u_{qr} = \omega_2 \sigma L_r i_{dr} + s u_{qs} \dfrac{L_m}{L_s} \end{cases} \tag{3-45}$$

依据式(3-35)、式(3-43)、式(3-44)和式(3-45),可得转子电流闭环控制系统框图,其如图 3-8 所示。其中,E_d、E_q 分别是转子回路总感应电动势的 dq 轴分量。

2. 定子有功无功控制

把定子电压空间矢量、电流空间矢量写成复变量的形式为

$$\boldsymbol{u}_{dqs} = u_{ds} + j u_{qs} \tag{3-46}$$

$$\boldsymbol{i}_{dqs} = i_{ds} + j i_{qs} \tag{3-47}$$

把式(3-46)和式(3-47)代入式(3-19)和式(3-20),易得定子瞬时有功功率和无功功率:

$$P_s = 1.5(u_{ds} i_{ds} + u_{qs} i_{qs}) \tag{3-48}$$

$$Q_s = 1.5(u_{qs} i_{ds} - u_{ds} i_{qs}) \tag{3-49}$$

在定子磁链定向于同步旋转 dq 坐标系下的 d 轴时,利用式(3-15)、式(3-28)和式(3-29),上述方程可以进一步简化为

$$P_s = 1.5 u_{qs} i_{qs} = -1.5 \frac{L_m}{L_s} u_{qs} i_{qr} \tag{3-50}$$

$$Q_s = 1.5 u_{qs} i_{ds} = 1.5 u_{qs} \left(\frac{u_{qs}}{\omega_1 L_s} - \frac{L_m}{L_s} i_{dr} \right) \tag{3-51}$$

在电网正常的条件下,定子电压保持恒定。因此,按照式(3-50)和式(3-51),定子有功和无功可分别由转子电流的 q、d 轴分量控制。当功率外环控制也采用 PI 调节器时,其控制方程式为

$$i_{dr,\text{ref}} = \frac{L_s}{L_m} i_{ds} - \frac{u_{qs}}{\omega_1 L_m} \tag{3-52}$$

$$i_{dr,\ ref} = \frac{L_s}{L_m} i_{ds} - \frac{u_{qs}}{\omega_1 L_m} \qquad (3-53)$$

$$i_{qr,\ ref} = -\frac{L_s}{L_m} i_{qs} \qquad (3-54)$$

$$i_{qs} = k_p (P_{s,ref} - P_s) + k_i \int (P_{s,ref} - P_s) \mathrm{d}t \qquad (3-55)$$

$$i_{ds} = k_p (Q_{s,ref} - Q_s) + k_i \int (Q_{s,ref} - Q_s) \mathrm{d}t \qquad (3-56)$$

式中，$P_{s,ref}$、$Q_{s,ref}$ 分别是定子有功和无功参考值。

根据式(3-50)和式(3-51)，定子有功和无功控制环的传递函数为

$$\frac{P_s(p)}{i_{qr}(p)} = \frac{Q_s(p)}{i_{dr}(p)} = -\frac{3}{2} \frac{L_m}{L_s} u_{qs} \qquad (3-57)$$

图 3-8 和图 3-9 分别为机侧变换器控制框图和控制原理示意图。

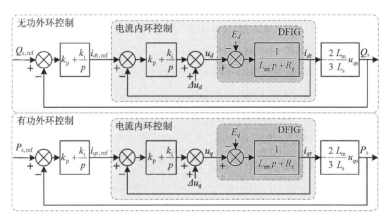

图 3-8 机侧变换器控制框图

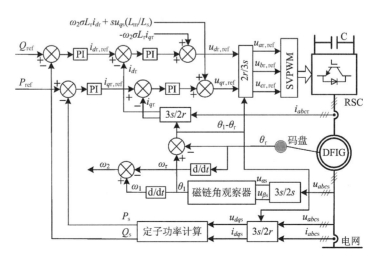

图 3-9 机侧变换器矢量控制原理图

3.2.4 网侧变换器矢量控制

1. 网侧变换器电流控制

网侧变换器控制变流器直流侧母线电压,由动态响应较快的电流内环和较慢的直流电压控制外环构成。一般利用网侧电压定向的矢量控制方法。

根据空间矢量的定义,网侧电压在同步旋转 dq 坐标系下的空间矢量方程为

$$\boldsymbol{u}_{dqg} = \boldsymbol{u}_{ABCg}\mathrm{e}^{\mathrm{j}\widetilde{\theta}_{\mathrm{g}}} = U_{\mathrm{g}}\mathrm{e}^{\mathrm{j}(\theta_{\mathrm{g}} - \widetilde{\theta}_{\mathrm{g}})} \tag{3-58}$$

式中,$\boldsymbol{u}_{ABCg}$ 是三相自然坐标系下的网侧电压空间矢量,U_{g} 为网侧电压幅值,$\widetilde{\theta}_{\mathrm{g}}$ 是网侧电压角位移 θ_{g} 的评估值,$\theta_{\mathrm{g}} - \widetilde{\theta}_{\mathrm{g}}$ 是同步角位移和其评估值的误差。与定子磁链定向原理一样,$\theta_{\mathrm{g}} = \widetilde{\theta}_{\mathrm{g}}$ 时,网侧电压矢量变为一实数,即

$$\boldsymbol{u}_{dqg} = u_{dg} = U_{\mathrm{g}} \tag{3-59}$$

式中,u_{dg} 为网侧电压 d 轴分量。矢量定向示意图如图 3-10 所示。

而网侧电压角位移可由下式计算得到:

$$\widetilde{\theta}_{\mathrm{g}} = \int \omega_{\mathrm{g}}\mathrm{d}t = \tan^{-1}\left(\frac{u_{\beta\mathrm{g}}}{u_{\alpha\mathrm{g}}}\right) \tag{3-60}$$

式中,$u_{\alpha\mathrm{g}}$,$u_{\beta\mathrm{g}}$ 分别代表网侧电压静止坐标系下 α,β 轴分量。

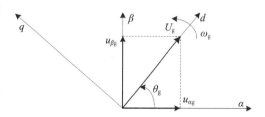

图 3-10 网侧变化器电压定向矢量控制示意图

2. 直流侧母线电压控制

由式(3-26)知流过网侧变换器滤波电路的瞬时有功功率为

$$P_{\mathrm{r}} = \frac{3}{2}\mathrm{Re}(\boldsymbol{u}_{dqf}\boldsymbol{i}_{dqf}^{*}) = \frac{3}{2}(u_{df}i_{df} + u_{qf}i_{qf}) \tag{3-61}$$

考虑到网侧电压矢量定向在 d 轴上,根据式(3-59),式(3-61)可简化为

$$P_{\mathrm{r}} = \frac{3}{2}\mathrm{Re}(\boldsymbol{u}_{dqf}\boldsymbol{i}_{dqf}^{*}) = \frac{3}{2}u_{df}i_{df} \tag{3-62}$$

由式(3-24)、式(3-25)和式(3-62)可知,直流侧母线电压可由滤波电路电流的 d 轴分量 i_{df} 控制。根据式(3-24),其控制率为

$$i_{\mathrm{dcc}} = k_{\mathrm{p}}(u_{\mathrm{dc,ref}} - u_{\mathrm{dc}}) + k_{\mathrm{i}}\int(u_{\mathrm{dc,ref}} - u_{\mathrm{dc}})\mathrm{d}t \tag{3-63}$$

有功控制通道中电流内环控制参考值为

$$i_{df,\mathrm{ref}} = -\frac{3}{2}\frac{u_{\mathrm{dc}}}{u_{df}}(i_{\mathrm{dcc}} + i_{\mathrm{dcr}}) \tag{3-64}$$

而滤波电路电流 q 轴分量决定了网侧变换器与电网的无功交换,其参考值通常设置为零。双馈机组网侧变换器基于电压定向的双闭环矢量控制框图如图 3-11 所示。

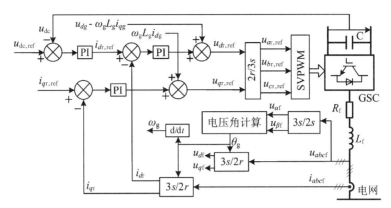

图 3‑11　网侧变换器电压定向矢量控制原理图

3.2.5　机侧变换器控制参数设计

与网侧变换器矢量控制策略相同的是,机侧变换器矢量控制也是基于定子电压定向的双环控制结构,通常由功率外环和转子电流内环组成。

先考虑转子电流内环,包括转子电流的 d 轴和 q 轴两个控制环路。dq 轴两个电流环完全对称,都是采用 PI 调节器对电流误差调节后,输出变换器输出电压给定量,加上电压前馈解耦的补偿分量,再通过空间矢量调制得到 PWM 变换器开关信号,从而控制转子的励磁电压和电流,图 3‑12 给出了转子电流内环的控制结构。

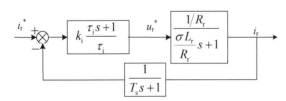

图 3‑12　机侧变换器转子电流环结构

根据图 3‑12 的控制结构知,可以按照典型 I 型系统的参数设计方法[31-32],来设计转子电流环的 PI 调节器,依此方法可以使电流环取得较好的快速跟随性能。具体地在图 3‑12 上看出,可以使 PI 调节器零点抵消掉转子电流环控制对象传递函数的极点,即 $\tau_i = \sigma L_r / R_r$,抵消后,得到转子电流控制环的开环传递函数为

$$G_{\text{ori}}(s) = \frac{k_i \dfrac{1}{\tau_i} \dfrac{1}{R_r}}{s(T_s s + 1)} \tag{3-65}$$

按照典型 I 型系统整定,取系统阻尼比 $\xi = 0.707$ 时[33],有

$$k_i \frac{1}{\tau_i} \frac{1}{R_r} T_s = 0.5 \tag{3-66}$$

得到转子电流内环 PI 调节器比例增益系数为

$$k_i = \frac{0.5 \tau_i R_r}{T_s} \tag{3-67}$$

由此得到转子电流内环的闭环传递函数为

$$G_{cri}(s) = \frac{k_i \dfrac{1}{\tau_i} \dfrac{1}{R_r}}{T_s s^2 + s + k_i \dfrac{1}{\tau_i} \dfrac{1}{R_r}} = \frac{1}{2T_s^2 s^2 + 2T_s s + 1} \tag{3-68}$$

一般开关周期 T_s 均较小，而当开关频率很高，也就是 T_s 足够小时，平方项的系数会远小于一次项的系数，因此可以将 s^2 项忽略[34-36]，得到转子电流内环的闭环传递函数简化形式为

$$G_{cri}(s) = \frac{1}{2T_s s + 1} \tag{3-69}$$

式(3-70)表明，此时的电流内环等效为一个一阶惯性环节，时间常数为 $2T_s$。当开关频率越高时，转子电流内环可取得越快的响应速度，计算电流内环频带宽度 f_i 为

$$f_{bi} = \frac{1}{2\pi(2T_s)} \approx 0.075 f_s \tag{3-70}$$

机侧变换器定子有功功率环控制结构如图 3-13 所示。

图 3-13 中 T_{Ps} 是功率环采样周期，可认为等于 T_s，PI 调节器为 $k_P(\tau_P + 1)/\tau_P s$，记常数 $k_1 = 1.5 L_m U_s/L_s$，把时间常数 $2T_s$

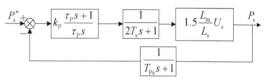

图 3-13　机侧变换器定子有功功率环结构

和 T_{Ps} 的两个小惯性环节合并近似成一个时间常数，为 $T_{eq} = T_{Ps} + 2T_s = 3T_s$ 的惯性环节，得到功率外环的开环传递函数为

$$G_{oP}(s) = \frac{k_1 k_P(\tau_P s + 1)}{\tau_P s(T_{eq} s + 1)} \tag{3-71}$$

进一步得到功率环的闭环传递函数为

$$G_{cP}(s) = \frac{k_1 k_P(\tau_P s + 1)}{\tau_P T_{eq} s^2 + (1 + k_1 k_P)\tau_P s + k_1 k_P} \tag{3-72}$$

系统阻尼比 ζ_P 设计为 0.707，即

$$\zeta_P = \frac{\sqrt{\dfrac{k_1 k_P}{\tau_P T_{eq}}}}{2 \dfrac{1 + k_1 k_P}{T_{eq}}} = 0.707 \tag{3-73}$$

截止频率 ω_P 为

$$\omega_P = \omega_{nP}\sqrt{1 + 2\zeta^2 + \sqrt{1 + (1 + 2\zeta)^2}} \approx 2.15\sqrt{\frac{k_1 k_P}{\tau_P T_{eq}}} \tag{3-74}$$

实际工程中通常将功率外环带宽设计成电流内环的 1/10，即

$$f_{bP} = 0.1 f_{bi} \approx 0.0075 f_s \tag{3-75}$$

将(3-75)代入式(3-74),得

$$\omega_{\mathrm{P}} = 2.15\sqrt{\frac{k_1 k_{\mathrm{P}}}{\tau_{\mathrm{P}} T_{\mathrm{eq}}}} = 2\pi 0.0075 f_{\mathrm{s}} = \frac{0.00471}{T_{\mathrm{s}}} \tag{3-76}$$

综上所述,式(3-73)和式(3-76)给出了机侧变换器矢量控制中功率外环 PI 调节器参数的整定计算公式。

3.2.6　网侧变换器控制参数设计

网侧变换器一般采用电压功率外环和电流内环的双环控制。其中电压功率外环的作用主要是控制直流母线电压稳定、调节输入功率因数,而电流内环的作用是按外环输出的电流指令进行电流控制,输出变流器交流侧给定电压。

从网侧变换器 dq 模型中可以看出,dq 轴变量相互耦合,可采用前馈解耦控制策略[37],在电流环中引入 PI 调节器,得到变换器输出电压 dq 轴分量 v_d、v_q 的控制方程为

$$\begin{cases} v_d = \left(k_{\mathrm{ip}} + \dfrac{k_{\mathrm{iI}}}{s}\right)(i_d^* - i_d) + \omega L i_q + u_{\mathrm{gd}} \\ v_q = \left(k_{\mathrm{ip}} + \dfrac{k_{\mathrm{iI}}}{s}\right)(i_q^* - i_q) + \omega L i_d + u_{\mathrm{gq}} \end{cases} \tag{3-77}$$

式中,k_{ip} 和 k_{iI} 分别为电流内环比例调节增益和积分调节增益。

考虑到 dq 轴电流环完全对称,并把电流采样时间和 PWM 控制器惯性环节考虑在内,得到电流内环的控制结构如图 3-14 所示。

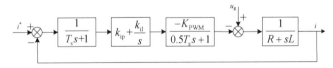

图 3-14　网侧变换器电流环结构

图 3-14 中,T_{s} 为电流采样周期,也就是变流器的开关周期,K_{PWM} 为 PWM 变流器环节的增益系数。便于分析考虑,忽略电网电压 u_{g} 的扰动,将 PI 调节器的传递函数改写成零极点形式,即为

$$k_{\mathrm{ip}} + \frac{k_{\mathrm{iI}}}{s} = k_{\mathrm{ip}}\frac{\tau_{\mathrm{i}}s + 1}{\tau_{\mathrm{i}}} \quad k_{\mathrm{iI}} = \frac{k_{\mathrm{ip}}}{\tau_{\mathrm{i}}} \tag{3-78}$$

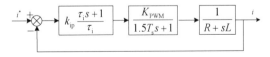

图 3-15　简化后的网侧变换器电流环结构

将小时间常数 $0.5T_{\mathrm{s}}$ 和 T_{s} 合并,简化电流环如图 3-15 所示。

根据图 3-15 的控制结构可知,可以按照典型 II 型系统的参数设计方法,来设计电流环的 PI 调节器,依此方法可以使电流环取得较好的快速跟随性能。具体地在图 3-15 上看出,可以使 PI 调节器零点抵消掉电流环控制对象传递函数的极点,即 $\tau_{\mathrm{i}} = L/R$。抵消后,电流环的开环传递函数变为

$$G_{oi}(s) = \frac{k_{ip} K_{PWM}}{R \tau_i s (1.5 T_s + 1)} \tag{3-79}$$

按照典型 I 型系统整定,取系统阻尼比 $\xi = 0.707$ 时,有

$$k_{ip} = \frac{R \tau_i}{3 T_s K_{PWM}} \tag{3-80}$$

$$k_{iI} = \frac{R}{3 T_s K_{PWM}} \tag{3-81}$$

式(3-80)和式(3-81)即为电流内环 PI 调节器控制参数整定公式。由此得到电流内环的闭环传递函数为

$$G_{ci}(s) = \frac{1}{1 + \dfrac{R \tau_i}{k_{ip} K_{PWM}} s + \dfrac{1.5 T_s R \tau_i}{k_{ip} K_{PWM}} s^2} \tag{3-82}$$

一般开关周期 T_s 均较小,而当开关频率很高,也就是 T_s 足够小时,平方项的系数会远小于一次项的系数,因此可以将 s^2 项忽略,得到电流内环的闭环传递函数简化形式为

$$G_{ci}(s) = \frac{1}{1 + 3 T_s s} \tag{3-83}$$

式(3-83)表明,此时的电流内环等效为一个一阶惯性环节,时间常数为 $3 T_s$。当开关频率越高时,电流内环可取得越快的响应速度,计算电流内环频带宽度 f_{bi} 为

$$f_{bi} = \frac{1}{2\pi (3 T_s)} \approx \frac{1}{20 T_s} = 0.05 f_s \tag{3-84}$$

式中,f_s 为 PWM 开关调制频率。

网侧变换器电压外环控制结构如图 3-16 所示。

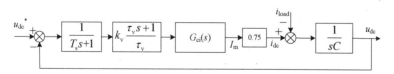

图 3-16　网侧变换器电压环结构

图 3-16 中 k_v 和 τ_v 为电压外环 PI 调节器参数,I_m 为网侧变换器交流侧电流幅值。

由前面分析知,$G_{ci}(s)$ 可以等效为一个一阶惯性环节,将图 3-16 中采样和电流环等效时间常数合并,即 $T_{ev} = T_v + 3 T_s$,不计直流侧电流的扰动,可以得到图 3-17 中简化后的电压外环控制结构。

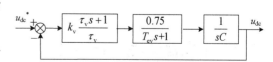

图 3-17　简化后的网侧变换器电压环结构

网侧变换器的主要目的之一就是维持直流母线电压稳定[38-39],所以在设计电压外环控

制参数时,应该主要考虑获得良好的抗扰能力[40-41],由图 3-17 中电压环结构可知,可以按照典型Ⅱ型系统设计电压调节器,得到电压开环传递函数为

$$G_{ov} = \frac{0.75k_v(\tau_v s + 1)}{C\tau_v s^2(T_{ev} s + 1)}$$

(3-85)

由此,可得到中频宽 h_v 为

$$h_v = \frac{\tau_v}{T_{ev}}$$

(3-86)

按照典型Ⅱ型系统设计电压外环,则参数整定关系可以表示为

$$\frac{0.75k_v}{C\tau_v} = \frac{h_v + 1}{2h_v^2 T_{ev}^2}$$

(3-87)

为了使电压外环获得良好的动稳态性能,实际经验中一般选取 $h_v = 5$,再将 $h_v = 5$ 代入式(3-87),得到电压外环的 PI 调节器各参数为

$$\begin{cases} \tau_v = 5T_{ev} = 5(T_v + 3T_s) \\ k_v = \dfrac{4C}{T_v + 3T_s} \end{cases}$$

(3-88)

式(3-88)即为电压外环 PI 调节器控制参数整定公式,因此还可以得到电压环控制系统截止频率 ω_c 为

$$\omega_c = \frac{1}{2}\left(\frac{1}{\tau_v} + \frac{1}{T_{ev}}\right)$$

(3-89)

当取 $\tau_v = T_s$ 时,$T_v = h_v T_{ev} = 5(\tau_v + 3T_s) = 20T_s$,代入式(3-89)后得

$$\omega_c = \frac{3}{20T_s}$$

(3-90)

所以电压环控制系统频带宽度 f_{bv} 为

$$f_{bv} = \frac{\omega_c}{2\pi} = \frac{3}{20T_s \times 2\pi} \approx 0.024f_s$$

(3-91)

式中,f_s 为 PWM 开关调制频率。

3.3　主电路参数设计方法

3.3.1　转子侧 PWM 变换器参数选型设计

按照定子磁链定向控制策略基本理论,忽略电机转子侧电阻,则转子电压方程为

$$\begin{cases} u_{dr} = -\omega_s \psi_{qr} \\ u_{qr} = -\omega_s \psi_{dr} \end{cases} \tag{3-92}$$

由式(3-92)得

$$u_{rm} = \mid u_r \mid = \sqrt{u_{dr}^2 + u_{qr}^2} \tag{3-93}$$

通常对于三相交流电机来说有 $L_m \approx L_s \approx L_r$，同时对 380 V 系统，电网电压峰值 U_m 为 311 V，电网磁链旋转速度 ω_1 为 100π，在定子磁链定向的理论下可以得到电网定子磁链 $\psi_{ds} \approx 1$。

令系统输出无功功率 $Q_s = 0$，则式(3-93)可变为

$$u_{rm} \approx \omega_s \sqrt{\left(\frac{U_m}{\omega_1}\right)^2 + \left[L_r\left(1 - \frac{L_m^2}{L_s L_r}\right)\frac{P}{-\dfrac{3}{2}\dfrac{L_m}{L_s}U_m}\right]^2} \tag{3-94}$$

由于式(3-94)满足以下条件：

$$\left[L_r\left(1 - \frac{L_m^2}{L_s L_r}\right)\frac{P}{-\dfrac{3}{2}\dfrac{L_m}{L_s}U_m}\right]^2 \ll 1 \tag{3-95}$$

因此式(3-94)可化简如下式所示：

$$u_{rm} \approx sU_m \tag{3-96}$$

从式(3-96)可以看出，在变速恒频运行过程中双馈感应发电机转子侧电压的峰值大小是其定子侧电压峰值与电机转差率的乘积[42]。

由于双馈发电机的定子一直连接在电网上其电压峰值为 311 V，因而可以根据双馈发电机所需的转差率来确定电机转子侧所给定的电压。通常在变速恒频风力发电系统中双馈发电机转速的变化范围在额定转速 $\pm 30\%$ 的范围内[43]，因而可以确定转差率 s 为 ± 0.3。根据式(3-96)可以得出双馈发电机转子侧电压大概在 0 到 $0.3U_m$ 的范围内变化。

同时在定子磁链定向中的转子电流方程为[44]

$$\begin{cases} i_{dr} = \dfrac{\psi_{ds} - L_s i_{ds}}{L_m} \\ i_{qr} = -\dfrac{L_s}{L_m}i_{qs} \end{cases} \tag{3-97}$$

由式(3-97)得

$$i_{rm} = \mid i_r \mid = \sqrt{i_{dr}^2 + i_{qr}^2} \tag{3-98}$$

将发电机的定子功率方程代入(3-98)得：

$$i_{rm} = \sqrt{\left(\dfrac{\dfrac{3}{2} U_m \dfrac{\psi_{ds}}{L_s} - Q_s}{\dfrac{3}{2} \dfrac{L_m}{L_s} U_m}\right)^2 + \left(\dfrac{P_s}{-\dfrac{3}{2}\dfrac{L_m}{L_s} U_m}\right)^2} \tag{3-99}$$

由于：

$$P_s = \frac{3}{\sqrt{2}} U_m I_s \tag{3-100}$$

当系统输出无功功率 $Q_s = 0$ 时,将式(3-99)代入式(3-100)得：

$$i_{rm} = \sqrt{2 I_s^2 + \frac{\psi_{ds}^2}{L_m^2}} \tag{3-101}$$

前面已知当电网电压峰值 U_m 为 311 V,电网磁链旋转速度 ω_1 为 100π,在定子磁链定向的理论下可以得到电网定子磁链 $\psi_{ds} \approx 1$,一般对于三相异步电机而言,随着电机额定功率的增大其电机互感 L_m 也相应增大,在几百千瓦双馈感应发电机中其互感系数往往比较大[45],通常其 $L_m > 1$,因而在百千瓦乃至更大的双馈感应发电机系统中,其内部参数有如下关系：

$$\frac{\psi_{ds}^2}{L_m^2} \ll 1 \tag{3-102}$$

因而,式(3-101)可变为

$$i_{rm} \approx \sqrt{2} I_s \tag{3-103}$$

即

$$i_{rm} \approx i_{sm} \tag{3-104}$$

因而可以发现,在变速恒频风力发电系统中三相双馈感应发电机转子侧电流的大小和定子侧电流相近。当双馈感应发电机定子侧允许输出的最大有功功率为 P_{sm} 时,定子侧电流变换范围为 $\left[0, \dfrac{\sqrt{2} P_{sm}}{3 U_m}\right]$,则其转子侧电流变化范围也大概为 $\left[0, \dfrac{\sqrt{2} P_{sm}}{3 U_m}\right]$。

根据前面的分析可以知道双馈感应发电机转子侧电压以及转子侧电流的变化范围,下面将介绍转子侧 PWM 变换器参数的选型设计。

功率单元的逆变电路拓扑通常有两电平结构和三电平结构两种。功率单元中的关键器件主要是 IGBT,目前商品化的 IGBT 主要有 1 200 V、1 700 V、3 300 V 三种电压等级。下面将具体介绍转子侧 PWM 变换器 IGBT 模块参数的计算。

1. IGBT 模块电压等级

实际所用的 IGBT 电压定额常用公式为

$$U_{IGBT} = U_d \beta_u \tag{3-105}$$

式中,U_{IGBT} 为 IGBT 电压额定值,U_d 为两电平功率单元中间直流电压,β_u 为电压安全系数,通常取 $1.7 \sim 2.2$。

由于 IGBT 关断时的峰值电压可由下式计算:

$$U_{\text{CESP}} = (K_u U_d + U_e)\alpha_2 \qquad (3-106)$$

式中,K_u 为过电压保护程度(通常为 115%),U_e 为布线电感引起的 $\mathrm{d}i/\mathrm{d}t$ 尖峰电压,α_2 为安全系数,正常取 $\alpha_2 = 1.1$。

因而可以根据式(3-105)、式(3-106),可选择合适的 IGBT 模块电压等级。

2. IGBT 模块电流定额

根据式(3-104)可以知道,双馈感应发电机转子侧输出的电流近似等于定子侧的电流值,因而可以确定转子侧电流满足:

$$P_{\text{sm}} = \frac{3U_{\text{m}}}{\sqrt{2}} I_r \qquad (3-107)$$

其中:

$$I_r = \frac{I_{\text{op}}}{K_A K_G K_T} \qquad (3-108)$$

式中,P_{sm} 为变频调速装置的容量(VA),K_G 为过载系数,K_T 为 I_c 随温度变化的降额因子,U_o 为输出电压(V)。因而,IGBT 输出的过载电流可由下式求出:

$$I_{\text{op}} = K_A K_G K_T \frac{\sqrt{2} P_{\text{sm}}}{3U_{\text{m}}} \qquad (3-109)$$

从而,IGBT 的电流定额为

$$I = (1.5 \sim 2) I_{\text{op}} \qquad (3-110)$$

3.3.2　直流母线电压设计

采用电压定向控制的电网侧变换器的数学模型为[46]

$$\begin{cases} e_d = Ri_d + L\dfrac{\mathrm{d}i_d}{\mathrm{d}t} - \omega_1 Li_q + u_d \\[2mm] e_q = 0 = Ri_q + L\dfrac{\mathrm{d}i_q}{\mathrm{d}t} + \omega_1 Li_d + u_q \\[2mm] C\dfrac{\mathrm{d}u_{\text{dc}}}{\mathrm{d}t} = (S_d i_d + S_q i_q) - i_L \end{cases} \qquad (3-111)$$

稳态时各状态变量的导数等于零,可得如下稳态方程:

$$\begin{cases} e_d = Ri_d - \omega_1 Li_q + u_d \\ 0 = Ri_q + \omega_1 Li_d + u_q \\ i_L = S_d i_d + S_q i_q \end{cases} \qquad (3-112)$$

在式(3-112)中,若 $R=0$,则有

$$\begin{cases} u_d = e_d + \omega_1 L i_q \\ u_q = -\omega_1 L i_d \end{cases} \qquad (3-113)$$

于是有

$$\sqrt{S_d^2 + S_q^2}\, u_{dc} = \sqrt{(e_d + \omega_1 L i_q)^2 + (\omega_1 L i_d)^2} \qquad (3-114)$$

即

$$u_{dc} = \frac{\sqrt{(e_d + \omega_1 L i_q)^2 + (\omega_1 L i_d)^2}}{\sqrt{S_d^2 + S_q^2}} \qquad (3-115)$$

根据电压空间矢量调制原理,如果不产生过调制,在恒功率变换下有

$$\sqrt{S_d^2 + S_q^2} \leqslant \frac{1}{2} \qquad (3-116)$$

由式(3-115)和(3-116),可得

$$u_{dc} > \sqrt{2}\,\sqrt{(e_d + \omega_1 L i_q)^2 + (\omega_1 L i_d)^2} \qquad (3-117)$$

式(3-117)给出了直流母线电压与电网相电压峰值、电感及负载电流间的关系,也是网侧 PWM 变换器直流母线电压的下限,直流母线电压只有满足式(3-117),才能使变换器正常工作。

由式(3-117)可以看出,在相同的输出负载下,变换器电流含超前电流分量($i_q>0$),需要较高的直流母线电压;如果变换器电流含滞后电流分量($i_q<0$),需要的直流母线电压要低一些。一般来说,常需网侧 PWM 变换器工作在功率因数为1的情况下,输出负载越大,所需的最低直流母线电压就越高,即使在空载时,直流母线电压也要不小于电网线电压峰值。所以在选取网侧 PWM 变换器的直流母线电压时,最低也不能低于电网线电压的峰值,这实际上是由 Boost 电路的升压特性决定的。

3.3.3 直流母线电容参数设计

直流母线电容有以下作用:① 缓冲交流侧与直流侧负载间的能量交换,且稳定直流侧电压;抑制直流侧谐波电压。② 从满足电压环控制的跟随性能指标看,直流测电容应该很小,以确保直流侧电压快速跟踪控制。而从满足电压环控制抗干扰性能指标分析,直流侧电容应该尽量大,以限制负载扰动时的直流电压动态降落。由于变速恒频风力发电系统中风力机捕获的功率随着风速时常变化,造成功率在网侧变换器和机侧变换器快速双向流动,直流电压快速跟随性指标十分重要[47],因此从这个角度讨论电容参数设计。

若给定直流母线电压给定值,电压调节器采用 PI 调节器,则在实际直流母线电压超过给定值时,电压调节器输出一直饱和[48]。由于电压调节器输出表示交流侧电流幅值指令,因

此若忽略电流内环惯性,则此时直流侧将以最大电流 I_{dm} 对直流侧电容充电,从而使直流电压以最快速度上升。这一动态过程如图 3-18 所示,其中 R_{le} 为直流负载电阻。

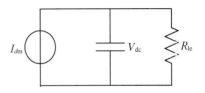

图 3-18　直流电压跃变动态恒流源等效电路

考虑直流电压初始值为 V_{d0},它是指交流侧接入电网且功率不调制时,由于功率管中续流二极管的作用,此时相当于一个三相二极管整流器,整流平均电压 V_{d0} 为

$$V_{d0} = 1.35V_1 \tag{3-118}$$

式(3-118)中 V_1 为网侧线电压有效值。

由图 3-18 可以得到:

$$u_{dc} - V_{d0} = (I_{dm}R_{le} - V_{d0})(1 - e^{-\frac{t}{\tau_1}}) \tag{3-119}$$

求解该式,得到:

$$t = \tau_1 In \frac{I_{dm}R_{le} - u_{dc}}{I_{dm}R_{le} - V_{d0}} \tag{3-120}$$

由跟随性能指标,若要求直流电压以初始值跃变到给定电压时的上升时间不大于 t^*,则:

$$R_{le}CIn \frac{I_{dm}R_{le} - u_{dc}}{I_{dm}R_{le} - V_{d0}} \leqslant t^* \Rightarrow C \leqslant \frac{t^*}{CIn \frac{I_{dm}R_{le} - V_{d0}}{I_{dm}R_{le} - u_{dc}}} \tag{3-121}$$

一般情况下,工程上取[49]:

$$\begin{cases} I_{dm} = 1.2 \dfrac{u_{dc}}{R_{le}} \\ u_{dc} = \sqrt{3} V_1 \end{cases} \tag{3-122}$$

将式(3-118)和(3-122)代入(3-121),化简为 $C \leqslant t^*/0.74R_{le}$。

可见,由直流电压控制的跟随性能指标,可求出直流侧电容上限值。

3.3.4　网侧 PWM 变换器参数选型设计

网侧 PWM 变换器主要用于保持直流侧电容电压恒定,下面将具体介绍网侧 PWM 变换器的选型标准。

流过网侧 PWM 变换器的有功功率 P_{Grid} 为

$$P_{Grid} = s \cdot P_s \tag{3-123}$$

在变速恒频风力发电系统中,网侧 PWM 变换器一直连接在电网上,并且工作于单位功率因数状态,则可以确定网侧 PWM 变换器稳定运行时流过的电流 I_{Grid} 为

$$I_{Grid} = \frac{\sqrt{2}P_{Grid}}{3U_m} = \frac{\sqrt{2}sP_s}{3U_m} \tag{3-124}$$

网侧 PWM 变换器交流侧电压 U_{Grid} 为

$$U_{\text{Grid}} = \sqrt{\frac{U_{\text{m}}^2 + (\omega L I_{\text{Grid}})^2}{2}} \qquad (3-125)$$

将式(3-124)代入(3-125)得

$$U_{\text{Grid}} = \sqrt{\frac{U_{\text{m}}^2}{2} + \frac{\omega^2 L^2 P_{\text{s}}^2}{9 U_{\text{m}}^2} s^2} \qquad (3-126)$$

根据前面分析可知,双馈感应发电机转差率通常保持于 $\pm 30\%$ 范围内,即 s 变化范围为 $[-3/10, 3/10]$,因而可以确定网侧 PWM 变换器交流侧电压 $U_{\text{Grid\_m}}$、电流 $I_{\text{Grid\_m}}$ 最大值为

$$U_{\text{Grid\_m}} = \sqrt{\frac{U_{\text{m}}^2}{2} + \frac{\omega^2 L^2 P_{\text{sm}}^2}{100 U_{\text{m}}^2}} \qquad (3-127)$$

$$I_{\text{Grid\_m}} = \frac{\sqrt{2} P_{\text{sm}}}{10 U_{\text{m}}} \qquad (3-128)$$

式中,P_{sm} 为双馈感应发电机定子侧输出有功功率最大值。

网侧变换器功率模块参数选型方法与机侧变换器功率模块选择方法相同,此处不再赘述。

3.4　双馈风电变流器设计案例与仿真分析

采用上述设计方法和控制策略,针对 2 MW 双馈风电机组,设计出风电变流器的主电路参数和控制参数如表 3-1 所示。

表 3-1　变流器主电路与控制器参数

主　电　路　参　数			
参 数 名 称	实际值	参 数 名 称	实际值
网侧滤波器电感/mH	0.25	du/dt 滤波器电感/mH	0.07
网侧滤波器电容/μF	1 002.6	直流母线电容/μF	3 600
IGBT 选型	英飞凌 1 200 V TO-247	直流母线电压/kV	1.1
控　制　器　参　数			
转子侧 d 轴功率外环比例系数	1.02	转子侧 d 轴功率外环积分时间常数/s	0.04
转子侧 d 轴电流内环比例系数	1.5	转子侧 d 轴电流内环积分时间常数/s	0.7
转子侧 q 轴功率外环比例系数	2.69	转子侧 q 轴功率外环积分时间常数/s	0.14
转子侧 q 轴电流内环比例系数	0.603	转子侧 q 轴电流内环积分时间常数/s	0.571 4
网侧 d 电压外环比例系数	0.5	网侧 d 轴电压外环积分时间常数/s	0.031 7
网侧 d 电流内环比例系数	0.65	网侧 d 轴电流内环积分时间常数/s	0.3
网侧 q 轴功率外环比例系数	0.5	网侧 q 轴功率外环积分时间常数/s	0.03
网侧 q 轴电流内环比例系数	0.317	网侧 q 轴电流内环积分时间常数/s	0.01

用附录 3 实时仿真平台,对设计结果进行仿真验证,设置风速从 9 m/s 开始以 0.5 m/s² 的速率增加,仿真结果如图 3-19 所示。

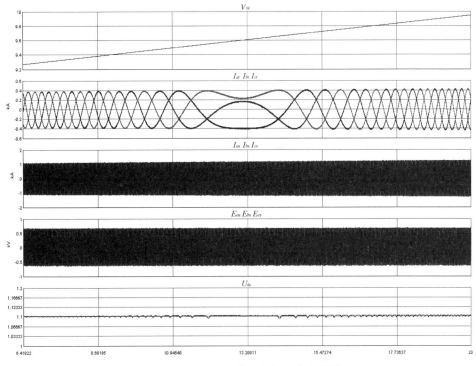

图 3-19　2 MW 双馈风电机组仿真结果

图 3-19 中五个波形图分别对应着实际风速,转子电流、定子电流、定子电压以及直流母线电压,随着风速的增加,可以明显看到,发电机从次同步的工作方式,穿过同步转速,进入到超同步的工作方式,从发电机的转子电流的变化中能够明显看到整个的变化过程。由于双馈发电机属于变速恒频发电机,因此发电机的定子电压和定子电流能够不随风速的变化而变化,其频率始终保持为 50 Hz。在网侧变流器的控制下,直流母线电压始终稳定为 1.1 kV,实现了对于直流母线电压的精准控制。

参考文献

[1] 张广明,吴煜琪,梅磊,等. 变速恒频风力发电系统控制方案综述[J]. 电机与控制应用,2012,39(3):53-56.

[2] 林波,宋平岗,赵芳. 变速恒频风力发电系统中双馈发电机的理论分析[J]. 电工技术,2008(5):71-73.

[3] 程孟增. 双馈风力发电系统低电压穿越关键技术研究[D]. 上海:上海交通大学,2012.

[4] 刘其辉,贺益康,赵仁德. 交流励磁变速恒频风力发电系统的运行与控制[J]. 电工技术学报,2008,23(1):129-136.

[5] Petersson A. Analysis, modeling and control of doubly-fed induction generators for wind turbines[D]. Goteborg: Department of Energy and Environment, Chalmers University of Technology, 2005.

［6］Ling Y，Wu G X，Cai X. Comparison of wind turbine efficiency in maximum power extraction of wind turbines with doubly fed induction generator［J］. Przeglad Elektrotechniczny，2012，88（5）：2111－2117.

［7］Ekanayake J B，Holdsworth L，Wu X G，et al. Dynamic modeling of doubly fed induction generator wind turbines［J］. IEEE Transactions on Power Electronics，2003，18(2)：803－809.

［8］Zhou H L，Yang G，Li D Y. Short circuit current analysis of DFIG wind turbines with crowbar protection［C］. International Conference on Electrical Machines and Systems，ICEMS，15－18 Nov. 2009，Tokyo.

［9］Vicatos M S，Tegopoulos J A. Transient state analysis of a doubly-fed induction generator under three phase short circuit［J］. IEEE Transaction Energy Conversion，1991，6(1)：62－68.

［10］Sun T. Power quality of grid-connected wind turbines with DFIG and their interaction with the grid ［D］. Denmark：Institute of Energy Technology，Aalborg University，2004.

［11］胡家兵.双馈异步风力发电机系统电网故障穿越(不间断)运行研究——基础理论与关键技术［D］.杭州：浙江大学,2009.

［12］迟永宁,王伟胜,戴慧珠.改善基于双馈感应发电机的并网风电场暂态电压稳定性研究［J］.中国电机工程学报,2007,27(25)：25－31.

［13］Morren J，de Haan S W H. Short-circuit current of wind turbines with doubly fed induction generator ［J］. IEEE Transaction on Energy Conversion，2007，22(1)：174－180.

［14］徐殿国,王伟,陈宁.基于撬棒保护的双馈电机风电场低电压穿越动态特性分析［J］.中国电机工程学报,2010,30(22)：29－36.

［15］李辉,廖勇,姚骏,等.不对称电网故障下双馈风电机组低电压穿越方案比较研究［J］.重庆大学学报,2011,34(11)：77－86.

［16］姚骏,廖勇,唐建平.电网短路故障时交流励磁风力发电机不脱网运行的励磁控制策略［J］.中国电机工程学报,2007,27(30)：64－71.

［17］苏平,付纪华,赵新志,等.电网不对称故障下双馈风力发电机组穿越控制的研究［J］.电力系统保护与控制,2011,39(16)：101－106.

［18］刘盟伟,徐永海.不平衡电网电压下双馈电机的协调控制策略［J］.电机与控制应用,2011,38(1)：33－37.

［19］胡家兵,孙丹,贺益康,等.电网电压骤降故障下双馈风力发电机建模与控制［J］.电力系统自动化,2006,30(8)：21－26.

［20］李建林,许鸿雁,梁亮,等.VSCF－DFIG 在电压瞬间跌落情况下的应对策略［J］.电力系统自动化,2006,30(19)：65－68.

［21］张鲁华,郭家虎,蔡旭,等.双馈感应发电机的输入输出线性化解耦控制［J］.中国电机工程学报,2009(S1)：197－203.

［22］张鲁华,蔡旭,郭家虎.变速恒频双馈风力发电机组的非线性因素分析［J］.电网技术,2009(19)：164－168.

［23］张亮,张东,蔡旭.双馈型风力发电变换器主回路杂散电感的影响和抑制［J］.中国电机工程学报,2009,29(36)：18－22.

［24］郭家虎,蔡旭,龚幼民.双馈风力发电系统的非线性解耦控制［J］.控制理论与应用,2009,26(9)：958－964.

［25］郭家虎,张鲁华,蔡旭.三相电压型 PWM 整流器的逆系统内模控制［J］.煤炭科学技术,2009(2)：75－80.

[26] 郭家虎,张鲁华,蔡旭. 双馈风力发电机的精确线性化解耦控制[J]. 电机与控制学报,2009,13(1):57-62.

[27] Zhang L H, Guo J H, Cai X. Simplified input-output linearizing and decoupling control of wind turbine driven doubly-fed induction generators, IEEE 6th International Electronics and Motion Control Conference, 2009.

[28] Zhang L H, Cai X, Guo J H. Dynamic responses of DFIG fault currents under constant AC excitation condition. Asia-Pacific Power and Energy Engineering Conference (APPEEC), IEEE, 2009.

[29] 郭家虎,张鲁华,马斌,等. 变速恒频双馈风力发电机组的空载并网技术. 电机与控制应用,2010,37(3):46-49.

[30] 张鲁华,郭家虎,蔡旭,等. 恒定交流励磁时双馈感应发电机的短路电流. 上海交通大学学报,2010,44(7):1000-1004.

[31] 施刚,蔡旭,程孟增. 孤立系统的风电接入容量及低电压穿越特性的仿真分析. 电力系统自动化,2010,34(16):87-91.

[32] 郭家虎,张鲁华,蔡旭. 双馈风力发电系统在电网故障下的动态响应分析. 太阳能学报,2010,31(8):1023-1029.

[33] Liang Z, Cai X. A novel multi-level medium voltage converter designed for medium voltage wind power generation system. Asia-Pacific Power and Energy Engineering Conference, March 28, 2010 - March 31, 2010.

[34] Cheng M Z, Dou Z L, Cai X. Coordination control strategy for active and reactive power of DFIG based on exact feedback linearization under grid fault condition. Applied Mechanics and Materials, 2011, 48(49):335-344.

[35] Chen G D, Zhang L H, Cai X, et al. Nonlinear control of the doubly fed induction generator by input-output linearizing strategy[C]. International Conference on Electric and Electronics, 2011.

[36] Cheng M Z, Cai X. Reactive power generation and optimization during a power system fault in wind power turbines having a DFIG and crowbar circuit[J]. Wind Engineering, 2011, 35(2):145-163.

[37] 凌禹,程孟曾,蔡旭,等. 双馈风电机组低电压穿越实验平台设计[J]. 电力电子技术,2011,45(8):37-38.

[38] 程孟增,窦真兰,蔡旭. 基于三电平变换器励磁的双馈感应发电机低电压穿越性能研究. 电力自动化设备[J],2012,32(1):14-19.

[39] 凌禹,高强,蔡旭. 紧急变桨与撬棒协调控制改善双馈风电机组低电压穿越能力[J]. 电力自动化设备,2013,33(4):18-23.

[40] Dou Z L, Zhang Q Q, Ling Z B, et al. Experimental study on wind turbine characteristic emulator system based on the blade element theory [C]. International Conference on Electric and Electronics, 2011.

[41] Guo Y Z, Huang R M, Zhu M, et al. Reexamination of new-generation general wind turbine models in PSD-BPA transient stability simulation program[C]. Proceedings of the 13th IEEE Conference on Industrial Electronics and Applications, ICIEA, 2018.

[42] 董建政,李征,蔡旭. 基于 RT-LAB 的双馈风电场动态建模[J]. 电力系统保护与控制,2015,43(7):83-89.

[43] 贾锋,蔡旭,李征,等. 风电机组精细化建模及硬件在环实时联合仿真[J]. 中国电机工程学报,2017,37(4):1239-1251.

[44] 张琛,李征,蔡旭,等. 超级电容提升双馈风电机组异常电压耐受能力[J]. 太阳能学报,2016,37(11):

2793 - 2799.

[45] 顾静鸣,张琛,蔡旭,等. 基于 PSCAD/EMTDC 的双馈感应风电系统数学建模与仿真[J]. 华东电力,
2013,41(6):1150 - 1156.

[46] Chen G D, Zhang L H, Cai X. Optimized control of the doubly fed induction generator system based
on input-output linearizing scheme[J]. Wind Engineering, 2014, 38(1):101 - 108.

[47] 陈为赢,张建文,蔡旭,等. 基于实时数字仿真仪的 2 MW 双馈风电机组硬件在环仿真设计与实现[J].
电器与能效管理技术,2014(13):33 - 38.

[48] She S S, Zhao Y, Li Z, et al. Grid code for wind power fluctuation in China and particle swarm
optimization-based power dispatch solution. Journal of Renewable and Sustainable Energy, 2015, 7
(1):1 - 16.

[49] Chen G D, Zhang L, Wang R T, et al. A novel SPLL and voltage sag detection based on les filters and
improved instantaneous symmetrical components method. IEEE Transactions on Power Electronics,
2015, 30(3):1177 - 1188.

第 4 章

机侧变换器优化控制技术

为了实现机组对风功率的最大捕获,需要对发电机进行变速控制。在现代电机高性能驱动系统中,常用的方法主要有矢量控制(vector control,VC)、直接转矩控制(direct torque control,DTC)、直接功率控制(direct power control,DPC)等。

矢量控制策略对磁链与转矩的解耦与独立控制,极大地简化了交流电机多变量系统的控制,而为实现控制目标,可以根据系统方程选择相应的调节器,如比例积分控制(proportional integral control,PI)、比例谐振控制(proportional resonant control,PR)等。从本质上 PI 算法与 PR 算法的策略都需要基于控制对象的矢量定向与模型分解,其中 PI 控制器是目前包括风电变流器机组在内的自动化领域最为常见的控制律。而 PR 控制器因其交流选频的特性,可以对特定频率下的交流信号无静差调节,在 α-β 坐标系模型中就能实现矢量控制目标,减少了坐标变换的次数。相对于 PI 算法而言,PR 算法对干扰项与耦合项具有较强的适应性[1-2]。

机侧变流器的矢量控制(VC)策略技术相对成熟,但是 VC 实现过程中需要引入前馈补偿项以消除耦合效应,而这些耦合项由电机参数决定,并且参数本身又会受环境温度及老化等因素的影响,这就极大地降低了其控制的适应性和鲁棒性[2]。VC 算法对电机的精确与稳定控制的关键在于矢量定向,数字控制系统中的采样、滤波和算法环节及 PWM 输出的延迟等都容易造成定向偏差[3-4],影响控制效果。

直接转矩控制(DTC)作为另一种高性能调速方式也逐渐受到人们的关注,与 VC 通过控制电流、磁链等方式间接控制电机转矩的思路不同,DTC 将电机转矩作为直接控制量加入闭环反馈控制,且根据当前的运行情况选择合适的电压矢量,具有优良的动态响应效果。由于可在电机静止模型中实现磁链和转矩的观测,以输出开关表直接驱动开关管,因此 DTC 具有转矩响应快、控制结构简单、抗参数变化和外部干扰能力强等优点。

DTC 技术对电压矢量的更新及开关动作要求较高,而滞环开关表产生的转矩、电流脉动等不利于发电机的运行,且开关频率不恒定给滤波及热损耗等设计带来了一定的难度。文献[5-7]讨论并提出将 FLC、SMC 等优化控制算法应用于风电场合以满足机组对效率、可靠性、鲁棒性等要求,但算法复杂度与实现难度较大。所以如何选择合适的方法对 DTC

优化，使其在实际系统中可靠的实现，对电机控制系统来说是值得讨论与研究的问题。

从风电变流器的实际应用来看，Vestas、Emerson 和 Siemens 等众多变流器厂商普遍选择 VC 控制策略，PI 控制与 PR 控制作为实现算法被应用在不同场合，而 ABB 公司则看重 DTC 策略在转矩响应和参数鲁棒性等方面的优势，其变流器产品一直坚持以 DTC 为基本策略。机侧控制算法的不同将直接影响风电机组的控制性能及故障穿越特性，所以有必要对不同控制策略在不同风电机组、不同工况下的应用特点及系统性能进行研究与对比。

文献[8]分析了双馈电机中各控制策略的实现方法，但其研究重点在于相关算法的改进而非性能对比。文献[9]从稳态特性、参数变化、干扰项等多个方面评估了 DFIG 各控制策略的性能，但未涉及电网故障条件下的特性。文献[10]和文献[11]针对电网故障下 DFIG 的特性，分析了 PR 及 DTC 策略提高机组故障能力的可能性。文献[12]对永磁发电机的 VC 和 DTC 控制原理及特性做了细致分析与对比，从调速精度、转矩响应和开关频率等角度对比了两者的差异。本章分别针对全功率变换和双馈风电机组，探讨基于 PI 和 PR 的矢量控制及 DTC 控制策略和实现方案，并讨论电网稳态和故障下控制策略对机组特性的影响，并进行对比分析。

为提高风力发电系统可靠性，可以采用无速度传感器的控制策略作为常规控制策略的后备。通过对转矩角的估计和控制可获得转子位置和速度信息，但当转子转速很低时辨识效果较差，随着海上机组的大型化，转速日益降低，实现难度增大。

4.1　全功率变换机组的机侧变换器控制

主流的全功率变换机组包括感应电机全功率变换机组、永磁直驱和半直驱全功率变换机组，本节以海上广泛使用的鼠笼感应电机全功率变换机组为例，探讨风电机组的机侧变换器的优化控制问题。

4.1.1　基于 PI 的矢量控制

VC 控制的关键在于坐标定向，一般包括按定子磁链定向（stator flux oriented control，SFOC）、按气隙磁链定向（air-gap flux oriented control，AFOC）以及按转子磁链定向（rotor flux oriented control，RFOC）等方法[13-16]，其中 RFOC 方法无须独立的解耦算法就能实现转矩电流与磁链电流的完全解耦，较 SFOC 和 AFOC 定向方式具有明显优势，所以风电应用场合多选择按转子磁链定向的矢量控制方式。

1. 以转子磁链定向的矢量控制

异步电机 d-q 坐标系下的数学方程已为人们熟知，由于此处以鼠笼异步电机作为研究对象，其转子内部短路，即 $u_{rd} = u_{rq} = 0$，同时若采用转子磁链定向（RFOC）的方法，将旋转 d-q 坐标系 d 轴定向于转子磁链位置（定向后 d-q 坐标系又称为 M-T 坐标系），这就意味着 $\psi_{rd} = \psi_{rM}$，$\psi_{rq} = 0$。这样在此限定条件下，得到简化的磁链方程和定子电流方程[17-18]：

$$
\begin{cases}
\dfrac{\mathrm{d}\psi_{rd}}{\mathrm{d}t} = -\dfrac{R_r}{L_r}\psi_{rM} + \dfrac{R_r L_m}{L_r} i_{sd} = 0 \\[3mm]
\dfrac{\mathrm{d}\psi_{rq}}{\mathrm{d}t} = (\omega_r - \omega)\psi_{rd} + \dfrac{R_r L_m}{L_r} i_{sq} = 0
\end{cases}
\tag{4-1}
$$

$$
\begin{cases}
\dfrac{\mathrm{d}i_{sd}}{\mathrm{d}t} = \dfrac{L_m R_r}{\sigma L_s L_r^2}\psi_{rM} - \dfrac{L_m^2 R_r + L_r^2 R_s}{\sigma L_s L_r^2} i_{sd} + \omega i_{sq} + \dfrac{1}{\sigma L_s} u_{sd} \\[3mm]
\dfrac{\mathrm{d}i_{sq}}{\mathrm{d}t} = -\dfrac{L_m \omega_r}{\sigma L_s L_r}\psi_{rM} - \dfrac{L_m^2 R_r + L_r^2 R_s}{\sigma L_s L_r^2} i_{sq} - \omega i_{sd} + \dfrac{1}{\sigma L_s} u_{sq}
\end{cases}
\tag{4-2}
$$

其中，$T_s = L_s/R_s$ 为等效定子电磁时间常数，$T_r = L_r/R_r$ 为电机转子电磁时间常数，$\sigma = 1 - L_m^2/L_r L_s$ 为等效电机漏磁系数。此时机侧 VSC 的控制方程可以表示为

$$
\begin{cases}
u_{dm} = \dfrac{L_m^2 R_r + L_r^2 R_s}{L_r^2} i_{sd} + \sigma L_s \dfrac{\mathrm{d}i_{sd}}{\mathrm{d}t} - \sigma L_s \omega i_{sq} - \dfrac{L_m R_r}{L_r^2}\psi_{rM} \\[3mm]
u_{qm} = \dfrac{L_m^2 R_r + L_r^2 R_s}{L_r^2} i_{sq} + \sigma L_s \dfrac{\mathrm{d}i_{sq}}{\mathrm{d}t} + \sigma L_s \omega i_{sd} + \dfrac{L_m \omega_r}{L_r}\psi_{rM}
\end{cases}
\tag{4-3}
$$

式(4-3)可以认为是电流内环的传递方程，若以 PI 调节器作为内环控制策略，可以得到相应的方程：

$$
\begin{cases}
u_{dm} = -\left[k_{ip\_m}(i_{sd}^* - i_{sd}) + k_{ii\_m}\displaystyle\int (i_{sd}^* - i_{sd})\,\mathrm{d}t\right] - \sigma L_s \omega i_{sq} - \dfrac{L_m}{L_r T_r}\psi_{rM} \\[3mm]
u_{qm} = -\left[k_{ip\_m}(i_{sq}^* - i_{sq}) + k_{ii\_m}\displaystyle\int (i_{sq}^* - i_{sq})\,\mathrm{d}t\right] + \sigma L_s \omega i_{sd} + \dfrac{L_m \omega_r}{L_r}\psi_{rM}
\end{cases}
\tag{4-4}
$$

其中，k_{ip_m}，k_{ii_m} 分别为发电机侧 VSC 电流内环 PI 调节器的比例系数和积分系数；i_{sd}^*，i_{sq}^* 分别为发电机侧定子 d 轴和 q 轴的电流参考值。

由于稳态时候异步发电机的励磁电流与磁链为正比关系，所以根据当前工况条件可以给定合适的励磁电流给定 i_{sd}^*，转矩电流 i_{sq}^* 的参考值取决于外环的输出值。机侧 VSC 外环可以采用功率外环来跟踪风力机捕获的最大功率，也可以采用速度外环来跟踪风力机的最优转速，若以 PI 调节器控制电机的转速外环，则此时转矩电流给定 i_{sq} 表示为

$$
i_{sq}^* = -\dfrac{2}{3}\dfrac{L_s}{n_p L_m^2 i_{ms}}\left(k_{np\_r} + \dfrac{k_{ni\_r}}{s}\right)(n^* - n)
\tag{4-5}
$$

其中，k_{np_r}，k_{ni_r} 为机侧 VSC 转速外环 PI 调节器的比例和积分系数；n^* 为转速参考值。

由于电机中磁链是无法直接测量的，而这些量又是控制中必需的元素，因此需要设计精确的磁链观测器，以获得转子磁链的幅值及角度信息。一般可以根据电机的数学模型构建相应的观测器模型，如下所示：

$$
\begin{cases}
\psi_r = \dfrac{L_m}{T_r p + 1} i_{sd} \\[3mm]
\theta_r = \displaystyle\int (\omega_r + \omega_s)\,\mathrm{d}t = \int \left(\omega_r + \dfrac{L_m}{T_r \psi_r} i_{sq}\right)\mathrm{d}t
\end{cases}
\tag{4-6}
$$

这样就可获得基于 PI 调节器的机侧 VCS 控制的系统框图,如图 4-1 所示。其中,第 1 部分为检测环节,检测发电机定子电流 $i_{s(abc)}$ 与发电机转速;第 2 部分为状态观测环节,对转子磁链的幅值及其角度进行估计,可以选择如式(4-6)所示的数学模型;第 3 部分为转速外环控制器,实现当前风速下最优转速的跟踪过程;第 4 部分为电流内环,通过 PI 调节器完成转矩电流与励磁电流分量的解耦跟踪,并获得变流器的控制电压 u_{sd}、u_{sq};第 5 部分为调制算法,通常采用 SVPWM 的调制算法。

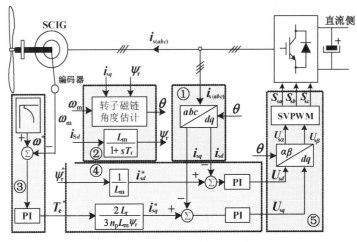

图 4-1　机侧变流器常规 PI 控制策略

2. 仿真分析

采用附录 2 实验平台参数进行仿真分析。根据前文分析,SCIG 控制使用转速与电流双闭环控制,其中转速环输出作为电流内环 q 轴电流给定(I_{q_ref}),而 d 轴电流给定 I_{d_ref} 则由磁链给定计算得到,此处给定恒定励磁 1.61 Wb(励磁电流为 127.8 A)。发电机负载应该由风力机输出,根据不同风速及桨距角情况产生相应变化,这里为简化分析过程,使用恒定负载代替。则整个仿真过程描述如下。

1)0 s≤t<1 s:首先启动网侧变换器,建立稳定的直流电压,然后为电机施加励磁电流,并使能电机转速环以空载($T_L=0$)启动,电机转速环初始给定为 800 r/min。

2)1 s≤t<2 s:在此时间里,维持转速与负载恒定,使 SCIG 电机稳态运行,此时电机定子侧电流全为励磁电流 I_d。

3)2 s≤t<3 s:在 $t=2$ s 时电机负载突加为 $T_L=-1\,000$ N·m,观测电机电流及转矩等动态响应情况,而转速给定 800 r/min 不变,此时电机功率输出约为 84 kW。

4)3 s≤t<6 s:改变电机转速给定值 1 200 r/min,使用斜率为 200 的斜坡方式给定,之后控制转速恒定运行,此时电机功率约为 125 kW。

5)6 s≤t≤8 s:当 $t=6$ s 是为电机突加负载至 $T_L=-2\,000$ N·m,观测电机转速、电流

响应情况,并维持恒定负载与转速运行至仿真结束(8 s),此时电机功率为 250 kW 左右。

　　根据设置的仿真条件,运行得到如图 4-2 所示的仿真波形,其中图 4-2(a)为电机转速运行情况,电机运行平稳,能够有效跟随给定值,只是当负载突加时会有较大的转速跳变,并在 1 s 内恢复至稳态。而电机的转矩控制较为稳定,也能较快地跟随负载变化,这又直接反映到转矩电流 I_q 的内环控制中,如图 4-2(b)与图 4-2(c)所示。另一方面,在电机转速与转矩变化过程中,始终控制励磁电流 I_d 稳定,进而保证矢量定向的准确性,这样电机输出功率与电流不会有较大的波动,且电流性能良好,如图 4-2(d)所示。

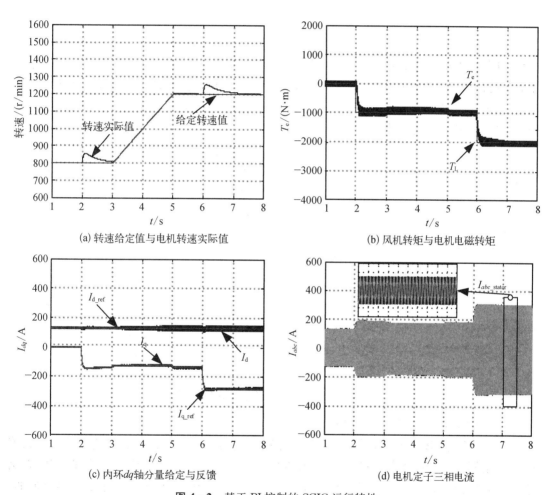

(a) 转速给定值与电机转速实际值

(b) 风机转矩与电机电磁转矩

(c) 内环 dq 轴分量给定与反馈

(d) 电机定子三相电流

图 4-2　基于 PI 控制的 SCIG 运行特性

　　图 4-2 所示的仿真结果说明基于 PI 的 SCIG 矢量控制策略的有效性与准确性,且此算法中电机运行性能与动态响应等方面均有较为良好的效果。

4.1.2　基于 PR 的控制策略研究及仿真验证

　　比例谐振(proportional resonant control,PR)控制器作为交流控制算法,广泛应用于并网逆变器并网或谐波消除等特定频率选择的场合。从 PR 调节器的传递函数分析中可知,特定频率区间内的信号会产生较高增益,而其他频率段的信号将被极大地衰减,所以 PR 调

节器能够实现交流信号的无静差调节。其中比例谐振 PR 控制器的基本传递方函数为[19]

$$G_{PR}(s) = k_p + \frac{k_r s}{s^2 + \omega_n^2} \qquad (4-7)$$

式(4-7)所示为纯 PR 调节器,仅在谐振角频率 ω_n 处体现出较大增益,系统带宽非常小,这样就降低了 PR 调节器对频率变化的适应性,如图 4-3(a)所示。实际应用中,多采用准 PR(Quasi-PR,QPR)调节器,即在纯 PR 上增加截止频率 ω_c 因子,其传递函数改写为

$$G_{QPR}(s) = k_p + \frac{2k_r \omega_c s}{s^2 + 2\omega_c s + \omega_n^2} \qquad (4-8)$$

从图 4-3(b)所示的 QPR 调节器 Bode 图可以看出,谐振频率 ω_n 处相位误差为零,保证了选频特性,而频率带宽明显增加,使系统具有一定的频率抗扰性。虽然系统增益有所降低,但通过调整比例系数 k_p 也能够使保证系统的控制效果,而谐振项系数 k_r 主要用来保证 PR 控制器对输入量的跟随精度。

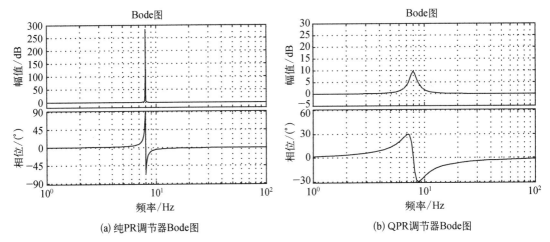

(a) 纯PR调节器Bode图   (b) QPR调节器Bode图

图 4-3   PR 及 QPR 传递函数 Bode 图

1. 基于 PR 的机侧 VSC 控制策略

PR 调节器能够跟随交流信号量,并实现无静差控制,在变流器控制中能够基于两相静止 α-β 坐标系下的数学模型实现,而无须转换为 d-q 坐标系。与传统 PI 调节器相比,在满足同样的控制要求下,省去了复杂的旋转坐标变换,而且谐振 R 调节器易于实现多个累加,因此 PR 算法在谐波抑制、不平衡电网控制等场合具有更加明显的优势。

根据在 α-β 坐标系下的数学模型,电机相关的状态方程可以改写为[20]:

$$\begin{cases} \dfrac{di_{s\alpha}}{dt} = \dfrac{L_m R_r}{\sigma L_s L_r^2} \psi_{r\alpha} - \dfrac{L_m^2 R_r + L_r^2 R_s}{\sigma L_s L_r^2} i_{s\alpha} + \dfrac{L_m}{\sigma L_s L_r} \omega \psi_{r\beta} + \dfrac{1}{\sigma L_s} u_{s\alpha} \\[4mm] \dfrac{di_{s\beta}}{dt} = -\dfrac{L_m \omega_r}{\sigma L_s L_r} \psi_{r\beta} - \dfrac{L_m^2 R_r + L_r^2 R_s}{\sigma L_s L_r^2} i_{s\beta} - \dfrac{L_m}{\sigma L_s L_r} \omega \psi_{r\alpha} + \dfrac{1}{\sigma L_s} u_{s\beta} \end{cases} \qquad (4-9)$$

进一步得到其控制方程为

$$
\begin{cases}
u_{sa} = \sigma L_s \dfrac{\mathrm{d}i_{s\alpha}}{\mathrm{d}t} - \dfrac{L_m R_r}{L_r^2}\psi_{r\alpha} + \dfrac{L_m^2 R_r + L_r^2 R_s}{L_r^2}i_{s\alpha} - \dfrac{L_m}{L_r}\omega\psi_{r\beta} \\[4mm]
u_{s\beta} = \sigma L_s \dfrac{\mathrm{d}i_{s\beta}}{\mathrm{d}t} - \dfrac{L_m \omega_r}{L_r}\psi_{r\beta} + \dfrac{L_m^2 R_r + L_r^2 R_s}{L_r^2}i_{s\beta} - \dfrac{L_m}{L_r}\omega\psi_{r\alpha}
\end{cases}
\tag{4-10}
$$

此时变流器的控制量全部为交流信号,选取 $i_{s\alpha}$, $i_{s\beta}$ 作为被控量,以 $u_{s\alpha}$, $u_{s\beta}$ 为控制输出,其余部分可以认为是控制耦合项及干扰项,采取前馈方法能够实现解耦控制,这样提可以使用 PR 调节器实现机侧 VSC 的控制。文献[21]进一步讨论了耦合补偿项对 PR 控制环的影响,在参考电流信号的频率为谐振频率 ω_n 时,前馈补偿项作为干扰项对系统增益的影响是可以忽略的。也就是说,在基于 PR 调节器的电流内环控制中,是可以忽略补偿项的影响,这样既降低了系统设计的难度,又提高了内环控制的抗干扰性。

与 PI 控制算法类似,电流内环的输入给定 $i_{s\alpha}^*$, $i_{s\beta}^*$ 由外环控制及功率给定决定的,其中 β 轴给定 $i_{s\beta}^*$ 由有功环或转速环输出得到,只是功率环或转速环一般选择 PI 调节器输出直流分量,为得到内环给定值还需经 $2r/2s$ 变换步骤的。而转子磁链的幅值与相位可以依靠转子磁链模型得到,选择 α-β 坐标系下的计算表达式即可。这样就可获得基于 PR 调节器的机侧 VSC 控制系统框图,如图 4-4 所示。

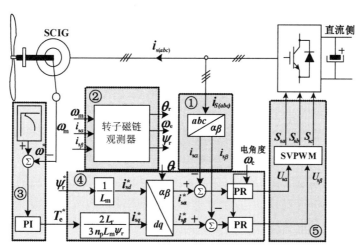

图 4-4　基于 PR 调节器的机侧 VSC 控制策略

由于电机频率是根据转速与负载改变而实时变化的,所以机侧控制中使用 PR 调节器关键需要做好可变谐振频率的调节器设计[22]。而将图 4-4 与图 4-1 所示的基于 PI 调节器的控制图相对比可以看到,外环为风电机组中转速精确控制的必需环节,故在两种策略中使用完全相同的转速调节器,而电流内环部分与磁链观测部分则只需基于 α-β 坐标系进行相关运算即可,而内环输出 $u_{s\alpha}$、$u_{s\beta}$ 直接进入 SVPWM 环节调制。可见,相对于 PI 算法,基于 PR 的机侧 VSC 控制省略了多次坐标变换,极大地简化了控制过程。

2. 频率自适应 PR 控制器

根据之前讨论,PR 调节器为实现特定频率的跟随,需要提前设置谐振频率 ω_n 的数值,而如电网侧 PWM 整流器电流控制、特定谐波消除控制等应用场合也都是基于恒定电网频率的前提。当然,由于 PR 调节器在简化计算、抑制干扰项作用等方面的优势,在某些变频率的场合也有广泛的应用,如机侧 PWM 变流器内环控制、电网频率波动下的控制等,此时要求 PR 调节器满足谐振频率的实时获取与调节,也就是频率自适应过程,为此本节提出了频率自适应的 QPR 调节器(frequency adaption QPR,FA - QPR)。

根据 QPR 传递函数的表达式(4 - 8)可知,频率自适应本质是设计带频率输入端口的谐振环节。文献[23]中提及并分析了二阶广义积分器(second order generalized integrator,SOGI)的原理与特点,其具有较好的选频特性和频率自适应性,图 4 - 5 为 SOGI 的结构框图。

由此可以获得 SOGI 的闭环传递函数:

$$\begin{cases} H_d(s) = \dfrac{v'(s)}{v(s)} = \dfrac{k\omega_0 s}{s^2 + k\omega_0 s + \omega_0^2} \\[3mm] H_q(s) = \dfrac{qv'(s)}{v(s)} = \dfrac{k\omega_0^2}{s^2 + k\omega_0 s + \omega_0^2} \end{cases} \tag{4 - 11}$$

此时 SOGI 的两个输出端幅值和相角关系如下:

$$v' = Dv \begin{cases} |D| = \dfrac{k\omega_0 \omega}{\sqrt{(k\omega_0\omega)^2 + (\omega^2 - \omega_0^2)}} \\[4mm] \angle D = \tan^{-1}\left(\dfrac{\omega_0^2 - \omega^2}{k\omega_0\omega} \right) \end{cases} \tag{4 - 12}$$

$$qv' = Qv \begin{cases} |Q| = \dfrac{\omega_0}{\omega} \\[4mm] \angle Q = \angle D - \dfrac{\pi}{2} \end{cases} \tag{4 - 13}$$

从式(4 - 11)、式(4 - 12)和式(4 - 13)可以得到,SOGI 的两个输出信号 qv 和 dv 则始终保持正交关系,其中当 $\omega = \omega_0$ 时 SOGI 的输出信号 dv 与输入信号 v 的幅值与相角完全相同,体现为陷波器的滤波特性,能够实现对输入信号 ω_0 分量的完美跟随;输出信号 qv 的输入信号 v 的幅值相同,相位滞后 $-\pi/2$ 角度,对输入信号体现为低通滤波器的特性,且产生完全正交的输出信号,可以完美替代纯积分器,又不会带来积分饱和等问题。

对比式(4 - 11)与式(4 - 8)所示的传统函数,可以发现 SOGI 中 $H_d(s)$ 与 QPR 的表达式基本一致,所以在此利用 SOGI 构建具有 FA - QPR,对于的结构框图如图 4 - 6 所示。

与此对应的系统传递函数 $G_v(s)$ 和 $G_y(s)$ 可以表达为

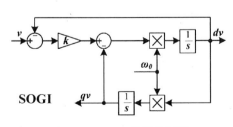

图 4 - 5　SOGI 的结构框图

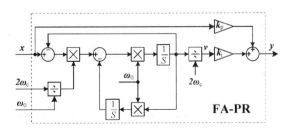

图 4 - 6　FA - QPR 的结构框图

$$\begin{cases} G_v(s) = \dfrac{v(s)}{x(s)} = \dfrac{s}{s^2 + 2\omega_c s + \omega_0^2} \\[3mm] G_y(s) = \dfrac{y(s)}{x(s)} = k_p + \dfrac{k_i s}{s^2 + 2\omega_c s + \omega_0^2} \end{cases} \tag{4-14}$$

其中,ω_0 为谐振角频率,ω_c 决定了闭环系统在 ω_0 附近的带宽。在这种自适应 PR 调节器中,可将电机电力的实时频率信号输入至 PR 调节器,使得 PR 本身不断地调整谐振频率,从而实现了对连续变化的交流信号的跟随,满足机侧 VSC 控制的需求。

3. 仿真验证与分析

(1) FA-QPR 动态响应测试

由于电机频率不断变化,所以 FA-QPR 的动态跟随速度是机侧 VSC 使用 PR 调节策略的重要关注点,为此首先对谐振频率跟随的特性加以测试。仿真分析系统与 4.1.1 节所使用的一样,只是将机侧 VSC 算法由基于 PI 的 VC 策略改变为基于 FA-QPR 的控制算法。仿真中保持外部负载转矩 $T_L = -1\,000\,\text{N·m}$ 恒定,而转速初始给定为 $800\,\text{r/min}$,$t = 3\,\text{s}$ 时突增为 $1\,000\,\text{r/min}$,并在 $t = 6\,\text{s}$ 时突减为 $900\,\text{r/min}$。由于 PR 控制器的性能与 k_p、k_r 及 ω_c 等值都有非常大的关系,控制参数 $k_p = 2.5$,$k_r = 150$,$\omega_c = 0.07\omega_0$,结果如图 4-7 所示。

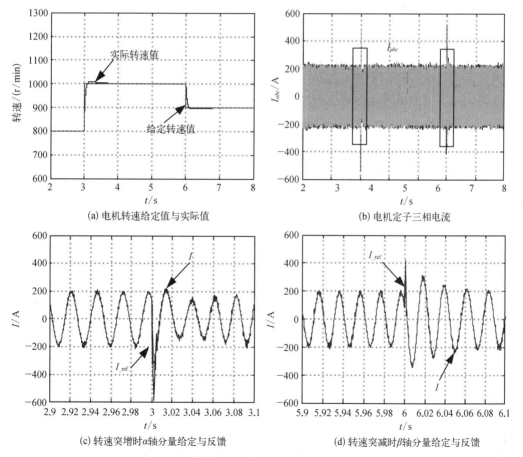

(a) 电机转速给定值与实际值

(b) 电机定子三相电流

(c) 转速突增时 α 轴分量给定与反馈

(d) 转速突减时 β 轴分量给定与反馈

图 4-7　转速突变时 PR 控制环响应情况

从仿真结果中可以看出,转速给定的突变会引起外环的输出增加,在瞬间造成较大的冲击电流,如图4-7(a)与图4-7(b)。而由于电机转速变化相对于控制周期是非常慢的,足以使得PR调节器跟随频率变化,如图4-7(c)与图4-7(d)。另一方面,由于ω_c对于PR的带宽有较大影响,过小的选择使得调节器在电机频率变化时失去控制能力,取值过大又造成一定的控制误差,在仿真中也都验证这一结论。

(2) PR控制算法验证

此处的仿真为验证基于PR控制器的机侧VSC算法,仿真环境与4.1.1节所描述的完全一致,即取350 kW仿真平台,而电机外部负载转矩在$t=2$ s和$t=6$ s突增$-1\,000$ N·m,转速给定在$t=3$ s时由800 r/min斜坡给定为1 200 r/min。运行SCIG仿真模型,得到如图4-8所示的结果。

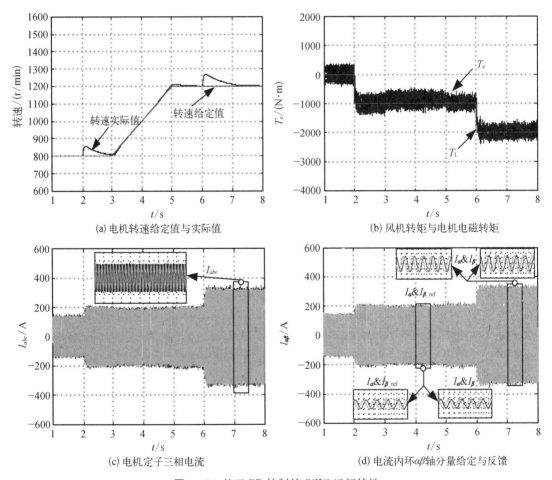

(a) 电机转速给定值与实际值

(b) 风机转矩与电机电磁转矩

(c) 电机定子三相电流

(d) 电流内环$\alpha\beta$轴分量给定与反馈

图4-8 基于PR控制的SCIG运行特性

从图4-8所示的结果中可以看出,机侧VSC使用PR调节器能够实现电机转矩与转速的精确控制,且具有较好的动稳态特性。由于PR调节器的控制对象为$\alpha\beta$轴电流分量,其控制效果受多个参数影响,电机转矩脉动较大,且负载引起的动态恢复过程较慢,这在与PI策略的仿真结果图4-2的对比也可以看出,而两者的动态响应趋势基本相同,说明PI控制与

PR 控制在本质上的相通性。

4.1.3　基于直接转矩控制的算法研究及仿真分析

在电机学相关理论中,当定子磁链、转子磁链或者气隙磁链三者中有一种在电机状态切换过程中保持始终不变,电机就不会出现暂态电流,从而保证电机控制的快速性[24]。由此可知,异步电机 DTC 控制方案必须保证两个要点:① 首先控制磁链 ψ 稳定,以求电机不会出现暂态现象;② 在磁链 ψ 恒定的前提下,采用直接控制电机电磁转矩 T_e 的机组控制方式。

与矢量控制理论通过控制电流、磁链等方式间接控制电机转矩的思路不同,直接转矩控制(DTC)将电机转矩作为直接控制量加入闭环反馈控制,通过转矩滞环调节器对电机转矩进行控制,将转矩波动限定在允许范围内,并根据当前的运行情况选择合适的电压矢量,达到了转矩量的直接控制,且具有优良的响应效果。

按照电机磁链控制方法的差异,DTC 策略在传统意义上可以分成正六边形磁链轨迹和圆形磁链轨迹控制方式[25],其中六边形磁链通过切换不同的开关矢量控制转矩,电机磁链呈 6 倍频波动,转矩的脉动较大,但系统的开关频率相对较小,适用于大功率的应用场合。而将磁链轨迹按圆形控制的方案中,在对磁链空间位置角观测的基础上,配合磁链和转矩误差的判断选择空间矢量,控制性能较为平稳,故本节的分析都是基于此种圆形磁链控制方法展开的。

1. 直接转矩控制理论基础

(1) 空间电压矢量对磁链的控制作用

机侧 VSC 控制理论里,变换器输出电压矢量 u_s 可以使用 8 个矢量表示,其中包含 6 个非零矢量和 2 个零矢量,其分布示意图如图 4-9(a)所示。若定子电压矢量记为 u_s,则定子磁链 ψ_s 表示为

$$\psi_s = \int (u_s - i_s R_s) \mathrm{d}t \tag{4-15}$$

式中,由于电机定子电阻 R_s 较小,而机端电压与转速成正比,其数值远大于 R_s 上的压降,即 $u_s \gg i_s R_s$。认为在单个控制周期 ΔT_s 内电压矢量 u_s 不变,则式(4-15)化简为

$$\psi_s(k+1) = \int (u_s - i_s R_s) \mathrm{d}t \approx u_s \Delta T_s + \psi_s(k) \tag{4-16}$$

可见,定子磁链 ψ_s 的幅值和相角都是可以通过电压矢量 u_s 来调节。从几何角度分析,任何电压矢量的作用 $u_s \Delta T_s$ 都可以分为切向和法向两个矢量的合成,其中切向分量与磁链矢量 ψ_s 保持正交,带动定子磁链 ψ_s 的旋转(正向或逆向),而法向分量与磁链矢量 ψ_s 平行,用来控制磁链 ψ_s 的幅值(增大或减小),如图 4-9(b)所示。

实际控制中根据磁链 ψ_s 所处的扇区选择不同的矢量 u_s,从而保证磁链沿着圆形曲线向前运动,运动轨迹如图 4-9(c)所示,每个扇区内选择的 u_s 将在后文中介绍,需要注意的是,由于 VSC 可供选择的 u_s 规模有限,且受功率器件开关频率的限制,故生成的磁链轨迹不可能是光滑的,磁链轨迹是在一定环宽之内运动的。

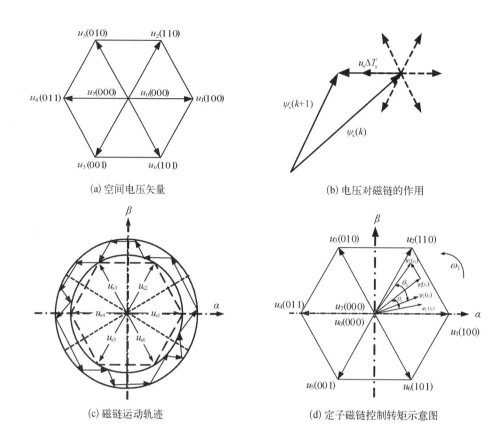

(a) 空间电压矢量　　　　　　　　　　(b) 电压对磁链的作用

(c) 磁链运动轨迹　　　　　　　　　　(d) 定子磁链控制转矩示意图

图 4-9　空间电压对磁链与转矩的控制效果图

（2）电磁转矩的控制机理

从异步电机的数学模型的推导过程中，可以得到电磁转矩 T_e 的基本方程为

$$T_e = -\frac{3}{2} n_p \frac{L_m}{L_s L_r - L_m^2} (\dot{\psi}_s \times \dot{\psi}_r) = -\frac{3}{2} n_p \frac{L_m}{L_s L_r - L_m^2} |\dot{\psi}_s \| \dot{\psi}_r| \sin\theta \quad (4-17)$$

式中，$\dot{\psi}_s$ 与 $\dot{\psi}_r$ 分别为定子和转子磁链矢量，而 θ 指代为定转子磁链的夹角（磁通角）。

可见异步电机电磁转矩 T_e 是由定、转子磁链的幅值和相角（磁通角 θ）实现控制的，对实际电机运行而言，为充分利用电机铁芯，希望定子磁链 $\dot{\psi}_s$ 与转子磁链 $\dot{\psi}_r$ 的幅值能够尽可能保持恒定状态，而将磁通角 θ 的控制作为转矩调节的关键因素。

图 4-9(d) 为通过电压矢量 u_s 控制转矩的示意图。设 t_1 时刻的定、转子磁链分别为 $\dot{\psi}_s(t_1)$ 和 $\dot{\psi}_r(t_1)$，磁通角为 θ_1，当施加有效电压（如 u_{s3}）至 t_2 时刻，根据向量关系，定子磁链 $\dot{\psi}_s(t_1)$ 将变化为 $\dot{\psi}_s(t_2)$，而转子磁链本身滞后于定子磁链变化，在 $t_1 \sim t_2$ 时间段中，$\dot{\psi}_r(t_1)$ 仅仅变至位置 $\dot{\psi}_r(t_2)$，磁通角 θ_1 增大为 θ_2，电机的电磁转矩增大。相应的，若在 $t_1 \sim t_2$ 时间段施加逆向电压向量（如 u_{s6}），$\dot{\psi}_s$ 沿顺时针旋转，则磁通角 θ 将会减小，相应的电磁转矩减小。需要注意的是，若施加零矢量（u_{s0} 和 u_{s7}），并不会对磁链和转矩产生作用。综上所述，DTC 控制就是通过选择合适矢量 u_s 控制磁链 $\dot{\psi}_s$ 的走走停停（即平均旋转速度），以改变磁通角 θ 大小来实现电磁转矩 T_e 的控制目标。

2. 基于滞环的机侧 DTC 控制策略

根据 DTC 实现原理,可以得到如图 4 - 10 所示的 DTC 系统结构框图,其中转速外环采用与矢量控制方案中相同的 PI 调节器,而内环及调制环节设置则完全不同。一般说来,DTC 系统中关键环节包括如下。

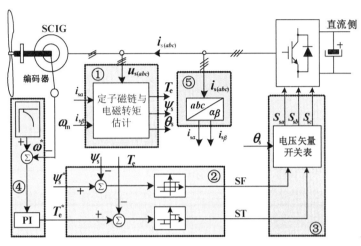

图 4 - 10　基于 DTC 的机侧 VSC 控制策略

（1）磁链与转矩观测环节

这个环节需要根据采集的电机的电气量(电压、电流等)估计出定子磁链 $\dot{\psi}_s$ 的幅值、相位角 φ,一般是基于如下所示 $\alpha - \beta$ 坐标系的电机方程来实现:

$$\begin{cases} \psi_{s\alpha} = \int (u_{s\alpha} - i_{s\alpha}R_s)\mathrm{d}t \\ \psi_{s\beta} = \int (u_{s\beta} - i_{s\beta}R_s)\mathrm{d}t \\ \psi_s = \sqrt{\psi_{s\alpha}^2 + \psi_{s\beta}^2} \\ \varphi = \arctan\left(\dfrac{\psi_{s\beta}}{\psi_{s\alpha}}\right) \end{cases} \qquad (4-18)$$

可见,磁链的观测是对电压分量的积分,而在实际应用中输入的信号往往含有直流偏置和输入初始值等,会在纯积分环节中产生偏差,甚至造成积分饱和,继而对磁链的观测精度产生极大影响。文献[26]提出在自适应磁链观测器的基础上添加直流分量提取环节,以加快直流偏置的衰减,非常有效地改善了磁链的积分效果。

由于电机的实际转矩不易通过直接测量得到,同样采用数学模型中转矩 T_e 的表达式计算,并以此作为 DTC 控制的转矩反馈值,即

$$T_e = \frac{3}{2}n_p(\psi_{s\alpha}i_{s\beta} - \psi_{s\beta}i_{s\alpha}) \qquad (4-19)$$

（2）磁链与转矩控制器

在滞环 DTC 策略中,磁链 $\dot{\psi}_s$ 和转矩 T_e 的调节都是通过 Schmit 式滞环控制器实现的,

其中磁链滞环 SF 通常采用两点式方案,即对磁链误差 $\mathrm{d}\psi_s = \psi_s^* - \psi_s$ 与设定磁链环宽比较,误差带之内维持原输出,超出环宽误差限制才改变输出状态。而转矩滞环 ST 需要转矩增加、减小、维持不变的三种状态,故选择取三点式滞环方案。若以输出状态 1 表示磁链或转矩的增加,-1 代表磁链或转矩的减少,而 0 表示维持原状态不变,则 SF 与 ST 滞环调节器由以下方式实现:

$$SF = \begin{cases} 1, & (\mathrm{d}\psi_s = \psi_s^* - \psi_s) \geqslant \dfrac{\varepsilon_\psi}{2} \\[3mm] -1, & (\mathrm{d}\psi_s = \psi_s^* - \psi_s) \leqslant -\dfrac{\varepsilon_\psi}{2} \end{cases} \qquad (4-20)$$

$$ST = \begin{cases} 1, & (\mathrm{d}T_e = T_e^* - T_e) \geqslant \dfrac{\varepsilon_T}{2} \\[3mm] 0, & -\dfrac{\varepsilon_T}{2} \leqslant (\mathrm{d}T_e = T_e^* - T_e) \leqslant \dfrac{\varepsilon_T}{2} \\[3mm] -1, & (\mathrm{d}T_e = T_e^* - T_e) \leqslant -\dfrac{\varepsilon_T}{2} \end{cases} \qquad (4-21)$$

式中,ε_ψ 与 ε_T 分别指代磁链与转矩的滞环环宽。

（3）电压矢量开关表

根据空间矢量的相关理论,六个非零的空间矢量将坐标系分为六个区域,而当磁链位于这些区域时,临近的非零矢量可能会对磁链与转矩产生相同的作用。为了矢量选择的唯一性,需要重新定义扇区,将六个非零矢量放置在所属磁链的扇区内,得到成 60°关系的扇区图,如图 4-11 所示。

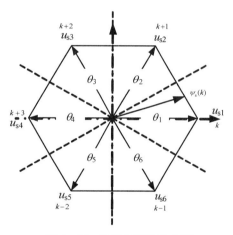

图 4-11　磁链扇区的定义图

同时在图 4-11 中也可看到,当定子磁链 $\dot{\psi}_s$ 位于第 k 扇区时,根据电压矢量 u_s 对磁链和转矩的控制作用分析:若磁链超前于当前扇区矢量 U_k,为使电机转矩 T_e 增加,需要加快磁链的旋转速度,可供选择的电压矢量为 U_{k+1}、U_{k+2}、U_{k+3},而若磁链滞环与当前扇区矢量 U_k,为使电机转矩 T_e 增加,可供选择的电压矢量为 U_k、U_{k+1}、U_{k+2},所以只要磁链位于扇区矢量 k,U_{k+1}、U_{k+2} 总能满足转矩上升的要求。同时 U_{k+1} 能够增加磁链幅值,而 U_{k+2} 将磁链幅值,故若对磁链和转矩控制都加以要求,所特定扇区内的电压矢量选择是唯一的。同理,可以获得其他扇区相应的开关表,如表 4-1 如下。

基于滞环开关表的 DTC 无法保证恒定的开关频率,而过高的开关动作会增加功率器件的损耗,也不利于系统的寿命与可靠性,所以实际系统中需要对开关频率限制。将所设定的最高频率 f_{max} 基于计算时钟积分,每次开关动作（导通）时对积分值读取并判断,若积分值大于 1,说明此时开关动作频率小于限定值,可以直接由开关表驱动器件,反之则说明开关频率超过最高值,选择以计数值 1 时动作（开关频率为最高频率）,而每次判断完毕对积分寄存器清零,以便下次判断,这样就可实现对开关频率的限制。

表 4 - 1　异步电机 DTC 开关表

磁链符号 SF	转矩符号 ST	扇　区　号					
		θ_1	θ_2	θ_3	θ_4	θ_5	θ_6
1	1	u_2	u_3	u_4	u_5	u_6	u_1
	0	u_7	u_0	u_7	u_0	u_7	u_0
	−1	u_6	u_1	u_2	u_3	u_4	u_5
−1	1	u_3	u_4	u_5	u_6	u_1	u_2
	0	u_0	u_7	u_0	u_7	u_0	u_7
	−1	u_5	u_6	u_1	u_2	u_3	u_4

3. 基于 SVM - DTC 的控制策略

基于滞环与开关表的 DTC 最显著的问题是开关频率不固定且转矩波动较大,为了改善上述 DTC 存在的问题,一般从以下几个角度对其优化:① 优化开关表,对 DTC 的开关矢量进行优化,如矢量细分及增加零矢量的作用[27];② 改变控制与调制策略,如空间矢量 SVM、模糊逻辑控制法(FLC),滑模变结构控制(SMC)等,从根本上解决 DTC 开关频率不足且特性较差的问题;③ 基于多电平控制策略,电压矢量的叠加有助于磁链和转矩的平滑,改善了电机调控性能。

综合算法复杂度与实现难度的因素,本节选择基于 SVM - DTC 的优化策略,即选择磁链 $\dot{\psi}_s$ 和转矩 T_e 的双闭环结构,以 PI 调节器实现无静差调节,并用 SVPWM 作为开关量的调制模块,其结构框图如图 4 - 12 所示。这种 SVM - DTC 的策略类似于定子磁链定向的控制,只是无须解耦项前馈的操作。虽然 PI 调节器的积分环节会一定程度上降低被控量的响应速度,但系统磁链与转矩脉动能够得到有效改善,并且开关驱动环节的设计易于工程中实现,具有一定的实际应用价值。

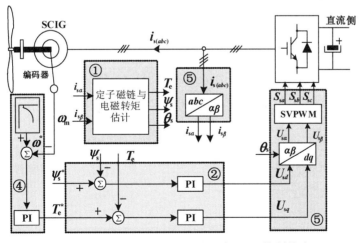

图 4 - 12　基于 SVM - DTC 的机侧 VSC 控制策略

4. 仿真验证与分析

采用附录 2 实验平台的参数对所提出的滞环开关表 DTC 策略与 SVM - DTC 策略加以验证,仿真环境和参数与前文所述一致。为达到对比的效果,此处滞环 DTC 在不同环宽与开关频率限制下做两组对比分析。SVM - DTC 算法中 SVPWM 模块选择的开关频率为 2.5 kHz,滞环 DTC 中一组的最高频率选择为 2.5 kHz,而另外一组选择 10 kHz。仿真结果如图 4 - 13～图 4 - 16 所示。

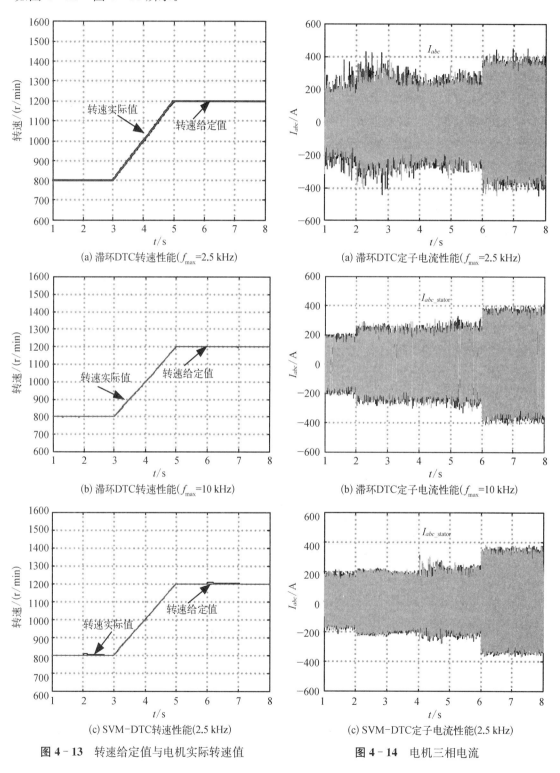

(a) 滞环DTC转速性能(f_{max}=2.5 kHz)

(a) 滞环DTC定子电流性能(f_{max}=2.5 kHz)

(b) 滞环DTC转速性能(f_{max}=10 kHz)

(b) 滞环DTC定子电流性能(f_{max}=10 kHz)

(c) SVM-DTC转速性能(2.5 kHz)

(c) SVM-DTC定子电流性能(2.5 kHz)

图 4 - 13　转速给定值与电机实际转速值

图 4 - 14　电机三相电流

从图 4-13 和 4-14 的仿真波形可以看出,滞环 DTC 和 SVM-DTC 策略均能实现对转速和定子电流的稳定控制。但是,在同等开关频率下,SVM-DTC 比滞环 DTC 具有更优异的表现,当开关频率达到 10 kHz 后,滞环 DTC 控制的定子电流和转速控制效果才能与SVM-DTC 在 2.5 kHz 开关频率下的控制效果接近。

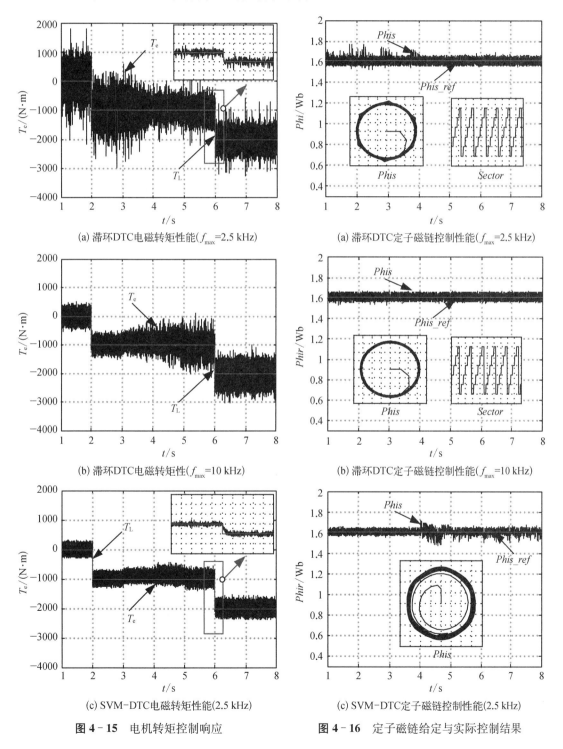

(a) 滞环DTC电磁转矩性能(f_{max}=2.5 kHz) (a) 滞环DTC定子磁链控制性能(f_{max}=2.5 kHz)

(b) 滞环DTC电磁转矩性(f_{max}=10 kHz) (b) 滞环DTC定子磁链控制性能(f_{max}=10 kHz)

(c) SVM-DTC电磁转矩性能(2.5 kHz) (c) SVM-DTC定子磁链控制性能(2.5 kHz)

图 4-15 电机转矩控制响应   **图 4-16** 定子磁链给定与实际控制结果

从图 4-15 和 4-16 的仿真波形可以看出，滞环 DTC 和 SVM-DTC 策略均能保证定子磁链与电机转矩的稳定控制。实际输出磁链幅值与给定值基本吻合，且磁链运行轨迹也是较为平滑的圆形。但是，滞环 DTC 中转矩与磁链环宽对控制性能影响较大，也直接反应到开关频率上。较低的开关频率使得滞环输出误差较大，造成较大的电流脉动及转矩波动，提高开关频率可有效改变这一状况，而 SVM-DTC 在 2.5 kHz 的开关频率下就能达到必要的控制精度与稳定度。

与基于 PI 或 PR 的矢量控制相比，转矩的动态响应速度得到明显提高（阶跃响应时间为 2～3 ms 内），但 DTC 的电流与转矩脉动较大，稳态精度远不及 VC 控制。

4.1.4　性能对比

根据电机控制的原理，在基于 PI 和 PR 的矢量控制中，ψ_r 与 T_e 的控制通过电流内环间接实现的[28]，而 PI 和 PR 调节器对电流给定量的无静差跟踪保证了 ψ_r 和 T_e 的精度，这也使得 VC 策略下的电机稳态性能要高于滞环 DTC 方案。具体分析来说，根据定子电压磁链方程，可求解出定、转子磁链与电压的相互作用方程：

$$\begin{bmatrix} \dfrac{\mathrm{d}\psi_s}{\mathrm{d}t} \\[2mm] \dfrac{\mathrm{d}\psi_r}{\mathrm{d}t} \end{bmatrix} = \begin{bmatrix} -\dfrac{R_s}{\sigma L_s} & \dfrac{L_m R_s}{\sigma L_s L_r} \\[3mm] \dfrac{L_m R_r}{\sigma L_s L_r} & j\omega_r - \dfrac{R_r}{\sigma L_r} \end{bmatrix} \begin{bmatrix} \psi_s \\ \psi_r \end{bmatrix} + \begin{bmatrix} u_s \\ 0 \end{bmatrix} \tag{4-22}$$

对式（4-22）相对于控制周期 T_s 离散化，可得

$$\begin{bmatrix} \psi_s(k+1) \\ \psi_r(k+1) \end{bmatrix} = \begin{bmatrix} 1 - \dfrac{R_s}{\sigma L_s}T_s & \dfrac{L_m R_s}{\sigma L_s L_r}T_s \\[3mm] \dfrac{L_m R_r}{\sigma L_s L_r}T_s & 1 + j\omega_r T_s - \dfrac{R_r}{\sigma L_r}T_s \end{bmatrix} \begin{bmatrix} \psi_s(k) \\ \psi_r(k) \end{bmatrix} + \begin{bmatrix} u_s(k)T_s \\ 0 \end{bmatrix} \tag{4-23}$$

如果忽略定子电阻的影响，可将式（4-23）中磁链矢量 ψ_s 由电压矢量 $\dot{u}_s$ 和 T_s 表示：

$$\dot{\psi}_s(k+1) = \dot{u}_s(k)T_s + \dot{\psi}_s(k) \tag{4-24}$$

若 k 时刻 $\dot{u}_s(k)$ 与 $\dot{\psi}_s(k)$ 的夹角为 γ，以矢量合成的相关概念可得磁链脉动幅值 $\Delta\psi_s$ 为

$$\Delta\psi_s = |\dot{\psi}_s(k+1) - \dot{\psi}_s(k)| = |u_s(k) \cdot T_s|\cos\gamma = \sqrt{\dfrac{2}{3}}U_{dc}T_s\cos\gamma \tag{4-25}$$

可见磁链的波动值 $\Delta\psi_s$ 受到控制周期、直流电压及所选矢量电压等因数的影响，且 $\cos\theta = \pm 1$ 时 $\Delta\psi_s$ 取最值。

同样将磁链表达式（4-23）代入式（4-17），可以化简得到转矩 T_e 随 $\dot{u}_s$ 和 T_s 变化的离散表达式：

$$T_e(k+1) = \left[1 + j\omega_r T_s - \dfrac{R_s}{\sigma L_s}T_s - \dfrac{R_r}{\sigma L_r}T_s\right][\psi_s(k) \times \psi_r(k)] + T_s \cdot [K_T u_s(k) \times \psi_r(k)]$$

$$= T_e(k) - T_s \cdot \left[\frac{R_s}{\sigma L_s} + \frac{R_r}{\sigma L_r} \right] \cdot T_e(k) + T_s \cdot \left[K_T u_s(k) \times \psi_r(k) - j\omega_r T_e(k) \right]$$

$$(4-26)$$

其中，$K_T = \frac{3}{2} n_p \frac{L_m}{L_s L_r - L_m^2}$ 为转矩计算系数。式(4-26)的转矩 $T_e(k+1)$ 既与前一时刻转矩值 $T_e(k)$ 在电机绕组上的响应有关，又受外加电压与反电动势 $\omega_r T_e(k)$ 的影响。

在 DTC 策略的实现过程中，每个控制周期 T_s 对转矩与磁链滞环更新一次，并选择合适的电压矢量 $\dot{u}_s$ 作用于下个 T_s。根据式(4-24)和式(4-26)，单一的 $\dot{u}_s$ 使得转矩 T_e 和磁链 ψ_s 因单向变化产生较高的转矩与磁链脉动值，有可能直接超出环宽设定值。而矢量控制采用 PI 或 PR 调节器的精确控制，又使用基于多个电压矢量 $\dot{u}_s$ 平均作用的 SVPWM 调制方法，并将有效时间分开(如五段式、七段式调制)，极大地改善了磁链与转矩的脉动现象，这也是 DTC 的脉动抑制效果和稳态精度不如 VC 策略的根本原因。

因此为达到类似的稳态控制精度，DTC 策略需要更高的控制速率及开关频率，前文的仿真结果也说明了这个问题。另一方面合适的环宽便于及时转换转矩 T_e 和磁链 ψ_s 的变化趋势，有利于 DTC 系统控制的改善，但过小的环宽增加了系统开关频率，也有可能超过转矩的响应能力，所以为实现控制系统利用的最大化，滞环带宽需要根据实际运行的情况进行选择。

在以上理论分析与仿真验证的基础上，可总结出基于 PI 和 PR 的矢量控制及 DTC 控制策略对 SCIG 机组控制性能的影响情况，表 4-2 从稳态精度、动态响应、计算复杂度、系统鲁棒性及控制需求等方面给出了对比结果。

表 4-2　机侧 VSC 控制策略的性能对比

对 比 项 目		基于 PI 的 VC 策略	基于 PR 的 VC 策略	DTC 策略
稳态精度	电流谐波	性能最优	性能较好	性能较差，存在电流脉动
	转矩与磁链脉动性	控制良好	控制良好	存在转矩脉动
动态响应	转矩响应	6~10 ms，较快	6~10 ms，较快	2~4 ms，非常快
	转速突变影响	内环恢复较慢(80 ms)	内环恢复较快(20 ms)	内环迅速跟随(5 ms)
控制需求		所需控制参数较多	所需控制参数较多	控制简单，所需参数少，需较高开关频率
系统鲁棒性		鲁棒性较差，受参数影响大	鲁棒性有一定提高，对扰动具有抵抗性	具有较强的鲁棒性
计算复杂度		复杂性较高	复杂性较高	结构简单

稳态精度：从电流性能、转矩与磁链脉动性来评价，其中基于 PI 与 PR 的 VC 策略本身就是定向控制，控制精度得到保证，输出性能较佳。相对应的 DTC 则是根据瞬时值不断切换开关动作，励磁与转矩滞环造成输出脉动，也影响了电流波形的质量。

动态响应：DTC 策略由于是对电机转矩的直接控制，能够适应转矩的动态改变，调节时间基本在 5 ms 以内，而 VC 的转矩控制则是通过转矩电流的间接控制得到，与控制器的调节速度有较大关系,转矩调节时间在 10 ms 左右。转速的改变会影响 VC 的定向,造成瞬态的突变,而 DTC 实现过程无须解耦控制,对转速的适应性也较强。

控制需求：VC 算法基于坐标系的精确定向,电机模型与参数是必需的,而 DTC 仅观测定子磁链,定子电阻的值就能满足控制需求。另一方面,要达到同样的对磁链与转矩的控制效果,DTC 对开关频率的要求要高得多,在包括风电在内的大功率场合中应用一般都使用改进的 DTC 策略(如 SVM - DTC 等)。

控制鲁棒性：DTC 仅需定子电阻 R_s 的值,且无须精确定向,故对模型参数的适应性最强。而基于 PR 的控制策略因其选频特性,对边带干扰有一定抵抗能力,而基于 PI 算法的策略最能体现矢量控制对参数依赖的特点。通过仿真也对此论断进行了验证。

计算复杂度：基于 PI 算法的 VC 需要多次坐标变换,且使用比例与积分环节,控制复杂性较高,而 PR 策略虽然在坐标变换次数上有所降低,但谐振控制器的设计与运算又一定程度上增加了运算量。DTC 策略仅通过滞环比较,选择相应的开关表,降低了实现结构的复杂性。如果考虑实际运用,VC 中坐标变换的运算量对 CPU 控制来说基本可以忽略,反而是DTC 中滞环比较环节需要频繁调用,增加了离散系统的负担(如 ABB 变频器的运算更新速率在 40 kHz 左右),且控制环节的滞后性也不利于电机系统的稳定运行。

4.2　双馈风电机组的机侧变换器控制

4.2.1　机侧变换器的矢量控制

机侧变换器采用定子电压定向控制[29-30],选取旋转坐标系 d 轴与定子电压矢量重合,即 $u_{sq}=0$, $u_{sd}=U_g$,可得到两相旋转坐标系下的转子电压方程为

$$\begin{cases} u_{rd}=R_r i_{rd} + \sigma L_r \dfrac{\mathrm{d}i_{rd}}{\mathrm{d}t} - \omega_{slip}\sigma L_r i_{rq} \\[2mm] u_{rq}=R_r i_{rq} + \sigma L_r \dfrac{\mathrm{d}i_{rq}}{\mathrm{d}t} + \omega_{slip}\left(\dfrac{L_m}{L_s}\psi_s + \sigma L_r i_{rd}\right) \end{cases} \tag{4-27}$$

式中,u_{rd} 和 u_{rq} 为转子电压在 dq 坐标系下的分量;i_{rd} 和 i_{rq} 为转子电流在 dq 坐标系下的分量;R_r 为转子绕组电阻;L_s 为定子漏感;L_r 为转子漏感;L_m 为定转子之间互感;$\sigma=1-L_m^2/(L_s L_r)$ 为电机漏磁系数。定子侧向电网输出的功率方程为

$$\begin{cases} P_s=\dfrac{3L_m}{2L_s}\omega_1 \psi_s i_{rq} \\[2mm] Q_s=\dfrac{3L_m^2}{2L_s}\omega_1 \psi_s\left(i_{rd}-\dfrac{\psi_s}{L_m}\right) \end{cases} \tag{4-28}$$

式中,P_s 和 Q_s 为定子发出的有功和无功功率,ψ_s 为定子磁链矢量幅值。

根据式(4-28),通过单独控制转子电流的 d 轴分量和 q 轴分量,可以实现定子侧有功

无功的解耦控制。机侧变换器的控制框图如图 4-17 所示,外环控制定子侧向电网输出的有功无功功率,实现最大功率跟踪和无功调节。内环控制转子电流输出转子变流器交流侧电压,控制机侧变换器。

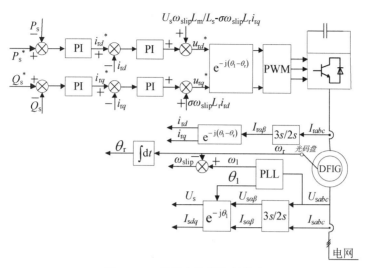

图 4-17　机侧变换器控制策略

4.2.2　机侧变换器的直接功率(转矩)控制

1. 基于开关表的机侧变换器直接功率控制

图 4-18 为在转子转速旋转坐标系下的等效电路,定、转子磁链矢量为

$$\begin{cases} \boldsymbol{\psi}_s^r = L_s I_s^r + L_m I_r^r \\ \boldsymbol{\psi}_r^r = L_r I_r^r + L_m I_s^r \end{cases} \quad (4-29)$$

由式(4-29)可得定子电流为

$$I_s^r = \frac{L_r \boldsymbol{\psi}_s^r - L_m \boldsymbol{\psi}_r^r}{L_s L_r - L_m^2} = \frac{\boldsymbol{\psi}_s^r}{\sigma L_s} - \frac{L_m \boldsymbol{\psi}_r^r}{\sigma L_s L_r} \quad (4-30)$$

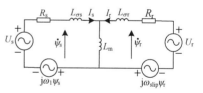

图 4-18　同步速旋转坐标系中
DFIG 等效电路

式中,$\sigma = (L_s L_r - L_m^2)/L_s L_r$ 为漏磁系数。从图 4-18
中可得定子电压可表示为

$$V_s^r = R_s I_s^r + \frac{\mathrm{d}\boldsymbol{\psi}_s^r}{\mathrm{d}t} + \mathrm{j}\omega_r \boldsymbol{\psi}_s^r \quad (4-31)$$

基于图 4-18 和式(4-31)可得电网向定子侧输入的有功功率为

$$P_s = \frac{3}{2} V_s^r \cdot I_s^r = \frac{3}{2}\left(R_s I_s^r + \frac{\mathrm{d}\boldsymbol{\psi}_s^r}{\mathrm{d}t} + \mathrm{j}\omega_r \boldsymbol{\psi}_s^r\right) \cdot I_s^r \quad (4-32)$$

忽略定子电阻 R_s 影响,可得

$$P_s = \frac{3}{2}\left(\frac{\mathrm{d}\psi_s^r}{\mathrm{d}t} + \mathrm{j}\omega_r\psi_s^r\right) \cdot I_s^r \tag{4-33}$$

相似地，定子侧向电网输出的无功功率为

$$Q_s = -\frac{3}{2}V_s^r \times I_s^r = -\frac{3}{2}\left(\frac{\mathrm{d}\psi_s^r}{\mathrm{d}t} + \mathrm{j}\omega_r\psi_s^r\right) \times I_s^r \tag{4-34}$$

定转子磁链在转子速旋转坐标系中可表示为

$$\begin{cases} \psi_s^r = |\psi_s^r| \, \mathrm{e}^{\mathrm{j}\theta_s} \\ \psi_r^r = |\psi_r^r| \, \mathrm{e}^{\mathrm{j}\theta_r} \end{cases} \tag{4-35}$$

定子磁链在静止坐标系和转子速旋转坐标系中的关系为

$$\psi_s^r = \psi_s^s \cdot \mathrm{e}^{-\mathrm{j}\omega_r t} \tag{4-36}$$

且有

$$\frac{\mathrm{d}\theta_s}{\mathrm{d}t} = \omega_1 - \omega_r \tag{4-37}$$

在静止坐标系下，定子磁链可表示为

$$\psi_s^s = \int(V_s^s - R_s I_s^s)\mathrm{d}t \tag{4-38}$$

忽略定子电阻的影响，假设定子电压三相平衡，且考虑到电机惯量故可认为在采样周期内转子转速未发生变化，则由式(4-36)可得

$$|\psi_s^r| = |\psi_s^s \mathrm{e}^{-\mathrm{j}\omega_r t}| = |\int V_s^s \mathrm{d}t| = 定值 \tag{4-39}$$

进而有

$$\frac{\mathrm{d}|\psi_s^r|}{\mathrm{d}t} = 0 \tag{4-40}$$

综合式(4-35)、式(4-37)和式(4-40)可得

$$\frac{\mathrm{d}\psi_s^r}{\mathrm{d}t} = |\psi_s^r| \, \mathrm{j}\frac{\mathrm{d}\theta_s}{\mathrm{d}t}\mathrm{e}^{\mathrm{j}\theta_s} = \mathrm{j}(\omega_1 - \omega_r)\psi_s^r \tag{4-41}$$

将式(4-30)、式(4-41)代入式(4-33)和式(4-34)中，得到定子输入有功和输出无功为

$$\begin{cases} P_s = -\frac{3}{2}\frac{L_m}{\sigma L_s L_r}\omega_1 |\psi_s^r||\psi_r^r| \sin\theta \\ Q_s = \frac{3}{2}\frac{\omega_1}{\sigma L_s} |\psi_s^r| \left(\frac{L_m}{L_r} |\psi_r^r| \cos\theta - |\psi_s^r|\right) \end{cases} \tag{4-42}$$

式中，$\theta = \theta_r - \theta_s$ 是转子磁链矢量和定子磁链矢量的夹角。式(4-42)取微分得

$$
\begin{cases}
\dfrac{\mathrm{d}P_s}{\mathrm{d}t} = -\dfrac{3}{2}\dfrac{L_m}{\sigma L_s L_r}\omega_1 \mid \psi_s^r \mid \dfrac{\mathrm{d}(\mid \psi_r^r \mid \sin\theta)}{\mathrm{d}t} \\[4mm]
\dfrac{\mathrm{d}Q_s}{\mathrm{d}t} = \dfrac{3}{2}\dfrac{L_m}{\sigma L_s L_r}\omega_1 \mid \psi_s^r \mid \dfrac{\mathrm{d}(\mid \psi_r^r \mid \cos\theta)}{\mathrm{d}t}
\end{cases}
\tag{4-43}
$$

由式(4-43)可以看出，有功、无功的变化分别取决于 $\mid \psi_r^r \mid \sin\theta$ 和 $\mid \psi_r^r \mid \cos\theta$ 的变化。而 $\mid \psi_r^r \mid \sin\theta$ 和 $\mid \psi_r^r \mid \cos\theta$ 分别为转子速旋转坐标系中转子磁链在垂直于定子磁链方向和定子磁链方向上的分量，这表明分别控制这两个分量可以独立控制有功和无功。转子磁链的初始位置和幅值并不会直接影响有功、无功的变化。

与定子侧相似的，双馈电机的转子磁链在转子速旋转坐标系下可表示为

$$
\frac{\mathrm{d}\psi_r^r}{\mathrm{d}t} = V_r^r - R_r I_r^r
\tag{4-44}
$$

忽略转子电阻的影响，式(4-44)表明转子磁链的增量取决于转子电压，转子磁链的移动方向沿着转子电压矢量的方向，其移动速度与转子电压矢量幅值成正比。因此，通过选取合适的电压矢量，可以控制转子磁链的变化。

根据式(4-44)可知，当忽略转子电阻时，零电压矢量会使得转子磁链不变。如果转子磁链保持不变，则会有

$$
\frac{\mathrm{d}\mid \psi_r^r \mid}{\mathrm{d}t} = 0, \qquad \frac{\mathrm{d}\theta_r}{\mathrm{d}t} = 0
\tag{4-45}
$$

将式(4-45)代入式(4-43)，得

$$
\begin{cases}
\dfrac{\mathrm{d}P_s}{\mathrm{d}t} = \dfrac{3}{2}\dfrac{L_m}{\sigma L_s L_r}\omega_1 \mid \psi_s^r \mid\mid \psi_r^r \mid \cos(\theta_r - \theta_s)(\omega_1 - \omega_r) \\[4mm]
\dfrac{\mathrm{d}Q_s}{\mathrm{d}t} = \dfrac{3}{2}\dfrac{L_m}{\sigma L_s L_r}\omega_1 \mid \psi_s^r \mid\mid \psi_r^r \mid \sin(\theta_r - \theta_s)(\omega_1 - \omega_r)
\end{cases}
\tag{4-46}
$$

式(4-46)表明零电压矢量对有功、无功功率的影响取决于 $(\omega_1 - \omega_r)$。正常发电模式下，转子磁链总是超前于定子磁链，即 $\theta_r > \theta_s$。因此对于超同步运行时，即转子转速超过定子电角速度 $(\omega_r > \omega_1)$，零电压矢量会降低有功功率输入和无功功率输出。对于次同步运行 $(\omega_r < \omega_1)$，则相反。

如前文所述，一个有效电压矢量会使得转子磁链沿着该电压矢量方向变化。如果定子磁链位置已知，则每个转子电压矢量对 $\mid \psi_r^r \mid \sin\theta$ 和 $\mid \psi_r^r \mid \cos\theta$ 的影响就会确定。因此，根据式(4-43)，在每个扇区中的电压空间矢量对有功无功的影响都可以计算得到，只需确定定子磁链的位置，而转子磁链的初始值与有功、无功功率的变化无关。

对于双馈电机，可以通过式(4-44)积分得到转子磁链。然而，由于转子电压基频频率较低，R_r 的影响会导致积分饱和，所以积分器的使用不能得到满意结果。根据式(4-29)，

一种较好的方法可表示为

$$\psi_r^r = \frac{L_m}{L_s}\psi_s^r + \frac{L_sL_r - L_m^2}{L_s}I_r^r \tag{4-47}$$

式(4-47)需要定转子自感和互感,当电感值偏离实际值时,该方法会导致精确性下降。这种方法只用到定子磁链,无须对转子磁链进行估计。每个扇区中的电压矢量对有功、无功的影响都可确定,如表4-3所示。

表 4-3　开关电压对功率作用效果表

定子磁链扇区		I	II	III	IV	V	VI
V_1 (001)	P_s	↑	↓↑	↓	↓	↑↓	↑
	Q_s	↓	↓	↓	↑	↑	↑
V_2 (010)	P_s	↓	↓	↑↓	↑	↑	↓↑
	Q_s	↓	↑	↑	↑	↓	↓
V_3 (011)	P_s	↓↑	↓	↑	↑↓	↑	↑
	Q_s	↑	↓	↓	↓	↓	↑
V_4 (100)	P_s	↑↓	↑	↑	↓↑	↓	↓
	Q_s	↑	↑	↓	↓	↓	↓
V_5 (101)	P_s	↑	↑	↓↑	↓	↓	↑↓
	Q_s	↑	↑	↑	↓	↓	↓
V_6 (110)	P_s	↓	↑↓	↑	↑	↓↑	↓
	Q_s	↑	↑	↑	↓	↓	↑

定子磁链扇区			I—VI
V_0/V_7 (000)/(110)	$\omega_r < \omega_1$	P_s	↑
		Q_s	↑
	$\omega_r > \omega_1$	P_s	↓
		Q_s	↓

为了得到在转子旋转坐标系中的定子磁链矢量,先要估计出定子磁链矢量在静止坐标系中的值,然后将其转化到转子旋转坐标系中。在静止坐标系中,定子磁链用以下方程估计:

$$\psi_s^s = \int (V_s^s - R_s I_s^s)\mathrm{d}t \tag{4-48}$$

由于定子磁链相对来说谐波较少并且频率固定,所以上述等式能够达到对定子磁链的准确估计。而定子磁链在转子速旋转坐标系中的值,可以用式(4-36)计算得到。

为了达到对有功无功的动态控制,有功无功功率偏差和定子磁链位置被用于选取电压空间矢量。有功无功偏差信号分别有两个滞环比较器产生,其作用原理如图4-19所示。

如前文所述,零电压矢量在不同模式下对有功无功功率有不同的影响。由于转子电阻的存在,零电压矢量的影响变得更加复杂,尤其是当转子转速接近于同步速时。因此,除了当有功无功偏差为0的情况外,零电压矢量将不会被选取。基于以上分析,优化后的开关表如表 4 - 4 所示。在 $S_p=0$ 和 $S_q=0$ 时,零电压矢量可以只改变一相桥臂,而被选取用于降低开关频率。

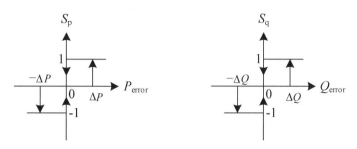

(a) 有功功率滞环比较器　　　　(b) 无功功率滞环比较器

图 4 - 19　滞环比较器原理

表 4 - 4　机侧变换器 LUT - DPC 开关表

定子磁链矢量扇区		Ⅰ	Ⅱ	Ⅲ	Ⅳ	Ⅴ	Ⅵ
$S_q=1$	$S_p=1$	101	100	110	010	011	001
	$S_p=0$	100	110	010	011	001	101
	$S_p=-1$	110	010	011	001	101	100
$S_q=0$	$S_p=1$	001	101	100	110	010	011
	$S_p=0$	111/000	111/000	111/000	111/000	111/000	111/000
	$S_p=-1$	010	011	001	101	100	110
$S_q=-1$	$S_p=1$	001	101	100	110	010	011
	$S_p=0$	011	001	100	100	110	010
	$S_p=-1$	010	011	001	101	100	100

图 4 - 20 给出基于开关表的机侧变换器直接功率控制原理框图,三相定子电压电流被测量并在两相静止坐标系中转化,有功无功和定子磁链也因此得到。测量转子位置和速度,并用于将静止坐标系转化为转子坐标系中。有功无功给定值和实际值进行比较,得到反映各自状态的 S_p 和 S_q,再根据得到的定子磁链矢量在转子坐标系中的扇区,在开关表中选取合适开关信号。优化的开关信号用于控制机侧变换器功率开关器件,以减少功率误差。

2. 基于空间矢量调制的机侧变换器直接功率控制

当采用电网电压定向时,同步速旋转坐

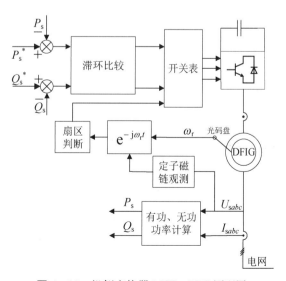

图 4 - 20　机侧变换器 LUT - DPC 原理图

标系下电网电压 q 轴分量 $u_{sq}=0$。若电网电压恒定,则同步速旋转坐标系中各变量均为直流量,其导数为零。再忽略定子电阻的影响,可得

$$U_s = j\omega_1\psi_s = -\omega_1\psi_{sq} = u_{sd} \tag{4-49}$$

将式(4-49)代入式(4-32)和式(4-34),可得

$$\begin{cases} P_s = k_\sigma U_s \psi_{rd} \\ Q_s = -k_\sigma U_s\left(\psi_{rq} + \dfrac{L_r}{L_m}\dfrac{U_s}{\omega_1}\right) \end{cases} \tag{4-50}$$

式中,$k_\sigma = \dfrac{3}{2}\dfrac{L_m}{L_s L_r - L_m^2} \approx \dfrac{3}{2}\dfrac{1}{L_{\sigma s} + L_{\sigma r}}$,$\psi_{rd}$ 和 ψ_{rq} 分别为 DFIG 转子磁链在同步速旋转坐标系下的 d、q 轴分量。

将式(4-50)等号两边微分并变换,可得

$$\begin{cases} \dfrac{d\psi_{rd}}{dt} = \dfrac{1}{k_\sigma U_s}\dfrac{dP_s}{dt} = \dfrac{1}{k_\sigma U_s}\dfrac{P_s^* - P_s}{T_s} \\ \dfrac{d\psi_{rq}}{dt} = -\dfrac{1}{k_\sigma U_s}\dfrac{dQ_s}{dt} = -\dfrac{1}{k_\sigma U_s}\dfrac{Q_s^* - Q_s}{T_s} \end{cases} \tag{4-51}$$

式中,T_s 为系统的采样周期。

将式(4-50)和式(4-51)代入式(4-44),可得 DFIG 机侧变流器的输出电压参考值为

$$\begin{cases} u_{rd} = \dfrac{1}{k_\sigma U_s}\dfrac{P_s^* - P_s}{T_s} - \omega_{slip}\left(\dfrac{Q_s}{k_\sigma U_s} - \dfrac{L_r}{L_m}\dfrac{U_s}{\omega_1}\right) + R_r i_{rd} \\ u_{rq} = -\dfrac{1}{k_\sigma U_s}\dfrac{Q_s^* - Q_s}{T_s} - \omega_{slip}\dfrac{P_s}{k_\sigma U_s} + R_r i_{rq} \end{cases} \tag{4-52}$$

式中,u_{rd} 和 u_{rq} 分别为 DFIG 机侧变流器的输出电压参考值在同步速旋转坐标系下 d、q 轴分量。

为了消除静差,用 PI 控制器取代式(4-52)中的比例控制器,并考虑到兆瓦级 DFIG 机组的转子电阻较小,其压降可以忽略,故式(4-52)可改写成以下形式:

$$\begin{cases} u_{rd} = \left(k_p + \dfrac{k_i}{s}\right)(P_s^* - P_s) - \omega_{slip}\left(\dfrac{Q_s}{k_\sigma U_s} - \dfrac{L_r}{L_m}\dfrac{U_s}{\omega_1}\right) \\ u_{rq} = -\left(k_p + \dfrac{k_i}{s}\right)(Q_s^* - Q_s) - \omega_{slip}\dfrac{P_s}{k_\sigma U_s} \end{cases} \tag{4-53}$$

根据式(4-53)可得同步速旋转坐标系中 DFIG 的 SVM-DPC 框图,如图 4-21 所示。

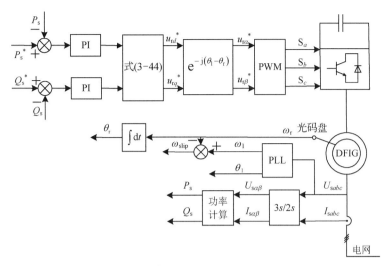

图 4 - 21　机侧变换器 SVM - DPC 原理图

4.2.3　两种控制策略的对比研究

1. 直接功率控制器的参数设计方法

对于 4.2.2 节中直接功率控制策略,其机侧变换器控制时的定子输出有功功率控制结构框图如图 4 - 22 所示,图中 $E(s)$ 为扰动量。

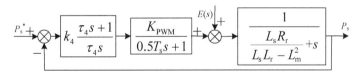

图 4 - 22　DFIG 直接功率控制的定子有功功率控制结构框图

由图 4 - 22 可得,按照典型 Ⅰ 型系统设计调节器时有

$$\tau_4 = \frac{L_r L_s - L_m^2}{L_s R_r} \tag{4-54}$$

从而定子有功控制环开环传递函数为

$$G_{o4}(s) = \frac{\sigma L_r k_4 K_{PWM}}{R_r \tau_4 s (0.5 T_s s + 1)} \tag{4-55}$$

按照典型 Ⅰ 型系统整定,取系统阻尼比 $\xi = 0.707$,即

$$\frac{\sigma L_r k_4 K_{PWM}}{R_r \tau_4} 0.5 T_s = 0.5 \tag{4-56}$$

从而有

$$k_4 = \frac{R_r \tau_4}{\sigma L_r K_{PWM} T_s} \tag{4-57}$$

此时定子有功环闭环传递函数为

$$G_{c4}(s) = \cfrac{1}{1 + \cfrac{R_r \tau_4}{\sigma L_r k_4 K_{PWM}}s + \cfrac{0.5 R_r \tau_4 T_s}{\sigma L_r k_4 K_{PWM}}s^2} \qquad (4-58)$$

由于开关频率高,一般开关周期 T_s 较小,平方项的系数会远小于一次项的系数,因此可以将 s^2 项忽略,得到定子有功环的闭环传递函数简化形式

$$G_{c4}(s) = \cfrac{1}{1 + \cfrac{R_r \tau_4}{\sigma L_r k_4 K_{PWM}}s} = \cfrac{1}{1 + T_s s} \qquad (4-59)$$

可见,此时有功环等效为时间常数为 T_s 的一阶惯性环节,开关频率越高,响应速度越快。频带宽度 f_{bi} 为

$$f_{bi} = \frac{1}{2\pi T_s} \approx 0.16 f_s \qquad (4-60)$$

式中,f_s 为 PWM 开关调制频率。

2. 控制性能对比分析

基于上述理论分析,针对矢量控制、直接功率控制对双馈风电机组控制性能的影响,从稳态精度、动态响应、计算复杂度及系统鲁棒性等方面对比,可以得到一些结论。

稳态精度:基于 PI 的矢量控制本身是双环定向控制,内环电流环按典型 I 型系统设计,响应速度较快,外环功率环按典型 II 型系统设计,抗扰性能较强,控制精度得到保证,输出性能也较佳。基于开关表的直接功率控制是根据有功无功功率的瞬时值偏差来不断切换开关动作,造成输出功率的脉动较大,谐波电流频宽较宽,也影响了输出电流的质量。基于空间矢量调制的直接功率控制采用固定的开关频率,改善了输出电流的质量,但是功率环按典型 I 型系统设计,抗干扰能力较弱,输出功率脉动依然较矢量控制大。

动态响应:矢量控制采用双环控制,其响应速度与 PI 调节器有很大关系,按相应设计理论可知,其功率响应时间约为 44 ms。直接功率控制是对电机输出功率的直接控制,使用基于空间矢量调制的直接功率控制时,功率响应时间约为 5.1 ms,而使用基于开关表的直接功率控制时,由于无须 PI 调节器,其功率响应速度会小于 5 ms。

计算复杂度:矢量控制需要多次坐标变换,且频繁使用 PI 调节器,运算量较大,控制系统复杂,但数字实现时这些计算量对数字控制器要求并不高。基于开关表的直接功率控制利用滞环比较器,选取合适的开关信号,使得控制系统结构大为简化,但滞环比较器增大了数字化控制器的运算压力。而基于空间矢量调制的直接功率控制,也需要坐标变换,但 PI 调节器个数为矢量控制的一半,结构简单数字化实现也较为容易。

参数鲁棒性:基于 PI 调节器的矢量控制对模型参数依赖很大,而基于开关表的直接功率控制只需转子电阻 R_r 的值,对模型参数适应性强,基于空间矢量调制的直接功率控制对模型参数依赖也较大,但由于单环结构,因此参数鲁棒性优于矢量控制。

3. 随机波动风速下对功率平滑作用的对比

由贝茨理论可知,风力机捕获的功率为

$$P_W = \frac{1}{2} C_p \rho A v_W^3 = \frac{1}{2} \rho \pi R^2 v_W^3 C_p(\lambda, \beta) \tag{4-61}$$

式中,C_p 为风能利用系数,ρ 为空气密度,A 为扫风面积,v_W 为风速,R 为叶片半径,λ 为叶尖速比,β 为桨距角,ω_r 为风机风轮角速度。

其中,$\lambda = \omega_r R / v_W$,$C_p$ 的具体形式与风机有关,一般在实际仿真中采用拟合的函数。一种比较常见的表达式:

$$C_p(\lambda, \beta) = 0.51\left(\frac{116}{\lambda_i} - 0.4\beta - 5\right) e^{\frac{-21}{\lambda_i}} + 0.0068\lambda \tag{4-62}$$

式中,$\dfrac{1}{\lambda_i} = \dfrac{1}{\lambda + 0.08\beta} - \dfrac{0.035}{\beta^3 + 1}$。

双馈异步风力发电机的运动方程为

$$T_W - T_e = J \frac{d\omega_r}{dt} \tag{4-63}$$

式中,T_W 为发电机机的机械转矩,T_e 为发电机的电磁转矩,J 为发电机的转动惯量。

考虑到转矩与转速的乘积是功率,在式(4-63)中引入一个小扰动,做线性化处理得到

$$\Delta P_W - \Delta P_e = J\omega_{r0} \frac{d\Delta\omega_r}{dt} \tag{4-64}$$

式中,ΔP_W 为风力机输出功率增量,ΔP_e 为发电机输出电磁功率增量,$\Delta\omega_r$ 为发电机转速增量,ω_{r0} 为某一静态工作点转速。

根据式(4-61)式(4-62),在小扰动下,风力机捕获功率 P_W 的偏微分为

$$\Delta\overset{*}{P}_W = \lambda_0 \frac{C_{p0}'}{C_{p0}}(\Delta\overset{*}{\omega} - \Delta\overset{*}{v}) + 3\Delta v \tag{4-65}$$

式中,$\Delta\overset{*}{P}_W = \Delta P_W / P_W$,$\lambda_0 = R\omega_{r0}/v$,$\Delta\overset{*}{\omega} = \Delta\omega/\omega_{r0}$,$\Delta\overset{*}{v} = \Delta v/v_0$,$C_{p0}' = \left.\dfrac{dC_p(\lambda)}{d\lambda}\right|\lambda_0 = \lambda_0$,$C_{p0} = C_p(\lambda)$。

对于双馈异步风力发电机功率控制环节,当采用最大功率跟踪时,发电机输出功率的给定值 $P_e^* = k_{opt}\omega_r^3$。由分析知,VC 和 SVM-DPC(以下简称直接功率控制)的功率控制环时间常数都在 0.1 s 以内,远小于风力机机械环节和变桨环节时间常数,可用等效一阶惯性环节代替

$$\frac{\Delta P_e}{\Delta\omega_r} = \frac{k}{T_p s + 1} \tag{4-66}$$

式中,k 为功率环增益,T_p 为等效时间常数。注意矢量控制的功率环时间常数 T_{p1} 大于直

接功率控制的功率环时间常数 T_{p2}，即 $T_{p1} > T_{p2}$。

综合式(4-64)～式(4-66)，并对其进行拉普拉斯变换，得到风电机组的传递函数 $G(s)$ 为

$$G(s) = \frac{\Delta P_e}{\Delta v} = \frac{(3 - \lambda_0 C'_{p0}/C_{p0})kC'_{p0}}{C'_{p0}J\omega_0 s(T_p s + 1) + kC'_{p0} - 2C'_{p0}J\omega_0 s + \lambda_0 C'_{p0}(T_p s + 1)}$$
$$= \frac{(3 - \lambda_0 C'_{p0}/C_{p0})k/(J\omega_0 T_p)}{s^2 + \dfrac{\lambda_0 T_p - J\omega_0}{J\omega_0 T_p}s + \dfrac{k + \lambda_0}{J\omega_0 T_p}} \tag{4-67}$$

式中 $\tau_0 = J\omega_{r0}^2/P_{W0}$，$\lambda'_0 = \lambda_0 C'_{p0}/C_{p0}$。

风电机组可等效为一个二阶系统，其阻尼比 ζ 和自然振荡角频率 ω_n 分别为

$$\zeta = \frac{1}{2}\frac{\dfrac{\lambda_0 T_p - J\omega_0}{J\omega_0 T_p}}{\sqrt{\dfrac{k + \lambda_0}{J\omega_0 T_p}}} = \left(\lambda_0\sqrt{\frac{T_p}{J\omega_0}} - \sqrt{\frac{J\omega_0}{T_p}}\right)\frac{1}{2\sqrt{k + \lambda_0}} \tag{4-68}$$

$$\omega_n = \sqrt{\frac{k + \lambda_0}{J\omega_0 T_p}} \tag{4-69}$$

根据式(4-68)，阻尼比受功率环时间常数 T_p 的影响较大，由于 $T_{p1} > T_{p2}$，所以 $\zeta_1 > \zeta_2$，即 VC 下风电机组阻尼比大于 SVM-DPC 下的阻尼比，因此当风速随机波动时，SVM-DPC 的功率波动大于 VC 下的功率波动。

4. 电网电压跌落时不同控制策略的电磁暂态特性对比

本节讨论电网电压跌落时，采用不同控制策略的双馈机组的电磁暂态特性，只涉及机侧变换器对双馈发电机的影响，机侧变换器分别采用矢量控制(VC)和直接功率控制(SVM-DPC)，网侧变换器的影响忽略且暂不考虑 Crowbar 等硬件保护电路的投入。

同步速坐标系下双馈发电机的电压、磁链方程分别为

$$\begin{cases} u_{ds} = R_s i_{ds} + \dfrac{\mathrm{d}\psi_{ds}}{\mathrm{d}t} - \omega_s \psi_{qs} \\[2mm] u_{qs} = R_s i_{qs} + \dfrac{\mathrm{d}\psi_{qs}}{\mathrm{d}t} + \omega_s \psi_{ds} \\[2mm] u_{dr} = R_r i_{dr} + \dfrac{\mathrm{d}\psi_{dr}}{\mathrm{d}t} - (\omega_s - \omega_r)\psi_{qr} \\[2mm] u_{qr} = R_r i_{qr} + \dfrac{\mathrm{d}\psi_{qr}}{\mathrm{d}t} + (\omega_s - \omega_r)\psi_{dr} \end{cases} \tag{4-70}$$

$$\begin{cases} \psi_{ds} = L_s i_{ds} + L_m i_{dr} \\ \psi_{qs} = L_s i_{qs} + L_m i_{qr} \\ \psi_{dr} = L_r i_{dr} + L_m i_{ds} \\ \psi_{qr} = L_r i_{qr} + L_m i_{qs} \end{cases} \tag{4-71}$$

　　矢量控制和直接功率控制虽然最终输出的控制信号都是转子电压,但矢量控制本质上控制的是转子电流,而直接功率控制本质上控制的是转子磁链。双馈机组是含有众多状态变量的复杂机电系统,把转子磁链、转子电流分别作为被控状态量,可以得到不同的控制效果。

　　矢量控制把转子电流作为被控状态量,得到的状态方程组为

$$\begin{cases} \dfrac{L_s L_r - L_m^2}{L_s}\dfrac{\mathrm{d}i_{dr}}{\mathrm{d}t} = u_{dr} - R_r i_{dr} + (\omega_s - \omega_r)\psi_{qr} - \dfrac{L_m}{L_s}(u_{ds} - R_s i_{ds} + \omega_s\psi_{qs}) \\[3mm] \dfrac{L_s L_r - L_m^2}{L_s}\dfrac{\mathrm{d}i_{qr}}{\mathrm{d}t} = u_{qr} - R_r i_{qr} - (\omega_s - \omega_r)\psi_{dr} - \dfrac{L_m}{L_s}(u_{qs} - R_s i_{qs} - \omega_s\psi_{ds}) \end{cases} \quad (4\text{-}72)$$

　　直接功率控制把转子磁链作为被控状态量,得到的状态方程组为

$$\begin{cases} \dfrac{\mathrm{d}\psi_{dr}}{\mathrm{d}t} = u_{dr} - R_r i_{dr} + (\omega_s - \omega_r)\psi_{qr} \\[3mm] \dfrac{\mathrm{d}\psi_{qr}}{\mathrm{d}t} = u_{qr} - R_r i_{qr} - (\omega_s - \omega_r)\psi_{dr} \end{cases} \quad (4\text{-}73)$$

　　假设电网电压在 t_0 时刻发生三相对称跌落,根据磁链守恒原则,电机定子磁链 ψ_s 的变化轨迹如图 4-23 所示,其中图 4-23(a)是静止坐标系中定子磁链的轨迹图,图 4-23(b)是同步旋转坐标系中定子磁链的轨迹图。在静止坐标系中发生电网电压跌落前的定子磁链轨迹为 l_1,电网电压跌落瞬间由于磁链守恒产生直流量 ψ_{dc},轨迹为 l_2,稳定后定子磁链轨迹变为 l_3。对应于同步速旋转坐标系中,电网电压跌落前定子磁链为 ψ_{s0},稳定后为 ψ_{s1},跌落后且稳定前为 $\psi_{s1} + \psi_{dc}$。在电网电压跌落后的暂态过程中,由于直流分量而引起定子磁链周期性脉动,造成控制系统不稳定,并且会导致转子过电流烧坏机侧变换器,因此应该使得定子磁链的直流分量 ψ_{dc} 尽快衰减至零,有学者将这种控制思想称之为"灭磁"。

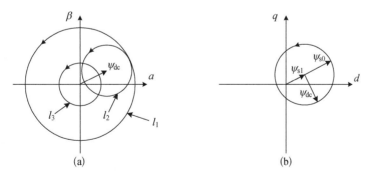

图 4-23　电压跌落前后 DFIG 定子磁链变化轨迹示意图

　　根据同步速旋转坐标系中双馈电机定子电压方程,电压跌落后的稳态定子磁链状态方程为

$$\frac{\mathrm{d}\psi_{s1}}{\mathrm{d}t} = u_s - i_{s1}R_s - \mathrm{j}\omega_s\psi_{s1} = 0 \quad (4\text{-}74)$$

式中,i_{s1} 为电网电压跌落后的稳态定子电流,而在稳定前的定子磁链状态方程为

$$\frac{d(\psi_{s1} + \psi_{dc})}{dt} = u_s - i_s R_s - j\omega_s(\psi_{s1} + \psi_{dc}) \tag{4-75}$$

综合式(4-74)和式(4-75)可得

$$\frac{d\psi_{dc}}{dt} = -(i_s - i_{s1})R_s - j\omega_s\psi_{dc} \tag{4-76}$$

由于 $j\omega_s\psi_{dc}$ 仅使得 ψ_{dc} 向着与自身垂直的方向变化,因此对 ψ_{dc} 幅值不起作用,可见, ψ_{dc} 幅值仅受 $(i_s - i_{s1})R_s$ 影响。

矢量控制下转子电流 i_r 受转子电压直接控制故能较快进入稳定状态,灭磁过程中可近似认为转子电流为常数,由双馈电机磁链方程可得

$$i_s - i_{s1} = \frac{L_r\psi_s - L_m L_r i_r}{L_r L_s} - \frac{L_r\psi_{s1} - L_m L_r i_r}{L_r L_s} = \frac{L_r\psi_{dc}}{L_r L_s} \tag{4-77}$$

根据式(4-76),得到矢量控制下电网电压跌落时定子磁链直流分量的导数为

$$\frac{d|\psi_{dc}|}{dt} = -\frac{L_r|\psi_{dc}|R_s}{L_r L_s} \tag{4-78}$$

直接功率控制下转子磁链 ψ_r 受转子电压直接控制故能较快进入稳定状态,灭磁过程中可近似认为转子磁链为常数,由双馈电机磁链方程可得

$$i_s - i_{s1} = \frac{L_r\psi_s - L_m\psi_r}{L_r L_s - L_m^2} - \frac{L_r\psi_{s1} - L_m\psi_r}{L_r L_s - L_m^2} = \frac{L_r\psi_{dc}}{L_r L_s - L_m^2} \tag{4-79}$$

此时定子磁链直流分量的导数为

$$\frac{d|\psi_{dc}|}{dt} = -\frac{L_r|\psi_{dc}|R_s}{L_r L_s - L_m^2} \tag{4-80}$$

比较式(4-78)和式(4-80)可得,直接功率控制下直流分量的导数明显小于矢量控制下的值,且两个导数都为负数,因此采用直接功率控制在电网电压跌落时的电磁暂态过程中更利于抑制系统振荡。

5. 低电压穿越对比与改进

为了保证双馈机组在故障过程中不脱网,并满足电网并网规范,针对双馈风电机组低电压穿越的电磁暂态特性和抑制措施,已经取得众多研究成果。主要包括两方面:一种是改进控制策略,其优点在于没有额外的硬件成本,但由于风力机惯性常数大,调节时间长,且变流器容量有限,仅通过控制策略仅能满足电压跌落不严重时的穿越问题;另一种是增加硬件设备,可以较好地处理严重故障时的低电压穿越。转子电路增加 Crowbar 保护电路,直流电容并联卸荷 Chopper 电路,是目前最常用的增加硬件实现低电压穿越的方式,其拓扑图如图 4-24 所示。

具体的工作方式:在电网电压故障过程中,通过对晶闸管或者 IGBT 进行控制,将转子撬棒投入电路,闭锁转子变换器,通过撬棒电阻消耗能量,使转子电流快速衰减。当变流器

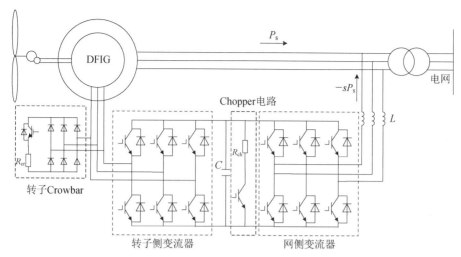

图 4-24　加入 Crowbar 和 Chopper 电路的双馈风力发电系统结构图

的直流母线电压超过限值时,启动直流母线的卸荷电路,消耗多余的电能,维持直流母线电压稳定,保护相应的设备。

这种增加硬件实现 LVRT 的控制方式适用范围广,可以承受的电压跌落程度深,是现阶段双馈风电机组低电压穿越控制的主要解决方案。由于增加了转子 Crowbar 电路,其切入切出会产生一定的暂态分量,若在电网故障清除前切除 Crowbar 装置,可能会导致电网恢复时机侧变换器再次过电流,继而引起 Crowbar 装置的再次动作;若在电网故障完全消除之后切出 Crowbar,则会因转子长时间短接,使双馈发电机长时间以大转差率的异步电机方式运行,从电网中吸收大量无功功率而导致交流电网电压恢复困难。

基于上述情况,下面针对矢量控制和直接功率控制下低电压穿越的效果进行对比分析。两种控制方式下都是检测转子过电流阈值以驱动 Crowbar 投入,为消除暂态电流在电压恢复后,继续投入运行一段时间,之后切除 Crowbar。由于 Crowbar 动作时间极快,在Crowbar 投入期间,机侧变换器闭锁,因此 Crowbar 在投入期间两种控制方式下双馈电机的特性基本一致,双馈发电机相当于并网鼠笼异步电机,主要的差异在于 Crowbar 切除后,要求对机组的控制能快速进入稳定状态且不会引起 Crowbar 的再次动作。

在 Crowbar 切除时,由于矢量控制是控制转子电流,直接功率控制是控制转子磁链,暂态特性会不同,以下主要分析电网电压恢复后 Crowbar 切除的暂态过程。考虑到发电机转动惯量的时间常数相对较大,电磁暂态过程中系统电气量的变化速度远大于机械转速的变化速度。因此以下的分析中均可认为发电机的转速保持恒定。

在 4.2.2 节中已知 VC 具有抑制转子电流振荡的效果。SVM-DPC 能够使系统快速稳定,具有比 VC 更好的性能,但转子电流振荡较严重,在 Crowbar 切除后更易引起 Crowbar再次动作,所以需要改进 SVM-DPC,抑制转子电流的较大振荡。

图 4-25 为机侧变换器在 SVM-DPC 控制策略下转子磁链环的控制框图,k_p+k_i/s 为PI 调节器的传递函数,一阶惯性环节 $k_{PWM}/(T_s s+1)$ 为变换器的等效传递函数。当开关频率足够高时,$T_s=V f_s$,PWM 变换器传递函数可简化为 1,简化后的控制框图如图 4-26所示。

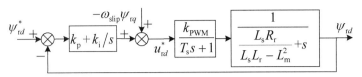

图 4 - 25 转子磁链控制环结构

Crowbar 切除时,认为转子磁链的给定值保持不变,以机侧变换器转子磁链 d 轴控制环为例,分析其在暂态过程中以动态分量形式表示的回路,如图 4 - 27 所示。

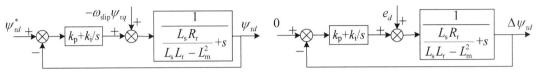

图 4 - 26 简化后的转子磁链环结构   **图 4 - 27** 暂态过程中 d 轴回路

图 4 - 27 对应的传递函数为

$$G_1(s) = \frac{\Delta\psi_{rd}}{e_d} = \frac{1}{(k_p + k_i/s) + \left(\dfrac{L_s R_r}{L_r L_s - L_m^2} + s\right)} = \frac{G_d}{k_p + k_i/s} \tag{4-81}$$

式中,$e_d = -L_m R_r \Delta\psi_{sd}/(L_r L_s - L_m^2)$,$G_d$ 为转子磁链 d 轴分量变换传递函数,$\Delta\psi_{sd}$ 表示定子磁链的 d 轴动态分量,而其中只含有角频率为 $\omega = \omega_1$ 的分量,其频率相对于此磁链环的截止频率来说很小,所以转子磁链 d 轴传递函数 $G_d \approx 1$,从而有

$$G_1(s) = \frac{1}{k_p + k_i/s} = \frac{1}{k_p} \frac{s}{s + k_i/k_p} \tag{4-82}$$

式中,$k_i/k_p = L_s R_r/(L_r L_s - L_m^2)$,其值相对于 ω_1 来说很小,所以在暂态过程中认为传递函数近似为

$$G_1(s) \approx 1/k_p \tag{4-83}$$

从而可以得到转子磁链 d 轴的动态分量为

$$\Delta\psi_{rd} \approx e_d/k_p \tag{4-84}$$

同理可得到

$$\Delta\psi_{rq} \approx e_q/k_p \tag{4-85}$$

式中,$e_q = -L_m R_r \Delta\psi_{sq}/(L_r L_s - L_m^2)$,$\Delta\psi_{sd}$ 表示定子磁链的 d 轴动态分量。

双馈电机磁链方程为

$$\begin{cases} \psi_{ds} = L_s i_{ds} + L_m i_{dr} \\ \psi_{qs} = L_s i_{qs} + L_m i_{qr} \\ \psi_{dr} = L_r i_{dr} + L_m i_{ds} \\ \psi_{qr} = L_r i_{qr} + L_m i_{qs} \end{cases} \tag{4-86}$$

约去定子电流,可得

$$i_{rd} = \frac{L_s \psi_{rd} - L_m \psi_{sd}}{L_r L_s - L_m^2} \quad (4-87)$$

在 Crowbar 切除的过程中,定子电流 d 轴的动态分量为

$$\Delta i_{rd} = \frac{L_s}{L_r L_s - L_m^2} \Delta\psi_{rd} - \frac{L_m}{L_r L_s - L_m^2} \Delta\psi_{sd} \quad (4-88)$$

再综合式(4-84)得到的转子电流 d 轴动态分量,可得

$$\Delta i_{rd} = -\frac{L_m(R_r + \sigma k_p L_r)}{\sigma^2 k_p L_s L_r^2} \Delta\psi_{sd} \quad (4-89)$$

同理可以得到转子电流 q 轴动态分量:

$$\Delta i_{rq} = -\frac{L_m(R_r + \sigma k_p L_r)}{\sigma^2 k_p L_s L_r^2} \Delta\psi_{sq} \quad (4-90)$$

从式(4-89)和式(4-90)可以看出,将转子磁链控制环设计成典型 Ⅰ 型系统时,Crowbar 切除过程中的转子电流动态分量正比于定子磁链动态分量,在控制系统稳定的前提下增大 PI 调节器的比例增益 k_p 可以减小转子电流动态分量,但是过大的 k_p 会造成系统失稳,所以该方法可行性不高。

由式(4-84)可知,转子磁链 d 轴的动态分量与 e_d 相位相同,结合式(4-89)可知,转子磁链 d 轴的动态分量实际上助长了转子电流的振荡,因此必须对控制环路适当改造以使得转子磁链 d 轴的动态分量迅速衰减或者与 e_d 相位相反,抵消掉由定子磁链动态变化引起的转子电流变化。

由前文分析知转子磁链动态分量的传递函数近似为 $1/k_p$,考虑到 $\Delta\psi_{sd}$ 中只含有角频率为 $\omega = \omega_1$ 的分量,所以引入一个谐振调节器,如图 4-28 所示,则 e_d 到 ψ_{rd} 的传递函数为

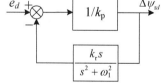

图 4-28　加入谐振控制器的扰动量回路

$$\frac{\Delta\psi_{rd}}{e_d} = \frac{s^2 + \omega_1^2}{k_p s^2 + k_r s + k_p \omega_1^2} \quad (4-91)$$

e_d 只含有角频率为 $\omega = \omega_1$ 的分量,而式(4-91)在 $s = j\omega_1$ 时为 0,所以可消除由于定子磁链动态分量对转子磁链的作用。

谐振调节器对角频率为 ω_1 的成分有无穷大的增益,但当交流成分频率发生微小偏移时,其增益将剧烈衰减。同时为了降低对电网频率波动的敏感,可以在该理想谐振调节器中嵌入截止频率为 ω_{gc} 的衰减量 $2\omega_{gc}s$,实际系统中 ω_{gc} 取值范围为 5~15 rad/s,得到理想谐振调节器和改进后的谐振调节器 bode 图如图 4-29 所示。

加入改进谐振调节器后,改进的 SVM-DPC 中 d 轴控制回路变为图 4-30 所示的结构。

由于谐振调节器只对角频率为 ω_1 附近的成分有大的增益,因此加入谐振调节器对转子

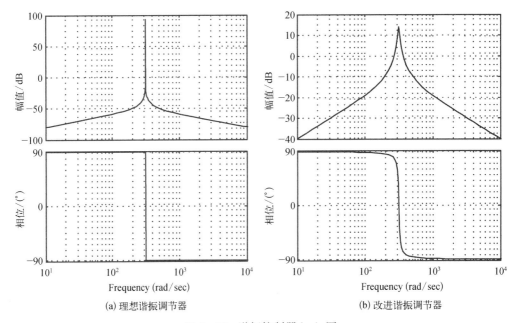

(a) 理想谐振调节器　　　　　　　(b) 改进谐振调节器

图 4‑29　谐振控制器 bode 图

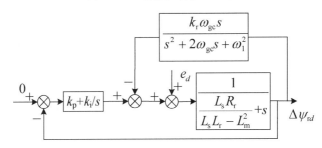

图 4‑30　加入改进谐振调节后动态过程中 d 轴控制结构

磁链的控制没有影响,但对定子磁链动态干扰具有较大衰减,得到的转子磁链动态分量为

$$\frac{\Delta\psi_{rd}}{e_d} \approx 0 \qquad (4-92)$$

代入式(4‑88)后得

$$\Delta i_{rd} = -\frac{L_m \sigma k_p L_r}{\sigma^2 k_p L_s L_r^2}\Delta\psi_{sd} \qquad (4-93)$$

比较式(4‑89)和式(4‑93),可知在引入谐振调节器后,并不影响原有控制能力,即保留系统稳定较快的特点,同时又可以抑制 Crowbar 切出后转子电流的动态分量。因此本节提出的机侧变换器改进的 SVM‑DPC 策略,在低电压穿越方面具有明显优势。

4.2.4　控制策略实验验证

1. 稳态控制精度和电流谐波对比验证

一般风电场有 n 台双馈风电机组,双馈发电机定子电压为 690 V,每台机组均配备一个机组变压器,升压至 35 kV 后经风场内的集电线路汇集至风场升压站,升压至 110 kV 或

220 kV 后,经输电线路并入电网。考虑到所要研究的问题无需对所有机组进行详细建模,只需考虑其中一台机组的详细模型,并配备机组变压器和风场升压站,所以等效仿真电路如图 4-31 所示。Z_g 包含输电线路阻抗和等效电网阻抗,V_g 为理想电压源。

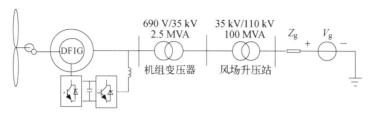

图 4-31　仿真系统主电路

按照图 4-31 的电路结构,Z_g 为 $(1.6+j3.3)\Omega$,采用附录 3 仿真平台进行分析。初始时刻风速 8 m/s,$t=3$ s 时,风速阶跃至 11 m/s,机组有功按最大功率跟踪,单位功率因数运行。分别采用矢量控制(VC)、基于开关表的直接功率控制(LUT-DPC)和基于空间矢量调制的直接功率控制(SVM-DPC)策略,结果如图 4-32 所示。可见:VC 的稳态精度最高,功率波动较小,SVM-DPC 其次,LUT-DPC 功率波动较大,稳态精度最差。

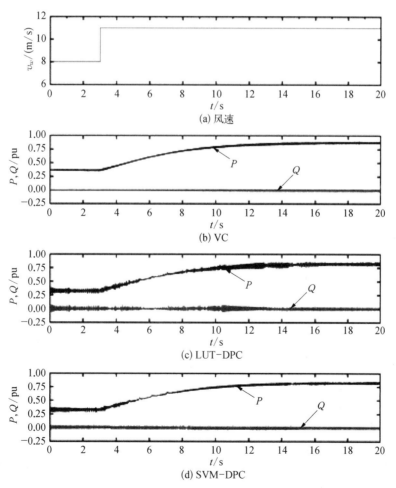

图 4-32　有功、无功功率

在风速阶跃的过程中,转子三相电流如图 4-33 所示。可以看出,三种控制方式下,转子电流都经过了交流—直流—交流的变化过程,对应于双馈风力发电机由次同步状态经同步状态过渡到超同步状态。

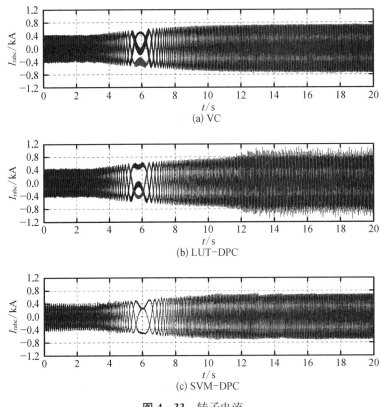

图 4-33 转子电流

双馈风力发电机组的三相并网电流如图 4-34 所示,可以看出 VC 和 SVM-DPC 控制下,并网电流谐波含量较少,而 LUT-DPC 控制下,并网电流的谐波含量较大,这对于风电并网不利。图 4-35 是三相并网电流频谱分析结果,可见,VC 和 SVM-DPC 控制下的并网电流谐波主要为 2 kHz(开关频率)及其倍频,具有电流谐波恒频的效果。而 LUT-DPC 控制下的并网电流谐波频率范围较宽,且谐波含量也更大。

综合仿真结果可知,在双馈风电机组的控制策略中,VC 稳态精度最好。LUT-DPC 控制结构简单、参数鲁棒性强、动态性能好,但存在有功、无功功率脉动大的问题。SVM-DPC 可以有效抑制 LUT-DPC 的有功、无功脉动,因具有固定的开关频率,降低了电流谐波含量及滤波器的设计难度,具有较好的稳态性能和突出的动态特性。

2. 随机波动风速下的功率平滑对比验证

设 0~12 s 内随机风速的变化曲线如图 4-36 所示,机组功率控制按照最大功率跟踪和单位功率因数控制方式,机侧变换器控制分别采用 VC 和 SVM-DPC 控制。

当双馈发电机惯量时间常数为 0.5 s 时,得到两种控制下机组的输出有功功率如图 4-37 所示。其中,黑色线条代表在当前风速下,不考虑电机转速调整时间(始终保持最佳叶尖速比),机组所能获得的最大有功功率;红色线条代表 VC 控制下机组的输出有功功

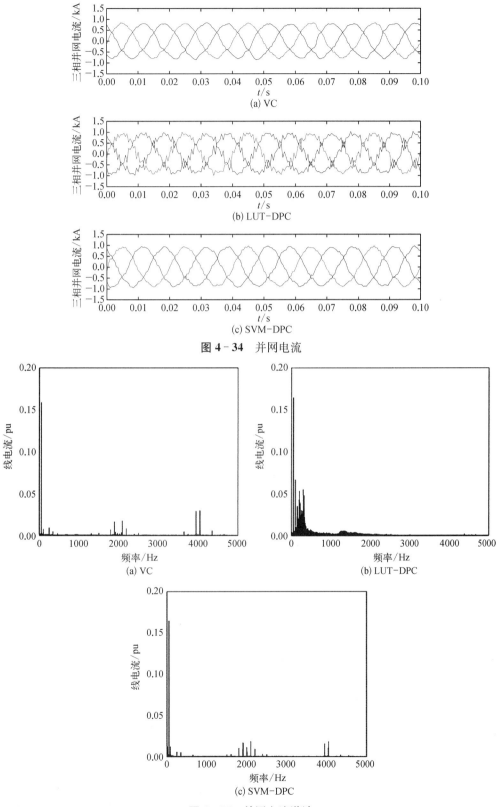

图 4-34　并网电流

图 4-35　并网电流谐波

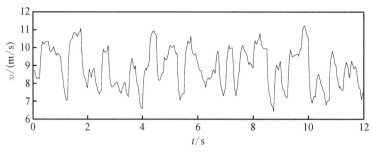

图 4 - 36 风速变化曲线

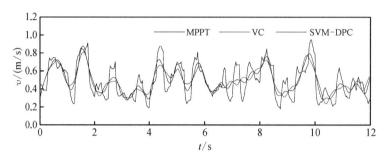

图 4 - 37 两种控制策略下的输出有功功率

率;蓝色线条代表 SVM - DPC 控制下机组的输出有功功率。可以看出两种控制方式均对风速变化时的功率波动具有一定程度的抑制作用,其中矢量控制对输出有功功率的平滑效果更为明显。

综合仿真实验结果和 4.2.3 节分析可知,VC 对波动功率的平滑效果要优于 SVM - DPC。

3. 电网电压跌落时电磁暂态特性对比验证

为考察 VC 和 SVM - DPC 两种控制方法的动态性能,设风速恒定为 8 m/s,且 $t=0.3$ s 时电网在 35 kV 母线处发生对称性三相短路故障,如图 4 - 38 所示。

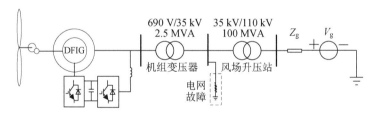

图 4 - 38 电网故障下的仿真系统主电路

发生故障后定子侧电压由 1.0 pu 下降至 0.85 pu,如图 4 - 39 所示。在此暂态过程中 Crowbar 等保护装置不动作,机组不脱网运行向电网持续供电。

图 4 - 40 为定子磁链波形,可以看出由于电压跌落,导致定子磁链中出现直流分量,在 dq 旋转坐标系上体现为频率为电网频率的振荡分量,两种控制方式下,定子磁链直流分量均能得到衰减,但 SVM - DPC 控制使定子磁链的衰减更快,所以 SVM - DPC 的"直流灭磁"效果优于 VC。

图 4 - 41 和图 4 - 42 分别为三相定子电流波形和定子电流在 dq 旋转坐标系中分量波形,可以看出 SVM - DPC 方式下,由于定子磁链直流分量衰减较快,定子电流也能更快趋于稳定。与 4.2.3 节分析一致,在发生电压跌落时,SVM - DPC 进入稳态的时间小于 VC。

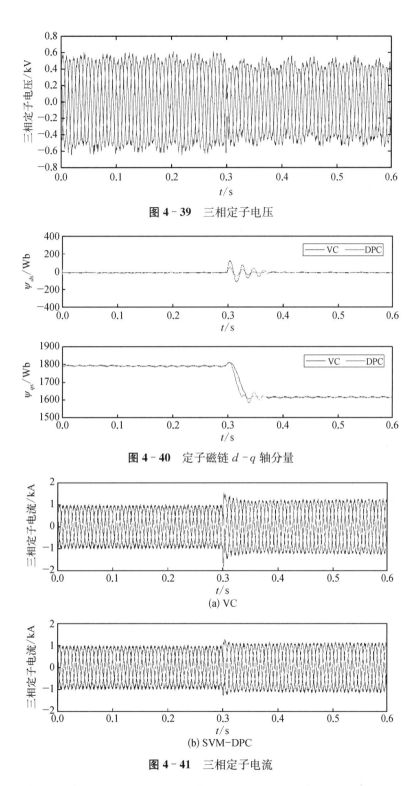

图 4-39 三相定子电压

图 4-40 定子磁链 d-q 轴分量

(a) VC

(b) SVM-DPC

图 4-41 三相定子电流

图 4-43 为三相转子电流,图 4-44 为转子电流 dq 轴分量的波形。可以看出 VC 控制由于直接控制转子电流,因此转子电流在动态过程中电流超调更小,而 SVM-DPC 未控制转子电流,在动态过程中电流超调较大,更易引起 Crowbar 动作,但转子电流恢复稳定的时

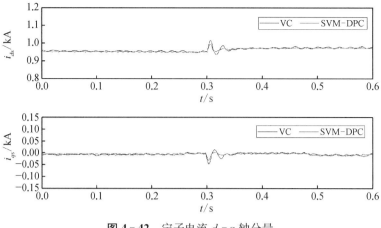

图 4 - 42 定子电流 d - q 轴分量

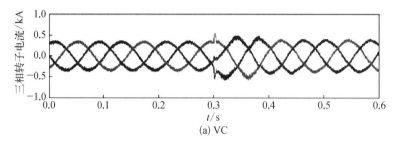

(a) VC

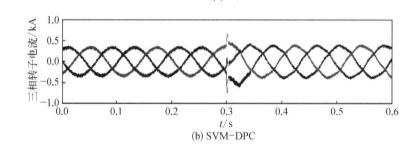

(b) SVM-DPC

图 4 - 43 三相转子电流

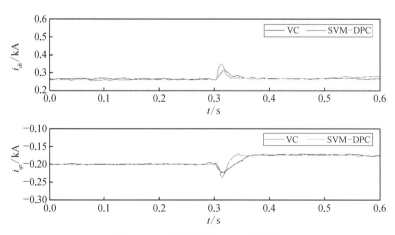

图 4 - 44 转子电流 d - q 轴分量

间要快于 VC。

图 4 - 45 为电网电压跌落时,转子磁链 dq 轴分量的波形,可以看出 SVM - DPC 直接控制转子磁链,动态过程中转子磁链几乎无变化,而 VC 控制下转子磁链有明显的暂态分量。

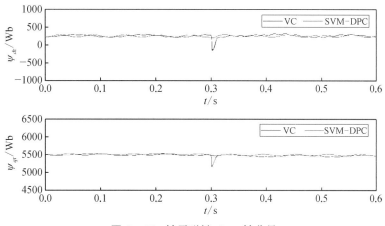

图 4 - 45　转子磁链 d - q 轴分量

综合上述实时仿真实验结果和 4.2.3 节的分析可知,在电网电压跌落时,与 VC 相比,SVM - DPC 使系统快速稳定的优势明显。但是 SVM - DPC 方式下,转子电流超调更大,更易引起 Crowbar 动作,因此,低穿时使用 SVM - DPC 需要解决转子电流超调大的问题。

4. 低电压穿越对比验证

仿真主电路如图 4 - 38 所示,Crowbar 采用图 4 - 24 中的拓扑,电阻为 $0.25\ \Omega$。设风速恒定为 $8\ \text{m/s}$,$t = 1\ \text{s}$ 时电网 35 kV 母线处发生对称性三相短路故障,定子侧电压由 1.0 pu 下降至 0.25 pu,并在 625 ms 后恢复,如图 4 - 46 所示。为降低转子暂态电流影响,避免 Crowbar 重复动作,设置在 $t = 1.675\ \text{s}$ 时将 Crowbar 切除,并恢复变换器对机组的控制。

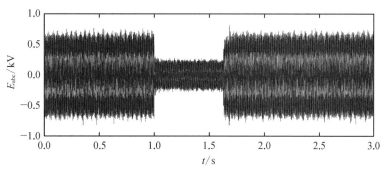

图 4 - 46　定子侧电压跌落

机侧变换器分别采用三种控制策略进行控制,得到的定子侧输出有功、无功功率如图 4 - 47 所示,三种控制方式在 Crowbar 切除后均能快速恢复对功率的有效控制,VC 的定子有功会有振荡,SVM - DPC 和改进 SVM - DPC 未出现有功振荡的情况。

图 4 - 48 为转子电流 dq 轴分量的波形图,可以看出,在 Crowbar 投入期间,机侧变换器闭锁,双馈电机以鼠笼异步电机形式运行,因此三种控制方式在 Crowbar 投入期间转子电流

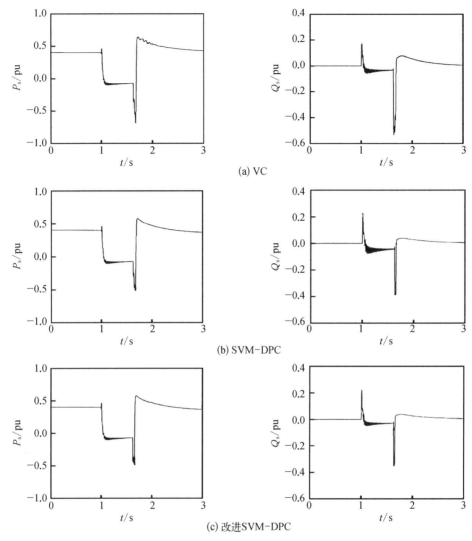

(a) VC

(b) SVM-DPC

(c) 改进SVM-DPC

图 4 - 47 定子输出的有功、无功功率

特性基本一致。而当 Crowbar 切出后,三种控制方式均能实现转子电流的稳定,VC 控制下转子电流变化幅度较小,但稳定时间也较长。SVM - DPC 下转子电流能较快稳定,但是 Crowbar 切除瞬间转子电流变化幅度较大,接近 Crowbar 设定的动作阈值 1.05 pu,极易引起 Crowbar 的再次动作。改进后的 SVM - DPC 可以在 Crowbar 切出后抑制转子电流的剧烈变化并快速进入稳定状态,具有明显的优势。

图 4 - 49 为定子三相电流的波形图,在 Crowbar 切出后,与 VC 相比,SVM - DPC 和改进 SVM - DPC 下定子电流均能快速趋于稳定。

图 4 - 50 为电磁转矩的波形图,在 Crowbar 切出后,VC 控制下电磁转矩存在明显振荡,然后趋于稳定。而 SVM - DPC 和改进 SVM - DPC 控制下电磁转矩基本无振荡,快速趋于稳定。这与图 4 - 47 的有功功率振荡的现象一致。

综合上分析,可见,改进 SVM - DPC 具有在低电压穿越时快速稳定的优势,又抑制了转子电流的剧烈振荡,避免 Crowbar 重复启动,使双馈风电机组具有良好的低电压穿越能力。

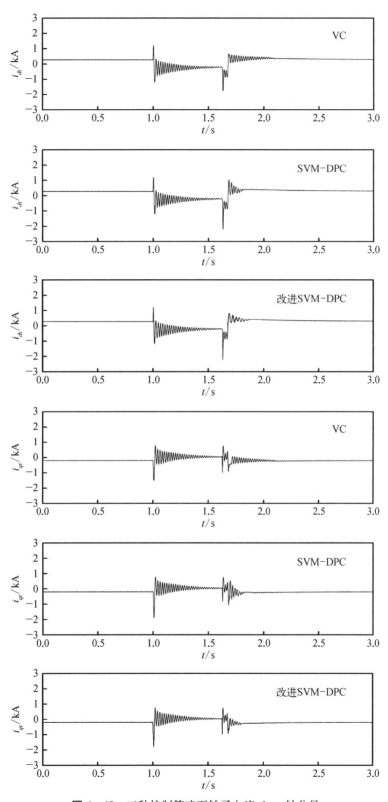

图 4 - 48　三种控制策略下转子电流 d - q 轴分量

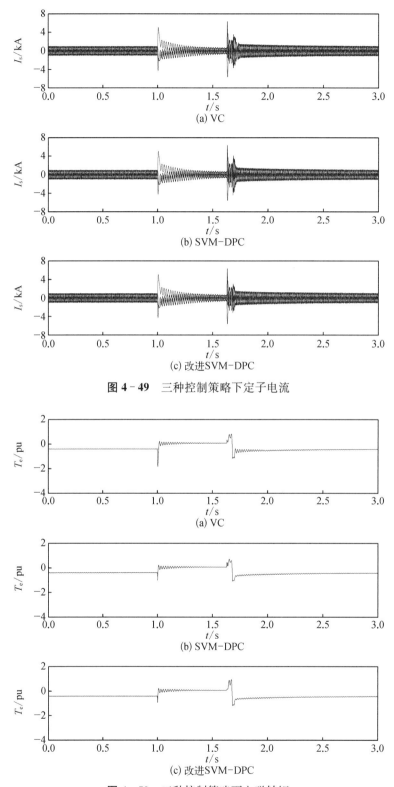

图 4 - 49　三种控制策略下定子电流

图 4 - 50　三种控制策略下电磁转矩

4.3　机侧变换器对机组轴系扭振的控制

在研究风力发电机组与电网动态作用时,通常忽略轴系的柔性作用,采用集总质量块模型描述风机及其传动链。这主要是基于通过机侧变换器控制可以有效抑制轴系振荡的认识。事实上,并不是所有的控制策略都能通过变换器提供良好的电气阻尼,在小扰动或者暂态故障下激发的轴系振荡如果得不到有效抑制,将直接导致机组转速失稳。本节首先对双馈机组在不同控制策略下对轴系振荡的阻尼作用进行分析,进而分析其小信号稳定性,并给出轴系镇定器设计方法,通过在功率控制环中增加电气刚度和电气阻尼辅助回路,抑制振荡幅值,加快振荡衰减,提高风电机组的稳定性,消除功率振荡可能对电网同步发电机功角稳定产生的不利影响。

4.3.1　不同控制策略对轴系振荡的阻尼作用

1. 电气阻尼分析法及机组控制模式

同步发电机由于其并网电气频率和机械频率严格同步,因此,功率和转子角间存在固有 2 阶振荡,也就是电力系统低频振荡,通常可以把功率分解为同步功率和阻尼功率,同步功率主要影响振荡频率,阻尼功率主要抑制转速振荡[31-32],如图 4 - 51 所示。

$$\begin{cases} P_e = P_{es} + P_{ed} = C_d\omega + C_s\delta \\ \omega = p\delta \end{cases} \tag{4-94}$$

式中,C_d 为阻尼系数;C_s 为同步系数;P_{ed} 为阻尼功率;P_{es} 为同步功率;$p = j\omega$ 为拉普拉斯算子。

借鉴同步机功角分析方法,双馈风电机组同样存在固有的功率-转差角 2 阶振荡,但由于变换器的快速控制,当机组轴系等效为集总质量块时,这一振荡基本不会反映到输出功率上。令 $\omega_\Delta = \omega_t - \omega_g$,轴系扭矩角 θ 可写为

$$p\theta = \omega_{base}\omega_\Delta \tag{4-95}$$

可见,轴系扭矩角 θ 与转速差的关系类似于同步机转子转速和转子角的关系。因此,类比同步机用于抑制功角振荡的原理,可以得到图 4 - 52。

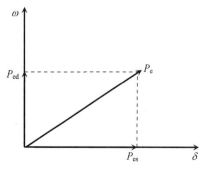

图 4 - 51　同步机功率分解

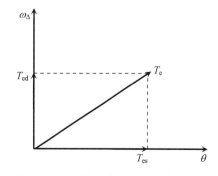

图 4 - 52　双馈风电机组电磁转矩分解

类比同步机功率分解,可得

$$T_e = T_{ed} + T_{es} = C_d \omega_\Delta + C_s \theta = (C_d p + C_s)\theta \tag{4-96}$$

将式(4-96)代入到等式(4-94)得

$$\begin{cases} \dfrac{T_m}{2H_t} + \dfrac{T_e}{2H_g} = K\theta\left(\dfrac{1}{2H_t} + \dfrac{1}{2H_g}\right) + p\omega_\Delta \\ p\theta = \omega_{base}\omega_\Delta \end{cases} \tag{4-97}$$

消去转速变量得

$$\frac{\theta}{T_m} = \frac{\dfrac{\omega_{base}}{2H_t}}{p^2 - \dfrac{C_d}{2H_g}\omega_{base}\,p + \omega_{base}\left(\dfrac{K}{2H_t} + \dfrac{K - C_s}{2H_g}\right)} \tag{4-98}$$

得到自然振荡频率

$$\omega_{osc} = \sqrt{\omega_{base}\left(\frac{K}{2H_t} + \frac{K - C_s}{2H_g}\right)} \tag{4-99}$$

阻尼衰减因子

$$\delta = -\frac{C_d \omega_{base}}{4H_g} \tag{4-100}$$

由式(4-98)、式(4-99)、式(4-100)可知,电磁转矩提供正的阻尼转矩和同步转矩,正阻尼转矩增大轴系阻尼系数,而正同步转矩减少轴系自然振荡频率。轴系存在一个无阻尼自然振荡频率ω_{osc},对 2 MW 双馈风电机组而言,这一振荡频率约为 2 Hz 左右。因此,如果变流器不能提供有效的电气阻尼,就可能导致转速振荡失稳。

基于矢量定向的机组有功控制策略一般采用串级控制结构实现,串级控制结构一般包括外环和内环。对于双馈机组有功控制策略,外环一般为功率或转速环,内环则一般为电流环,采用这种结构的双馈机组有功控制策略具有良好的动态特性。本文讨论的功率控制策略包含最大功率跟踪控制和恒功率控制,控制结构采用功率外环、电流内环的串级控制结构。如图 4-53 所示,转速控制策略包含最优转速控制和恒转速控制,控制结构采用转速外环、功率环和电流内环的串级控制结构,如图 4-54 所示。

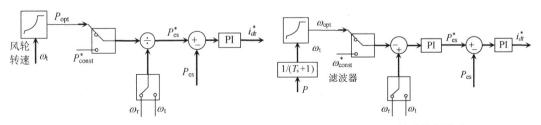

图 4-53   功率控制模式   **图 4-54   转速控制模式**

功率控制模式：包含最大功率跟踪控制和恒功率控制两种方式(图 4-53)，对应的功率外环给定值分别为最大功率跟踪指令 P_{opt} 与转速的比值和恒定功率指令与转速的比值；转速反馈信号可以采用风轮转速 ω_t 或发电机转速 ω_r。内环为电流环，电流给定值由定子功率 P_{es} 的偏差值经 PI 调节器获得。

转速控制模式：包含最优转速控制和恒转速控制(图 4-54)，控制外环为转速环，最优转速指令 ω_{opt} 由输出功率 P 滤波后得到，恒转速指令为 ω^*_{const}。转速反馈信号可采用风轮转速 ω_t 或发电机转速 ω_r 两种，内环控制与功率控制方式一样。

2. 功率控制模式下机组的电气阻尼特性

由于轴系特征时间常数远大于变流器电流环控制的响应时间，可以认为电流无延时跟踪指令值，并且电流环引起的相位滞后可以忽略不计。对图 4-53 进行简化并线性化后得到图 4-55，在标幺系统下 $K_e = \dfrac{L_m V_s}{L_s \omega_1} \approx 1$，$\omega_1 = 1$，

$\Delta P_{es} = \Delta T_e$，图 4-55 的传递函数可以写为

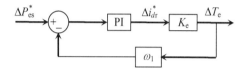

$$\Delta T_e = \frac{K_p s + K_i}{(K_p + 1)s + K_i} \Delta P^*_{es} \quad (4-101)$$

图 4-55　功率控制模式下小信号
分析控制框图

为了得到电磁转矩 ΔT_e 与转速差 $\Delta \omega_\Delta$ 的关系，下面讨论在最大功率跟踪控制策略和恒功率控制策略下，分别采用风轮转速和发电机转速两种反馈信号的情况。

(1) 采用风轮转速反馈的最大功率跟踪控制策略

因为最大功率计算值为 $P_{opt} = k_{opt} \omega_t^3$，则功率控制外环给定值：

$$P^*_{es} = \frac{P_{opt}}{1-s} = \frac{P_{opt}}{\omega_t} = k_{opt} \omega_t^2 \quad (4-102)$$

将上式在风轮转速 ω_{t0} 处线性化得

$$\Delta P^*_{es} = 2k_{opt} \omega_{t0} \Delta \omega_t = k_t^* \Delta \omega_t \quad (4-103)$$

其中，$k_t^* = 2k_{opt} \omega_{t0} > 0$，并将上式代入到式(4-101)得

$$\frac{\Delta T_e}{\Delta \omega_t} = \frac{k_t^* (K_p s + K_i)}{(K_p + 1)s + K_i} \quad (4-104)$$

因为在无机械阻尼情况下，$\Delta \omega_t$ 与 $\Delta \omega_r$ 反相位，令 $\Delta \omega_r = |k \Delta \omega_t|$，$k > 0$，所以，$\Delta \omega_\Delta = \Delta \omega_t - \Delta \omega_r = (1+k) \Delta \omega_t$，将其代入到式(4-104)，并化简得

$$C_d = \text{Re}\{\Delta T_e\} = \frac{k_t^*}{1+k} \frac{K_i^2 + K_p(K_p+1)\omega_{osc}^2}{K_i^2 + (K_p+1)^2 \omega_{osc}^2} > 0 \quad (4-105)$$

由式(4-100)和(4-105)可知，$C_d > 0$，电磁转矩提供负阻尼，阻尼系数的大小和振荡频率有关，当振荡频率 $\omega_{osc} \to 0$ 时，$C_d \approx \dfrac{k_t^*}{1+k} > 0$；当 $\omega_{osc} \to \infty$ 时，$C_d \approx \dfrac{k_t^* K_p}{(1+k)(K_p+1)} >$

0，且 C_d 在区间 $\omega_{osc} \in [0, \infty]$ 内递减。当机械阻尼小于电气负阻尼时，会导致轴系发生振荡。

（2）采用电机转速反馈的最大功率跟踪控制策略

当功率控制环给定信号的计算采用电机转速时最大功率跟踪计算值可以表示为 $P_{opt} = k_{opt}\omega_t^3 = -\dfrac{k_{opt}}{k^3}\omega_r^3$，则功率控制外环给定值 $P_{es}^* = \dfrac{P_{opt}}{\omega_r} = -\dfrac{k_{opt}}{k^3}\omega_r^2$，将上式在电机转速 ω_{r0} 处线性化后得：$\Delta P_{es}^* = -\dfrac{2k_{opt}}{k^3}\omega_{r0}\Delta\omega_r = -k_r^*\Delta\omega_r$

代入到式（4-101）得

$$C_d = \mathrm{Re}\{\Delta T_e\} = \frac{2k_r^*}{(1+k)k^2}\frac{K_i^2 + K_p(K_p+1)\omega_{osc}^2}{K_i^2 + (K_p+1)^2\omega_{osc}^2} > 0 \qquad (4-106)$$

同样 $C_d > 0$，电磁转矩提供负阻尼，且阻尼系数的大小和振荡频率有关，当 $\omega_{osc} \to 0$ 时，$C_d \approx \dfrac{2k_t^*}{(1+k)k^2} > 0$；当时 $\omega_{osc} \to \infty$，$C_d \approx \dfrac{2k_t^* K_p}{(1+k)(1+K_p)k^2} > 0$，$C_d$ 在区间 $\omega_{osc} \in [0, \infty]$ 内递减。因此，同样，在机械阻尼小于电气负阻尼情况下，会导致轴系发散振荡。

（3）采用风轮转速反馈时的恒功率控制策略

恒功率下功率给定值为 $P_{es}^* = \dfrac{P_{const}}{\omega_t}$，在风轮转速 ω_{t0} 处线性化得

$$\Delta P_{es}^* = \frac{\Delta P_{const}\omega_{t0} - P_{const}\Delta\omega_t}{\omega_{t0}^2} \qquad (4-107)$$

因为功率指令恒定，则 $\Delta P_{const} = 0$，所以

$$\Delta P_{es}^* = -\frac{P_{const}\Delta\omega_t}{\omega_{t0}^2} = -\frac{k_t^*}{1+k}\Delta\omega_\Delta \qquad (4-108)$$

代入到式（4-101）并化简得

$$C_d = \mathrm{Re}\{\Delta T_e\} = -\frac{k_t^*[K_i^2 + K_p(K_p+1)\omega_{osc}^2]}{(1+k)[K_i^2 + (K_p+1)^2\omega_{osc}^2]} < 0 \qquad (4-109)$$

由式（4-100）和（4-109）可知，$C_d < 0$，电磁转矩提供正的电气阻尼，阻尼系数的大小和振荡频率有关，当 $\omega_{osc} \to 0$ 时，$C_d \approx -\dfrac{k_t^*}{1+k} < 0$；当时 $\omega_{osc} \to \infty$，$C_d \approx \dfrac{k_t^* K_p}{(1+k)(1+K_p)} < 0$，且 C_d 在区间 $\omega_{osc} \in [0, \infty]$ 内递增。因此，在这种控制方式下，轴系振荡将会被抑制。

（4）采用电机转速反馈时的恒功率控制策略

当功率外环控制指令计算采用发电机转速信号时，有 $P_{es}^* = P_{const}/\omega_r$，将上式在电机转速 ω_{r0} 处线性化得

$$\Delta P_{es}^{*}=-\frac{P_{const}\Delta\omega_r}{\omega_{r0}^2}=\frac{P_{const}k}{\omega_{r0}^2(1+k)}\Delta\omega_{\Delta}，令\ k_r^{*}=\frac{P_{const}k}{\omega_{r0}^2(1+k)}，代入到式(4-101)得$$

$$C_d=Re\{\Delta T_e\}=k_r^{*}\frac{K_i^2+K_p(K_p+1)\omega_{osc}^2}{K_i^2+(K_p+1)^2\omega_{osc}^2}>0 \tag{4-110}$$

由式(4-100)和式(4-110)可知，$C_d>0$，电磁转矩提供负电气阻尼，当 $\omega_{osc}\rightarrow0$ 时，$C_d\approx k_r^{*}>0$；当 $\omega_{osc}\rightarrow\infty$ 时，$C_d\approx\dfrac{k_t^{*}K_p}{1+K_p}>0$，且 C_d 在区间 $\omega_{osc}\in[0,\infty]$ 内递减。因此，在机械阻尼小于电气负阻尼的情况下，会导致轴系发散振荡。

3. 转速控制模式下机组的电气阻尼特性

类似于功率控制模式，图 4-54 经过简化、线性化后，可以得到图 4-56。图中，$\Delta\omega_r$ 为发电机转速增量；$\Delta\omega_t$ 为风轮转速增量；$\Delta\omega^{*}$ 为转速指令值增量。

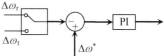

图 4-56 转速控制模式小信号结构图

控制策略中计算最优转速指令采用的输入信号是滤波后的机组输出功率，因此在风速小扰动下，最优转速指令值可基本保持恒定。此时，可以将最优转速控制作为恒转速控制处理，即 $\omega^{*}=\omega_{const}$。讨论只需要按反馈的转速信号不同的两种情况来进行。

当采用电机转速反馈的恒转速控制策略时，因为转速指令恒定，则 $\Delta\omega^{*}=\Delta\omega_{const}=0$，由图 4-56 可知

$$\begin{cases}\Delta T_e=\left(K_{pe}+\dfrac{K_{ie}}{s}\right)\Delta\omega_r=-\dfrac{k}{1+k}\left(K_{pe}+\dfrac{K_{ie}}{s}\right)\Delta\omega_{\Delta}\\[3mm]C_d=Re\Delta T_e=-\dfrac{kK_{pe}}{1+k}<0\end{cases} \tag{4-111}$$

由式(4-100)和式(4-111)可知，此时电磁转矩提供正阻尼，且阻尼系数和振荡频率无关，即在任意扰动频率下，电磁转矩提供的正电气阻尼是恒定的，并能够抑制轴系振荡。

当采用风轮转速反馈时的恒转速控制策略时，风轮转速和电机转速反相位，因而很容易推得此时 $C_d=K_{pe}/(1+k)>0$，表明电磁转矩提供负阻尼，且阻尼系数和扰动频率无关。可知，在任意扰动频率下，电磁转矩提供的负电气阻尼是恒定的。因此，当机械阻尼小于电气负阻尼时，轴系振荡将会发散。综合上述讨论可知，采用风轮转速反馈的恒功率控制和采用电机转速反馈的转速控制这两种控制策略能够提供正的电气阻尼，可以抑制轴系振荡。另一方面，功率控制下提供的电气阻尼系数与扰动频率有关，而转速控制下提供的电气阻尼系数与扰动频率无关。

此外需强调的是，不同的控制策略在提供阻尼转矩的同时也会提供同步转矩，同步转矩会影响轴系的固有振荡频率，如果提供的同步系数使轴系固有振荡频率增加，这可能会使轴系振荡频率超出系统低频振荡覆盖范围，对系统功角稳定有利，但会使轴系对风速的滤波带

宽增加,对低频风速引起的功率波动过滤效果减弱;相反,如果提供的同步系数使轴系固有振荡频率减小,可能会对电力系统功角稳定产生不利影响,但会减小轴系对风速的滤波带宽,有利于平滑机组输出功率。

4. 仿真分析验证

针对以上几种模式,利用附录3的仿真平台参数,基于 PSCAD 进行仿真分析。系统接线如图 4-57 所示。仿真在 0~3.5 s 风速为平均风速 10 m/s,3.5 s 时叠加幅值在 0~0.5 m/s、频率和相位随机变化的正弦小扰动信号,扰动持续时间为 2 s。仿真所用的输入风速分为包含轴系谐振频率和不包含轴系谐振频率两种。机组运行在这两种风况下,不同控制策略对轴系振荡的抑制作用将直观地反映在机组转速上。

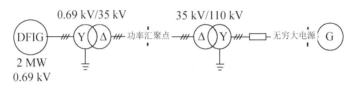

图 4-57 系统接线图

(1) 工况 1

风速扰动频率 0~50 Hz[33],包含轴系固有振荡频率,如图 4-58 所示。图 4-59~图 4-64 分别为机组在功率控制策略和转速控制策略下的仿真波形。

由仿真结果可以看出,包含轴系固有振荡频率的风速小扰动会激起轴系振荡,在无机械阻尼情况下,风轮转速和电机转速振荡相位反相(见图 4-59 中转速波形)。功率控制策略下,只有采用风轮转速反馈的恒功率控制策略提供了正的电气阻尼,轴系振荡受到抑制(见图 4-61 中转速波形),此结果与式(4-109)得出的结论一致。但由于提供的阻尼率较小,轴系振荡衰减较慢。此时的并网有功波动较小(见图 4-61 中功率波形);在转速控制策略下,只有电机转速反馈时可提供正的电气阻

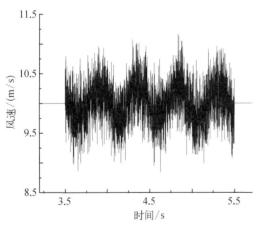

图 4-58 包含轴系固有振荡频率的随机小扰动风速

尼,轴系振荡受到抑制,此结果与式(4-111)分析结论一致。此时提供的电气阻尼较大,轴系振荡在 4 个周期内即得到有效抑制(见图 4-63 中转速波形)。对比图 4-61 和图 4-63 可见,在抑制轴系振荡方面,转速控制要优于恒功率控制;在保证功率平稳性方面,恒功率控制要优于转速控制。值得注意的是,轴系振荡频率并不完全等于无阻尼情况下的自然振荡频率,这是因为电磁转矩在提供阻尼转矩的同时还会提供一定的同步转矩,同步转矩将会影响轴系的谐振频率,这与式(4-99)中的同步系数 C_s 相对应。

(2) 工况 2

风速扰动频率不包含轴系固有振荡频率,风速随机波动频率为 3~50 Hz,相位为 0~2π

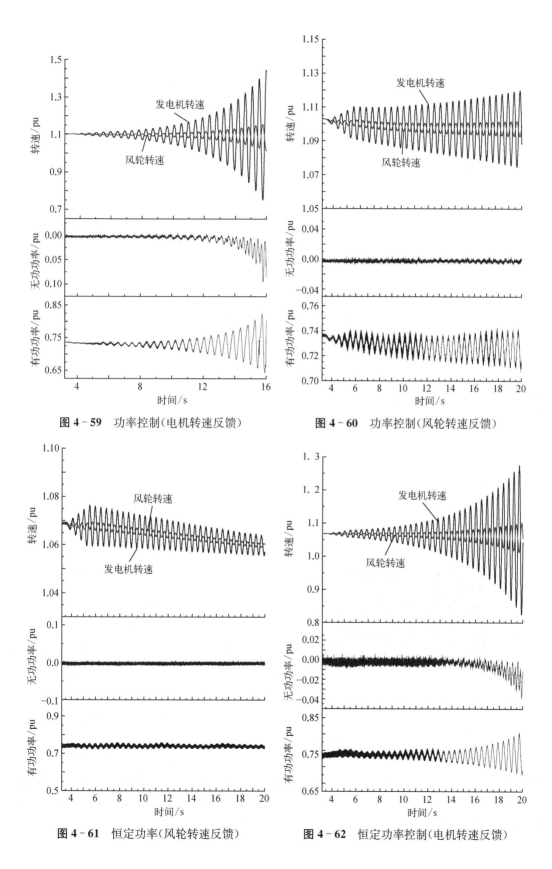

图 4-59　功率控制(电机转速反馈)

图 4-60　功率控制(风轮转速反馈)

图 4-61　恒定功率(风轮转速反馈)

图 4-62　恒定功率控制(电机转速反馈)

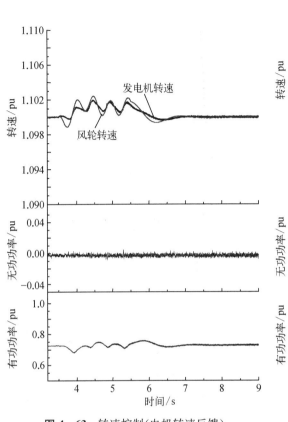

图 4 - 63 转速控制(电机转速反馈)

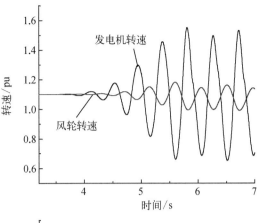

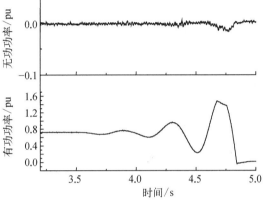

图 4 - 64 转速控制(风轮转速反馈)

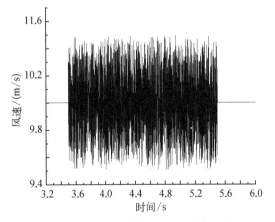

图 4 - 65 不包含轴系固有振荡频率的
随机小扰动风速

(见图 4 - 65)。其他条件与工况一相同,仿真波形列于图 4 - 66~图 4 - 71。

由图 4 - 66、图 4 - 69 可以看出,在不包含轴系固有振荡频率(约为 2 Hz)的风速扰动下,功率控制模式能保证机组稳定工作。而图 4 - 71 所示的转速控制模式(最优转速,恒转速控制),在采用风轮转速反馈时,转速振荡失稳。这是因为该模式下提供的电气阻尼不仅为负,而且绝对值大于机组的机械阻尼,因此,小扰动下会导致轴系振荡发散,失去稳定。

风速变化会激发风电机组轴系的振荡,抑制轴系振荡的一个重要因素是电气阻尼系数,通过分析机侧变换器不同控制策略提供的电气阻尼情况,可知采用发电机转速反馈信号的转速控制模式和采用风轮转速反馈信号的恒功率控制模式能够提供良好的电气阻尼,抑制轴系振荡。

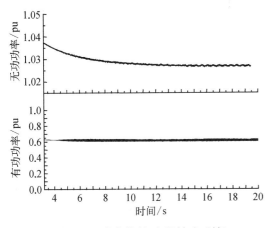

图 4 - 66　功率控制（电机转速反馈）

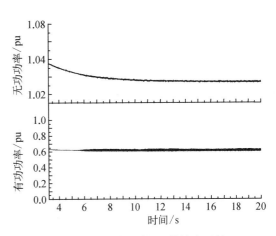

图 4 - 67　功率控制（风轮转速反馈）

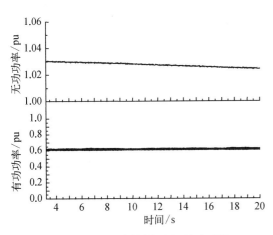

图 4 - 68　恒功率控制（电机转速反馈）

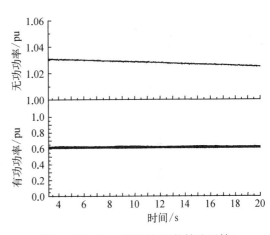

图 4 - 69　恒功率控制（风轮转速反馈）

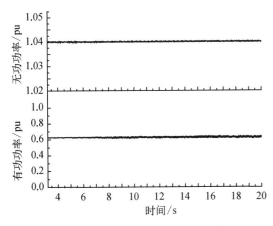

图 4 - 70　转速控制（电机转速反馈）

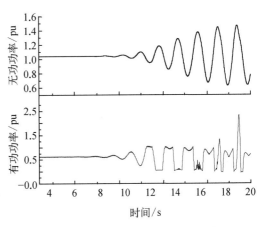

图 4 - 71　转速控制（风轮转速反馈）

4.3.2 机组轴系扭振的镇定控制

通过分析双馈风电机组在最大功率跟踪控制策略下的电气阻尼特性可知,在不改变控制回路的情况下,该控制策略提供的电气阻尼和电气刚度为负,不利于轴系的稳定,需要增加辅助控制来提高电气阻尼和电气刚度[42-43]。

1. 轴系镇定器

双馈风电机组轴系镇定器通过检测振荡信号,引入与转速振荡同相位的控制量可以起到增加电气阻尼的效果。该镇定器在有功控制环进行,矢量解耦的基本特性使有功环具备单独带宽设计的能力,通过改变控制环带宽,可以改变控制回路的滞后相角,在较大控制带宽下($\alpha_p \gg \omega_{osc}$),可以忽略控制回路引起的相位滞后(如功率环响应时间 10 ms,相应的相角滞后约为 0.24°),除此之外,轴系镇定器提供两个维度的控制,增加了扭矩角控制,不仅可以提供电气阻尼,还可以提供电气刚度,增强轴系的耦合度。

如图 4-72 所示,轴系镇定器包含电气阻尼和刚度两个回路,由于功率控制回路引起的相位滞后可以通过提高闭环带宽来减小,所以电磁转矩在 $\omega_\Delta - \theta$ 平面的位置主要取决于采样信号相对于转速差、扭矩角的相移以及轴系镇定器的相移。轴系镇定器的输入信号需包含扭振信息,如功率信号、转速信号等,当镇定器输入信号采用转速差和扭矩角时,为了减小在谐振点的相位偏移,采用陷波器进行隔直,可以保证在谐振频率处增益近似 1,相移近似为 0°,由于转速差信号不包含直流分量,所以无需隔直,设轴系固有振荡频率为 1.67 Hz,采用的陷波器为

$$G_n(s) = \frac{14.74s}{s^2 + 14.74s + 108.79} \tag{4-112}$$

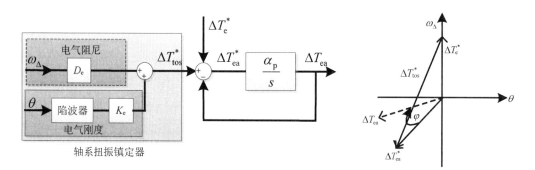

图 4-72 轴系镇定器　　　　　　　　图 4-73 增加轴系镇定器后的
　　　　　　　　　　　　　　　　　　　　　　　　转矩分解

由图 4-72 可知,轴系镇定器输出的转矩控制量可表示为:$\Delta T_{tos}^* = D_e \Delta \omega_\Delta + K_e \Delta \theta$,总的电磁转矩给定为 ΔT_{ea}^*(图 4-73):$\Delta T_{ea}^* = \Delta T_{tos}^* + \Delta T_e^* = (k_\Delta + D_e)\Delta \omega_\Delta + K_e \Delta \theta$,在扰动频率 ω_{osc} 处,电磁转矩输出 ΔT_{ea} 有

$$\Delta T_{ea} = \frac{(k_\Delta + D_e)\alpha_p^2 - \alpha_p \omega_b K_e}{\omega_{osc}^2 + \alpha_p^2 \omega_b^2} \Delta \omega_\Delta + \frac{\alpha_p^2 K_e + (k_\Delta + D_e)\alpha_p \omega_{osc}^2}{\omega_{osc}^2 + \alpha_p^2 \omega_b^2} \Delta \theta \tag{4-113}$$

从式(4-113)可知,控制回路相位滞后会使轴系镇定器双回路耦合,电气阻尼和电气刚度的作用相互影响,这种耦合可以通过提高带宽来减小。由于轴系振荡频率较低,一般远小于控制回路带宽,所以轴系镇定器双回路基本解耦。忽略控制回路的相位滞后($\alpha_c \gg \omega_{osc}$)得

$$\Delta T_{ea} = \Delta T_{ea}^* = (k_\Delta + D_e)\Delta\omega_\Delta + K_e\Delta\theta \tag{4-114}$$

由式(4-114)可知,当 $D_e < -k_\Delta$ 时,轴系镇定器输出的电气阻尼转矩克服了功率控制引起的负阻尼,加快转速振荡的衰减;当 $K_e < 0$ 时,由式(4-97)可知,轴系等效刚度 $K_{eq} = K_m - K_e$ 增加,轴系振荡频率增加,振荡幅值减小。

轴系镇定器可有效改变电磁转矩的相位、幅值(图4-73),弥补最大功率跟踪控制下的负电气阻尼特性,使轴系振荡得到有效抑制,同时,轴系镇定器还可增加电气刚度,使轴系耦合更为紧密,增加电气刚度可以有效地抑制轴系振荡的幅值,减小动态过程中机械的磨损,优化机组载荷,延长机组寿命。

2. 仿真分析验证

在 PSCAD/EMTDC 仿真平台上构建双馈风电机组电磁暂态模型,仿真验证轴系镇定器的作用。系统接线如图4-74所示,风力发电机组为 2 MW 双馈机组,额定电压 690 kV,风轮惯量 2.5 s,电机惯 1 s,轴系等效刚度 0.5 pu/rad,定子电阻 0.006 9 pu,转子电阻 0.008 4 pu,励磁电抗 3.362 pu,定转子绕组比 0.35,轴系等效机械阻尼 0.35 pu。

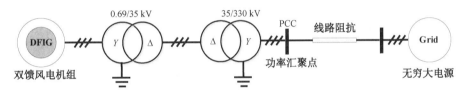

图4-74　系统接线图

如图4-75所示,风速小扰动信号采用在平均风速(11 m/s)上叠加幅值 0～0.5 m/s 随机波动、相位 0～2π 和频率 0～10 Hz 随机变化的小扰动风速,并且包含轴系谐振频率 1.67 Hz、相位固定、幅值 0～0.5 m/s 随机变化的风速扰动分量,风速扰动持续时间 2 s(仿真时间 4～6 s)。

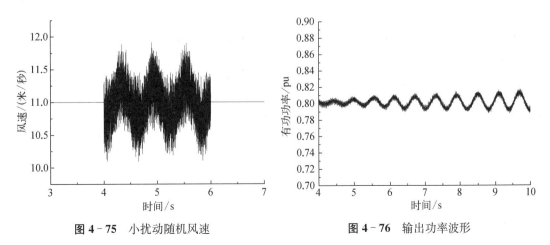

图4-75　小扰动随机风速　　　　　**图4-76**　输出功率波形

（1）不加轴系镇定器时，风速小扰动下的双馈机组动态特性（$D_e=0$，$K_e=0$）

从仿真波形可以看出，在风速小扰动下，轴系产生振荡并反映到输出功率上（图 4 - 76），振荡频率约为 1.68 Hz 且呈发散趋势；风轮转速与发电机转速振荡相位基本相反（图 4 - 77），扭矩角滞后转速差 90°（图 4 - 78）；电磁转矩增量与转速差幅值、相位基本重合（图 4 - 78），这点反映了最大功率跟踪控制的负电气阻尼特性，与理论分析结论一致，同时，根据幅值相等，可以得到系数 $k_\Delta \approx 1$。

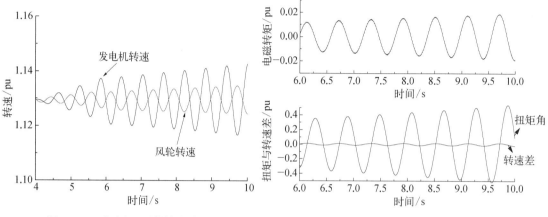

图 4 - 77　发电机、风轮转速波形　　　图 4 - 78　转速差、扭矩角和电磁转矩增量波形

（2）增加轴系镇定器（$D_e \neq 0$），风速小扰动下的双馈机组动态特性（$K_e=0$ 和 $K_e \neq 0$）

因为轴系总等效阻尼可以用 $D_{eq}=D_m-D_e-k_\Delta$ 表示，当 $D_{eq}=0$，即 $D_e \approx -0.55$ 时，等效阻尼为零，轴系将等幅振荡（图 4 - 79），电磁转矩增量也等幅振荡（图 4 - 80）；当 $D_e=-k_\Delta \approx -1$ 时，轴系镇定器提供的电气阻尼可以抵消由最大功率跟踪控制引起的负电气阻尼，此时电磁转矩增量为零（图 4 - 80），由于机械阻尼的存在，轴系振荡可以得到稳定，但振荡衰减较慢（图 4 - 79）；当继续增大电气阻尼 $D_e=-2$ 时，轴系振荡可以得到快速抑制。综上，通过轴系镇定器的电气阻尼回路可以克服最大功率跟踪控制的负电气阻尼特性，稳定轴系振荡，同时，增大电气阻尼可以加快轴系衰减。

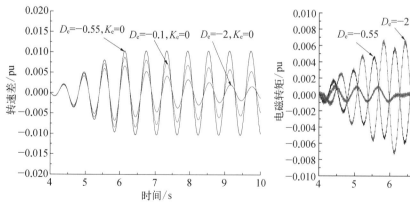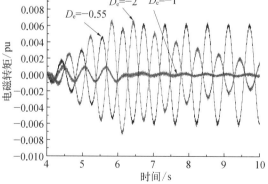

图 4 - 79　转速波形（$D_e \neq 0$，$K_e \neq 0$）　　　图 4 - 80　电磁转矩增量波形（$D_e \neq 0$，$K_e=0$）

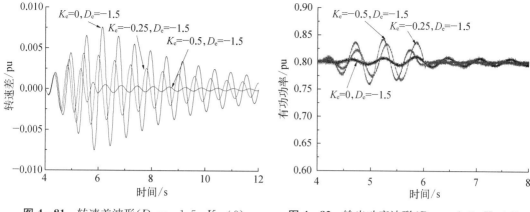

图 4 - 81　转速差波形($D_e = -1.5$，$K_e \neq 0$)　　　　**图 4 - 82**　输出功率波形($D_e = -1.5$，$K_e \neq 0$)

由图 4 - 81 可知,在电气阻尼相同的情况下,通过轴系镇定器增加电气刚度可以有效抑制转速振荡幅值,这对减少机械磨、损延长机组寿命有利,另外,增加电气刚度还使轴系振荡频率增加($K_e = 0$，$f = 1.67$ Hz；$K_e = -0.25$，$f = 1.98$ Hz)这与用式(4 - 99)估算结果(1.94 Hz)基本相同。但是,风速扰动过程中(4～6 s),电气刚度的增加会使输出功率波动变大(图 4 - 82),所以转速振荡幅值的抑制是以牺牲功率波动为代价的。

4.4　机侧变换器的无速度传感器控制

随着海上风电的规模化开发,要求风电机组不仅要有更好的控制性能,更要具有更高的可靠性。鉴于用于测量转速信号的编码器会降低机组的可靠性并增加系统成本,因此无速度传感器的控制技术受到关注[34-35],这种控制可以作为一种备用手段,应对编码器故障时的控制需求。

4.4.1　基于脉冲观测器的发电机磁链估计

Raff 与 Allgower 提出了一种新型的观测器结构—脉冲观测器,并得到了学者们的广泛关注。这种观测器不需要连续的输入信号便可以实现对被观测系统状态量的估计,多用于解决混沌系统的同步与观测问题。本节将脉冲观测器应用到感应电机全功率变换风电机组的机侧变换器控制中,设计磁链脉冲观测器对发电机转子磁链进行观测,并将观测结果应用到按转子磁链定向的矢量控制中。

1. 脉冲观测器

考虑线性系统:

$$\begin{cases} \dot{x} = Ax + Bu \\ y = Cx \end{cases} \tag{4-115}$$

其中,$x \in R^n$、$u \in R^m$、$y \in R^r$ 分别表示系统的状态量,输入量与输出量;$A \in R^{n \times n}$、$B \in R^{n \times m}$、$C \in R^{r \times n}$ 为已知常数矩阵。不失一般性,假设矩阵 B、C 分别为列满秩与行满秩。令

x_0 为系统(4-115)的初始状态,通常情况下,观测器设计时是无法知道系统初始状态 x_0 的。

构造脉冲观测器结构如下:

$$\dot{\hat{x}}(t)=A\hat{x}(t)+Bu(t),\ t\in[t_k,t_{k+1}),$$
$$\Delta\hat{x}(t_k)=F[y(t_k^+)-C\hat{x}(t_k^-)],\ k=1,2,\cdots \tag{4-116}$$

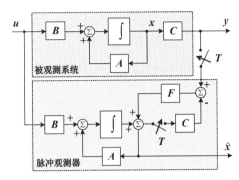

图 4-83　脉冲观测器结构

其中,u、y、A、C 与式(4-115)相同;$\hat{x}\in R^n$ 表示式(4-116)的状态变量,即观测器的观测值;针对 $k\in(1,2,\cdots)$,$t_k=kT$,表示第 k 次采样的时间,T 表示采样周期;$\Delta\hat{x}(t_k)=\hat{x}(t_k^+)-\hat{x}(t_k^-)$ 表示在第 k 次采样时,系统状态量发生的脉冲跳变,且 $\hat{x}(0)$ 可以为任意值;$F\in R^{n\times r}$ 为反馈增益矩阵,需要进行设计。式(4-116)的第二个方程表明系统的输出 $y(t)$ 只在 t_k 时刻对观测值 $\hat{x}$ 产生作用。式(4-116)描述的脉冲观测器结构如图 4-83

所示,可以看到,当 $T=0$ 时,脉冲观测器等价于龙贝格观测器。

定义 4.1:针对式(4-115)构造形如式(4-116)的观测器系统,当存在矩阵 $F\in R^{n\times r}$ 使得误差状态满足条件 $e(t)=x(t)-\hat{x}(t)\to0(t\to\infty)$ 时,这种观测器被称为式(4-115)的脉冲观测器。

鉴于式(4-115)为连续微分方程,则 $y(t)$ 为连续函数,因此,有 $y(t_k)=y(t_k^+)=y(t_k^-)$。则 $\Delta\hat{x}(t_k)=F[y(t_k)-C\hat{x}(t_k^-)]$ 等价于

$$\hat{x}(t_k^+)=(I-FC)\hat{x}(t_k^-)+Fy(t_k) \tag{4-117}$$

(1) $\hat{x}(t_k^+)$ 表示 t_k^+ 时刻,状态量 $\hat{x}(t)$ 的初值。如果 $\Delta\hat{x}(t_k)\neq0$,则表示 t_k 时刻,由 $\hat{x}(t_k^-)$ 到 $\hat{x}(t_k^+)$ 的过程发生跳变,$\hat{x}(t)$ 的运行轨迹不连续,含有脉冲现象;

(2) 根据式(4-117),观测量 $\hat{x}(t_k^+)$ 只依赖与时间 t_k 处的信息,故称为脉冲观测器。

定理 4.1:如果存在矩阵 $P\in R^{n\times n}$ 以及 $Q\in R^{n\times r}$,以及常数 γ_1、γ_2,当 $P>0$、$\gamma_2>0$ 时,满足以下不等式条件:

$$PA+A^TP-\gamma_1P<0 \tag{4-118}$$

$$\ln\gamma_2+\gamma_1T<0 \tag{4-119}$$

$$\begin{bmatrix}-\gamma_2P & P-C^TQ^T\\P-QC & -P\end{bmatrix}<0 \tag{4-120}$$

则存在 $F=P^{-1}Q$ 使得式(4-115)具有渐近稳定的脉冲观测器如式(4-116)所述。

2. 风电系统中磁链脉冲观测器的设计

本节将脉冲观测器的设计理论应用到风力发电系统中。针对感应电机全功率变换机组,可通过脉冲观测器实现转子磁链的闭环观测,从而提高磁链的观测精度。根据文献

[35],在静止 $\alpha\beta$ 坐标系下,感应电机的系统模型可用下式表示:

$$\begin{cases} \dot{x}(t) = Ax(t) + Bu(t) \\ y(t) = Cx(t) \end{cases} \tag{4-121}$$

其中:

$$A = \begin{bmatrix} -\dfrac{R_sL_r^2+R_sL_m^2}{\sigma L_sL_r^2} & 0 & \dfrac{L_m}{\sigma L_sL_rT_r} & \dfrac{L_m}{\sigma L_sL_r}\omega_r \\[2mm] 0 & -\dfrac{R_sL_r^2+R_sL_m^2}{\sigma L_sL_r^2} & -\dfrac{L_m}{\sigma L_sL_r}\omega_r & \dfrac{L_m}{\sigma L_sL_rT_r} \\[2mm] \dfrac{L_m}{T_r} & 0 & -\dfrac{1}{T_r} & -\omega_r \\[2mm] 0 & \dfrac{L_m}{T_r} & \omega_r & -\dfrac{1}{T_r} \end{bmatrix};$$

$$B = \begin{bmatrix} \dfrac{1}{\sigma L_s} & 0 \\[2mm] 0 & \dfrac{1}{\sigma L_s} \\[2mm] 0 & 0 \\[2mm] 0 & 0 \end{bmatrix};\ C = \begin{bmatrix} 1 & 0 & 0 & 0 \\ 0 & 1 & 0 & 0 \end{bmatrix};\ x = \begin{bmatrix} i_{s\alpha} & i_{s\beta} & \psi_{s\alpha} & \psi_{s\beta} \end{bmatrix}^T;\ u = \begin{bmatrix} u_{s\alpha} & u_{s\beta} \end{bmatrix}^T.$$

式(4-121)中:R_s、R_r 分别表示发电机电子电阻与转子电阻;L_s、L_r、L_m 分别表示发电机定子侧等效电感,转子侧等效电感以及发电机互感;T_r 表示转子时间常数;$i_{s\alpha}$、$i_{s\beta}$ 表示定子电流的 $\alpha\beta$ 轴分量;$u_{s\alpha}$、$u_{s\beta}$ 表示定子电压的 $\alpha\beta$ 轴分量;$\psi_{r\alpha}$、$\psi_{r\beta}$ 表示转子磁链的 $\alpha\beta$ 轴分量;ω_r 为转子旋转电角频率;σ 为发电机漏磁系数。

发电机转子磁链的脉冲观测器结构如图 4-84 所示,图中,脉冲观测器利用发电机定子电流($i_{s\alpha}$,$i_{s\beta}$)与定子电压($u_{s\alpha}$,$u_{s\beta}$)信息观测转子磁链($\psi_{r\alpha}$,$\psi_{r\beta}$)。离散时刻 t_k,定子电流误差通过反馈增益矩阵 F 对观测信号进行补偿。

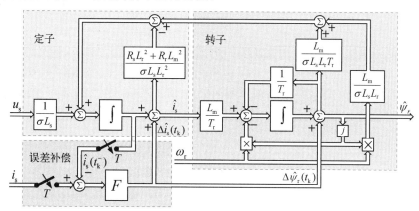

图 4-84　磁链脉冲观测器结构框图

需要指出的是：发电机定子电压信号$(u_{s\alpha}, u_{s\beta})$可以通过机侧变流器的开关状态$(S_{sa}, S_{sb}, S_{sc})$以及直流母线电压$V_{dc}$进行重构：

$$u_{s\alpha} = \frac{u_{dc}}{3}(2S_{sa} - S_{sb} - S_{sc}) \qquad (4-122)$$

$$u_{s\beta} = \frac{u_{dc}}{\sqrt{3}}(S_{sb} - S_{sc}) \qquad (4-123)$$

应用磁链脉冲观测器对两相静止 $\alpha\beta$ 坐标系下的转子磁链进行观测，可得磁链估计值 $(\hat{\psi}_{r\alpha}, \hat{\psi}_{r\beta})$；并通过极坐标变换，获得转子磁链矢量的幅值 $\hat{\psi}_r$ 及其相角 $\hat{\theta}_r$。将以上观测结果用于机侧变流器转子磁链定向的矢量控制中，可得机侧变换器的控制框图如图 4-85 所示。图中，$i_{s(abc)}$、$S_{s(abc)}$ 分别表示定子电流与开关函数在三相静止 abc 坐标系下的对应分量。

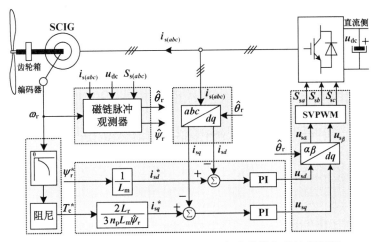

图 4-85　基于磁链脉冲观测器的机侧变换器矢量控制框图

3. 仿真分析

为了评估磁链脉冲观测器设计的正确性及性能，本节基于 Matlab/Simulink 软件采用附录 4 机侧变换器参数进行仿真验证。

为了验证提出理论的正确性，本节首先基于感应发电机精确模型进行磁链脉冲观测器数值仿真。设定转子电角频率 $\omega_r(\omega_r = n_p \times \omega_m)$ 为 240 rad/s，输入定子电压$(u_{s\alpha}, u_{s\beta})$为 400 V/50 Hz，设定定子电流$(i_{s\alpha}, i_{s\beta})$初始值 1 000 A，转子磁链$(\psi_{r\alpha}, \psi_{r\beta})$初始值设定 0.2 Wb。通过定理 4.1，利用 Matlab 下的 LMIs 求解工具对式$(4-118)$~式$(4-120)$进行求解，选择 $\gamma_1 = -2$，$\gamma_2 = 1.01$，脉冲观测器的采样时间 $T = 0.01$。可得反馈增益 F 的一组可行解如下：

$$F = \begin{bmatrix} 1.000\ 4 & 1.669\ 5\mathrm{e}^{-6} \\ -1.670\ 3\mathrm{e}^{-6} & 1.000\ 4 \\ -3.559\ 7\mathrm{e}^{-5} & -8.467\ 7\mathrm{e}^{-6} \\ 8.467\ 7\mathrm{e}^{-6} & -3.559\ 7\mathrm{e}^{-5} \end{bmatrix}$$

应用反馈增益矩阵 F,脉冲观测器的数值仿真结果如图 4-86 所示。图中,采用虚线表示实际系统状态量,实线表示脉冲观测器的观测值。图 4-86(a)、4-86(b)表示发电机定子电流的实际值与观测值。可以看到,观测器输出在采样时刻发生跳变;图 4-86(c)、4-86(d)为定子电流实际值与观测值之间的误差。结果表明,误差系统可以实现渐近稳定;图 4-86(e)、4-86(f)为转子磁链的实际值与观测值。可见,数值仿真中,脉冲观测器具有较好的磁链观测效果;同时,观测值在采样时刻具有脉冲跳变。

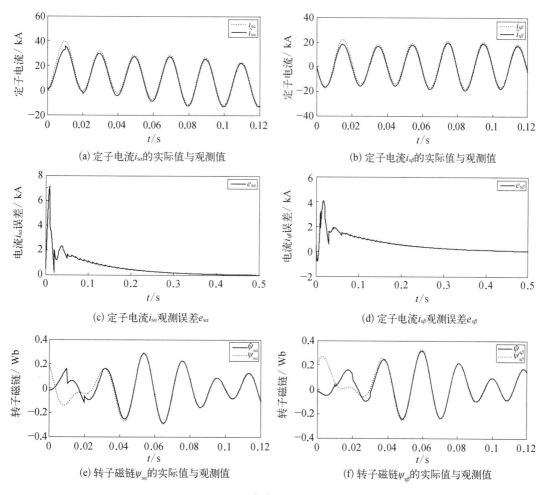

(a) 定子电流 $i_{s\alpha}$ 的实际值与观测值

(b) 定子电流 $i_{s\beta}$ 的实际值与观测值

(c) 定子电流 $i_{s\alpha}$ 观测误差 $e_{s\alpha}$

(d) 定子电流 $i_{s\beta}$ 观测误差 $e_{s\beta}$

(e) 转子磁链 $\psi_{s\alpha}$ 的实际值与观测值

(f) 转子磁链 $\psi_{s\beta}$ 的实际值与观测值

图 4-86　脉冲观测器数值仿真

基于上面的仿真结果,通过 Matlab/Simulink/Powersystem 软件搭建机侧变换器的控制系统,仍采用上述系统参数以及磁链观测器的设计结构。仿真环境设置如下:为了验证磁链脉冲观测器在整个发电机转速范围(风电应用环境)内工作有效,采用转速外环对转速信号进行跟踪。工作过程中发电机负载转矩的设定通过 MPPT 方式给定,与发电机转速对应。设置发电机初始转子机械角速度 ω_{m} 为 35 rad/s,并将同步旋转坐标系的初始角度设定为 120°。工作过程中,转速变化范围从 36 rad/s 变化至 130 rad/s,磁链给定值为 1.5 Wb。系统仿真结果如图 4-87~图 4-92 所示。

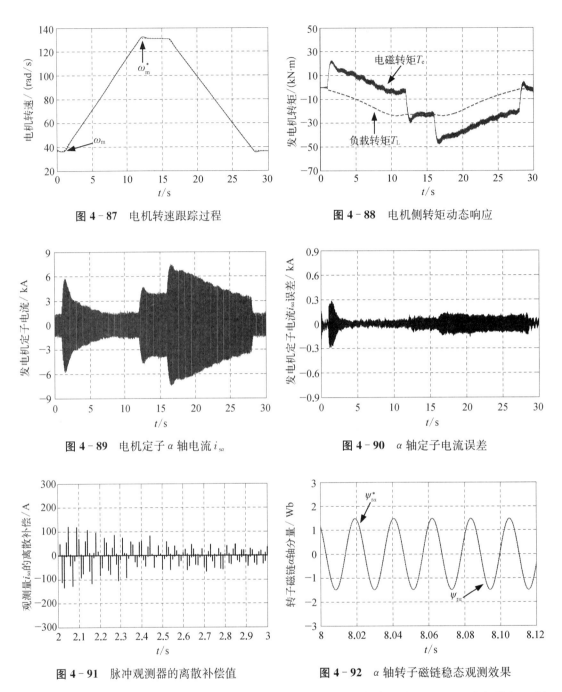

图4-87   电机转速跟踪过程   图4-88   电机侧转矩动态响应

图4-89   电机定子α轴电流 i_{sa} 图4-90   α轴定子电流误差

图4-91   脉冲观测器的离散补偿值   图4-92   α轴转子磁链稳态观测效果

图4-87给出了发电机速度响应曲线。0~1 s,给定工作转速为风电机组对应的切入转速36 rad/s;1 s时,转速给定斜坡上升,至12 s达到130 rad/s并保持恒速运行工作至16 s,然后给定转速斜坡下降到切入转速(至27 s)并保持运行。可以看到,转速实际值可以较好地跟踪转速给定。图4-88为发电机电磁转矩与负载转矩的动态波形。如图所示,升速过程中,电磁转矩大于负载转矩;转速稳定工作时,电磁转矩与负载转矩相等;降速过程,电磁转矩小于负载转矩。从电磁转矩的输出波形来看,波动较小,控制系统具有较好的动态性能。

图 4-89、图 4-90、图 4-91 分别给出了 α 轴定子电流 i_s 的波形，$i_{s\alpha}$ 与脉冲观测器输出的观测值 $\hat{i}_{s\alpha}$ 的误差 $e_{is\alpha}$ 以及脉冲观测器在每个采样时刻对观测值产生的补偿值。首先从图 4-90 可知，通常情况下，脉冲观测器的观测误差可以控制在实际值的 2% 以内。然而，动态过程中观测误差有所放大。3 s 前由于发电机磁链还未完全建立，动态过程造成误差达到 5% 左右。随着磁链达到额定值，动态过程的观测误差可以限制在 3% 之内，这主要是由于观测器输入量受到滤波器等因素的影响。另外，通过缩短采样周期 T 可以进一步减少观测误差。由图 4-91 可以看到，脉冲观测器只在离散时间点对观测结果产生影响，其补偿值通过观测器误差与反馈矩阵求得。脉冲观测器的磁链估计结果如图 4-92 所示。可见，磁链观测值可以较好地跟踪实际值。

4.4.2　机侧变换器无速度传感器控制

本节基于模型参考自适应（model reference adaptive system，MRAS）的方法探讨机侧变流器无速度传感器控制的实现方案。

1. 基于 MRAS 的转速辨识方案

MRAS 是一种自适应控制方法，由于其收敛速度较快，并具有较强的稳定性和鲁棒性，常被应用在自动控制及参数辨识领域[36]。MRAS 由参考模型和可调模型两部分组成，通过可调模型与参考模型状态误差的自适应控制实现可调模型中未知参数的辨识。Schauder 首次将 MRAS 的方法应用于交流电机的转速估计中，通过 Lyapunov 方程和 Popov 超稳定性理论保证了转速误差系统的渐进稳定[37]。应用 MRAS 的方法对发电机转速进行辨识，可以采用转子磁链模型、发电机反电动势模型等物理模型作为可调模型实现速度估计[38]。本节以发电机转子磁链模型为基础，研究发电机转速辨识的实现方法。

两相静止 $\alpha\beta$ 坐标系下，发电机转子磁链的数学模型可表示如下：

$$p\begin{bmatrix} \psi_{r\alpha} \\ \psi_{r\beta} \end{bmatrix} = \frac{L_r}{L_m}\begin{bmatrix} u_{s\alpha} \\ u_{s\beta} \end{bmatrix} - \frac{L_r}{L_m}\begin{bmatrix} R_s + \sigma L_s p & 0 \\ 0 & R_s + \sigma L_s p \end{bmatrix}\begin{bmatrix} i_{s\alpha} \\ i_{s\beta} \end{bmatrix} \quad (4-124)$$

$$p\begin{bmatrix} \psi_{r\alpha} \\ \psi_{r\beta} \end{bmatrix} = \begin{bmatrix} -\dfrac{1}{T_r} & -\omega_r \\ \omega_r & -\dfrac{1}{T_r} \end{bmatrix}\begin{bmatrix} \psi_{r\alpha} \\ \psi_{r\beta} \end{bmatrix} + \frac{L_m}{T_r}\begin{bmatrix} i_{s\alpha} \\ i_{s\beta} \end{bmatrix} \quad (4-125)$$

其中，T_r 为转子时间常数；p 为微分算子。

根据上述发电机的电磁暂态关系，式（4-124）被称为发电机转子磁链的电压模型；而式（4-125）被称为发电机转子磁链的电流模型。由于式（4-125）中含有转速物理量，因此，可采用转子磁链的电流模型作为 MRAS 的可调模型。同时，由于发电机磁链不能直接测量，可采用式（4-124）作为转子磁链的参考模型。根据 MRAS 方法，转速估计原理如图 4-93 所示。

（1）MRAS 方案中的自适应机理

MRAS 方案中，根据 Popov 超稳定性理论可以保证转速估计值渐进收敛于实际转速，通过自适应机制实现，见图 4-93 中的自适应机理。

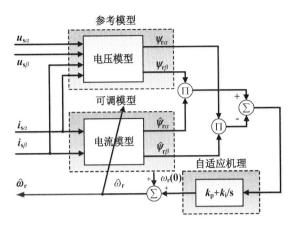

图 4-93 基于 MRAS 的转速估计方法

根据转子磁链的电流模型,磁链估计如下:

$$p\begin{bmatrix} \hat{\psi}_{r\alpha} \\ \hat{\psi}_{r\beta} \end{bmatrix} = \begin{bmatrix} -\dfrac{1}{T_r} & -\hat{\omega}_r \\ \hat{\omega}_r & -\dfrac{1}{T_r} \end{bmatrix} \begin{bmatrix} \hat{\psi}_{r\alpha} \\ \hat{\psi}_{r\beta} \end{bmatrix} + \dfrac{L_m}{T_r}\begin{bmatrix} i_{s\alpha} \\ i_{s\beta} \end{bmatrix}$$

$$(4-126)$$

由式(4-125)与式(4-126),取系统误差状态为

$$e_{\psi_{r\alpha}} = \hat{\psi}_{r\alpha} - \psi_{r\alpha};\ e_{\psi_{r\beta}} = \hat{\psi}_{r\beta} - \psi_{r\beta};$$
$$e_\omega = \hat{\omega}_r - \omega_r$$

则磁链误差方程如下:

$$p\begin{bmatrix} e_{\psi_{r\alpha}} \\ e_{\psi_{r\beta}} \end{bmatrix} = \begin{bmatrix} -\dfrac{1}{T_r} & -\hat{\omega}_r \\ \hat{\omega}_r & -\dfrac{1}{T_r} \end{bmatrix} \begin{bmatrix} e_{\psi_{r\alpha}} \\ e_{\psi_{r\beta}} \end{bmatrix} + \begin{bmatrix} 0 & -e_\omega \\ e_\omega & 0 \end{bmatrix} \begin{bmatrix} \hat{\psi}_{r\alpha} \\ \hat{\psi}_{r\beta} \end{bmatrix} = \begin{bmatrix} -\dfrac{1}{T_r} & -\hat{\omega}_r \\ \hat{\omega}_r & -\dfrac{1}{T_r} \end{bmatrix} \begin{bmatrix} e_{\psi_{r\alpha}} \\ e_{\psi_{r\beta}} \end{bmatrix} + W$$

$$(4-127)$$

根据 Popov 超稳定性理论[39],要使电机磁链观测系统全局渐近稳定,其非线性反馈环节需要在任意 $t_1 \geqslant 0$ 时,存在常数 γ,满足 Popov 积分不等式:

$$\int_0^{t_1} e^T W \mathrm{d}t \geqslant -\gamma^2 \qquad (4-128)$$

其中,e 为跟踪状态的误差矩阵。

将 $e = \begin{bmatrix} e_{\psi_{r\alpha}} & e_{\psi_{r\beta}} \end{bmatrix}$,$W = \begin{bmatrix} 0 & -e_\omega \\ e_\omega & 0 \end{bmatrix}\begin{bmatrix} \hat{\psi}_{r\alpha} \\ \hat{\psi}_{r\beta} \end{bmatrix}$ 代入式(4-128),可得要使系统全局渐近稳定,需要满足下式:

$$\int_0^{t_1} e^T W \mathrm{d}t = \int_0^{t_1} (-e_{\psi_{r\alpha}} e_\omega \hat{\psi}_{r\beta} + e_{\psi_{r\beta}} e_\omega \hat{\psi}_{r\alpha}) \mathrm{d}t$$
$$= \int_0^{t_1} e_\omega (-e_{\psi_{r\alpha}} \hat{\psi}_{r\beta} + e_{\psi_{r\beta}} \hat{\psi}_{r\alpha}) \mathrm{d}t \geqslant -\gamma^2 \qquad (4-129)$$

根据不等式:

$$\int_0^t k\frac{\mathrm{d}f(t)}{\mathrm{d}t}f(t)\mathrm{d}t = \frac{k}{2}[f^2(t) - f^2(0)] \geqslant -\frac{k}{2}f^2(0) \qquad (4-130)$$

可知,为使式(4-129)成立,可将转速误差 e_ω 设置如下:

$$e_\omega = \lambda(e_{\psi_{r\alpha}}\hat{\psi}_{r\beta} - e_{\psi_{r\beta}}\hat{\psi}_{r\alpha}) \qquad (4-131)$$

为改进转速估计误差的收敛性能,可设计自适应律如下:

$$\hat{\omega}_r = k_p(e_{\psi_{r\alpha}}\hat{\psi}_{r\beta} - e_{\psi_{r\beta}}\hat{\psi}_{r\alpha}) + k_i\int(e_{\psi_{r\alpha}}\hat{\psi}_{r\beta} - e_{\psi_{r\beta}}\hat{\psi}_{r\alpha})dt$$

$$= k_p(\psi_{r\beta}\hat{\psi}_{r\alpha} - \psi_{r\alpha}\hat{\psi}_{r\beta}) + k_i\int(\psi_{r\beta}\hat{\psi}_{r\alpha} - \psi_{r\alpha}\hat{\psi}_{r\beta})dt \qquad (4-132)$$

采用式(4-132)所示的自适应机制,可以得到准确的转速估计信号并保证磁链观测系统全局渐近稳定。

(2) 参考模型的直流偏置抑制

针对转速估计方案中的参考模型(转子磁链电压模型),其观测的准确性直接影响系统的工作性能,然而往往会受到采样通道中直流偏置等因素的影响。通常,转子磁链的观测需要采用积分器实现。如果采用纯积分环节,输入信号中含有的直流偏置以及积分器的初值等问题都会引起积分器出现偏差或饱和,从而影响磁链观测和转速辨识的准确性。因此在实际系统中需要采取相应的措施抑制纯积分环节产生的问题。本节采用一种具有抑制直流偏置功能的转子磁链电压模型作为 MRAS 参考模型[40](如图 4-94 所示)。这种类型的转子磁链观测器具有以下性质。

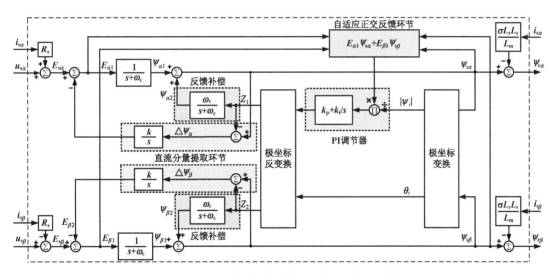

图 4-94　一种抑制直流偏置的转子磁链观测器

1) 为了避免纯积分环节带来的问题[41],采用由前向通路低通滤波器产生的 y_1 与反馈通路低通滤波器产生的 y_2 两部分之和构成定子磁链的观测值,公式如下:

$$\psi_s = y_1 + y_2 = \frac{1}{s + \omega_c}E_s + \frac{\omega_c}{s + \omega_c}Z \qquad (4-133)$$

其中,E_s 表示发电机定子反向电动势;Z 表示反馈信号;ω_c 为设定的滤波器截止频率。发电机高速运行时,定子电动势频率远远高于滤波器截止频率,此时 y_1 的值为主要成分。伴随速度的降低,y_2 作用逐渐加大,对定子磁链估计值进行补偿,并且通过对反馈信号 Z 进行处理可以有效抑制直流偏置与积分饱和。

2) 根据磁链与反电动势的正交关系,理想情况下,其正交乘积的反馈值应该为零。当

输入的电动势矢量 E_s 存在积分初始值或直流偏置时,正交反馈值将产生偏差,在自适应控制律的作用下,该方法可以对偏移量进行补偿,调节电动势矢量 E_s 与磁链矢量 ψ_s 重新回到正交关系,从而实现自适应的磁链观测。

3)为了进一步加快输入信号中直流分量的衰减,增加直流分量提取环节[44-46]。采用一阶积分器形式如下:

$$H(s)=\frac{k}{s} \qquad (4-134)$$

其中,k 为信号增益。将磁链观测值与反馈值的误差作为输入信号,根据文献[40],可知经过直流分量提取环节,电动势信号中的直流偏置部分按指数收敛。收敛速度取决于 k/ω_c。k 值越大,直流偏置消除得越快,但是同时会带来观测信号的振荡,造成观测器观测结果不收敛[47-48],因此 k 的选择应按实际情况进行设定。

通过对 $\alpha\beta$ 轴转子磁链分量进行极坐标变换,可以得到转子磁链空间矢量的幅值 ψ_r 与角度 θ_r。

2. 机侧变流器无速度传感器控制策略

将上节基于 MRAS 的速度估计方案应用到矢量控制系统中,可以得到机侧变流器无速度传感器的控制策略如图 4-95 所示。主要包括检测环节、转速估计环节、MPPT 控制环节、电流控制环节以及调制环节。其中,转速估计包括定子电压重构与基于 MRAS 的观测器系统组成。定子电压重构可采用式(4-122)、式(4-123)实现;通过 MRAS 观测器实现转子磁链幅值 $\hat{\psi}_r$、转子磁链矢量角 $\hat{\theta}_r$ 与转速信号 $\hat{\omega}_r$ 的估计,并将 $\hat{\omega}_r$ 作为转速外环(或者 MPPT 方式)的给定信号求解发电机电磁转矩给定值 T_e^*,从而通过转矩电流与励磁电流的解耦控制实现无速度传感器的控制方案。

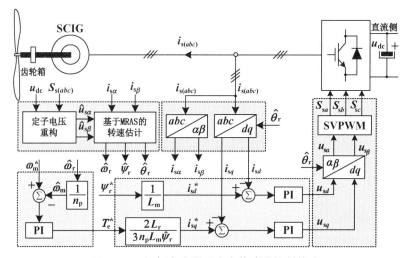

图 4-95　机侧变流器无速度传感器控制策略

3. 仿真与实验结果分析

采用附录 2 实验平台进行实验研究,直流母线电压 380 VDC,磁链给定值 0.48 Wb。给定发电机工作转速从静止上升至 300 r/min(每 7 s 上升 100 r/min)。自适应 PI 调节器控制参数设定：$k_p = 1.5$，$k_i = 0.006$。控制系统的动态响应过程与稳态性能如图 4‑96～图 4‑105 所示。

1）无速度传感器控制的动态性能

为了避免启动时刻转速估计信号的振荡对系统状态量造成影响，采用开环启动方式。当估计转速大于设定值（100 r/min）时，将估计转速闭环运行。图 4‑96～图 4‑99 分别给出了发电机转速、定子电流及其励磁电流分量与转矩电流分量的响应动态。可见动态过程中，转速估计值较好的跟踪实际值，并且控制系统具有良好的动态特性。

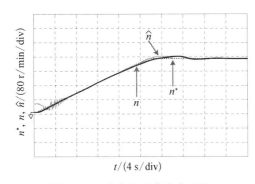

图 4‑96　发电机速度响应过程

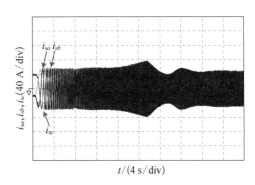

图 4‑97　发电机定子电流

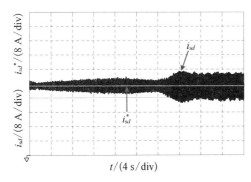

图 4‑98　发电机励磁电流响应过程

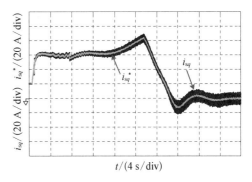

图 4‑99　发电机转矩电流响应过程

2）无速度传感器控制的稳态性能

机侧变流器采用无速度传感器控制方案时，系统的稳态性能如图 4‑100～图 4‑105 所示。图 4‑100 表明，稳态情况下发电机转速估计值 $\hat{n}$ 与实际转速 n 基本保持一致，并具有较好的跟踪性能。稳态情况下，转速波动值可以控制在 2 r/min 之内，发电机励磁电流分量输出平稳，转矩电流分量波动较小，定子电流稳定平滑，稳态性能较好。

发电机转子磁链估计值如图 4‑104 所示，可见，稳态情况下，发电机转子磁链可以跟踪给定值（0.48 Wb），基本没有波动。图 4‑105 为矢量控制中的定向角，可见角度过渡平滑，具有良好的稳态特性。

可见，采用本节所述的无速度传感器控制方案，机侧变换器控制系统具有较高地转速估计精度以及良好的动静态系统控制性能。

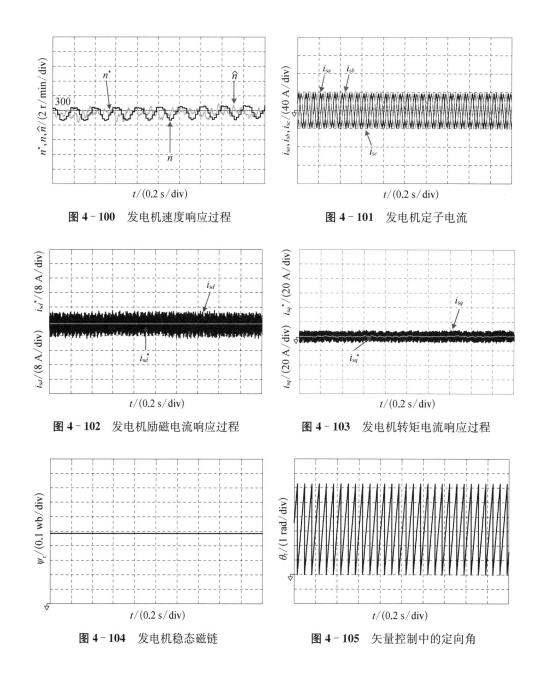

图 4 - 100   发电机速度响应过程

图 4 - 101   发电机定子电流

图 4 - 102   发电机励磁电流响应过程

图 4 - 103   发电机转矩电流响应过程

图 4 - 104   发电机稳态磁链

图 4 - 105   矢量控制中的定向角

参考文献

[1] 周娟,张勇,耿乙文,等.四桥臂有源滤波器在静止坐标系下的改进 PR 控制[J].中国电机工程学报,
　　2012(6)：113 - 120.

[2] 陈炜,陈成,宋战锋,等.双馈风力发电系统双 PWM 变换器比例谐振控制[J].中国电机工程学报,2009
　　(15)：1 - 7.

[3] 李春龙,沈颂华,卢家林,等.具有延时补偿的数字控制在 PWM 整流器中的应用[J].中国电机工程学
　　报,2007(7)：94 - 97.

［4］孙大南,刁利军,刘志刚.交流传动矢量控制系统时延补偿［J］.电工技术学报,2011(5)：138 - 145.

［5］Errami Y, Maaroufi M, Cherkaoui M, et al. Maximum power point tracking strategy and direct torque control of permanent magnet synchronous generator wind farm［C］. 2012 International Conference on Complex Systems (ICCS)，2012：1 - 6.

［6］Yong C Z, Zheng X L, Tian S W，et al. Predictive direct torque and flux control of doubly fed induction generator with switching frequency reduction for wind energy applications［C］. 2011 International Conference on Electrical Machines and Systems (ICEMS)，2011：1 - 6.

［7］Chen S Z, Cheung N C, Wong K C, et al. Integral variable structure direct torque control of doubly fed induction generator［J］. Renewable Power Generation，IET，2011，5(1)：18 - 25.

［8］Ben Alaya J, Khedher A, Mimouni M. DTC, DPC and nonlinear vector control strategies applied to the DFIG operated at variable speed［J］. Journal of Electrical Engineering JEE, 2011, 6 (11)：744 - 753.

［9］Tremblay E, Atayde S, Chandra A. Comparative study of control strategies for the doubly fed induction generator in wind energy conversion systems：A DSP-based implementation approach［J］. IEEE Transactions on Sustainable Energy, 2011, 2(3)：288 - 299.

［10］Jia B H, Yi K H, Lie X, et al. Improved control of DFIG systems during network unbalance using PI - R current regulators［J］. IEEE Transactions on Industrial Electronics，2009, 56(2)：439 - 451.

［11］Si Z C, Cheung N C, Ka C W, et al. Integral sliding-mode direct torque control of doubly-fed induction generators under unbalanced grid voltage［J］. IEEE Transactions on Energy Conversion，2010, 25(2)：356 - 368.

［12］Korkmaz F, Topaloglu I, Cakir M F, et al. Comparative performance evaluation of FOC and DTC controlled PMSM drives［C］. Fourth International Conference on Power Engineering, Energy and Electrical Drives (POWERENG)，2013：705 - 708.

［13］Xu L, Cheng W. Torque and reactive power control of a doubly fed induction machine by position sensorless scheme［J］. IEEE Transactions on Industry Applications，1995, 31(3)：636 - 642.

［14］Kim E H, Oh S B, Kim Y H, et al. Power control of a doubly fed induction machine without rotational transducers［C］. The Third International Power Electronics and Motion Control Conference, Beijing, China, 2000：951 - 955.

［15］马小亮,刘志强.基于电流辨识速度的双馈矢量调速系统的研究［J］.电工技术学报,2003,18(4)：89 - 93.

［16］刘志强,王娜,魏学森.无速度传感器转子电流定向双馈电机的矢量控制调速系统［J］.中小型电机,2002,29(6)：38 - 42.

［17］Datta R, Ranganathan V T. A simple position-sensorless algorithm for rotor-side field-oriented control of wound-rotor induction machine［J］. IEEE Transactions on Industrial Electronics，2001，48(4)：786 - 793.

［18］王坚,年晓红,桂卫华,等.新型异步电机无速度传感器控制方法［J］.中国电机工程学报,2008,28(3)：96 - 101.

［19］Lenwari W. Optimized design of modified proportional-resonant controller for current control of active filters［C］. 2013 IEEE International Conference on Industrial Technology (ICIT)，2013：894 - 899.

［20］陈伯时.电力拖动自动控制系统—运动控制系统［M］.北京：机械工业出版社,2006：190 - 216.

［21］纪秉男.双馈风力发电系统比例谐振控制［D］.天津：天津大学,2010.

［22］Byeong-Mun S, Youngroc K, Hanju C, et al. Current harmonic minimization of a grid-connected photovoltaic 500 kW three-phase inverter using PR control[C]. Energy Conversion Congress and Exposition (ECCE), IEEE, 2011: 1063 - 1068.

[23] 薛尚青,蔡金锭.基于二阶广义积分器的基波正负序分量检测方法[J].电力自动化设备,2011,31(11): 69 - 73.

[24] 胡育人,黄文新,张兰红,等.异步电机(电动、发电)直接转矩控制系统[M].北京:机械工业出版社,2012.

[25] 李崇波.双馈电机直接转矩控制技术研究[D].武汉:华中科技大学,2009.

[26] 王来磊,吕敬,张建文,等.基于改进观测器的转速辨识在风电系统的应用[J].电力电子技术,2013,47(11): 17 - 19.

[27] 廖晓钟,邵立伟.直接转矩控制的十二区段控制方法[J].中国电机工程学报,2006(6): 167 - 173.

[28] Akhmatov V.风力发电用感应电机[M].本书翻译组,译.北京:中国电力出版社,2009: 128 - 172.

[29] 李晶,宋家骅,王伟胜.大型变速恒频风力发电机组建模与仿真[J].中国电机工程学报,2004,24(6): 100 - 105.

[30] Ackermann T. Wind power in power systems[M]. England: John Wiley & Sons, Ltd, 2005: 645 - 647.

[31] Milanovi J V. The influence of shaft spring constant uncertainty on torsional models of turbo generator[J]. IEEE Transactions on Energy Conversion, 1998, 13(2): 170 - 175.

[32] 林成武,王凤翔,姚兴佳.变速恒频双馈风力发电机励磁控制技术研究[J].中国电机工程学报,2003,23(11): 126 - 129.

[33] Abram P. Wind turbine models for power system stability studies[D]. Sweden: Chalmers University of Technology, 2006.

[34] Raff T, Allgower F. An impulsive observer that estimates the exact state of a linear continuous-time system in predetermined finite time[C]. Mediterranean Conference on Control & Automation, 2007: 1 - 3.

[35] Kubota H, Matsuse K, Nakano T. DSP-based speed adaptive flux observer of induction motor[J]. IEEE Transactions on Industry Applications, 1993, 29(2): 344 - 348.

[36] 王庆龙,张崇巍,张兴.交流电机无速度传感器矢量控制系统变结构模型参考自适应转速辨识[J].中国电机工程学报,2007,27(15): 70 - 74.

[37] Schauder C. Adaptive speed identification for vector control of induction motors without rotational transducers[J]. IEEE Transactions on Industry Applications, 1992, 28(5): 1054 - 1061.

[38] 王志民.基于 MRAS 无速度传感器矢量控制系统的研究[D].成都:西南交通大学,2006.

[39] Landau Y D. Adaptive control: The model reference approach[J]. IEEE Transactions on Systems, Man and Cybernetics, 1984, (1): 169 - 170.

[40] 周霞.基于模型参考自适应系统的异步电机参数辨识的研究[D].杭州:浙江大学,2011.

[41] Wang P, Wang H, Cai X, et al. Flux detection by using impulsive observer for wind energy application. Journal of Circuits, Systems and Computers, 2013, 22(7): 1 - 14.

[42] 张琛,李征,高强,等.双馈风电机组的不同控制策略对轴系振荡的阻尼作用.中国电机工程学报,2013,33(27): 135 - 145.

[43] 张秋琼,窦真兰,凌志斌,等.双馈风力机组传动链扭矩间接估算方法.太阳能学报,2013,34(7): 1206 - 1211.

[44] 王来磊,吕敬,张建文,等.基于改进观测器的转速辨识在风电系统的应用.电力电子技术,2013,47(11): 17 - 19.

［45］边石雷,曹云峰,蔡旭,等. 永磁同步电机初始位置检测研究. 电力电子技术,2013,47(4)：39－40.

［46］Wang P，Li Y，Zhang J W，et al. A novel design for induction motor flux estimation using impulsive observer［C］//Power Electronics Conference （IPEC-Hiroshima 2014 － ECCE － ASIA），2014 International. IEEE，2014：3124－3128.

［47］Gao Q，Shi F，Xuan S，et al. A novel wind turbine concept based on a sandwich-typed PMSG and an improved converter［C］//Renewable Energy Research and Application （ICRERA），2014 International Conference on IEEE，2014：381－386.

［48］Lou Y L，Cai X，Ye H Y，et al. Optimal power generation control of wind turbines based on dynamically updated torque limit values. International Transactions on Electrical Energy Systems，2017，8(8)：1－15.

第 5 章

网侧变换器优化控制技术

在风电变流器中,网侧变换器的主要控制目标是控制直流母线电压稳定、并网电流正弦化和任意功率因数。网侧变换器通常采用基于电网电压定向的矢量控制方法,相关内容已在本书第 2 章进行了介绍,此处不再赘述。在理想情况下,网侧变换器采用基于电网电压定向的矢量控制具有较好的动、稳态性能,但当电网电压不理想、控制对象的参数变化或性能及可靠性要求更高的场合,这种控制方法尚需要优化。鉴于上述问题,本章主要探讨网侧变换器的优化控制技术,包括网侧变换器的动态性能优化控制、电网电压不平衡下网侧变换器的控制、电网电压畸变下网侧变换器的控制、网侧变换器的直接功率控制和网侧变换器的无电网电压传感器控制等。

5.1 网侧变换器动态性能优化控制

目前风电变流器的网侧变换器控制多采用基于双闭环 PI 调节器的电压定向矢量控制,该方法实现简单,但是 PI 调节器中的积分环节在变换器启动瞬间或者负载突变瞬间,容易出现积分饱和,从而导致母线电压出现较大超调或引起过大的冲击电流,这种现象在 MW 级变换器中更显著,严重地威胁着变换器的安全运行[1]。

5.1.1 双闭环 PI 控制的动态性能分析

网侧 VSC 的双闭环控制方程为

$$
\begin{cases}
i_d^* = K_{vp\_g}(u_{dc}^* - u_{dc}) + K_{vi\_g}\int(u_{dc}^* - u_{dc})dt \\
u_d = -K_{ip\_g}(i_d^* - i_d) - K_{ii\_g}\int(i_d^* - i_d)dt + \omega_g L i_q + E_m \\
u_q = -K_{ip\_g}(i_q^* - i_q) - K_{ii\_g}\int(i_q^* - i_q)dt - \omega_g L i_d
\end{cases}
\tag{5-1}
$$

由于网侧 VSC 在初始运行时刻,其工作状态不确定,再加上 PI 调节器中积分环节存在的饱和效应,导致控制器的输出容易出现饱和现象,即使采用限饱和措施,网侧 VSC 在启动瞬间或者负载突变瞬间,也可能导致母线电压出现较大超调和引起大的冲击电流。

设网侧 VSC 的开关频率为 f_s,系统的采样时间为开关周期 T_s,忽略电感寄生电阻 R 的影响,且利用开关函数与直流母线电压的关系 $u_d = u_{dc}s_d$ 和 $u_q = u_{dc}s_q$,将式(5-1)进行离散化可得

$$\begin{cases} u_d(k) = -L\dfrac{i_d(k) - i_d(k-1)}{T_s} + \omega_g L i_q(k) + E_m \\[2mm] u_q(k) = -L\dfrac{i_q(k) - i_q(k-1)}{T_s} - \omega_g L i_d(k) \\[2mm] i_d(k) = \dfrac{u_{dc}(k)C}{1.5T_s u_d(k)}[u_{dc}(k) - u_{dc}(k-1)] + \dfrac{i_l(k)u_{dc}(k)}{1.5u_d(k)} - \dfrac{u_q(k)i_q(k)}{u_d(k)} \end{cases} \tag{5-2}$$

从式中电流 i_d 的表达式可知,k 时刻期望的 d 轴电流控制值与 k 时刻母线电压瞬时值、母线电压变化率、负载电流 i_l、q 轴电流 i_q,及 k 时刻变换器输出电压的 u_d 和 u_q 均有关系。如果系统内环和外环控制器能够按照式(5-2)设计,则可以保证系统具有足够的动态响应速度。

风电变流器的启动次序为网侧变换器的先启动,而后机侧变换器启动,因此只考虑网侧 VSC 空载启动的情况,此时负载电流 $i_l = 0$,可将式(5-2)中的 $i_d(k)$ 表达式简化为

$$i_d(k) = \frac{u_{dc}(k)C[u_{dc}(k) - u_{dc}(k-1)]}{1.5T_s u_d(k)} - \frac{u_q(k)i_q(k)}{u_d(k)} \tag{5-3}$$

式中,$u_{dc}(k)$ 一般为期望输出电压值,在控制时候,$u_q(k)$ 的值远小于 $u_d(k)$,另外单位功率因数控制时候 $i_q(k) \approx 0$,所以 $u_q(k)i_q(k)/u_d(k)$ 一项对 $i_d(k)$ 的影响较小,可以忽略。将式(5-2)代入式(5-3)中有

$$i_d(k) = \frac{u_{dc}(k)C[u_{dc}(k) - u_{dc}(k-1)]}{1.5T_s\left[E_m - L\dfrac{i_d(k) - i_d(k-1)}{T_s} + \omega_g L i_q(k)\right]} \tag{5-4}$$

从式(5-4)可知,d 轴电流与母线电压的变化率成正比,与 d 轴电流的变化率成反比。一般情况下,网侧变换器空载启动时刻母线电压为阶跃给定,所以在启动开始的几个开关周期内,直流母线电压的变化率很大,导致 i_d 变大,使得 d 轴电流变化率增大,从而进一步导致 i_d 的变大。

实际控制中,d 轴期望给定电流值由电压闭环计算给出,对应的离散化表达式为

$$\begin{cases} i_d^*(k) = (K_{vp\_g} + K_{vi\_g}T_s)[u_{dc}^*(k) - u_{dc}(k)] + I(k-1) \\[2mm] I(k-1) = K_{vi\_g}T_s\displaystyle\sum_{n=1}^{k-1}[u_{dc}^*(n) - u_{dc}(n)] \end{cases} \tag{5-5}$$

先对稳态运行情况进行分析,稳态运行时候电压波动很小,可以认为 $u_{dc}^*(k) \approx u_{dc}(k+1) \approx u_d(k) \cdot i_d(k) \approx i_d(k-1)$,根据式(5-4)、式(5-5)可得

$$
\begin{cases}
K_{\text{vp\_g}} + K_{\text{vi\_g}} T_s = \dfrac{u_{dc}(k)C}{1.5 T_s [E_m + \omega_g L i_q(k)]} \\[3mm]
I(k-1) = \dfrac{i_1(k) u_{dc}(k)}{1.5 [E_m + \omega_g L i_q(k)]}
\end{cases}
\tag{5-6}
$$

式(5-6)给出了稳态运行时候电压外环调节器的参数设计要求。

稳态时候,母线电压 $u_{dc}(k)$ 和无功电流 $i_q(k)$ 均为常值,则 $K_{\text{vp\_g}} + K_{\text{vi\_g}} T_s$ 为常值。一般情况下,母线电压在控制时候通常保持不变,但是无功电流的大小根据实际需求可能随时变化,因此如果期望网侧变换器具有良好的控制性能,其调节器参数应该跟随实际情况动态变化。而传统 PI 调节器的比例系数和积分系数均保持不变,因此难以得到良好的控制特性。

在变换器的动态调节过程中 $i_d(k) \approx i_d(k-1)$ 不成立,比较式(5-4)和式(5-6)可得

$$
\begin{cases}
K_{\text{vp\_g}} + K_{\text{vi\_g}} T_s = \dfrac{u_{dc}(k)C}{1.5 T_s \left[E_m - L \dfrac{i_d(k) - i_d(k-1)}{T_s} + \omega_g L i_q(k)\right]} \\[5mm]
I(k-1) = \dfrac{i_1(k) u_{dc}(k)}{1.5 \left[E_m - L \dfrac{i_d(k) - i_d(k-1)}{T_s} + \omega_g L i_q(k)\right]}
\end{cases}
\tag{5-7}
$$

在变换器启动或者负载突变的动态变化过程中,电压外环调节器的 PI 参数不仅跟当前母线电压值,而且还跟 d 轴电流的变化率有关系,如果 d 轴电流变化太大,需要相应地增大调节器的参数及积分输出的大小才能满足跟踪快速性的要求。而传统 PI 调节器的积分项,其本质上为一个滞后环节,因此是难以达到动态特性要求的。

将式(5-1)中电流控制方程进行离散化可得

$$
\begin{cases}
u_d^*(k+1) = -(K_{\text{ip\_g}} + K_{\text{ii\_g}} T_s)[i_d^*(k) - i_d(k)] - s_d(k-1) + \omega_g L i_q(k) + E_m \\
u_q^*(k+1) = -(K_{\text{ip\_g}} + K_{\text{ii\_g}} T_s)[i_q^*(k) - i_q(k)] - s_q(k-1) - \omega_g L i_d(k)
\end{cases}
\tag{5-8}
$$

其中:

$$
\begin{cases}
s_d(k-1) = K_{\text{ii\_g}} T_s \displaystyle\sum_{n=1}^{k-1} [i_d^*(n) - i_d(n)] \\[3mm]
s_q(k-1) = K_{\text{ii\_g}} T_s \displaystyle\sum_{n=1}^{k-1} [i_q^*(n) - i_q(n)]
\end{cases}
\tag{5-9}
$$

根据式(5-2)和式(5-8)可得

$$\begin{cases} (K_{ip\_g} + K_{ii\_g} T_s)[i_d^*(k) - i_d(k)] + s_d(k-1) = \dfrac{L}{T_s}[i_d(k+1) - i_d(k)] \\[3mm] (K_{ip\_g} + K_{ii\_g} T_s)[i_q^*(k) - i_q(k)] + s_q(k-1) = \dfrac{L}{T_s}[i_q(k+1) - i_q(k)] \end{cases}$$

$$(5-10)$$

为简化分析,假设电流第 k 次控制值在第 $k+1$ 次跟踪上,即 $i_d^*(k) \approx i_d(k+1)$,$i_d^*(k) \approx i_q(k+1)$,则有

$$\begin{cases} K_{ip\_g} + K_{ii\_g} T_s = \dfrac{L}{T_s} \\[3mm] s_d(k-1) = 0, \; s_q(k-1) = 0 \end{cases}$$

$$(5-11)$$

只有在控制中时刻保证式成立,才能保证电流内环具有足够的动态电流跟踪效果。但是由于在数字控制中,采样电路、数字控制器计算和 PWM 开关过程都不可避免地带来延时,从而造成电流跟踪存在一定的延时,难以保证式(5-11)的成立。特别是在电流给定阶跃变化时,在一定的时间 $t_{k-n} \sim t_k$ 内,$s_d(k-1)$,$s_q(k-1)$ 不等于零且其值持续增大或减小,因此需要额外的一段调节时间 $t_k \sim t_{k+m}$,在该段时间内 $i_d(n) > i_d^*(n)$ 或者 $i_d(n) < i_d^*(n)$,其目的是调节 $s_d(k-1)$,$s_q(k-1)$ 的值等于零,从而使得 $t_{k-n} \sim t_{k+m}$ 时间内 $s_d(k+m-1) = 0$,$s_q(k+m-1) = 0$,因此电流内环的积分系数不宜过大,否则会有很长的积分退饱和过程。电流内环的调节时间常数 τ_i 一般按照 2~5 个开关周期来考虑,则有

$$\begin{cases} K_{ip\_g} = \dfrac{\tau_i L}{T_s(\tau_i + T_s)} = \dfrac{mL}{T_s(m+1)} \\[3mm] K_{ii\_g} = \dfrac{L}{T_s(\tau_i + T_s)} = \dfrac{L}{T_s^2(m+1)} \end{cases}$$

$$(5-12)$$

式中,$\tau_i = \dfrac{K_{ip\_g}}{K_{ii\_g}} = mT_s$,$m$ 取 2~5。

通过合理设计电流内环调节器的参数,可以使得内环的跟踪速度保持在 m 个开关周期左右,故一般情况下影响网侧变换器电压动态跟踪特性的主要因素是电压外环而不是电流内环。其原因从物理角度分析是由于直流母线电容较大,电容电压不能突变所导致;从控制角度分析是由于电压外环调节器参数由母线电压值、电流变化率、负载电流等众多因素所共同决定,这也是电压外环采用一般 PI 调节器难以得到良好的动态电压跟踪效果的原因。

5.1.2　电压给定斜率限制和负载电流前馈

从式(5-7)可知,网侧变换器启动时候冲击电流过大的一个原因是电压给定变化率太大,因此考虑对直流母线电压的给定变化率进行限制。

直流母线电压给定值的离散化表达式为

$$u_{dc}^*(k) = u_{dc}^*(k-1) + k_v T_{sv} = u_{dc}^*(k-1) + nk_v T_{si} \tag{5-13}$$

式中，k_v 为直流母线电压给定值的上升斜率；T_{sv} 为电压外环的计算时间；T_{si} 为电流内环的计算时间，一般取等于开关周期 T_s；电压环的计算时间 $T_{sv} = nT_{si} = nT_s$，一般 n 取 10～20。

考虑在整个启动过程中，将冲击电流限制在某一定值以下，也即控制电流满足：

$$\frac{nk_v T_s u_{dc}(k)C + i_1(k)u_{dc}(k)}{1.5T_s\left[E_m - L\dfrac{i_d(k) - i_d(k-1)}{T_s} + \omega_g L i_q(k)\right]} \leq i_{d\_max} \tag{5-14}$$

一般情况下启动初始时刻的电流瞬间变化率最大，考虑 $i_d(k-1)=0$、$i_d(k)$ 和 $i_q(k)$ 均为最大限制电流值，负载电流为常值，可得

$$k_v \leq \frac{1.5(T_s i_{d\_max} E_m - L i_{d\_max}^2 + \omega_g L T_s i_{d\_max}^2) - i_1 u_{dc\_int}}{nT_s u_{dc\_int}C} \tag{5-15}$$

式中，i_{d_max} 为设定的最大启动电流；u_{dc_init} 为启动时刻电压初始值，空载时候等于线电压峰值。取 $n=20$，考虑空载启动 $i_1=0$，$u_{dc\_init}=537$，$i_{d\_max}=50$，计算得 $k_v=187$，则电压达到稳定 600 V，需要 337 ms，每个电压计算周期内的电压增加量为 1.2 V。

5.1.3 电压平方反馈控制

电网网侧变换器的功率方程为

$$p_g = v_d i_d + v_q i_q \approx e_d i_d + e_q i_q = E_m i_d \tag{5-16}$$

根据瞬时有功功率平衡可得

$$e_d i_d = E_m i_d = u_{dc}\left(C\frac{du_{dc}}{dt} + \frac{u_{dc}}{R_L}\right) = \frac{1}{2}C\frac{du_{dc}^2}{dt} + \frac{u_{dc}^2}{R_L} \tag{5-17}$$

式中，R_L 为直流母线负载。则可得母线电压与 d 轴电流的频域关系式为

$$\frac{U_{dc}^2(s)}{I_d(s)} = \frac{E_m}{0.5cs + 1/R_L} \tag{5-18}$$

式(5-18)说明 i_d 与 u_{dc}^2 成线性关系而不是与 u_{dc} 成线性关系，因此采用控制母线电压的平方更接近系统的数学模型。

采用电压平方反馈控制的外环调节器输出为

$$i_d^* = \left(K_{vp\_g} + \frac{K_{vi\_g}}{s}\right)(u_{dc}^{*2} - u_{dc}^2)$$
$$= \left(K_{vp\_g} + \frac{K_{vi\_g}}{s}\right)(u_{dc}^* + u_{dc})(u_{dc}^* - u_{dc}) = \left(K_{vp\_g}^{'} + \frac{K_{vi\_g}^{'}}{s}\right)(u_{dc}^* - u_{dc}) \tag{5-19}$$

对应的比例系数和积分系数分别为

$$\begin{cases} K_{vp\_g}^{'} = K_{vp\_g}(u_{dc}^* + u_{dc}) \\ K_{vi\_g}^{'} = K_{vi\_g}(u_{dc}^* + u_{dc}) \end{cases} \tag{5-20}$$

由式(5-20)可知,电压平方反馈控制的比例系数和积分系数随输出直流电压变化而变化,因此电压平方反馈控制属于变 PI 调节器控制技术。采用直流母线电压平方反馈控制,在变换器初始启动时刻,由于电压初值较小,对应的比例和积分系数均比较小,可以有效地防止启动电流的突变,使母线电压缓慢平稳的上升,从而避免过大的冲击电流。

5.1.4　无差拍预测电流控制

为了尽可能地消除实际延时带来的控制误差,改善系统内环的动态响应速度,电流内环控制采用无差拍预测电流控制。预测电流控制在两相 α-β 静止坐标系下实现比较简单,可以省去旋转坐标变换,简化控制算法的复杂程度。

网侧 VSC 在 α-β 静止坐标下的控制方程为

$$
\begin{cases}
i_\alpha(k+1) = i_\alpha(k) + \dfrac{T_s}{L}[e_\alpha(k) - u_\alpha(k)] \\[2mm]
i_\beta(k+1) = i_\beta(k) + \dfrac{T_s}{L}[e_\beta(k) - u_\beta(k)]
\end{cases}
\tag{5-21}
$$

认为在一个采样周期内实现了电流对其给定值的误差跟踪,从而达到无差拍控制效果,但实际存在控制延时,为了提高无差拍控制器的性能,必须进行补偿。根据第 k 次给定的电流命令值计算需要的电压矢量,该电压矢量在第 $k+1$ 次作用,在第 $k+2$ 次实际电流达到第 k 次电流的给定值,则有

$$
i_\alpha(k+2) = i_\alpha^*(k), \quad i_\beta(k+2) = i_\beta^*(k)
\tag{5-22}
$$

将式(5-21)再向前推算一次,则第 $k+2$ 次采样时刻的电流为

$$
\begin{cases}
i_\alpha(k+2) = i_\alpha(k+1) + \dfrac{T_s}{L}[e_\alpha(k+1) - u_\alpha(k+1)] \\[2mm]
i_\beta(k+2) = i_\beta(k+1) + \dfrac{T_s}{L}[e_\beta(k+1) - u_\beta(k+1)]
\end{cases}
\tag{5-23}
$$

将式(5-23)代入式(5-21)中可得

$$
\begin{cases}
u_\alpha(k+1) = -u_\alpha(k) - \dfrac{L}{T_s}[i_\alpha(k+2) - i_\alpha(k)] + e_\alpha(k) + e_\alpha(k+1) \\[2mm]
u_\beta(k+1) = -u_\beta(k) - \dfrac{L}{T_s}[i_\beta(k+2) - i_\beta(k)] + e_\beta(k) + e_\beta(k+1)
\end{cases}
\tag{5-24}
$$

将 $k+2$ 次的电流值用第 k 次的控制命令值代替,可得预测电流的控制方程为

$$
\begin{cases}
u_\alpha(k+1) = -u_\alpha(k) - \dfrac{L}{T_s}[i_\alpha^* - i_\alpha(k)] + e_\alpha(k) + e_\alpha(k+1) \\[2mm]
u_\beta(k+1) = -u_\beta(k) - \dfrac{L}{T_s}[i_\beta^* - i_\beta(k)] + e_\beta(k) + e_\beta(k+1)
\end{cases}
\tag{5-25}
$$

根据 $3s/2s$ 坐标变换公式,可得电网电压在两相静止坐标系的表达式为

$$\begin{cases} e_\alpha = E_\mathrm{m}\cos(\omega_\mathrm{g}t + \varphi) \\ e_\beta = E_\mathrm{m}\sin(\omega_\mathrm{g}t + \varphi) \end{cases} \tag{5-26}$$

第 k 时刻的电网电压表达式为

$$\begin{cases} e_\alpha(k) = E_\mathrm{m}\cos(\omega_\mathrm{g}kT_\mathrm{s} + \varphi) \\ e_\beta(k) = E_\mathrm{m}\sin(\omega_\mathrm{g}kT_\mathrm{s} + \varphi) \end{cases} \tag{5-27}$$

第 $k+1$ 时刻的电网电压表达式为

$$\begin{cases} e_\alpha(k+1) = E_\mathrm{m}\cos[\omega_\mathrm{g}(k+1)T_\mathrm{s} + \varphi] = E_\mathrm{m}\cos\theta\cos\omega_\mathrm{g}T_\mathrm{s} - E_\mathrm{m}\sin\theta\sin\omega_\mathrm{g}T_\mathrm{sw} \\ e_\beta(k+1) = E_\mathrm{m}\sin[\omega_\mathrm{g}(k+1)T_\mathrm{s} + \varphi] = E_\mathrm{m}\sin\theta\cos\omega_\mathrm{g}T_\mathrm{s} + E_\mathrm{m}\cos\theta\sin\omega_\mathrm{g}T_\mathrm{sw} \end{cases}$$
$$\tag{5-28}$$

式中电网角度表达式为

$$\theta = \omega_\mathrm{g}kT_\mathrm{s} + \varphi \tag{5-29}$$

利用三角函数,将式(5-28)进行化简,则可得 $e_\alpha(k+1)$、$e_\beta(k+1)$ 的补偿计算公式:

$$\begin{cases} e_\alpha(k+1) = e_\alpha(k)\cos\delta - e_\beta(k)\sin\delta \\ e_\beta(k+1) = e_\alpha(k)\sin\delta + e_\beta(k)\cos\delta \end{cases} \tag{5-30}$$

式中,$\delta = \omega_\mathrm{g}T_\mathrm{s}$ 为补偿角度。

采用改进方法得到的网侧变换器的控制框图如图 5-1 所示。

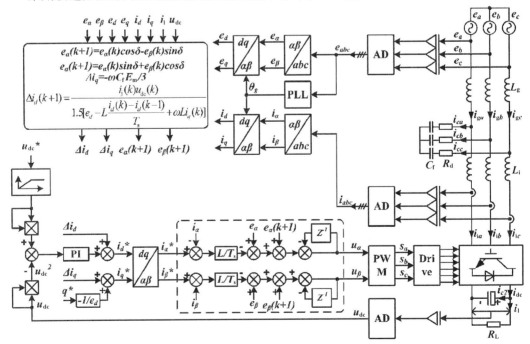

图 5-1　网侧变换器改进控制策略框图

5.1.5 实验验证与分析

实验系统电气参数和控制参数为电网电压 380 V/50 Hz,变换器侧电感 L_i＝170 μH,电网侧电感 L_g＝80 μH,滤波电容 C_f＝468 μF,阻尼电阻 R_d＝0.1 Ω,母线电容 18.8 mF,负载电阻 R_L＝4.8 Ω,开关频率为 3 kHz,死区时间 5 μs,设定母线电压 600 V。控制参数为:电流内环 K_{ip_g}＝0.44, K_{ii_g}＝147;双闭环控制电压内环 K_{vp_g}＝0.32, K_{vi_g}＝8.06;改进方法电压外环 K_{vp_g}＝0.0015, K_{vi_g}＝0.075。 实验波形如图 5-2～图 5-4 所示。

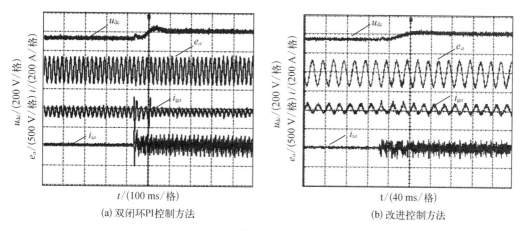

(a) 双闭环PI控制方法　　　　　　　　(b) 改进控制方法

图 5-2 空载启动电流波形比较

两种方法的启动电压电流对比波形如图 5-2 所示。从图 5-2(a)可以看出,采用双闭环 PI 控制在启动初始时刻冲击电流高达 400 A,约为系统稳定电流的 2.5 倍,容易引起软件过流保护,导致系统无法正常启动运行。另外,由于启动时刻冲击电流的影响造成了母线电压波形有一个小的凸起,从而增加了母线电压的调节时间,调节时间约为 180 ms。从图 5-2(b)可以看出,采用改进方法后,大大降低了启动时刻的冲击电流,约为额定电流的 1.1 倍左右,虽然系统的调节时间增加为 220 ms,但是改进方法明显抑制了三相 PWM 整流器的启动冲击电流。

在直流母线上突然投入 4.8 Ω 电阻性负载,两种控制方法下的三相 PWM 整流器对应动态波形如图 5-3 所示。图 5-3(a)可以看出,采用双闭环 PI 控制直流母线电压下降幅值

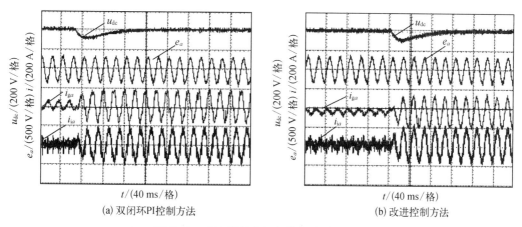

(a) 双闭环PI控制方法　　　　　　　　(b) 改进控制方法

图 5-3 直流母线突加负载电流波形比较

大约为 40 V 左右,经过大约 100 ms 的调节时间,直流母线电压恢复到稳定的 600 V;从图 5-3(b)可以看出,采用改进方法后,突加负载时母线电压下降幅值大约为 50 V,经过 80 ms 的调节时间,母线电压恢复稳定。表明改进方法提高了系统的动态调节速度。

两种方法的稳态运行波形如图 5-4 所示。从图中可以看出,双闭环 PI 控制和改进方法都能得到良好的控制效果,LCL 滤波效果明显,表明改进方法具有和双闭环 PI 控制一样的稳态控制效果。

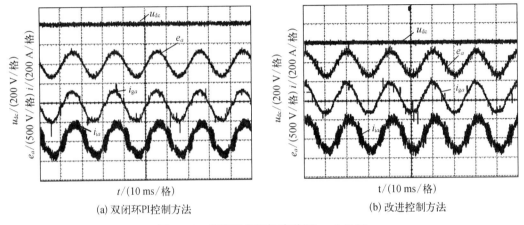

(a) 双闭环 PI 控制方法   (b) 改进控制方法

图 5-4   系统稳态运行波形($R_L=4.8\ \Omega$)

5.2   应对电网电压不平衡的电流优化控制

本节以全功率变换机组为例,研究电网电压不平衡时,网侧变换器的运行与控制问题。重点研究电网电压不平衡对网侧变换器的影响,以及网侧变换器应采取的运行控制策略。由于变换器的隔离作用,电网对发电机的影响是非直接的,电网首先影响网侧变换器的运行,从而影响到中间环节直流母线电压,进而通过机侧变换器对发电机的运行造成影响。

5.2.1   正负序分解控制

1. 电网不平衡条件下网侧变换器的数学模型

当电网三相电压不平衡时,根据对称分量分析法,电网电动势 E、电网侧 VSC 交流侧电流 I 和 VSC 的交流输出电压 v,以及开关函数 s 可以描述为正序电动势、负序电动势和零序电动势的合成,即

$$\begin{cases} E = E^p + E^n + E^0 \\ I = I^p + I^n + I^0 \\ v = v^p + v^n + v^0 \\ s = s^p + s^n + s^0 \end{cases} \tag{5-31}$$

在无中线的网侧 VSC 系统中,由于系统中不存在零序回路,在分析网侧 VSC 的不平衡

控制策略时,可以认为 $E^0 = I^0 = v^0 = s^0 = 0$,根据叠加原理,可以把网侧 VSC 分解为正序、负序子系统,等效电路如图 5-5 所示。

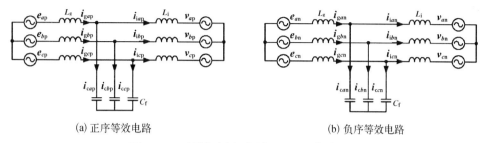

(a) 正序等效电路　　　　　　　　　　　　(b) 负序等效电路

图 5-5 不平衡电网下网侧 VSC 的等效电路

由于电容电流很小,因此忽略后得到电网侧 VSC 的正序和负序等效电路的电压方程为

$$
\begin{cases}
L_T \dfrac{\mathrm{d}i_k^{\mathrm{p}}}{\mathrm{d}t} + R i_k^{\mathrm{p}} = e_k^{\mathrm{p}} - \left[v_{\mathrm{dc}} s_k^{\mathrm{p}} + \dfrac{1}{3} \sum_{j=a,b,c} (e_j^{\mathrm{p}} - v_{\mathrm{dc}} s_j^{\mathrm{p}}) \right] \\[3mm]
L_T \dfrac{\mathrm{d}i_k^{\mathrm{n}}}{\mathrm{d}t} + R i_k^{\mathrm{n}} = e_k^{\mathrm{n}} - \left[v_{\mathrm{dc}} s_k^{\mathrm{n}} + \dfrac{1}{3} \sum_{j=a,b,c} (e_j^{\mathrm{n}} - v_{\mathrm{dc}} s_j^{\mathrm{n}}) \right]
\end{cases} \tag{5-32}
$$

式中,$R_T = R_{\mathrm{g}} + R_{\mathrm{i}}$, $L_T = L_{\mathrm{g}} + L_{\mathrm{i}}$。

利用 $3s/2s$ 坐标变换可以得到网侧 VSC 在 $\alpha - \beta$ 坐标系下的电压方程为

$$
\begin{cases}
e_\alpha^{\mathrm{p}} = L_T \dfrac{\mathrm{d}i_\alpha^{\mathrm{p}}}{\mathrm{d}t} + R_T i_\alpha^{\mathrm{p}} + v_\alpha^{\mathrm{p}} \quad e_\beta^{\mathrm{p}} = L_T \dfrac{\mathrm{d}i_\beta^{\mathrm{p}}}{\mathrm{d}t} + R_T i_\beta^{\mathrm{p}} + v_\beta^{\mathrm{p}} \\[3mm]
e_\alpha^{\mathrm{n}} = L_T \dfrac{\mathrm{d}i_\alpha^{\mathrm{n}}}{\mathrm{d}t} + R_T i_\alpha^{\mathrm{n}} + v_\alpha^{\mathrm{n}} \quad e_\beta^{\mathrm{n}} = L_T \dfrac{\mathrm{d}i_\beta^{\mathrm{n}}}{\mathrm{d}t} + R_T i_\beta^{\mathrm{n}} + v_\beta^{\mathrm{n}}
\end{cases} \tag{5-33}
$$

从上式可以看出,在两相静止 $\alpha - \beta$ 坐标系下,通过分别控制变换器输出电压正序矢量 v_α^{p}、v_β^{p} 和负序矢量 v_α^{n}、v_β^{n} 就可以实现控制电网侧 VSC 电流正序矢量 I_α^{p}、I_β^{p} 和负序矢量 I_α^{n}、I_β^{n},从而控制电网侧 VSC 交流电流 i_a、i_b、i_c。

利用 $2s/3s$ 坐标变换,可以得到电网侧 VSC 在 $d - q$ 坐标系下的电压方程为

$$
\begin{cases}
e_d^{\mathrm{p}} = L \dfrac{\mathrm{d}i_d^{\mathrm{p}}}{\mathrm{d}t} + R i_d^{\mathrm{p}} - \omega L i_q^{\mathrm{p}} + v_d^{\mathrm{p}} \\[3mm]
e_q^{\mathrm{p}} = L \dfrac{\mathrm{d}i_q^{\mathrm{p}}}{\mathrm{d}t} + R i_q^{\mathrm{p}} + \omega L i_d^{\mathrm{p}} + v_q^{\mathrm{p}} \\[3mm]
e_d^{\mathrm{n}} = L \dfrac{\mathrm{d}i_d^{\mathrm{n}}}{\mathrm{d}t} + R i_d^{\mathrm{n}} + \omega L i_q^{\mathrm{n}} + v_d^{\mathrm{n}} \\[3mm]
e_q^{\mathrm{n}} = L \dfrac{\mathrm{d}i_q^{\mathrm{n}}}{\mathrm{d}t} + R i_q^{\mathrm{n}} - \omega L i_d^{\mathrm{n}} + v_q^{\mathrm{n}}
\end{cases} \tag{5-34}
$$

式中,$v_d^{\mathrm{p}} = v_{\mathrm{dc}} s_d^{\mathrm{p}}$, $v_q^{\mathrm{p}} = v_{\mathrm{dc}} s_q^{\mathrm{p}}$, $v_d^{\mathrm{n}} = v_{\mathrm{dc}} s_d^{\mathrm{n}}$, $v_q^{\mathrm{n}} = v_{\mathrm{dc}} s_q^{\mathrm{n}}$,因此可以看出,通过控制矢量 v_d^{p}、v_q^{p}、v_d^{n}、v_q^{n} 就可以控制电网侧 VSC 交流电流矢量 I_d^{p}、I_q^{p} 和 I_d^{n}、I_q^{n}。

电网侧 VSC 直流侧电容正极性电流方程为

$$C\frac{\mathrm{d}v_{\mathrm{dc}}}{\mathrm{d}t}=i_{\mathrm{dc}}-i_1=(p_{\mathrm{in}}-p_1)k_{\mathrm{g}} \tag{5-35}$$

其中，$k_{\mathrm{g}}=\dfrac{1}{v_{\mathrm{dc}}}$，可以看出控制电网侧 VSC 直流电流 i_{dc} 或者直流侧输入功率 p_{in} 都能实现对直流电压的控制。

当电网不平衡时，网侧 VSC 直流电流为

$$i_{\mathrm{dc}}=\frac{3}{2}\big[s_d^{\mathrm{p}}i_d^{\mathrm{p}}+s_q^{\mathrm{p}}i_q^{\mathrm{p}}+s_d^{\mathrm{n}}i_d^{\mathrm{n}}+s_q^{\mathrm{n}}i_q^{\mathrm{n}}\big]+\frac{3}{2}\big[s_d^{\mathrm{n}}i_d^{\mathrm{p}}+s_q^{\mathrm{n}}i_q^{\mathrm{p}}+s_d^{\mathrm{p}}i_d^{\mathrm{n}}+s_q^{\mathrm{p}}i_q^{\mathrm{n}}\big]\cos 2\omega_{\mathrm{g}}t$$
$$+\frac{3}{2}\big[s_q^{\mathrm{n}}i_d^{\mathrm{p}}-s_d^{\mathrm{n}}i_q^{\mathrm{p}}-s_q^{\mathrm{p}}i_d^{\mathrm{n}}+s_d^{\mathrm{p}}i_q^{\mathrm{n}}\big]\sin 2\omega_{\mathrm{g}}t \tag{5-36}$$

可见，网侧 VSC 直流电流中出现了 2 次谐波分量，该分量也会使直流电压中出现 2 次谐波分量。若考虑交流侧电压、电流的谐波分量，则根据式(5-36)，i_{dc} 可分解为平均电流和谐波电流之和；同理，直流电压 V_{dc} 也可以分解为平均直流电压和谐波电压之和，直流电流与直流电压的表达式可写为

$$\begin{cases} i_{\mathrm{dc}}=\bar{i}_{\mathrm{dc}}+\displaystyle\sum_{n=1}^{\infty}I_{\mathrm{dc}}(2n)\cos\big[2n\omega_{\mathrm{g}}t+\phi_{\mathrm{i}}(2n)\big] \\[2mm] v_{\mathrm{dc}}=\bar{v}_{\mathrm{dc}}+\displaystyle\sum_{n=1}^{\infty}V_{\mathrm{dc}}(2n)\cos\big[2n\omega_{\mathrm{g}}t+\phi_{\mathrm{v}}(2n)\big] \end{cases} \tag{5-37}$$

上式说明，当电网不平衡时，网侧 VSC 直流电流、电压除了含有 6、12、18 等 3 的整数特性谐波外，还包含有 2、4、8、10 等次的非特征谐波。

电压不平衡时候，电网侧 VSC 从电网输入的视在复功率为

$$S=E_{\alpha\beta}\overline{I_{\alpha\beta}}=(\mathrm{e}^{j\omega t}E_{dq}^{\mathrm{p}}+\mathrm{e}^{-j\omega t}E_{dq}^{\mathrm{n}})\overline{(\mathrm{e}^{j\omega t}I_{dq}^{\mathrm{p}}+\mathrm{e}^{-j\omega t}I_{dq}^{\mathrm{n}})} \tag{5-38}$$

化简可得

$$\begin{cases} p(t)=p_0+p_{c2}\cos(2\omega_{\mathrm{g}}t)+p_{s2}\sin(2\omega_{\mathrm{g}}t) \\ q(t)=q_0+q_{c2}\cos(2\omega_{\mathrm{g}}t)+q_{s2}\sin(2\omega_{\mathrm{g}}t) \end{cases} \tag{5-39}$$

式中，p 和 q 为网侧 VSC 的有功功率、无功功率；p_0 和 q_0 为电网侧 VSC 有功功率、无功功率的平均值；p_{c2} 和 p_{s2} 为网侧 VSC 的二次有功余弦、正弦分量；q_{c2} 和 q_{s2} 为网侧 VSC 的二次无功余弦、正弦分量。

上式表明，当电网不平衡时，网侧 VSC 网侧有功功率 $p(t)$、无功功率 $q(t)$ 均含有 2 次谐波分量。

2. 不平衡电网下网侧变换器的控制策略

将式(5-39)展开，可得

$$\begin{bmatrix} p_0 \\ p_{c2} \\ p_{s2} \\ q_0 \\ q_{c2} \\ q_{s2} \end{bmatrix} = \frac{3}{2} \begin{bmatrix} e_d^{p} & e_q^{p} & e_d^{n} & e_q^{n} \\ e_d^{n} & e_q^{n} & e_d^{p} & e_q^{p} \\ e_q^{n} & -e_d^{n} & -e_q^{p} & e_d^{p} \\ e_q^{p} & -e_d^{p} & e_q^{n} & -e_d^{n} \\ e_q^{n} & -e_d^{n} & e_q^{p} & -e_d^{p} \\ -e_d^{n} & -e_q^{n} & e_d^{p} & e_q^{p} \end{bmatrix} \begin{bmatrix} i_d^{p} \\ i_q^{p} \\ i_d^{n} \\ i_q^{n} \end{bmatrix} \tag{5-40}$$

由于方程不满稚,而可以控制的电流量只有四个,故只能选取四个功率进行控制。因此在不平衡电网下,由于负序电流的存在,对电网侧 VSC 的控制无法达到平衡电网下的控制效果,只能根据不同的要求选择不同的功率控制量进行控制。

因此在不平衡电网下,对电网侧 VSC 控制目标有三种:并网负序电流抑制(negative current resistance control,NCRC),有功功率二次谐波抑制(active power harmonic resistance control,APHRC)和无功功率二次谐波抑制(passive power harmonic resistance control,PPHRC),下面分析三种不同控制目标下的电流指令计算。

为了抑制负序电流,将负序参考电流指令给定为 0,可得正序参考电流指令的计算公式:

$$\begin{bmatrix} I_q^{p^*} \\ I_d^{p^*} \end{bmatrix} = \frac{2}{3} \frac{1}{(E_d^{p})^2 + (E_q^{p})^2} \begin{bmatrix} E_q^{p} & -E_d^{p} \\ E_d^{p} & E_q^{p} \end{bmatrix} \begin{bmatrix} P_0^{*} \\ Q_0^{*} \end{bmatrix} \tag{5-41}$$

如果对并网负序电流有特殊的要求,可以采用负序电流抑制控制,使注入电网的三相电流为平衡电流。

令 $p_{c2} = p_{s2} = 0$,可得抑制有功功率二次谐波的正、负序参考电流指令计算公式:

$$\begin{bmatrix} I_d^{p^*} \\ I_q^{p^*} \\ I_d^{n^*} \\ I_q^{n^*} \end{bmatrix} = \frac{2P_0^{*}}{3D_1} \begin{bmatrix} E_d^{p} \\ E_q^{p} \\ -E_d^{n} \\ -E_q^{n} \end{bmatrix} + \frac{2Q_0^{*}}{3D_2} \begin{bmatrix} E_q^{p} \\ -E_d^{p} \\ E_q^{n} \\ -E_d^{n} \end{bmatrix} \tag{5-42}$$

抑制了并网侧有功功率的二次波动,等同于抑制直流母线电容电压的二次纹波,有利于保护电容器,有功功率二次谐波抑制在风电变换器中应用比较广泛。

令 $q_{c2} = q_{s2} = 0$,可得抑制无功功率二次谐波的正、负序参考电流指令计算公式:

$$\begin{bmatrix} I_d^{p^*} \\ I_q^{p^*} \\ I_d^{n^*} \\ I_q^{n^*} \end{bmatrix} = \frac{2P_0^{*}}{3D_2} \begin{bmatrix} E_d^{p} \\ E_q^{p} \\ E_d^{n} \\ E_q^{n} \end{bmatrix} + \frac{2Q_0^{*}}{3D_1} \begin{bmatrix} E_q^{p} \\ -E_d^{p} \\ -E_q^{n} \\ E_d^{n} \end{bmatrix} \tag{5-43}$$

其中,式(5-42)和式(5-43)中:

$$
\begin{cases}
D_1 = \left[(E_d^{\mathrm{p}})^2 + (E_q^{\mathrm{p}})^2\right] - \left[(E_d^{\mathrm{n}})^2 + (E_q^{\mathrm{n}})^2\right] \\
D_2 = \left[(E_d^{\mathrm{p}})^2 + (E_q^{\mathrm{p}})^2\right] + \left[(E_d^{\mathrm{n}})^2 + (E_q^{\mathrm{n}})^2\right]
\end{cases}
\tag{5-44}
$$

网侧 VSC 平均有功功率指令 P_0^* 的计算公式为

$$
P_0^* = I_{\mathrm{dc}}^* V_{\mathrm{dc}}^* = \left[\left(K_{\mathrm{vp}} + \frac{K_{\mathrm{vi}}}{s}\right)(V_{\mathrm{dc}}^* - V_{\mathrm{dc}}) + I_{\mathrm{L}}\right] V_{\mathrm{dc}}^*
\tag{5-45}
$$

无功功率的计算公式可以根据功率因数角 φ 计算得到，也可以直接给定。

3. 不平衡电网下的正负序分解

以电网电压为例，根据对称分量法，可以写出三相电压的瞬时表达式如下：

$$
\begin{bmatrix} u_a \\ u_b \\ u_c \end{bmatrix} = \sum_{k=1}^{\infty} U_{\mathrm{p}k}
\begin{bmatrix}
\cos(k\omega_{\mathrm{g}}t + \varphi_{\mathrm{p}k}) \\
\cos\left(k\omega_{\mathrm{g}}t + \varphi_{\mathrm{p}k} - \dfrac{2}{3}\pi\right) \\
\cos\left(k\omega_{\mathrm{g}}t + \varphi_{\mathrm{p}k} + \dfrac{2}{3}\pi\right)
\end{bmatrix}
+ \sum_{k=1}^{\infty} U_{\mathrm{n}k}
\begin{bmatrix}
\cos(k\omega_{\mathrm{g}}t + \varphi_{\mathrm{n}k}) \\
\cos\left(k\omega_{\mathrm{g}}t + \varphi_{\mathrm{n}k} + \dfrac{2}{3}\pi\right) \\
\cos\left(k\omega_{\mathrm{g}}t + \varphi_{\mathrm{n}k} - \dfrac{2}{3}\pi\right)
\end{bmatrix}
$$

$$
\tag{5-46}
$$

其中，$U_{\mathrm{p}k}$、$U_{\mathrm{n}k}$ 分别为 k 次谐波电压正、负序分量的峰值，$\varphi_{\mathrm{p}k}$、$\varphi_{\mathrm{n}k}$ 分别为 k 次谐波电压正、负序分量的初始相角。

利用坐标变换将三相电压从三相静止坐标系变换到两相静止 $\alpha\beta$ 坐标系，则有

$$
\begin{bmatrix} u_\alpha \\ u_\beta \end{bmatrix} = \sqrt{\frac{2}{3}} \sum_{k=1}^{\infty} U_{\mathrm{p}k}
\begin{bmatrix} \cos(k\omega_{\mathrm{g}}t + \varphi_{\mathrm{p}k}) \\ \sin(k\omega_{\mathrm{g}}t + \varphi_{\mathrm{p}k}) \end{bmatrix}
+ \sqrt{\frac{2}{3}} \sum_{k=1}^{\infty} U_{\mathrm{n}k}
\begin{bmatrix} \cos(-k\omega_{\mathrm{g}}t - \varphi_{\mathrm{n}k}) \\ \sin(-k\omega_{\mathrm{g}}t - \varphi_{\mathrm{n}k}) \end{bmatrix}
\tag{5-47}
$$

将式(5-47)从两相静止 $\alpha\beta$ 坐标系变换到两相正序旋转 dq 坐标系，设正序 dq 坐标系与 $\alpha\beta$ 坐标系的初始夹角为 φ_{p}，则有

$$
\begin{aligned}
\begin{bmatrix} u_d \\ u_q \end{bmatrix} &= \sqrt{\frac{2}{3}} \sum_{k=1}^{\infty} U_{\mathrm{p}k}
\begin{bmatrix} \cos\left[(k-1)\omega_{\mathrm{g}}t - \varphi_{\mathrm{p}} + \varphi_{\mathrm{p}k}\right] \\ \sin\left[(k-1)\omega_{\mathrm{g}}t - \varphi_{\mathrm{p}} + \varphi_{\mathrm{p}k}\right] \end{bmatrix} \\
&\quad + \sqrt{\frac{2}{3}} \sum_{k=1}^{\infty} U_{\mathrm{n}k}
\begin{bmatrix} \cos\left[-(k+1)\omega_{\mathrm{g}}t - \varphi_{\mathrm{p}} - \varphi_{\mathrm{n}k}\right] \\ \sin\left[-(k+1)\omega_{\mathrm{g}}t - \varphi_{\mathrm{p}} - \varphi_{\mathrm{n}k}\right] \end{bmatrix}
\end{aligned}
\tag{5-48}
$$

其中，正序 dq 变换矩阵为

$$
\begin{bmatrix} u_d \\ u_q \end{bmatrix} =
\begin{bmatrix}
\cos(\omega_{\mathrm{g}}t + \varphi_{\mathrm{p}}) & \sin(\omega_{\mathrm{g}}t + \varphi_{\mathrm{p}}) \\
-\sin(\omega_{\mathrm{g}}t + \varphi_{\mathrm{p}}) & \cos(\omega_{\mathrm{g}}t + \varphi_{\mathrm{p}})
\end{bmatrix}
\begin{bmatrix} u_\alpha \\ u_\beta \end{bmatrix}
\tag{5-49}
$$

将式(5-48)从两相静止 $\alpha\beta$ 坐标系变换到两相负序旋转 dq 坐标系，设负序 dq 坐标系与 $\alpha\beta$ 坐标系的初始夹角为 φ，则有

$$
\begin{bmatrix} u_d \\ u_q \end{bmatrix} = \sqrt{\frac{2}{3}} \sum_{k=1}^{\infty} U_{\mathrm{p}k}
\begin{bmatrix} \cos\left[(k+1)\omega_{\mathrm{g}}t + \varphi_{\mathrm{n}} + \varphi_{\mathrm{p}k}\right] \\ \sin\left[(k+1)\omega_{\mathrm{g}}t + \varphi_{\mathrm{n}} + \varphi_{\mathrm{p}k}\right] \end{bmatrix}
$$

$$+ \sqrt{\frac{2}{3}} \sum_{k=1}^{\infty} U_{nk} \begin{bmatrix} \cos[-(k-1)\omega_g t + \varphi_n - \varphi_{nk}] \\ \sin[-(k-1)\omega_g t + \varphi_n - \varphi_{nk}] \end{bmatrix} \qquad (5-50)$$

其中负序 dq 变换的变换矩阵为

$$\begin{bmatrix} u_d \\ u_q \end{bmatrix} = \begin{bmatrix} \cos(-\omega_g t - \varphi_n) & \sin(-\omega_g t - \varphi_n) \\ -\sin(-\omega_g t - \varphi_n) & \cos(-\omega_g t - \varphi_n) \end{bmatrix} \begin{bmatrix} u_\alpha \\ u_\beta \end{bmatrix} \qquad (5-51)$$

二阶广义积分器可以用来实现不平衡电网下,电压基波的正负序分解。广义积分器的传递函数 $H_d(s)$ 表现为选频器的特点,能够完全跟踪频率为 $\pm\omega$ 的信号;传递函数 $H_q(s)$ 表现为低通滤波器特点,能将频率为 $+\omega$ 的信号滞后 $\pi/2$ 输出,将频率为 $-\omega$ 的信号幅值反向,超前 $\pi/2$ 输出。假设电网电压在两相静止 $\alpha\beta$ 坐标系下的表达式如公式(5-48)所示,其在 α 轴的分量 u_α 经过 SOGI 之后其输出为

$$\begin{cases} du_\alpha = \dfrac{3}{2} u_{p1} \cos(\omega t + \varphi_{pk}) + \dfrac{3}{2} u_{n1} \cos(-\omega t - \varphi_{nk}) \\ qu_\alpha = \dfrac{3}{2} u_{p1} \sin(\omega t + \varphi_{pk}) + \dfrac{3}{2} u_{n1} \sin(-\omega t - \varphi_{nk}) \end{cases} \qquad (5-52)$$

在 β 轴的分量 u_β 经过 SOGI 之后其输出为

$$\begin{cases} du_\beta = \dfrac{3}{2} u_{p1} \sin(\omega t + \varphi_{pk}) + \dfrac{3}{2} u_{n1} \sin(-\omega t - \varphi_{nk}) \\ qu_\beta = -\dfrac{3}{2} u_{p1} \cos(\omega t + \varphi_{pk}) - \dfrac{3}{2} u_{n1} \cos(-\omega t - \varphi_{nk}) \end{cases} \qquad (5-53)$$

因此可得,正、负序基波的表达式为

$$\begin{cases} u_\alpha^{+1} = \dfrac{1}{2}(du_\alpha - qu_\beta), & u_\beta^{+1} = \dfrac{1}{2}(qu_\alpha + du_\beta) \\ u_\alpha^{-1} = \dfrac{1}{2}(qu_\beta + du_\alpha), & u_\beta^{-1} = \dfrac{1}{2}(du_\beta - qu_\alpha) \end{cases} \qquad (5-54)$$

将得到的正序分量 v_α^{+1} 和 v_β^{+1} 输入锁相环可以跟踪电网正序分量的角频率 ω',将该频率信号返回至二阶广义积分器中,可以使得二阶广义积分器具有频率自适应特性,从而在电网频率发生波动时依然能够实现对不平衡电网正负序分量的准确分解。基于二阶广义积分器的正负序分解的实现框图如图 5-6 所示。

由于电流负序分量与电流正序分量的旋转频率相同,而 PR 调节器对频率为 $\pm\omega$ 的信号均具有无穷大的增益,因此可以采用频率自适应 PR 调节器实现对电流正、负分量的控制,不需要对电流信号进行正负序分解。针对 LCL 型 VSC,在电网不平衡情况下电流谐振问题依然存在,可采用变换器侧的电流有源阻尼反馈控制来实现对电流谐振的抑制。图 5-6 基于二阶广义积分器的正负序分解。图 5-7 为电网不平衡下网侧 VSC 的控制框图。为了避免直流电压中二次波动量对电压环控制器输出造成影响,可采用式(5-55) $\omega_c = 2\pi \times 100 = 628$ rad/s、阻尼比 $\xi = 0.707$ 的陷波器将其滤除。

$$NF(s) = \frac{s^2 + \omega_c^2}{s^2 + 2\xi\omega_c s + \omega_c^2} \quad (5-55)$$

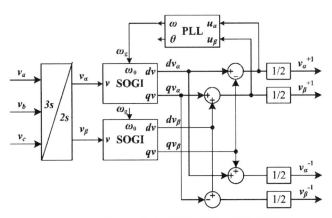

图 5-6 基于二阶广义积分器的正负序分解

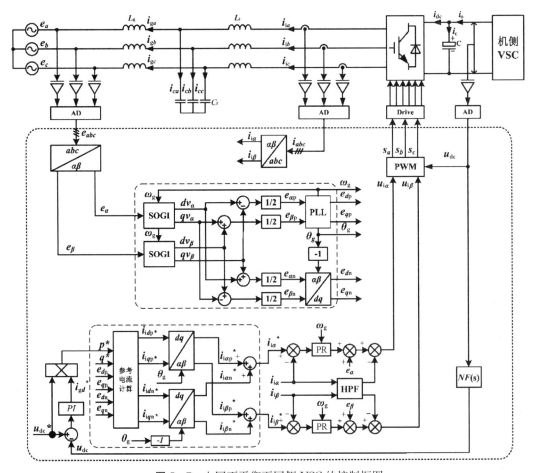

图 5-7 电网不平衡下网侧 VSC 的控制框图

4. 实验研究

构造的三相不平衡电压源如图 5-8 所示。通过一台三相自耦变压器可以得到三相幅值不相等但是其中含有零序电压分量的三相不平衡电压,通过 Y/Y 型三相变压器可以得到不含零序电压分量的三相不平衡电压,对应的输出三相电压波形如图 5-9 所示。

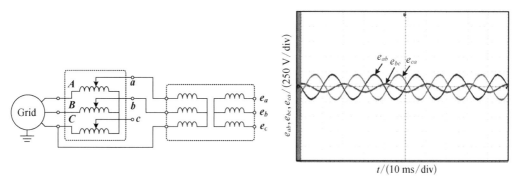

图 5-8　三相不平衡电源的生成电路示意图　　图 5-9　三相不平衡电源电压波形

为验证提出策略的正确性,采用附录 2 所示的实验平台进行实验。

首先进行抑制并网负序电流的控制策略实验验证,实验波形如图 5-10 所示。图 5-10(a)给出了网侧 VSC 在不平衡电源电压下的空载启动波形,母线电压按照一定斜率平稳上升,启动过程非常平稳,没有启动冲击电流以及母线电压过冲现象出现;图 5-10(b)给出了直流母线投入负载电阻后的稳态运行波形,三相电流平衡,无明显负序电流;图 5-10(c)和

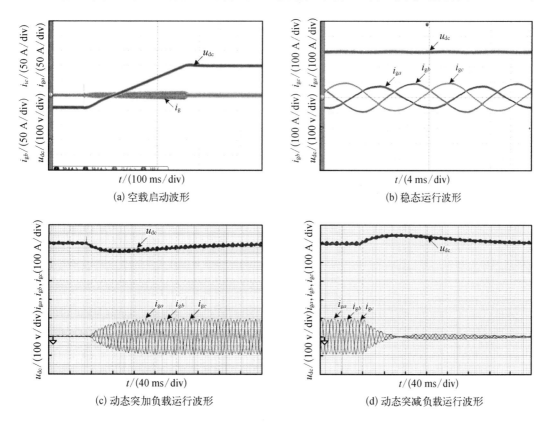

(a) 空载启动波形　　　　　　　　　　　　(b) 稳态运行波形

(c) 动态突加负载运行波形　　　　　　　　(d) 动态突减负载运行波形

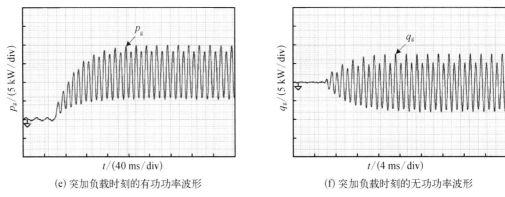

(e) 突加负载时刻的有功功率波形　　　　　　(f) 突加负载时刻的无功功率波形

图 5 - 10　网侧 VSC 采用抑制负序电流控制的实验波形

图 5 - 10(d)给出了突增和突减直流负载时系统的动态运行波形,直流母线电压经过 10 个电源周期的调节时间恢复稳定,动态响应特性良好;图 5 - 10(e)和图 5 - 10(f)给出了突增负载时刻系统的有功功率和无功功率波形,有功功率的平均值为 12.5 kW,但是有功功率波动在 7 kW 左右,同样无功功率波动也在 7 kW 左右。

在无功功率给定为 10 kW,直流母线电压设定为 400 V,其他条件如上所述情况下,抑制有功功率二次波动的实验波形如图 5 - 11 所示。图 5 - 11(a)给出了网侧 VSC 的空载启动波形,母线电压按照一定斜率平稳上升,启动过程非常平稳,没有启动冲击电流以及母线电压过冲现象出现;图 5 - 11(b)给出了直流母线投入负载电阻后系统的稳态运行波形,此时三相电流幅值和相位均不平衡,存在明显的负序电流;图 5 - 11(c)和图 5 - 11(d)给出了突增和

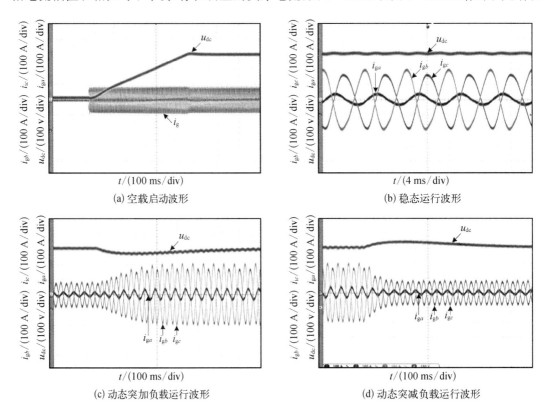

(a) 空载启动波形　　　　　　　　　　　　(b) 稳态运行波形

(c) 动态突加负载运行波形　　　　　　　　(d) 动态突减负载运行波形

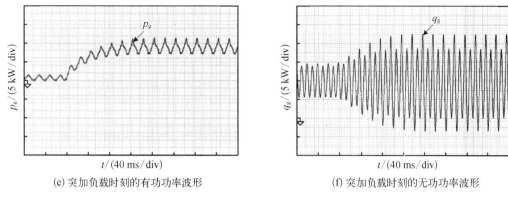

(e) 突加负载时刻的有功功率波形　　　　(f) 突加负载时刻的无功功率波形

图 5 - 11　网侧 VSC 采用抑制有功功率二次波动控制的实验波形

突减直流负载时系统的动态运行波形,直流母线电压经过 10 个电源周期的调节时间恢复稳定,动态响应特性良好;图 5 - 11(e)和图 5 - 11(f)给出了突增负载时刻系统的有功功率和无功功率波形,有功功率的平均值为 8 kW,有功功率波动减小为 2 kW 左右,但是无功功率波动在有功功率为 0 情况下,波动在 10 kW 左右,当有功功率增加后,无功功率波动增加到 17 kW 左右,验证了采用的控制策略能够有效抑制有功功率的二次波动。

在上述实验条件下,将控制策略改为抑制无功功率二次波动控制,实验波形如图 5 - 12 所示。图 5 - 12(a)给出了网侧 VSC 的空载启动波形,母线电压按照一定斜率平稳上升,启动过程非常平稳,没有启动冲击电流以及母线电压过冲现象出现;图 5 - 12(b)给出了直流母线投入负载电阻后系统的稳态运行波形,此时三相电流幅值和相位均不平衡,存在明显的负

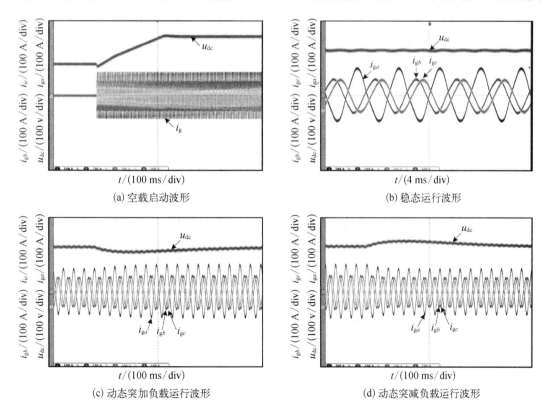

(a) 空载启动波形　　　　　　　　　　(b) 稳态运行波形

(c) 动态突加负载运行波形　　　　　　　(d) 动态突减负载运行波形

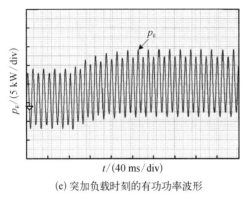

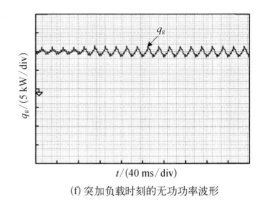

（e）突加负载时刻的有功功率波形　　　　　　　（f）突加负载时刻的无功功率波形

图 5‑12　网侧 VSC 采用抑制无功功率二次波动控制的实验波形

序电流；图 5‑12(c)和图 5‑12(d)给出了突增和突减直流负载时系统的动态运行波形，直流母线电压经过 10 个电源周期的调节时间恢复稳定，动态响应特性良好；图 5‑12(e)和图 5‑12(f)给出了突增负载时刻系统的有功功率和无功功率波形，有功功率的平均值由 0 变为 8 kW，但是有功功率波动高达 17 kW，但是无功功率的波动大大降低了，空载时候波动在 0.5 kW 左右，母线突加负载后无功功率波动大约在 2 kW 左右，验证了采用的控制策略能够有效抑制无功功率的二次波动。

5.2.2　滑模控制

滑模变结构控制能够克服系统参数变化带来的扰动，具有较强的鲁棒性与快速响应特性，在不平衡电网下风电变流器的控制中具有良好的应用前景。

1. 滑模控制的基本理论

滑模变结构控制，简称滑模控制(sliding mode control，SMC)，是一种具有良好鲁棒和动态品质的非线性控制方法。假设某一被控系统为

$$\dot{x} = f(x, u, t), \quad x \in R^n, u \in R^m, t \in R \tag{5-56}$$

设计切换函数：

$$S = S(x), \quad S \in R^m \tag{5-57}$$

通过非线性控制律：

$$u_i(x) = \begin{cases} u_i^+(x) & S_i(x) > 0 \\ u_i^-(x) & S_i(x) < 0 \end{cases} \quad \text{其中：} u_i^+(x) \neq u_i^-(x), i = 1, 2, \cdots, m \tag{5-58}$$

使得系统具有如下性质：当系统相轨迹在滑动模态 $[S_i(x)=0]$ 之外时，可通过有限时间趋近滑动模态；一旦相轨迹进入滑动模态 $[S_i(x)=0]$ 后，可以保持在滑动模态区域并渐近趋向原点。称上述控制系统为 SMC 系统。

通过 SMC 定义可知，SMC 控制器的设计包含两个因素。首先，寻找稳定的切换函数 $S_i(x)$，使得系统状态轨迹到达滑动模态 $[S_i(x)=0]$ 后，可以渐近趋近于原点；其次，设计

滑模控制律 $u_i(x)$，使得状态轨迹在有限时间内达到滑模面并保持在滑模面上。

通常，切换函数 $S_i(x)$ 采用下式进行设计：

$$S_i(x) = C_i x_i = \sum_{k=1}^{n-1} C_{ik} x_k + x_n \quad C_{ik} > 0, i = 1, 2, \cdots, m \tag{5-59}$$

其中，C_{ik} 的取值与滑动模态 $[S_i(x) = 0]$ 的稳定性有关，很明显，一旦系统进入滑动模态 $S_i(x) = 0$，有

$$S_i(x) = x_n + C_{in-1} x_{n-1} + \cdots + C_{i2} x_2 + C_{i1} x_1 = 0 \tag{5-60}$$

则原系统的 n 个状态变量不再独立，将化简为 $n-1$ 个独立变量。此时，系统的稳定性能只与 C_i 的选取有关。可利用 Ackermann 公式[2]对 C_i 进行设定，从而使得滑动模态 $[S_i(x) = 0]$ 全局稳定。

SMC 控制律 $u_i(x)$ 的设计主要考虑系统相轨迹的到达条件与保持条件，即在有限时间内，使状态轨迹到达滑动模态 $[S_i(x) = 0]$ 并不再脱离。则有下式成立：

$$S_i(x) \dot{S}_i(x) < 0 \tag{5-61}$$

满足上式的滑模控制律有多种形式，常见的有对称/非对称继电型结构、单位向量型、逐项优超型、等效控制法和趋近律方法等[3]。其中，基于指数趋近律的设计方法，不仅可以加快收敛速度，还能够有效降低系统抖振，本节便以此法来实现滑模控制律的设计。设置指数趋近律的表达式如下：

$$\dot{S}(x) = -MS(x) - N\,\mathrm{sgn}[S(x)] \tag{5-62}$$

其中：$M > 0$、$N > 0$ 为待设定参数。M 表征系统相轨趋近于滑动模态的速度，M 过低会影响状态量抵达滑动模态的时间，过高则会带来系统超调；N 为变结构控制参数，N 取值较大会带来控制量的稳态抖振，从而影响系统状态量的输出效果，N 取值较小时，系统控制量的稳态抖振会明显降低，然而却会降低相轨迹的收敛速度与 SMC 的鲁棒性能。

应用上面的趋近律方法对 SMC 控制律 u 进行求解，针对系统：

$$\dot{x} = f(x, t) + B(x, t)u \tag{5-63}$$

将式(5-60)和式(5-62)代入上式，可得

$$u = -(GB)^{-1}[Gf + M(S) + N\,\mathrm{sgn}(S)] \tag{5-64}$$

其中，G 为 $m \times n$ 矩阵，其行向量为 $S_i(x)$ 的梯度向量，即有

$$\nabla S_i(x) = \begin{bmatrix} \dfrac{\partial S_i}{\partial x_1} & \dfrac{\partial S_i}{\partial x_2} & \cdots & \dfrac{\partial S_i}{\partial x_n} \end{bmatrix} \quad (i = 1, 2, \cdots, m) \tag{5-65}$$

综上，即完成滑模控制器的设计。

2. 不平衡电网下网侧变换器的数学模型与功率模型

两相静止 $\alpha\beta$ 坐标系下，基于 LCL 滤波器的网侧变换器的数学模型为

$$
\begin{cases}
L_g \dfrac{\mathrm{d}}{\mathrm{d}t}\begin{pmatrix} i_{g\alpha} \\ i_{g\beta} \end{pmatrix} = -R_g \begin{pmatrix} i_{g\alpha} \\ i_{g\beta} \end{pmatrix} + \begin{pmatrix} u_{f\alpha} \\ u_{f\beta} \end{pmatrix} - \begin{pmatrix} u_{g\alpha} \\ u_{g\beta} \end{pmatrix} \\[2mm]
C_f \dfrac{\mathrm{d}}{\mathrm{d}t}\begin{pmatrix} u_{f\alpha} \\ u_{f\beta} \end{pmatrix} = \begin{pmatrix} i_{f\alpha} \\ i_{f\beta} \end{pmatrix} = \begin{pmatrix} i_{i\alpha} \\ i_{i\beta} \end{pmatrix} - \begin{pmatrix} i_{g\alpha} \\ i_{g\beta} \end{pmatrix} \\[2mm]
L_i \dfrac{\mathrm{d}}{\mathrm{d}t}\begin{pmatrix} i_{i\alpha} \\ i_{i\beta} \end{pmatrix} = -R_i \begin{pmatrix} i_{i\alpha} \\ i_{i\beta} \end{pmatrix} - \begin{pmatrix} u_{f\alpha} \\ u_{f\beta} \end{pmatrix} + \begin{pmatrix} u_{i\alpha} \\ u_{i\beta} \end{pmatrix} \\[2mm]
C_{dc} \dfrac{\mathrm{d}u_{dc}}{\mathrm{d}t} = i_{dc} - \dfrac{3}{2}(S_\alpha i_{i\alpha} + S_\beta i_{i\beta})
\end{cases}
\tag{5-66}
$$

式中，S_α、S_β 为三相开关函数 S_a、S_b 和 S_c 在两相静止 $\alpha\beta$ 坐标系下的分量，具体表示为

$$
\begin{cases}
S_\alpha = \dfrac{2}{3}\left(S_a - \dfrac{1}{2}S_b - \dfrac{1}{2}S_c\right) \\[3mm]
S_\beta = \dfrac{2}{3}\left(\dfrac{\sqrt{3}}{2}S_b - \dfrac{\sqrt{3}}{2}S_c\right)
\end{cases}
\tag{5-67}
$$

定义电网电压矢量 $\boldsymbol{U_g}$ 和并网电流矢量 $\boldsymbol{I_g}$ 分别为

$$
\begin{cases}
\boldsymbol{U_g} = u_{g\alpha} + \mathrm{j}u_{g\beta} = \dfrac{2}{3}(u_{ga} + \mathrm{e}^{\mathrm{j}2\pi/3} \cdot u_{gb} + \mathrm{e}^{-\mathrm{j}2\pi/3} \cdot u_{gc}) \\[3mm]
\boldsymbol{I_g} = i_{g\alpha} + \mathrm{j}i_{g\beta} = \dfrac{2}{3}(i_{ga} + \mathrm{e}^{\mathrm{j}2\pi/3} \cdot i_{gb} + \mathrm{e}^{-\mathrm{j}2\pi/3} \cdot i_{gc})
\end{cases}
\tag{5-68}
$$

同理，变流器输出电压矢量 $\boldsymbol{U_i}$、滤波电压矢量 $\boldsymbol{U_f}$、变流器侧电流矢量 $\boldsymbol{I_i}$ 均可做相同表示，不再给出具体表达式，则式(5-66)可表示为

$$
\begin{cases}
L_g \dfrac{\mathrm{d}\boldsymbol{I_g}}{\mathrm{d}t} = -R_g \boldsymbol{I_g} + \boldsymbol{U_f} - \boldsymbol{U_g} \\[3mm]
C_f \dfrac{\mathrm{d}\boldsymbol{U_f}}{\mathrm{d}t} = \boldsymbol{I_f} = \boldsymbol{I_i} - \boldsymbol{I_g} \\[3mm]
L_i \dfrac{\mathrm{d}\boldsymbol{I_i}}{\mathrm{d}t} = -R_i \boldsymbol{I_i} - \boldsymbol{U_f} + \boldsymbol{U_i}
\end{cases}
\tag{5-69}
$$

当三相电网电压出现不平衡时，由对称分量法可将电压、电流分解为正序、负序及零序分量。值得说明的是，风电或光伏这类新能源并网发电系统通常采用三相三线制接线方式，零序分量无流通路径，故分析时可忽略零序分量的影响。若用矢量 $\boldsymbol{F}$ 表示电压或电流任意不平衡电气量 f，且忽略该电气量的初相角影响，则在两相静止坐标系下，矢量 $\boldsymbol{F}$ 可表示为

$$
\begin{aligned}
\boldsymbol{F} &= |\boldsymbol{F}^p| \left[\cos(\omega_g t) + j\sin(\omega_g t)\right] + |\boldsymbol{F}^n|\left[\cos(-\omega_g t) + j\sin(-\omega_g t)\right] \\
&= |\boldsymbol{F}_{dq}^p| \, \mathrm{e}^{j\omega_g t} + |\boldsymbol{F}_{dq}^n| \, \mathrm{e}^{-j\omega_g t}
\end{aligned}
\tag{5-70}
$$

式中，上标 p、n 分别表示该电气量的正序分量和负序分量，下同；$\boldsymbol{F}^p$、$\boldsymbol{F}^n$ 分别为两相静止坐

标系下矢量 $\boldsymbol{F}$ 的基波正序、负序矢量,具体表达式分别为 $\boldsymbol{F}^{\mathrm{p}}=f^{\mathrm{p}}+\mathrm{j}f^{\mathrm{p}}$、$\boldsymbol{F}^{\mathrm{n}}=f^{\mathrm{n}}+\mathrm{j}f^{\mathrm{n}}$。$\boldsymbol{F}^{\mathrm{p}}_{dq}$、$\boldsymbol{F}^{\mathrm{n}}_{dq}$ 分别为两相旋转坐标系下的正序、负序矢量,具体表达式分别为 $\boldsymbol{F}^{\mathrm{p}}_{dq}=f^{\mathrm{p}}_d+\mathrm{j}f^{\mathrm{p}}_q$、$\boldsymbol{F}^{\mathrm{n}}_{dq}=f^{\mathrm{n}}_d+\mathrm{j}f^{\mathrm{n}}_q$。

可得到在不平衡电网下 LCL 型网侧变换器的数学模型为

$$\begin{cases} L_{\mathrm{g}}\dfrac{\mathrm{d}(\boldsymbol{I}^{\mathrm{p}}_{\mathbf{g}dq}+\boldsymbol{I}^{\mathrm{n}}_{\mathbf{g}dq})}{\mathrm{d}t}=-R_{\mathrm{g}}(\boldsymbol{I}^{\mathrm{p}}_{\mathbf{g}dq}+\boldsymbol{I}^{\mathrm{n}}_{\mathbf{g}dq})-j\omega_{\mathrm{g}}L_{\mathrm{g}}(\boldsymbol{I}^{\mathrm{p}}_{\mathbf{g}dq}-\boldsymbol{I}^{\mathrm{n}}_{\mathbf{g}dq})+(\boldsymbol{U}^{\mathrm{p}}_{\mathbf{f}dq}+\boldsymbol{U}^{\mathrm{n}}_{\mathbf{f}dq})-(\boldsymbol{U}^{\mathrm{p}}_{\mathbf{g}dq}+\boldsymbol{U}^{\mathrm{n}}_{\mathbf{g}dq}) \\[3mm] C_{\mathrm{f}}\dfrac{\mathrm{d}(\boldsymbol{U}^{\mathrm{p}}_{\mathbf{f}dq}+\boldsymbol{U}^{\mathrm{n}}_{\mathbf{f}dq})}{\mathrm{d}t}=\boldsymbol{I}^{\mathrm{p}}_{\mathbf{f}dq}+\boldsymbol{I}^{\mathrm{n}}_{\mathbf{f}dq}=-j\omega_{\mathrm{g}}C_{\mathrm{f}}(\boldsymbol{U}^{\mathrm{p}}_{\mathbf{f}dq}-\boldsymbol{U}^{\mathrm{n}}_{\mathbf{f}dq})+(\boldsymbol{I}^{\mathrm{p}}_{\mathbf{i}dq}+\boldsymbol{I}^{\mathrm{n}}_{\mathbf{i}dq})-(\boldsymbol{I}^{\mathrm{p}}_{\mathbf{g}dq}+\boldsymbol{I}^{\mathrm{n}}_{\mathbf{g}dq}) \\[3mm] L_{\mathrm{i}}\dfrac{\mathrm{d}(\boldsymbol{I}^{\mathrm{p}}_{\mathbf{i}dq}+\boldsymbol{I}^{\mathrm{n}}_{\mathbf{i}dq})}{\mathrm{d}t}=-R_{\mathrm{i}}(\boldsymbol{I}^{\mathrm{p}}_{\mathbf{i}dq}+\boldsymbol{I}^{\mathrm{n}}_{\mathbf{i}dq})-j\omega_{\mathrm{g}}L_{\mathrm{i}}(\boldsymbol{I}^{\mathrm{p}}_{\mathbf{i}dq}-\boldsymbol{I}^{\mathrm{n}}_{\mathbf{i}dq})-(\boldsymbol{U}^{\mathrm{p}}_{\mathbf{f}dq}+\boldsymbol{U}^{\mathrm{n}}_{\mathbf{f}dq})+(\boldsymbol{U}^{\mathrm{p}}_{\mathbf{i}dq}+\boldsymbol{U}^{\mathrm{n}}_{\mathbf{i}dq}) \end{cases}$$

$$\text{(5 - 71)}$$

若令 $\boldsymbol{u}_{\mathbf{g}}=\begin{bmatrix} u^{\mathrm{p}}_{gd} & u^{\mathrm{p}}_{gq} & u^{\mathrm{n}}_{gd} & u^{\mathrm{n}}_{gq} \end{bmatrix}^{\mathrm{T}}$ 为电网电压矢量的矩阵形式,其中上标 T 表示矩阵的转置;同样地,采用 $\boldsymbol{u}_{\mathbf{i}}=\begin{bmatrix} u^{\mathrm{p}}_{id} & u^{\mathrm{p}}_{iq} & u^{\mathrm{n}}_{id} & u^{\mathrm{n}}_{iq} \end{bmatrix}^{\mathrm{T}}$ 表示变流器桥臂输出电压矩阵,$\boldsymbol{u}_{\mathbf{f}}=\begin{bmatrix} u^{\mathrm{p}}_{fd} & u^{\mathrm{p}}_{fq} & u^{\mathrm{n}}_{fd} & u^{\mathrm{n}}_{fq} \end{bmatrix}^{\mathrm{T}}$ 表示滤波电容电压矩阵,$\boldsymbol{i}_{\mathbf{g}}=\begin{bmatrix} i^{\mathrm{p}}_{gd} & i^{\mathrm{p}}_{gq} & i^{\mathrm{n}}_{gd} & i^{\mathrm{n}}_{gq} \end{bmatrix}^{\mathrm{T}}$ 为并网侧电流矩阵,$\boldsymbol{i}_{\mathbf{i}}=\begin{bmatrix} i^{\mathrm{p}}_{id} & i^{\mathrm{p}}_{iq} & i^{\mathrm{n}}_{id} & i^{\mathrm{n}}_{iq} \end{bmatrix}^{\mathrm{T}}$ 则为变流器侧电流矩阵,ω_{g} 为基波电网电压的角频率。则 LCL 型网侧变换器在两相同步旋转坐标系下的数学模型可表示为

$$\begin{cases} \dfrac{\mathrm{d}\boldsymbol{i}_{\mathbf{g}}}{\mathrm{d}t}=\left(-\dfrac{R_{\mathrm{g}}}{L_{\mathrm{g}}}\boldsymbol{I}+\omega_{\mathrm{g}}\boldsymbol{J}\right)\boldsymbol{i}_{\mathbf{g}}+\dfrac{1}{L_{\mathrm{g}}}\boldsymbol{I}(\boldsymbol{u}_{\mathbf{f}}-\boldsymbol{u}_{\mathbf{g}}) \\[3mm] \dfrac{\mathrm{d}\boldsymbol{u}_{\mathbf{f}}}{\mathrm{d}t}=\omega_{\mathrm{g}}\boldsymbol{J}\cdot\boldsymbol{u}_{\mathbf{f}}+\dfrac{1}{C_{\mathrm{f}}}\boldsymbol{I}(\boldsymbol{i}_{\mathbf{i}}-\boldsymbol{i}_{\mathbf{g}}) \\[3mm] \dfrac{\mathrm{d}\boldsymbol{i}_{\mathbf{i}}}{\mathrm{d}t}=\left(-\dfrac{R_{\mathrm{i}}}{L_{\mathrm{i}}}\boldsymbol{I}+\omega_{\mathrm{g}}\boldsymbol{J}\right)\boldsymbol{i}_{\mathbf{i}}+\dfrac{1}{L_{\mathrm{i}}}\boldsymbol{I}(-\boldsymbol{u}_{\mathbf{f}}+\boldsymbol{u}_{\mathbf{i}}) \end{cases} \qquad \text{(5 - 72)}$$

式中,公式中单位矩阵 $\boldsymbol{I}$ 和旋转矩阵 $\boldsymbol{J}$ 的表达式分别为

$$\boldsymbol{I}=\begin{bmatrix} 1 & 0 & 0 & 0 \\ 0 & 1 & 0 & 0 \\ 0 & 0 & 1 & 0 \\ 0 & 0 & 0 & 1 \end{bmatrix},\ \boldsymbol{J}=\begin{bmatrix} 0 & 1 & 0 & 0 \\ -1 & 0 & 0 & 0 \\ 0 & 0 & 0 & -1 \\ 0 & 0 & 1 & 0 \end{bmatrix}。$$

在电网不平衡状态下,电网电压、并网电流均由正序和负序分量两部分组成,可表示为

$$\begin{cases} \boldsymbol{U}_{\mathbf{g}}=\boldsymbol{U}^{\mathrm{p}}_{\mathbf{g}}+\boldsymbol{U}^{\mathrm{n}}_{\mathbf{g}}=\boldsymbol{U}^{\mathrm{p}}_{\mathbf{g}dq}\mathrm{e}^{\mathrm{j}\omega_{\mathrm{g}}t}+\boldsymbol{U}^{\mathrm{n}}_{\mathbf{g}dq}\mathrm{e}^{-\mathrm{j}\omega_{\mathrm{g}}t} \\[2mm] \boldsymbol{I}_{\mathbf{g}}=\boldsymbol{I}^{\mathrm{p}}_{\mathbf{g}}+\boldsymbol{I}^{\mathrm{n}}_{\mathbf{g}}=\boldsymbol{I}^{\mathrm{p}}_{\mathbf{g}dq}\mathrm{e}^{\mathrm{j}\omega_{\mathrm{g}}t}+\boldsymbol{I}^{\mathrm{n}}_{\mathbf{g}dq}\mathrm{e}^{-\mathrm{j}\omega_{\mathrm{g}}t} \end{cases} \qquad \text{(5 - 73)}$$

式中,$\boldsymbol{U}^{\mathrm{p}}_{\mathbf{g}}$、$\boldsymbol{U}^{\mathrm{n}}_{\mathbf{g}}$ 分别为两相静止坐标系下基波正序、负序电压矢量,具体表达式分别为 $\boldsymbol{U}^{\mathrm{p}}_{\mathbf{g}}=u^{\mathrm{p}}_{g\alpha}+\mathrm{j}u^{\mathrm{p}}_{g\beta}$,$\boldsymbol{U}^{\mathrm{n}}_{\mathbf{g}}=u^{\mathrm{n}}_{g\alpha}+\mathrm{j}u^{\mathrm{n}}_{g\beta}$;同理,电流矢量 $\boldsymbol{I}^{\mathrm{p}}_{\mathbf{g}}$ 和 $\boldsymbol{I}^{\mathrm{n}}_{\mathbf{g}}$ 可作相似表述。$\boldsymbol{U}^{\mathrm{p}}_{\mathbf{g}dq}$、$\boldsymbol{U}^{\mathrm{n}}_{\mathbf{g}dq}$ 则分别为两相

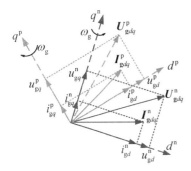

图 5 - 13　不平衡电网下电压和
电流的位置关系图

旋转坐标系下基波正序、负序电压矢量,具体表达式分别为
$U^p_{gdq} = u^p_{gd} + ju^p_{gq}$, $U^n_{gdq} = u^n_{gd} + ju^n_{gq}$;同理,电流矢量 I^p_{gdq} 和
I^n_{gdq} 也可作相似表述。其中,基波正序电压、电流矢量均为
逆时针方向旋转,而基波负序电压、电流矢量的旋转方向则
为逆时针。

若定义基频正向和反向旋转坐标系分别为 $d^p q^p$ 和
$d^n q^n$,则电压、电流之间相对位置关系可由图 5 - 13 表示:

由瞬时功率理论定义可知,在不平衡电网电压情况下,
网侧变换器的瞬时有功功率 $P_g(t)$ 和瞬时无功功率 $Q_g(t)$
分别为

$$P_g(t) = 1.5\mathrm{Re}(\boldsymbol{U_g} \cdot \boldsymbol{I_g^*}) = P_{g,dc} + P_{g,c2}\cos 2\omega_g t + P_{g,s2}\sin 2\omega_g t \tag{5-74}$$

$$Q_g(t) = 1.5\mathrm{Im}(\boldsymbol{U_g} \cdot \boldsymbol{I_g^*}) = Q_{g,dc} + Q_{g,c2}\cos 2\omega_g t + Q_{g,s2}\sin 2\omega_g t \tag{5-75}$$

式中,$\boldsymbol{I_g^*}$ 表示电流 $\boldsymbol{I_g}$ 的共轭矢量,$P_{g,dc}$、$P_{g,c2}$、$P_{g,s2}$ 分别为并网瞬时有功功率 $P_g(t)$ 的直流、交流余弦、交流正弦分量幅值;$Q_{g,dc}$、$Q_{g,c2}$、$Q_{g,s2}$ 则分别为并网瞬时无功功率 $Q_g(t)$ 的直流、交流余弦、交流正弦分量幅值,它们与电网电压和并网电流分量之间的数学关系式如下:

$$\begin{cases} P_{g,dc} = 1.5(\boldsymbol{U^p_{gdq}} \cdot \boldsymbol{I^p_{gdq}} + \boldsymbol{U^n_{gdq}} \cdot \boldsymbol{I^n_{gdq}}) \\ P_{g,c2} = 1.5(\boldsymbol{U^p_{gdq}} \cdot \boldsymbol{I^n_{gdq}} + \boldsymbol{U^n_{gdq}} \cdot \boldsymbol{I^p_{gdq}}) \\ P_{g,s2} = 1.5(\boldsymbol{U^p_{gdq}} \times \boldsymbol{I^n_{gdq}} - \boldsymbol{U^n_{gdq}} \times \boldsymbol{I^p_{gdq}}) \end{cases} \tag{5-76}$$

$$\begin{cases} Q_{g,dc} = 1.5(-\boldsymbol{U^p_{gdq}} \times \boldsymbol{I^p_{gdq}} - \boldsymbol{U^n_{gdq}} \times \boldsymbol{I^n_{gdq}}) \\ Q_{g,c2} = 1.5(-\boldsymbol{U^p_{gdq}} \times \boldsymbol{I^n_{gdq}} - \boldsymbol{U^n_{gdq}} \times \boldsymbol{I^p_{gdq}}) \\ Q_{g,s2} = 1.5(\boldsymbol{U^p_{gdq}} \cdot \boldsymbol{I^n_{gdq}} - \boldsymbol{U^n_{gdq}} \cdot \boldsymbol{I^p_{gdq}}) \end{cases} \tag{5-77}$$

由上式不难发现,不平衡电网电压中的负序分量致使网侧变换器的瞬时有功、无功功率含有二倍频的脉动成分,而这一脉动功率将会进一步导致母线电压波动、三相并网电流的幅值不平衡及波形畸变。

3. 不平衡电网下基于滑模变结构的多目标电流控制

滑模控制作为一种非线性控制算法,具有优良的鲁棒性,对系统参数变化及外部扰动不敏感,动态响应速度快,非常适合作为风电变流器的控制方案。若要在不平衡电网下,根据不同目标获得良好的控制效果,其关键依赖于设计一个快速、准确的内环和外环调节器。下面将对不平衡电网下,LCL 型网侧变换器的滑模电流控制策略进行研究。

为了设计 LCL 型网侧变换器的滑模控制器,首先需建立内环系统的误差模型。本节以并网侧电流反馈进行控制,根据网侧变换器的控制目标,定义内环电流的误差矢量矩阵 $\boldsymbol{e_i}$ 为

$$\boldsymbol{e_i} = \boldsymbol{i^{ref}_g} - \boldsymbol{i_g} \tag{5-78}$$

式中,$\boldsymbol{e_i} = [e^p_{id} \quad e^p_{iq} \quad e^n_{id} \quad e^n_{iq}]^T$ 和 $\boldsymbol{i^{ref}_g} = [i^{p*}_{gd} \quad i^{p*}_{gq} \quad i^{n*}_{gd} \quad i^{n*}_{gq}]^T$ 分别为网侧电流误差矢量和参考矢量的矩阵形式。独立设计正、负序 dq 轴的电流跟踪滑模控制器实现电网电流状态量

误差系统的稳定,即通过设计滑模控制律,使电流误差轨迹快速趋近于所设定的滑动模态 $\boldsymbol{\varepsilon}_{\mathbf{i}} = \begin{bmatrix} \varepsilon_{id}^{\mathrm{p}} & \varepsilon_{iq}^{\mathrm{p}} & \varepsilon_{id}^{\mathrm{n}} & \varepsilon_{iq}^{\mathrm{n}} \end{bmatrix}^{\mathrm{T}} = 0$,并保持滑动模态渐近趋近原点。

当采用电网电压定向控制时,满足数学关系式 $\dot{\boldsymbol{u}}_{\mathbf{g}} = 0$。根据原系统模型方程式(5-69),可建立统一的一阶、二阶及三阶系统误差方程:

$$\dot{\boldsymbol{e}}_{\mathbf{i}} = \left(\frac{R_{\mathrm{g}}}{L_{\mathrm{g}}} \boldsymbol{I} - \omega_{\mathrm{g}} \boldsymbol{J} \right) \boldsymbol{i}_{\mathbf{g}} - \frac{1}{L_{\mathrm{g}}} \boldsymbol{I} (\boldsymbol{u}_{\mathbf{f}} - \boldsymbol{u}_{\mathbf{g}}) \tag{5-79}$$

$$\ddot{\boldsymbol{e}}_{\mathbf{i}} = \left[\left(-\frac{R_{\mathrm{g}}^2}{L_{\mathrm{g}}^2} + \omega_{\mathrm{g}}^2 + \frac{1}{L_{\mathrm{g}} C_{\mathrm{f}}} \right) \boldsymbol{I} + \frac{2\omega_{\mathrm{g}} R_{\mathrm{g}}}{L_{\mathrm{g}}} \boldsymbol{J} \right] \boldsymbol{i}_{\mathbf{g}} + \left(\frac{R_{\mathrm{g}}}{L_{\mathrm{g}}^2} \boldsymbol{I} - \frac{2\omega_{\mathrm{g}}}{L_{\mathrm{g}}} \boldsymbol{J} \right) \boldsymbol{u}_{\mathbf{f}}$$
$$- \frac{1}{L_{\mathrm{g}} C_{\mathrm{f}}} \boldsymbol{I} \cdot \boldsymbol{i}_{\mathbf{i}} - \left(\frac{R_{\mathrm{g}}}{L_{\mathrm{g}}^2} \boldsymbol{I} - \frac{\omega_{\mathrm{g}}}{L_{\mathrm{g}}} \boldsymbol{J} \right) \boldsymbol{u}_{\mathbf{g}} \tag{5-80}$$

$$\dddot{\boldsymbol{e}}_{\mathbf{i}} = \frac{R_{\mathrm{g}}}{L_{\mathrm{g}}} \left(\frac{R_{\mathrm{g}}^2}{L_{\mathrm{g}}^2} - 3\omega_{\mathrm{g}}^2 - \frac{2}{L_{\mathrm{g}} C_{\mathrm{f}}} \right) \boldsymbol{I} \cdot \boldsymbol{i}_{\mathbf{g}} - \omega_{\mathrm{g}} \left(\frac{3R_{\mathrm{g}}^2}{L_{\mathrm{g}}^2} - \omega_{\mathrm{g}}^2 - \frac{3}{L_{\mathrm{g}} C_{\mathrm{f}}} \right) \boldsymbol{J} \cdot \boldsymbol{i}_{\mathbf{g}}$$
$$+ \frac{1}{L_{\mathrm{g}} C_{\mathrm{f}}} \left[\left(\frac{R_{\mathrm{i}}}{L_{\mathrm{i}}} + \frac{R_{\mathrm{g}}}{L_{\mathrm{g}}} \right) \boldsymbol{I} - 3\omega_{\mathrm{g}} \boldsymbol{J} \right] \boldsymbol{i}_{\mathbf{i}} - \frac{1}{L_{\mathrm{g}}} \left[\left(\frac{R_{\mathrm{g}}^2}{L_{\mathrm{g}}^2} - 3\omega_{\mathrm{g}}^2 - \frac{L_{\mathrm{i}} + L_{\mathrm{g}}}{L_{\mathrm{g}} C_{\mathrm{f}} L_{\mathrm{i}}} \right) \boldsymbol{I} - \frac{3\omega_{\mathrm{g}} R_{\mathrm{g}}}{L_{\mathrm{g}}} \boldsymbol{J} \right] \boldsymbol{u}_{\mathbf{f}}$$
$$- \frac{1}{L_{\mathrm{g}} L_{\mathrm{i}} C_{\mathrm{f}}} \boldsymbol{I} \cdot \boldsymbol{u}_{\mathbf{inv}} + \frac{1}{L_{\mathrm{g}}} \left[\left(\frac{R_{\mathrm{g}}^2}{L_{\mathrm{g}}^2} - \omega_{\mathrm{g}}^2 - \frac{1}{L_{\mathrm{g}} C_{\mathrm{f}}} \right) \boldsymbol{I} - \frac{2\omega_{\mathrm{g}} R_{\mathrm{g}}}{L_{\mathrm{g}}} \boldsymbol{J} \right] \boldsymbol{u}_{\mathbf{g}} \tag{5-81}$$

定义电流误差系统的切换函数为

$$\boldsymbol{\varepsilon}_{\mathbf{i}} = \varepsilon(\boldsymbol{e}_{\mathbf{i}}) = k_1 \boldsymbol{e}_{\mathbf{i}} + k_2 \dot{\boldsymbol{e}}_{\mathbf{i}} + \ddot{\boldsymbol{e}}_{\mathbf{i}} \tag{5-82}$$

式中,k_1、k_2 是与系统稳定性能有关的一组系数;通过选取适当的该组系数值,可保证系统状态轨迹在到达滑动模态后,能够渐近趋近于原点,即 $\boldsymbol{\varepsilon}_{\mathbf{i}} = 0$。为了在有限时间内,使状态轨迹到达滑动模态且不再脱离,采用趋近率的设计方法,可得

$$\dot{\boldsymbol{\varepsilon}}_{\mathbf{i}} = k_1 \dot{\boldsymbol{e}}_{\mathbf{i}} + k_2 \ddot{\boldsymbol{e}}_{\mathbf{i}} + \dddot{\boldsymbol{e}}_{\mathbf{i}} = -M_{\mathrm{i}} \boldsymbol{\varepsilon}_{\mathbf{i}} - N_{\mathrm{i}} \mathrm{sat}(\boldsymbol{\varepsilon}_{\mathbf{i}}) \tag{5-83}$$

式中,$M_i > 0$、$N_i > 0$ 为待选取参数;$\mathrm{sat}(\boldsymbol{\varepsilon}_{\mathbf{i}}) = \begin{bmatrix} \mathrm{sat}(\varepsilon_{id}^{\mathrm{p}}) & \mathrm{sat}(\varepsilon_{iq}^{\mathrm{p}}) & \mathrm{sat}(\varepsilon_{id}^{\mathrm{n}}) & \mathrm{sat}(\varepsilon_{iq}^{\mathrm{n}}) \end{bmatrix}^{\mathrm{T}}$,均采用饱和函数以减弱滑模控制系统中的高频抖振,其数学表达式为

$$\mathrm{sat}(x) = \begin{cases} 1 & x > \Delta \\ k_0 x & |x| \leqslant \Delta \\ -1 & x < -\Delta \end{cases} \quad k_0 = \frac{1}{\Delta}, \ \Delta > 0 \tag{5-84}$$

其中,Δ 为饱和函数设定的边界层。采用分段线性的饱和函数代替不连续的开关函数,通过边界层的设定可以改善系统稳态的高频抖振[4],这也有利于避免过高的抖振诱发 LCL 谐振。

为了进一步验证所设计的控制器是收敛、稳定的,定义李雅普诺夫函数为

$$s = 0.5 \boldsymbol{\varepsilon}_{\mathbf{i}}^{\mathrm{T}} \boldsymbol{\varepsilon}_{\mathbf{i}} = (\varepsilon_{id}^{\mathrm{p}})^2 + (\varepsilon_{iq}^{\mathrm{p}})^2 + (\varepsilon_{id}^{\mathrm{n}})^2 + (\varepsilon_{iq}^{\mathrm{n}})^2 \tag{5-85}$$

该函数恒大于零,李雅普诺夫稳定条件为函数 s 的一阶导数小于零。因此,对其两边求

导后可得

$$\dot{s}=\boldsymbol{\varepsilon}_{\mathbf{i}}^{\mathrm{T}}\dot{\boldsymbol{\varepsilon}}_{\mathbf{i}}=-M_{\mathrm{i}}\parallel\boldsymbol{\varepsilon}_{\mathbf{i}}\parallel^{2}-N_{\mathrm{i}}\boldsymbol{\varepsilon}_{\mathbf{i}}^{\mathrm{T}}\mathrm{sat}(\boldsymbol{\varepsilon}_{\mathbf{i}})<-N_{\mathrm{i}}\parallel\boldsymbol{\varepsilon}_{\mathbf{i}}\parallel=-N_{\mathrm{i}}\sqrt{2s}<0 \quad (5-86)$$

上式说明相轨迹收敛,即满足系统渐进稳定的充分条件。因此,联立上面的误差方程(5-79)~(5-81)及式(5-83),可得 SMC 电流控制器的最终控制方程为

$$\boldsymbol{u}_{\mathbf{i}}=L_{\mathrm{g}}L_{\mathrm{i}}C_{\mathrm{f}}[M_{\mathrm{i}}\boldsymbol{\varepsilon}_{\mathbf{i}}+N_{\mathrm{i}}\mathrm{sgn}(\boldsymbol{\varepsilon}_{\mathbf{i}})+\boldsymbol{A}_{1}\cdot\boldsymbol{i}_{\mathbf{g}}+\boldsymbol{A}_{2}\cdot\boldsymbol{u}_{\mathbf{f}}+\boldsymbol{A}_{3}\cdot\boldsymbol{i}_{\mathbf{i}}+\boldsymbol{A}_{4}\cdot\boldsymbol{u}_{g}] \quad (5-87)$$

式中各系数的表达式分别为

$$\begin{cases}\boldsymbol{A}_{1}=\left[\dfrac{R_{\mathrm{g}}}{L_{\mathrm{g}}}k_{1}-\left(\dfrac{R_{\mathrm{g}}^{2}}{L_{\mathrm{g}}^{2}}-\omega_{\mathrm{g}}^{2}-\dfrac{1}{L_{\mathrm{g}}C_{\mathrm{f}}}\right)k_{2}\right]\boldsymbol{I}-\dfrac{R_{\mathrm{g}}}{L_{\mathrm{g}}}\left(3\omega_{\mathrm{g}}^{2}-\dfrac{R_{\mathrm{g}}^{2}}{L_{\mathrm{g}}^{2}}+\dfrac{2}{L_{\mathrm{g}}C_{\mathrm{f}}}\right)\boldsymbol{I}\\[3mm]\qquad+\omega_{\mathrm{g}}\left(k_{1}-\dfrac{2R_{\mathrm{g}}}{L_{\mathrm{g}}}k_{2}+\dfrac{3R_{\mathrm{g}}^{2}}{L_{\mathrm{g}}^{2}}-\omega_{\mathrm{g}}^{2}-\dfrac{3}{L_{\mathrm{g}}C_{\mathrm{f}}}\right)\boldsymbol{J}\\[3mm]\boldsymbol{A}_{2}=\dfrac{1}{L_{\mathrm{g}}}\left(\dfrac{R_{\mathrm{g}}}{L_{\mathrm{g}}}k_{2}-k_{1}-\dfrac{R_{\mathrm{g}}^{2}}{L_{\mathrm{g}}^{2}}+\dfrac{L_{\mathrm{g}}+L_{\mathrm{i}}}{L_{\mathrm{g}}L_{\mathrm{i}}C_{\mathrm{f}}}+3\omega_{\mathrm{g}}^{2}\right)\boldsymbol{I}-\dfrac{\omega_{\mathrm{g}}}{L_{\mathrm{g}}}\left(2k_{2}-\dfrac{3R_{\mathrm{g}}}{L_{\mathrm{g}}}\right)\boldsymbol{J}\\[3mm]\boldsymbol{A}_{3}=-\dfrac{1}{L_{\mathrm{g}}C_{\mathrm{f}}}\left[\left(k_{2}-\dfrac{L_{\mathrm{g}}R_{\mathrm{i}}+R_{\mathrm{g}}L_{\mathrm{i}}}{L_{\mathrm{g}}L_{\mathrm{i}}}\right)\boldsymbol{I}+3\omega_{\mathrm{g}}\boldsymbol{J}\right]\\[3mm]\boldsymbol{A}_{4}=\dfrac{1}{L_{\mathrm{g}}}\left(k_{1}-\dfrac{R_{\mathrm{g}}}{L_{\mathrm{g}}}k_{2}+\dfrac{R_{\mathrm{g}}^{2}}{L_{\mathrm{g}}^{2}}-\omega_{\mathrm{g}}^{2}-\dfrac{1}{L_{\mathrm{g}}C_{\mathrm{f}}}\right)\boldsymbol{I}-\dfrac{\omega_{\mathrm{g}}}{L_{\mathrm{g}}}\left(-k_{2}+\dfrac{2R_{\mathrm{g}}}{L_{\mathrm{g}}}\right)\boldsymbol{J}\end{cases}$$

由上式可知,不同于 PI 电流调节器,基于滑模算法设计的电流控制器无积分项,因而具有快速的动态响应性能。此外,基于 PI 调节器的矢量电流控制算法,需通过前馈解耦补偿的措施消除 dq 轴之间的非线性耦合关系,且这一解耦过程与变流器主回路参数有关,而滑模电流控制器不存在 dq 轴耦合项,故具有较强的参数鲁棒性。

根据变流器系统主电路与控制参数,假设不平衡电压 $\boldsymbol{u}_{\mathbf{g}}=\begin{bmatrix}507 & 0 & -56.5 & 0\end{bmatrix}^{\mathrm{T}}\mathrm{V}$,且给定电流内环的参考量为 $\boldsymbol{i}_{\mathbf{g}}^{\mathrm{ref}}=\begin{bmatrix}-850 & -80 & -100 & 10\end{bmatrix}^{\mathrm{T}}\mathrm{A}$,则可以绘制出正、负电流环各轴分量的误差轨迹曲线,如图 5-14 所示。

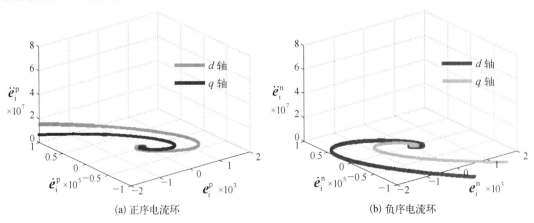

(a) 正序电流环　　　　　　　　　　(b) 负序电流环

图 5-14　理想参数下滑模电流环的误差轨迹曲线

　　由图 5-14 可知,通过上述 SMC 算法的闭环调节,正、负序各轴分量的误差值最终均稳定在原点位置,即电流内环控制过程是收敛、稳定的。若将变流器的主回路参数 L_g 增大 2 倍,SMC 控制参数不作调整,则有图 5-15 所示的误差轨迹曲线。图示结果说明 SMC 控制器具有较好的参数鲁棒性。

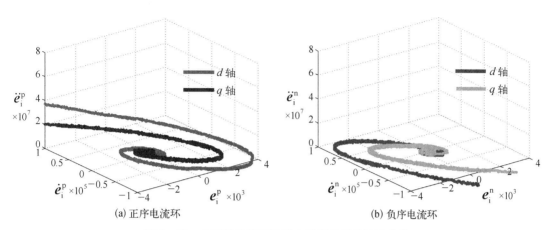

(a) 正序电流环　　　　　　　　　　(b) 负序电流环

图 5-15　非理想参数下滑模电流环的误差轨迹曲线

　　由直流侧流入网侧变换器的功率 P_{dc} 为

$$P_{dc} = (C_{dc}\dot{u}_{dc} + i_{dc})u_{dc} \tag{5-88}$$

　　由上面的数学模型可知,直流功率 P_{dc} 的变化造成直流母线电压的变化,内环电流指令的计算需要借助于并网侧有功、无功功率值;若忽略变流器及交流输入阻抗的损耗,则并网有功功率 P_g 与直流母线侧功率 P_{dc} 大小相等。因此,将滑模电压外环控制器的输出作为内环电流指令计算的有功功率 P_g^{ref},便可实现对母线电压的控制。假设母线电压的给定为 u_{dc}^{ref},则电压外环的误差 e_u 可定义为

$$e_u = u_{dc}^{ref} - u_{dc} \tag{5-89}$$

　　根据原系统模型方程,可得电压外环的一阶系统误差方程为

$$\dot{e}_u = -\dot{u}_{dc} \tag{5-90}$$

　　电压误差系统的切换函数为 $\varepsilon_u = e_u$,同样采用指数趋近率的方法设计外环滑模控制器,可得

$$\dot{\varepsilon}_u = \dot{e}_u = -M_u\varepsilon_u - N_u\mathrm{sat}(\varepsilon_u) \tag{5-91}$$

式中,$M_u > 0$、$N_u > 0$ 为外环滑模控制器参数。同时考虑到内外环间的协调性,本节选取外环滑模控制器参数为内环滑模控制器对应参数的 0.08 倍,以保证系统内环响应速度快于外环。联立上面的误差方程式(5-88)~式(5-91),可得滑模电压外环控制器的最终控制方程为

$$P_g^{ref} = (C_{dc}\dot{u}_{dc} + i_{dc})u_{dc} = \{C_{dc}[M_u e_u + N_u\mathrm{sat}(e_u)] + i_{dc}\}u_{dc} \tag{5-92}$$

　　对网侧变换器的有功、无功功率加以控制,能够实现调节并网点电压的幅值和频率的目

的。然而,在控制过程中出现的波动功率分量会恶化电网电压支撑的质量、直流母线电压的稳定性以及电网频率的调节效果。因此,基于有功、无功功率给定计算参考电流指令的过程,对于电流型风电变流器的控制性能至关重要。后面,将进一步讨论基于功率理论的参考电流指令计算方法。

4. 基于常规瞬时功率的电流指令

为了便于分析与计算,分别引入电压矢量 $\boldsymbol{U}_{\mathbf{g}}$ 和电流矢量 $\boldsymbol{I}_{\mathbf{g}}$ 的正交矢量 $\boldsymbol{U}_{\mathbf{g}}^{\mathrm{t}}$ 和 $\boldsymbol{I}_{\mathbf{g}}^{\mathrm{t}}$;其中,上标 t 表示该矢量的正交形式,下同;则应满足下列关系式:

$$\begin{cases} \boldsymbol{U}_{\mathbf{g}}^{\mathrm{t}} = \mathrm{e}^{-\mathrm{j}\pi/2}\boldsymbol{U}_{\mathbf{g}dq}^{\mathrm{p}}\mathrm{e}^{\mathrm{j}\omega_{\mathrm{g}}t} + \mathrm{e}^{\mathrm{j}\pi/2}\boldsymbol{U}_{\mathbf{g}dq}^{\mathrm{n}}\mathrm{e}^{-\mathrm{j}\omega_{\mathrm{g}}t} = -\mathrm{j}(\boldsymbol{U}_{\mathbf{g}}^{\mathrm{p}} - \boldsymbol{U}_{\mathbf{g}}^{\mathrm{n}}) \\ \boldsymbol{I}_{\mathbf{g}}^{\mathrm{t}} = \mathrm{e}^{-\mathrm{j}\pi/2}\boldsymbol{I}_{\mathbf{g}dq}^{\mathrm{p}}\mathrm{e}^{\mathrm{j}\omega_{\mathrm{g}}t} + \mathrm{e}^{\mathrm{j}\pi/2}\boldsymbol{I}_{\mathbf{g}dq}^{\mathrm{n}}\mathrm{e}^{-\mathrm{j}\omega_{\mathrm{g}}t} = -\mathrm{j}(\boldsymbol{I}_{\mathbf{g}}^{\mathrm{p}} - \boldsymbol{I}_{\mathbf{g}}^{\mathrm{n}}) \end{cases} \tag{5-93}$$

因而,联立式(5-73),便可以反推导:

$$\begin{cases} \boldsymbol{U}_{\mathbf{g}dq}^{\mathrm{p}} = 0.5(\mathrm{e}^{-\mathrm{j}\omega_{\mathrm{g}}t}\boldsymbol{U}_{\mathbf{g}} + \mathrm{j}\mathrm{e}^{-\mathrm{j}\omega_{\mathrm{g}}t}\boldsymbol{U}_{\mathbf{g}}^{\mathrm{t}}) \\ \boldsymbol{U}_{\mathbf{g}dq}^{\mathrm{n}} = 0.5(\mathrm{e}^{\mathrm{j}\omega_{\mathrm{g}}t}\boldsymbol{U}_{\mathbf{g}} - \mathrm{j}\mathrm{e}^{\mathrm{j}\omega_{\mathrm{g}}t}\boldsymbol{U}_{\mathbf{g}}^{\mathrm{t}}) \end{cases} \tag{5-94}$$

同理,可得

$$\begin{cases} \boldsymbol{I}_{\mathbf{g}dq}^{\mathrm{p}} = 0.5(\mathrm{e}^{-\mathrm{j}\omega_{\mathrm{g}}t}\boldsymbol{I}_{\mathbf{g}} + \mathrm{j}\mathrm{e}^{-\mathrm{j}\omega_{\mathrm{g}}t}\boldsymbol{I}_{\mathbf{g}}^{\mathrm{t}}) \\ \boldsymbol{I}_{\mathbf{g}dq}^{\mathrm{n}} = 0.5(\mathrm{e}^{\mathrm{j}\omega_{\mathrm{g}}t}\boldsymbol{I}_{\mathbf{g}} - \mathrm{j}\mathrm{e}^{\mathrm{j}\omega_{\mathrm{g}}t}\boldsymbol{I}_{\mathbf{g}}^{\mathrm{t}}) \end{cases} \tag{5-95}$$

将以上两式代入功率方程式(5-76)和式(5-77),则可将有功功率方程改写为

$$\begin{cases} P_{\mathrm{g,dc}} = 0.75(\boldsymbol{U}_{\mathbf{g}} \cdot \boldsymbol{I}_{\mathbf{g}} + \boldsymbol{U}_{\mathbf{g}}^{\mathrm{t}} \cdot \boldsymbol{I}_{\mathbf{g}}^{\mathrm{t}}) \\ P_{\mathrm{g,c2}} = 0.75\left[(\boldsymbol{U}_{\mathbf{g}} \cdot \boldsymbol{I}_{\mathbf{g}} - \boldsymbol{U}_{\mathbf{g}}^{\mathrm{t}} \cdot \boldsymbol{I}_{\mathbf{g}}^{\mathrm{t}})\cos 2\omega_{\mathrm{g}}t + (\boldsymbol{U}_{\mathbf{g}} \cdot \boldsymbol{I}_{\mathbf{g}}^{\mathrm{t}} + \boldsymbol{U}_{\mathbf{g}}^{\mathrm{t}} \cdot \boldsymbol{I}_{\mathbf{g}})\sin 2\omega_{\mathrm{g}}t\right] \\ P_{\mathrm{g,s2}} = 0.75\left[(\boldsymbol{U}_{\mathbf{g}} \cdot \boldsymbol{I}_{\mathbf{g}} - \boldsymbol{U}_{\mathbf{g}}^{\mathrm{t}} \cdot \boldsymbol{I}_{\mathbf{g}}^{\mathrm{t}})\sin 2\omega_{\mathrm{g}}t - (\boldsymbol{U}_{\mathbf{g}} \cdot \boldsymbol{I}_{\mathbf{g}}^{\mathrm{t}} + \boldsymbol{U}_{\mathbf{g}}^{\mathrm{t}} \cdot \boldsymbol{I}_{\mathbf{g}})\cos 2\omega_{\mathrm{g}}t\right] \end{cases} \tag{5-96}$$

无功功率方程改写为

$$\begin{cases} Q_{\mathrm{g,dc}} = 0.75(-\boldsymbol{U}_{\mathbf{g}} \times \boldsymbol{I}_{\mathbf{g}} - \boldsymbol{U}_{\mathbf{g}}^{\mathrm{t}} \times \boldsymbol{I}_{\mathbf{g}}^{\mathrm{t}}) \\ Q_{\mathrm{g,c2}} = 0.75\left[(-\boldsymbol{U}_{\mathbf{g}} \times \boldsymbol{I}_{\mathbf{g}} + \boldsymbol{U}_{\mathbf{g}}^{\mathrm{t}} \times \boldsymbol{I}_{\mathbf{g}}^{\mathrm{t}})\cos 2\omega_{\mathrm{g}}t - (\boldsymbol{U}_{\mathbf{g}} \times \boldsymbol{I}_{\mathbf{g}}^{\mathrm{t}} + \boldsymbol{U}_{\mathbf{g}}^{\mathrm{t}} \times \boldsymbol{I}_{\mathbf{g}})\sin 2\omega_{\mathrm{g}}t\right] \\ Q_{\mathrm{g,s2}} = 0.75\left[(-\boldsymbol{U}_{\mathbf{g}} \times \boldsymbol{I}_{\mathbf{g}} + \boldsymbol{U}_{\mathbf{g}}^{\mathrm{t}} \times \boldsymbol{I}_{\mathbf{g}}^{\mathrm{t}})\sin 2\omega_{\mathrm{g}}t + (\boldsymbol{U}_{\mathbf{g}} \times \boldsymbol{I}_{\mathbf{g}}^{\mathrm{t}} + \boldsymbol{U}_{\mathbf{g}}^{\mathrm{t}} \times \boldsymbol{I}_{\mathbf{g}})\cos 2\omega_{\mathrm{g}}t\right] \end{cases}$$
$$\tag{5-97}$$

通过分析上式的功率方程可发现,在不平衡电网电压下,六个瞬时功率量 $P_{\mathrm{g,dc}}$、$P_{\mathrm{g,c2}}$、$P_{\mathrm{g,s2}}$、$Q_{\mathrm{g,dc}}$、$Q_{\mathrm{g,c2}}$、$Q_{\mathrm{g,s2}}$ 均与并网电流的基波正序、负序分量之间存在一定的函数关系;因此,可根据变流器对瞬时功率 $P_{\mathrm{g}}(t)$、$Q_{\mathrm{g}}(t)$ 的不同控制需求,建立关于基波正序、负序电流的方程式,便可间接求出参考电流指令。

通过消除并网电流中的负序分量,可在并网端获得对称且正弦的三相电流,提高并网电能质量,此时的并网功率将不会出现负序电流作用产生的功率波动项。在网侧变换器的实际控制中,假设其有功、无功功率的给定分别为 $P_{\mathrm{g}}^{\mathrm{ref}}$、$Q_{\mathrm{g}}^{\mathrm{ref}}$,则可令下式成立:

$$
\begin{cases}
P_{\mathrm{g}}^{\mathrm{ref}} = 1.5 \boldsymbol{U}_{\mathbf{g}dq}^{\mathrm{p}} \cdot \boldsymbol{I}_{\mathbf{g}dq}^{\mathrm{p}} = 0.375(\boldsymbol{U}_{\mathbf{g}} \cdot \boldsymbol{I}_{\mathbf{g}} - \boldsymbol{U}_{\mathbf{g}} \times \boldsymbol{I}_{\mathbf{g}}^{\mathrm{t}} + \boldsymbol{U}_{\mathbf{g}}^{\mathrm{t}} \times \boldsymbol{I}_{\mathbf{g}} + \boldsymbol{U}_{\mathbf{g}}^{\mathrm{t}} \cdot \boldsymbol{I}_{\mathbf{g}}^{\mathrm{t}}) \\
Q_{\mathrm{g}}^{\mathrm{ref}} = -1.5 \boldsymbol{U}_{\mathbf{g}dq}^{\mathrm{p}} \times \boldsymbol{I}_{\mathbf{g}dq}^{\mathrm{p}} = 0.375(-\boldsymbol{U}_{\mathbf{g}} \times \boldsymbol{I}_{\mathbf{g}} - \boldsymbol{U}_{\mathbf{g}} \cdot \boldsymbol{I}_{\mathbf{g}}^{\mathrm{t}} + \boldsymbol{U}_{\mathbf{g}}^{\mathrm{t}} \cdot \boldsymbol{I}_{\mathbf{g}} - \boldsymbol{U}_{\mathbf{g}}^{\mathrm{t}} \times \boldsymbol{I}_{\mathbf{g}}^{\mathrm{t}}) \\
\boldsymbol{I}_{\mathbf{g}}^{\mathrm{n}} = 0
\end{cases} \tag{5-98}
$$

可解得参考电流矢量为

$$
\boldsymbol{I}_{\mathrm{g}}^{\mathrm{ref}} = \frac{2}{3} \frac{\boldsymbol{U}_{\mathbf{g}}^{\mathrm{p}} P_{\mathrm{g}}^{\mathrm{ref}} - j \boldsymbol{U}_{\mathbf{g}}^{\mathrm{p}} Q_{\mathrm{g}}^{\mathrm{ref}}}{|\boldsymbol{U}_{\mathbf{g}}^{\mathrm{p}}|^2} \tag{5-99}
$$

此情况下,功率波动项 $P_{\mathrm{g,c2}}$、$P_{\mathrm{g,s2}}$ 和 $Q_{\mathrm{g,c2}}$、$Q_{\mathrm{g,s2}}$ 均不为零,即虽然三相并网电流幅值平衡,但瞬时功率 $P_{\mathrm{g}}(t)$、$Q_{\mathrm{g}}(t)$ 均存在 2 倍频的波动。

若令等式 $P_{\mathrm{g,c2}} = P_{\mathrm{g,s2}} = 0$ 成立,则可消除造成直流母线电压脉动的 2 倍频有功波动分量,获得恒定的直流母线电压及瞬时有功功率,即等式满足:

$$
\begin{cases}
P_{\mathrm{g}}^{\mathrm{ref}} = 0.75(\boldsymbol{U}_{\mathbf{g}} \cdot \boldsymbol{I}_{\mathbf{g}} + \boldsymbol{U}_{\mathbf{g}}^{\mathrm{t}} \cdot \boldsymbol{I}_{\mathbf{g}}^{\mathrm{t}}) \\
P_{\mathrm{g,c2}} = P_{\mathrm{g,s2}} = 0 \\
Q_{\mathrm{g}}^{\mathrm{ref}} = 0.75(-\boldsymbol{U}_{\mathbf{g}} \times \boldsymbol{I}_{\mathbf{g}} - \boldsymbol{U}_{\mathbf{g}}^{\mathrm{t}} \times \boldsymbol{I}_{\mathbf{g}}^{\mathrm{t}})
\end{cases} \tag{5-100}
$$

此控制目标下的参考电流矢量为

$$
\boldsymbol{I}_{\mathrm{g}}^{\mathrm{ref}} = \frac{2}{3} j \left(\frac{\boldsymbol{U}_{\mathbf{g}}^{\mathrm{t}} P_{\mathrm{g}}^{\mathrm{ref}}}{|\boldsymbol{U}_{\mathbf{g}}^{\mathrm{p}}|^2 - |\boldsymbol{U}_{\mathbf{g}}^{\mathrm{n}}|^2} - \frac{\boldsymbol{U}_{\mathbf{g}} Q_{\mathrm{g}}^{\mathrm{ref}}}{|\boldsymbol{U}_{\mathbf{g}}^{\mathrm{p}}|^2 + |\boldsymbol{U}_{\mathbf{g}}^{\mathrm{n}}|^2} \right) \tag{5-101}
$$

由上式可以发现,为了达到控制瞬时有功功率恒定的目的,电流控制指令中的负序分量不为零,这意味着此时不仅三相并网电流幅值不平衡,还存在瞬时无功功率二倍频脉动。

同样地,使瞬时无功功率的交流分量为零,即令等式 $Q_{\mathrm{g,c2}} = Q_{\mathrm{g,s2}} = 0$ 成立,则可获得恒定的并网无功功率,即消除 2 倍频无功功率脉动分量,即有

$$
\begin{cases}
P_{\mathrm{g}}^{\mathrm{ref}} = 0.75(\boldsymbol{U}_{\mathbf{g}} \cdot \boldsymbol{I}_{\mathbf{g}} + \boldsymbol{U}_{\mathbf{g}}^{\mathrm{t}} \cdot \boldsymbol{I}_{\mathbf{g}}^{\mathrm{t}}) \\
Q_{\mathrm{g,c2}} = Q_{\mathrm{g,s2}} = 0 \\
Q_{\mathrm{g}}^{\mathrm{ref}} = 0.75(-\boldsymbol{U}_{\mathbf{g}} \times \boldsymbol{I}_{\mathbf{g}} - \boldsymbol{U}_{\mathbf{g}}^{\mathrm{t}} \times \boldsymbol{I}_{\mathbf{g}}^{\mathrm{t}})
\end{cases} \tag{5-102}
$$

进一步可求得参考电流矢量为

$$
\boldsymbol{I}_{\mathrm{g}}^{\mathrm{ref}} = \frac{2}{3} \left(\frac{\boldsymbol{U}_{\mathbf{g}} P_{\mathrm{g}}^{\mathrm{ref}}}{|\boldsymbol{U}_{\mathbf{g}}^{\mathrm{p}}|^2 + |\boldsymbol{U}_{\mathbf{g}}^{\mathrm{n}}|^2} + \frac{\boldsymbol{U}_{\mathbf{g}}^{\mathrm{t}} Q_{\mathrm{g}}^{\mathrm{ref}}}{|\boldsymbol{U}_{\mathbf{g}}^{\mathrm{p}}|^2 - |\boldsymbol{U}_{\mathbf{g}}^{\mathrm{n}}|^2} \right) \tag{5-103}
$$

此控制目标下,仍无法具备三相电流平衡和瞬时有功功率无波动的控制能力。

以上三种控制模式可采用一个统一的参考电流指令方程式表示:

$$
\boldsymbol{I}_{\mathrm{g}}^{\mathrm{ref}} = \frac{2}{3} \frac{(\boldsymbol{U}_{\mathbf{g}}^{\mathrm{p}} + k_{\mathrm{pq}} \boldsymbol{U}_{\mathbf{g}}^{\mathrm{n}}) P_{\mathrm{g}}^{\mathrm{ref}}}{|\boldsymbol{U}_{\mathbf{g}}^{\mathrm{p}}|^2 + k_{\mathrm{pq}} |\boldsymbol{U}_{\mathbf{g}}^{\mathrm{n}}|^2} + \frac{2}{3} \frac{\mathrm{j}(-\boldsymbol{U}_{\mathbf{g}}^{\mathrm{p}} + k_{\mathrm{pq}} \boldsymbol{U}_{\mathbf{g}}^{\mathrm{n}}) Q_{\mathrm{g}}^{\mathrm{ref}}}{|\boldsymbol{U}_{\mathbf{g}}^{\mathrm{p}}|^2 - k_{\mathrm{pq}} |\boldsymbol{U}_{\mathbf{g}}^{\mathrm{n}}|^2} \tag{5-104}
$$

式中,k_{pq} 为电流指令调节系数,满足 $-1 \leqslant k_{\mathrm{pq}} \leqslant 1$。当调节系数 k_{pq} 取不同值时对应不同控制目标下的参考电流指令,即若取 $k_{\mathrm{pq}} = 1$,消除负序电流;若 $k_{\mathrm{pq}} = -1$,则消除有功波

动;若 $k_{pq}=1$,则消除无功波动。值得注意的是,除了这三个离散固定值外,当 k_{pq} 在区间 $(-1,0)\bigcup(0,1)$ 变化时,可实现在有功、无功功率脉动与电流不平衡三者之间选择性地控制。

5. 基于扩展瞬时功率的电流指令

扩展瞬时功率理论将无功功率定义为电压正交矢量与电流矢量的点积,虽然当三相电网平衡时,该形式与传统瞬时功率理论的表达式完全一致,但在电网不平衡情况下,根据扩展瞬时功率理论计算的有功与无功功率的交流分量幅值大小相等,相位相差 90°。换言之,可以实现功率无波动和电流无畸变的统一控制;因而,扩展瞬时功率理论更适于在非理想电网情况下指导变流器内环电流控制指令的设计。

按照扩展功率理论定义[5],网侧变换器的瞬时有功功率与 $P_g(t)$ 完全一样,不再给出;而此时,瞬时无功功率 $Q_g^t(t)$ 为

$$Q_g^t(t)=1.5\mathrm{Re}(\boldsymbol{U_g^t}\cdot\boldsymbol{I_g^*})=Q_{g,dc}^t+Q_{g,c2}^t\cos 2\omega_g t+Q_{g,s2}^t\sin 2\omega_g t \quad (5-105)$$

式中,$Q_{g,dc}^t$、$Q_{g,c2}^t$、$Q_{g,s2}^t$ 分别为 $Q_g^t(t)$ 的直流量、交流余弦分量、交流正弦分量的幅值,其具体展开表达式分别为

$$\begin{cases} Q_{g,dc}^t=0.75(-\boldsymbol{U_g}\cdot\boldsymbol{I_g^t}+\boldsymbol{U_g^t}\cdot\boldsymbol{I_g}) \\ Q_{g,c2}^t=0.75\big[(-\boldsymbol{U_g}\cdot\boldsymbol{I_g}+\boldsymbol{U_g^t}\cdot\boldsymbol{I_g^t})\sin 2\omega_g t+(\boldsymbol{U_g}\cdot\boldsymbol{I_g^t}+\boldsymbol{U_g^t}\cdot\boldsymbol{I_g})\cos 2\omega_g t\big] \\ Q_{g,s2}^t=0.75\big[(\boldsymbol{U_g}\cdot\boldsymbol{I_g}-\boldsymbol{U_g^t}\cdot\boldsymbol{I_g^t})\cos 2\omega_g t+(\boldsymbol{U_g}\cdot\boldsymbol{I_g^t}+\boldsymbol{U_g^t}\cdot\boldsymbol{I_g})\sin 2\omega_g t\big] \end{cases}$$

$$(5-106)$$

观察式(5-96)和式(5-107)的功率方程可知,有功功率和无功功率的交流分量有如下数量关系: $Q_{g,c2}^t=-P_{g,s2}$,$Q_{g,s2}^t=P_{g,c2}$,因而有功、无功交流脉动的幅值大小相等,而相位差为 $\pi/2$。当控制并网有功功率二倍频交流分量为零时,可同时消除无功功率中的二倍频脉动。而为实现这一控制目标,只需令下式成立:

$$\begin{cases} P_{g,dc}=P_g^{ref} \\ Q_{g,dc}^t=Q_g^{ref} \\ P_{g,c2}=Q_{g,s2}^t=0 \\ P_{g,s2}=-Q_{g,c2}^t=0 \end{cases} \quad (5-107)$$

通过对上面方程式的求解,可得该控制目标下的参考电流矢量为

$$\boldsymbol{I_g^{ref}}=\frac{2}{3}\frac{j}{|\boldsymbol{U_g^p}|^2-|\boldsymbol{U_g^n}|^2}(\boldsymbol{U_g^t}P_g^{ref}-\boldsymbol{U_g}Q_g^{ref}) \quad (5-108)$$

由式(5-108)可知,若电网电压不存在基波负序分量,即 $\boldsymbol{U_g^n}=0$,则三相参考电流是平衡的,这与理想电网电压下的情形一致,此时对应于前文消除负序电流分量的控制方法。当风电并网侧变换器的内环控制器以上式作为控制目标,则有瞬时有功 $P_g^t(t)$、无功 $Q_g^t(t)$ 分别为

$$
\begin{cases}
P_g^t(t) = 1.5\mathrm{Re}[\boldsymbol{U_g} \cdot \boldsymbol{I_g}^{\mathrm{ref}*}] = \dfrac{1}{|\boldsymbol{U_g^p}|^2 - |\boldsymbol{U_g^n}|^2}\mathrm{Re}[\boldsymbol{U_g} \cdot (\boldsymbol{U_g^{t*}} P_g^{\mathrm{ref}} - \boldsymbol{U_g^*} Q_g^{\mathrm{ref}})] = P_g^{\mathrm{ref}} \\[4mm]
Q_g^t(t) = 1.5\mathrm{Re}[\boldsymbol{U_g^t} \cdot \boldsymbol{I_g}^{\mathrm{ref}*}] = \dfrac{1}{|\boldsymbol{U_g^p}|^2 - |\boldsymbol{U_g^n}|^2}\mathrm{Re}[\boldsymbol{U_g^t} \cdot (\boldsymbol{U_g^{t*}} P_g^{\mathrm{ref}} - \boldsymbol{U_g^*} Q_g^{\mathrm{ref}})] = Q_g^{\mathrm{ref}}
\end{cases}
$$

$$(5-109)$$

此时的瞬时并网功率恒等于功率给定值,不存在任何脉动成分。假设网侧风电变流器运行在不平衡度为 25% 的电网环境下,其中基波正序、负序电压分别为 $|\boldsymbol{U_g^p}| = 0.8$ pu, $|\boldsymbol{U_g^n}| = 0.2$ pu。以运行工作点为 $(P_g, Q_g) = (-\sqrt{2}/4, \sqrt{2}/4)$ pu 为例,则有电压矢量 $\boldsymbol{U_g}$ 与参考电流矢量 $\boldsymbol{I_g^{\mathrm{ref}}}$ 在 $\alpha\beta$ 坐标系下的关系曲线如图 5-16 所示。

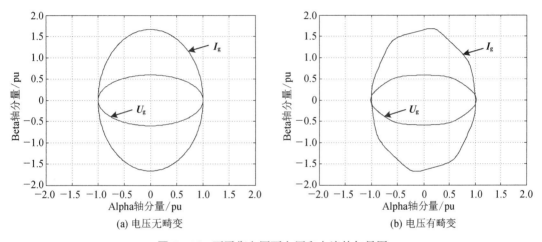

图 5-16　不平衡电网下电压和电流的矢量图

由图可知,在不平衡电网下,由于基波负序电压分量的存在,按式(5-108)得到的参考电流同样是不平衡的。在此基础上向不平衡电网中注入 5 次和 7 次谐波,谐波畸变分量分别取为 0.01 pu 和 0.005 pu;可以看出,由于电压存在少量谐波畸变,三相参考电流出现不平衡的同时,伴随一定的谐波畸变。

6. 不平衡电网下基于改进 SOGI 的正负序提取方法

在滑模电流不平衡控制算法中,需要对电网电压和电流进行正、负序分离,实现对正、负序电流环路的独立控制。另外,当三相电网电压发生不平衡故障时,电压中的负序分量,导致锁相环控制环路中存在大量二倍频谐波扰动,会对常规 SSRF-PLL 的性能造成极大的负面影响[6]。为了满足电网同步性能需求,同样需要在锁相环前级加入正、负序分量的提取环节。因此,快速、精确的正、负序检测算法,对整个控制系统至关重要。

以提取不平衡电压中的正、负序分量为例,定义 $\boldsymbol{u_g^p} = [u_{g\alpha}^p \quad u_{g\beta}^p]^\mathrm{T}$ 和 $\boldsymbol{u_g^n} = [u_{g\alpha}^n \quad u_{g\beta}^n]^\mathrm{T}$ 分别为电网电压矢量 $\boldsymbol{U_g^p}$ 和 $\boldsymbol{U_g^n}$ 在两相静止坐标系下的矩阵表达式;根据对称分量法的定义,电网基波电压正、负序分量可分别由下式表示:

$$\boldsymbol{u_g^p} = [u_{g\alpha}^p \quad u_{g\beta}^p]^\mathrm{T} = \frac{1}{2}\begin{bmatrix} 1 & -q \\ q & 1 \end{bmatrix}\boldsymbol{u_g} \tag{5-110}$$

$$\boldsymbol{u}_{\mathrm{g}}^{\mathrm{n}} = \begin{bmatrix} u_{\mathrm{g}\alpha}^{\mathrm{n}} & u_{\mathrm{g}\beta}^{\mathrm{n}} \end{bmatrix}^{\mathrm{T}} = \frac{1}{2} \begin{bmatrix} 1 & q \\ -q & 1 \end{bmatrix} \boldsymbol{u}_{\mathrm{g}} \tag{5-111}$$

式中，$q = \mathrm{e}^{-\mathrm{j}\pi/2}$，为 $90°$ 滞后移相算子。由上式可知，若要提取不平衡电网电压中正负序分量，首先需要准确获取 $u_{\mathrm{g}\alpha}$ 和 $u_{\mathrm{g}\beta}$ 的两相正交信号。SOGI 具有动态响应速度快、频率自适应

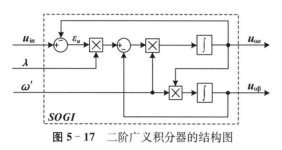

图 5-17　二阶广义积分器的结构图

能力强、易于数字化实现的优点，非常适用于不平衡电网下电压和电流的正、负序成分的提取。

基于二阶广义积分器的正交信号发生器的结构如下图 5-17 所示。

SOGI 输入-输出之间的传递函数可定义为

$$H_{\mathrm{SOGI}}(s) = \frac{u_{\mathrm{in}}(s)}{\lambda \varepsilon_u(s)} = \frac{\omega' s}{s^2 + \omega'^2} \tag{5-112}$$

式中，$\hat{\omega}$ 为 SOGI 的谐振角频率，SOGI 表现为具有无穷大增益的积分器。

相应地，SOGI 两路输出对应的传递函数分别为

$$\begin{cases} H_{\alpha}(s) = \dfrac{u_{\mathrm{o}\alpha}(s)}{u_{\mathrm{in}}(s)} = \dfrac{\lambda \omega' s}{s^2 + \lambda \omega' s + \omega'^2} \\[3mm] H_{\beta}(s) = \dfrac{u_{\mathrm{o}\beta}(s)}{u_{\mathrm{in}}(s)} = \dfrac{\lambda \omega'^2}{s^2 + \lambda \omega' s + \omega'^2} = \dfrac{\omega'}{s} H_{\alpha}(s) \end{cases} \tag{5-113}$$

式中，λ 为阻尼系数，$H_{\alpha}(s)$、$H_{\beta}(s)$ 分别为直轴、交轴分量的传递函数。若 u_{in} 是一个角频率为 ω 的余弦信号，则 SOGI 输出信号 $u_{\mathrm{o}\alpha}$ 和 $u_{\mathrm{o}\beta}$ 同样为余弦信号。定义 u_{in}、$u_{\mathrm{o}\alpha}$ 和 $u_{\mathrm{o}\beta}$ 的矢量形式分别为 $\boldsymbol{u}_{\mathrm{in}}$、$\boldsymbol{u}_{\mathrm{o}\alpha}$ 和 $\boldsymbol{u}_{\mathrm{o}\beta}$，则 SOGI 的幅频和相频特性如下式所示：

$$\boldsymbol{u}_{\mathrm{o}\alpha} = H_{\alpha} \cdot \boldsymbol{u}_{\mathrm{in}} \Leftrightarrow \begin{cases} |H_{\alpha}| = \dfrac{\lambda \omega \omega'}{\sqrt{(\lambda \omega \omega')^2 + (\omega'^2 - \omega^2)^2}} \\[4mm] \underline{/H_{\alpha}} = \tan^{-1}\left(\dfrac{\omega'^2 - \omega^2}{\lambda \omega \omega'}\right) \end{cases} \tag{5-114}$$

$$\boldsymbol{u}_{\mathrm{o}\beta} = H_{\beta} \cdot \boldsymbol{u}_{\mathrm{in}} \Leftrightarrow \begin{cases} |H_{\beta}| = \dfrac{\omega'}{\omega} |H_{\alpha}| \\[3mm] \underline{/H_{\beta}} = \underline{/H_{\alpha}} - \pi/2 \end{cases} \tag{5-115}$$

式中，$|H_j|$、$\underline{/H_j}$ 分别代表传函 $H_j(s)$ 的幅值和相角，$j = \alpha, \beta$。在 λ 取不同值的情况下，传函 $H_j(s)$ 的频率特性曲线分别如图 5-18 所示。

从图 5-18 中可看出，$H_{\alpha}(s)$ 在谐振频率处的增益为 1，相移为零，而其他频率处以 20 dB 速率衰减，表现为频带宽度只与 λ 有关的二阶带通滤波特性；$H_{\beta}(s)$ 在谐振频率处的增益同样为 1，但相移为 $-\pi/2$；当频率大于谐振频率时以 20 dB 速率衰减，表现为稳态增益只与 λ 有关的低通滤波特性，其输出与输入信号完全正交，与其他参数取值无关。因此，将

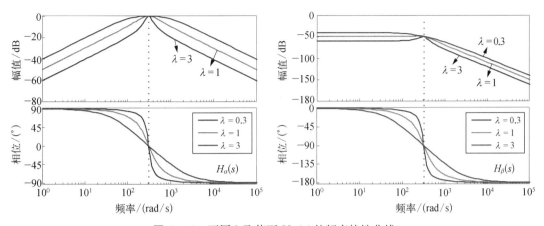

图 5 - 18　不同 λ 取值下 $H_j(s)$ 的频率特性曲线

SOGI 的谐振频率设定为电网电压基波频率,输出信号会无静差地跟随输入的基波信号,而谐波信号被衰减,SOGI 其实也是一个自适应滤波器。可以看出,阻尼系数 λ 值的选择决定着 SOGI 的滤波效果和动态性能;增大 λ 值,滤波控制带宽变大,系统的动态响应速度加快,但此时稳态跟踪误差增大,滤波效果变差,因此在实际设计时兼顾考虑滤波能力和响应速度因素,一般将 λ 取在 1.4 附近。

为便于数字处理器实现,需对 SOGI 做离散化处理。在基波频率下,采用前向及后向欧拉算法均无法使得 $H_\beta(s)$ 提供 $\pi/2$ 的滞后相位,由此离散得到的 $u_{o\alpha}$ 和 $u_{o\beta}$ 不完全正交。为了保持离散前后 SOGI 的频率响应一致,采用双线性变换方法对 SOGI 离散化,处理后可得

$$
\begin{cases}
H_a(z) = \dfrac{k_0(1 - z^{-2})}{1 - k_1 z^{-1} - k_2 z^{-2}} \\[3mm]
H_\beta(z) = \dfrac{k_0 m(1 + 2z^{-1} + z^{-2})}{1 - k_2 z^{-1} - k_3 z^{-2}}
\end{cases}
\tag{5-116}
$$

其中,$k_0 = \dfrac{a}{a + b^2 + 4}$,$k_1 = \dfrac{2(4 - b^2)}{a + b^2 + 4}$,

$k_2 = \dfrac{a - b^2 - 4}{a + b^2 + 4}$;式中,$a = 2\lambda\omega'T_s$,$b = \omega'T_s$,$m = 0.5\omega'T_s$。由式(5-116),可给出 SOGI 的离散化结构图,如图 5-19 所示。

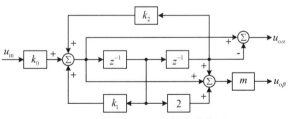

图 5 - 19　SOGI 的离散化结构图

上述分析可知,在 SOGI 中 $H_a(s)$、$H_\beta(s)$ 分别对应带通滤波器和低通滤波器,虽然两路输出均对输入信号中的高频噪声具有一定的抑制作用;然而,带通滤波器存在一定的导通带宽,对于截止频率附近的信号滤波效果不佳;而低通滤波器对输入信号中的直流分量无能为力。事实上,当三相电网电压发生不平衡故障时,通常伴随出现低次谐波及衰减的直流偏置电压,导致 SOGI 对此类干扰信号的过滤精度不高。假设此时输入电压为

$$u'_{in} = u_{0m} + u_{1m}\cos(\omega_1 t + \varphi_1) + \sum_{k=6n\pm1}^{\infty} u_{km}\cos(\omega_k t + \varphi_k) \quad (5-117)$$

式中，$n=1,2,3,\cdots$，u_{0m} 为输入信号中的直流量，u_{1m}、u_{km} 分别为输入信号中的基波和 k 次谐波峰值，φ_1、φ_k 分别对应其初相角，k 为谐波次数。将 SOGI 的谐振角频率设置为 $\omega' = \omega_1$，则该输入电压经 SOGI 后的输出表达式为

$$\begin{cases} u'_{o\alpha} = u_{1m}\cos(\omega_1 t + \varphi_1) + \sum_{k=6n\pm1}^{\infty} u_{km}\mid H_k\mid\cos(\omega_k t + \varphi_k + \underline{/H_k}) \\ u'_{o\beta} = \lambda u_{0m} + u_{1m}\sin(\omega_1 t + \varphi_1) + \sum_{k=6n\pm1}^{\infty} u_{km}\frac{\mid H_k\mid}{k}\sin(\omega_k t + \varphi_k + \underline{/H_k}) \end{cases}$$

$$(5-118)$$

式中，$\mid H_k\mid = \mid H_a\mid\Big|_{\omega=k\omega_1} = \left[1 + \left(\frac{1-k^2}{\lambda k}\right)^2\right]^{-1/2}$，$\underline{/H_k} = \underline{/H_a}\Big|_{\omega=k\omega_1} = \tan^{-1}\left(\frac{1-k^2}{\lambda k}\right)$。

由于 $\mid H_k\mid < 1$，输出 $u'_{o\alpha}$、$u'_{o\beta}$ 中谐波含量较输入有所减少，衰减程度取决于谐波阶数与 SOGI 参数 λ 的大小，若要完全消除谐波的影响，需要将多个 SOGI 级联。根据上式可知，输入信号中的直流量不会对输出 $u'_{o\alpha}$ 造成影响，但会传递至 $u'_{o\beta}$。忽略谐波的影响，上式经 Park 变换后，得 q 轴分量为

$$\begin{aligned} u'_{oq} &= -u_{1m}\cos\theta_1\sin\hat{\theta}_1 + \lambda u_{0m}\cos\hat{\theta}_1 + u_{1m}\sin\theta_1\cos\hat{\theta}_1 \\ &= u_{1m}\sin(\theta_1 - \hat{\theta}_1) + \lambda u_{0m}\cos\hat{\theta}_1 \end{aligned} \quad (5-119)$$

式中，$\theta_1 = \omega_1 t + \varphi_1$，$\hat{\theta}_1$ 为锁相环输出用于坐标变换的角度。稳态情况下，$u'_{oq} \approx 0$，则相角误差 $\Delta\theta_1$ 为

$$\Delta\theta_1 = \theta_1 - \hat{\theta}_1 \approx \sin(\theta_1 - \hat{\theta}_1) = -\frac{\lambda u_{0m}}{u_{1m}}\cos\hat{\theta}_1 \quad (5-120)$$

由此可见，锁相环误差大小取决于基波、直流量及增益 λ 的幅值。由于 λ 的取值一般大于 1，这将会进一步放大直流偏置的负面影响。综上分析，SOGI 输入中的谐波和直流量会严重影响其原有的优良性能，而且主回路各个器件的差异性、采样及模数转换电路的精度和变流器控制目标的不同等，均有可能加剧这一不利影响。

由于直流分量仅存在于输出通道 $u_{o\beta}$ 中，将输出 $u_{o\alpha}$ 负反馈至输入端后，ε_u 则含有与输入信号中相同的直流成分，再将其乘以系数 λ 后与原输出 $u_{o\beta}$ 相减，即可消除直流量的影响。考虑到在 ε_u 中依然保留有原始输入信号中的谐波成分，这里加入一个时间常数为 τ 的一阶低通滤波器，以提高改进后 SOGI 在高频段的滤波能力，改进型 SOGI（ISOGI）的结构如图 5-20 所示。

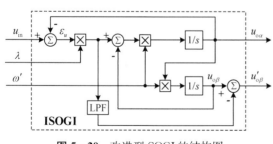

图 5-20 改进型 SOGI 的结构图

根据图 5 - 20 可知，$H'_\alpha(s) = u'_{o\beta}(s)/u_{in}(s)$ 与 $H_\alpha(s)$ 相同，而 $H'_\beta(s)$ 的传函为

$$H'_\beta(s) = \frac{u'_{o\beta}(s)}{u_{in}(s)} = \frac{\lambda(\omega'^2 \tau s - s^2)}{(\tau s + 1)(s^2 + \lambda\omega's + \omega'^2)} \tag{5-121}$$

不同滤波时间常数下，传函 $H'_\beta(s)$ 的频率特性曲线如图 5 - 21 所示。可见，加入 LPF 之后，并未对基波频率处的信号造成相位延时，此时 $H'_\beta(s)$ 不仅可以消除输入信号中的直流偏置，还同时具备了抑制低频和高频谐波的能力。时间常数 τ 的取值，影响 $H'_\beta(s)$ 在高、低频段的衰减性能，一般取为 3 ms。

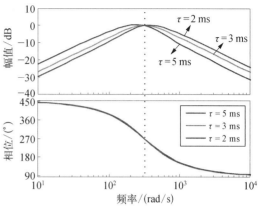

图 5 - 21　传递函数 $H'_\beta(s)$ 的频率特性曲线

在不平衡电网中，基波正序、负序电压的频率相同，而单一的 ISOGI 无法实现正、负分量之间的解耦，故需进一步将其并联、拓展为双二阶广义积分器（D - ISOGI）结构，再通过解耦运算，将正、负序分量分离，基于 D - ISOGI 结构的正负序提取算法如下图所示。

在图 5 - 22 中，基波正序电压送入后级 SSRF - PLL 做锁相运算，以提供旋转坐标变换所需角度。为实现 ISOG 的频率自适应，将锁相环的输出频率 ω_g 作为其谐振角频率；ω_0 为锁相环的基准角频率，取为电网额定角频率 $2\pi50$ rad/s，将其直接作为前馈项有助于提升 PLL 的同步速度。

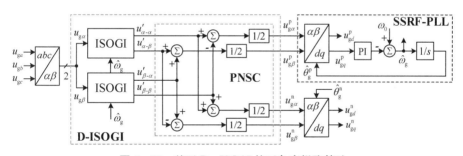

图 5 - 22　基于 D - ISOGI 的正负序提取算法

根据上述内容可知，利用 D - ISOGI 提取基波正序电压过程，可由如下的关系式表述：

$$\begin{bmatrix} u^p_{g\alpha}(s) \\ u^p_{g\beta}(s) \end{bmatrix} = \frac{1}{2} \begin{bmatrix} H_\alpha(s) & -H'_\beta(s) \\ H'_\beta(s) & H_\alpha(s) \end{bmatrix} \cdot \begin{bmatrix} u_{g\alpha}(s) \\ u_{g\beta}(s) \end{bmatrix} \tag{5-122}$$

当电网电压含有多次背景谐波时，为了消除多次谐波分量对基波正序电压提取过程的影响，需将多个 ISOGI 并联，形成多谐二阶广义积分器（Multi - ISOGI，M - ISOGI）结构。其整体结构如图 5 - 23 所示。

基于 M - ISOGI 结构的 SPLL 主要由四部分构成：交叉反馈网络（cross feedback network，CFN）、多个改进型双二阶广义积分器、基本 SSRF - PLL 单元。单个 D - ISOGI

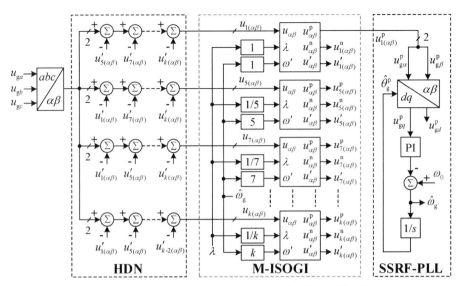

图 5 - 23 基于 M - SOGI 的正、负序分量提取结构图

模块用于基波或各次谐波电压分量的检测与分离,各模块并联工作的基准频率由 PLL 的估测角频率提供。前端 CFN 的作用是为了在提取单次电压分量时,避免与其他次分量发生交叉影响。对于输入为 k 次谐波电压的情况,有如下关系:

$$\begin{cases} u'_{ak}(s) = H_{ak}(s) \cdot \left[u_{ga}(s) - \sum_{j=6n+1,\, j \neq k}^{\infty} u'_{aj}(s) \right] \\ u'_{\beta k}(s) = H_{\beta k}(s) \cdot \left[u_{g\beta}(s) - \sum_{j=6n+1,\, j \neq k}^{\infty} u'_{\beta j}(s) \right] \end{cases} \tag{5-123}$$

其中,$H_{ak}(s) = \dfrac{\lambda_k \omega'_k s}{s^2 + \lambda_k \omega'_k s + \omega'^2_k}$,$H_{\beta k}(s) = \dfrac{\omega'_k}{s} H_{ak}(s)$,$\lambda_k = \lambda / k$,$\omega'_k = k\omega'$,$k = 1$ 时为基波分量。从而,可进一步求得 M - ISOGI 中输入电压与 k 次谐波电压的同相输出传函 $H_{M\alpha}(s)$ 为

$$H_{M\alpha}(s) = \frac{u'_{ak}(s)}{u_{ga}(s)} = H_{ak}(s) \cdot \prod_{j=2n+1,\, j \neq k}^{\infty} \left[\frac{1 - H_{aj}(s)}{1 - H_{aj}(s) \cdot H_{ak}(s)} \right] \tag{5-124}$$

同理,与其正交输出传函 $H_{M\beta}(s)$ 为

$$H_{M\beta}(s) = \frac{u'_{\beta k}(s)}{u_{ga}(s)} = H_{\beta k}(s) \cdot \prod_{j=2n+1,\, j \neq k}^{\infty} \left[\frac{1 - H_{aj}(s)}{1 - H_{aj}(s) \cdot H_{ak}(s)} \right] \tag{5-125}$$

以电网电压中存在 5、7、9、11 次谐波成分为例,则所设计 $H_{M\alpha}$ 和 $H_{M\beta}$ 的频率特性曲线如下图所示。可知,经过并联多个不同谐振频率的 SOGI 模块,两路正交输出电压中 5、7、9、11 次谐波分量均可被有效衰减(图 5 - 24)。

7. 网侧变换器的滑模变结构控制系统

在不平衡电网电压下,基于滑模变结构算法的网侧变换器控制系统的整体框图如

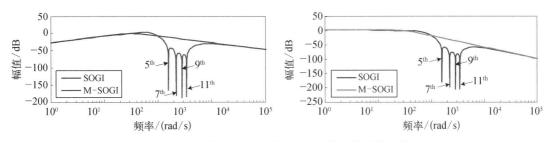

图 5-24　传函 $H_{M\alpha}(s)$ 和 $H_{M\beta}(s)$ 的幅频特性曲线

图 5-25 所示。图中,滑模电压外环用于产生网侧变换器有功功率的指令值,结合无功功率给定并代入式(5-108)得到用于滑模电流内环控制的正序及负序电流指令。采用前文改进型双二阶广义积分器(D-ISOGI)的方法进行电流正、负序分量的检测与提取,该方法具有较强的快速性和频率自适应能力;同样地,在整个控制系统中,正、负序同步旋转坐标系下的锁相信号均由基于 D-ISOGI 结构设计的 PLL 提供。根据滑模电流控制方程,分别计算出调节正序和负序电流的调制电压;最后,综合生成实际作用于驱动变流器开关管的调制电压信号。此外,由于变流器采用的是二极管钳位型三电平拓扑结构,其自身的中点电位平衡问题通过调节正、负小矢量的作用时间来实现[7]。

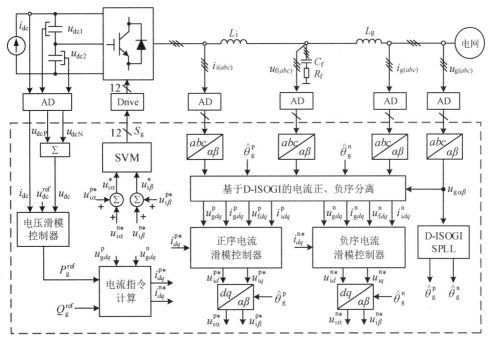

图 5-25　不平衡电网下网侧变换器的滑模控制框图

8. 硬件在环实验验证

采用附录 1 的变换器硬件在环实验平台进行实验,图 5-26 给出了实验中三相不平衡电网电压的波形,本节设定的情景为 a 相电压跌落 40%,以此模拟不平衡电网电压故障,此时电网的不平衡度约为 15%。从图中可看出,在电网电压跌落前后,锁相环输出角度未发生畸变,所设计的锁相环确保了不平衡控制算法的正确执行。

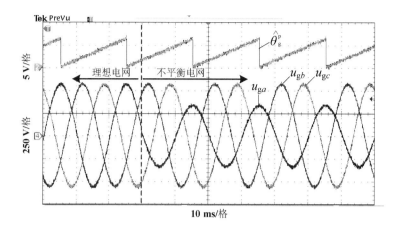

图 5 - 26 三相不平衡电网电压波形

加入不平衡滑模控制算法前后的对比实验波形如图 5 - 27 所示,其中,未加任何控制策略指在滑模控制器中未考虑负序控制环路。由两图可知,在未采取任何控制措施时,不平电

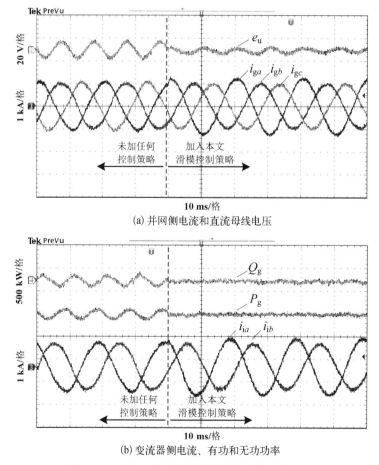

(a) 并网侧电流和直流母线电压

(b) 变流器侧电流、有功和无功功率

图 5 - 27 加入不平衡滑模控制算法前后实验波形

网电压导致变流器母线电压、有功和无功功率出现二倍基波频率的波动；此时，三相并网电流的 THD 约为 5.23%，畸变的电流降低了并网电能质量，容易引发 LCL 谐波振荡，不利于风电变流器的长期稳定运行。加入以扩展瞬时功率理论设计的滑模控制算法，消除了有功、无功功率波动，并保证了三相电流正弦、无谐波畸变。并网功率的平衡关系和 a 相电压幅值的跌落，致使加入改进策略后，变流器的 a 相电流的幅值较 b、c 两相有所增加。另外，在加入本文的滑模控制策略后，母线电压波动幅值也由 18 V 减小为 5 V，这有利于延长直流母线电容的寿命。

采用传统瞬时功率理论设计不平衡控制器，相应的实验波形如图 5-28 所示。与图 5-27 比较可知，当控制有功、无功波动为零时，并网电流出现较大程度的畸变，极易引发 LCL 高频谐振，进而导致整个风电变流系统的崩溃。这也说明了扩展瞬时功率理论更适于这种非理想电网情况下，指导和设计风电变流器的控制系统。

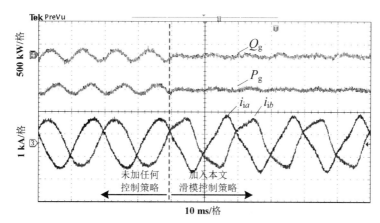

图 5-28　采用传统瞬时功率控制的实验波形

为了进一步验证在不平衡电网电压下，所提滑模控制算法较传统 PI 控制的优势，对比给出两种控制算法在网侧电感参数减小 30% 且负载发生满载至半载突变情况下的控制效果，对比波形如图 5-29 所示。

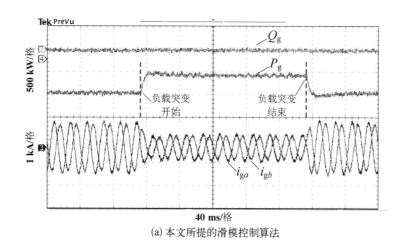

(a) 本文所提的滑模控制算法

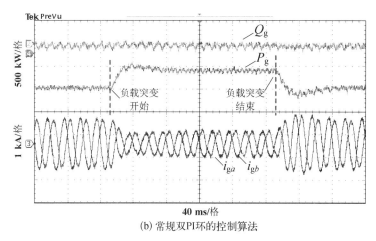

(b) 常规双PI环的控制算法

图 5‑29 两种不平衡控制算法的对比实验波形

从两种算法的控制效果可知,在常规 PI 控制方式下,电感参数的变化对稳态控制效果影响较大,电流的谐波含量明显增加,并网功率也出现了脉动;在负载由满载至半载的变化过程中,所提滑模控制算法的调节时间约为 6 ms(常规 PI 控制方式下,调节时间约为29 ms),响应速度得到大幅提高。

5.3 应对电网电压畸变的电流优化控制

本节研究谐波畸变电网下并网风电变流器的电流优化控制。首先,建立谐波畸变电网下变流器的输出功率模型,采用比例多谐振调节器跟踪基波电流指令并抑制电网电压扰动。提出一种基于离散根轨迹的比例多谐振调节器参数设计方法,采用双线性变换法对电流环离散化,验证电网频率波动、LCL 滤波器参数变化时系统的鲁棒性。接下来,给出一种具有频率自适应功能的最小方差法实现的锁相环滤波器,研究了适用于多次谐波背景的最小方差法滤波器算法。最后,基于 RTLAB 硬件在环实验平台验证了所提控制策略的可行性。

5.3.1 谐波畸变电网下网侧变换器的功率模型

三相 PWM 并网变流系统中主要含有 $6n\pm1(n=1、2、3\cdots\cdots)$ 次谐波,其中 5 次和 7 次两种低次谐波分量比重较大,且最具有代表性,本节便以此两种谐波为研究对象。假设电网电压同时出现不平衡且含有 5 次、7 次谐波畸变,则此时电网电压矢量 $\boldsymbol{U}_\mathrm{g}$ 可表示为

$$\boldsymbol{U}_\mathrm{g}=\boldsymbol{U}_\mathrm{g}^\mathrm{p}+\boldsymbol{U}_\mathrm{g}^\mathrm{n}+\boldsymbol{U}_\mathrm{g}^\mathrm{5n}+\boldsymbol{U}_\mathrm{g}^\mathrm{7p}=\boldsymbol{U}_{\mathrm{g}dq}^\mathrm{p}\mathrm{e}^{\mathrm{j}\omega_\mathrm{g}t}+\boldsymbol{U}_{\mathrm{g}dq}^\mathrm{n}\mathrm{e}^{-\mathrm{j}\omega_\mathrm{g}t}+\boldsymbol{U}_{\mathrm{g}dq}^\mathrm{5n}\mathrm{e}^{-\mathrm{j}5\omega_\mathrm{g}t}+\boldsymbol{U}_{\mathrm{g}dq}^\mathrm{7p}\mathrm{e}^{\mathrm{j}7\omega_\mathrm{g}t} \quad (5-126)$$

式中,$\boldsymbol{U}_\mathrm{g}^\mathrm{5n}$、$\boldsymbol{U}_\mathrm{g}^\mathrm{7p}$ 分别表示不平衡且畸变电网电压矢量 $\boldsymbol{U}_\mathrm{g}$ 的 5 次谐波负序、7 次谐波正序分量,$\boldsymbol{U}_{\mathrm{g}dq}^\mathrm{5n}$ 为电压矢量 $\boldsymbol{U}_\mathrm{g}$ 在 5 倍频反向旋转坐标系下的 5 次谐波负序分量,$\boldsymbol{U}_{\mathrm{g}dq}^\mathrm{7p}$ 则为 $\boldsymbol{U}_\mathrm{g}$ 在 7 倍频正向旋转坐标系下的 7 次谐波正序分量。

同理,并网电流矢量 $\boldsymbol{I}_\mathrm{g}$ 的表达式为

$$I_{\mathrm{g}} = I_{\mathrm{g}}^{\mathrm{p}} + I_{\mathrm{g}}^{\mathrm{n}} + I_{\mathrm{g}}^{5\mathrm{n}} + I_{\mathrm{g}}^{7\mathrm{p}} = I_{\mathbf{g}dq}^{\mathrm{p}} \mathrm{e}^{\mathrm{j}\omega_{\mathrm{g}}t} + I_{\mathbf{g}dq}^{\mathrm{n}} \mathrm{e}^{-\mathrm{j}\omega_{\mathrm{g}}t} + I_{\mathbf{g}dq}^{5\mathrm{n}} \mathrm{e}^{-\mathrm{j}5\omega_{\mathrm{g}}t} + I_{\mathbf{g}dq}^{7\mathrm{p}} \mathrm{e}^{\mathrm{j}7\omega_{\mathrm{g}}t} \quad (5-127)$$

式中，$I_{\mathrm{g}}^{5\mathrm{n}}$、$I_{\mathrm{g}}^{7\mathrm{p}}$ 分别表示不平衡且畸变电网电压矢量 I_{g} 的 5 次谐波负序、7 次谐波正序分量，$I_{\mathbf{g}dq}^{5\mathrm{n}}$ 为电压矢量 I_{g} 在 5 倍频反向旋转坐标系下的 5 次谐波负序分量，$I_{\mathbf{g}dq}^{7\mathrm{p}}$ 则为 I_{g} 在 7 倍频正向旋转坐标系下的 7 次谐波正序分量。

此时，可得不平衡且含 5 次、7 次谐波畸变电网下，并网风电变流器的瞬时有功功率 $P_{\mathrm{g}}(t)$ 和瞬时无功功率 $Q_{\mathrm{g}}(t)$ 的表达式分别为

$$P_{\mathrm{g}}(t) = P_{\mathrm{g, dc}} + \sum_{k=2, 4, 6, 8, 12} \left[P_{\mathrm{g, c}k} \cos(k\omega_{\mathrm{g}}t) + P_{\mathrm{g, s}n} \sin(k\omega_{\mathrm{g}}t) \right] \quad (5-128)$$

$$Q_{\mathrm{g}}(t) = Q_{\mathrm{g, dc}} + \sum_{k=2, 4, 6, 8, 12} \left[Q_{\mathrm{g, c}k} \cos(k\omega_{\mathrm{g}}t) + Q_{\mathrm{g, s}k} \sin(k\omega_{\mathrm{g}}t) \right] \quad (5-129)$$

式中，$P_{\mathrm{g, dc}}$、$Q_{\mathrm{g, dc}}$ 分别为有功、无功功率的直流值；$P_{\mathrm{g, c}k}$、$Q_{\mathrm{g, c}k}$ 分别代表有功、无功功率的 k 倍频交流余弦幅值；$P_{\mathrm{g, s}k}$、$Q_{\mathrm{g, s}k}$ 则分别代表有功、无功功率的 k 倍频交流正弦幅值，其中 $k=2, 4, 6, 8, 12$。因此，$P_{\mathrm{g, s}k}$ 上式展开后的具体表达式为

$$\begin{cases} P_{\mathrm{g, dc}} = 1.5(U_{\mathbf{g}dq}^{\mathrm{p}} \cdot I_{\mathbf{g}dq}^{\mathrm{p}} + U_{\mathbf{g}dq}^{\mathrm{n}} \cdot I_{\mathbf{g}dq}^{\mathrm{n}} + U_{\mathbf{g}dq}^{5\mathrm{n}} \cdot I_{\mathbf{g}dq}^{5\mathrm{n}} + U_{\mathbf{g}dq}^{7\mathrm{p}} \cdot I_{\mathbf{g}dq}^{7\mathrm{p}}) \\ P_{\mathrm{g, c6}} = 1.5(U_{\mathbf{g}dq}^{\mathrm{p}} \cdot I_{\mathbf{g}dq}^{5\mathrm{n}} + U_{\mathbf{g}dq}^{\mathrm{p}} \cdot I_{\mathbf{g}dq}^{7\mathrm{p}} + U_{\mathbf{g}dq}^{5\mathrm{n}} \cdot I_{\mathbf{g}dq}^{\mathrm{p}} + U_{\mathbf{g}dq}^{7\mathrm{p}} \cdot I_{\mathbf{g}dq}^{\mathrm{p}}) \\ P_{\mathrm{g, s6}} = 1.5(U_{\mathbf{g}dq}^{\mathrm{p}} \times I_{\mathbf{g}dq}^{5\mathrm{n}} - U_{\mathbf{g}dq}^{\mathrm{p}} \times I_{\mathbf{g}dq}^{7\mathrm{p}} - U_{\mathbf{g}dq}^{5\mathrm{n}} \times I_{\mathbf{g}dq}^{\mathrm{p}} + U_{\mathbf{g}dq}^{7\mathrm{p}} \times I_{\mathbf{g}dq}^{\mathrm{p}}) \end{cases} \quad (5-130)$$

$$\begin{cases} P_{\mathrm{g, c4}} = 1.5(U_{\mathbf{g}dq}^{5\mathrm{n}} \cdot I_{\mathbf{g}dq}^{\mathrm{n}} + U_{\mathbf{g}dq}^{\mathrm{n}} \cdot I_{\mathbf{g}dq}^{5\mathrm{n}}) \\ P_{\mathrm{g, s4}} = 1.5(U_{\mathbf{g}dq}^{\mathrm{n}} \times I_{\mathbf{g}dq}^{5\mathrm{n}} - U_{\mathbf{g}dq}^{5\mathrm{n}} \times I_{\mathbf{g}dq}^{\mathrm{n}}) \\ P_{\mathrm{g, c8}} = 1.5(U_{\mathbf{g}dq}^{\mathrm{n}} \cdot I_{\mathbf{g}dq}^{7\mathrm{p}} + U_{\mathbf{g}dq}^{7\mathrm{p}} \cdot I_{\mathbf{g}dq}^{\mathrm{n}}) \\ P_{\mathrm{g, s8}} = 1.5(-U_{\mathbf{g}dq}^{\mathrm{n}} \times I_{\mathbf{g}dq}^{7\mathrm{p}} + U_{\mathbf{g}dq}^{7\mathrm{p}} \times I_{\mathbf{g}dq}^{\mathrm{n}}) \\ P_{\mathrm{g, c12}} = 1.5(U_{\mathbf{g}dq}^{5\mathrm{n}} \cdot I_{\mathbf{g}dq}^{7\mathrm{p}} + U_{\mathbf{g}dq}^{7\mathrm{p}} \cdot I_{\mathbf{g}dq}^{5\mathrm{n}}) \\ P_{\mathrm{g, s12}} = 1.5(-U_{\mathbf{g}dq}^{5\mathrm{n}} \times I_{\mathbf{g}dq}^{7\mathrm{p}} + U_{\mathbf{g}dq}^{7\mathrm{p}} \times I_{\mathbf{g}dq}^{5\mathrm{n}}) \end{cases} \quad (5-131)$$

$Q_{\mathrm{g, s}k}$ 上式展开后的具体表达式为

$$\begin{cases} Q_{\mathrm{g, dc}} = 1.5(-U_{\mathbf{g}dq}^{\mathrm{p}} \times I_{\mathbf{g}dq}^{\mathrm{p}} - U_{\mathbf{g}dq}^{\mathrm{n}} \times I_{\mathbf{g}dq}^{\mathrm{n}} - U_{\mathbf{g}dq}^{5\mathrm{n}} \times I_{\mathbf{g}dq}^{5\mathrm{n}} - U_{\mathbf{g}dq}^{7\mathrm{p}} \times I_{\mathbf{g}dq}^{7\mathrm{p}}) \\ Q_{\mathrm{g, c6}} = 1.5(-U_{\mathbf{g}dq}^{\mathrm{p}} \times I_{\mathbf{g}dq}^{5\mathrm{n}} - U_{\mathbf{g}dq}^{\mathrm{p}} \times I_{\mathbf{g}dq}^{7\mathrm{p}} - U_{\mathbf{g}dq}^{5\mathrm{n}} \times I_{\mathbf{g}dq}^{\mathrm{p}} - U_{\mathbf{g}dq}^{7\mathrm{p}} \times I_{\mathbf{g}dq}^{\mathrm{p}}) \\ Q_{\mathrm{g, s6}} = 1.5(U_{\mathbf{g}dq}^{\mathrm{p}} \cdot I_{\mathbf{g}dq}^{5\mathrm{n}} - U_{\mathbf{g}dq}^{\mathrm{p}} \cdot I_{\mathbf{g}dq}^{7\mathrm{p}} - U_{\mathbf{g}dq}^{5\mathrm{n}} \cdot I_{\mathbf{g}dq}^{\mathrm{p}} + U_{\mathbf{g}dq}^{7\mathrm{p}} \times I_{\mathbf{g}dq}^{\mathrm{p}}) \end{cases} \quad (5-132)$$

$$\begin{cases} Q_{\mathrm{g, c4}} = 1.5(-U_{\mathbf{g}dq}^{\mathrm{n}} \times I_{\mathbf{g}dq}^{5\mathrm{n}} - U_{\mathbf{g}dq}^{5\mathrm{n}} \times I_{\mathbf{g}dq}^{\mathrm{n}}) \\ Q_{\mathrm{g, s4}} = 1.5(U_{\mathbf{g}dq}^{\mathrm{n}} \cdot I_{\mathbf{g}dq}^{5\mathrm{n}} - U_{\mathbf{g}dq}^{5\mathrm{n}} \cdot I_{\mathbf{g}dq}^{\mathrm{n}}) \\ Q_{\mathrm{g, c8}} = 1.5(-U_{\mathbf{g}dq}^{\mathrm{n}} \times I_{\mathbf{g}dq}^{7\mathrm{p}} - U_{\mathbf{g}dq}^{7\mathrm{p}} \times I_{\mathbf{g}dq}^{\mathrm{n}}) \\ Q_{\mathrm{g, s8}} = 1.5(-U_{\mathbf{g}dq}^{\mathrm{n}} \cdot I_{\mathbf{g}dq}^{7\mathrm{p}} + U_{\mathbf{g}dq}^{7\mathrm{p}} \cdot I_{\mathbf{g}dq}^{\mathrm{n}}) \\ Q_{\mathrm{g, c12}} = 1.5(-U_{\mathbf{g}dq}^{5\mathrm{n}} \times I_{\mathbf{g}dq}^{7\mathrm{p}} - U_{\mathbf{g}dq}^{7\mathrm{p}} \times I_{\mathbf{g}dq}^{5\mathrm{n}}) \\ Q_{\mathrm{g, s12}} = 1.5(-U_{\mathbf{g}dq}^{5\mathrm{n}} \cdot I_{\mathbf{g}dq}^{7\mathrm{p}} + U_{\mathbf{g}dq}^{7\mathrm{p}} \cdot I_{\mathbf{g}dq}^{5\mathrm{n}}) \end{cases} \quad (5-133)$$

在理想电网工况下，风电变流器注入电网的电流只含有基频正序成分；然而，在电网发

生不对称故障或畸变等特殊情况下,变流器出于自身保护或并网标准要求的目的,需要"主动"向电网注入一定量的负序或谐波电流成分,以平衡并网处的波动功率或补偿并网谐波电流。通过设置变流器电流内环的控制指令可实现消除并网有功、无功功率的特定频率交流分量及平衡三相并网电流等控制目标。但由于可控变量自由度数量的限制,无法同时实现所有的控制目标。值得说明的是,相较于基波电压成分,基波负序、5 次谐波负序及 7 次谐波正序分量在畸变电网电压中所占比重相对较小,这三者间两两相互作用所产生的脉动功率也非常小,故控制时可忽略有功、无功功率的 4 倍频、8 倍频、12 倍频交流分量对变流器的影响。

5.3.2　谐波畸变电网下比例多谐振调节器的参数设计

比例积分(proportional integral, PI)调节器是一阶控制器,对直流参考量能够实现无差跟踪,具有鲁棒性强与可靠性高的优点。为消除电网电压不平衡与畸变对变流器输出电流的影响,采用比例多谐振 PR 调节器代替 PI 调节器对电流环控制。

1. 比例多谐振调节器的特性分析

在两相静止坐标系下,谐振频率为 ω 的 PR 调节器的表达形式为

$$G_{PR}(s) = K_{p0} + \frac{K_{r0}s}{s^2 + \omega^2} \tag{5-134}$$

式中,K_{p0}、K_{r0} 分别为 PR 调节器的比例、谐振增益。当 PR 调节器的比例、谐振增益分别与 PI 调节器的比例、积分增益相同($K_{p0} = 0.8$, $K_{r0} = 120$),且 PR 调节器的谐振频率取为电网基波频率时,对比给出 PR 和 PI 调节器的频率特性曲线,如图 5-30 所示。

由图 5-30 可知,PI 调节器仅能够对输入频率为 0 Hz 的直流信号进行调节,而 PR 调节器的控制效果则体现在输入频率为 $\pm\omega$ 的交流信号上,且具有双向谐振特性,即可同时为该频率处的正、负序交流信号提供理想的控制增益;对比可发现,PI 调节器的等效谐振频率为零,对交流信号的控制效果明显劣于 PR 调节器[8]。

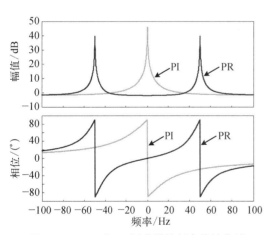

图 5-30　PR 和 PI 调节器的频率特性曲线

上述仅是针对基波电流的控制,在谐波畸变电网下,需要同时控制多种谐波电流分量,因而将式(5-134)扩展至具备调节多个谐振频率信号的形式,即比例多谐振调节器,其具体表达形式为

$$G_{PR}(s) = K_p + \sum_{h=1}^{n} \frac{K_{rh}s}{s^2 + \omega_h^2} \tag{5-135}$$

式中,K_p 为比例多谐振调节器的比例增益,h 为谐波次数,n 表示谐振调节器的个数;K_{rh} 和 ω_h 则分别为比例多谐振调节器中 h 次谐振器对应的谐振增益和谐振角频率。

该比例多谐振调节器在频率 ω 处的增益为

$$A_{\mathrm{PR}}(\omega) = \sqrt{K_{\mathrm{p}}^2 + \left(\sum_{h=1}^{n} \frac{K_{rh}\omega}{\omega_h^2 - \omega^2}\right)^2} \tag{5-136}$$

上式在谐振频率 ω_h 处的增益为无限大,在其他频率处的增益是一有限值,因此比例多谐振 PR 调节器能够无静差跟踪多个特定频率的正弦量,且能抵抗其他频率的扰动。然而,无限大的增益会降低系统稳定性,也不易于控制器的实现;此外,这种控制器带宽较小,无法抑制电网频率波动的影响。为解决理想比例多谐振 PR 调节器的上述问题,在此基础上一般采用一种易于实现的比例多谐振准 PR 调节器[9],其传递函数表达式为

$$G_{\mathrm{PR}}(s) = K_{\mathrm{p}} + \sum_{h=1}^{n} \frac{2K_{rh}\omega_{ch}s}{s^2 + 2\omega_{ch}s + \omega_h^2} \tag{5-137}$$

式中, ω_{ch} 为 h 次谐振调节器对应的截止频率。

当 $h=1$ 且截止频率分别取 3 rad/s、6 rad/s 及 9 rad/s 三个数值时,上述比例多谐振调节器的频率特性曲线如图 5-31 所示。由图可知,截止频率的引入扩宽了调节器的控制带宽,且带宽随着 ω_{cl} 的增大而增加。在面对电网频率波动的情况时,比例多谐振准 PR 调节器仍能够对谐振频率处的电流提供足够大的幅值增益,提高了抵抗电网频率扰动的能力。

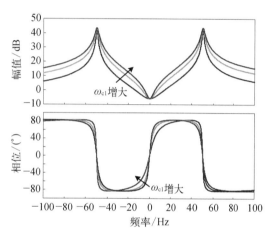

图 5-31　不同 ω_{cl} 取值下比例多谐振调节器的频率特性曲线

2. 比例多谐振电流控制环路及离散化

在电压、电流双环控制结构中,由于内环、外环的时间常数相差较大,可认为两者近似解耦。本节主要研究电流内环的控制,图 5-32 给出了两相静止 $\alpha\beta$ 坐标系下电流环路的简化控制框图。

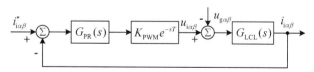

图 5-32　静止 $\alpha\beta$ 坐标系下电流环控制框图

在两相静止坐标系下, α 通道、β 通道之间不存在交叉耦合项且具有相同的控制结构,因此 α 通道、β 通道的调节器可设计相同的控制参数。图 5-32 中, $K_{\mathrm{PWM}}e^{-sT}$ 表示数字控制环节引发的等效延迟;T 为数字控制周期;K_{PWM} 为逆变桥路放大增益;G_{LCL} 为 LCL 滤波器的输入电压对电流的传递函数矩阵,其表达式为

$$G_{\mathrm{LCL}}(s) = \frac{I_{\mathrm{i}}(s)}{U_{\mathrm{g}}(s) - U_{\mathrm{i}}(s)} = \frac{L_{\mathrm{g}}C_{\mathrm{f}}s^2 + C_{\mathrm{f}}R_{\mathrm{f}}s + 1}{L_{\mathrm{i}}C_{\mathrm{f}}L_{\mathrm{g}}s^3 + C_{\mathrm{f}}(L_{\mathrm{i}}+L_{\mathrm{g}})R_{\mathrm{f}}s^2 + (L_{\mathrm{i}}+L_{\mathrm{g}})s} \tag{5-138}$$

图 5-32 中 $u_{g\alpha\beta}$ 为静止 $\alpha\beta$ 坐标系下的电网电压，其值为基波正弦量。电网电压出现不平衡与畸变时，$u_{g\alpha\beta}$ 中除了基波成分，还含有各次谐波分量，本节以 5 次负序、7 次正序分量为例研究电流环路的控制。G_{PR} 为电流控制环路的比例多谐振调节器，其作用是对基波正弦参考量的跟随以及环路中 5 次、7 次谐波电压扰动的抑制，G_{PR} 的传递函数表达式为

$$G_{PR}(s) = K_p + \frac{2K_{r1}\omega_{c1}s}{s^2 + 2\omega_{c1}s + \omega_1^2} + \frac{2K_{r5}\omega_{c5}s}{s^2 + 2\omega_{c5}s + \omega_5^2} + \frac{2K_{r7}\omega_{c7}s}{s^2 + 2\omega_{c7}s + \omega_7^2} \quad (5-139)$$

其中，ω_1、ω_5、ω_7 是基波、5 次谐波、7 次谐波对应的谐振频率，其值分别为 314.16 rad/s、1 570.80 rad/s、2 199.11 rad/s；K_p 为比例增益；K_{r1}、K_{r5}、K_{r7} 分别为基波、5 次谐波、7 次谐波对应的谐振增益；ω_{c1}、ω_{c5}、ω_{c7} 分别为基波、5 次谐波、7 次谐波对应的截止频率。

为设计电流控制环路的比例多谐振调节器参数，本节采用基于直接离散域的数字控制器设计方法[14]，首先须对电流控制环路的各个环节进行离散化。本节采用双线性变换法 (Tustin)，s 域和 z 域之间的变换关系可表示为

$$s = k\frac{z-1}{z+1} \quad (5-140)$$

式中，$k = 2/T$，T 为数字控制周期。

将式(5-140)代入式(5-138)，经过整理可得 LCL 滤波器输入电压对输入电流的离散化传递函数表达式为

$$G_{LCL}(z) = \frac{b_3 z^3 + b_2 z^2 + b_1 z + b_0}{a_3 z^3 + a_2 z^2 + a_1 z + a_0} \quad (5-141)$$

式中，各项系数具体表达式为

$$\begin{cases} a_0 = -L_i L_g C_f k^3 + (L_i + L_g)C_f R_f k^2 - (L_i + L_g)k \\ a_1 = 3L_i L_g C_f k^3 - (L_i + L_g)C_f R_f k^2 - (L_i + L_g)k \\ a_2 = -3L_i L_g C_f k^3 - (L_i + L_g)C_f R_f k^2 + (L_i + L_g)k \\ a_3 = L_i L_g C_f k^3 + (L_i + L_g)C_f R_f k^2 + (L_i + L_g)k \end{cases} \quad (5-142)$$

$$\begin{cases} b_0 = L_g C_f k^2 - C_f R_f k + 1 \\ b_1 = -L_g C_f k^2 - C_f R_f k + 3 \\ b_2 = -L_g C_f k^2 + C_f R_f k + 3 \\ b_3 = L_g C_f k^2 + C_f R_f k + 1 \end{cases} \quad (5-143)$$

图 5-32 中等效延迟环节转化到离散域，其传递函数表达式为

$$G_{del} = K_{PWM} z^{-1} \quad (5-144)$$

将式(5-140)代入式(5-139)，经过整理可得比例多谐振调节器的离散化传递函数表达式为

$$G_{\mathrm{PR}}(z) = K_{\mathrm{p}} + \frac{d_2 z^2 + d_0}{c_2 z^2 + c_1 z + c_0} + \frac{f_2 z^2 + f_0}{e_2 z^2 + e_1 z + e_0} + \frac{h_2 z^2 + h_0}{g_2 z^2 + g_1 z + g_0} \quad (5-145)$$

式中,各项系数具体表达式为

$$\begin{cases} c_0 = k^2 - 2\omega_{\mathrm{c1}} k + \omega_1^2 \\ c_1 = -2k^2 + 2\omega_1^2 \\ c_2 = k^2 + 2\omega_{\mathrm{c1}} k + \omega_1^2 \end{cases} \quad (5-146)$$

$$\begin{cases} d_0 = -2K_{\mathrm{r1}} \omega_{\mathrm{c1}} k \\ d_2 = 2K_{\mathrm{r1}} \omega_{\mathrm{c1}} k \end{cases} \quad (5-147)$$

$$\begin{cases} e_0 = k^2 - 2\omega_{\mathrm{c5}} k + \omega_5^2 \\ e_1 = -2k^2 + 2\omega_5^2 \\ e_2 = k^2 + 2\omega_{\mathrm{c5}} k + \omega_5^2 \end{cases} \quad (5-148)$$

$$\begin{cases} f_0 = -2K_{\mathrm{r5}} \omega_{\mathrm{c5}} k \\ f_2 = 2K_{\mathrm{r5}} \omega_{\mathrm{c5}} k \end{cases} \quad (5-149)$$

$$\begin{cases} g_0 = k^2 - 2\omega_{\mathrm{c7}} k + \omega_7^2 \\ g_1 = -2k^2 + 2\omega_7^2 \\ g_2 = k^2 + 2\omega_{\mathrm{c7}} k + \omega_7^2 \end{cases} \quad (5-150)$$

$$\begin{cases} h_0 = -2K_{\mathrm{r7}} \omega_{\mathrm{c7}} k \\ h_2 = 2K_{\mathrm{r7}} \omega_{\mathrm{c7}} k \end{cases} \quad (5-151)$$

3. 比例多谐振调节器参数设计

基于上一节给出的电流控制环路各个环节的离散化结果,本节将在离散域,采用根轨迹法直接设计电流环的调节器参数。

比例多谐振调节器参数变化将对闭环系统的根轨迹产生重要影响,以此为依据可以选择使电流控制环稳定的调节器参数范围[10]。由于比例多谐振调节器含有 K_{p}、K_{r1}、ω_{c1}、K_{r5}、ω_{c5}、K_{r7}、ω_{c7} 七个参数,本节将分组讨论这些参数对系统根轨迹变化趋势的影响。图 5-33 给出 K_{p}、K_{r1}、ω_{c1} 变化时系统的根轨迹图,其中 $0.02 \leqslant K_{\mathrm{p}} \leqslant 2$, $10 \leqslant K_{\mathrm{r1}} \leqslant 50$, $0.4\pi \leqslant \omega_{\mathrm{c1}} \leqslant 3\pi$。从图 5-33 中可以看出,该闭环系统共有五对极点。其中:第一对极点由 LCL 滤波器产生;第二对极点由 LCL 滤波器与延迟环节产生;第三对极点由基波谐振调节器产生;第四对极点由五次谐波谐振调节器产生;第五对极点由七次谐波谐振调节器产生。

首先分析比例增益 K_{p} 对闭环系统极点的影响。图 5-33(a)中随着 K_{p} 的增大,第一对极点从单位圆内逐渐运动到单位圆外,为确保系统稳定则 K_{p} 取值不能过大;K_{p} 较小时第二对极点在实轴上,K_{p} 增大时这对极点相互靠近,相遇后离开实轴分别向上、向下运动,最后到达关于实轴对称的两个点,第二对极点对闭环系统的稳定性影响较小;第三、第四、第五对极点在 K_{p} 较小时处在单位圆外,随着 K_{p} 增大逐渐运动到单位圆内而后收缩到一点,为

确保系统稳定则 K_p 取值不能过小。根据 K_p 对第一、三、四、五对极点分布的影响,可确定使系统稳定的 K_p 范围。

接下来分析 K_{r1}、ω_{c1} 对以 K_p 为参变量的系统根轨迹的影响,从图 5 - 33(a)中可以看出,K_{r1} 对闭环系统根轨迹的影响与 ω_{c1} 相同。随着 K_{r1}、ω_{c1} 增大,第一对极点轨迹远离实轴分别向上、向下移动。在 K_{r1}、ω_{c1} 开始小幅增大时,第二对极点轨迹非实轴部分向右移动,第三对极点轨迹向左移动;需要指出的是,随着 K_{r1}、ω_{c1} 进一步增大,第二对极点在实轴相遇后运动到原第三对极点轨迹的终点,而第三对极点则运动到原第二对极点轨迹的终点,K_{r1}、ω_{c1} 的增大使得第三对极点轨迹的单位圆外部分增大,第二对极点轨迹始终处在单位圆内。图 5 - 33(b)、(c)分别为第四对、第五对极点轨迹的局部放大图,从图中可以看出,由于 K_{r1}、ω_{c1} 为基波谐振调节器的参数,其值增大对由五、七次谐波谐振调节器产生的第四、第五对极点轨迹的影响较小,两条轨迹单位圆内的部分几乎不变。根据 K_{r1}、ω_{c1} 对应第一、三、四、五对极点轨迹的单位圆内部分,可确定使系统稳定的 K_{r1}、ω_{c1} 范围。

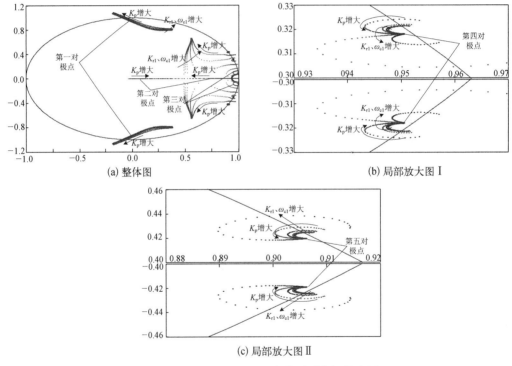

图 5 - 33 K_p、K_{r1} 及 ω_{c1} 变化时系统根轨迹图

图 5 - 34 给出 K_p、K_{r5}、ω_{c5} 变化时系统的根轨迹图,其中 $0.02 \leqslant K_p \leqslant 2$,$1 \leqslant K_{r5} \leqslant 70$,$0.2\pi \leqslant \omega_{c5} \leqslant 2.8\pi$。从图 5 - 34 中可以看出,比例增益 K_p 对闭环系统极点变化趋势的影响与图 5 - 33 相同,接下来分析 K_{r5}、ω_{c5} 对以 K_p 为参变量的系统根轨迹的影响。图 5 - 34(a)中,K_{r5} 对闭环系统根轨迹的影响与 ω_{c5} 相同。随着 K_{r5}、ω_{c5} 增大,第一对极点轨迹远离实轴分别向上、向下移动。需要注意的是,图 5 - 33 中 K_{r1}、ω_{c1} 增大使得交换第二、第三对极点轨迹终点的现象,在图 5 - 34 中变为 K_{r5}、ω_{c5} 增大对应交换第二、第四对极点轨迹的终点,原因在于 K_{r5}、ω_{c5} 为五次谐波谐振调节器的参数,其对由五次谐波谐振调节器产生的

第四对极点影响较大。K_{r5}、ω_{c5} 的增大使得第四对极点轨迹的单位圆外部分增大,第二对极点轨迹始终处在单位圆内。从图 5-34 中还可以看出,K_{r5}、ω_{c5} 值增大对由基波、七次谐波谐振调节器产生的第三、第五对极点轨迹的影响较小,两条轨迹单位圆内的部分几乎不变。根据 K_{r5}、ω_{c5} 对应第一、三、四、五对极点轨迹的单位圆内部分,可确定使系统稳定的 K_{r5}、ω_{c5} 范围。

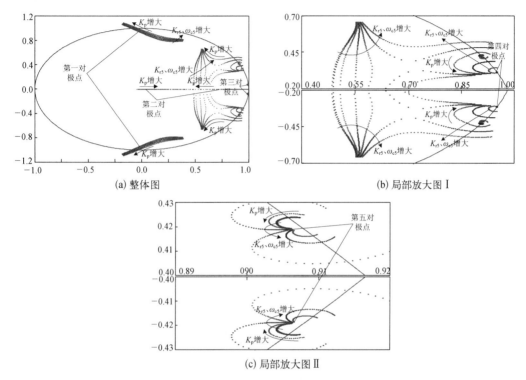

图 5-34　K_p、K_{r5} 及 ω_{c5} 变化时系统根轨迹图

图 5-35 给出 K_p、K_{r7}、ω_{c7} 变化时系统的根轨迹图,其中 $0.02 \leqslant K_p \leqslant 2$,$1 \leqslant K_{r5} \leqslant 90$,$0.2\pi \leqslant \omega_{c5} \leqslant 3.6\pi$。 从图中可以看出,比例增益 K_p 对闭环系统极点变化趋势的影响与图 5-33、图 5-34 相同,接下来分析 K_{r7}、ω_{c7} 对以 K_p 为参变量的系统根轨迹的影响。图 5-35(a)中,K_{r7} 对闭环系统根轨迹的影响与 ω_{c7} 相同。随着 K_{r7}、ω_{c7} 增大,第一对极点轨迹远离实轴分别向上、向下移动。需要注意的是,不同于图 5-33、图 5-34,在图 5-35(d)局部放大图Ⅲ中,随着 K_{r7}、ω_{c7} 增大出现交换第二、第五对极点轨迹终点的现象,K_{r7}、ω_{c7} 的增大使得第五对极点轨迹的单位圆外部分增大,第二对极点轨迹始终处在单位圆内。从图 5-35(b)、图 5-35(c)可以看出,K_{r7}、ω_{c7} 值增大对由基波、五次谐波谐振调节器产生的第三、第四对极点轨迹的影响较小,第三对极点轨迹始终处在单位圆内,第四对极点轨迹由小部分处在单位圆外变为完全处在单位圆内。根据 K_{r7}、ω_{c7} 对应第一、三、四、五对极点轨迹的单位圆内部分,可确定使系统稳定的 K_{r7}、ω_{c7} 范围。

风电并网变流器在实际运行过程中,由于电流增大、温度升高等因素的影响,常常出现 LCL 滤波器电感、电容及电阻参数变化的情况。因此,有必要研究 LCL 滤波器参数对电流控制环闭环极点的影响。

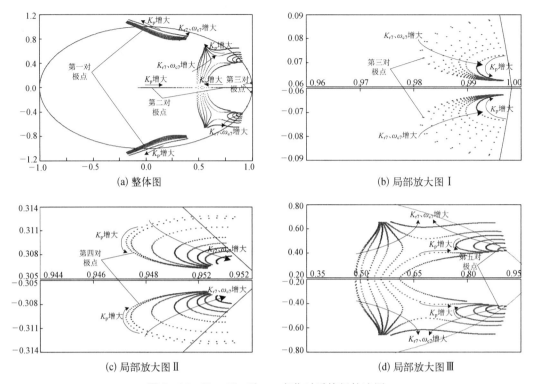

图 5 - 35 K_p、K_{r7} 及 ω_{c7} 变化时系统根轨迹图

图 5 - 36 给出了 LCL 滤波器参数变化时以 K_p 为参变量的系统根轨迹图,其中 $0.02 \leqslant K_p \leqslant 2$,$170\,\mu H \leqslant L_i \leqslant 340\,\mu H$,$80\,\mu H \leqslant L_g \leqslant 320\,\mu H$,$0.1 \leqslant R_f \leqslant 0.4$,$466\,\mu F \leqslant C_f \leqslant 932\,\mu F$。从图 5 - 36(a)中可以看出,随着变流器侧电感 L_i 的增大,第一对极点轨迹单位圆外部分减小,第二对极点轨迹非实轴部分向左移动但仍处在单位圆内,第三、四、五对极点轨迹变化较小,系统稳定性整体增大。从图 5 - 36(b)中可以看出,增大电网侧电感 L_g,第一对极点轨迹的起点有接近单位圆的趋势,第二对极点轨迹非实轴部分向右移动但仍处在单位圆内,第三、四、五对极点轨迹变化较小,系统稳定性略有降低。从图 5 - 36(c)中可以看出,随着滤波器阻尼电阻 R_f 的增大,第一对极点轨迹向单位圆内移动,小部分处在单位圆外变为完全处在单位圆内,第二对极点轨迹非实轴部分向左移动仍处在单位圆内,第三、四、五对极点轨迹几乎不变,因此,增大阻尼电阻 R_f 有利于提高系统稳定性。从图 5 - 36(d)中可以看出,增大滤波电容 C_f,第一对极点轨迹的向单位圆内移动,第二对极点轨迹非实轴部分向右移动但仍处在单位圆内,第三、四、五对极点轨迹几乎不变,因此,增大滤波电容 C_f 对系统稳定性影响较小。

为确保并网风电变流器系统稳定,电流控制环的特征根须分布在单位圆以内;此外,为使滤波器参数在一定范围变化时系统依然稳定,设计电流环比例多谐振调节器参数时应留有裕度。从图 5 - 33~图 5 - 35 所示的调节器参数对系统根轨迹影响可以看出:比例增益 K_p 对系统的五对根轨迹均产生影响;谐振增益 K_{r1}、K_{r5}、K_{r7},截止频率 ω_{c1}、ω_{c5}、ω_{c7} 仅对各自频率处谐振调节器产生的根轨迹影响较大,对其他频率处谐振调节器产生的根轨迹影响较小。

图 5 - 37 给出 LCL 滤波器电感、电容及阻尼电阻在 $\pm 30\%$ 范围内变化时系统的闭环极

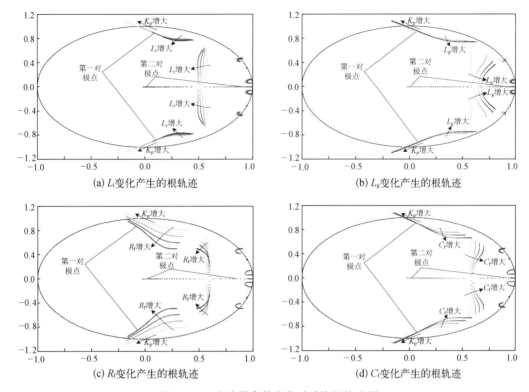

图 5-36　滤波器参数变化时系统根轨迹图

点分布图。从图中可以看出,基于上述设定的电流环比例多谐振调节器参数,即使滤波器参数在一定范围内变化,五对闭环极点依然处在单位圆内,系统始终稳定。

　　并网风电变流器在实际运行过程中,还会出现电网频率偏移的现象。由于比例多谐振调节器仅对特定频率具有良好的控制效果,电网频率偏移易降低电流环对参考量的跟踪以及扰动量的抑制作用。为应对该问题,本节给出的网侧变换器整体控制系统中采用锁相环跟踪电网电压频率,并实时调节比例多谐振调节器的谐振频率 ω_1、ω_5、ω_7。此时,谐振调节器可动态跟踪电网频率变化,从而保持电流环对参考量的跟踪以及扰动量的抑制作用。

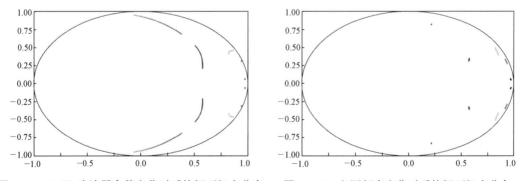

图 5-37　LCL 滤波器参数变化时系统闭环极点分布　　**图 5-38**　电网频率变化时系统闭环极点分布

　　为保证变流器系统在电网频率变化时的鲁棒性,有必要研究电网频率变化对电流控制环闭环极点的影响。图 5-38 给出了电网频率变化时系统闭环极点分布图,其中,电网频率的变化范围为 45～55 Hz。从图中可以看出,比例多谐振调节器的谐振频率 ω_1、ω_5、ω_7 变化时,五对闭环极点在小范围变化,依然处在单位圆内,系统始终稳定。

基于离散域根轨迹的数字控制器设计步骤是:首先,根据系统的控制目标确定所需谐振器数量 N,并对构建的控制模型进行离散化处理,从而得到用于分析的离散域模型。基于该离散模型,绘制以 K_p 为参变量的系统根轨迹图,根据所绘图形选取使 $N+2$ 对根轨迹同时处于单位圆内,且距离单位圆较远的比例增益 K_p;然后基于确定的 K_p,分析谐振增益 K_{r1}、截止频率 ω_{c1} 对其主导根轨迹的影响,选取使该根轨迹处于单位圆内,且距离单位圆较远的 K_{r1}、ω_{c1};同理,按照选取 K_{r1}、ω_{c1} 的方法,依次确定谐振增益 K_{rj} 与截止频率 ω_{cj},直至完成 N 个谐振器所有参数的选取。基于选取的这组控制参数,验证滤波器参数及电网频率在一定范围内变化时系统的稳定性,若系统稳定条件满足则参数设计合理有效,否则,返回第一步重新设计验证。

本节设计的电流环调节器参数为:$K_p = 0.7$、$K_{r1} = 30$、$\omega_{c1} = 0.8\pi$、$K_{r5} = 20$、$\omega_{c5} = 0.8\pi$、$K_{r7} = 40$、$\omega_{c7} = 1.2\pi$。由以上控制参数产生的电流环特征根为:$P_{1,2} = 0.2166 \pm j0.8238$;$P_{3,4} = 0.5726 \pm j0.3339$;$P_{5,6} = 0.9738 \pm j0.0610$;$P_{7,8} = 0.9404 \pm j0.3125$;$P_{9,10} = 0.8378 \pm j0.4526$。

5.3.3　谐波畸变电网下基波电压同步与谐波提取

实际电网并非理想的电压源,而是一个复杂、多变的动态系统。随着分布式发电装置的大规模普及和电力电子等非线性负载的大量应用,电网受外界的冲击场合愈加频繁。在这种环境下,变流器控制系统检测到的电网电压将出现三相不平衡和谐波畸变,图 5-39 所示为电压合成矢量分别在理想、不平衡和含 5 次谐波畸变电网条件下的运动轨迹图。

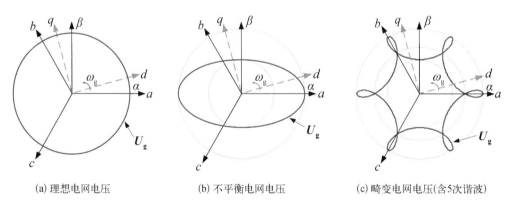

(a) 理想电网电压　　　　(b) 不平衡电网电压　　　　(c) 畸变电网电压(含5次谐波)

图 5-39　理想及非理想电网下电压矢量的运动轨迹

由此可见,在三相平衡、无谐波畸变的理想电网下,电压合成矢量 U_g 的相移、幅值和角频率均恒定不变,其运动轨迹在 $\alpha\beta$ 平面呈现为一个半径等于相电压幅值的标准圆。然而,不平衡或畸变电网下,电压合成矢量的运动轨迹无固定规律可循,给变流器的电网同步算法带来一定影响。

1. 畸变电网对 SSRF-PLL 的影响

考虑不平衡和谐波畸变条件时,电网电压的表达式为

$$u'_{gk} = \sum_{h=1}^{\infty} \left[U_{gm}^{hp} \cos(h\omega_g t + \varphi_u^{hp} - \chi \cdot 2\pi/3) + U_{gm}^{hn} \cos(-h\omega_g t + \varphi_u^{hn} - \chi \cdot 2\pi/3) \right]$$

$$(5-152)$$

式中，$k \in \{a, b, c\}$，且当 $k = a$、b、c 时，分别对应 $\chi = 0$、1、-1；U_{gm} 为相电压的峰值，ω_g 为基波电压角频率；h 表示谐波次数，为一正整数；U_{gm}^{hp}、U_{gm}^{hn} 及 φ_u^{hp}、φ_u^{hn} 分别为 h 次谐波正序和 h 次谐波负序的相电压幅值及初相角。当 $h = 1$ 时，对应基波电压分量，即满足关系 $U_{gm}^{1p} = U_{gm}^{p}$，$U_{gm}^{1n} = U_{gm}^{n}$，$\varphi_u^{1p} = \varphi_u^{p}$，$\varphi_u^{1n} = \varphi_u^{n}$。

利用坐标变换将三相电压从三相静止 abc 坐标系变换到两相旋转 dq 坐标系，则有

$$\boldsymbol{U}'_{gdq} = T_{abc/dq} \cdot \boldsymbol{u}'_{gabc} = \sum_{h=1}^{\infty} \left[U_{gm}^{hp} e^{j(h\omega_g t + \varphi_u^{hp} - \hat{\theta}_g)} + U_{gm}^{hn} e^{j(-h\omega_g t + \varphi_u^{hn} - \hat{\theta}_g)} \right] \quad (5-153)$$

式中，$T_{abc/dq} = \dfrac{2}{3} \begin{bmatrix} \cos\hat{\theta}_g & \cos(\hat{\theta}_g - 2\pi/3) & \cos(\hat{\theta}_g + 2\pi/3) \\ -\sin\hat{\theta}_g & -\sin(\hat{\theta}_g - 2\pi/3) & -\sin(\hat{\theta}_g + 2\pi/3) \end{bmatrix}$。

为了简化运算，令各次序电压分量的初始相位为零，即 $\varphi_u^{hp} = \varphi_u^{hn} = 0$。由于 Park 旋转变换所用角度为基波正序电压的相角 θ_g^{p}，当锁相系统达到稳定状态时，相角误差很小，有 $\hat{\theta}_g \approx \theta_g^{p} = \omega_g t + \varphi_u^{p} \approx \omega_g t$。此时，上式可简化为

$$\boldsymbol{U}'_{gdq} = U_{gm}^{p} + U_{gm}^{n} e^{-j2\omega_g t} + \sum_{h=2}^{\infty} \left[U_{gm}^{hp} e^{j(h-1)\omega_g t} + U_{gm}^{hn} e^{-j(h+1)\omega_g t} \right] \quad (5-154)$$

从上式可以看出，在锁频状态下，基波正序、负序电压分量均在频域上偏移 $\hat{\omega}_g$，但方向相反；因而，在正序同步旋转坐标系下，基波正序电压分量表现为直流量，而基波负序电压分量表现为 2 倍基频的交流量。类似地，电网电压中非 3 倍数奇次谐波分量（如 5th 负序，7th 正序，11th 负序，13th 正序等），经变换后表现为 6 倍基频的偶次谐波分量（如 6th，12th 等）。此时，锁相环输出的估测相角表达式为

$$\begin{cases} \hat{\theta}'_g = \hat{\theta}_g + \tilde{\theta}_g \\ \tilde{\theta}_g = \dfrac{U_{gm}^{n}}{U_{gm}^{p}} \sin(-2\omega_g t) + \sum_{h=2}^{\infty} \left\{ \dfrac{U_{gm}^{hp}}{U_{gm}^{p}} \sin[(h-1)\omega_g t] + \dfrac{U_{gm}^{hn}}{U_{gm}^{p}} \sin[-(h+1)\omega_g t] \right\} \end{cases}$$

$$(5-155)$$

相应估测的电网角频率为

$$\begin{cases} \hat{\omega}'_g = \hat{\omega}_g + \tilde{\omega}_g \\ \tilde{\omega}_g = -\omega_g \left\{ \dfrac{2U_{gm}^{n}}{U_{gm}^{p}} \cos(-2\omega_g t) + \sum_{h=2}^{\infty} \left\{ \dfrac{(h-1)U_{gm}^{hp}}{U_{gm}^{p}} \cos[(h-1)\omega_g t] \right. \right. \\ \qquad \left. \left. - \dfrac{(h+1)U_{gm}^{hn}}{U_{gm}^{p}} \cos[-(h+1)\omega_g t] \right\} \right\} \end{cases} \quad (5-156)$$

式中，SSRF-PLL 的相角波动项和角频率波动项是由不平衡电压中负序分量和畸变电压中谐波分量综合作用引起的。从上文的分析中可知，受非理想电网电压畸变的影响，用于锁相

控制的基波电压 u_{gq} 中不仅含有直流成分(基波正序电压),同样含有交流成分(基波负序电压和谐波电压)。在轻度畸变的电网条件下,可借助 SOGI 的滤波功能或直接串入低通滤波器的做法,从畸变电网中提取出基波电压成分;然而,当电网畸变严重时,若要滤除电压中所有频率次谐波,滤波器的截止频率需设置的非常低,大惯性环节带来的延时将会大大降低锁相环的动态性能,不利于风电变流器在电网发生故障情况时的快速响应,无法满足风电的并网指标要求。

2. 基于 LSF 算法的检测原理

为了提高畸变电网下锁相环的同步性能,最大程度地优化电流控制算法,快速、准确地感知畸变电网中的基波与各次谐波信息是变流器控制系统所不可或缺的。基于最小方差法实现的滤波器(least squared-error filter,LSF),能够根据已知的连续采样样本,快速估测出三相电压或电流的幅值和相角;该算法具有物理概念清晰、响应速度快、计算精度高、易于数字实现等特点[15],已广泛应用在动态电压恢复器的电压暂降检测系统中。

定义电气量 $F(F$ 可表示电压或电流)的三相瞬时表达式如式(5-157)所示:

$$\begin{cases} F_a(t) = F_{am}\cos(\omega_f t + \varphi_a) \\ F_b(t) = F_{bm}\cos(\omega_f t + \varphi_b - 2\pi/3) \\ F_c(t) = F_{cm}\cos(\omega_f t + \varphi_c + 2\pi/3) \end{cases} \quad (5-157)$$

式中,F_{am}、F_{bm}、F_{cm} 分别为 a 相、b 相和 c 相的峰值,φ_a、φ_b、φ_c 分别为其对应的初相角。将式(5-157)中 k 相信号的具体表达式展开后,有

$$\begin{aligned} F_k(t) &= F_{km}\cos(\omega_f t - \kappa \cdot 2\pi/3)\cos\varphi_k - F_{km}\sin(\omega_f t - \kappa \cdot 2\pi/3)\sin\varphi_k \\ &= h_{k1}x_{k1} + h_{k2}x_{k2} \end{aligned} \quad (5-158)$$

式中,$k=a$,b,c,对应地,$\kappa=0$,1,-1。$x_{k1}=F_{km}\cos(\varphi_k)$,$x_{k2}=F_{km}\sin(\varphi_k)$;$h_{k1}=\cos(\omega_f t - \kappa \cdot 2\pi/3)$,$h_{a2}=-\sin(\omega_f t - \kappa \cdot 2\pi/3)$。

若以时间间隔 Δt 为采样周期对 F_k 进行连续采样 n 次,且满足 $n \geqslant 2$,则利用采样时刻 t_1 至 $t_n = t_1 + (n-1)\Delta t$ 期间内的 n 组数据,可得下面的矩阵方程:

$$\boldsymbol{H}_k\boldsymbol{X}_k = \boldsymbol{F}_k \quad (5-159)$$

其中,矩阵 $\boldsymbol{H}_k$、$\boldsymbol{X}_k$ 及 $\boldsymbol{F}_k$ 的表达式分别如下所示:

$$\boldsymbol{H}_k = \begin{bmatrix} \cos(\omega_f t_1 - \kappa \cdot 2\pi/3) & \cos(\omega_f t_2 - \kappa \cdot 2\pi/3) & \cdots & \cos(\omega_f t_n - \kappa \cdot 2\pi/3) \\ -\sin(\omega_f t_1 - \kappa \cdot 2\pi/3) & -\sin(\omega_f t_2 - \kappa \cdot 2\pi/3) & \cdots & -\sin(\omega_f t_n - \kappa \cdot 2\pi/3) \end{bmatrix}^T$$

$$(5-160)$$

$$\boldsymbol{X}_k = \begin{bmatrix} x_{k1} & x_{k2} \end{bmatrix}^T = \begin{bmatrix} F_{km}\cos(\varphi_k) & F_{km}\sin(\varphi_k) \end{bmatrix}^T \quad (5-161)$$

$$\boldsymbol{F}_k = \begin{bmatrix} F_k(t_1) & F_k(t_2) & \cdots & F_k(t_n) \end{bmatrix}^T \quad (5-162)$$

根据矩阵的求逆公式,则可得未知矩阵 $\boldsymbol{X}_k$ 为

$$\boldsymbol{X}_k = \boldsymbol{H}_k^{\text{LPI}}\boldsymbol{F}_k \quad (5-163)$$

式中，$\boldsymbol{H}_k^{\text{LPI}}$ 为 $\boldsymbol{H}_k$ 的伪逆矩阵；当 $n=2$ 时，$\boldsymbol{H}_k$ 为非奇异方阵，则 $\boldsymbol{H}_k^{\text{LPI}}=\boldsymbol{H}_k^{-1}$；当 $n>2$ 时，矩阵 $\boldsymbol{H}_k$ 不对称，则 $\boldsymbol{H}_k^{\text{LPI}}=(\boldsymbol{H}_k^{\text{T}}\boldsymbol{H}_k)^{-1}\boldsymbol{H}_k^{\text{T}}$。

根据 LSF 的输出矩阵，待求电气量的幅值和瞬时相角可分别由下式计算：

$$F_{km}=\sqrt{x_{k1}^2+x_{k2}^2}, \quad \varphi_k=\arctan(x_{k2}/x_{k1}) \tag{5-164}$$

由上式可最终获得 $\boldsymbol{F}_k$ 的具体表达形式，为了进一步将电气量中的基波正、负序分量分离，则可借助对称分量法来实现。忽略零序分量的影响，根据对称分量法的原理可知，待测量 F 的基波正序和负序分量分别为

$$\begin{bmatrix} F_a^{\text{p}} \\ F_b^{\text{p}} \\ F_c^{\text{p}} \end{bmatrix} = \frac{1}{3}\begin{bmatrix} 1 & a & a^2 \\ a^2 & 1 & a \\ a & a^2 & 1 \end{bmatrix} \cdot \begin{bmatrix} F_a \\ F_b \\ F_c \end{bmatrix} \tag{5-165}$$

$$\begin{bmatrix} F_a^{\text{n}} \\ F_b^{\text{n}} \\ F_c^{\text{n}} \end{bmatrix} = \frac{1}{3}\begin{bmatrix} 1 & a^2 & a \\ a & 1 & a^2 \\ a^2 & a & 1 \end{bmatrix} \cdot \begin{bmatrix} F_a \\ F_b \\ F_c \end{bmatrix} \tag{5-166}$$

式中，移相算子 $a=\mathrm{e}^{\mathrm{j}2\pi/3}$。综上可知，利用 LSF 和对称分量法可将原始电压或电流信号中的各次序分量完全提取出来，且仅需几个采样周期的延时。

3. 频率自适应 LSF 的序分离及同步算法

基于常规 LSF 的序分量分离算法是在三相 abc 坐标系下实现，通过分析矩阵 $\boldsymbol{X}_k$ 中各个元素，实时计算出待测信息的幅值及初相角，本质属于一种实系数滤波器。由于 $\boldsymbol{H}_F$ 为一时变矩阵，求逆运算过程需要对其每一个元素进行实时求解，这将消耗大量的数字控制芯片资源；当考虑多次电网背景谐波时，计算量会成倍增加；另外，在上述检测算法中，忽略了电网频率波动对算法检测精度的影响。为此，本节进一步研究具有频率自适应功能的 LSF 检测算法（FA-LSF），由于 FA-LSF 在两相 $\alpha\beta$ 坐标系下实现，计算量减少，利于该算法的工程应用。

首先考虑待测电气量含单一 h 次谐波成分，则其瞬时表达式为

$$F_k(t)=F_{\mathrm{m}}^{\text{p}}\cos(\omega_{\mathrm{f}}t+\varphi_{\mathrm{p}}-\kappa\cdot2\pi/3)+F_{\mathrm{m}}^h\cos(\omega_h t+\varphi_h-\kappa\cdot2\pi/3) \tag{5-167}$$

式中，$F_{\mathrm{m}}^{\text{p}}$、$\omega_{\mathrm{f}}$ 和 φ_{p} 分别为基波分量的峰值、角频率和初相角，F_{m}^h、ω_h 和 φ_h 则分别对应 h 次谐波分量的峰值、角频率和初相角，且 $\omega_h=h\omega_{\mathrm{f}}$；$h$ 表示谐波次数，当 h 取为 -1 时，代表基波负序分量。

利用 Clarke 坐标变换，将式（5-167）转化至 $\alpha\beta$ 轴分量，即

$$\boldsymbol{F}_{\alpha\beta}(t)=\boldsymbol{F}_{\alpha\beta}^{\text{p}}(t)+\boldsymbol{F}_{\alpha\beta}^h(t)=\boldsymbol{F}_{\mathrm{m}}^{\text{p}}\cdot\mathrm{e}^{\mathrm{j}(\omega_{\mathrm{f}}t+\varphi_{\mathrm{p}})}+F_{\mathrm{m}}^h\cdot\mathrm{e}^{\mathrm{j}(\omega_h t+\varphi_h)} \tag{5-168}$$

式中，$\boldsymbol{F}_{\alpha\beta}(t)=F_\alpha(t)+\mathrm{j}F_\beta(t)$，$\boldsymbol{F}_{\alpha\beta}^{\text{p}}(t)=F_\alpha^{\text{p}}(t)+\mathrm{j}F_\beta^{\text{p}}(t)$，$\boldsymbol{F}_{\alpha\beta}^h(t)=F_\alpha^h(t)+\mathrm{j}F_\beta^h(t)$。

将 $\alpha\beta$ 轴分量 $\boldsymbol{F}_{\alpha\beta}(t)$ 作一个基本单位 Δt 的信号延时，有

$$\mathbf{F}_{\alpha\beta}(t-n\Delta t)=F_{\alpha}(t-n\Delta t)+\mathrm{j}F_{\beta}(t-n\Delta t)=\mathbf{F}_{\alpha\beta}^{\mathrm{p}}(t)\cdot\mathrm{e}^{-\mathrm{j}n\omega_{\mathrm{f}}\Delta t}+\mathbf{F}_{\alpha\beta}^{h}(t)\cdot\mathrm{e}^{-\mathrm{j}n\omega_{h}\Delta t}$$

$$(5-169)$$

联立式(5-168)和式(5-169)，并写成矩阵形式有

$$\mathbf{M}_{t}\mathbf{X}_{t}=\mathbf{F}_{t} \tag{5-170}$$

式中，矩阵 $\mathbf{X}_{t}$、$\mathbf{M}_{t}$ 及矩阵 $\mathbf{F}_{t}$ 的表达式分别如下：

$$\mathbf{X}_{t}=\begin{bmatrix}\mathbf{F}_{\alpha\beta}^{\mathrm{p}}(t)&\mathbf{F}_{\alpha\beta}^{h}(t)\end{bmatrix}^{\mathrm{T}},\ \mathbf{F}_{t}=\begin{bmatrix}\mathbf{F}_{\alpha\beta}(t)&\mathbf{F}_{\alpha\beta}(t-n\Delta t)\end{bmatrix}^{\mathrm{T}},\ \mathbf{H}_{t}=\begin{bmatrix}1&\mathrm{e}^{-\mathrm{j}\omega_{\mathrm{f}}\Delta t}\\1&\mathrm{e}^{-\mathrm{j}\omega_{h}\Delta t}\end{bmatrix}^{\mathrm{T}}$$

根据方程式(5-170)，可求得未知矩阵 $\mathbf{X}_{t}$ 中各个元素，将 $\mathbf{X}_{t}$ 展开，则基波分量 $F_{\alpha}^{\mathrm{p}}(t)$、$F_{\beta}^{\mathrm{p}}(t)$ 和 h 次谐波分量分别如下式所示。

$$\begin{bmatrix}F_{\alpha}^{\mathrm{p}}(t)\\F_{\beta}^{\mathrm{p}}(t)\\F_{\alpha}^{h}(t)\\F_{\beta}^{h}(t)\end{bmatrix}=\frac{1}{2w_{4}}\cdot\begin{bmatrix}w_{4}&w_{2}&w_{1}&-w_{3}\\-w_{2}&w_{4}&w_{3}&w_{1}\\w_{4}&-w_{2}&-w_{1}&w_{3}\\w_{2}&w_{4}&-w_{3}&-w_{1}\end{bmatrix}\cdot\begin{bmatrix}F_{\alpha}(t)\\F_{\beta}(t)\\F_{\alpha}(t-\Delta t)\\F_{\beta}(t-\Delta t)\end{bmatrix} \tag{5-171}$$

在上式矩阵中，四个参数变量 w_{1}、w_{2}、w_{3}、w_{4} 的具体表达式分别为 $w_{1}=\cos(\omega_{\mathrm{f}}\Delta t)-\cos(\omega_{h}\Delta t)$，$w_{2}=\sin[(\omega_{\mathrm{f}}-\omega_{h})\Delta t]$，$w_{3}=\sin(\omega_{\mathrm{f}}\Delta t)-\sin(\omega_{h}\Delta t)$，$w_{4}=1-\cos[(\omega_{\mathrm{f}}-\omega_{h})\Delta t]$。

图 5-40 给出了基于该算法进行序分量检测的实现框图，其中"DT"表示对前级信号延时 Δt 处理。

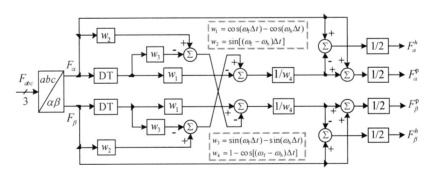

图 5-40　基于 LSF 的序分量检测器

为了实现检测算法的频率自适应调节，将 LSF 与 SSRF-PLL 结合，即以基波分量 $F_{\alpha 1}$ 和 $F_{\beta 1}$ 作为 SSRF-PLL 的输入进行锁相，并利用其输出角频率替代原 LES 算法中的角频率，从而实现频率自适应 LSF 算法(FA-LSF)，此时的参数变量为 w_{1}'、w_{2}'、w_{3}'、w_{4}'。若此时的锁相环输出角度为 θ_{f}'，则有输入为

$$F_{q}'(t)=-\sin\theta_{\mathrm{f}}'\cdot F_{\alpha 1}'(t)+\cos\theta_{\mathrm{f}}'\cdot F_{\beta 1}'(t) \tag{5-172}$$

根据图 5-40 可知，上式中基波正序分量 $F'_{\alpha 1}(t)$ 和 $F'_{\beta 1}(t)$ 为

$$
\begin{cases}
F'_{\alpha 1}(t) = \dfrac{1}{2w'_4}[w'_4 \cdot F_\alpha(t) + w'_2 \cdot F_\beta(t) + w'_1 \cdot F_\alpha(t-\Delta t) - w'_3 \cdot F_\beta(t-\Delta t)] \\
F'_{\beta 1}(t) = \dfrac{1}{2w'_4}[-w'_2 \cdot F_\alpha(t) + w'_4 \cdot F_\beta(t) + w'_3 \cdot F_\alpha(t-\Delta t) + w'_1 \cdot F_\beta(t-\Delta t)]
\end{cases}
$$

$$(5-173)$$

若锁相环输出角频率 $\omega'_f = \omega_{f0} + \Delta\omega'_f$，输出角度 $\theta'_f = \theta_{f0} + \Delta\theta'_f$，其中 ω_{f0} 为基波角频率的额定值，$\Delta\omega'_f$ 为角频率偏差，且满足关系：$\theta_{f0} = \int \omega_{f0}\mathrm{d}t$，$\Delta\theta'_f = \int \Delta\omega'_f\mathrm{d}t$。在锁频状态，忽略初始相角的影响下，有如下关系：$\omega'_f \approx \omega_f = \omega_{f0} + \Delta\omega_f$，$\theta'_f \approx \theta_f = \theta_{f0} + \Delta\theta_f$。

联立式(5-168)、式(5-169)、式(5-172)及式(5-173)，可得

$$
F'_q(t) \approx F^p_m \cdot \left[\frac{\Delta\omega'_f - \Delta\omega_f}{2} \cdot \Delta t + \Delta\theta_f - \Delta\theta' \right]
\tag{5-174}
$$

将上式重新整理并对其进行拉普拉斯变换，有

$$
F'_q(s) \approx \frac{F^p_m}{2} \cdot \left[(1 + e^{-\Delta t \cdot s}) \cdot \Delta\theta_f(s) - 2\Delta\theta'_f(s) + \Delta\omega'_f(s) \cdot \Delta t \right]
\tag{5-175}
$$

基于上式和 SSRF-PLL 的基本结构图，可得 FA-LSF 的小信号模型，如图 5-41 所示。

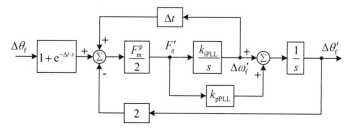

图 5-41　FA-LSF 的小信号模型

图 5-41 所示小信号模型的闭环传递函数为

$$
G_{cl}(s) = \frac{\Delta\theta'_f(s)}{\Delta\theta_f(s)} = (1 + e^{-\Delta t \cdot s}) \cdot \frac{F^p_m/2 \cdot (k_{pPLL}s + k_{iPLL})}{s^2 + F^p_m(k_{pPLL} - \Delta t \cdot k_{iPLL}/2)s + F^p_m k_{iPLL}}
$$

$$(5-176)$$

根据劳斯-赫尔维茨稳定性判据可知，当 $F^p_m(k_{pPLL} - \tau k_{iPLL}/2) > 0$ 且 $F^p_m k_{iPLL} > 0$，即 $0 < k_{iPLL} < 2k_{pPLL}/\tau$ 时，FA-LSF 系统是稳定的。此外，由式(5-176)可知，$G_{cl}(s)$ 的闭环极点大小、位置与基波幅值 F^p_m 存在着紧密联系；在实际应用中，加入归一化处理，从而弱化 F^p_m 对系统稳定域度和动态响应速度的影响。

4. 适于谐波背景下的 FA-MLSF 算法

LSF 算法可扩展至适用于同时存在多次谐波畸变的情形(Multi-LSF，MLSF)，若畸变

信号表述为

$$F_k(t) = F_{\mathrm{m}}^{\mathrm{p}} \cos(\omega_{\mathrm{f}} t + \varphi_{\mathrm{p}} - \kappa \cdot 2\pi/3) + \sum_{i=1}^{n} F_{\mathrm{m}}^{h_i} \cos(h_i \omega_{\mathrm{f}} t + \varphi_{h_i} - \kappa \cdot 2\pi/3)$$

$$(5-177)$$

式中，n 为总谐波次数。将其坐标变换后，有

$$\boldsymbol{F}_{\alpha\beta}(t) = \boldsymbol{F}_{\alpha\beta}^{\mathrm{p}}(t) + \sum_{i=1}^{n} \boldsymbol{F}_{\alpha\beta}^{h_i}(t) = F_{\mathrm{m}}^{\mathrm{p}} \cdot \mathrm{e}^{\mathrm{j}(\omega_{\mathrm{f}} t + \varphi_{\mathrm{p}})} + \sum_{i=1}^{n} F_{\mathrm{m}}^{h_i} \cdot \mathrm{e}^{\mathrm{j}(h_i \omega_{\mathrm{f}} t + \varphi_{h_i})} \quad (5-178)$$

式中，$\boldsymbol{F}_{\alpha\beta}^{h_i}(t) = F_{\alpha}^{h_i}(t) + \mathrm{j} F_{\beta}^{h_i}(t)$。

将 $\boldsymbol{F}_{\alpha\beta}(t)$ 延时 n 个基本单位 Δt，有

$$\boldsymbol{F}_{\alpha\beta}(t - n\Delta t) = F_{\alpha}(t - n\Delta t) + \mathrm{j} F_{\beta}(t - n\Delta t) = \boldsymbol{F}_{\alpha\beta}^{\mathrm{p}}(t) \cdot \mathrm{e}^{-\mathrm{j}n\omega_{\mathrm{f}}\Delta t} + \sum_{i=1}^{n} \boldsymbol{F}_{\alpha\beta}^{h_i}(t) \cdot \mathrm{e}^{-\mathrm{j}nh_i\omega_{\mathrm{f}}\Delta t}$$

$$(5-179)$$

由于待测信号除含有基波分量之外，还存在 n 次总谐波量，故需获知分别延时 $1 \sim n$ 个基本单位 Δt 的信息量。联立上述 $n+1$ 个方程，可得

$$\boldsymbol{M}_{\mathrm{w}} \boldsymbol{X}_{\mathrm{w}} = \boldsymbol{F}_{\mathrm{w}} \tag{5-180}$$

式中，矩阵 $\boldsymbol{X}_{\mathrm{w}}$、$\boldsymbol{M}_{\mathrm{w}}$ 及 $\boldsymbol{F}_{\mathrm{w}}$ 的表达式分别如下：

$$\boldsymbol{X}_{\mathrm{w}} = \begin{bmatrix} \boldsymbol{F}_{\alpha\beta}^{\mathrm{p}}(t) & \boldsymbol{F}_{\alpha\beta}^{h_1}(t) & \boldsymbol{F}_{\alpha\beta}^{h_2}(t) & \cdots & \boldsymbol{F}_{\alpha\beta}^{h_n}(t) \end{bmatrix}^{\mathrm{T}} \tag{5-181}$$

$$\boldsymbol{F}_{w} = \begin{bmatrix} \boldsymbol{F}_{\alpha\beta}(t) & \boldsymbol{F}_{\alpha\beta}(t - \Delta t) & \boldsymbol{F}_{\alpha\beta}(t - 2\Delta t) & \cdots & \boldsymbol{F}_{\alpha\beta}(t - n\Delta t) \end{bmatrix}^{\mathrm{T}} \tag{5-182}$$

$$\boldsymbol{M}_{\mathrm{w}} = \begin{bmatrix} 1 & \mathrm{e}^{-\mathrm{j}\omega_{\mathrm{f}}\Delta t} & \mathrm{e}^{-\mathrm{j}2\omega_{\mathrm{f}}\Delta t} & \cdots & \mathrm{e}^{-\mathrm{j}n\omega_{\mathrm{f}}\Delta t} \\ 1 & \mathrm{e}^{-\mathrm{j}h_1\omega_{\mathrm{f}}\Delta t} & \mathrm{e}^{-\mathrm{j}2h_1\omega_{\mathrm{f}}\Delta t} & \cdots & \mathrm{e}^{-\mathrm{j}nh_1\omega_{\mathrm{f}}\Delta t} \\ 1 & \mathrm{e}^{-\mathrm{j}h_2\omega_{\mathrm{f}}\Delta t} & \mathrm{e}^{-\mathrm{j}2h_2\omega_{\mathrm{f}}\Delta t} & \cdots & \mathrm{e}^{-\mathrm{j}nh_2\omega_{\mathrm{f}}\Delta t} \\ \vdots & \vdots & \vdots & \ddots & \vdots \\ 1 & \mathrm{e}^{-\mathrm{j}h_n\omega_{\mathrm{f}}\Delta t} & \mathrm{e}^{-\mathrm{j}2h_n\omega_{\mathrm{f}}\Delta t} & \cdots & \mathrm{e}^{-\mathrm{j}nh_n\omega_{\mathrm{f}}\Delta t} \end{bmatrix}^{\mathrm{T}} \tag{5-183}$$

式(5-180)表述了利用 MLSF 算法检测基波和谐波扰动分量的数学关系，其中，$\boldsymbol{M}_{\mathrm{w}}$ 为范德蒙矩阵，且 $\boldsymbol{M}_{\mathrm{w}}$ 可逆矩阵存在的必要条件为 $\mathrm{e}^{-\mathrm{j}xh_2\omega_{\mathrm{f}}\Delta t} \neq \mathrm{e}^{-\mathrm{j}yh_2\omega_{\mathrm{f}}\Delta t}$，$x, y \in [1, n]$。$\Delta t$ 取不同值时，MLSF 的幅频特性曲线如图 5-42 所示，Δt 取值越大，MLSF 可抑制的谐波次数越多，对谐波扰动成分的提取能力增强。但 Δt 的增大会延长 MLSF 算法的执行时间，降低提取各次谐波分量的动态响应速度。

同样地，为了提高 MLSF 算法对待测信号频率变化的适应能力，将其结合 SSRF-PLL，实现频率自适应 MLSF(FA-MLSF)，则有 FA-MLES 的小信号模型如图 5-43 所示。

根据小信号模型,可知此时的闭环传递函数为

$$G_{cl}^{M}(s) = \frac{\Delta\theta_{f}'(s)}{\Delta\theta_{f}(s)} = (1 + e^{-\Delta ts})^{n} \cdot \frac{F_{m}^{p}/2^{n} \cdot (k_{pPLL}s + k_{iPLL})}{s^{2} + F_{m}^{p}(k_{pPLL} - n\Delta tk_{iPLL}/2)s + F_{m}^{p}k_{iPLL}}$$

$$(5-184)$$

比较式(5-184)和式(5-176)可知,FA-LSF 是 FA-MLSF 的一种特殊表现形式,此时 FA-MLSF 的 n 为 1。根据劳斯-赫尔维茨稳定性判据,FA-MLSF 系统稳定的必要条件为 $0 < k_{iPLL} < 2k_{pPLL}/n\Delta t$,这同样是选取 Δt 值的考虑因素。

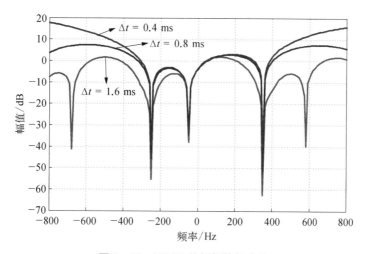

图 5-42 MLSF 的幅频特性曲线

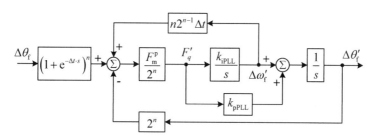

图 5-43 FA-MLSF 的小信号模型

5.3.4 网侧变换器的比例多谐振控制系统

图 5-44 给出了不平衡及畸变电网下网侧变换器的整体控制框图,变流器采用基于电网电压定向的直流母线电压外环和电流内环的双闭环控制结构。不平衡及畸变电网电压经过基于 FA-MLSF 结构的锁相环分离出基波正序、负序分量以及五次谐波负序分量和七次谐波正序分量,根据电压外环输出的有功功率参考量计算出基波、五次谐波与七次谐波电流的参考值。电流参考值作为电流内环的输入,将该电流参考值与反馈值作差进入比例多谐振调节器进行控制,最终产生用于调制的脉冲信号。

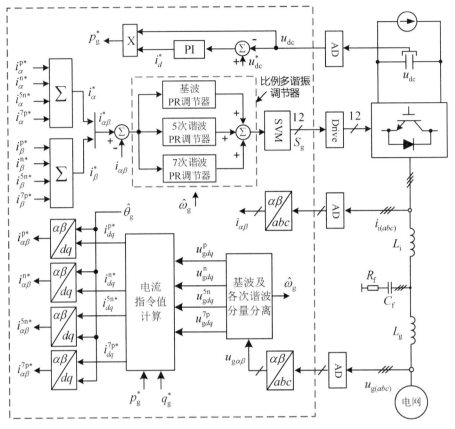

图 5-44　不平衡及畸变电网下网侧变换器的整体控制框图

5.3.5　硬件在环实验验证

采用附录1的系统进行实验验证。比例多谐振调节的参数：$K_p = 0.7$，$K_{r1} = 30$，$\omega_{c1} = 0.8\pi$，$K_{r5} = 20$，$\omega_{c5} = 0.8\pi$，$K_{r7} = 40$，$\omega_{c7} = 1.2\pi$；开关频率取为 2.5 kHz。为了模拟不平衡及畸变电网，在三相电网电压中注入 10% 的基波负序分量、7% 的 5 次谐波负序分量以及 5% 的 7 次谐波正序分量，此时分析电压的总 THD 为 8.67%，5 次谐波为 7.1%，7 次谐波为 4.97%。

在未加入 5 次和 7 次谐振调节器时，理想电网和不平衡且畸变电网下，风电并网变流器的控制效果如图 5-45 所示。理想电网环境下，并网功率恒定，三相电流正弦度较高，THD 仅为 0.87%。当电压畸变时，变流器交流侧输出有功、无功功率出现波动，直流侧电压出现波动，并网电流畸变较为严重，此时 THD 为 6.13%，其中 5 次谐波含量为 3.53%，7 次谐波含量为 4.13%，不满足电流并网标准。

图 5-46 为加入 5 次和 7 次电流谐振控制器后，变流器的控制效果图。可以看出，并网电流畸变程度得以改善，5 次和 7 次谐波含量分别降为 0.11% 和 0.19%，总 THD 也下降至 0.75%，电流控制效果非常明显，比例多谐振调节器的参数设计合理。

上述控制条件为变流器工作在满载稳定状态，图 5-47 给出采用电流谐振控制策略变流

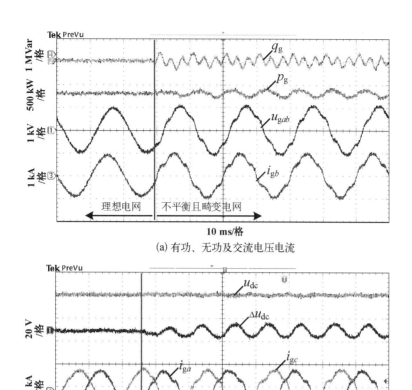

(a) 有功、无功及交流电压电流

(b) 直流电压和交流电流

图 5 - 45　未加电流优化控制策略时实验波形

器由输出功率满载变为半载时的实验波形。从图中可以看出,输出功率半载时,动态响应速度较快,并网电流 THD 为 1.32%(5 次谐波为 0.22%,7 次谐波为 0.36%),满足并网要求。

　　考虑无源器件参数变化对控制性能的影响,图 5 - 48 给出电感值、电容值同时减小原值的 30%极端情况后,三相并网电流波形。由图可知,电流中谐波成分有些增加,但总 THD 为 0.97%(5 次谐波为 0.16%,7 次谐波为 0.21%),仍满足并网标准。

　　图 5 - 49 给出采用电流谐振控制策略,电网频率增大 10%时的实验波形。从图中可以看出,锁相环的调节控制为比例多谐振调节器提供了快速、准确的频率信息,保证了控制器的良好控制性能。电网频率增大 10%时,并网电流 THD 为 1.15%(5 次谐波为 0.18%,7 次谐波为 0.25%),满足并网要求。

　　图 5 - 50 给出不同控制工况下,变流器并网输出电流谐波含量的对比图。从图中可以看出,在未加入采用谐振调节器的电流控制策略时,并网电流总谐波畸变率及 5 次、7 次谐波含量均较高,不满足并网标准;加入采用谐振调节器的电流控制策略后,在满载、半载、滤波器参数变化以及电网频率变化工况下,并网电流 THD、5 次、7 次谐波含量均较低,取得了良好的控制效果。

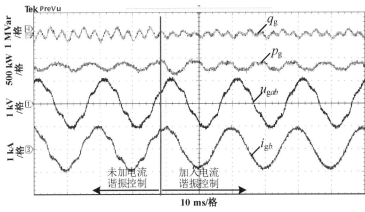

(a) 有功、无功及交流电压电流

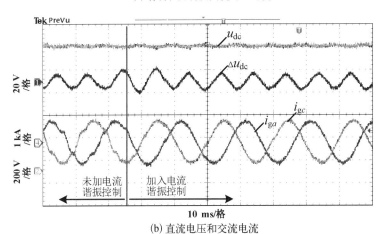

(b) 直流电压和交流电流

图 5-46　未加电流优化控制策略时实验波形

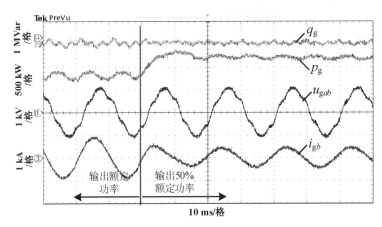

图 5-47　变流器负载变化时的波形

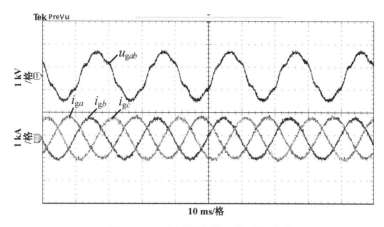

图 5-48 滤波器参数变化后的波形

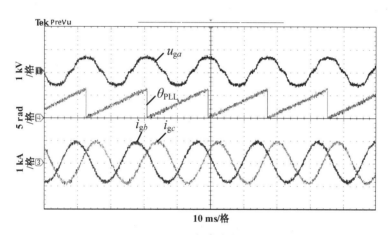

图 5-49 电网频率变化后的波形

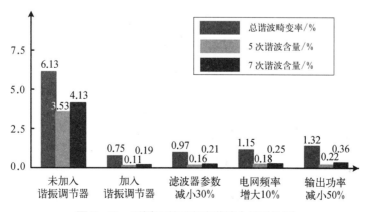

图 5-50 不同工况下电流谐波含量对比图

5.4　直接功率控制

在交流电机的高性能调速控制中,有矢量控制(VC)和直接转矩控制(DTC)。其中DTC采用电压空间矢量,通过控制电机定子磁链矢量的大小和转速,进而控制定、转子磁链矢量间夹角,无须电流环节,可以直接控制电机的电磁转矩。将DTC的控制思想应用到网侧变换器的控制中,有功功率转变为电网电压旋转角速度、电网电压虚拟磁链和网侧变换器虚拟磁链的三者的乘积,而电网电压旋转角速度不变,电网电压幅值固定意味着电网电压虚拟磁链不变,因此对网侧变换器有功功率的控制转变为对网侧变换器虚拟磁链的控制。这样,基于DTC的原理,可得到网侧变换器的直接功率控制(DPC)方法。

5.4.1　基于开关表的网侧变换器直接功率控制

三相电压型网侧变换器原理电路如图 5-51 所示,网侧变换器交流侧三相电压为 u_a、u_b、u_c,其电压空间矢量为 U_c,相应的磁链空间矢量为 $\boldsymbol{\psi}_c$。

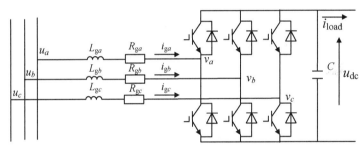

图 5-51　网侧变换器的主电路

忽略滤波电抗等效电阻 R_g,网侧变换器的电压、磁链矢量关系可写为

$$\boldsymbol{U}_g = \boldsymbol{U}_c + L_g \frac{\mathrm{d}I_g}{\mathrm{d}t} \tag{5-185}$$

$$\boldsymbol{\psi}_g = \int \boldsymbol{U}_g \mathrm{d}t \tag{5-186}$$

$$\boldsymbol{\psi}_c = \int \boldsymbol{U}_c \mathrm{d}t \tag{5-187}$$

$$\boldsymbol{\psi}_g = L_g I_g + \boldsymbol{\psi}_c \tag{5-188}$$

忽略滤波电抗等效电阻 R_g 上的损耗,可得旋转 dq 坐标系下网侧变换器的电路方程为

$$\boldsymbol{\psi}_g = L_g I_g + \boldsymbol{\psi}_c \tag{5-189}$$

$$\begin{cases} \boldsymbol{U}_g = \dfrac{\mathrm{d}\boldsymbol{\psi}_g}{\mathrm{d}t} + \mathrm{j}\omega_1 \boldsymbol{\psi}_g \\[2mm] \boldsymbol{U}_c = \dfrac{\mathrm{d}\boldsymbol{\psi}_c}{\mathrm{d}t} + \mathrm{j}\omega_1 \boldsymbol{\psi}_c \end{cases} \tag{5-190}$$

$$I_g = \frac{\boldsymbol{\Psi}_g - \boldsymbol{\Psi}_c}{L_g} \tag{5-191}$$

当采用矢量变换控制且将坐标系 d 轴定向于电网磁链矢量 $\boldsymbol{\Psi}_g$ 上时,则有

$$\psi_{gd} = |\boldsymbol{\Psi}_g| \tag{5-192}$$

$$\psi_{gq} = 0 \tag{5-193}$$

$$\frac{\mathrm{d}\boldsymbol{\Psi}_g}{\mathrm{d}t} = \frac{\mathrm{d}\psi_{gd}}{\mathrm{d}t} = 0 \tag{5-194}$$

电网输入网侧变换器的瞬时功率为

$$P_g + \mathrm{j}Q_g = \frac{3}{2}U_g \times I_g = \frac{3}{2}\left(\frac{\mathrm{d}\boldsymbol{\Psi}_g}{\mathrm{d}t} + \mathrm{j}\omega_1\boldsymbol{\Psi}_g\right) \times \frac{\boldsymbol{\Psi}_g - \boldsymbol{\Psi}_c}{L_g} = \frac{3}{2L_g}\omega_1\psi_{gd}\left[-\psi_{cq} - \mathrm{j}(\psi_{cd} - \psi_{gd})\right] \tag{5-195}$$

整理后得

$$\begin{cases} P_g = -\dfrac{3}{2L_g}\omega_1\psi_{gd}\psi_{cq} \\[3mm] Q_g = \dfrac{3}{2L_g}\omega_1\psi_{gd}(\psi_{gd} - \psi_{cd}) \end{cases} \tag{5-196}$$

由上式可见,忽略 ω_1、ψ_{gd} 的变化,网侧变换器交流侧磁链的 d、q 轴分量 ψ_{cd}、ψ_{cq} 可以分别独立控制网侧变换器的有功功率 P_g、无功功率 Q_g,从而实现直接功率控制。

对式(5-196)求微分,可得

$$\begin{cases} \dfrac{\mathrm{d}P_g}{\mathrm{d}t} = -\dfrac{3}{2L_g}\omega_1\psi_{gd}\,\dfrac{\mathrm{d}\psi_{cq}}{\mathrm{d}t} \\[3mm] \dfrac{\mathrm{d}Q_g}{\mathrm{d}t} = -\dfrac{3}{2L_g}\omega_1\psi_{gd}\,\dfrac{\mathrm{d}\psi_{cd}}{\mathrm{d}t} \end{cases} \tag{5-197}$$

上式说明,网侧变换器向电网输出有功功率 P_g 和无功功率 Q_g 的变化,分别取决于网侧变换器交流侧磁链的 dq 轴分量 ψ_{cd}、ψ_{cq} 的变化。

磁链空间矢量和电压空间矢量的关系为

$$\boldsymbol{\Psi}_c = \int \boldsymbol{U}_c \mathrm{d}t \tag{5-198}$$

离散化后可得磁链增矢量与电压空间矢量的关系为

$$\Delta\boldsymbol{\Psi}_c = \boldsymbol{U}_c \Delta t \tag{5-199}$$

从上式可以看出:

1) 选取某种电压空间矢量和调节其作用时间,可以控制磁链矢量;

2) 当电网磁链矢量 $\boldsymbol{\Psi}_c$ 的空间位置已知,则每个电压空间矢量对网侧变换器交流侧磁

链的 d、q 轴分量 ψ_{cd}、ψ_{cq} 的作用效果就可知,从而可以得出每个电压空间矢量对网侧变换器有功无功功率的影响。

按照此规律,可以得到电压空间矢量选取的开关表,依次选择出减少有功、无功功率控制误差的最佳电压空间矢量,并通过查表法将相应控制信号送入开关器件脉冲发生电路中,这就是基于开关表的直接功率控制(Look Up Table Divert Power Control,LUT-DPC)的整体思路。

在三相两电平 PWM 变流器中,一共有 6 个有效电压矢量、2 个零电压矢量,其具体的空间表示方法,和扇区位置的定义标示方法如图 5-52 所示,LUT-DPC 的控制原理分别如图 5-53 所示。

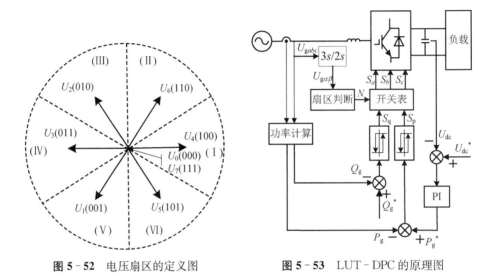

图 5-52 电压扇区的定义图　　　　图 5-53 LUT-DPC 的原理图

LUT-DPC 与矢量控制的主要区别是 DPC 中只有功率环,而没有电流环;采用开关表替代 VC 中的 PWM 控制来产生网侧变换器的三相开关信号;无需对电压、电流信号进行坐标转换和反变换,使得控制系统结构简单。具体地,根据检测得到的电压、电流信号计算得到瞬时有功、无功功率 P_g、Q_g,分别与功率参考值 P_g^* 和 Q_g^* 比较后得到功率误差信号 ΔP_g 和 ΔQ_g,将此信号送入滞环比较器中,可以得到表征功率误差状态的输出信号 S_p、S_q,再根据此时电网电压矢量所在的扇区 N,可在事先定义好的开关表中选取合适的开关信号 S_a、S_b、S_c,从而对网侧变换器电力电子开关器件实现控制。

LUT-DPC 中采用滞环比较器对有功功率、无功功率进行调节,滞环比较器的输入信号为功率误差 ΔP_g 和 ΔQ_g,输出信号为表征功率误差趋势的信号 S_p、S_q。通常使用的滞环比较器有二阶、三阶及二三阶混合三种形式。本节选择二阶滞环比较器,S_p 和 S_q 定义如下:

$$S_{p,q}=\begin{cases}1 & \text{增加}(\Delta P_g、\Delta Q_g>0)\\0 & \text{不变}(\Delta P_g、\Delta Q_g=0)\\-1 & \text{减少}(\Delta P_g、\Delta Q_g<0)\end{cases} \qquad (5-200)$$

从减少有功、无功功率误差的角度,选取最佳电压空间矢量,规划出优化的开关表如表 5-1 所示。

表 5‑1　网侧变换器 LUT‑DPC 开关表

S_p ＼ S_q	-1	0	1
-1	U_2	$U_2//U_6$	U_6
0	U_3	$U_0//U_7$	U_4
1	U_1	$U_0//U_7$	U_5

5.4.2　基于空间矢量调制的网侧变换器直接功率控制

基于开关表的直接功率控制由于引入滞环比较器,导致开关频率不固定,使得网侧变换器输出电流会对电网产生较大宽频范围的谐波污染。为了得到恒定开关频率,可采用空间矢量调制的 SVM‑DPC 方法,其原理框图如图 5‑54 所示。

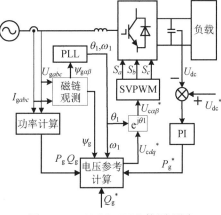

图 5‑54　SVM‑DPC 的原理图

将式(5‑197)作恒等变换并写成离散形式,得

$$
\begin{cases}
\dfrac{\mathrm{d}\psi_{cd}}{\mathrm{d}t} = \dfrac{2}{3}\dfrac{L_g}{\omega_1\psi_g}\dfrac{\mathrm{d}Q_g}{\mathrm{d}t} = \dfrac{2}{3}\dfrac{L_g}{\omega_1\psi_g}\dfrac{Q_g^* - Q_g}{T_s} \\[3mm]
\dfrac{\mathrm{d}\psi_{cq}}{\mathrm{d}t} = \dfrac{2}{3}\dfrac{L_g}{\omega_1\psi_g}\dfrac{\mathrm{d}P_g}{\mathrm{d}t} = \dfrac{2}{3}\dfrac{L_g}{\omega_1\psi_g}\dfrac{P_g^* - P_g}{T_s}
\end{cases}
\tag{5‑201}
$$

式中,T_s 为离散后的采样周期,P_g^* 和 Q_g^* 分别为网侧变换器有功、无功功率的给定值。

将式(5‑201)代入式(5‑187)中,可得网侧变换器交流侧 d、q 分量的表达式为

$$
\begin{cases}
u_{cd} = \dfrac{\mathrm{d}\psi_{cd}}{\mathrm{d}t} - \omega_1\psi_{cq} = \dfrac{2}{3}\dfrac{L_g}{\omega_1\psi_g}\dfrac{Q_g^* - Q_g}{T_s} + \dfrac{2}{3}\dfrac{L_g}{\psi_g}P_g \\[3mm]
u_{cq} = \dfrac{\mathrm{d}\psi_{cq}}{\mathrm{d}t} + \omega_1\psi_{cd} = \dfrac{2}{3}\dfrac{L_g}{\omega_1\psi_g}\dfrac{P_g^* - P_g}{T_s} + \dfrac{2}{3}\dfrac{L_g}{\psi_g}Q_g + \omega_1\psi_{gd}
\end{cases}
\tag{5‑202}
$$

根据上式可以得到同步速旋转坐标系 dq 中,网侧变换器交流侧电压的参考值,经坐标变换后可得到静止坐标系 $\alpha\beta$ 中的参考值,将它输入到 SVPWM 调制控制模块中,即可得到网侧变换器开关器件的三相开关信号 S_a、S_b、S_c,这就是基于空间矢量调制的直接功率控制(space vector modulation-direct power control,SVM‑DPC)的整体思路。

与基于开关表的直接功率控制相比,基于空间矢量调制的直接功率控制的采样频率低,且可以获得固定的开关频率,调节控制系统中的参数鲁棒性强,动态响应快。但是输出电压参考值计算中需要用到网侧变换器交流侧滤波电抗器的电感 L_g,对该参数的依赖较大,且不能消除功率误差。为了对有功、无功实现无静差调节,应引入 PI 调节器,于是式(5‑202)可改写成以下形式:

$$\begin{cases} u_{cd} = \left(k_{gpq} + \dfrac{k_{giq}}{s} \right)(Q_g^* - Q_g) + \dfrac{2}{3}\dfrac{L_g}{\psi_g}P_g \\ u_{cq} = \left(k_{gpp} + \dfrac{k_{gip}}{s} \right)(P_g^* - P_g) + \dfrac{2}{3}\dfrac{L_g}{\psi_g}Q_g + \omega_1\psi_{gd} \end{cases} \tag{5-203}$$

5.4.3　直接功率控制器参数设计方法

1. 电网侧变换器直接功率控制器参数设计

网侧变换器有功无功的控制仅需要一个比例控制器来调节功率误差,响应速度快,因此只需要设计电压外环调节器参数即可。电压外环控制结构如图 5 - 55 所示:

图 5 - 55　网侧变换器电压环结构

图 5 - 55 中 T_s 为电压采样小惯性时间常数,k_d 和 τ_d 为电压环 PI 调节器的参数。

网侧变换器的主要目的就是维持直流母线电压稳定,所以在设计电压外环控制参数时,应该主要考虑获得良好的抗扰能力,由图 5 - 55 中电压环结构可知,可以按照典型 Ⅱ 型系统设计电压调节器,得到电压开环传递函数为

$$G_{od}(s) = \frac{k_d(\tau_d s + 1)}{\tau_d s^2(T_s s + 1)} \tag{5-204}$$

由此,可得到中频宽 h_d 为

$$h_d = \frac{\tau_d}{T_s} \tag{5-205}$$

按照典型 Ⅱ 型系统设计电压外环,则参数整定关系为

$$\frac{k_d}{\tau_d} = \frac{h_d + 1}{2h_d^2 T_s^2} \tag{5-206}$$

为了使电压外环获得良好的动稳态性能,实际经验中一般选取 $h_d = 5$,再将 $h_{v=d} = 5$ 代入上式,得到电压外环的 PI 调节器各参数为

$$\begin{cases} \tau_d = 5T_s \\ k_d = \dfrac{3}{5T_s} \end{cases} \tag{5-207}$$

上式即为电压外环 PI 调节器控制参数整定公式,因此还可以得到电压环控制系统截止频率 ω_c 为

$$\omega_{cd} = \frac{1}{2}\left(\frac{1}{\tau_d} + \frac{1}{T_s}\right) = \frac{3}{5T_s} \tag{5-208}$$

所以电压环控制系统频带宽度 f_{bd} 为

$$f_{bd} = \frac{\omega_{cd}}{2\pi} = \frac{3}{5T_s \times 2\pi} \approx 0.095 f_s \tag{5-209}$$

式中，f_s 为 PWM 开关调制频率。

5.4.4　仿真分析

采用附录 3 仿真平台，仿真电路如图 5-56 所示，仿真中并网点短路比为 2.2，电网阻抗为 $(15.4 + j17.2)\Omega$。

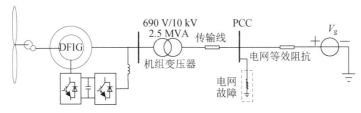

图 5-56　风电机组接入弱电网的仿真系统主电路

风速恒定为 8 m/s，且在 $t = 0.5$ s 时 PCC 点处发生对称三相短路，风电机组机端电压由 1 pu 降至 0.95 pu，如图 5-57 所示。该种运行工况下，分别采用 VC 和 DPC 的风电机组的有功、无功变化曲线如图 5-58 所示。

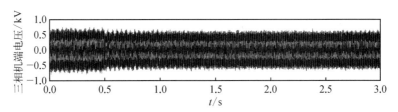

图 5-57　弱电网下三相机端电压

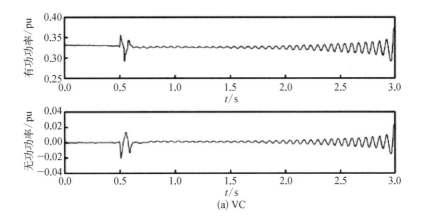

(a) VC

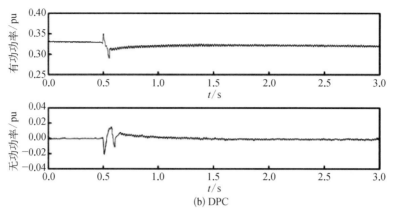

(b) DPC

图 5‑58 弱电网下系统仿真结果

由图 5‑58 可知,在弱电网环境下,电网发生小扰动,VC 控制下有功、无功功率会发生振荡,不能实现对风机功率的稳定控制。而 DPC 在故障发生初始时刻功率振荡,之后仍能实现对风机功率的稳定控制。

5.5 无电网电压传感器控制

网侧 VSC 的传统控制方法需要采用电网电压传感器以获取电网电压相位和幅值信息,而采用电网电压传感器增加了系统的故障点,为系统可靠运行带来安全隐患。无电网电压传感器控制技术在 L 型 VSC 控制中已经得到了广泛的应用,但是在 LCL 型 VSC 控制中还鲜有应用,本节将虚拟磁链的思想引入到网侧 VSC 的控制中,建立 LCL‑VSC 的简化数学模型,基于广义积分器实现电网电压观测,并同时解决 LCL‑VSC 存在的谐振问题。

5.5.1 三相 VSC 的虚拟磁链定向控制

在三相 VSC 的控制中可以把三相交流电源、电感等效为一台虚拟的交流电动机,电网电压等效为三相交流电机的感应电动势,电抗器的电感和电阻分别相当于电机的定子绕组的漏感和电阻。将电网电压看成是虚拟的磁链微分量,采用类似于交流电机磁链观测的方法来观测虚拟电网磁链,取代电网电压作为定向矢量,达到省去测量电网电压的目的,这就是虚拟磁链定向控制(virtual‑flux oriented control,VFOC)的核心思想[11]。

虚拟磁链定向控制在基于 L 滤波器的三相 VSC(L‑VSC)中得到了广泛的应用,图 5‑59 为 L‑VSC 的结构框图。设三相电网电压平衡,在 $\alpha\beta$ 坐标系下 L‑VSC 的数学方程为

$$\begin{cases} u_{\alpha} = Ri_{\alpha} + L\dfrac{\mathrm{d}i_{\alpha}}{\mathrm{d}t} + v_{\alpha} \\[2mm] u_{\beta} = Ri_{\beta} + L\dfrac{\mathrm{d}i_{\beta}}{\mathrm{d}t} + v_{\beta} \end{cases} \tag{5-210}$$

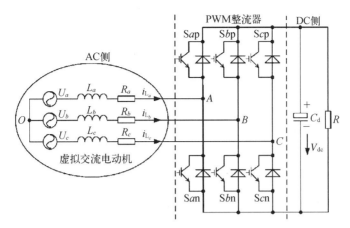

图 5‑59　基于 L 滤波器的三相并网型逆变器的结构图

根据开关函数和直流侧电压可以计算得到变换器输出电压为

$$\begin{cases} v_\alpha = \dfrac{2}{3}V_{dc}\left[S_a - \dfrac{1}{2}(S_b + S_c)\right] \\[2mm] v_\beta = \dfrac{\sqrt{3}}{3}V_{dc}(S_b - S_c) \end{cases} \tag{5‑211}$$

其中，v_α 和 v_β 为三相 VSC 交流侧输出电压的 α、β 分量；S_a、S_b 和 S_c 是三相桥臂的开关函数，u_α 和 u_β 为 VSC 三相电网电压的 α、β 分量；i_α 和 i_β 为 VSC 三相电网电流的 α、β 分量。

根据式(5‑210)和式(5‑211)，通过直接计算可以得到电网电压，但是式(5‑211)中的开关函数为离散量，其频谱中含有丰富的谐波分量；式(5‑210)中含有电流的微分量，在实际控制中微分作用容易放大噪声干扰，降低系统的抗干扰能力，因此在实际控制中，不能通过直接计算来得到电网电压。鉴于此，将式(5‑210)两边同时积分可得

$$\begin{cases} \displaystyle\int u_\alpha \, dt = \psi_\alpha = \int\left(Ri_\alpha + L\,\dfrac{di_\alpha}{dt} + v_\alpha\right)dt \\[3mm] \displaystyle\int u_\beta \, dt = \psi_\beta = \int\left(Ri_\beta + L\,\dfrac{di_\beta}{dt} + v_\beta\right)dt \end{cases} \tag{5‑212}$$

根据虚拟电网磁链和电网电压的关系，可得电网电压的幅值和相角信息为

$$\begin{cases} \theta_s = \dfrac{\pi}{2} + \theta_\psi = \dfrac{\pi}{2} + \tan^{-1}\!\left(\dfrac{\psi_\beta}{\psi_\alpha}\right) \\[3mm] u_m = \omega_g \psi_m = \omega_g\sqrt{\psi_\alpha^2 + \psi_\beta^2} \\[3mm] \cos\theta_s = \cos\left[\dfrac{\pi}{2} + \tan^{-1}\!\left(\dfrac{\psi_\beta}{\psi_\alpha}\right)\right] = -\dfrac{\psi_\beta}{\sqrt{\psi_\alpha^2 + \psi_\beta^2}} = \dfrac{u_\alpha}{\sqrt{u_\alpha^2 + u_\beta^2}} \\[3mm] \sin\theta_s = \sin\left[\dfrac{\pi}{2} + \tan^{-1}\!\left(\dfrac{\psi_\beta}{\psi_\alpha}\right)\right] = \dfrac{\psi_\alpha}{\sqrt{\psi_\alpha^2 + \psi_\beta^2}} = \dfrac{u_\beta}{\sqrt{u_\alpha^2 + u_\beta^2}} \end{cases} \tag{5‑213}$$

根据上式可以得到电网电压在两相静止坐标系下的估算公式为

$$
\begin{cases}
u_\alpha = -\omega_g \psi_\beta = -\omega_g \int u_\beta \mathrm{d}t = -\omega_g \int \left(R i_\beta + L\dfrac{\mathrm{d}i_\beta}{\mathrm{d}t} + v_\beta \right) \mathrm{d}t \\[3mm]
\qquad = -\omega_g L i_\beta - \omega_g \int (R i_\beta + v_\beta)\mathrm{d}t \\[3mm]
u_\beta = \omega_g \psi_\alpha = \omega_g \int u_\alpha \mathrm{d}t = \omega_g \int \left(R i_\alpha + L\dfrac{\mathrm{d}i_\alpha}{\mathrm{d}t} + v_\alpha \right) \mathrm{d}t \\[3mm]
\qquad = \omega_g L i_\alpha + \omega_g \int (R i_\alpha + v_\alpha)\mathrm{d}t
\end{cases}
\tag{5-214}
$$

上式即为利用虚拟磁链思想实现电网电压观测的原理,采用积分运算的思想能够避免引入高频分量,保证系统的稳定性。

式(5-212)和式(5-213)是纯粹从电网磁链和电网电压的物理关系角度推导电网电压两个分量之间的相互关系,即 u_α 的积分与 u_β 有关,而 u_β 的积分与 u_α 有关,如果考虑三相电网平衡且完全正弦化,则从纯粹的数学角度可得

$$
\begin{cases}
\displaystyle\int u_\alpha \mathrm{d}t = \int u_m \cos(\omega_g t + \varphi)\mathrm{d}t = \dfrac{1}{\omega_g} u_m \sin(\omega_g t + \varphi) = \dfrac{1}{\omega_g} u_\beta \\[4mm]
\displaystyle\int u_\beta \mathrm{d}t = \int u_m \sin(\omega_g t + \varphi)\mathrm{d}t = -\dfrac{1}{\omega_g} u_m \cos(\omega_g t + \varphi) = -\dfrac{1}{\omega_g} u_\alpha
\end{cases}
\tag{5-215}
$$

在 $t > 0$ 时,式(5-215)可表示为

$$
\begin{cases}
\displaystyle\int_0^t u_\alpha(\tau)\mathrm{d}\tau = \int_0^t u_m \cos(\omega_g \tau + \varphi)\mathrm{d}\tau = \dfrac{1}{\omega_g} u_m \sin(\omega_g t + \varphi) - u_m \sin\varphi = \dfrac{1}{\omega_g} u_\beta(t) - u_\beta(t)\Big|_{t=0} \\[4mm]
\displaystyle\int_0^t u_\beta(\tau)\mathrm{d}\tau = \int_0^t u_m \sin(\omega_g \tau + \varphi)\mathrm{d}\tau = -\dfrac{1}{\omega_g} u_m \cos(\omega_g t + \varphi) + u_m \cos\varphi \\[4mm]
\qquad\qquad\qquad = -\dfrac{1}{\omega_g} u_\alpha(t) + u_\alpha(t)\Big|_{t=0}
\end{cases}
\tag{5-216}
$$

可见,如果对正弦函数和余弦函数直接积分,其积分结果与积分时刻的初始值有关系。而积分时候的初始值往往是难以确定的,从而造成计算结果出现误差,因此无电网电压传感器控制中的核心是如何实现纯积分器。

对 $u_\alpha(t)$ 和 $u_\beta(t)$ 运用 Laplace 变换可得

$$
\begin{cases}
L[u_\alpha(t)] = L[u_m \cos(\omega_g t + \varphi)] = \mathrm{e}^{\frac{\varphi}{\omega_g}s} u_m \dfrac{s}{s^2 + \omega_g^2} = U_\alpha(s) \\[4mm]
L[u_\beta(t)] = L[u_m \sin(\omega_g t + \varphi)] = \mathrm{e}^{\frac{\varphi}{\omega_g}s} u_m \dfrac{\omega}{s^2 + \omega_g^2} = U_\beta(s)
\end{cases}
\tag{5-217}
$$

式中,φ 为初始相角,$L[\ ]$ 为 Laplace 算子。根据 $u_\alpha(t)$ 和 $u_\beta(t)$ 的关系可得

$$\begin{cases} L\big[u_\alpha(t)\big]=L\big[u_{\mathrm m}\cos(\omega_{\mathrm g}t+\varphi)\big]=L\left[-u_{\mathrm m}\sin\left(\omega_{\mathrm g}t+\varphi-\dfrac{\pi}{2}\right)\right]=-\mathrm e^{-\frac{\pi}{2\omega_{\mathrm g}}s}U_\beta(s) \\[4mm] L\big[u_\beta(t)\big]=L\big[u_{\mathrm m}\sin(\omega_{\mathrm g}t+\varphi)\big]=L\left[u_{\mathrm m}\cos\left(\omega_{\mathrm g}t+\varphi-\dfrac{\pi}{2}\right)\right]=\mathrm e^{-\frac{\pi}{2\omega_{\mathrm g}}s}U_\alpha(s) \end{cases}$$

$$(5-218)$$

对式(5-217)运用 Laplace 积分定理可得

$$\begin{cases} \begin{aligned} L\left[\omega_{\mathrm g}\!\int u_\alpha(t)\mathrm dt\right] &=L\left[\omega_{\mathrm g}\!\int u_{\mathrm m}\cos(\omega_{\mathrm g}t+\varphi)\mathrm dt\right] \\[2mm] &=\omega_{\mathrm g}\left(\dfrac{U_\alpha(s)}{s}+\dfrac{\int u_\alpha(\tau)\mathrm dt\big|_{t=0}}{s}\right)=\mathrm e^{\frac{\varphi}{\omega_{\mathrm g}}s}\dfrac{u_{\mathrm m}\omega}{s^2+\omega_{\mathrm g}^2}=U_\beta(s) \end{aligned} \\[6mm] \begin{aligned} L\left[\omega_{\mathrm g}\!\int u_\beta(t)\mathrm dt\right] &=L\left[\omega_{\mathrm g}\!\int u_{\mathrm m}\sin(\omega_{\mathrm g}t+\varphi)\mathrm dt\right] \\[2mm] &=\omega_{\mathrm g}\left(\dfrac{U_\beta(s)}{s}+\dfrac{\int u_\beta(\tau)\mathrm dt\big|_{t=0}}{s}\right)=-\mathrm e^{\frac{\varphi}{\omega_{\mathrm g}}s}\dfrac{u_{\mathrm m}s}{s^2+\omega_{\mathrm g}^2}=-U_\alpha(s) \end{aligned} \end{cases}$$

$$(5-219)$$

综合式(5-218)和式(5-219)可得

$$\begin{cases} L\left[\omega_{\mathrm g}\!\int u_\alpha(t)\mathrm dt\right]=\mathrm e^{-\frac{\pi}{2\omega_{\mathrm g}}s}U_\alpha(s) \\[4mm] L\left[\omega_{\mathrm g}\!\int u_\beta(t)\mathrm dt\right]=\mathrm e^{-\frac{\pi}{2\omega_{\mathrm g}}s}U_\beta(s) \end{cases}$$

$$(5-220)$$

分析上式中的两个积分项,其中对 u_α 进行积分,其幅值衰减 ω 倍,相角滞后 $-\pi/2$,因此 $\omega_{\mathrm g}\!\int u_\alpha$ 的结果幅值不变,相角滞后 $-\pi/2$,相当于将 u_α 滞后 $-\pi/2$;$\omega_{\mathrm g}\!\int u_\beta$ 的结果幅值不变,相角滞后 $-\pi/2$,相当于将 v_β 滞后 $-\pi/2$。

考虑到式(5-214)中变换器输出电压、电感电流的基波分量均为理想正弦波,而基波分量恰好是电网电压观测器中所需要的,因此可对式(5-214)进行 Laplace 变换,并将式(5-220)同样的思想引入可得

$$\begin{cases} \begin{aligned} U_\alpha(s) &=-\omega_{\mathrm g}LI_\beta(s)-L\left[\omega_{\mathrm g}\!\int(Ri_\beta+v_\beta)\mathrm dt\right] \\[2mm] &=-\omega_{\mathrm g}LI_\beta(s)-\mathrm e^{-\frac{\pi}{2\omega_{\mathrm g}}s}\big[RI_\beta(s)+V_\beta(s)\big] \end{aligned} \\[6mm] \begin{aligned} U_\beta(s) &=\omega_{\mathrm g}LI_\alpha(s)+L\left[\omega_{\mathrm g}\!\int(Ri_\alpha+v_\alpha)\mathrm dt\right] \\[2mm] &=\omega_{\mathrm g}LI_\alpha(s)+\mathrm e^{-\frac{\pi}{2\omega_{\mathrm g}}s}\big[RI_\alpha(s)+V_\alpha(s)\big] \end{aligned} \end{cases}$$

$$(5-221)$$

可见,无电压传感器控制中的关键问题转化为滞后 $-\pi/2$ 的纯延时环节的实现。采用

两个一阶低通滤波器串联可以实现滞后$-\pi/2$的纯延时环节,如低通滤波器的截止频率为ω_g,对应的传递函数为

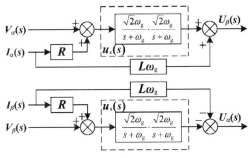

**图 5 - 60 基于低通滤波器的 L - VSC
电网电压观测器实现框图**

$$U_s(s) = \frac{\sqrt{2}\,\omega_g}{s+\omega_g} \cdot \frac{\sqrt{2}\,\omega_g}{s+\omega_g} \quad (5-222)$$

显然,在截止频率处 $\omega=\omega_g$ 处,上式所示的低通滤波器的增益为1,相移为$-\pi/2$,正好满足上述要求,不但克服了积分初值不确定而带来的直流偏置,而且起到了滤除 VSC 输出电压 v_α、v_β 中和 VSC 输出电流 i_α、i_β 中高频分量的作用。

因此,可得 L - VSC 控制中基于低通滤波器的电网电压观测器如图 5 - 60 所示。

5.5.2 LCL - VSC 的简化数学模型

如果只考虑电流和电压的基波分量,根据上节得到的电网虚拟磁链和电网电压的物理关系和数学关系上的本质联系,将同样的思想应用到电网电流虚拟磁链和电网电流的基波分量中,可得

$$\begin{cases} \dfrac{\mathrm{d}i_{i\alpha}}{\mathrm{d}t}=-\omega_g i_{i\beta}, & \dfrac{\mathrm{d}i_{i\beta}}{\mathrm{d}t}=\omega_g i_{i\alpha} \\[2mm] \dfrac{\mathrm{d}i_{g\alpha}}{\mathrm{d}t}=-\omega_g i_{g\beta}, & \dfrac{\mathrm{d}i_{g\beta}}{\mathrm{d}t}=\omega_g i_{g\alpha} \\[2mm] \dfrac{\mathrm{d}u_{c\alpha}}{\mathrm{d}t}=-\omega_g u_{c\beta}, & \dfrac{\mathrm{d}u_{c\beta}}{\mathrm{d}t}=\omega_g u_{c\alpha} \end{cases} \quad (5-223)$$

根据第 2 章得到的 LCL - VSC 在两相 $\alpha\beta$ 坐标系下的数学模型,并结合式(5 - 218),可得电网电压与电容电压的关系为

$$\begin{cases} u_{c\alpha}=e_\alpha - R_g i_{g\alpha} - L_g \dfrac{\mathrm{d}i_{g\alpha}}{\mathrm{d}t}=e_\alpha - R_g i_{g\alpha} + \omega_g L_g i_{g\beta} \\[2mm] u_{c\beta}=e_\beta - R_g i_{g\beta} - L_g \dfrac{\mathrm{d}i_{g\beta}}{\mathrm{d}t}=e_\beta - R_g i_{g\beta} - \omega_g L_g i_{g\alpha} \end{cases} \quad (5-224)$$

电网电流与变换器侧电流的关系可得

$$\begin{cases} i_{g\alpha}=C_f \dfrac{\mathrm{d}u_{c\alpha}}{\mathrm{d}t}+i_{i\alpha}=-\omega_g C_f u_{c\beta}+i_{i\alpha} \\[2mm] i_{g\beta}=C_f \dfrac{\mathrm{d}u_{c\beta}}{\mathrm{d}t}+i_{i\beta}=\omega_g C_f u_{c\alpha}+i_{i\beta} \end{cases} \quad (5-225)$$

电容电压与变换器侧电压与的关系为

$$\begin{cases} u_{i\alpha} = u_{c\alpha} - R_i i_{i\alpha} - L_i \dfrac{\mathrm{d}i_{i\alpha}}{\mathrm{d}t} = u_{c\alpha} - R_i i_{i\alpha} + \omega_g L_i i_{i\beta} \\[3mm] u_{i\beta} = u_{c\beta} - R_i i_{i\beta} - L_i \dfrac{\mathrm{d}i_{i\beta}}{\mathrm{d}t} = u_{c\beta} - R_i i_{i\beta} - \omega_g L_i i_{i\alpha} \end{cases} \tag{5-226}$$

一般情况下反馈变换器侧电流进行控制,因此需要将变换器侧电流折算到电网侧,将式(5-225)代入式(5-224)中可得电容电压的重构方程为

$$\begin{cases} (1 - \omega_g^2 C_f L_g) u_{c\alpha} = e_\alpha - R_g i_{i\alpha} + \omega_g L_g i_{i\beta} + \omega_g R_g C_f u_{c\beta} \\ (1 - \omega_g^2 C_f L_g) u_{c\beta} = e_\beta - R_g i_{i\beta} - \omega_g L_g i_{i\alpha} - \omega_g R_g C_f u_{c\alpha} \end{cases} \tag{5-227}$$

利用 $\alpha\beta/dq$ 变换,将式(5-224)变换到两相旋转 dq 坐标下可得

$$\begin{cases} u_{cd} = e_d - R_g i_{gd} + \omega_g L_g i_{gq} \\ u_{cq} = e_q - R_g i_{gq} - \omega_g L_g i_{gd} \end{cases} \tag{5-228}$$

式(5-225)变换到两相旋转 dq 坐标下可得

$$\begin{cases} i_{gd} = i_{id} + i_{cd} = i_{id} - \omega_g C_f u_{cq} \\ i_{gq} = i_{iq} + i_{cq} = i_{iq} + \omega_g C_f u_{cd} \end{cases} \tag{5-229}$$

式(5-227)变换到两相旋转 dq 坐标下可得

$$\begin{cases} (1 - \omega_g^2 C_f L_g) u_{cd} = e_d - R_g i_{id} + \omega_g L_g i_{iq} + \omega_g C_f R_g u_{cq} \\ (1 - \omega_g^2 C_f L_g) u_{cq} = e_q - R_g i_{iq} - \omega_g L_g i_{id} - \omega_g C_f R_g u_{cd} \end{cases} \tag{5-230}$$

综上,以变换器侧电流作为反馈电流,以电网电压作为前馈项,可实现网侧输入电流控制的三相 LCL-VSC 的简化数学模型如图 5-61 所示。

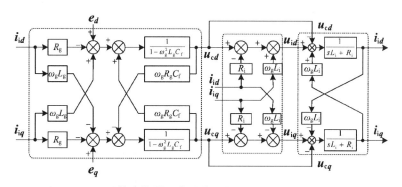

图 5-61 反馈变换器侧电流的三相 LCL-VSC 的数学模型

5.5.3 LCL-VSC 的无电网电压传感器控制

在图 5-61 所示的三相 LCL-VSC 的控制框图中,引入虚拟磁链的思想,通过直流母线电压、开关函数和变换器侧三相电流就可以重构 LCL 电容电压,根据电容电压和变换器侧三相电流可以重构三相电网电压,从而可以省去三相电网电压传感器,简化电路,降低成本。因此在 LCL-VSC 的无电压传感器控制技术中,需要解决的关键问题是电容电压和电网电

压观测器的设计问题[12-13]。

1. 电网电压观测器的设计

引入电容电压虚拟磁链的概念,对式(5-221)两端进行积分可得

$$
\begin{cases}
\psi_{c\alpha} = R_i \int i_{i\alpha} + L_i i_{i\alpha} + \int u_{i\alpha} \\
\psi_{c\alpha} = R_i \int i_{i\beta} + L_i i_{i\beta} + \int u_{i\beta}
\end{cases}
\tag{5-231}
$$

其中网侧变换器的输出电压 $u_{i\alpha}$、$u_{i\beta}$ 根据开关函数和直流母线电压可以估算出来,其计算公式为

$$
\begin{bmatrix} u_{i\alpha} \\ u_{i\beta} \end{bmatrix}
= \sqrt{\frac{2}{3}} \cdot
\begin{bmatrix} 1 & -\dfrac{1}{2} & -\dfrac{1}{2} \\ 0 & \dfrac{\sqrt{3}}{2} & -\dfrac{\sqrt{3}}{2} \end{bmatrix}
\cdot
\begin{bmatrix} s_a \\ s_b \\ s_c \end{bmatrix}
\cdot u_{dc}
\tag{5-232}
$$

基于虚拟磁链思想,可得电容电压的观测公式为

$$
\begin{cases}
u_{c\alpha} = R_i i_{i\alpha} - \omega_g L_i i_{i\beta} - \omega_g \int u_{i\beta} dt \\
u_{c\beta} = R_i i_{i\beta} + \omega_g L_i i_{i\alpha} + \omega_g \int u_{i\alpha} dt
\end{cases}
\tag{5-233}
$$

式中积分环节可通过式(5-222)来实现,可得电网电压观测表达式:

$$
\begin{cases}
e_\alpha = (1 - \omega_g^2 C_f L_g) u_{c\alpha} + R_g i_{i\alpha} - \omega_g L_g i_{i\beta} - \omega_g C_f R_g u_{c\beta} \\
e_\beta = (1 - \omega_g^2 C_f L_g) u_{c\beta} + R_g i_{i\beta} + \omega_g L_g i_{i\alpha} + \omega_g C_f R_g u_{c\alpha}
\end{cases}
\tag{5-234}
$$

观测电网电压是为了获取电网电压空间矢量的旋转角度,用于解耦坐标变换,提供并网参考依据。根据式(5-234)可得电网电压角度和坐标变换的中的余弦计算公式为

$$
\begin{cases}
\theta_s = \tan^{-1}\left(\dfrac{e_\beta}{e_\alpha}\right), \quad e_m = \sqrt{e_\alpha^2 + e_\beta^2} \\
\cos\theta_s = \dfrac{e_\alpha}{\sqrt{e_\alpha^2 + e_\beta^2}}, \quad \sin\theta_s = \dfrac{e_\beta}{\sqrt{e_\alpha^2 + e_\beta^2}}
\end{cases}
\tag{5-235}
$$

综上,可得基于滤波器的 LCL-VSC 的电网电压的观测器框图5-62。

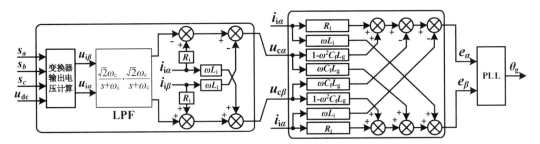

图5-62　基于 LPF 的 LCL-VSC 电网电压观测器框图

采用图 5-62 所示的二阶低通滤波器来模拟积分器,在电网频率固定不变情况下能够得到良好的控制效果,但是当电网频率波动时,控制效果将受到严重影响,因此有必要研究和设计具有频率自适应能力的电网电压观测器。

2. 频率自适应电网电压观测器的设计

到电网电压观测器中的关键技术是实现滞后 $-\pi/2$ 的纯延时环节,这一特性与广义积分器(second order generalized integrator,SOGI)的输出性能类似,因此可以考虑采用 SOGI 来设计具有频率自适应能力的纯延时环节。SOGI 的相关知识在 5.2.2 节已有介绍,此处不再赘述。

无电压传感器控制的另一个核心问题是设计的滞后环节具有频率自适应能力,因此需要对 SOGI 进行改造使其具有频率自适应能力。可以通过广义积分器的两个正交输出设计锁相环以实时得到电网的角频率,并将其反馈到 SOGI 中,得到具有频率自适应能力的 SOGI(frequency adaptation SOGI,FA-SOGI)的结构框图如图 5-63 所示。

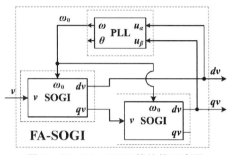

图 5-63　FA-SOGI 的结构示意图

利用图 5-63 中的 FA-SOGI 代替图 5-62 中的 LPF 环节,可以得到具有频率自适应能力的 LCL-VSC 电网电压观测器如图 5-64 所示。

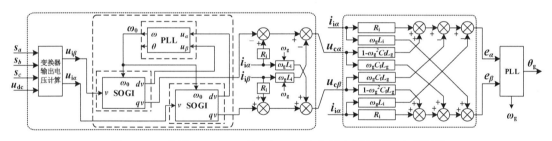

图 5-64　基于 FA-SOGI 的 LCL-VSC 电网电压观测器实现框图

3. 频率自适应电流内环控制器的设计

在两相静止 $\alpha\beta$ 坐标系下采用 PR 控制器进行 LCL-VSR 的控制需要设计具有频率自适应能力的 PR 控制器(frequency adaptation PR,FA-PR),可以考虑将电网电压观测出的频率信号输入到传统 PR 控制器中以实时调节 PR 控制器的谐振频率点,但是在传统的 PR 控制器上实现比较困难。观察 SOGI 传递函数的特点,其与准 R 控制器的传递函数非常相近,因此可以考虑将 SOGI 的结构进行改进以得到具有频率自适应特性的准 PR 控制器,对应的实现框图如图 5-65 所示。

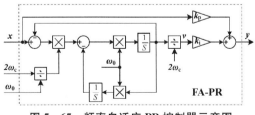

图 5-65　频率自适应 PR 控制器示意图

由图 5-65 可得上述系统的传递函数为

$$\begin{cases} G_v(s) = \dfrac{v(s)}{x(s)} = \dfrac{s}{s^2 + 2\omega_c s + \omega_0^2} \\ G_y(s) = \dfrac{y(s)}{x(s)} = k_p + \dfrac{k_i s}{s^2 + 2\omega_c s + \omega_0^2} \end{cases} \tag{5-236}$$

其中,ω_n 为谐振角频率,ω_c 则决定着系统在谐振角频率附近的带宽。

由上式可知,$G_v(s)$ 为准 R 控制器,$G_y(s)$ 为准 PR 控制器。利用 FA‑SOGI 的频率自适应能力将得到的角频率信号实时输入到 FA‑PR 中就可以实现对不同频率信号的无静差控制。基于 FA‑SOGI 和 FA‑PR 的 LCL‑VSC 无电网电压传感器控制框图如图 5‑66 所示。

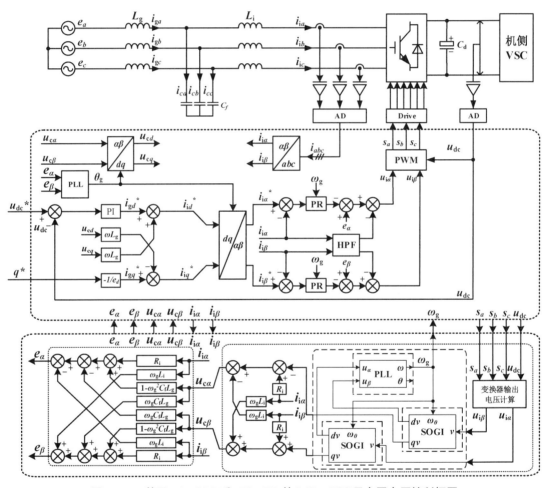

图 5‑66　基于 FA‑SOGI 和 FA‑PR 的 LCL‑VSC 无电网电压控制框图

5.5.4　实验验证

为了进一步验证提出策略的正确性,采用附录 2 所示的实验平台进行实验,实验波形如图 5‑67 所示。

图 5‑67(a)给出电网电压测量值与对应观测器输出值以及对应设计的锁相环输出的相

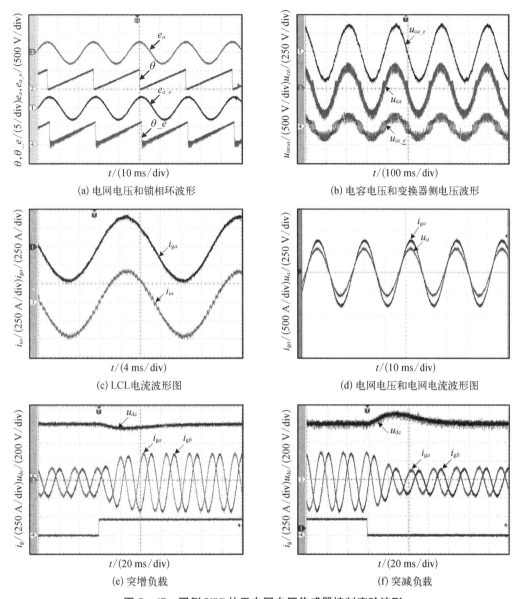

(a) 电网电压和锁相环波形

(b) 电容电压和变换器侧电压波形

(c) LCL电流波形图

(d) 电网电压和电网电流波形图

(e) 突增负载

(f) 突减负载

图 5 - 67　网侧 VSC 的无电网电压传感器控制实验波形

角波形图,图中带后缀"_e"的变量表示为设计的观测器输出值;图 5 - 67(b)给出电容电压测量值与对应观测器输出值、变换器侧电压观测器输出值的对比波形图。从图中可以看出,电网电压和电容电压的观测值与实际测量值波形幅值基本一致,相位上存在较小的偏差,这是由于数字控制延迟所导致,对实际控制影响不大,说明了对应观测器设计的正确性。图 5 - 67(c)是电网 a 相电流和变换器侧 a 相电流的实验波形。从图中可以看出,采用变换器侧电流有源反馈控制抑制了 LCL 的谐振,LCL 滤波效果良好,网侧电流总谐波畸变率低于 5%,满足并网电流要求。图 5 - 67(d)是电网 a 相电压和电网 a 相电流波形图,从图中可以看出电压和电流相位基本一致,可见利用变换器侧电流和电容电压重构电网电流,可以实现对电网电流的补偿,保证系统单位功率因数运行。图 5 - 67(e)和图 5 - 67(f)给出了直流负载突变情况下,直流母线电压和电网电流的动态变化波形图。从图中可以看出只需要经过 2～3 个周期的调整,系统就能恢复稳态运行,系统动态响应速度较好;稳态运行状态下,直流母线电压保持稳定,电流波形正弦度较高。

参考文献

[1] 王晗,张建文,蔡旭,一种 PWM 整流器动态性能改进控制策略. 中国电机工程学报[J],2012,32(S1): 194 - 202.

[2] Ackermann J, Utkin V. Sliding mode control design based Ackermann's formula [J]. IEEE Transactions on Automatic Control,1998,43(2):234 - 237.

[3] 张昌凡,何静.滑模变结构的智能控制理论与应用研究[M].北京:科学出版社,2005.

[4] Kachroo P, Tomizuka M. Chattering reduction and error convergence in the sliding-mode control of a class of nonlinear systems[J]. IEEE Transactions on Automatic Control,1996,41(7):1063 - 1068.

[5] Yongsug S, Valentin T, Thomas A. A nonlinear control of the instantaneous power in dq synchronous frame for PWM AC/DC converter under generalized unbalanced operating conditions[C]. Proceedings of IEEE-IAS Annual Meeting,2002:1189 - 1196.

[6] Han G, Zhang J W, Cai X. A novel hybrid SPLL for polluted grid environment[C]. Electronics and Application Conference and Exposition (PEAC),2014 International IEEE,2014:520 - 526.

[7] 韩刚,蔡旭.不平衡电网下风电并网变流器的滑模电流控制[J].上海交通大学学报,2018,52(9): 1065 - 1071.

[8] 王晗,窦真兰,张建文,等.感应发电机全功率风电变换器的改进 PR 控制[J].太阳能学报,2014,35 (11):2257 - 2263.

[9] 韩刚,蔡旭.不平衡及畸变电网下并网变流器的比例多谐振电流控制[J].电力自动化设备,2017,37 (11):104 - 112,119.

[10] Han G, Sang S, Cai X. Impedance analysis and stabilization control of the LCL-type wind power inverter under weak grid conditions[J]. Journal of Renewable and Sustainable Energy,2018,10(3): 035301

[11] 王晗,窦真兰,张建文,等.基于 LCL 的风电并网逆变器无传感器控制.电工技术学报,2013,28(1): 188 - 194.

[12] Zhang J W, Wang H S, Wang H, et al. Backup control of wind power generation system based on voltage-sensorless and LCL active damping scheme[J]. Wind Engineering,2015,39(1):65 - 82.

[13] Zhang J W, Wang H, Zhu M, et al. Control implementation of the full-scale wind power converter without grid voltage sensors[C]. Power Electronics Conference (IPEC-Hiroshima 2014 - ECCE - ASIA),2014 International IEEE,2014:1753 - 1760.

第 6 章

LCL 滤波器和中间直流环节的优化

    针对电网侧变换器采用 LCL 滤波器所带来的谐振问题,一般采用附加电阻增加阻尼的方法,本章探讨不附加电阻,从控制的角度抑制振荡的方法。首先研究 LCL 的谐振机理、反馈环节对 LCL 的阻尼原理,并针对几种不同的反馈输入分析其对应的反馈环节,在不额外增加传感器的前提下,探索抑制 LCL 谐振的有源阻尼控制方法。风电变流器的中间直流环节是实现机侧与网侧变换器解耦控制的关键,显然直流母线电容越大,母线电压越稳定,这也带来体积、成本及故障率提升的问题。如何在实现直流母线电压稳定的条件下尽量减小电容器的容值意义重大。本章从机侧与网侧变换器联合控制的角度出发,探索减少直流母线电容的方法,优化风电变流器的直流环节。

6.1　网侧 LCL 滤波器的有源阻尼控制

    LCL 滤波器的传递函数框图如图 6 - 1 所示。将电网电压视为扰动项,忽略其对 LCL 的影响,反馈电网侧电感电流进行控制时,根据图 6 - 1 可得系统的传递函数为

$$G_g(s) = \frac{I_g(s)}{U_i(s)} = \frac{1}{L_g L_i C_f s^3 + (L_g R_i + L_i R_g) C_f s^2 + (L_g + L_i + R_g R_i C_f) s + (R_g + R_i)}$$

$$(6-1)$$

反馈变换器侧电感电流进行控制时,系统的传递函数为

$$G_i(s) = \frac{I_i(s)}{U_i(s)} = \frac{s^2 L_g C_f + s R_g C_f + 1}{L_g L_i C_f s^3 + (L_g R_i + L_i R_g) C_f s^2 + (L_g + L_i + R_g R_i C_f) s + (R_g + R_i)}$$

$$(6-2)$$

电网电流与变换器侧电流的传递函数,即电网电流经过 $L_g C_f$ 环节后的衰减率为

$$D(s) = \frac{I_g(s)}{I_i(s)} = \frac{1}{s^2 L_g C + s R_g C_f + 1}$$

$$(6-3)$$

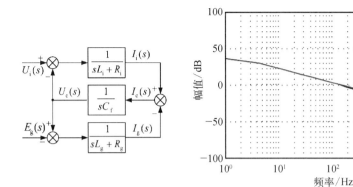

图 6-1　LCL 滤波器结构框图　　　图 6-2　LCL 滤波器的 Bode 图

给出一组 LCL 滤波器参数，$L_g = 600\ \mu H$，$L_i = 500\ \mu H$，$C_f = 120\ \mu F$，$R_g = 0.007\ 5\ \Omega$，$R_i = 0.007\ 5\ \Omega$，绘制两种不同电流反馈情况时候对应传递函数的伯德图如图 6-2 所示。如图 6-2 所示，在整个频段，变换器侧电流以 $-20\ dB$ 的斜率衰减，在低频段网侧电流和变换器侧电流的衰减率相同，但在中高频段网侧电流以 $-60\ dB$ 的斜率衰减，可见采用 LCL 滤波器能够大大降低注入电网的电流谐波含量。

从图 6-2 可以看出，LCL 滤波器在某一频率处存在谐振峰值，对应的谐振角频率（峰值谐振角频率）为

$$\omega_{res} = \sqrt{\frac{L_g + L_i}{L_g L_i C_f}} \tag{6-4}$$

LCL 滤波器的谐振峰值会导致电网侧 VSC 在运行中出现较大的谐振电流，严重情况下影响系统的稳定性[1-7]，因此必须采取措施抑制 LCL 的谐振峰值。

此外由图 6-2 还可以看出，在某个特定频率处 $G_i(s)$ 的幅值急剧下降，这是由于 $G_i(s)$ 存在两个共轭的零点，对应的谐振角频率（谷值谐振角频率）为

$$\omega_{rs} = \sqrt{\frac{1}{L_g C_f}} \tag{6-5}$$

工程中多采用无源阻尼方案来抑制 LCL 滤波器的谐振峰值，一般情况下，阻尼电阻的计算公式为

$$R_d = \frac{1}{3}\frac{1}{\omega_{res} C_f} = \frac{1}{3}\sqrt{\frac{L_g L_i}{(L_g + L_i)C_f}} \tag{6-6}$$

无源阻尼控制虽然简单，但是阻尼电阻带来了额外的功率损耗，降低了变换器的效率，而采用反馈有源阻尼控制则不会带来这些问题。反馈有源阻尼控制可以通过反馈变换器侧电感、滤波电容器和电网侧电感的电流或者电压来实现。

6.1.1　反馈有源阻尼控制理论

根据控制理论，为了实现对 LCL 的谐振抑制，需要改造 LCL 滤波器的结构，最简单的

思路对图 6-1 所示的系统引入反馈环节,如图 6-3 所示。

图 6-3 所示的系统可用图 6-4 所示的典型反馈系统来表示,其中 $G(s)$ 为 LCL 的传递函数,$H(s)$ 为反馈环节的传递函数。

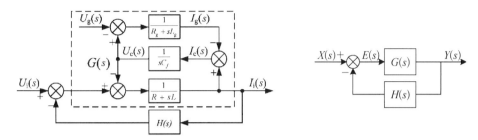

图 6-3　引入反馈的 LCL 滤波器结构框图　　　　图 6-4　典型的反馈系统

图 6-4 所示的系统开环传递函数为 LCL 滤波器的传递函数,为了分析简单起见,忽略式(6-1)和式(6-2)中的电阻项,对于反馈变换器侧电流控制有

$$G(s) = G_i(s) = \frac{I_i(s)}{U_i(s)} = \frac{L_g C_f s^2 + 1}{L_g L_i C_f s^3 + (L_g + L_i)s} \tag{6-7}$$

对于反馈电网侧电流控制有

$$G(s) = G_g(s) = \frac{I_g(s)}{U_i(s)} = \frac{1}{L_g L_i C_f s^3 + (L_g + L_i)s} \tag{6-8}$$

图 6-4 所示的系统闭环传递函数为

$$W(s) = \frac{Y(s)}{X(s)} = \frac{G(s)}{1 + G(s)H(s)} \tag{6-9}$$

在谐振频率 ω_{res} 处闭环传递函数的增益为

$$W(j\omega_{res}) = \frac{Y(j\omega_{res})}{X(j\omega_{res})} = \frac{G(j\omega_{res})}{1 + G(j\omega_{res})H(j\omega_{res})} \tag{6-10}$$

在谐振频率 ω_{res} 处,$G(j\omega_{res})$ 的幅值增益近似于无穷。根据反馈控制原理可知,若 $G(j\omega_{res})H(j\omega_{res})$ 实部为负且小于 -1,则系统发散,系统产生谐振无法稳定运行;若 $G(j\omega_{res})H(j\omega_{res})$ 实部为负且大于 -1,则系统可以稳定运行,但在该频率处仍存在较大的幅值增益;若 $G(j\omega_{res})H(j\omega_{res})$ 实部为正,即实现了负反馈控制,系统可以稳定运行,不会出现振荡,而且随着 $H(j\omega_{res})$ 模值增大,反馈深度越深,系统在该频率处增益越小。在系统稳定的前提下,且 $G(j\omega_{res})H(j\omega_{res})$ 模值远大于 1 时,式(6-10)可近似为

$$|W(j\omega_{res})| = \frac{|Y(j\omega_{res})|}{|X(j\omega_{res})|} = \frac{1}{|H(j\omega_{res})|} \tag{6-11}$$

如果 $H(j\omega_{res})$ 的值远远大于 1,表明系统对频率为 ω_{res} 的信号增益几乎为零,可以实现输出电流中不含频率为 ω_{res} 的谐振频率分量,也即引入反馈环节后 LCL 滤波器对谐振频率

处的信号不再有放大的作用，从而抑制 LCL 滤波器的谐振。

综合上述分析可以得到如下结论：满足谐振频率附近 $1+G(\mathrm{j}\omega)H(\mathrm{j}\omega)$ 实部大于零，即可实现对谐振峰值的抑制，此即反馈有源阻尼控制的理论思想。

6.1.2　反馈有源阻尼控制中反馈环节的设计

反馈环节的选择，可以从无源阻尼的方法推导出来。在滤波电容上串联阻尼 R_d 后，对于反馈变换器侧电流控制有

$$G(s)=G_\mathrm{i}(s)=\frac{I_\mathrm{i}(s)}{U_\mathrm{i}(s)}=\frac{L_\mathrm{g}C_\mathrm{f}s^2+R_\mathrm{d}C_\mathrm{f}s+1}{L_\mathrm{g}L_\mathrm{i}C_\mathrm{f}s^3+R_\mathrm{d}C_\mathrm{f}(L_\mathrm{g}+L_\mathrm{i})s^2+(L_\mathrm{g}+L_\mathrm{i})s} \tag{6-12}$$

串联阻尼电阻 R_d 后，对于反馈电网侧电流控制有

$$G(s)=G_\mathrm{g}(s)=\frac{I_\mathrm{g}(s)}{U_\mathrm{i}(s)}=\frac{R_\mathrm{d}C_\mathrm{f}s+1}{L_\mathrm{g}L_\mathrm{i}C_\mathrm{f}s^3+R_\mathrm{d}C_\mathrm{f}(L_\mathrm{g}+L_\mathrm{i})s^2+(L_\mathrm{g}+L_\mathrm{i})s} \tag{6-13}$$

式（6-12）和式（6-13）对应的 Bode 图如图 6-5 所示。

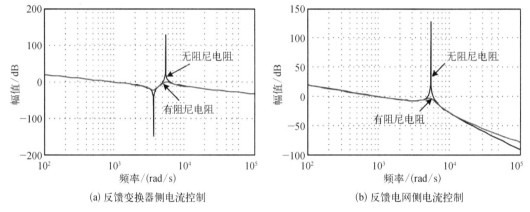

(a) 反馈变换器侧电流控制　　　　　　　(b) 反馈电网侧电流控制

图 6-5　采用无源阻尼控制的 LCL 系统 Bode 图

如图 6-5 可见，LCL 滤波器在谐振频率处的谐振峰值下降到 0 dB 以下，滤波器的谐振现象被抑制，因此可以参考无源阻尼控制思想，来设计有源阻尼方案的反馈环节，由于 LCL-VSC 可以选择电网侧电流和变换器侧电流进行反馈控制，因此下面分别针对这两种电流控制进行反馈环节的分析。

根据参考文献[1]，一共有滤波电容电流和电压，变换器侧电感电流和电压、电网侧电感电流和电压 6 个物理量，均可以作为反馈环节的输入，来实现对 LCL 滤波器的谐振抑制。首先分析电容电流反馈，其他反馈形式均可以通过传递函数由滤波电容电流反馈推导出来。

直接反馈电容电流的阻尼控制如图 6-6(a)所示，根据控制理论将其转换为闭环控制系统如图 6-6(b)所示。由图 6-1 可得电容电流与变换器输出电压的传递函数为

$$G_\mathrm{c}(s)=\frac{I_\mathrm{c}(s)}{U_\mathrm{i}(s)}=\frac{L_\mathrm{g}C_\mathrm{f}s^2}{L_\mathrm{g}L_\mathrm{i}C_\mathrm{f}s^2+(L_\mathrm{g}+L_\mathrm{i})s} \tag{6-14}$$

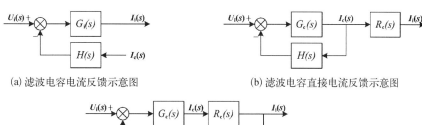

(a) 滤波电容电流反馈示意图　　　　　　(b) 滤波电容直接电流反馈示意图

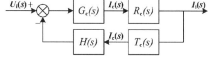

(c) 滤波电容间接电流反馈示意图

图 6-6　引入滤波电容电流反馈的有源阻尼系统框图

变换器侧电流与电容电流的传递函数为

$$R_c(s) = \frac{I_i(s)}{I_c(s)} = \frac{L_g C_f s^2 + 1}{L_g C_f s^2} \tag{6-15}$$

考虑 $H(s) = k$，可得图 6-6(b) 所示系统的闭环传递函数为

$$W_i(s) = \frac{G_c(s)R_c(s)}{1 + G_c(s)H(s)} = \frac{L_g C_f s^2 + 1}{L_g L_i C_f s^3 + k L_g C_f s^2 + (L_g + L_i)s} \tag{6-16}$$

根据其他五个物理量与电容电流的传递函数关系，均可以得到相应的反馈环节，在此不再详述，直接给出结论如下表 6-1 所示。

表 6-1　不同反馈输入下的反馈环节传递函数说明

反馈输入信号	变换器侧电流控制	电网侧电流控制	是否需要额外传感器	
			变换器侧电流控制	电网侧电流控制
滤波电容电流反馈	$H(s) = k$	$H(s) = k$	是	是
变换器侧电感电流反馈	$H(s) = \dfrac{k L_g C_f s^2}{L_g C_f s^2 + 1}$	$H(s) = \dfrac{k L_g C_f s^2}{L_g C_f s^2 + 1}$	否	是
电网侧电感电流反馈	$H(s) = k L_g C_f s^2$	$H(s) = k L_g C_f s^2$	是	否
滤波电容电压反馈	$H(s) = k C_f s$	$H(s) = k C_f s$	是	是
变换器侧电感电压反馈	$H(s) = \dfrac{s k L_g C_f / L_i}{L_g C_f s^2 + 1}$	$H(s) = \dfrac{s k L_g C_f / L_i}{L_g C_f s^2 + 1}$	是	是
电网侧电感电压反馈	$H(s) = k C_f s$	$H(s) = k C_f s$	是	是

取 $k = 1$，针对变换器侧电流控制引入变换器侧电流反馈和针对电网侧电流控制引入电网侧电流反馈，绘制这两种情况下控制系统的闭环函数 Bode 图如图 6-7 所示。

如图 6-7(a) 所示，采用反馈有源阻尼控制除了不能抑制 LCL 的谷值谐振峰值外，其他特性与采用无源阻尼电阻的方案完全相同，说明选用的反馈环节能够抑制 LCL 的谐振峰值，实现阻尼控制。如图 6-7(b)，采用的反馈有源阻尼控制与图 6-5(b) 采用无源阻尼电阻的方案相比，两者具有几乎完全相同的特性，而且该方案在高频处的衰减斜率没有任何变

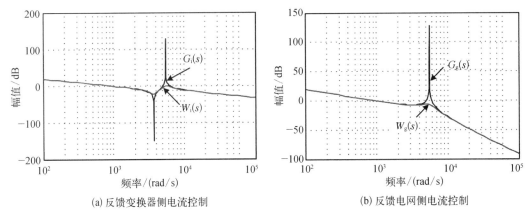

(a) 反馈变换器侧电流控制　　　　　　　　(b) 反馈电网侧电流控制

图 6-7 引入反馈有源阻尼控制的 LCL 滤波器 Bode 图

化,说明选用的反馈有源阻尼控制相比无源阻尼控制不会影响 LCL 滤波器的滤波效果。

在表 6-1 所示的两种控制模式下的各种反馈有源阻尼控制中,只有变换器侧电流控制采用变换器侧电流反馈阻尼和电网侧电流控制采用电网侧电流反馈阻尼两种方案不需要额外增加传感器,其他方案均需要额外增加电压传感器或者电流传感器。

对于反馈电网侧电流控制,对应反馈环节为

$$H(s) = kL_g C_f s^2 \tag{6-17}$$

反馈环节为二阶纯微分环节,在实际应用中不易实现,因此本节考虑基于变换器侧电流反馈的反馈有源阻尼控制方案,可以在不额外增加传感器的条件下实现对 LCL 的有源阻尼控制。

根据上述分析,考虑变换器侧电流控制,带有源阻尼反馈控制的电网侧 LCL-VSC 的电流内环控制框图如图 6-8 所示。

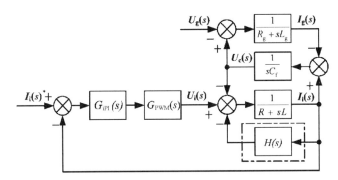

图 6-8 LCL-VSC 的反馈有源阻尼控制电流内环框图

其中,反馈环节为二阶高通滤波器,对应传递函数为

$$H(s) = \frac{kL_g C_f s^2}{L_g C_f s^2 + 1} = \frac{ks^2}{s^2 + 1/L_g C_f} = \frac{ks^2}{s^2 + \omega_{rs}^2} \tag{6-18}$$

其中,截止频率 ω_{rs} 为谷值谐振角频率。

公式(6-18)所示的反馈环节在截止频率处具有无穷大的增益,在实际控制中容易导致

系统出现不稳定,因此在实际应用中,多采用改进的含有阻尼项的高通滤波器,对应表达式为

$$\mathrm{HPF}(s) = \frac{ks^2}{s^2 + 2\xi\omega_{\mathrm{rs}}s + \omega_{\mathrm{rs}}^2} \tag{6-19}$$

其中,ξ 为阻尼比,本节取 $\xi = 0.1$;截止频率取 $\omega_{\mathrm{rs}} = 2\pi f_{\mathrm{rs}} = 2\pi \times 593$ rad/s。

反馈有源阻尼控制解决了 LCL - VSC 的控制稳定性问题,因此可以考虑按照第二章提到的控制方法来实现 LCL - VSC 的控制,在控制中将变换器侧电流经过高通滤波器引入到控制器的输出端,实现对 LCL 固有谐振的阻尼控制。LCL - VSC 的有源阻尼反馈控制可以在两相 dq 旋转坐标系下采用 PI 调节器实现,也可以在两相 $\alpha\beta$ 静止坐标系下采用 PR 调节器实现。图 6 - 9 和 6 - 10 分别为两相 dq 旋转坐标系下基于 PI 调节器和两相 $\alpha\beta$ 静止坐标系下基于 PR 调节器的 LCL - VSC 有源反馈阻尼控制框图。

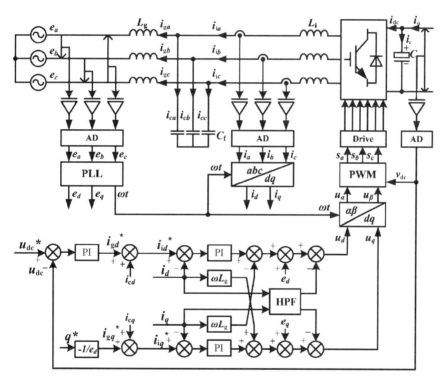

图 6 - 9　基于 PI 调节器的反馈有源阻尼控制框图

在图 6 - 9 和图 6 - 10 中,由于选取变换器侧电流进行反馈控制,不能实现对电网电流的直接控制,而滤波电容会消耗无功功率,无法实现电网单位功率因数运行,必须对电容电流进行补偿。

6.1.3　LCL - VSC 的滤波有源阻尼控制

忽略电抗器和线路上的等效电阻,可将 LCL 等效为如图 6 - 11 所示的两个部分。在图 6 - 11 中,u_{ia} 为 PWM 脉冲电压,其除了含有与电网频率相同的基波分量外,还含有各次谐波含量,特别是开关频率及其整数倍处的谐波分量。

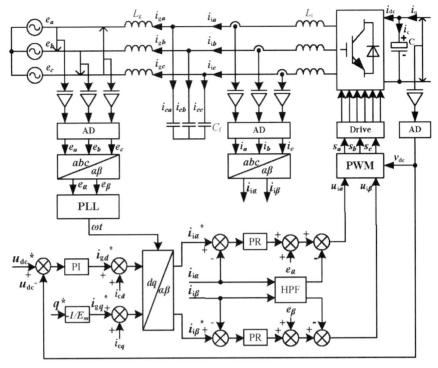

图 6-10　基于 PR 调节器的反馈有源阻尼控制框图

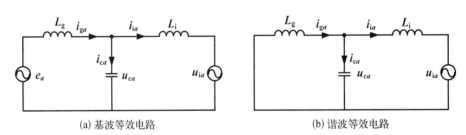

(a) 基波等效电路　　　　　　　　　　(b) 谐波等效电路

图 6-11　LCL 滤波器的基波和谐波等效电路

对于图 6-11 所示的谐波等效电路,LCL 滤波器表现出的输出阻抗为

$$Z = \mathrm{j}\omega_{\mathrm{g}}L_{\mathrm{i}} + \mathrm{j}\omega_{\mathrm{g}}L_{\mathrm{g}} \ // \ \frac{1}{\mathrm{j}\omega_{\mathrm{g}}C_{\mathrm{f}}} = \frac{\mathrm{j}\omega(L_{\mathrm{g}} + L_{\mathrm{i}} - \omega_{\mathrm{g}}^2 L_{\mathrm{g}} L_{\mathrm{i}} C_{\mathrm{f}})}{1 - \omega_{\mathrm{g}}^2 L_{\mathrm{g}} C_{\mathrm{f}}} \tag{6-20}$$

在谐振频率 ω_{res} 处,有 $Z = 0$。 可见,LCL 滤波器发生谐振的机理是在谐振频率处,LCL 滤波器对谐波输出电压表现出的输出阻抗近似为零,而变换器的输出 PWM 脉冲电压中不可避免的含有谐振频率处的分量,即使电压含量很小,也会产生较大的谐振电流,从而造成 LCL-VSC 的控制不稳定。

因此可以考虑采用滤波有源阻尼控制的方法,利用低通滤波器将控制器输出中的高频分量滤除,将可以保证输出电压中不含谐振频率处的电压,实现对 LCL 的谐振阻尼控制。采用滤波有源阻尼控制的 LCL 电流内环控制框图如图 6-12 所示。

选择二阶低通滤波器来滤除谐振频率处的电压信号,对应的传递函数为

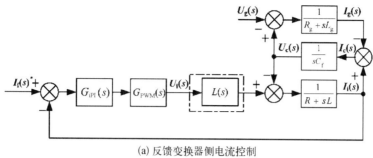

(a) 反馈变换器侧电流控制

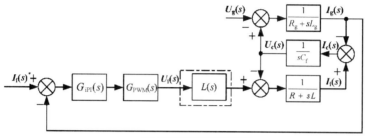

(b) 反馈电网侧电流控制

图 6-12　LCL-VSC 的滤波有源阻尼控制电流内环框图

$$L(s) = \frac{\omega_{rs}^2}{s^2 + 2\xi\omega_{rs}s + \omega_{rs}^2} \tag{6-21}$$

根据图 6-12 可得,对于反馈变换器侧电流控制采用滤波有源阻尼控制后 LCL 滤波器的传递函数为

$$W_i(s) = G_i(s)L(s) = \frac{L_g C_f s^2 + 1}{L_g L_i C_f s^3 + (L_g + L_i)s} \cdot \frac{\omega_{rs}^2}{s^2 + 2\xi\omega_{rs}s + \omega_{rs}^2} \tag{6-22}$$

反馈电网侧电流控制采用滤波有源阻尼控制后 LCL 滤波器的传递函数为

$$W_g(s) = G_g(s)L(s) = \frac{1}{L_g L_i C_f s^3 + (L_g + L_i)s} \cdot \frac{\omega_{rs}^2}{s^2 + 2\xi\omega_{rs}s + \omega_{rs}^2} \tag{6-23}$$

绘制式(6-22)和式(6-23)系统的 Bode 图如图 6-13 所示。

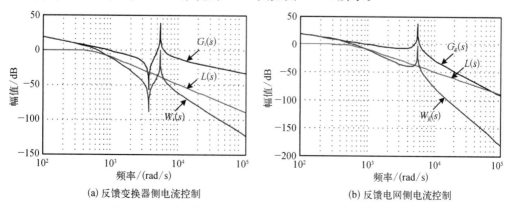

(a) 反馈变换器侧电流控制　　　　　(b) 反馈电网侧电流控制

图 6-13　采用滤波有源阻尼控制的 LCL 滤波器 Bode 图

由图 6‑13 可见,采用滤波有源阻尼控制后,系统在谐振峰值处的增益下降到 0 dB 以下,从而实现了 LCL 的谐振阻尼控制;图中可以看到,滤波有源阻尼控制是利用低通滤波器在谐振高频处衰减特性来实现对 LCL 谐振峰值抑制的,因此低通滤波器的截止频率选择特别重要,本节选择谷值频率作为低通滤波器的截止频率,从 Bode 图可见,能够得到良好的谐振抑制效果。

对于滤波有源阻尼控制,也可以考虑采用高通滤波器得到含有谐振频率的电压分量,从 LCL‑VSC 的控制输出中减去通过高通滤波器后的输出电压分量同样可以保证输出电压中不含谐振频率处的电压,一般选择高通滤波器的传递函数为

$$\mathrm{HPF}(s) = \frac{s^2}{s^2 + 2\xi\omega_{\mathrm{rs}}s + \omega_{\mathrm{rs}}^2} \tag{6-24}$$

其中,阻尼比取 $\xi=0.1$,截止频率取 $\omega_{\mathrm{rs}}=2\pi f_{\mathrm{rs}}=2\pi\times593\ \mathrm{rad/s}$。

基于滤波有源阻尼控制的 LCL‑VSC 的控制框图如图 6‑14 所示。

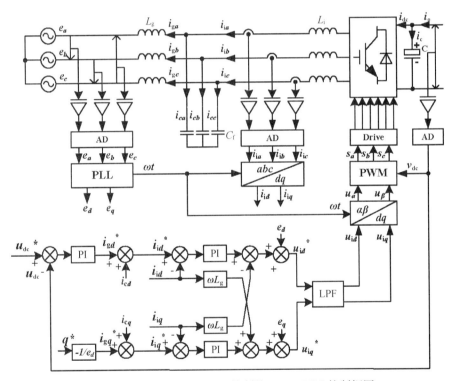

图 6‑14 基于滤波有源阻尼控制的 LCL‑VSC 控制框图

6.1.4 仿真分析

电网电压 380 V/50 Hz,LCL 滤波器参数:变换器侧电感 $L_{\mathrm{i}}=500\ \mu\mathrm{H}$,电网侧电感 $L_{\mathrm{g}}=600\ \mu\mathrm{H}$,滤波电容 $C_{\mathrm{f}}=120\ \mu\mathrm{F}$,母线电容 18.8 mF,开关频率 3 kHz,直流母线电压 600 V。仿真条件:$t=0.12$ s 在直流母线上投入 $R=12\ \Omega$ 的直流负载,$t=0.16$ s 投入 LCL 滤波器,$t=0.18$ s 加入有源阻尼算法;$t=0.36$ s 在直流母线上再投入 $R=10\ \Omega$ 的直流负载,$t=$

0.48 s 负载切出。

1. 反馈有源阻尼控制的仿真分析

（1）两相 dq 旋转坐标系基于 PI 调节器的控制

在两相 dq 旋转坐标系基于 PI 调节器对反馈有源阻尼控制方法进行仿真验证。仿真系统采用的 PI 参数为：电流内环 $K_{ip}=1.10$，$K_{ii}=511$；电压内环 $K_{vp}=2.46$，$K_{vi}=160$；反馈系数 $k=1$。结果如图 6-15 所示。

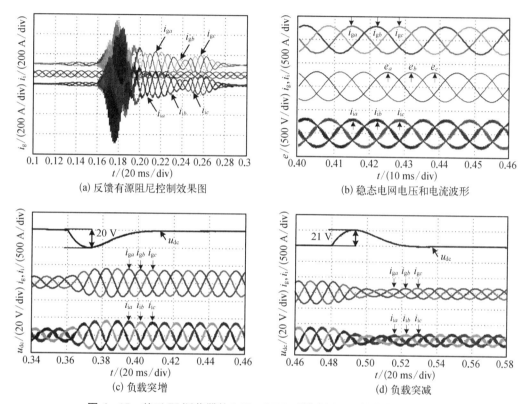

(a) 反馈有源阻尼控制效果图　　　　(b) 稳态电网电压和电流波形

(c) 负载突增　　　　(d) 负载突减

图 6-15　基于 PI 调节器的 LCL-VSC 反馈有源阻尼控制仿真效果图

如图 6-15(a)所示，不加反馈有源阻尼控制，网侧电流和变换器侧电流均出现发散情况，系统不稳定，增加阻尼控制以后，经过大约 120 ms 的时间调节后，系统逐渐恢复稳定；图 6-15(b)所示为 LCL 滤波器的滤波效果图，从图中可以看出，LCL 的滤波效果非常明显，并网电流中基本不含高次谐波。从图 6-15(c)和 6-15(d)可以看出，负载突变时候，直流母线电压变化在 20 V 左右，经过 50 ms 左右的时间母线电压恢复稳定，表明系统具有良好的动态响应速度。

（2）两相 $\alpha\beta$ 静止坐标系基于 PR 调节器的控制

在两相 $\alpha\beta$ 静止坐标系基于 PR 调节器对提出的控制算法进行验证，仿真系统采用的 PR 参数为：电流内环 $K_{ip}=2.75$，$K_{ii}=511$；电压内环 $K_{vp}=2.46$，$K_{vi}=160$；R 调节器的环宽 $\omega_c=0.171\,6$；反馈系数 $k=1.5$。系统的仿真结果图 6-16 所示。

如图 6-16(a)所示，不加反馈有源阻尼控制，网侧电流和变换器侧电流均出现发散情况，系统不稳定，增加阻尼控制以后，经过大约 120 ms 的时间调节后，系统逐渐恢复稳定；图

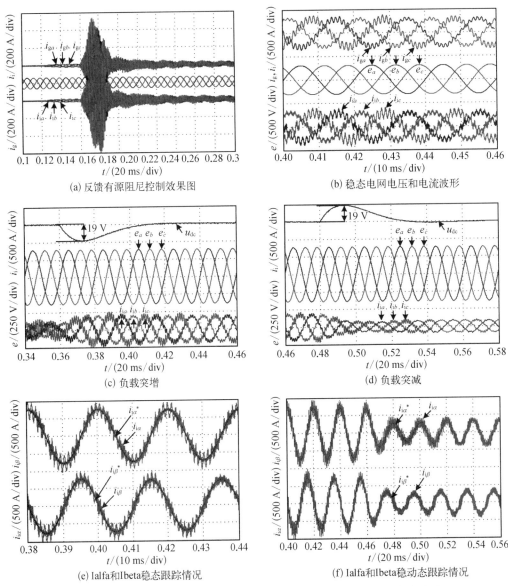

(a) 反馈有源阻尼控制效果图

(b) 稳态电网电压和电流波形

(c) 负载突增

(d) 负载突减

(e) Ialfa和Ibeta稳态跟踪情况

(f) Ialfa和Ibeta稳动态跟踪情况

图 6 - 16　基于 PR 调节器的 LCL - VSC 反馈有源阻尼控制仿真效果图

6 - 16(b)所示为 LCL 滤波器的滤波效果图,从图中可以看出,LCL 的滤波效果非常明显,并网电流中基本不含高次谐波。从图 6 - 16(c)和 6 - 16(d)可以看出,负载突变时候,母线电压变化在 19 V 左右,经过 50 ms 左右的时间母线电压恢复稳定,表明系统具有良好的动态响应速度。仿真结果表明,采用 PR 调节器也能够实现 LCL - VSC 的有源阻尼控制,但是对于LCL 谐振的抑制速度相比 PI 调节器要慢一些。

2. 滤波有源阻尼控制的仿真分析

在两相旋转坐标系下对提出的滤波有源阻尼控制算法进行仿真验证。仿真系统采用的 PI 参数为:电流内环 $K_{ip}=1.10$,$K_{ii}=511$;电压内环 $K_{vp}=2.46$,$K_{vi}=160$,低通滤波器的阻尼比 $\xi=0.1$,截止频率 $\omega_{rs}=2\pi \times 593$ rad/s,系统的仿真结果图 6 - 17 所示。

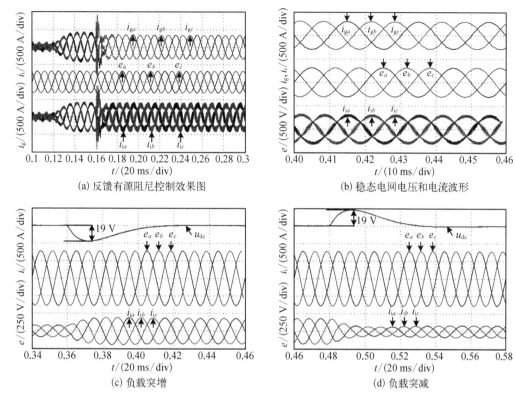

图 6-17　基于 PI 调节器的 LCL-VSC 滤波有源阻尼控制仿真效果图

如图 6-17(a)所示,在 $t=0.16$ s 投入 LCL 滤波器之后,系统出现短暂的谐振现象,但是经过 0.25 个电源周期后,系统就恢复正常运行,且有效抑制了 LCL 的谐振现象;图 6-17(b)所示为 LCL 滤波器的滤波效果图,从图中可以看出,LCL 的滤波效果非常明显,并网电流中基本不含高次谐波。从图 6-17(c)和 6-17(d)可以看出,负载突变时候,母线电压变化在 20 V 左右,经过 75 ms 左右的时间母线电压恢复稳定,表明系统具有良好的动态响应速度。

6.1.5　实验验证

为了进一步验证控制策略的有效性,采用附录 2 实验平台进行实验。实验条件:网侧电感 600 μH,变换器侧电感 500 μH,滤波电容 120 μF,电网电压 70 V/50 Hz,直流母线电压设定值 200 V,直流负载 20 Ω,开关频率 3 kHz,电流内环采用 PR 调节器控制,对反馈有源阻尼方案进行了实验验证,实验波形如图 6-18 所示。

在不采用任何有源阻尼或者无源阻尼措施的情况下,系统不能稳定运行,采用提出的变换器侧电流反馈有源阻尼控制方案,系统能够稳定运行。图 6-18(a)给出了采用该方案的网侧变换器空载启动波形,启动过程比较平稳,无较大冲击电流和冲击电压;图 6-18(b)给出了稳态时候的运行波形,由波形可见,LCL 滤波效果明显,且抑制了谐振现象;图 6-18(c)和图 6-18(d)给出了动态加载和减载的运行效果图,系统在较短时间内,能够迅速恢复稳定,从而验证了提出控制策略的正确性。

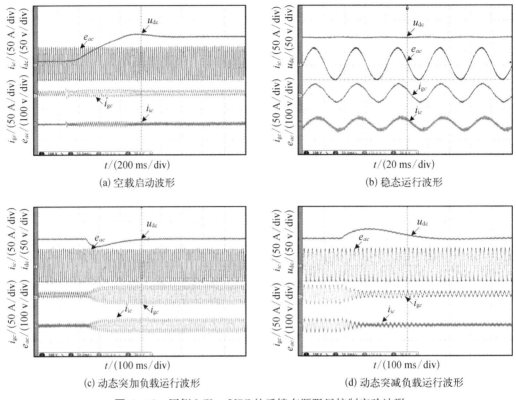

图 6 - 18　网侧 LCL - VSC 的反馈有源阻尼控制实验波形

6.2　变流器中间直流环节电压波动抑制

　　风电变流器传统的控制方式是将机侧变换器与网侧变换器通过直流母线电容解耦,从而分别采用独立控制器进行控制。机侧变换器控制发电机的转矩实现 MPPT 运行,网侧变换器负责维持直流母线电压稳定。上述控制方法需要应用大容量的直流电容对母线电压进行支撑,不仅体积大,而且故障率高。因此,研究如何减小直流母线电容容量的控制方案对风电机组安全可靠运行有重要意义,本节以感应电机全功率变换机组为例,探讨减少直流母线电容的控制方法。

6.2.1　基于无源性理论的风电机组联合控制器设计

　　1. 无源性控制理论

　　(1) 系统无源性定义

　　考虑非线性系统

$$\begin{cases} \dot{x} = f(x) + g(x)u \\ y = h(x) \end{cases} \tag{6-25}$$

其中,x,$y \in R^p$,$x \in X \subseteq R^n$,存在平衡点 $x^* \in X$ 使得 $f(x^*) = 0$,$h(x^*) = 0$。 如果

系统存在连续可微的半正定函数 $H(x)$,使得下式成立,则称系统是无源的。

$$H[x(T)] - H[x(0)] \leqslant \int_0^T u^\mathrm{T} y \mathrm{d}\tau \quad \forall (x,u) \in R^n \times R^p \tag{6-26}$$

其中,$H(x)$ 被称为能量存储函数,$u^\mathrm{T} y$ 表征系统注入功率。上式表明系统内部储存的能量总是小于由外部注入的能量,即系统运行中总是伴随着能量的损失,故上式也被称为耗散不等式。

对于式(6-25),如存在半正定函数 $H(x)$ 以及正定函数 $Q(x)$,对于任意 $T > 0$,满足如下耗散不等式:

$$H[x(T)] - H[x(0)] \leqslant \int_0^T u^\mathrm{T} y \mathrm{d}\tau - \int_0^T Q(x) \mathrm{d}\tau \tag{6-27}$$

则该系统为严格无源系统。

(2) 欧拉-拉格朗日模型与控制律的设计

通常机电系统可通过欧拉-拉格朗日模型(Euler-Lagrange model,EL 模型)表示如下[8]:

$$M\dot{x} + (J + R)x = F \tag{6-28}$$

式中,M 为正定阵,为状态参数矩阵;J 为反对称矩阵,$J = -J^\mathrm{T}$,表征系统内部的能量交互;R 为半正定对称矩阵,反映了系统的耗散特性;F 为系统与外部的能量交换。

针对式(6-28),选取能量函数为

$$H = \frac{1}{2} x^\mathrm{T} M x \geqslant 0 \tag{6-29}$$

则有

$$\dot{H} = x^\mathrm{T} M\dot{x} = x^\mathrm{T} [F - (J + R)x] = x^\mathrm{T} F - x^\mathrm{T} R x - x^\mathrm{T} J x \tag{6-30}$$

由于 J 为反对称矩阵,有 $x^\mathrm{T} J x = 0$,可得

$$\dot{H} = x^\mathrm{T} F - x^\mathrm{T} R x \tag{6-31}$$

将上式积分,令 $u = F$,$Q(x) = x^\mathrm{T} R x$,可知式(6-28)满足式(6-27),即为严格无源系统。此时有如下定理成立。

定理 6.1　针对式(6-28),存在如下控制律使得其误差系统在期望平衡点处渐近稳定。

$$F = M\dot{x}^* + J(x^* + e) + R x^* - R_\mathrm{a} e \tag{6-32}$$

式中,x^* 为系统状态期望平衡点,$e = x - x^*$;$R_\mathrm{a} > 0$ 为系统注入阻尼,可参考文献[3]进行设定。

证明:系统(6-28)的误差动态方程如下:

$$M\dot{e} + Je + Re = F - M\dot{x}^* - Jx^* - Rx^* \tag{6-33}$$

设计 Lyapunov 函数(能量函数)为 $H = (1/2)e^\mathrm{T} M e$。

则有

$$\dot{H} = \boldsymbol{e}^{\mathrm{T}} \boldsymbol{M} \dot{\boldsymbol{e}} = \boldsymbol{e}^{\mathrm{T}} [\boldsymbol{F} - \boldsymbol{M} \dot{\boldsymbol{x}}^* - \boldsymbol{J} (\boldsymbol{x}^* + \boldsymbol{e}) - \boldsymbol{R} (\boldsymbol{x}^* + \boldsymbol{e})] \tag{6-34}$$

将式(6-32)代入式(6-34),根据矩阵 $\boldsymbol{J}$ 的反对称性质,可得

$$\dot{H} = -\boldsymbol{e}^{\mathrm{T}} (\boldsymbol{R} + \boldsymbol{R}_{\mathrm{a}}) \boldsymbol{e} < 0 \quad \forall \boldsymbol{e} \neq 0 \tag{6-35}$$

由式(6-35)可知,误差系统渐近稳定。定理证毕。

2. 感应发电机全功率变流器数学模型

感应发电机全功率变流器基本拓扑结构如图 6-19 所示。机组主要部件包括桨叶、齿轮箱、鼠笼型感应发电机(SCIG)、背靠背双 PWM 变流器、并网滤波器等。其中,双 PWM 变流器用来实现风机变速恒频的工作方式,由机侧、网侧变流器组成。为方便分析,这里采用 LR 型并网滤波器结构。本节基于常规机侧、网侧变流器的数学模型,建立全功率变流器系统的 EL 模型。

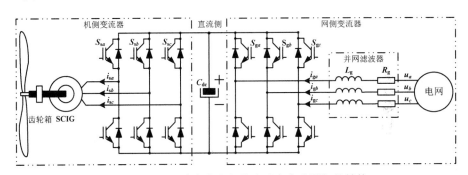

图 6-19 基于感应发电机的全功率变流器拓扑结构

(1)机侧变流器数学模型

机侧变流器的数学模型基于感应发电机的数学模型。两相旋转 dq 坐标系下(采用模值不变的变换方式),鼠笼型感应发电机的数学模型可表示为

电压方程:

$$\begin{bmatrix} u_{sd} \\ u_{sq} \\ u_{rd} \\ u_{rq} \end{bmatrix} = \begin{bmatrix} R_{\mathrm{s}} + L_{\mathrm{s}} p & -\omega_1 L_{\mathrm{s}} & L_{\mathrm{m}} p & -\omega_1 L_{\mathrm{m}} \\ \omega_1 L_{\mathrm{s}} & R_{\mathrm{s}} + L_{\mathrm{s}} p & \omega_1 L_{\mathrm{m}} & L_{\mathrm{m}} p \\ L_{\mathrm{m}} p & -\omega_{\mathrm{s}} L_{\mathrm{m}} & R_{\mathrm{r}} + L_{\mathrm{r}} p & -\omega_{\mathrm{s}} L_{\mathrm{r}} \\ \omega_{\mathrm{s}} L_{\mathrm{m}} & L_{\mathrm{m}} p & \omega_{\mathrm{s}} L_{\mathrm{r}} & R_{\mathrm{r}} + L_{\mathrm{r}} p \end{bmatrix} \begin{bmatrix} i_{sd} \\ i_{sq} \\ i_{rd} \\ i_{rq} \end{bmatrix} \tag{6-36}$$

磁链方程:

$$\begin{bmatrix} \psi_{sd} \\ \psi_{sq} \\ \psi_{rd} \\ \psi_{rq} \end{bmatrix} = \begin{bmatrix} L_{\mathrm{s}} & 0 & L_{\mathrm{m}} & 0 \\ 0 & L_{\mathrm{s}} & 0 & L_{\mathrm{m}} \\ L_{\mathrm{m}} & 0 & L_{\mathrm{r}} & 0 \\ 0 & L_{\mathrm{m}} & 0 & L_{\mathrm{r}} \end{bmatrix} \begin{bmatrix} i_{sd} \\ i_{sq} \\ i_{rd} \\ i_{rq} \end{bmatrix} \tag{6-37}$$

运动方程:

$$T_e = T_L + J_m \frac{d\omega_m}{dt} + D\omega_m = T_L + \frac{J_m}{n_p} \frac{d\omega_r}{dt} + \frac{D}{n_p}\omega_r \qquad (6-38)$$

式中，u_{rd}、u_{rq}、i_{rd}、i_{rq} 分别表示发电机转子电压、电流的 dq 轴分量；p 表示微分算子；ψ_{sd}、ψ_{sq}、ψ_{rd}、ψ_{rq} 分别表示定、转子磁链的 dq 轴分量；D 为摩擦系数。

（2）网侧变流器数学模型

两相旋转 dq 坐标系下（采用模值不变的变换方式），网侧电压源型 PWM 变流器的数学模型可通过下式表示：

$$\begin{bmatrix} \dfrac{di_{gd}}{dt} \\[2mm] \dfrac{di_{gq}}{dt} \\[2mm] \dfrac{du_{dc}}{dt} \end{bmatrix} = \begin{bmatrix} -\dfrac{R_g}{L_g} & \omega_g & -\dfrac{S_{gd}}{L_g} \\[2mm] -\omega_g & -\dfrac{R_g}{L_g} & -\dfrac{S_{gq}}{L_g} \\[2mm] \dfrac{3S_{gd}}{2C_{dc}} & \dfrac{3S_{gq}}{2C_{dc}} & -\dfrac{1}{C_{dc}R_L} \end{bmatrix} \begin{bmatrix} i_{gd} \\[2mm] i_{gq} \\[2mm] u_{dc} \end{bmatrix} + \begin{bmatrix} \dfrac{u_d}{L_g} \\[2mm] \dfrac{u_q}{L_g} \\[2mm] 0 \end{bmatrix} \qquad (6-39)$$

其中，L_g、R_g 分别为并网滤波器电感及线路等效电阻；C_{dc} 为直流母线滤波电容；ω_g 为电网电压同步旋转角频率；R_L 为负载侧等效电阻。

（3）基于无源性理论的全功率变流器数学模型

鉴于实际物理系统在不同参考坐标系下具有相同的能量耗散特性[8-9]，本节主要基于两相旋转坐标系进行分析。

根据机电能量转换原理，电机的电磁转矩可以通过下式表示：

$$T_e = \frac{3}{2} n_p L_m (i_{sq} i_{rd} - i_{sd} i_{rq}) \qquad (6-40)$$

同时，考虑鼠笼型感应发电机定转子电压为

$$u_{sd} = S_{sd} \times u_{dc}, \quad u_{sq} = S_{sq} \times u_{dc}, \quad u_{rd} = u_{rq} = 0 \qquad (6-41)$$

根据基尔霍夫电流定律，以图 6-19 所示电流方向为参考方向，直流母线电容电流 i_{dc} 可表示为

$$i_{dc} = C_{dc} \frac{du_{dc}}{dt} = -S_{sd} i_{sd} - S_{sq} i_{sq} + S_{gd} i_{gd} + S_{gq} i_{gq} \qquad (6-42)$$

式（6-42）体现了机侧、网侧变流器内部能量的交互过程。将式（6-36）～式（6-42）联立，可得风电变流器系统的整体 EL 模型：

$$M_c \dot{x} + (J_c + R_c)x = F_c \qquad (6-43)$$

其中，$x = \begin{bmatrix} i_{sd} & i_{sq} & i_{rd} & i_{rq} & \omega_m & i_{gd} & i_{gq} & u_{dc} \end{bmatrix}^T$，

$$M_c = \mathrm{diag}\left(L, \frac{2}{3} J_m, L_g, L_g, \frac{2}{3} C_{dc} \right), \quad L = \begin{bmatrix} L_s & 0 & L_m & 0 \\ 0 & L_s & 0 & L_m \\ L_m & 0 & L_r & 0 \\ 0 & L_m & 0 & L_r \end{bmatrix},$$

$$R_c = \mathrm{diag}\left(R_s,\ R_s,\ R_r,\ R_r,\ \frac{2}{3}D,\ R_g,\ R_g,\ 0\right),$$

$$F_c = \begin{bmatrix} 0 & 0 & 0 & 0 & -\dfrac{2}{3}T_L & u_d & u_q & 0 \end{bmatrix}^T,\quad J_c = \begin{bmatrix} J_{11} & J_{12} \\ J_{21} & J_{22} \end{bmatrix},$$

$$J_{11} = \begin{bmatrix} 0 & -\omega_s L_s & 0 & -\omega_s L_m & -n_p \psi_{sq} \\ \omega_s L_s & 0 & \omega_s L_m & 0 & n_p \psi_{sd} \\ 0 & -\omega_s L_m & 0 & -\omega_s L_r & 0 \\ \omega_s L_m & 0 & \omega_s L_r & 0 & 0 \\ n_p \psi_{sq} & -n_p \psi_{sd} & 0 & 0 & 0 \end{bmatrix},\quad J_{12} = \begin{bmatrix} 0 & 0 & -S_{sd} \\ 0 & 0 & -S_{sq} \\ 0 & 0 & 0 \\ 0 & 0 & 0 \\ 0 & 0 & 0 \end{bmatrix},$$

$$J_{21} = -J_{12}^T = \begin{bmatrix} 0 & 0 & 0 & 0 & 0 \\ 0 & 0 & 0 & 0 & 0 \\ S_{sd} & S_{sq} & 0 & 0 & 0 \end{bmatrix},\quad J_{22} = \begin{bmatrix} 0 & -\omega_g L_g & S_{gd} \\ \omega_g L_g & 0 & S_{gq} \\ -S_{gd} & -S_{gq} & 0 \end{bmatrix}$$

3. 无源性控制器的设计

通过上节对风电机组全功率变流器 EL 模型的建立，根据定理 6.1，设计感应发电机全功率风电变流器联合控制器。其控制目标包括：保持直流母线电压稳定，快速跟踪电压参考值；电网侧可实现单位功率因数运行；发电机转速/转矩运行方式；提供发电机正常工作所需的励磁电流。由于变流器系统的误差动态受到控制律以及平衡点设计的约束，本节主要从控制律设计与平衡点优化两个方面对风电变流器的无源性控制方案进行说明。

（1）无源控制律求解

设 x_i^* 为闭环系统状态期望平衡点，$i = 1,2,3,4,5,6,7,8$。对变流器系统式 (6-43) 建立误差动态方程，令 $e_i = x_i - x_i^*$，根据定理 6.1，可得机侧变流器控制律 S_{sd}、S_{sq} 的表达式为

$$S_{sd} = \frac{R_s i_{sd}^* - \omega_s L_s i_{sq} - \omega_s L_m \hat{i}_{rq} - n_p(L_s i_{sq} + L_m \hat{i}_{rq})\omega_m - R_{a1}(i_{sd} - i_{sd}^*)}{u_{dc}} \quad (6-44)$$

$$S_{sq} = \frac{R_s i_{sq}^* + \omega_s L_s i_{sd} + \omega_s L_m \hat{i}_{rd} + n_p(L_s i_{sd} + L_m \hat{i}_{rd})\omega_m - R_{a1}(i_{sq} - i_{sq}^*)}{u_{dc}} \quad (6-45)$$

式中，$\hat{i}_{rd}$、$\hat{i}_{rq}$ 分别表示发电机转子电流 i_{rd}、i_{rq} 的观测值，需通过观测器技术得到[4]，R_{a1} 为机侧变流器注入阻尼系数。

同理，采用电网电压定向的矢量控制时，由 $u_d = u_m$，$u_q = 0$，可得网侧变流器的控制律 S_{gd}、S_{gq} 可表示为

$$S_{gd} = \frac{u_d + \omega_g L_g i_{gq} - R_g i_{gd}^* + R_{a2}(i_{gd} - i_{gd}^*)}{u_{dc}} \quad (6-46)$$

$$S_{gq} = \frac{-\omega_g L_g i_{gd} + R_{a2}(i_{gq} - i_{gq}^*)}{u_{dc}} \tag{6-47}$$

其中，R_{a2} 为网侧变流器注入阻尼系数。

通过应用无源控制律式（6-44）～式（6-47），可使式（6-43）中各电流状态量渐近跟踪其平衡点。为了保证转速以及直流母线电压稳态无静差，采用 PI 调节器分别对转速与直流母线电压进行跟踪，设计 PI 调节器外环与电流无源性控制器内环级联式的控制器结构[10-11]。

（2）系统平衡点的优化选取

考虑系统的误差动态，由于采用了转速环与直流母线电压环，系统动态响应速度受到 PI 调节器时间常数的影响，积分器的存在使得控制器对负载突变等工况的响应速度并不理想。为了提高系统的动态响应能力，可通过分析系统误差动态，优化系统平衡点来实现。

1）机侧变流器状态平衡点的选取

根据发电机的电磁关系式（6-36）、式（6-37）、式（6-40）可知，机侧变流器电流、转速状态量的平衡点如下：

$$i_{sd}^* = \psi_r^* / L_m \tag{6-48}$$

$$i_{sq}^* = -L_r i_{rq}^* / L_m \tag{6-49}$$

$$i_{rd}^* = 0 \tag{6-50}$$

$$i_{rq}^* = -2T_e^* / (3n_p L_m i_{sd}^*) \tag{6-51}$$

$$\omega_m^* = R_n \cdot \lambda_{set} \cdot v_w / r_T \tag{6-52}$$

其中，ψ_r^* 为期望转子磁链幅值；R_n 为齿轮箱变比；λ_{set} 为期望叶尖速比；v_w 为风速；r_T 为风轮半径；转速平衡点可根据风速情况通过查表法获得。

由式（6-49）、式（6-51）可知，发电机 q 轴电流状态平衡点由电磁转矩平衡点 T_e^* 确定。发电机转速控制模式下，T_e^* 由转速环 PI 调节器得到，其收敛速度受到 PI 参数的影响。为加快转速信号的响应速度，可采用负载转矩前馈对电磁转矩平衡点 T_e^* 进行优化。根据发电机运动方程式（6-38），可知当系统处于稳态时，有

$$T_e^* = T_L \tag{6-53}$$

通过增加负载转矩前馈，电磁转矩给定值由式（6-54）所示。此时，发电机电磁转矩平衡点 T_e^* 由转速环 PI 调节器的输出与负载转矩的观测值 $\hat{T}_L$ 共同决定，从而抑制负载转矩突变造成的转速波动：

$$T_e^* = k_{p1}(\omega_m^* - \omega_m) + k_{i1} \int_0^t (\omega_m^* - \omega_m) dt + \hat{T}_L \tag{6-54}$$

其中，k_{p1}，k_{i1} 为转速环 PI 参数，可通过经典控制理论设定。

2）网侧变流器状态平衡点的选取

根据网侧变流器的控制目标，可知无功电流与直流母线电压平衡点设置如下：

$$i_{gq}^{*} = 0 \tag{6-55}$$

$$u_{dc}^{*} = u_{dc\_set} \tag{6-56}$$

其中,u_{dc_set} 应根据电压等级、阻抗情况、线路参数等因素设定。

通常网侧有功电流平衡点 i_{gd}^{*} 由直流母线电压环 PI 调节器输出确定,为了提高直流母线电压的动态响应能力,可对平衡点 i_{gd}^{*} 进行优化。

考虑系统误差动态,将控制律式(6-43)~式(6-47)代入式(6-42),可得直流母线电压的动态方程:

$$\dot{u}_{dc} = \frac{3\left[u_d i_{gd}^{*} - R_g i_{gd}^{*\,2} - R_s i_{sd}^{*\,2} - R_s i_{sq}^{*\,2} - (2/3)T_e^{*}\omega_m \right]}{2u_{dc}C_{dc}}$$
$$+ \frac{3\left[R_{a1}(i_{sd} - i_{sd}^{*})i_{sd}^{*} + R_{a1}(i_{sq} - i_{sq}^{*})i_{sq}^{*} + R_{a2}(i_{gd} - i_{gd}^{*})i_{gd}^{*} + R_{a2}(i_{gq} - i_{gq}^{*})i_{gq}^{*} \right]}{2u_{dc}C_{dc}}$$
$$\tag{6-57}$$

考虑到伴随系统状态量的收敛,有 $i_{sd} \to i_{sd}^{*}$, $i_{sq} \to i_{sq}^{*}$, $i_{gd} \to i_{gd}^{*}$, $i_{gq} \to i_{gq}^{*} = 0$,代入式(6-57)可得网侧变流器有功电流平衡点 i_{gd}^{*} 为

$$i_{gd}^{*} = \frac{R_g i_{gd}^{*\,2} + R_s i_{sd}^{*\,2} + R_s i_{sq}^{*\,2} + (2/3)T_e^{*}\omega_m}{u_d} \tag{6-58}$$

式(6-58)中,由于 $R_g i_{gd}^{*\,2} + R_s i_{sd}^{*\,2} + R_s i_{sq}^{*\,2} \ll (2/3)T_e^{*}\omega_m$,可认为稳态情况下,有

$$i_{gd}^{*} = \frac{2T_e^{*}\omega_m}{3u_d} \tag{6-59}$$

通过上式,可对网侧有功电流平衡点 i_{gd}^{*} 优化设置如下:

$$i_{gd}^{*} = k_{p2}(u_{dc}^{*} - u_{dc}) + k_{i2}\int_0^t (u_{dc}^{*} - u_{dc})dt + \frac{2T_e^{*}\omega_m}{3u_d} \tag{6-60}$$

其中,k_{p2}、k_{i2} 为直流母线电压环 PI 参数。

通过对无源控制器平衡点的优化,可大大降低外环 PI 调节器对系统动态性能的影响。此时,系统的动态性能主要由电流无源性控制器的收敛速度决定。综上所述,风电机组全功率变流器无源性联合控制器结构图如图 6-20 所示。

(3) 仿真分析与验证

以一台 2.5 MW 感应发电机风电机组全功率变流器为例,在 Matlab/Simulink 仿真环境下,验证本节所提出的基于无源性理论的机组联合控制器的工作性能。通过对极限负载突变的工况进行模拟,检验发电机转速以及直流母线电压的动态响应情况,并与传统分离式双闭环 PI 调节器的控制性能进行对比,验证本节所提出方案的有效性。仿真环境参数见表 6-2。传统双闭环控制系统中,机侧、网侧控制器中的 PI 参数均采用"二阶模型最优"方法进行设定,相关控制参数见表 6-3。

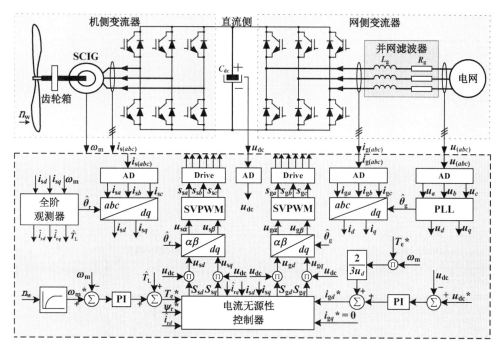

图 6-20　基于无源性理论的全功率变流器联合控制器框图

表 6-2　仿真环境参数

系统额定功率 P_e/kW	2 500	发电机转子电阻 R_r/mΩ	0.692 8
系统额定线电压 U_e/V	690	发电机互感 L_m/mH	1.187
电网额定频率 f_G/Hz	50	直流母线电压 u_{dc}/V	1 100
网侧滤波电感 L_g/mH	0.132	发电机额定转速 ω_m/(rad/s)	105
网侧线路电阻 R_g/mΩ	2	轴系转动惯量 J_m/kg·m²	2 400
直流侧电容容量 C_{dc}/mF	59.4	发电机极对数 n_p	3
发电机定子电感 L_s/mH	1.223 94	发电机额定转矩 T_e/(N·m)	24 670
发电机定子电阻 R_s/mΩ	0.848 7	变流器开关频率 f_s/kHz	3
发电机转子电感 L_r/mH	1.220 31		

表 6-3　传统双闭环控制中的 PI 参数设定

变流器	PI 调节器	PI 参数设定		闭环带宽
		k_p	k_i	
网侧变流器	电压外环	2.2	122.4	14.7 Hz
	电流内环	0.5	250	259 Hz
机侧变流器	转速外环	10 000	12 000	0.95 Hz
	电流内环	0.1	10	287 Hz

　　工作仿真环境如下：2 s 时刻前,全功率变流器保持空载运行,直流母线电压稳定工作在设定值 1 100 V,发电机转速稳定工作在 1 000 r/min。2 s 时刻,发电机负载由空载突变至满载运行(输入转矩从零跳变到额定值)。基于上述仿真环境,全功率变流器的控制性能如图 6-21(无源性联合控制器)、图 6-22(传统分离式控制器)所示。

　　图 6-21(a)、图 6-22(a)为直流母线电压与发电机转速在负载突变时的动态响应过程。

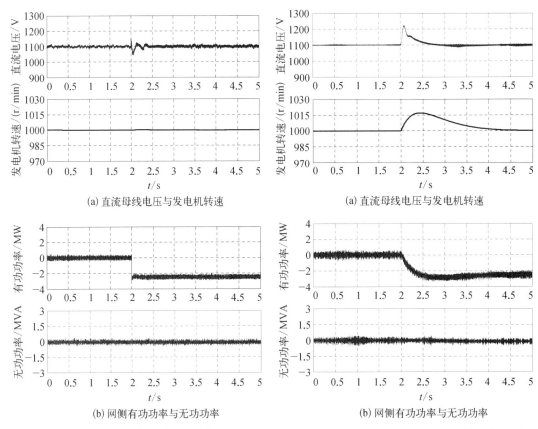

(a) 直流母线电压与发电机转速　　　　　　　(a) 直流母线电压与发电机转速

(b) 网侧有功功率与无功功率　　　　　　　　(b) 网侧有功功率与无功功率

图 6 - 21　基于无源性控制器的系统控制效果　　　**图 6 - 22**　采用传统 PI 调节器的系统控制效果

从图中可见,传统 PI 调节器控制方式下,直流母线电压波动幅度较大,动态过程中最高上升 125 V,达到 1 225 V;而采用本节提出的无源性控制方法可将直流母线电压波动控制在 50 V 之内。同样,由于增加了负载转矩前馈,发电机转速在负载突变情况下的动态性能也得到了明显改善,传统 PI 调节器控制方式下转速波动达到 17 r/min;采用本节所提出的方法,转速状态量在负载变化前后无明显波动,动态性能得到明显改善。图 6 - 21(b)、图 6 - 22(b)分别为网侧变流器输出的有功功率 P 和无功功率 Q 波形。从网侧无功功率可以看到,两种控制方法均可以实现单位功率因数运行,并且具有良好的稳态性能;而比较有功功率的动态过程,本节提出的无源性控制方法可以更快跟踪输入功率的变化,具有更好的动态性能。

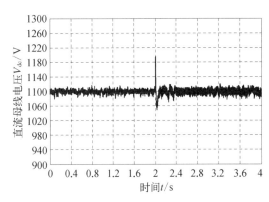

图 6 - 23　负载突变时直流母线电压的
动态特性(一半电容值)

为了验证本节提出控制算法对减少直流母线电容容量的效果,在相同的仿真环境下,我们将变流器直流母线电容的容量减小为原系统的一半,即 C_{dc} 取 29.7 mF。应用无源性控制方法,直流母线电压的动态波形如图 6 - 23 所示。从图中可以看出,在负载转矩从空载突变至满载的暂态过程中,虽然直流母线电容只有原系统的二分之一,但是母线电压波动仍然可以控制在 100 V 以内,并且在很短时间内收敛到其稳态值。与之前传统双闭环 PI 调节器控制方式的工作特性相比,虽然直流母线电容减少了一半,但是母线电压仍然具有更好的动态响应特性。因此,仿真结果表明,采用本节提出的基于无源性控制理论的联合控制器具有更好的动态响应能力,为减少直流母线电容提供了新的方法依据。

6.2.2　具有 L2 干扰抑制的无源控制器改进

通过上节对感应发电机风电机组全功率变流器 EL 模型的分析,不仅通过无源性控制律的设计可以实现误差系统的渐近稳定,而且通过平衡点的优化可以改善状态量的响应速度。然而,系统参数的不确定仍然会影响状态量在稳态情况下的收敛效果。虽然通过转速外环与直流母线电压外环 PI 调节器可以保证网侧有功电流分量与发电机转矩电流分量的稳态收敛效果,但是无功电流分量与发电机励磁电流分量只与电流无源控制器的控制参数有关,如果系统参数存在误差,将会影响系统的稳态效果。

鲁棒控制是一种非常重要的控制技术,可以提高控制系统对参数不确定以及外部扰动的鲁棒性,改善系统输出的稳态效果。其中,L_2 增益控制作为鲁棒性控制的重要方法之一,被国内外学者广泛研究。文献[12-13]将自适应 L_2 增益控制器应用到电力系统中,而文献[14]将 L_2 增益控制推广至开关系统。上述文献的设计目的是通过 L_2 增益控制技术使系统在有界干扰下将系统状态量限制在有界范围内,从而降低有界干扰以及参数不确定等问题对控制系统带来的影响。本节将 L_2 增益控制技术引入感应发电机风电机组全功率变流器的无源性控制中,给出了使控制系统满足 L_2 干扰抑制的 LMI 限制条件。

1. 基于无源性控制理论的 L2 干扰抑制设计

考虑变流器系统式(6-43)存在模型参数误差,则机组 EL 模型可写作如下形式:

$$(M_c + \Delta M_c)\dot{x} + (J_c + \Delta J_c)x + (R_c + \Delta R_c)x = F_c \tag{6-61}$$

采用有界向量 $w(x)$ 表示系统的不确定干扰项,则系统模型可以表示为

$$M_c\dot{x} + J_c x + R_c x = F_c + w(x) \tag{6-62}$$

其中,$w(x) = \Delta M_c\dot{x} + \Delta J_c x + \Delta R_c x$。

由此可得到误差动态方程表示为

$$M_c\dot{e} + J_c e + R_c e = F_c + w - M_c\dot{x}^* - J_c x^* - R_c x^* \tag{6-63}$$

其中,e 为系统误差向量。取 $z = Qe$,Q 为非奇异矩阵,则 $\|z\|^2 = z^T z$ 可以作为系统误差评价函数。

L_2 干扰抑制定义(1):如果存在正实数 γ,使得误差系统在 $e(0) = 0$ 的条件下,对于任意 $T > 0$,有式(6-64)成立,则称误差系统满足增益 γ 下的 L_2 干扰抑制条件。

$$\int_0^T \|z\|^2 \mathrm{d}t \leqslant \gamma^2 \int_0^T \|w\|^2 \mathrm{d}t \tag{6-64}$$

针对误差初值不为 0 的系统,存在以下定义:

L_2 干扰抑制定义(2)：如果存在正实数 γ,使得连续可微的正定函数 $V(e)$,满足下式：

$$\dot{V}(e) \leqslant \gamma^2 \| w \|^2 - \| z \|^2 \tag{6-65}$$

则称误差系统满足增益 γ 下的 L_2 干扰抑制条件。

将式(6-65)积分可得：

$$\int_0^T \| z \|^2 \mathrm{d}t \leqslant \gamma^2 \int_0^T \| w \|^2 \mathrm{d}t + V(0) \tag{6-66}$$

基于上述定义,针对误差系统式(6-63),有如下定理：

定理 6.2 针对误差系统式(6-63),根据定理 4.1,控制律可以采用如下形式：

$$F_c = M_c \dot{x}^* + J_c(x^* + e) + R_c x^* - R_a e \tag{6-67}$$

当 R_a 满足如下 LMI 条件时：

$$\begin{bmatrix} -R_a - R_c + \dfrac{1}{2} Q^{\mathrm{T}} Q & \dfrac{1}{2} I \\ \dfrac{1}{2} I & -\dfrac{\gamma^2}{2} I \end{bmatrix} < 0 \tag{6-68}$$

误差系统满足：

1) 当 $w = 0$ 时,误差系统在期望平衡点处渐近稳定；

2) 当 $w \neq 0$ 时,误差系统满足 L_2 干扰抑制条件式(6-66)。

证明：针对误差系统式(6-63),选择能量函数 $H = (1/2)e^{\mathrm{T}} M_c e$,有

$$\dot{H} - \frac{1}{2} \gamma^2 \| w \|^2 + \frac{1}{2} \| z \|^2$$

$$= e^{\mathrm{T}} M_c \dot{e} - \frac{1}{2} \gamma^2 \| w \|^2 + \frac{1}{2} \| z \|^2$$

$$= e^{\mathrm{T}} [F_c + w - M_c \dot{x}^* - J_c(x^* + e) - R_c(x^* + e)] - \frac{1}{2} \gamma^2 \| w \|^2 + \frac{1}{2} \| z \|^2 \tag{6-69}$$

将式(6-67)代入式(6-69),可以得

$$\dot{H} - \frac{1}{2} \gamma^2 \| w \|^2 + \frac{1}{2} \| z \|^2 = \begin{bmatrix} e \\ w \end{bmatrix}^{\mathrm{T}} \begin{bmatrix} -R_a - R_c + \dfrac{1}{2} Q^{\mathrm{T}} Q & \dfrac{1}{2} I \\ \dfrac{1}{2} I & -\dfrac{\gamma^2}{2} I \end{bmatrix} \begin{bmatrix} e \\ w \end{bmatrix} \tag{6-70}$$

如果 R_a 满足式(6-68),则由式(6-70),有

$$\dot{H} \leqslant \frac{1}{2} \gamma^2 \| w \|^2 - \frac{1}{2} \| z \|^2 \tag{6-71}$$

将上式积分,有

$$H(\infty) - H(0) \leqslant \frac{1}{2}\int_0^\infty \gamma^2 \parallel w \parallel^2 \mathrm{d}t - \frac{1}{2}\int_0^\infty \parallel z \parallel^2 \mathrm{d}t \qquad (6\text{-}72)$$

根据上面的结果,可以得到结论如下:

1)当 $w = 0$ 时,满足 $H(\infty) - H(0) \leqslant -\frac{1}{2}\int_0^\infty \parallel z \parallel^2 \mathrm{d}t \leqslant 0$,则误差系统状态量在平衡点处渐近收敛;

2)当 $w \neq 0$ 时,考虑到 $H \geqslant 0$,则有 $\int_0^T \parallel z \parallel^2 \mathrm{d}t \leqslant \int_0^T \gamma^2 \parallel w \parallel^2 \mathrm{d}t + H(0)$,则满足 L_2 增益抑制条件。证明完毕。

2. 仿真结果与分析

通过上节论述,可知正确设置系统注入阻尼矩阵 R_a 可使控制系统具有 L_2 干扰抑制能力。为了验证所提出方法的正确性,基于上节的仿真环境,将网侧电感 L_g 的实际值设置为表 6-2 中参数的 2 倍,同时将线路等效电阻 R_g 增大为原参数的 2 倍,并且将直流母线电容的实际值减小为原参数的二分之一。应用控制律式(6-67),并通过求解 LMI 式(6-68)可知,当增益 γ 取 1 时,控制系统满足 L_2 干扰抑制的条件为 $R_{a2} > 0.496$。图 6-24 为 R_{a2} 分别取 0.2 以及 1 时,网侧无功电流的实际值。从图中可以看到,系统参数不确定情况下,当 R_{a2} 取 0.2 时,无功电流存在较大的稳态误差,而当 R_{a2} 取 1 时,无功电流基本围绕零轴上下波动,基本实现单位功率因数运行的工作方式。由此可见,通过合理的设置控制参数,可以提高控制系统的鲁棒性,使控制器实现 L_2 干扰抑制的功能。

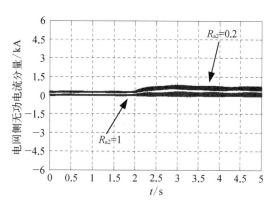

图 6-24　不同 R_a 下参数不确定系统的
无功电流分量

6.2.3　变流器快速性能约束及功率斜率控制

通过前两节对感应发电机全功率风电变流器直流母线电压波动抑制技术的讨论,采用前文提出的控制器结构,可以提高系统状态量的动态响应速度,降低直流母线电压波动,为减小母线电容容量提供了依据。然而,从系统输出波形(图 6-21)来看,直流母线电压在负载突增过程中仍然存在一定程度的上升,这主要受限于电流控制器的跟踪速度。为了进一步改善系统的动态响应速度,本节重点分析变流器系统快速性能的约束条件以及相应的改进措施。

1. 快速性能约束条件

采用电网电压定向矢量控制时,在同步旋转 dq 坐标系下,网侧电流满足如下微分方程:

$$\begin{cases} L_g \dfrac{\mathrm{d}i_{gd}}{\mathrm{d}t} = -R_g i_{gd} + L_g \omega_g i_{gq} - S_{gd} u_{\mathrm{dc}} + u_d \\[2mm] L_g \dfrac{\mathrm{d}i_{gq}}{\mathrm{d}t} = -R_g i_{gq} - L_g \omega_g i_{gd} - S_{gq} u_{\mathrm{dc}} + u_q \end{cases} \qquad (6\text{-}73)$$

考虑 d 轴电压定向时,有 $u_d = u_m$、$u_q = 0$;并且采用平均电压模型对开关模型进行近似,即 $u_{gd} = S_{gd} u_{dc}$、$u_{gq} = S_{gq} u_{dc}$,可将式(6-73)表示为

$$\begin{cases} L_g \dfrac{di_{gd}}{dt} = -R_g i_{gd} + L_g \omega_g i_{gq} - u_{gd} + u_d \\[3mm] L_g \dfrac{di_{gq}}{dt} = -R_g i_{gq} - L_g \omega_g i_{gd} - u_{gq} \end{cases} \tag{6-74}$$

由于单位功率因数控制时,有 $i_{gq} = 0$,则下式成立:

$$\begin{cases} L_g \dfrac{di_{gd}}{dt} = -R_g i_{gd} - u_{gd} + u_d \\[3mm] 0 = -L_g \omega_g i_{gd} - u_{gq} \end{cases} \tag{6-75}$$

同时,考虑到直流母线电压 u_{dc} 的限制,变流器侧输出控制电压 u_{gd}、u_{gq} 有界。采用不同的调制算法时,变流器输出控制电压最大值存在一定差异。

当采用 SPWM 调制算法时,变流器侧输出控制电压最大值 u_{max} 为

$$(u_{gd})^2 + (u_{gq})^2 \leqslant u_{max}^2 = (0.5 u_{dc})^2 \tag{6-76}$$

当采用 SVPWM 调制算法时,线性调制区变流器侧输出控制电压最大值为

$$(u_{gd})^2 + (u_{gq})^2 \leqslant u_{max}^2 = \left(\dfrac{u_{dc}}{\sqrt{3}}\right)^2 \approx (0.58 u_{dc})^2 \tag{6-77}$$

过调制 I 区,变流器侧输出控制电压最大值为

$$(u_{gd})^2 + (u_{gq})^2 \leqslant u_{max}^2 = \left(\sqrt{\dfrac{2}{\pi\sqrt{3}}} u_{dc}\right)^2 \approx (0.61 u_{dc})^2 \tag{6-78}$$

过调制 II 区,变流器侧输出控制电压最大值为

$$(u_{gd})^2 + (u_{gq})^2 \leqslant u_{max}^2 = \left(\dfrac{2}{\pi} u_{dc}\right)^2 \approx (0.64 u_{dc})^2 \tag{6-79}$$

基于前文对变流器输出电压能力的分析,根据式(6-75),可通过网侧有功电流给定值与实际值之间的关系分析变流器电流内环跟踪速度的约束条件。

当网侧电流给定值 i_{gd}^* 小于实际回路电流 i_{gd} 时,需要变流器提供反向电压以降低回路电流,考虑到发电机系统中,i_{gd} 一般为负值,则根据式(6-75),有

$$L_g \dfrac{di_{gd}}{dt} = u_d - R_g i_{gd} - u_{gd} \geqslant u_d - u_{gd} \geqslant u_d - \sqrt{u_{max}^2 - (-L_g \omega_g i_{gd})^2} \geqslant u_d - u_{max} \tag{6-80}$$

假设直流母线电压保持恒定,则变流器最小电流跟踪时间为

$$\Delta T \geqslant \dfrac{L_g(i_{gd}^* - i_{gd})}{u_d - u_{max}} \tag{6-81}$$

当网侧电流给定值 i_{gd}^* 大于实际回路电流 i_{gd} 时,需要变流器提供正向电压以抬高回路电流,则有

$$
\begin{aligned}
L_g \frac{\mathrm{d}i_{gd}}{\mathrm{d}t} &= u_d - R_g i_{gd} - u_{gd} \leqslant u_d - R_g i_{gd} + \sqrt{u_{\max}^2 - (-L_g \omega_g i_{gd})^2} \\
&\leqslant u_d - R_g i_{gd} + u_{\max} \approx u_d + u_{\max}
\end{aligned} \tag{6-82}
$$

假设直流母线电压保持恒定,则变流器最小电流跟踪时间为

$$
\Delta T \geqslant \frac{L_g(i_{gd}^* - i_{gd})}{u_d + u_{\max}} \tag{6-83}
$$

通过式(6-81)以及式(6-83)可以得到如下结论:

1) 参考电流较实际电流上升以及下降时,电流收敛速度差异很大。当参考电流指令小于实际电流时(针对感应发电机变流器系统,为发电功率上升时),根据式(6-81),电网电压与逆变器输出电压方向相反,电流变化率取决于电网电压与变流器输出电压之差;另一方面,当参考电流指令大于实际电流时(发电功率下降),根据式(6-83),电网电压与逆变器输出电压方向相同,电流变化率取决于电网电压与变流器输出电压之和。因此,对于发电机系统而言:发电功率增加时,回路中最大电流变化率远远低于发电功率下降时变流器回路中的最大电流变化率,这说明当电流给定指令阶跃减少时,电流的跟踪时间较长。

2) 根据式(6-81)以及式(6-83),要减少电流跟踪时间,可采用的方法有提高直流母线电压、减少网侧滤波电感、限制电流给定值与实际值的差值,即减少 $(i_{gd}^* - i_{gd})$ 的大小。提高直流母线电压会增大系统纹波电流、增加 IGBT、母线电容等元器件的过压风险、加重系统 EMI、提高主回路上多种器件(IGBT、直流母线电容、熔断器、避雷器等)的选型规格、增加系统体积与成本。因此,虽然增加直流母线电压额定工作下的设定值可以加快电流跟踪速度,但是过高的直流母线电压会造成多种问题,不宜采用;减少网侧变流器的滤波电感也可以缩短电流跟踪时间。然而,对于大功率风电变流器而言,为了使变流器能够在各种工况下将特定功率(考虑额定功率以及一定的冗余功率)注入电网,网侧变流器滤波电感的选型往往需要考虑系统中可能出现的最大电流;而且,考虑成本与体积等因素,通常风电变流器并网滤波器的电感值已经很小。如果进一步降低电感值,会增大电流纹波,降低电流环带宽,尤其对小电流工况下系统的 THD 影响严重。因此,这种方法也不易实际采用;减少 $(i_{gd}^* - i_{gd})$ 的大小,即减少由机侧变流器注入功率的大小。负载突变情况下,可通过斜率控制技术限制发电机电磁转矩的变化率,从而保证网侧变流器有功电流快速跟踪给定值。这种方法限制了注入直流母线有功功率的变化率,可能会降低变流器系统的发电效率。然而,为了避免正常工作中发电机电磁转矩出现波动甚至振荡现象,往往控制系统中也会对电磁转矩给定值提供一定的电气阻尼以限制转矩快速波动。因此,采用功率斜率控制改善有功电流跟踪性能以实现直流母线电压波动抑制的方案具有可行性。

3) 上述分析结论基于理想工况,实际应用中还需要考虑以下因素对电流跟踪速度的影响:电网电压波动(正常工况下,允许电压波动范围达到其额定值的 $-15\% \sim 10\%$)、变流器

工作中的死区、开关过程中的电压纹波、功率器件的管压降等问题都会导致实际电压利用率的下降,从而延长电流跟踪时间,并且数字控制系统通常还会造成一个开关周期的计算延时。

2. 功率斜率控制

通过上节对进一步改善电流控制器收敛特性方法的讨论,本节重点说明功率斜率控制的设计方法。所谓功率斜率控制,指通过控制发电机电磁转矩的变化率以限制由机侧变流器注入直流母线有功功率的上升率。鉴于发电功率上升时电流收敛速度较慢,本节针对 $i_{gd}^* < i_{gd}$ 的应用环境重点分析。

理想情况下,根据式(6-81),可以计算单位开关周期内,网侧变流器有功电流最大跟踪误差 Δi_{gd} 为

$$\Delta i_{gd} = \left| \frac{T_s(u_d - u_{max})}{L_g} \right| \tag{6-84}$$

其中,T_s 为开关周期。

由上式可知,在单位开关周期内,由网侧变流器注入电网的有功功率最大变化率如下:

$$\Delta P_G = \frac{3}{2} u_d \Delta i_{gd} \tag{6-85}$$

为了使由机侧变流器注入直流母线的有功功率与网侧输出至电网的有功功率实现动态平衡,以保证直流母线电压稳定,可设定单位开关周期内机侧变流器最大注入有功功率变化率 ΔP_M 不超过网侧变流器的输出能力 ΔP_G,即

$$\Delta P_M \leqslant \Delta P_G \tag{6-86}$$

考虑到单位开关周期内,机侧变流器注入直流母线的有功功率可表示为

$$\Delta P_M = -[T_e(k+1)\omega_m(k+1) - T_e(k)\omega_m(k)] \tag{6-87}$$

其中,k 表示第 k 个开关周期。

考虑到兆瓦级感应发电机轴系转动惯量非常大,单位开关周期内转速变化率近似为零,因此,有

$$\Delta P_M = -[T_e(k+1) - T_e(k)]\omega_m(k) = -\Delta T_e \omega_m \tag{6-88}$$

由式(6-84)~式(6-88),可得发电机电磁转矩的最大变化率 ΔT_e 为

$$\Delta T_e = -\frac{3u_d \Delta i_{gd}}{2\omega_m} = -\frac{3u_d T_s(u_d - u_{max})}{2\omega_m L_g} \tag{6-89}$$

采用式(6-89)作为发电机电磁转矩变化率的限制条件,可保证网侧变流器与机侧变流器实现动态功率平衡,避免直流母线电压波动。然而,实际应用中,鉴于电网电压波动、死区、管压降以及母线电压纹波等因素的影响,转矩变化率限幅值的选择还应该考虑一定的裕量。另外,过低的转矩变化率将减少变流器系统对风能的捕获,降低发电效率。因此,转矩

变化率的设定值应该同时权衡系统效率与动态性能等多方面因素进行选择。

3. 仿真分析

基于 Matlab/Simulink 仿真平台对本节提出的变流器电流跟踪性能的约束条件以及功率斜率控制方法的正确性进行验证。系统参数仍采用表 6-2 所述。

（1）阶跃给定下的电流跟踪性能

直流母线注入功率阶跃变化时，网侧变流器电流调节器的动态响应过程如图 6-25、图 6-26 所示。图 6-25 为发电状态下（$i_{gd}^* < i_{gd}$），网侧有功电流的动态响应过程。仿真环境如下：1 s 前，系统空载运行；1 s 时刻，机侧变流器注入直流母线功率阶跃变化 2.5 MW；图 6-26 为电动状态下（$i_{gd}^* > i_{gd}$），网侧有功电流的动态响应过程。仿真环境如下：1 s 前，系统空载运行；1 s 时，机侧变流器需要从直流母线侧吸收功率阶跃变化为 2.5 MW。通过动态响应波形可以看出：针对大小相同、方向相反的电流误差信号，电动机工作模式下网侧有功电流跟踪速度较快，电流实际值经过 1 ms 达到给定值。采用过调制（Ⅰ 区）算法，根据式（6-83）计算结果可知，电流实际信号最快在两个开关周期（333.33 μs）内就能跟踪到给定值，同时考虑一个开关周期的计算延时，结论与仿真结果基本类似。另一方面，当变流器系统工作在发电机工作模式下，网侧有功电流的实际值至少需要 4.3 ms 才能达到给定值。基于式（6-81）的计算结果，有功电流实际值需要至少 12 个开关周期才能到达给定值，同时考虑一个开关周期的计算延时，至少需要 13 个开关周期才能跟踪给定值，这与仿真结果基本一致。

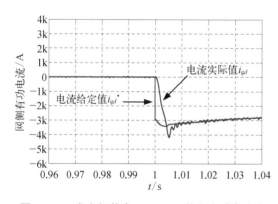

图 6-25　发电机状态（$i_{gd}^* < i_{gd}$）的电流动态响应

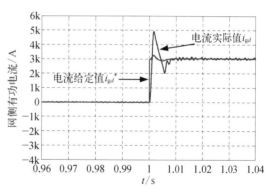

图 6-26　电动机状态（$i_{gd}^* > i_{gd}$）的电流动态响应

（2）功率斜率控制下的电流动态响应

为了验证功率斜率控制对电流响应速度以及直流母线电压波动的改善情况，分别在母线电容为额定值（59.4 mF）以及额定值的一半（29.7 mF）两种情况下进行仿真。基于本章提出的机组无源性联合控制器，系统仿真环境如下：1 s 前，变流器系统工作在空载状态，转速为额定转速（105 rad/s）；1 s 时，负载转矩从 0 N·m 跳变到额定值（−24 760 N·m）。下面分别针对上述两种情况进行比较与分析。

1）直流母线电容取 59.4 mF

根据功率斜率控制方法，通过式（6-89）可知单个开关周期内最大电磁转矩变化率约为 −2 200 N·m，考虑一定裕量，设定单个开关周期内转矩变化率限幅为 −2 000 N·m。此时,变流器在负载突变情况下,系统的动态响应波形如图 6-27～图 6-30 所示。

图 6-27 为负载转矩与电磁转矩给定值的动态过程。图中可见,电磁转矩给定值 T_e^* 受到斜率控制器限幅而滞后于负载转矩 T_L 变化,经过 13 个开关周期(4.33 ms)后,电磁转矩给定值与负载转矩相等。

图 6-28 为机侧变流器转矩电流的动态响应过程。由于转矩电流给定值 i_{sq}^* 是通过电磁转矩给定值计算而得,因此,电磁转矩给定值的变化过程体现在转矩电流给定值上。由图 6-28 可见,机侧变流器转矩电流跟踪效果较好。

图 6-29 为网侧变流器有功电流的动态响应过程。可见,由于机侧变流器注入功率受限,网侧变流器有功电流给定值也按一定斜率变化。此时,网侧电流实际值可以较好跟踪给定值,从而实现网侧变流器与机侧变流器有功功率的动态平衡。

图 6-30 为直流母线电压波形。对比图 6-21(a),可见采用功率斜率控制后,同样的负载突变下可将直流母线电压波动限制在 10 V 以内,有很大改进。

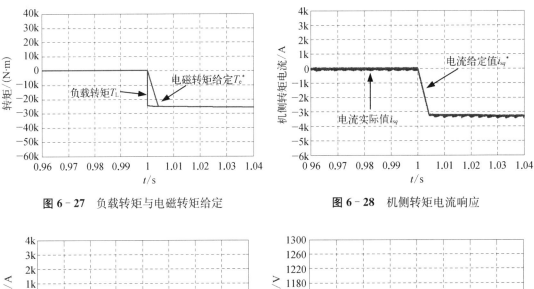

图 6-27 负载转矩与电磁转矩给定　　　　　图 6-28 机侧转矩电流响应

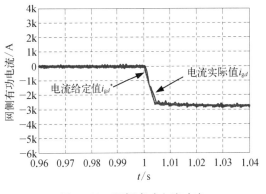

图 6-29 网侧有功电流响应　　　　　　　图 6-30 直流母线电压动态响应

2) 直流母线电容取 29.7 mF

当直流母线电容取 29.7 mF 时,相同设置下系统的动态响应过程如图 6-31～图 6-34 所示。可见,网侧有功电流跟踪效果并没有受到直流母线电容容量下降的影响,依然可以快速跟踪给定。同时,采用功率斜率控制,直流母线电压仍然可以在负载突变时波动较小(波动幅值限制在 20 V 以内)。然而,由于母线电容减小为原系统的二分之一,稳态工作时母线电压纹波有所增加,但并不影响系统稳定运行。

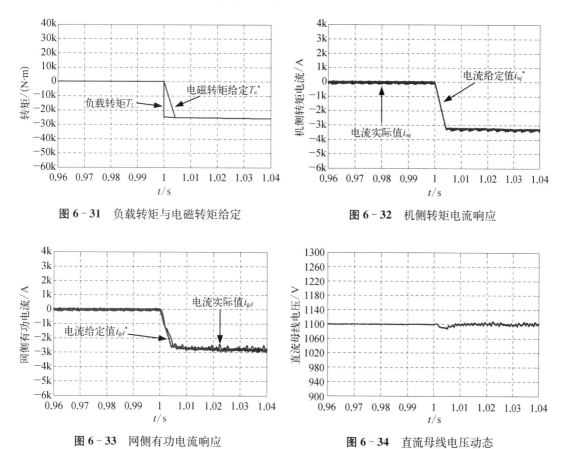

图 6-31　负载转矩与电磁转矩给定　　　　图 6-32　机侧转矩电流响应

图 6-33　网侧有功电流响应　　　　　　　图 6-34　直流母线电压动态

6.2.4　实验验证与分析

实验条件:输入电压 220 V/50 Hz,直流母线电压设定值为 600 V。原动机带动发电机工作在恒转速模式下,并通过阶跃给定转矩电流模拟负载功率阶跃变化。首先比较传统分离式双闭环 PI 调节器控制方式与基于无源性控制理论的控制方式在输入功率阶跃变化情况下系统的动态响应速度;然后,在无源性控制方法的基础上,采用功率斜率控制对动态性能进一步优化,并与前述控制方法的工作性能进行了对比。

1. 传统控制策略实验

采用传统分离式双闭环 PI 调节器构成的机组控制系统时,系统在负载突变情况下的工作性能如图 6-35 至图 6-40 所示。

图 6-35~图 6-37 为发电机侧变流器的工作性能。当转矩电流从 0 A 阶跃给定至 -200 A 时,励磁电流与发电机转速的动态过程如图所示。可以看到,机侧变流器注入功率变化前后,系统稳态工作性能较好。图 6-39~图 6-40 为网侧变流器的电流跟踪情况。由图中可见,有功电流的给定值不能快速跟踪有功功率的阶跃变化,这主要是受到网侧变流器电压外环 PI 调节器时间常数的影响。另一方面,网侧无功电流在动态过程中保持单位功率因数运行。鉴于机侧注入有功功率的变化不能直接体现在网侧变流器的有功电流给定上,

直流母线电容的电压波动较大,在输入功率阶跃变化的动态过程中,直流母线电压将达到 670 V,如图 6-38 所示。

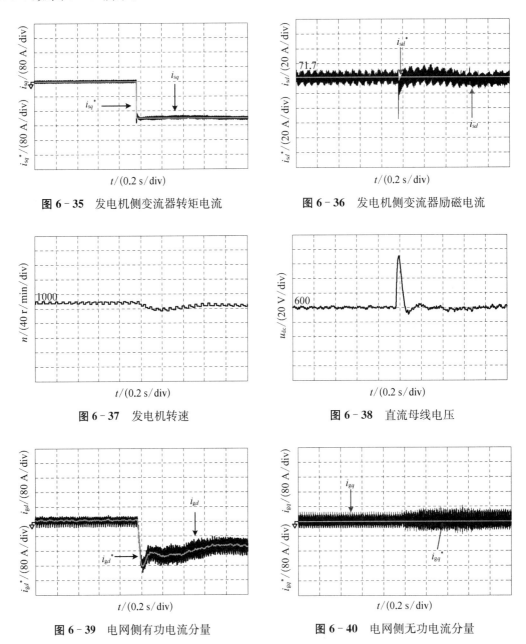

图 6-35　发电机侧变流器转矩电流　　　　　图 6-36　发电机侧变流器励磁电流

图 6-37　发电机转速　　　　　　　　　　图 6-38　直流母线电压

图 6-39　电网侧有功电流分量　　　　　　图 6-40　电网侧无功电流分量

2. 机网变换器无源性联合控制策略实验

采用基于无源性控制理论的机组联合控制器设计方案,变流器系统的工作性能如图 6-41～图 6-46 所示。由图中可见,同样的输入功率阶跃变化下,直流母线电压波动可以限制在 20 V 之内,且变流器具有良好的动静态性能。图 6-43 及图 6-45 分别给出了发电机转矩电流以及网侧有功电流分量在输入功率突变动态过程中的跟踪过程。可见,转矩电流跟踪速度较快,在两个开关周期内达到给定值;而网侧有功电流给定值虽然可以快速跟踪功率突变,但是电流跟踪过程需要经过 10 ms。因此,机侧注入有功功率不能及时通过网侧变流器馈入电网,从而导致直流母线电压的升高。

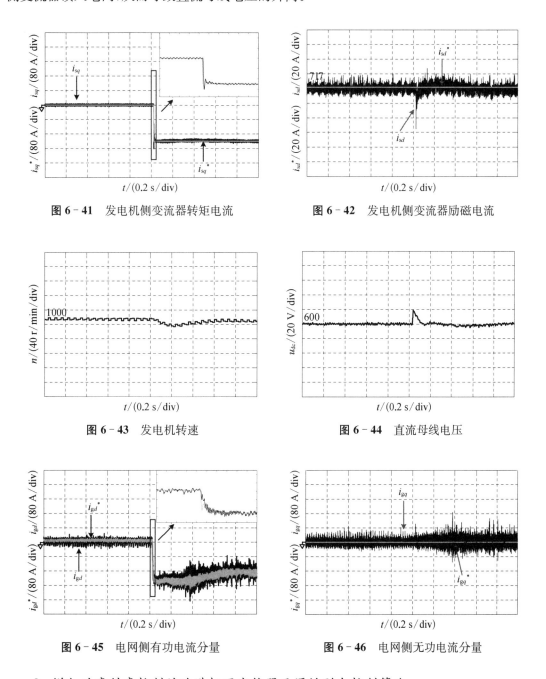

图 6-41　发电机侧变流器转矩电流　　　　　图 6-42　发电机侧变流器励磁电流

图 6-43　发电机转速　　　　　　　　　　图 6-44　直流母线电压

图 6-45　电网侧有功电流分量　　　　　　图 6-46　电网侧无功电流分量

3. 增加功率斜率控制的改进机网变换器无源性联合控制策略

为了进一步改善控制系统的动态性能,降低直流母线电压波动,采用功率斜率控制方法对前述无源性联合控制器进一步改进。将每个开关周期内发电机转矩电流分量的电流给定值变化率限制在 20 A 以内,系统的工作性能如图 6-47～图 6-52 所示。从图 6-50 可见,相同工况下直流母线电压波动可限制在 10 V 之内,较之前改善明显。

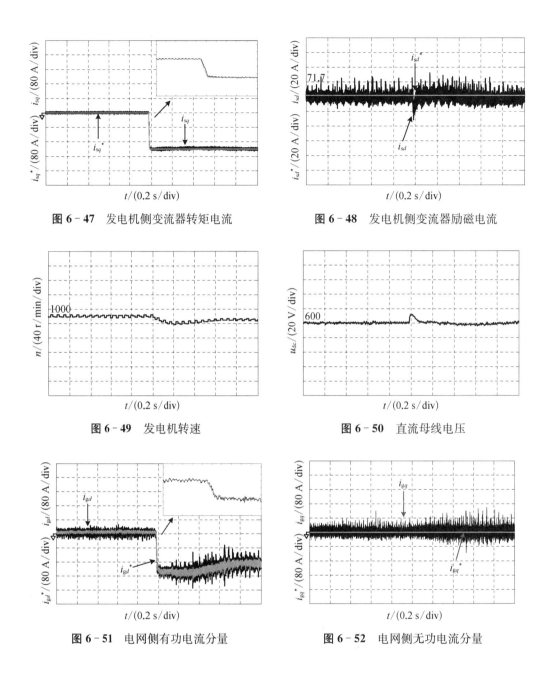

图 6-47 发电机侧变流器转矩电流　　图 6-48 发电机侧变流器励磁电流

图 6-49 发电机转速　　图 6-50 直流母线电压

图 6-51 电网侧有功电流分量　　图 6-52 电网侧无功电流分量

参考文献

[1] 许津铭,谢少军,肖华锋.LCL 滤波器有源阻尼控制机制研究[J].中国电机工程学报,2012,32(9):27-33.

[2] 王晗,彭思敏,张建文,等.LCL 并网逆变器不同电流反馈的控制稳定性研究[J].太阳能学报,2014,35(8):22.

[3] 韩刚,蔡旭.LCL 并网变流器反馈阻尼控制方法的研究[J].电力系统保护与控制,2014,42(17):72-78.

［4］王海松,王晗,张建文,等.LCL 型并网逆变器的分裂电容无源阻尼控制［J］.电网技术,2014,38(4)：895-902.

［5］韩刚,蔡旭,王晗,等.基于 LCL 滤波的 PWM 整流器稳定性控制的研究［J］.电力电子技术,2011,45(6)：79-81.

［6］王晗,窦真兰,张建文,等.基于 LCL 的风电并网逆变器无传感器控制.电工技术学报,2013,28(1)：188-194.

［7］Zhang J W, Wang H S, Wang H, et al. Backup control of wind power generation system based on voltage-sensorless and LCL active damping scheme［J］. Wind Engineering, 2015, 39(1)：65-82.

［8］Lee T-S. Lagrangian modeling and passivity-based control of three-phase AC/DC voltage-source converters［J］. IEEE Transactions on Industrial Electronics, 2004, 51(4)：892-902.

［9］Ortega R. Passivity-based control of Euler-Lagrange systems：Mechanical, electrical and electromechanical applications［M］. Berlin：Springer, 1998.

［10］王鹏,王海松,张建文,等.基于无源性理论的风电联合控制器设计［J］.电工技术学报,2014,29(11)：201-209.

［11］Wang P, Wang H, Cai X, et al. Passivity-based robust controller design for a variable speed wind energy conversion system［J］. Turkish Journal of Electrical Engineering & Computer Sciences, 2016, 24：558-570.

［12］Shen T, Ortega R, Lu Q, et al. Adaptive L2 disturbance attenuation of Hamiltonian systems with parametric perturbation and application to power systems［J］. Asian Journal of Control, 2003, 5(1)：143-152.

［13］Wang Y, Cheng D, Li C, et al. Dissipative Hamiltonian realization and energy-based L2-disturbance attenuation control of multimachine power systems［J］. IEEE Transactions on Automatic Control, 2003, 48(8)：1428-1433.

［14］Zhao J, Hill D J. On stability, L2-gain and H∞ control for switched systems［J］. Automatica, 2008, 44(5)：1220-1232.

第7章

风电变流器的电网故障穿越与不间断运行

随着风电并网比例的不断提高,风电机组对电网的影响日益严重。为减小风电高比例接入对电网的不利影响,对风电机组的基本要求是风电机组在电网故障时不脱网,具有一定的故障穿越能力;进一步希望风电机组在电网故障期间能够不间断运行,给电网提供较强的无功支撑甚至必要的持续发电能力。这些能力与变流器直接关联,也是工作的重点。

双馈风力发电机组由于其定子侧直接与电网相连,相对于全功率风电机组,电网发生故障对机组的影响较为严重,因此双馈机组故障穿越时的情况更为复杂。因此本章以双馈风电机组为例,深入探讨风电变流器的电网故障穿越与不间断运行控制技术。

7.1 电网故障下双馈感应电机的暂态特性

在双馈感应电机遭受机端电压故障期间,了解转子电流是如何被双馈电机参数或变量影响的非常必要。由于故障穿越期间,双馈电机转子故障电流的大小反映了双馈风电机组的故障穿越能力,而转子开路电压又是影响转子电流的关键因素,因此,在双馈感应发电机定子端电压故障情况下,了解转子开路电压和转子电流的暂态变化规律非常重要[1-4]。

7.1.1 对称电压跌落时的转子开路电压

设定子侧采用发电机惯例,转子侧采用电动机惯例。故障前的定子磁链为稳态值,其大小与电网电压有关,定子磁链方程为

$$\psi_{s} = \frac{u_{m}}{j\omega_{s}} e^{j\omega_{s}t} \tag{7-1}$$

根据双馈发电机电压方程及磁链方程,可得转子开路电压方程:

$$u_{ro}^{r} = \frac{L_{m}}{L_{s}} \left(u_{s}^{r} - \frac{R_{s}}{L_{s}} \psi_{s}^{r} - j\omega_{r} \psi_{s}^{r} \right) \tag{7-2}$$

当转子接变流器时,且转子非开路状态,根据转子电流动态方程可得

$$u_{\mathrm{r}}^{\mathrm{r}} = \left(R'_{\mathrm{r}} + \sigma L_{\mathrm{r}}\frac{\mathrm{d}}{\mathrm{d}t}\right)i_{\mathrm{r}}^{\mathrm{r}} + u_{\mathrm{ro}}^{\mathrm{r}} \tag{7-3}$$

式中,R_{s}、R_{r} 为定子电阻和转子电阻,L_{s}、L_{r}、L_{m} 为定子漏抗、转子漏抗和励磁电抗,i_{r} 为转子电流,u_{s} 为转子电压,ψ_{s}、ψ_{r} 为定子磁链和转子磁链,上标 r 代表转子坐标系下。

由式(7-3)可以得到转子侧变换器的等效电路电路示意图,如图 7-1 所示,当转子参数 L_{r}、R_{r} 为确定值时,转子电流由转子开路电压和转子侧变换器(RSC)输出电压共同决定,其中 RSC 的输出电压在转子侧变换器容量范围内是可控的。

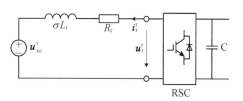

图 7-1 转子侧变换器等效电路示意图

设故障发生前电网电压矢量为

$$u_{\mathrm{s}}^{\mathrm{s}} = u_{\mathrm{m}}\mathrm{e}^{\mathrm{j}\omega_{\mathrm{s}}t} \tag{7-4}$$

设 $t=0$ 时刻电网发生三相对称故障,故障电压的标幺值为 h($0.2 \leqslant h \leqslant 1.3$)。当 h 小于 1 时表示电网发生低电压故障,大于 1 时表示发生了高电压故障,则故障后电网电压矢量为

$$u_{\mathrm{s}}^{\mathrm{s}} = u_{\mathrm{m}}h\mathrm{e}^{\mathrm{j}\omega_{\mathrm{s}}t} \tag{7-5}$$

故障后的定子磁链可分为稳态磁链和暂态磁链两部分,其中稳态磁链与故障后电网电压有关,其表达式为

$$\psi_{\mathrm{sf}}(t>0) = \frac{u_{\mathrm{m}}h}{\mathrm{j}\omega_{\mathrm{s}}}\mathrm{e}^{\mathrm{j}\omega_{\mathrm{s}}t} \tag{7-6}$$

为保持磁链的连续性,故障瞬间必然感应出暂态磁链 ψ_{sn},暂态磁链按指数规律衰减,可以表示为

$$\psi_{\mathrm{sn}}(t \geqslant 0) = \frac{u_{\mathrm{m}}(1-h)}{\mathrm{j}\omega_{\mathrm{s}}}\mathrm{e}^{-t/\tau_{\mathrm{s}}} \tag{7-7}$$

式中,$\tau_{\mathrm{s}} = L_{\mathrm{s}}/R_{\mathrm{s}}$ 为定子时间常数。

综上,定子磁链可表示为

$$\psi_{\mathrm{s}}(t \geqslant 0) = \frac{u_{\mathrm{m}}h}{\mathrm{j}\omega_{\mathrm{s}}}\mathrm{e}^{\mathrm{j}\omega_{\mathrm{s}}t} + \frac{u_{\mathrm{m}}(1-h)}{\mathrm{j}\omega_{\mathrm{s}}}\mathrm{e}^{-t/\tau_{\mathrm{s}}} \tag{7-8}$$

将定子磁链转换到转子坐标系下其表达式为

$$\psi_{\mathrm{s}}^{\mathrm{r}}(t \geqslant 0) = \frac{u_{\mathrm{m}}h}{(1/\tau_{\mathrm{s}}) + \mathrm{j}\omega_{\mathrm{s}}}\mathrm{e}^{\mathrm{j}\omega_{\mathrm{s}}t} + \frac{u_{\mathrm{m}}(1-h)\mathrm{e}^{\mathrm{j}\omega_{\mathrm{s}}t_0}}{(1/\tau_{\mathrm{s}}) + \mathrm{j}\omega_{\mathrm{s}}}\mathrm{e}^{-(1/\tau_{\mathrm{s}} + \mathrm{j}\omega_{\mathrm{r}})(t-t_0)} \tag{7-9}$$

代入式(7-2)可得转子开路电压为

$$u_{\mathrm{ro}}^{\mathrm{r}'} = \frac{L_{\mathrm{m}}}{L_{\mathrm{s}}} u_{\mathrm{m}} s h\, \mathrm{e}^{\mathrm{j}s\omega_{\mathrm{s}}t} - \frac{L_{\mathrm{m}}}{L_{\mathrm{s}}}(1-s)(1-h)\mathrm{e}^{-(\mathrm{j}\omega_{\mathrm{r}}t + t/\tau_{\mathrm{s}})} \tag{7-10}$$

由式(7-10)可知,当双馈电机超同步运行时,在定子电压 a 相峰值时刻跌落时,转子开路电压达到最大值;而在次同步运行时,转子开路电压最大值出现在故障发生后的半个周期时刻;而对于定子电压升高的故障,转子开路电压最大值的出现时刻刚好与上述情况相反。

正常运行时转子开路电压 $u_{\mathrm{ro}}^{\mathrm{r}}$ 为与电网电压相关的正常工作值,转子侧变换器能够提供控制电压 $u_{\mathrm{r}}^{\mathrm{r}}$ 以控制转子电流,进而通过双馈感应电机定、转子耦合关系控制定子的功率输出。当电网发生三相电压故障时,双馈感应电机的转子侧感应出过电压 $u_{\mathrm{ro}}^{\mathrm{r}}$,其数值大大超出了正常工况下的转子开路电压。由于转子侧变换器容量较小,无法提供与之匹配的控制电压 $u_{\mathrm{r}}^{\mathrm{r}}$,从而使转子回路感应出过电流,威胁转子侧变换器的安全;此外,导致转子侧变换器失控,多余能量馈入直流母线,造成直流母线电压 U_{dc} 骤增,威胁母线电容器的安全。

7.1.2　对称电压跌落时的转子电流

故障后的转子电流主要由三个独立的电源决定:转子开路电压的强迫分量、转子开路电压的自由分量和转子侧变换器的输出电压[5-8]。

故障后的转子电流的动态方程为

$$\sigma L_{\mathrm{r}} \frac{\mathrm{d}\boldsymbol{i}_{\mathrm{r}}^{\mathrm{r}}}{\mathrm{d}t} = -R_{\mathrm{r}}\boldsymbol{i}_{\mathrm{r}}^{\mathrm{r}} - \boldsymbol{u}_{\mathrm{rof}}^{\mathrm{r}} - \boldsymbol{u}_{\mathrm{ron}}^{\mathrm{r}} + \boldsymbol{u}_{\mathrm{r}}^{\mathrm{r}} \tag{7-11}$$

可求出故障后的转子电流解析表达式,其由两部分组成,即

$$\boldsymbol{i}_{\mathrm{r}}^{\mathrm{r}}(t \geqslant t_{0+}) = \boldsymbol{i}_{\mathrm{r}}^{\mathrm{r}'} + \boldsymbol{i}_{\mathrm{r}}^{\mathrm{r}''} \tag{7-12}$$

式中,$\boldsymbol{i}_{\mathrm{r}}^{\mathrm{r}'}$ 为交流分量;$\boldsymbol{i}_{\mathrm{r}}^{\mathrm{r}''}$ 直流分量,其确保流过转子回路的电流变化的连续性,按指数函数的规律衰减。

为了方便求解,考虑 $\boldsymbol{u}_{\mathrm{r}}^{\mathrm{r}}$、$\boldsymbol{u}_{\mathrm{rof}}^{\mathrm{r}}$ 和 $\boldsymbol{u}_{\mathrm{ron}}^{\mathrm{r}}$ 为三个独立的电压源,根据叠加定理的原则,故障期间的等效电路可由图7-2(a)、图7-2(b)和图7-2(c)叠加而成,于是故障后的交流分量可由下式确定:

$$\boldsymbol{i}_{\mathrm{r}}^{\mathrm{r}'} = \boldsymbol{i}_{\mathrm{rv}}^{\mathrm{r}} + \boldsymbol{i}_{\mathrm{rf}}^{\mathrm{r}} + \boldsymbol{i}_{\mathrm{rn}}^{\mathrm{r}} \tag{7-13}$$

式中,$\boldsymbol{i}_{\mathrm{rv}}^{\mathrm{r}}$、$\boldsymbol{i}_{\mathrm{rf}}^{\mathrm{r}}$ 和 $\boldsymbol{i}_{\mathrm{rn}}^{\mathrm{r}}$ 分别由 $\boldsymbol{u}_{\mathrm{r}}^{\mathrm{r}}$、$\boldsymbol{u}_{\mathrm{rof}}^{\mathrm{r}}$ 和 $\boldsymbol{u}_{\mathrm{ron}}^{\mathrm{r}}$ 产生。需注意的是,这三个电流分量的电角频率并不相同,分别是 $s\omega_{\mathrm{s}}$,$s\omega_{\mathrm{s}}$ 和 ω_{r}。

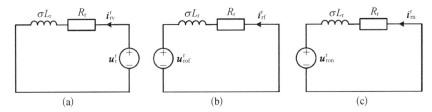

图7-2　双馈电机对称电压故障期间转子等效电路

根据图 7-2(a)可求出由转子侧变换器的输出电压所引起的转子电流分量为

$$\boldsymbol{i}_{\text{rv}}^{\text{r}} = \frac{\boldsymbol{u}_{\text{r}}^{\text{r}}}{R_{\text{r}} + \text{j}s\omega_1\sigma L_{\text{r}}} \qquad (7-14)$$

设转子侧变换器施加于转子绕组上的电压在故障后幅值变为 U_{rp}，不考虑相角变化：

$$\boldsymbol{i}_{\text{rv}}^{\text{r}} = \frac{U_{\text{rp}}}{R_{\text{r}} + \text{j}s\omega_1\sigma L_{\text{r}}} \text{e}^{\text{j}s\omega_s t} \qquad (7-15)$$

根据图 7-2(b)，可求出由转子开路电压的强迫分量引起的转子电流分量为

$$\boldsymbol{i}_{\text{rf}}^{\text{r}} = -\frac{\boldsymbol{u}_{\text{rof}}^{\text{r}}}{R_{\text{r}} + \text{j}s\omega_1\sigma L_{\text{r}}} \qquad (7-16)$$

将式(7-16)转换到转子坐标系下，并代入式(7-10)，上式可改写为

$$\boldsymbol{i}_{\text{rf}}^{\text{r}} = -\frac{k_s s(1-h)U_s}{R_{\text{r}} + \text{j}s\omega_1\sigma L_{\text{r}}} \text{e}^{\text{j}s\omega_s t} \qquad (7-17)$$

需要特别注意的是，由式(7-10)可知，转子开路电压的自然分量不是一个真正意义上的直流量。实际上，它是一个以转子转速逆时针旋转，幅值以时间常数 τ_s 按指数规律衰减的空间矢量。因此，其在转子回路中产生的电流是一个以转子转速旋转，幅值以时间常数 τ_r 按指数函数衰减的空间矢量[9-10]。可以求出此时的转子电流分量为

$$\boldsymbol{i}_{\text{rn}}^{\text{r}} = -\frac{\boldsymbol{u}_{\text{ron}}^{\text{r}}}{R_{\text{r}} - \text{j}\omega_{\text{r}}\sigma L_{\text{r}}} \text{e}^{-t/\tau_{\text{r}}} \qquad (7-18)$$

式中，τ_r 为转子瞬态时间常数，其等于 $\sigma L_{\text{r}}/R_{\text{r}}$。将式(7-10)转换至转子坐标系下，然后代入式(7-18)，可得

$$\boldsymbol{i}_{\text{rn}}^{\text{r}} = \frac{k_s(1-s)hU_s}{R_{\text{r}} - \text{j}\omega_{\text{r}}\sigma L_{\text{r}}} \text{e}^{-\text{j}\omega_r t} \text{e}^{-t/\tau} \qquad (7-19)$$

式中，τ 定义为

$$\tau = \frac{\tau_s\tau_r}{\tau_s + \tau_r} \qquad (7-20)$$

把式(7-15)、式(7-17)和式(7-19)加起来，可得到转子电流稳态分量的解析式为

$$\boldsymbol{i}_{\text{r}}^{\text{r}'} = \frac{U_{\text{rp}} - k_s s(1-h)U_s}{R_{\text{r}} + \text{j}\omega_1\sigma L_{\text{r}}} \text{e}^{\text{j}s\omega_s t} + \frac{k_s(1-s)hU_s}{R_{\text{r}} - \text{j}\omega_r\sigma L_{\text{r}}} \text{e}^{-\text{j}\omega_r t} \text{e}^{-t/\tau} \qquad (7-21)$$

而转子故障电流的直流分量则是以时间常数 τ_r 随指数函数衰减的，其可由下式确定：

$$\boldsymbol{i}_{\text{r}}^{\text{r}''} = [\boldsymbol{i}_{\text{r}}^{\text{r}}(t_{0+}) - \boldsymbol{i}_{\text{r}}^{\text{r}'}(t_{0+})]\text{e}^{-t/\tau_{\text{r}}} \qquad (7-22)$$

由于电流流过电感时，其不能突变，于是有

$$\boldsymbol{i}_{\mathrm{r}}^{\mathrm{r}}(t_{0-}) = \boldsymbol{i}_{\mathrm{r}}^{\mathrm{r}}(t_{0+}) \tag{7-23}$$

可得到转子电流在对称电压跌落期间的表达式,其为

$$\boldsymbol{i}_{\mathrm{r}}^{\mathrm{r}}(t \geqslant t_{0+}) = \frac{U_{\mathrm{rp}} - k_{\mathrm{s}}s(1-h)U_{\mathrm{s}}}{R_{\mathrm{r}} + \mathrm{j}s\omega_1\sigma L_{\mathrm{r}}}\mathrm{e}^{\mathrm{j}s\omega_1 t} + \frac{k_{\mathrm{s}}(1-s)hU_{\mathrm{s}}}{R_{\mathrm{r}} - \mathrm{j}\omega_{\mathrm{r}}\sigma L_{\mathrm{r}}}\mathrm{e}^{-\mathrm{j}\omega_{\mathrm{r}} t}\mathrm{e}^{-t/\tau}$$

$$+ \left(\frac{U_{\mathrm{r}} - U_{\mathrm{rp}} - k_{\mathrm{s}}shU_{\mathrm{s}}}{R_{\mathrm{r}} + \mathrm{j}s\omega_1\sigma L_{\mathrm{r}}} - \frac{k_{\mathrm{s}}(1-s)hU_{\mathrm{s}}}{R_{\mathrm{r}} - \mathrm{j}\omega_{\mathrm{r}}\sigma L_{\mathrm{r}}}\right)\mathrm{e}^{-t/\tau_{\mathrm{r}}} \tag{7-24}$$

可见,当机端遭受对称电压跌落时,转子故障电流中包含三种电流分量:稳定的交流分量,其频率为 $s\omega_1$;衰减的交流分量,其频率为 ω_{r},幅值以时间常数 τ 按指数规律衰减;衰减的直流分量,以时间常数 τ_{r} 按指数函数衰减。转子故障电流不仅与转子绕组参数、定子绕组参数有关,也与电压跌落的幅度、滑差、转子侧变换器输出电压密切相关[11-12]。

7.1.3 仿真验证

为了简单起见,将升压变压器至电网侧统一等效为一电源,所有的电压故障均在双馈感应电机出口模拟,双馈感应电机运行在转速控制模式下,转子侧变换器由一个电压源代替。故障发生时间 $t_0 = 0.4\ \mathrm{s}$,即 a 相电压峰值时刻,故障发生后,转子绕组被短路。对称电压跌落的波形如图 7-4 所示。

图 7-3~图 7-7 分别给出的是对称电压故障时,不同电压跌落程度和不同转速下的转子电流在转子坐标系下的 $\alpha\beta$ 轴分量波形。从图中可以看出,通过给出的转子故障电流表达式计算的结果与仿真结果基本一致,较好的再现了故障期间转子电流的暂态特性。

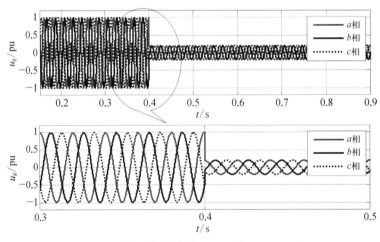

图 7-3 转子电流波形($h = 80\%$,$s = -0.2$)

比较图 7-3 和图 7-5,可以看出,电压跌落幅度主要影响转子电流最大值,而转差对转子电流振荡频率起决定性作用。

图 7-7 所示的是双馈风电机组机端电压聚升 20% 时的转子电流在转子坐标系下的 $\alpha\beta$ 轴分量波形,从图中可以看出,尽管电压聚升幅度不高,但转子故障电流最大值已超过六倍额定值,需注意的是,由于电压的升高,稳态转子电流也很高。图 7-8 和图 7-9 分别为不对

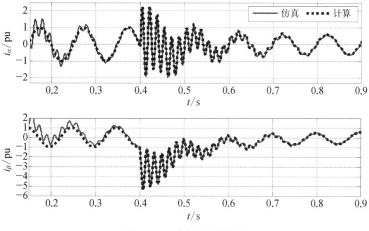

图 7 - 4　定子电压波形

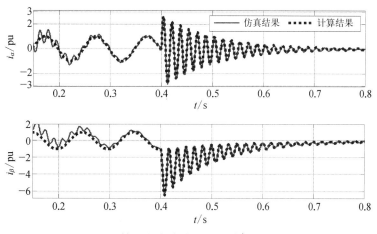

图 7 - 5　转子电流波形($h=100\%$，$s=-0.2$)

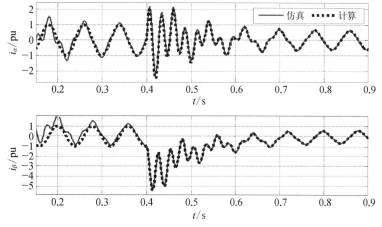

图 7 - 6　转子电流波形($h=80\%$，$s=0.25$)

称电压故障条件下的转子电流波形仿真和计算结果的比较示意图。可见,转子电流表达式计算的结果可以较好地再现不对称电压故障时转子电流的瞬态特性。

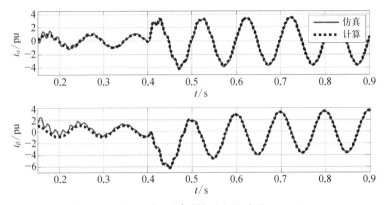

图 7‑7   电压聚升 20% 时转子电流波形($s=-0.2$)

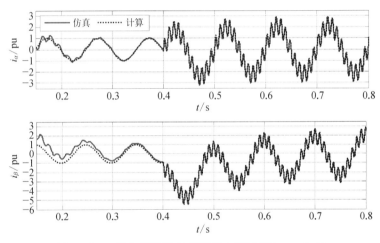

图 7‑8 a 相电压跌落 80% 转子电流波形($s=-0.2$)

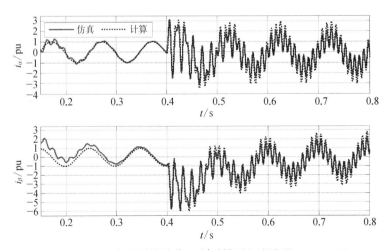

图 7‑9 b、c 相电压均跌落 80% 时转子电流波形($s=-0.2$)

双馈电机机端故障时的转子电流表达式能否准确反映转子电流瞬态特性与故障时间、故障类型、故障前运行状态以及电机参数都有一定的关系。由于在分析转子电流的过程中，存在着不同程度的假设，比如有时忽略了定子电阻，所以该参数对转子电流技术结果影响较大。总的来看，机端故障时的转子电流表达式能够与仿真分析结果较好地吻合。

7.2　电网故障穿越

所谓的故障穿越是指风电机组能够成功穿越一定时间段内的一定程度的电网电压故障，保持风电机组在故障期间不脱网运行，避免大量机组脱网给电网安全带来负面影响甚至电网崩溃的危险。

风电机组的电网故障穿越包括电网低电压故障穿越和电网高电压故障穿越，两种情况下，风电机组均需要采取额外保护措施，确保故障发生后机组不脱网穿越电网故障，当故障消失后，机组快速恢复正常运行，并且在故障期间要求风电机组给电网提供必要的无功功率支撑。

7.2.1　国外电压故障穿越相关规范

1. 低电压故障穿越规范

2003 年，德国的电网运营商 E.ON 率先引入新的风电并网接入规范，要求风电机组具有低电压穿越的能力[3-4]。随后，欧洲其他国家和电力系统运营商相继提出了自己的电网导则。

在低电压穿越要求中，德国 E.ON 公司的标准影响最大，从 2003 年制定第一版开始，经过不断更新和完善，最新版本规定的低电压穿越要求更为严格，其穿越曲线如图 7 - 10 所示。由图 7 - 10 中可见，在公共接入点电压降低到零时，风电机组在 0～150 ms 内不准跳闸；如果电压在 1.5 s 内恢复到 0.9 pu 时，风电机组必须保持并网运行；在故障持续时间或电

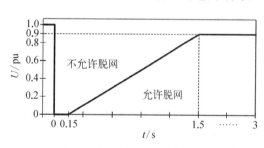

图 7 - 10　德国 E.ON 电网低电压穿越标准

网电压跌落水平超出规定值时，允许风机切除。大多数国家所颁布的风电低电压穿越标准曲线与图 7 - 10 类似，而要求的电压跌落水平和故障持续时间则有所不同。部分国家颁布的电压降落水平标准和故障持续时间标准列于表 7 - 1。

表 7 - 1　世界各国低电压穿越规范

国　　　家	电压降落水平	故障持续时间/s
澳大利亚	100%	0.12
英　　国	85%	0.14
美　　国	85%	0.625
丹　　麦	80%	0.5

低电压穿越电压曲线是并网导则对风机低电压穿越最基本的要求。在风电装机比例较高的澳大利亚、德国、丹麦等国家,并网规范除了要求风机低电压下不脱网以外,还提出了较高的电网功率支撑要求,包括故障期间的感性无功功率支撑要求和电网故障恢复时的有功功率恢复速度要求等。其中,故障期间的感性无功支撑对电网电压恢复起到十分关键的作用。注入无功电流以支撑电网电压恢复,量化的规定是当电网电压跌落至 0.5 pu 以下时,风电机组能够在 20 ms 内向电网提供 1 pu 的无功电流。

可见,最新的并网导则对动态无功电流的要求较为严格,对于最严重的 80% 电压跌落,风电场需要提供 1.05 pu 的无功电流,如果不充分发挥风电机组本身能力,仅依靠风电场装设的无功补偿设备难以满足并网导则要求。

2. 高电压故障穿越规范

与低电平故障穿越相对应的是高电压故障穿越,引起电网电压骤升的原因主要包括无功补偿设备设置不合理、无功补偿过度等。同样风电并网导则也要求风电机组必须具备高电压故障穿越的能力。

德国 E.ON 公司的风电并网准则已对风电机组的高电压穿越能力提出要求,在电网电压升至 1.2 pu 时,风电机组能保持长期不脱网运行,并要求高电压情况下风电机组需要吸收一定量的无功功率,且无功电流与电网电压的变化率之比为 2 : 1,这实际上体现了高电压故障穿越时电网对风电机组无功补偿控制的要求。

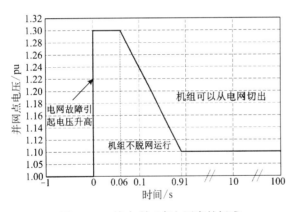

图 7-11   澳大利亚高电压穿越标准

澳大利亚率先制定了真正意义上的风电场并网高电压穿越准则,如图 7-11 所示。当电网电压骤升至额定电压的 130% 时,风电机组应维持 60 ms 不脱网,并提供足够大的故障恢复电流,但标准中没有提出对于吸收无功功率的要求。德国、澳大利亚、丹麦、西班牙和美国也对风力发电机组高电压穿越的能力提出要求。其中德国和丹麦的要求是在电压升至 1.2 pu 时,机组不脱网运行 0.1 s,而美国要求机组不脱网运行 1 s。在澳大利用和西班牙,电压升至 1.3 pu 时,要求机组不间断运行的时间分别是 0.06 s 和 0.25 s。

一些发达国家已经对风机的高电压穿越能力提出了明确的要求,要求风机并网点电压骤升时,风机能够继续保持不脱网运行,并提供足够的功率支撑电网电压恢复。与低电压穿越类似,一些国家颁布的电压升高水平标准和故障持续时间标准列于表 7-2。

表 7-2   世界各国高电压穿越规范

国　　家	电压升高水平	故障持续时间/s
澳大利亚	130%	0.06
德国 E.ON	130%	0.10

国　　家	电压升高水平	故障持续时间/s
美国 WECC	120%	1.00
丹　麦	120%	0.1

各国根据自身风力发电比重与电网结构制定高电压穿越规范。从运行时间的要求来看,美国 WECC 的标准较为严格,持续时间达到 1.00 s,需要风电厂商进行足够的技术升级以满足新的并网准则。

7.2.2　中国故障电压穿越相关规范

中国国家标准 GB/T‐36995‐2018《风力发电机组故障电压穿越能力测试规程》的规定如图 7‐12 所示。图 7‐12 中曲线 1 为低电压故障限制曲线,曲线 2 为高电压故障限制曲线,当风电机组并网点电压处于曲线 1 及以上和曲线 2 及以下的中间曲线时,要求风电机组不脱网连续运行;当风电机组并网点电压处于曲线 1 以下或曲线 2 以上区域时,风电机组可以从电网切出。

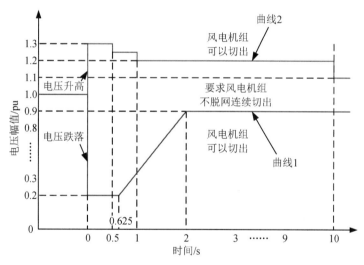

图 7‐12　中国风电机组电压穿越曲线

风电机组故障电压穿越包括低电压穿越和高电压穿越,具体要求如下所示。

1) 低电压穿越要求,风电机组应具有图 7‐12 中曲线 1 规定的电压‐时间范围内不脱网连续运行的能力。要求:① 有功功率恢复:对电压跌落期间没有脱网的风电机组,自电网电压恢复正常时刻开始,有功功率应以至少 $10\%P_n/s$ 的功率变化率恢复至实际风况对应的输出功率;② 动态无功支撑能力:当风电机组并网点发生三相对称电压跌落时,风电机组应自电压跌落出现的时刻起快速响应,通过注入容性无功功率支撑电压恢复。具体要求如下:

自并网点电压跌落出现的时刻起,动态容性无功功率控制的响应时间不大于 75 ms,且在电压故障期间持续注入容性无功电流;

风电机组提供的动态容性无功电流应满足式(7-28)的要求：

$$I_T \geqslant 1.5 \times (0.9 - U_T)I_N, \quad (0.2 \leqslant U_T \leqslant 0.9) \tag{7-25}$$

当风电机组并网点发生三相不对称电压跌落时,风电机组宜注入容性无功电流支撑电压恢复。

2) 高电压穿越要求,风电机组应具有图7-12中曲线2规定的电压—时间范围内不脱网连续运行的能力。要求：① 有功功率输出：没有脱网的风电机组,在电压升高时刻及电压恢复正常时刻,有功功率波动幅值应在$\pm 50\% P_n$范围内,且波动幅值应大于零,波动时间不大于80 ms;在电压升高期间,输出有功功率波动幅值应在$\pm 5\% P_n$范围内;电压恢复正常后,输出功率应在实际风况对应的输出功率。② 动态无功支撑能力：当风电机组并网点发生三相对称电压升高时,风电机组应自电压升高出现的时刻起快速响应,通过注入感性无功功率支撑电压恢复。具体要求：

自并网点电压升高出现的时刻起,动态感性无功功率控制的响应时间不大于40 ms,且在电压故障期间持续注入感性无功电流;

风电机组提供的动态感性无功电流应满足式(7-29)的要求：

$$I_T \geqslant 1.5 \times (U_T - 1.1)I_N, \quad (1.1 \leqslant U_T \leqslant 1.3) \tag{7-26}$$

当机组并网点发生三相不对称电压升高时,风电机组宜注入感性无功电流支撑电压恢复。

7.2.3 低电压穿越保护方案

风电机组是否能够遵守新的电网导则在很大程度上与现代风力发电技术的发展及其自身特点有关。任何结构的风电机组都面临着故障穿越能力所带来的挑战。然而,不同的机组类型,其故障穿越能力不尽相同。在众多风力发电拓扑结构中,双馈机组故障穿越能力最具挑战性。这是因为在双馈机组中,双馈发电机的定子绕组直接接入电网,其对电网故障尤其是电压故障特别敏感;同时,其故障穿越能力也受其转子侧功率变换器额定容量和电流控制能力的限制[13-14],因此,双馈机组的故障穿越相对于全功率变换的风电机组要复杂得多,本章以双馈风电机组为例,阐述风电机组的电网故障穿越问题。

当双馈风电机组接入的电力系统发生短路故障时,将会引起双馈感应电机定子端电压跌落。从电磁耦合的角度考虑,这个电压跌落将首先导致电机定子电流的增加,由于磁链瞬间不能突变的特点,定子磁链中将感应出直流分量,如果是不对称故障,还将存在负序分量,其切割转子绕组会产生较大的反感应电动势,导致转子电流振荡,其幅值可达到额定值的4~10倍。从能量守恒的角度出发,在电网电压突然跌落期间,由于风速不会发生大的变化,可以认为故障期间风力机捕获的风能基本恒定,待其转化成电能后由于电网电压较低而不能把电能全部输送到电网,这个能量不平衡将首先导致机组转速增加,使得流经转子侧变换器的转差功率增加,进而导致转子电流增加。转子故障电流流进背靠背功率变换器时,给直流侧电容器充电,导致直流母线电压增加。如果不及时采取有效措施的话,转子过电流将破坏转子侧功率变换器,而直流侧过电压将造成变换器直流母线的破坏。同时,定转子电流的大幅波动也会造成双馈风电机组电磁转矩的剧烈震动,对系统机械部分产生较大的应力冲击。

针对以上问题,科研人员近几年作了大量的工作,从不同角度,改善和提出了各种不同的方法和措施来加强双馈风电机组的故障穿越能力[15-16]。总的来讲,双馈风电机组故障穿越技术路线大体上可以分为如下三大类。

1) 基于控制算法的故障穿越方案,此类方法的落脚点是不增加额外的设备,在机组已有设备的基础上通过改进控制策略,提升机组故障穿越能力的方案。比如改善和设计特定的控制策略、调整功率变换器功能等。该类方法通常不需要额外的硬件电路,具有成本低,机组结构简单的特点,但其控制往往比较复杂,其性能比如鲁棒性很大程度上依赖于系统一定的参数评估和控制参数的合适设计。因此,其改善机组故障穿越性能的能力受到一定的限制,仅适用于电压跌落不太严重的情况。

2) 基于附加电路的故障穿越方案,这种方法通常利用额外的硬件电路,针对机组变量本身,比如定子电压和电流,更多的是针对转子电流本身,而进行的一种故障穿越技术。该方法较适合电压跌落严重的情况。但该方法存在的问题:任何保护电路本身对于双馈机组和电力系统来说都是一种扰动;额外的硬件电路的使用将导致系统结构更加复杂、成本更高、维护更难。

3) 结合或协调的故障穿越方案,该类方法是针对上述两种故障穿越措施的优缺点,充分利用机组已有设备,尽可能地不用或少用额外的附加设备,和更简单的控制策略相结合的一种方法。该类方法有希望成为故障穿越技术发展的趋势,值得深入研究和探讨。

典型的协调故障穿越技术是 Crowbar 保护技术和直流侧卸荷电路的相结合的故障穿越技术[17-18]。该技术使双馈风电系统不需增加转子侧变换器容量,又能保证直流侧母线电压的稳定,是目前双馈电机故障穿越最成熟的一种技术。

基于交流侧 Crowbar 和直流侧卸荷的双馈风电机组的故障穿越保护原理框图如图 7 - 13 所示。如图 7 - 13 所示,当电网电压小幅跌落时,通过优化控制策略可使机组穿越故障而无需 Crowbar 动作,但可能会引发直流母线电压升高,此时直流侧卸荷电路动作限制其尖峰电压。当电网电压大幅跌落时,控制策略可快速封锁转子侧变换器脉冲并立即投入 Crowbar,从而快速衰减故障瞬间产生的暂态电流。经过一段时间后(通常是 $60 \sim 120 \text{ ms}$),转子侧电流衰减至低于晶闸管的维持电流,Crowbar 自动切除,此时重新开启转子侧变换器恢复对双馈发电机的控制,一直到电网恢复。

可见,交流侧 Crowbar 电路的主要作用有两点:一是用 Crowbar 来限制浪涌电流,保护变换器;二是限制转子电压过大,以防止对电机的绝缘产生威胁。而直流侧卸荷电路的作用是限制直流母线电压在允许范围内。

然而该方案的存在一些不利的因素,首先,Crowbar 电路的投入相当于在双馈电机的转子侧变换器接入了大电阻,此时双馈发电机变为一台感应发电机,而电机的运行需要大量的无功功率,这样不利于电网故障的恢复,甚至造成更加恶化的情况;此外,在 Crowbar 电路的投入和切除过程中产生的瞬态电流引起电机较大的电磁振荡。尤其是当 DFIG 工作在亚同步状态下,会出现反向转矩,当 Crowbar 电路切除时,转矩将再一次反向变化,导致电机轴系上出现振荡的电磁转矩和方向变化的平均转矩,从而对电机轴系产生致命破坏。

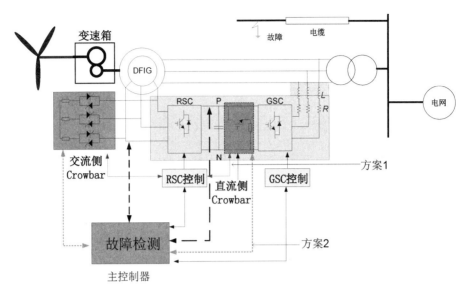

图 7 - 13 基于交流侧 Crowbar 和直流侧卸荷的双馈风电机组故障穿越保护原理图

因此,在图 7 - 13 所示的控制策略中,关键的技术包括两点:一是如何快速检测电网电压的跌落,以准确判断电网故障的发生;二是如何合理选取 Crowbar 电路中旁路电阻值。

1. 电压跌落快速检测技术

锁相环和电压跌落检测算法是决定变流器响应速度的两个关键因素,而电网电压畸变、跌落过程中发生的相位跳变和电压不平衡常常制约了锁相环和检测算法的快速性。该方法结合最小方差(least error squares,LES)滤波器和改进对称分量法设计了新型软件锁相环和新型电压跌落检测算法,与传统的锁相环和电压跌落检测方法相比,新型的软件锁相环及电压跌落检测算法能实现电压相位的快速跟踪,准确分离出基波和谐波中的正负序分量,及时判断出电压跌落深度,相比于传统的算法在动态响应和稳定精度上进一步实现了优化。

(1) 基本原理

以 a 相为例,发生畸变条件下的电网电压:

$$u_a(t) = \sum_{n=1}^{\infty} U_{an} \sin(n\omega_0 t + \theta_{an}) \tag{7 - 27}$$

其中,$u_a(t)$ 代表电网的 A 相电压,n 代表谐波次数,U_{an} 为各次分量对应的电压峰值,ω_0 为基波角频率,θ_{an} 为各次分量的初始角度。

假定电网电压受非线性负载的影响而含有一定量的五次电压谐波,则 A 相电压可表示为

$$\begin{aligned} u_a(t) &= U_{a1}\sin(\omega_0 t + \theta_{a1}) + U_{a5}\sin(5\omega_0 t + \theta_{a5}) \\ &= U_{a1}\cos\theta_{a1}\sin\omega_0 t + U_{a1}\sin\theta_{a1}\cos\omega_0 t + U_{a5}\cos\theta_{a5}\sin 5\omega_0 t + U_{a5}\sin\theta_{a5}\cos 5\omega_0 t \end{aligned}$$
$$\tag{7 - 28}$$

等式中存在 4 个未知量,可根据 $u_a(t)$ 的连续 4 次采样结果联立等式,得 $U_a = AX_a$,即

$$
\begin{bmatrix} u_a(t) \\ u_a(t-\Delta t) \\ u_a(t-2\Delta t) \\ u_a(t-3\Delta t) \end{bmatrix} = \begin{bmatrix} \sin\omega_0 t & \cos\omega_0 t & \sin 5\omega_0 t & \cos 5\omega_0 t \\ \sin\omega_0(t-\Delta t) & \cos\omega_0(t-\Delta t) & \sin 5\omega_0(t-\Delta t) & \cos 5\omega_0(t-\Delta t) \\ \sin\omega_0(t-2\Delta t) & \cos\omega_0(t-2\Delta t) & \sin 5\omega_0(t-2\Delta t) & \cos 5\omega_0(t-2\Delta t) \\ \sin\omega_0(t-3\Delta t) & \cos\omega_0(t-3\Delta t) & \sin 5\omega_0(t-3\Delta t) & \cos 5\omega_0(t-3\Delta t) \end{bmatrix} \begin{bmatrix} U_{a1}\cos\theta_{a1} \\ U_{a1}\sin\theta_{a1} \\ U_{a5}\cos\theta_{a5} \\ U_{a5}\sin\theta_{a5} \end{bmatrix}
$$

$$(7-29)$$

若 A 为对称矩阵,可得 $X_a = A^{-1}U_a$;如果 A 为非对称矩阵,则 $X_a = [A^{\mathrm{T}}A]^{-1}A^{\mathrm{T}}U_a$。通过对 X_a 各个元素进行分析计算,可以得到各次分量的幅值和初始相角。

（2）数字化实现

在离散控制系统中,为节省芯片资源,可以利用合适的常数矩阵降低 LES 滤波器对算法应用的要求。一般电力系统频率允许偏差都在 0.2 Hz 之内,并且对预先设定的矩阵而言,当控制系统采样频率达到 10 kHz 以上时,此时电网发生频率波动时所形成的角度误差对预设矩阵参数的影响可基本忽略。对于 10 kV 以上中压配电网而言,电压的高频谐波含量较少,因此,在设计 LES 滤波器时对高频谐波未加以考虑。根据标准要求,按照 $\omega_0 = 100\pi$ rad/s 的基频来预先设定 A 矩阵的参数,将矩阵 A 以 $t = t_0$ 时刻起的 4 组固定参数作为常数矩阵进行运算,求解可得

$$
X_a = \begin{bmatrix} X_a(1) \\ X_a(2) \\ X_a(3) \\ X_a(4) \end{bmatrix} = \begin{bmatrix} U_{a1}\cos[\omega_0(t-t_0)+\theta_{a1}] \\ U_{a1}\sin[\omega_0(t-t_0)+\theta_{a1}] \\ U_{a5}\cos[5\omega_0(t-t_0)+\theta_{a5}] \\ U_{a5}\sin[5\omega_0(t-t_0)+\theta_{a5}] \end{bmatrix}
$$

$$(7-30)$$

如果 A 矩阵取 $t_0 = 0$ 时刻起的 4 组固定参数点作为常数矩阵,则有

$$
X_a = \begin{bmatrix} X_a(1) \\ X_a(2) \\ X_a(3) \\ X_a(4) \end{bmatrix} = \begin{bmatrix} U_{a1}\cos(\omega_0 t+\theta_{a1}) \\ U_{a1}\sin(\omega_0 t+\theta_{a1}) \\ U_{a5}\cos(5\omega_0 t+\theta_{a5}) \\ U_{a5}\sin(5\omega_0 t+\theta_{a5}) \end{bmatrix}
$$

$$(7-31)$$

计算出 X_a 后,可得各次分量的幅值和瞬时角度:

$$
\begin{cases} U_{a1} = \sqrt{X_a(1)^2 + X_a(2)^2} \\ U_{a5} = \sqrt{X_a(3)^2 + X_a(4)^2} \\ \theta_1 = \omega_0 t + \theta_{a1} = \arctan\left[\dfrac{X_a(2)}{X_a(1)}\right] \\ \theta_5 = 5\omega_0 t + \theta_{a5} = \arctan\left[\dfrac{X_a(4)}{X_a(3)}\right] \end{cases}
$$

$$(7-32)$$

式中,θ_1 和 θ_5 为 A 相电压中基波分量和五次谐波分量的瞬时角度值。

可见,利用 LES 滤波器实时计算 U_{a1}、θ_1 的参数,便可以快速、准确检测电压暂降特征量,如暂降幅值、起止时刻和相位跳变等。此外,利用求解得到的 X_a 矩阵,可还原出电网电

压的基波分量：

$$u_{a1}(t) = X_a(2) \tag{7-33}$$

从矩阵 X_a 可以看出，数字实现后的 LES 滤波器可以将电压信号中的基波和谐波快速提取出来，而且矩阵参数可以预先设定为常数矩阵，不需要在数字系统中进行实时的矩阵运算，减少了原有方法对数字处理的实时性要求。根据 LES 滤波器的输出结果，可以充分利用 X_a 矩阵中的余弦分量 $X_a(1)$ 和 $X_a(3)$ 结合对称分量法来实现正负序的分离。

（3）改进对称分量法

传统瞬时对称分量法的正序、负序和零序分量以复数形式来表示，而采用移相算子进行对称分量变换又会引入延迟，即利用相位超前数据和当前数据进行瞬时对称分量变换，并不是完全根据实际的瞬时值，因此在实际工程应用时，一旦在延迟时间内发生扰动，算法会产生较大误差。

根据对称分量法的原理可知，相量的虚部就是三相电压的瞬时值，只要求出实部就可以确定这些向量。根据数字实现后的 LES 滤波器输出结果可以看出，进行对称分量法运算所需参数可由 X_a 矩阵的参数直接得到，因此基于 LES 滤波器和对称分量法可以实时地获得三相的正序、负序和零序分量瞬时值。

假设三相基波电压 $\dot{u}_{a1}$，$\dot{u}_{b1}$ 和 $\dot{u}_{c1}$ 为

$$\begin{bmatrix} \dot{u}_{a1} \\ \dot{u}_{b1} \\ \dot{u}_{c1} \end{bmatrix} = \begin{bmatrix} X_a(1) + \mathrm{j}X_a(2) \\ X_b(1) + \mathrm{j}X_b(2) \\ X_c(1) + \mathrm{j}X_c(2) \end{bmatrix} \tag{7-34}$$

基于所构造的旋转矢量，经过整理可分别得到三相电量的正序、负序和零序分量的瞬时值为

$$\begin{bmatrix} u_{a1}(+) \\ u_{b1}(+) \\ u_{c1}(+) \end{bmatrix} = \mathrm{Im} \left\{ \frac{1}{3} \begin{bmatrix} 1 & \alpha & \alpha^2 \\ \alpha^2 & 1 & \alpha \\ \alpha & \alpha^2 & 1 \end{bmatrix} \begin{bmatrix} \dot{u}_{a1} \\ \dot{u}_{b1} \\ \dot{u}_{c1} \end{bmatrix} \right\} \tag{7-35}$$

$$\begin{bmatrix} u_{a1}(-) \\ u_{b1}(-) \\ u_{c1}(-) \end{bmatrix} = \mathrm{Im} \left\{ \frac{1}{3} \begin{bmatrix} 1 & \alpha^2 & \alpha \\ \alpha & 1 & \alpha^2 \\ \alpha^2 & \alpha & 1 \end{bmatrix} \begin{bmatrix} \dot{u}_{a1} \\ \dot{u}_{b1} \\ \dot{u}_{c1} \end{bmatrix} \right\} \tag{7-36}$$

$$\begin{bmatrix} u_{a1}(0) \\ u_{b1}(0) \\ u_{c1}(0) \end{bmatrix} = \mathrm{Im} \left\{ \frac{1}{3} \begin{bmatrix} 1 & 1 & 1 \\ 1 & 1 & 1 \\ 1 & 1 & 1 \end{bmatrix} \begin{bmatrix} \dot{u}_{a1} \\ \dot{u}_{b1} \\ \dot{u}_{c1} \end{bmatrix} \right\} \tag{7-37}$$

其中，Im 代表对复数求虚部；$\alpha = \mathrm{e}^{\mathrm{j}2\pi/3}$，$\alpha^2 = \mathrm{e}^{-\mathrm{j}2\pi/3}$。

$$u_{a1}(+) = \frac{1}{3} \left(X_a(2) - \frac{1}{2}X_b(2) - \frac{1}{2}X_c(2) + \frac{\sqrt{3}}{2}X_b(1) - \frac{\sqrt{3}}{2}X_c(1) \right) \tag{7-38}$$

$$u_{a1}(-)=\frac{1}{3}\left(X_a(2)-\frac{1}{2}X_b(2)-\frac{1}{2}X_c(2)-\frac{\sqrt{3}}{2}X_b(1)+\frac{\sqrt{3}}{2}X_c(1)\right) \qquad (7-39)$$

$$u_{a1}(0)=\frac{1}{3}\left[X_a(2)+X_b(2)+X_c(2)\right] \qquad (7-40)$$

同理,可得得到五次电压的正序、负序和零序分量为

$$u_{a5}(+)=\frac{1}{3}\left(X_a(4)-\frac{1}{2}X_b(4)-\frac{1}{2}X_c(4)+\frac{\sqrt{3}}{2}X_b(3)-\frac{\sqrt{3}}{2}X_c(3)\right) \qquad (7-41)$$

$$u_{a5}(-)=\frac{1}{3}\left(X_a(4)-\frac{1}{2}X_b(4)-\frac{1}{2}X_c(4)-\frac{\sqrt{3}}{2}X_b(3)+\frac{\sqrt{3}}{2}X_c(3)\right) \qquad (7-42)$$

$$u_{a5}(0)=\frac{1}{3}\left[X_a(4)+X_b(4)+X_c(4)\right] \qquad (7-43)$$

由式(7-41)~式(7-46)可知,各次分量的正序、负序和零序均被提取出来。对应的余弦分量可表示为

$$\begin{bmatrix} u'_{a1}(+) \\ u'_{b1}(+) \\ u'_{c1}(+) \end{bmatrix}=\mathrm{Re}\left\{\frac{1}{3}\begin{bmatrix} 1 & \alpha & \alpha^2 \\ \alpha^2 & 1 & \alpha \\ \alpha & \alpha^2 & 1 \end{bmatrix}\begin{bmatrix} \dot{u}_{a1} \\ \dot{u}_{b1} \\ \dot{u}_{c1} \end{bmatrix}\right\} \qquad (7-44)$$

$$\begin{bmatrix} u'_{a1}(-) \\ u'_{b1}(-) \\ u'_{c1}(-) \end{bmatrix}=\mathrm{Re}\left\{\frac{1}{3}\begin{bmatrix} 1 & \alpha^2 & \alpha \\ \alpha & 1 & \alpha^2 \\ \alpha^2 & \alpha & 1 \end{bmatrix}\begin{bmatrix} \dot{u}_{a1} \\ \dot{u}_{b1} \\ \dot{u}_{c1} \end{bmatrix}\right\} \qquad (7-45)$$

$$\begin{bmatrix} u'_{a1}(0) \\ u'_{b1}(0) \\ u'_{c1}(0) \end{bmatrix}=\mathrm{Re}\left\{\frac{1}{3}\begin{bmatrix} 1 & 1 & 1 \\ 1 & 1 & 1 \\ 1 & 1 & 1 \end{bmatrix}\begin{bmatrix} \dot{u}_{a1} \\ \dot{u}_{b1} \\ \dot{u}_{c1} \end{bmatrix}\right\} \qquad (7-46)$$

式中,Re 表示对复数取实部。

$$u'_{a1}(+)=\frac{1}{3}\left(X_a(1)-\frac{1}{2}X_b(1)-\frac{1}{2}X_c(1)-\frac{\sqrt{3}}{2}X_b(2)+\frac{\sqrt{3}}{2}X_c(2)\right) \qquad (7-47)$$

$$u'_{a1}(-)=\frac{1}{3}\left(X_a(1)-\frac{1}{2}X_b(1)-\frac{1}{2}X_c(1)+\frac{\sqrt{3}}{2}X_b(2)-\frac{\sqrt{3}}{2}X_c(2)\right) \qquad (7-48)$$

$$u'_{a1}(0)=\frac{1}{3}\left[X_a(1)+X_b(1)+X_c(1)\right] \qquad (7-49)$$

同理可得到 5 次电压的正负零序分量为

$$u'_{a5}(+)=\frac{1}{3}\left(X_a(3)-\frac{1}{2}X_b(3)-\frac{1}{2}X_c(3)-\frac{\sqrt{3}}{2}X_b(4)+\frac{\sqrt{3}}{2}X_c(4)\right) \qquad (7-50)$$

$$u'_{a5}(-) = \frac{1}{3}\left(X_a(3) - \frac{1}{2}X_b(3) - \frac{1}{2}X_c(3) + \frac{\sqrt{3}}{2}X_b(4) - \frac{\sqrt{3}}{2}X_c(4)\right) \quad (7-51)$$

$$u'_{a5}(0) = \frac{1}{3}\left[X_a(4) + X_b(4) + X_c(4)\right] \quad (7-52)$$

可以看出,综合利用 LES 滤波器和对称分量法可以快速地将电压原始信号中的各个频率分量的正负零序完全提取出来,仅需几个采样周期的延时。

实际中,为了减少运算量,可以使用单相锁相的方法。电压信号 $u_a(t)$、$u_b(t)$、$u_c(t)$ 通过 LES 的滤波器可以得到其基波分量和对应的正交分量,再由对称分量法进行正负序分离后得到基波正序分量和对应的正交分量构造形成 alpha-beta 坐标系,作为锁相环的输入信号便可实现基波正序电压分量的相位跟踪,实现框图如图 7-14 所示。

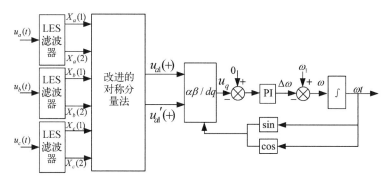

图 7-14　基于 LES 滤波器的新型 SPLL 框图

利用 LES 滤波器和改进的对称分量法可以快速地将各相的基波正序分量提取出来。依据其所提取的基波正序分量进行 dq 变换后便可实现快速的电压跌落检测,这样既保证了检测算法的快速响应,又减少了因电压畸变而引起的数据波动。为了保证与传统的电压跌落检测算法的一致对比性,u_d 分量和 u_q 分量也加入 200 Hz 的一阶低通滤波器进行滤波处理,其检测原理如图 7-15 所示。

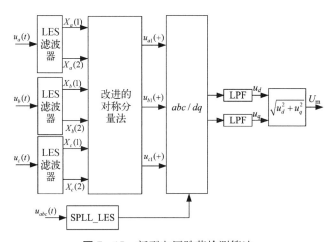

图 7-15　新型电压跌落检测算法

将三相电压 u_a、u_b、u_c 分别进行 LES 滤波后得到基波分量 $X_a(2)$、$X_b(2)$、$X_c(2)$ 及其正交分量 $X_a(1)$、$X_b(1)$、$X_c(1)$。将这些分量组合成三相电压矢量后通过对称分量法即可得到所需的基波正序分量,进行 dq 变换后得到 u_d 和 u_q 分量,利用较高截止频率的低通滤波器(low pass filter,LPF)对 u_d 和 u_q 分量进行滤波,以消除算法中产生的高频干扰,最后通过均方根公式的计算即得到电压的幅值 U_m。

在 Matlab/Simulink 中建立 3 种电压跌落检测算法模型:Ⅰ-新型电压跌落检测算法;Ⅱ-基于 SPLL_LES 锁相的传统电压跌落检测算法;Ⅲ-基于 SPLL_DQ 锁相的传统电压跌落检测算法。在电网电压出现电压幅值跌落、基波相位跳变、不平衡跌落以及电压畸变等条件下进行仿真,以 U_m 值的变化情况作为依据进行分析。

基本仿真条件:电网电压 10 kV;基波频率 50 Hz。以幅值波动小于 5% 为达到稳态的判据,检测延时定义为电压跌落开始至跌落后 U_m 值进入稳态所需的时间值。

仿真条件 1:在 0.1 s 时出现 0.5 pu 的对称电压跌落。如图 7 - 16(a)所示,使用算法Ⅰ检测出电压跌落深度仅需 3 ms 的时间,而算法Ⅱ和Ⅲ都需要约 9 ms 的延时才能完全检测出电压跌落的深度。

仿真条件 2:在 0.1 s 时出现 0.5 pu 的对称电压跌落,且伴随 90° 的基波相位跳变。如图 7 - 16(b)所示,使用算法Ⅰ检测出电压跌落深度仅需 3 ms 的时间。算法Ⅱ需要约 11 ms 的延时才能完全检测出电压跌落的深度,而算法Ⅲ则因为锁相环的延时较长,至少需要 14 ms 的延时才能完全检测出电压跌落的深度。可以看出,算法Ⅰ响应速度最快,对比算法Ⅱ和Ⅲ可知,使用新型软件锁相环后,算法Ⅱ在相位跳变条件下的响应速度相较于算法Ⅲ更优。

仿真条件 3:在 0.1 s 时电网电压呈现 0.3 pu 的不平衡度并发生 0.5 pu 的对称电压跌落。如图 7 - 16(c)所示,算法Ⅰ检测出电压跌落深度仅需 3 ms 的时间。算法Ⅱ需要约 11 ms 的延时才能完全检测出电压跌落的深度,虽然算法Ⅲ的检测延时与算法Ⅱ相同,但由于其锁相环的延时较长,造成 U_m 值出现一定程度的波动,且波动幅度与持续时间均大于算法Ⅱ。

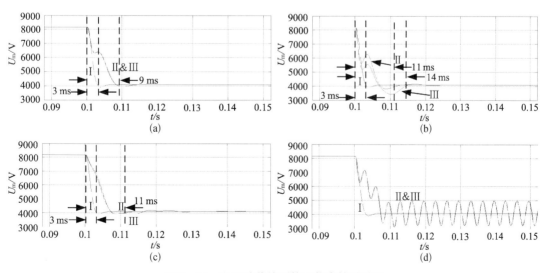

图 7 - 16　电压跌落检测算法仿真结果对比

仿真条件 4：在 0.1 s 时出现 0.5 pu 的对称电压跌落，且出现了 5 次电压谐波。如图 7-16(d)所示，使用算法Ⅰ时 U_m 值几乎不受到任何干扰，仍保持数据的平滑特性。在快速检测电压跌落的同时，又将谐波电压所带来的幅值波动降至最低，具有良好的动态响应特性和数据精度。而算法Ⅱ、Ⅲ在谐波注入时刻均出现幅值的剧烈振荡。

综上所述，锁相环和电压跌落检测算法是快速、准确进行电压跌落检测的两个关键因素，使用 LES 滤波器的新型锁相环后可明显改善基于传统检测算法的电压幅值响应速度。结合 LES 滤波器和对称分量法形成的新型电压跌落检测算法可以极大地提高装置的低电压响应速度和稳态精度。

2. Crowbar 保护电路及旁路电阻参数设计

图 7-17 给出了两种不同的典型的 Crowbar 拓扑电路。其中，图 7-17(a)所示的由放在三相电路里的三对反并联的晶闸管组成，另一种结构如图 7-17(b)所示，由一个三相二极管整流桥和一只晶闸管组成。如果该电路中的晶闸管被 GTO 或 IGBT 代替，则为主动Crowbar 电路，其电流可以通过功率管的自关断能力被强迫关断。

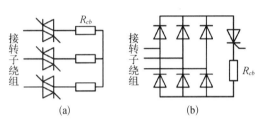

图 7-17　Crowbar 保护电路拓扑结构

旁路电阻 R_{cb} 值的大小对 Crowbar 保护电路改善双馈风电机组故障期间的运行具有重要影响。阻值的选取一是要足够大以满足限制双馈发电机转子电流的需求，二是不能过大以避免双馈发电机的转子绕组电压过高。

以双馈感应电机机端三相电压对称跌落至零，忽略变换器的作用，设故障前双馈感应发电机转子处于开路状态，在故障后，短路转子绕组，封锁转子侧变换器。可简化为

$$i_r^r = \frac{k_s(1-s)U_s}{R_r - j\omega_r\sigma L_r}(e^{-j\omega_r t}e^{-t/\tau} - e^{-t/\tau_r}) \tag{7-53}$$

可以近似认为在 $t = T_r/2$ 时，转子故障电流达到最大值。于是，把 $t = T_r/2$ 代入式(7-56)，可得到转子故障电流的最大值：

$$I_{r,\,max} = \frac{k_s(1-s)V_s}{\sqrt{R_r^2 + (\omega_r\sigma L_r)^2}}(e^{-T_r/2\tau} + e^{-T_r/2\tau_r}) \tag{7-54}$$

从式(7-57)可以看出，转子电流最大值与滑差，电机参数有关，但影响不大，通常需近似处理。可以发现，上式等号右边括号中近似为常数，系数 k_s 也比 1 小，因此，综合考虑，式(7-57)近似地变为

$$I_{r,\,max} = \frac{1.3(1-s)U_s}{\sqrt{R_r^2 + (\omega_r\sigma L_r)^2}} \tag{7-55}$$

当电网故障发生时，Crowbar 保护投入，同时封锁转子侧变换器，忽略转子绕组电阻值，此时的转子故障电流为

$$I_{r,\,max} = \frac{1.3(1-s)U_s}{\sqrt{R_{cb}^2 + (\omega_r\sigma L_r)^2}} \tag{7-56}$$

根据式(7-59),按照转子故障电流限制在安全范围的要求,可求出需要的最小旁路电阻值为

$$R_{cb,\,min} = \frac{1}{I_{r,\,lim}} \sqrt{1.69\big[(1-s)U_s\big]^2 - (\omega_r \sigma L_r I_{r,\,lim})^2} \qquad (7-57)$$

式中,$I_{r,\,lim}$ 是转子电流安全限值。

同时,旁路电阻上的压降不能超过转子电压峰值允许的最大值 $U_{r,\,max}$。于是,最大的旁路电阻值为

$$R_{cb,\,max} = \frac{U_{r,\,max} \omega_r \sigma L_r}{\sqrt{1.69\big[(1-s)U_s\big]^2 - U_{r,\,max}^2}} \qquad (7-58)$$

综上,Crowbar 旁路电路的选择可按照式(7-57)和式(7-58)综合考虑。

7.3　故障不间断运行

风电机组故障穿越主要考虑采取措施维护机组的安全,故障不间断运行同时关注故障穿越期间机组与电网的交互。传统 Crowbar 保护方案虽能保护风机本身安全,但 Crowbar 电阻投入后,感应电机会从电网吸收大量无功功率,不利于电网电压恢复。尤其是风电高渗透环境下,电网故障期间的风电机组吸收无功电流对电网的恢复影响更加严重。基于定子或转子串联 Crowbar 的低电压穿越方案可以使机组在电网故障期间实现不间断运行[19-21]。

7.3.1　定子侧串联阻抗

串联阻抗是用于限制电力系统过电流的一种常用保护方案。定子串联阻抗保护的示意图如图 7-18 中虚线框所示。其中阻抗支路由电阻和电抗串联而成,接于定子出口与电网间。在通常工况下,开关 S 闭合,将串联阻抗旁路,此时双馈风机运行与一般的风机无异。当检测到电网发生故障时,跳开开关 S,此时电流由开关支路转移至串联阻抗支路,串联阻抗支路被投入,起到限制线路电流的作用。

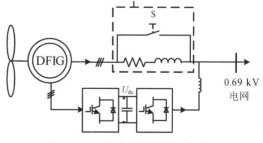

图 7-18　定子串阻抗保护示意图

1. 定子串联电阻的理论分析

依据 DFIG 在同步坐标系下的电压和磁链方程,可以得到转子电流的数学描述:

$$\frac{\mathrm{d}\boldsymbol{i}_r}{\mathrm{d}t} = \frac{1}{L_{\sigma r}}\big[-R_{\sigma r}\boldsymbol{i}_r + \mathrm{j}(\omega_1 - \omega_r)L_{\sigma r}\boldsymbol{i}_r - u_{ro} + \boldsymbol{u}_r\big] \qquad (7-59)$$

其中,

$$u_{ro} = \frac{L_m}{L_s}\left(\boldsymbol{u}_s + j\omega_r \boldsymbol{\Psi}_s - \frac{R_s}{L_s}\boldsymbol{\Psi}_s\right)$$

$$L_{\sigma r} = L_r + L_m^2/L_s \tag{7-60}$$

$$R_{\sigma r} = R_r + (L_m/L_s)^2 R_s$$

式(7-63)指出,转子动态电流与定子漏感、转子漏感和转子电阻直接相关,在故障发生时无论投入定子串联阻抗还是转子串联阻抗,均可影响转子电流的动态过程。

电网发生三相对称故障时,故障瞬时相位对三相合成定子磁链无影响。设电网额定电压为U_{g0},故障时的电网电压$U_g = hU_{g0}$(h 为并网点电压标幺值)。依据 DFIG 在同步坐标系下的电压和磁链方程可以计算转子开路电压:

$$u_r(t \geqslant 0+) = \frac{L_m}{L_s(1/\tau_s + j\omega_s)}\left[(1-h)U_g js\omega_s e^{j\omega_s t} - hU_g(1/\tau_s + j\omega_r)e^{-(1/\tau_s + j\omega_r)t}\right] \tag{7-61}$$

其中,$\tau_s = L_s/R_s$,ω_s 为电网角频率。当串联电感 L_{si} 投入后:

$$u'_r(t \geqslant 0+) = \frac{L_m\left[(1-h)U_g js\omega_s e^{j\omega_s t} - hU_g(1/\tau'_s + j\omega_r)e^{-(1/\tau'_s + j\omega_r)t}\right]}{(L_s + L_{si})(1/\tau'_s + j\omega_s)} \tag{7-62}$$

串联阻抗投入后,等效增大了定子电感,从而限制转子电压、抑制转子的涌流。通过适当地选取串联阻抗大小,使转子开路电压 $u'_r \leqslant 1.3u_{dc}$,DFIG 的转子电压、电流在机侧变换器的允许工作范围内,此时机侧变换器可以控制转子电流,保障机侧变换器可控。

DFIG 定子中无论是串入电阻和电抗,均可限制转子短路电流,因此在电阻和电抗间应存在一定取舍。根据式(7-63),串入定子电抗时等效增大了 $L_{\sigma r}$ 及 $R_{\sigma r}$,其限制转子过流性能优于纯电阻;串入的电抗不消耗能量,可以避免引发散热问题。但电感作为储能元件,在故障恢复、阻抗切出时存在感性电流续流,如遇重合闸等电网发生连续暂态情况时易造成低电压故障穿越失败。因此,串联阻抗应以电抗分量为主,并串入适当的电阻以快速耗散电感中的过剩能量。定子串联阻抗方案相比于其他串联式保护方案,具有能够保护定子绕组、损耗小等优势,为了合理整定阻抗参数及评估 DFIG 对电网故障的支撑能力,有必要分析 DFIG 的定子功率极限范围。设定定子侧

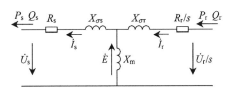

图 7-19 电动机惯例 DFIG 等效电路

采用发电机惯例,转子侧采用电动机惯例,可得电动机惯例下的 DFIG 理论等效模型,如图 7-19 所示。

此时 DFIG 的数学模型可以表达为

$$\begin{cases} \dot{E} = j\dot{I}_m X_m \\ \dot{U}_s = \dot{E} - \dot{I}_s(R_s + jX_{\sigma s}) \\ U_r = s\dot{E} + \dot{I}_r(R_r + jsX_{\sigma r}) \\ \dot{I}_m = \dot{I}_r - \dot{I}_s \end{cases} \tag{7-63}$$

并定义：

$$X_s = X_{\sigma s} + X_m$$
$$X_r = X_{\sigma r} + X_m \tag{7-64}$$

式中：

R_s、R_r 分别为定子电阻、转子电阻；

$X_{\sigma s}$、$X_{\sigma r}$、X_m 分别为定子漏抗、转子漏抗、励磁电抗；

I_s、I_r、I_m 分别为定子电流、转子电流、励磁电流有效值；

s 为 DFIG 转差率；

P_s、Q_s 为定子输出的功率；

P_r、Q_r 为转子注入的功率。

将定子电流 I_s 分解为有功分量 I_{ds} 和无功分量 I_{qs}，并代入式(7-66)得

$$\dot{I}_r = \frac{1}{X_m}[(I_{ds}X_s + I_{qs}R_s) - j(U_s + I_{ds}R_s - I_{qs}X_s)] \tag{7-65}$$

式(7-68)体现了转子与定子间电流的折算关系，表明转子电流不受转差率的影响，只与定子电流的有功分量、无功分量有关。

定子电流与定子侧有功、无功功率的关系为

$$I_{ds} = \frac{P_s}{3U_s}, \ I_{qs} = \frac{-Q_s}{3U_s} \tag{7-66}$$

将式(7-69)代入式(7-68)，可得到转子电流：

$$\dot{I}_r = \frac{1}{3X_mU_s}[(P_sX_s - Q_sR_s) - j(3U_s^2 + P_sR_s + Q_sX_s)] \tag{7-67}$$

转子电流有效值为

$$I_r = \frac{\sqrt{(R_s^2 + X_s^2)(P_s^2 + Q_s^2) + 6U_s^2(R_sP_s + Q_sX_s) + 9U_s^4}}{3X_mU_s} \tag{7-68}$$

由式(7-70)整理可得

$$\left(P_s + \frac{3U_s^2R_s}{R_s^2 + X_s^2}\right)^2 + \left(Q_s + \frac{3U_s^2X_s}{R_s^2 + X_s^2}\right)^2 = \frac{9U_s^2X_m^2I_r^2}{R_s^2 + X_s^2} \tag{7-69}$$

实际机组运行时，制约定子有功、无功运行范围的主要是定子电流限制和转子电流限制，设最大定子电流为 $I_{s\max}$，最大转子电流为 $I_{r\max}$，则定转子电流应满足

$$\begin{cases} I_{s\max} \leqslant \dfrac{1}{3U_s}\sqrt{P_s^2 + Q_s^2} \\[3mm] I_{r\max} \leqslant \dfrac{\sqrt{(R_s^2 + X_s^2)(P_s^2 + Q_s^2) + 6U_s^2(R_sP_s + Q_sX_s) + 9U_s^4}}{3X_mU_s} \end{cases} \tag{7-70}$$

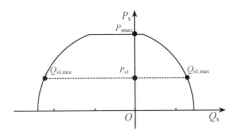

图 7-20 DFIG 定子功率边界

根据式(7-71)可以判定 DFIG 的定子功率运行范围。图 7-19 电动机惯例 DFIG 等效电路图 7-20 给出了 DFIG 的定子有功、无功运行范围示意,可见 DFIG 的定子吸收感性无功的能力更强,而发出感性无功的能力较弱,调节范围总体较为宽泛。

对于同一并网点无功电流,在电网发生低电压故障时,由于电网电压降低,并网点无功功率下跌,且下跌为原来的 h 倍($0.2 \leqslant h \leqslant 0.9$ 为并网点电压标幺值)。因此,电网低电压故障将降低无功补偿设备输出无功功率的能力。反之,电网电压抬升会提升无功补偿设备输出无功功率能力。

随电网故障深度不同,相同的无功电流输出对应的无功功率不相同。因此应当用并网点的无功电流大小来衡量电网故障时设备对电网的无功支撑能力。GBT-19963-2011《风电场接入电力系统技术规定》中对动态无功支撑能力的规定亦是该原则的体现。对于 DFIG,在忽略定子电阻的情况下,由式(7-70)和式(7-73)可以解出定子无功电流 I_{qs} 的边界值:

$$\begin{cases} I_{qs,\,\max} = \dfrac{U_s}{X_s} + \sqrt{\dfrac{(X_m I_{r\max})^2}{X_s^2} - I_{ds}^2} \\[4mm] I_{qs,\,\min} = \dfrac{U_s}{X_s} - \sqrt{\dfrac{(X_m I_{r\max})^2}{X_s^2} - I_{ds}^2} \end{cases} \tag{7-71}$$

2. 定子电压的动态补偿机制

电网故障期间,DFIG 利用串联阻抗分压作用,通过调节定子无功电流补偿发电机定子电压,使其满足正常工作电压要求[20]。以电网电压为参考电压向量。设定子出口电压为 $\dot{U}_s$,串联阻抗分压为 $\dot{U}_{si}$,利用单相分析法分析串入阻抗的风电机组定子电路,如图 7-21 所示。

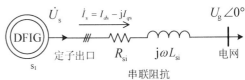

图 7-21 DFIG 定子出口电路图

首先分析定子提供纯无功支撑的情形,再进一步讨论更为普遍的情形。定子发出感性无功电流时,DFIG 定子出口电压等于电网电压与阻抗分压之和:

$$\dot{U}_s = \dot{U}_g + (-jI_{qs}) \cdot (R_{si} + j\omega L_{si}) \tag{7-72}$$

设 $\omega L_{si} = X_{si}$,根据 7.3.1 中的分析,串联阻抗以电抗分量为主,在分析中忽略 R_{si} 得

$$\dot{U}_s = \dot{U}_g + I_{qs} X_{si} \tag{7-73}$$

定子发出纯感性无功时,阻抗分压与电网电压同相,因此 DFIG 定子出口电压为 U_g 与阻抗分压叠加。阻抗分压补偿了电网故障时的电压跌落,使定子电压抬升。如需将定子电压补偿至 U_{g0},所需感性无功电流应为

$$I_{qs} = \frac{U_{g0} - U_g}{X_{si}} \qquad (7\text{-}74)$$

串联阻抗的分压作用依赖于无功电流,因此电网电压跌落深度越深,为补偿定子出口电压所需的无功电流越大。

在电网发生轻度故障时,DFIG 定子不仅可以提供无功支撑,还可以继续保持有功功率输送。特别是当电网电压骤升时,由式(7-69)可知,在保证 DFIG 安全同时,定子有更高的有功、无功容量,应当充分利用。

DFIG 定子侧电压关系:

$$\dot{U}_s = \dot{U}_g + \dot{U}_{si} = \dot{U}_g + \dot{I}_s \cdot (R_{si} + jX_{si}) \qquad (7\text{-}75)$$

将有功无功电流解耦得

$$\begin{aligned} \dot{U}_s &= \dot{U}_g + I_{ds} \cdot (R_{si} + jX_{si}) + I_{qs} \cdot (-X_{si} + jR_{si}) \\ &\equiv \dot{U}_g + \dot{U}_{si,d} + \dot{U}_{si,q} \end{aligned} \qquad (7\text{-}76)$$

此时的定子电压向量图可分 $|U_g| < |U_s|$ 与 $|U_g| > |U_s|$ 绘制如图 7-22。

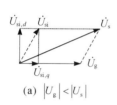
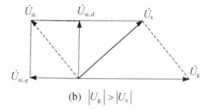

(a) $|U_g| < |U_s|$　　　　　　　　(b) $|U_g| > |U_s|$

图 7-22　定子电路电压向量图

图 7-22 所示向量图显示,定子出口电压 $\dot{U}_s$ 为电网电压 $\dot{U}_g$、串联阻抗分压 $\dot{U}_{si}$ 的合成矢量。其中,$\dot{U}_g$ 通过传感器测得,$\dot{U}_{si,d}$ 是有功电流在串联阻抗上的分压,两者皆不可自由调节。而 $\dot{U}_{si,q}$ 是无功电流在串联阻抗上的分压,在定子无功电流 I_{qs} 容许范围内,可通过控制无功电流调节其大小与方向。

如希望控制定子出口电压 $\dot{U}_s$,其在向量图中体现为控制 $\dot{U}_s$ 的模长 $|\dot{U}_s|$。通过适当调节定子无功电流,可以使合成矢量的模长 $|\dot{U}_s| = U_{g0}$,从而将定子出口电压补偿至正常工作范围。为计算该无功电流 I_{qs},可以通过联立计算:

$$\begin{cases} \dot{U}_s = \dot{U}_g + \dot{I}_s \cdot (R_{si} + jX_{si}) \\ |\dot{U}_s| = U_{g0} \end{cases} \qquad (7\text{-}77)$$

式(7-80)有功无功解耦后整理得

$$(R_{si}^2 + X_{si}^2)I_{qs}^2 - (2U_g X_{si})I_{qs} + ((R_{si}I_{ds} + U_g)^2 + (X_{si}I_{ds})^2 - U_{g0}^2) = 0 \qquad (7\text{-}78)$$

式(7-81)为关于 I_{qs} 的二次方程,通过定子电流限制 $\sqrt{I_{ds}^2 + I_{qs}^2} \leqslant I_{smax}$ 可以舍去其中一个根,得无功电流给定的计算式:

$$I_{qs} = \frac{(U_g X_{si} - \sqrt{U_g^2 X_{si}^2 - (R_{si}^2 + X_{si}^2)((R_{si}I_{ds} + U_g)^2 + (X_{si}I_{ds})^2 - U_{g0}^2)})}{R_{si}^2 + X_{si}^2} \qquad (7\text{-}79)$$

当 $|U_g| < |U_s|$ 时，I_{qs} 计算值为正，意为 DFIG 定子应发出感性无功电流，抬升定子出口电压 $\dot{U}_s$。反之，当 $|U_g| > |U_s|$ 时，I_{qs} 计算值为负，DFIG 定子应吸收感性无功，使定子出口电压下降。

单纯从机端电压支撑的角度看，串联阻抗的作用类似于动态电压恢复器 DVR。图 7-23 显示了本节方案与 DVR 方案的结构比较。两种方案通过调节串联支路的分压，均可根据当前的电网电压实时值，补偿定子出口电压，保证故障期间 DFIG 仍然能工作在额定电压环境。

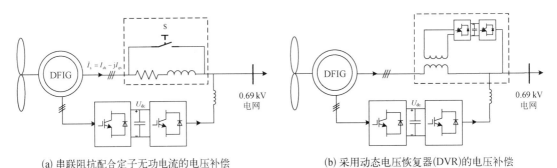

(a) 串联阻抗配合定子无功电流的电压补偿   (b) 采用动态电压恢复器(DVR)的电压补偿

图 7-23   定子电压补偿方案比较

与 DVR 不同的是，DVR 采用了完全独立的变流桥和电流注入变压器来实现串联变压器上的电压调整，结构较为复杂，控制难度大，且额外的投资成本、维护成本高。而本节采用了串联阻抗配合定子出口电流实时控制的方法。定子输出的电流在串联阻抗上的分压实现了机端的电压支撑，而该电流本身又输出至电网，可作为对电网的无功功率支撑，这样既能够充分利用 DFIG 的定子容量，同时又能尽可能地减小串联阻抗整定值，避免不必要的投资。

3. 考虑最大无功能力的串联阻抗整定

依据 7.3.1 中分析，DFIG 的故障穿越能力与串联阻抗的取值密切相关。选定较大的串联阻抗值能更好地抑制转子电流过流，但串联大阻抗带来了定子磁链的弱阻尼特性，不利于变流器的稳定控制，同时削弱了风机与电网的联系，不利于对电网提供功率支撑。综合考虑相关影响，现以保障风机安全和充分利用定子无功容量为目标进行串联阻抗整定。

考虑最严重的电网三相电压骤降故障，此时电网电压跌落至 0.2 pu。在该严重故障下，定子有功给定应清零，以保证足够的无功裕度。定子无功电流极限主要受转子侧变换器容量限制，根据式(7-82)和 $I_{ds}=0$ 可得

$$I_{qs,\,max} = \frac{\sqrt{3}\,(U_s + X_m I_{rmax})}{X_s} \tag{7-80}$$

定子正常工作的电压范围为 $0.95U_{g0} \leqslant U_s \leqslant 1.05U_{g0}$。另外，定子电流极限亦在 (7-83)的计算值基础上保留 5% 安全余量。为补偿定子出口电压使 $U_s \geqslant 0.95U_{g0}$，忽略串联阻抗的电阻分量，可计算串联电抗值约为

$$X_{si} = \frac{(0.95 - 0.2)U_{g0}}{\sqrt{3}\,(0.95 \times I_{qs,\,max})} = \frac{U_{g0}X_s}{3.8(U_{g0} + X_m I_{rmax})} \tag{7-81}$$

由于电感的储能性质,有必要串联电阻,使故障恢复、阻抗切出后感性电流尽快耗散。设计电感电流在 1 000 ms 内衰减完毕,此时定子时间常数约为 $t_0 = 200$ ms,根据电抗量和 $L_{\rm si}/R_{\rm si} \approx 0.2$ s,可推算串联电阻值为

$$R_{\rm si} = \frac{X_{\rm si}}{2\pi f t_0} = \frac{U_{\rm g0} X_{\rm s}}{238(U_{\rm g0} + X_{\rm m} I_{\rm rmax})} \tag{7-82}$$

4. 主动穿越策略配合及时序

主动故障穿越的实现依赖于串联阻抗的及时投入,要求无论对于高电压故障还是低电压故障,都能够实现快速电网故障电压检测。常用于 DFIG 控制的锁相环检测需要二分之一个电网周期(10 ms)的延时,该延时的存在将影响串联阻抗保护。本节采用 7.2.3 所述的结合 LES 滤波器和对称分量法形成的新型电压跌落检测算法。当检测到电网电压标幺值 h 跳变至 $0.2 \leqslant h \leqslant 0.9$ 或 $1.1 \leqslant h \leqslant 1.3$ 区间时,判定电网分别发生骤降和骤升故障。及时投入串联阻抗,以限制转子瞬态电流 I_r,保障变流器可控。延时 50 ms 后,恢复 DFIG 定子侧功率给定。故障穿越过程中,变流器采用维持定子出口电压稳定的主动故障穿越策略,控制流程如图 7-24 所示。

其中,当电网电压骤降时,由于故障往往较严重,应优先保证有充足的无功电流裕度,将有功电流给定 $I_{ds,{\rm req}}$ 清零;而当电网发生电压骤升故障时,根据上述分析,定子容量具有较大裕度,有能力保持有功功率输出,因此由 MPPT 模块决定有功电流 I_{ds} 给定。根据式(7-82)可以计算出策略所需的无功电流 I_{qs},作为无功电流给定。

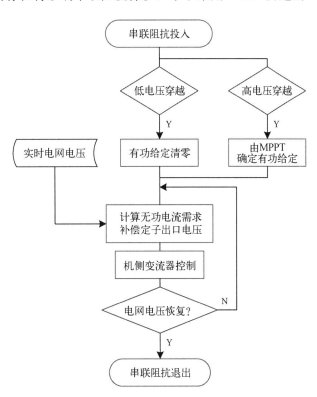

图 7-24　故障穿越控制策略流程图

使用矢量控制策略控制 DFIG。具体在转子侧变换器控制上,使用 PI 控制器控制转子侧变换器 u_{dr}、u_{qr} 电压。网侧变流器则运行在直流电压稳定模式,控制算法如图 7-25 所示。

检测到电网电压恢复时,DFIG 定子停止向电网注入无功电流,此时串联电抗不再承担分压作用。待 100 ms 后,可以重新短路串联阻抗。串联阻抗切出时,为了尽可能减小串联阻抗上储存的能量,防止电感续流影响下一次故障穿越,可以检测每相串联阻抗上的电流,在电流过零点分别将投入开关合闸。恢复有功给定后,DFIG 恢复为正常运行。

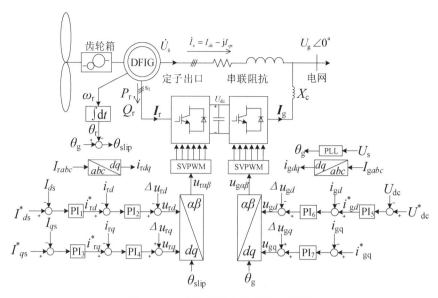

图 7 - 25 变流器配合控制算法框图

5. 基于动态无功支撑策略的案例设计

以 2 MW DFIG 的参数为算例,进行串联阻抗整定和各故障深度下无功支撑能力理论分析。DFIG 参数如下:DFIG 整机额定功率 2 MW,额定频率 50 Hz,定子额定电压 0.690 kV,转子电压 0.373 kV;定子电阻 0.007 8 Ω,定子漏抗 0.062 3 Ω,铁损电阻 105.3 Ω,磁化电抗 2.940 6 Ω;定子额定电流 1 494 A,转子额定电流 546 A。

根据式(7 - 81),可计算串联电抗值约为

$$X_{\text{si}} = \frac{U_{\text{g0}} X_{\text{s}}}{3.8(U_{\text{g0}} + X_{\text{m}} I_{\text{rmax}})} = 0.237 \ \Omega \tag{7 - 83}$$

其对应的电感量为 0.746 mH。根据式(7 - 82)可推算串联电阻值约为 3.790 mΩ。

采用上述串联阻抗参数,在 0.2 pu 的严重低电压故障下,可补偿 DFIG 定子出口电压至 95％额定电压 0.656 kV。同时,定子提供无功支撑电流 1.260 kA、无功功率 0.301 MVar。

在 1.3 pu 的严重高电压故障下,串联阻抗能够保证定子绕组安全,保持风机定子出口为 0.690 kV 额定电压。考虑变压器、无功补偿装置等设备耐压,超过 1.3 pu 的高电压故障穿越仅有理论意义。

6. 无功支撑边界条件

(1) 低电压穿越的无功支撑

根据上节分析,在选取了合适的串联阻抗后,DFIG 在电网电压为 0.2～1.3 pu 的不同故障深度下,均可保持不脱网运行,并提供无功支撑。现分析电网在各故障深度下,DFIG 定子的无功支撑能力,并与并网标准中的无功支撑需求进行对比。

电网低电压故障时,DFIG 应提供感性无功电流支撑,以支撑电网电压恢复。不同故障深度下,采用动态无功控制策略的 DFIG 无功支撑能力如表 7 - 3 所示。

表 7 - 3　不同低电压故障深度下 DFIG 的无功电流和无功功率

电网电压水平/pu	定子无功电流/kA	转子电流/kA	输出无功功率/MVar
0.8	0.336	0.250	0.321
0.7	0.504	0.307	0.421
0.6	0.672	0.364	0.482
0.5	0.840	0.421	0.502
0.4	1.008	0.478	0.482
0.3	1.176	0.536	0.422
0.2	1.344	0.593	0.321

为了补偿 DFIG 定子电压为额定电压,串联阻抗承担了风机定子出口与电网之间的压差,该压差由 DFIG 的定子输出电流决定。随着电网故障深度的加深,串联阻抗需承担的压差同步增加,因而需控制 DFIG 定子输出的无功电流增加。在最严重的 0.2 pu 低电压故障下,DFIG 转子逆变器输出电流 0.593 kA,已达到转子额定电流 1.1 倍的极限,无法再提供更多的调节能力,此时 DFIG 定子输出无功电流 1.344 kA,

低穿时电网电压降低而输出无功电流增大,最终使得其输出的无功功率呈现先增加后减小的趋势,不同低电压故障下 DFIG 的有功和无功功率极限示意图如图 7 - 26 所示。

为了衡量本节方案的无功支撑能力,将本节控制策略下的无功支撑电流与并网导则进行对比。不同深度的低电压故障下 DFIG 所能提供的动态无功支撑电流如图 7 - 27 所示。

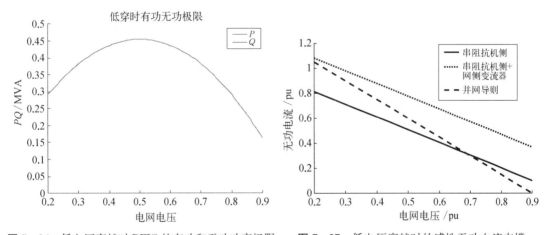

图 7 - 26　低电压穿越时 DFIG 的有功和无功功率极限　　图 7 - 27　低电压穿越时的感性无功电流支撑

基于串联阻抗的故障穿越策略下,DFIG 定子容量得到充分利用,已能够提供并网导则所要求的大部分无功电流。DFIG 网侧变换器无功容量投入后,在各故障深度下均能满足并网导则要求,支撑电网故障恢复。

（2）高电压穿越的无功支撑

与低压穿越相反,当电网发生高电压故障时,常见于电网节点感性无功过剩,需要 DFIG 吸收过剩无功,防止故障扩大。电网电压升高有利于功率传输,在 DFIG 容量允许时应保持有功送出。因此,高电压故障穿越时无功电流与电网电压 U_g 与有功电流 I_{ds} 均有关。电网电压为 1.3/1.2/1.1 pu 下,DFIG 定子的输出电流和输出功率列于表 7 - 4。高电压故障穿越期间定子的输出功率由定子电流和电网电压共同决定。根据定子电流和转子电流限制，可以计算出高电压故障穿越时不同电网电压下能够输出的有功功率、无功功率极限，如图 7 - 28 所示。

表 7 - 4　不同高电压故障深度下 DFIG 的输出电流和输出功率

电网电压/pu	定子有功电流/kA	定子无功电流/kA	转子电流/kA	输出有功功率/MW	输出无功功率/MVar
1.3	0.300	0.537	0.136	0.466	−0.835
1.3	0.600	0.628	0.268	0.932	−0.976
1.3	0.900	0.788	0.410	1.398	−1.224
1.3	1.131	0.974	0.531	1.757	−1.512
1.2	0.300	0.369	0.127	0.430	−0.529
1.2	0.600	0.459	0.255	0.860	−0.659
1.2	0.900	0.618	0.392	1.291	−0.887
1.2	1.206	0.880	0.549	1.730	−1.262
1.1	0.300	0.200	0.142	0.394	−0.264
1.1	0.600	0.290	0.254	0.789	−0.381
1.1	0.900	0.448	0.381	1.183	−0.589
1.1	1.271	0.784	0.565	1.671	−1.030

由图 7 - 28 可以看出，在高电压故障穿越时投入定子串联阻抗后，定子侧输出的有功功率极限随电网电压不同而有所区别，大约为 1.6 MW。根据 2 MW 双馈风机参数，其定子侧输出的额定有功功率大约是 1.7 MW，因此除了极限高风速情形，其他风速下串联阻抗的投入并不会影响双馈风机的正常有功输出。

随着电网电压的升高、电网故障深度加深，DFIG 定子吸收的无功功率增大，这与电网电压升高有利于功率送出的分析是一致的，同时也符合高电压穿越时吸收电网过剩无功的实际需求。不同故障深度下 DFIG 实际无功吸收能力与电压、有功功率均有关，如图 7 - 28 高电压故障穿越时各电压下有功、无功极限如图 7 - 29 所示。

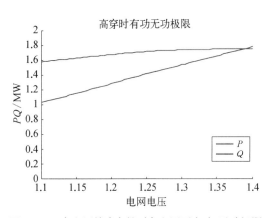

图 7 - 28　高电压故障穿越时各电压下有功、无功极限

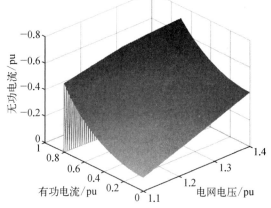

图 7 - 29　高压穿越时的感性无功吸收电流

高电压故障穿越时，DFIG 可以在较大范围内运行，并补偿定子电压，实现安全穿越。同

时,高电压故障穿越时由于同时输出有功和无功功率,其定子电流较大,应注意转子侧变换器和定子容量限制,超出时降低有功功率给定值。

无论是低压穿越还是高压穿越,由于补偿了定子出口电压、实现了故障隔离,且各绕组电流被控制在额定值以内,在故障期间 DFIG 均可以保持长时间运行。

7. 仿真验证

采用附录 3 的实时仿真平台,系统接线如图 7 - 30 所示,DFIG 经 0.69/35 kV 变压器接入 35 kV 汇集网,经 110 kV 输电送出。设置三相对称短路故障发生在 35 kV 汇集线处。

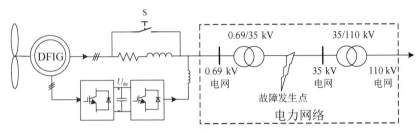

图 7 - 30　DFIG 风力发电系统接线图

针对低压穿越的控制性能,分别对电压跌落至 0.2 pu 的严重故障和电压跌落至 0.6 pu 的轻度故障进行仿真研究。首先对本文所述动态无功支撑策略进行仿真和分析,确定控制策略和控制时序的有效性,之后与无故障穿越措施的情形、采用传统转子撬棒的情形进行对比。

（1）低电压故障穿越分析

在仿真时间 $t = 0.2$ s 时,35 kV 电网发生三相对称短路故障,使 0.69 kV 电网电压跌落至 0.2 pu,故障持续 625 ms 后恢复。双馈风机工作在 11 m/s 风速下,转速为 1.1 pu。故障期间所处的 0.69 kV 低电压电网电压三相波形如图 7 - 31 所示。

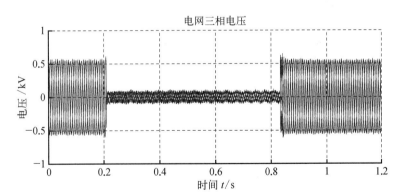

图 7 - 31　0.69 kV 电网低电压故障电压

基于串联阻抗的动态无功支撑策略下,低电压故障穿越过程:故障发生时,电网电压瞬间跌落。故障发生后,串联阻抗及时投入,开始支撑起定子出口电压。此时定子串联阻抗的作用类似于电网电压恢复器 DVR,串于风机定子出口与电网间,补偿定子电压。通过定子无功电流的调节,串联阻抗承受了定子出口与电网之间合适的电压差,使得定子出口电压被补偿为接近额定电压,低电压故障下的 DFIG 定子侧电压波形如图 7 - 32 所示。

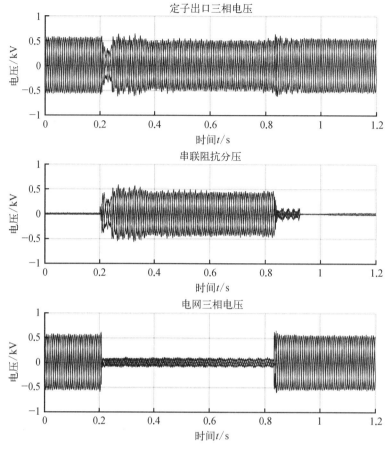

图 7 - 32 低电压故障下的 DFIG 定子侧电压波形

图 7 - 33 为低电压故障下定、转子电流图。根据双馈风机矢量控制理论,DFIG 的定子出口电流受转子逆变器控制,存在直接相关性,因此将这两个电流量放在一幅图中进行比较。在电网故障发生后,通过及时投入串联阻抗,限制转子电流,转子电流呈现先骤增后被抑制的趋势,未超过额定值 1.1 倍的安全范围,保证了转子侧变换器的可控。待转子电流稍稳定后,转子侧变换器开始有效控制转子电流,调节 DFIG 定子电流,最终定转子电流均呈现为适当频率、幅值的正弦波。

故障穿越期间,DFIG 定子发出感性无功电流,补偿定子出口电压并为电网提供无功支撑,定子发出的感性无功电流约为 1.12 kA,该电流与理论分析得到了 1.26 kA 数据相符合。由于定子出口补偿电压稍低于额定电压,因此该数值比理论值稍低。转子电流在安全范围内,其数值符合理论分析。

图 7 - 34 为直流母线电压和网侧三相电流。根据双馈风机矢量控制理论,DFIG 的网侧逆变器控制直流电压稳定,故障期间直流电压保持平稳,在故障发生时和电网电压恢复时存在脉冲尖峰,但未超过直流母线安全电压。由于故障期间电网电压大幅度跌落,网侧变流器需要大幅度增大网侧三相电流来维持直流母线电压稳定。

图 7 - 34 低电压故障下的直流母线电压和网侧电流,图 7 - 35 为低电压故障下的风轮机转速,由于低电压故障过程中有功输出给定清零,DFIG 定子不再输出有功功率,使风轮风速

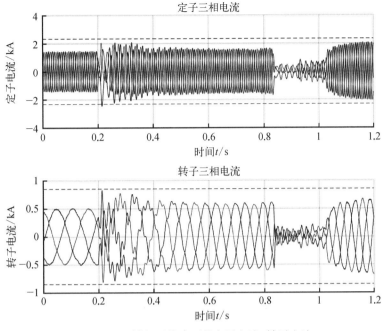

图 7 - 33　低电压故障下的定子电流、转子电流

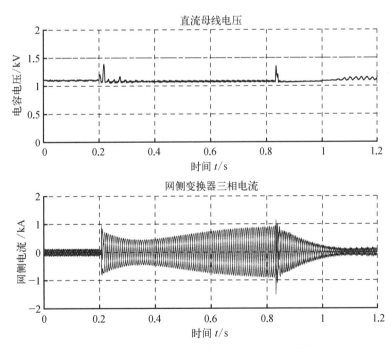

图 7 - 34　低电压故障下的直流母线电压和网侧电流

上升,但未超过转速上限。

　　故障结束、电网电压恢复时,串联阻抗在 100 ms 后切除,再过 100 ms 有功给定恢复,
DFIG 重新输出有功功率。全过程 DFIG 定子出口电压过渡平滑,转子电流控制有效,可以
较长时间工作。

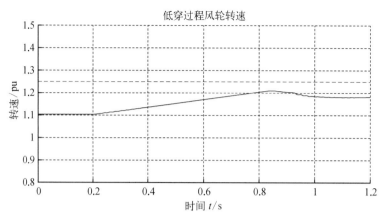

图 7‑35   低电压故障下的风轮转速

（2）策略对比分析

针对 0.2 pu 的电网严重低电压故障，采用传统 Crowbar 保护与串联阻抗的动态无功补偿策略进行对比。Crowbar 保护所用仿真模型与串阻抗模型一致，仅将保护电路由串阻抗保护改为转子 Crowbar 保护。Crowbar 阻值设为 0.8 Ω，Crowbar 电阻在电网故障时投入，保持投入至故障结束后退出。故障穿越期间两种策略的关键指标对比如图 7‑36 所示。

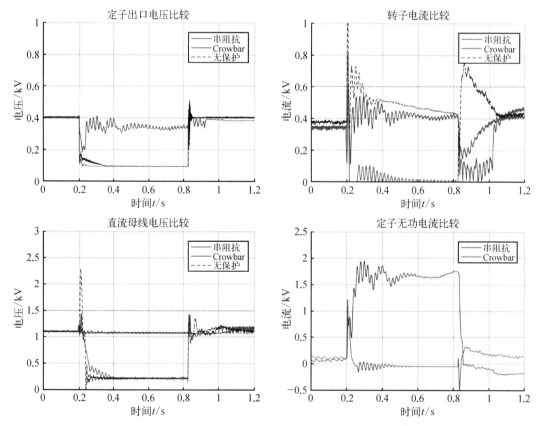

图 7‑36   串阻抗的动态无功补偿策略与 Crowbar 策略对比

可以看出,在转子电流图中,定子串阻抗保护和 Crowbar 保护均能保证转子电流在合理范围,大大低于黑色虚线所表示的无保护响应。同样,定子串阻抗保护和 Crowbar 保护下,直流电压只有小幅度过冲,远远低于无保护时 2 kV 以上的瞬时过电压。因此,无论是 Crowbar 还是串阻抗策略,均能保障故障穿越期间转子逆变器和直流母线的安全。然而,采用 Crowbar 电路保护时,Crowbar 投入后转子侧变换器被短路,无法控制转子电流和定子电流。图 7-36 显示,故障期间 Crowbar 策略下的转子电流接近 0,变流器无法提供控制电流。其故障穿越期间的定子无功电流支撑为负值,其原因是 Crowbar 投入使转子短路,DFIG 运行方式类似于一感应电动机,运行时将吸收电网无功功率建立气隙磁场,将不利于电网电压恢复。采用动态无功支撑策略时,转子侧变换器保持了控制能力,能够在故障期间控制 DFIG 定子输出无功电流,故障穿越过程中始终维持了 0.4 kA 的控制电流。通过串联阻抗的分压作用,实现了故障期间的定子电压补偿;通过转子侧变换器的控制,定子容量得到充分利用,于并网点处为电网提供了足额的感性无功支撑电流,有助于电网电压恢复。

（3）高电压故障穿越分析

在仿真时间 $t=0.2$ s 时,35 kV 电网发生三相电压骤升故障,使 0.69 kV 电网电压升至 1.3 pu,故障持续 1 000 ms 后恢复。双馈风机工作在 11 m/s 风速下,转速为 1.1 pu。

故障期间 0.69 kV 电网电压三相波形如图 7-37 所示。基于串联阻抗的动态无功支撑策略下,高电压穿越过程中:故障发生时,电网电压上升到正常电压 1.3 倍,触发高电压穿越策略,投入定子串联阻抗（图 7-38）。依照动态无功支撑策略,风机定子在提供有功电流的同时,计算出需求的感性无功吸收电流,并控制无功电流以补偿定子出口电压,可以在图中看到风机定子出口三相电压全程无过压,在高电压故障穿越期间被控制为额定电压,保证了风机定子绕组的安全。相较于低压穿越,高压穿越时电压突变程度较轻,因此整体故障穿越过程较为平滑。风机的定子三相电流和转子三相电流如图 7-39 所示。

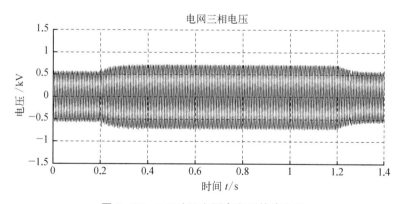

图 7-37　0.69 kV 电网高电压故障电压

三相电流图中,定子电流实质为有功电流与无功电流的合成电流,可见故障期间电流波形为三相正弦,较为平滑。由于高电网电压有利于功率的送出,故障期间定子总电流仅为 850 A,与额定值 1 494 A 相比仍有很大的安全余量。故障期间 DFIG 本身电压、电流等工作条件与正常运行时无异,可以长时间稳定运行。故障恢复时受电网电压恢复和串联阻抗切

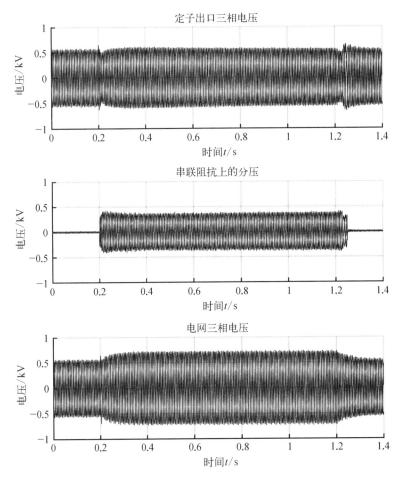

图 7 - 38　高电压故障穿越 DFIG 定子侧电压波形

出影响,转子波形存在一定畸变。

根据串联阻抗投入期间的定子电流可以计算串联阻抗上的功率损耗。其中,串联电抗为储能元件无功率损耗,串联电阻为 3.790 mΩ,单相电阻的功率损耗为 2.67 kW,采用一般的功率绕线电阻即可满足故障期间的散热需求,能够长期运行。

高电压穿越过程中,网侧变流器容量冗余较大,可以控制网侧变流器共同参与电网过剩无功吸收,同时利用进线电抗分压保护网侧变流桥安全。直流母线电压和网侧变流器三相电流波形如图 7 - 39 所示,高电压故障穿越定子电流、转子电流如图 7 - 40 所示,故障期间直流母线电压平滑无过压,网侧电流在故障期间为有功无功电流合成电流,在故障结束后恢复单位功率因数运行。

图 7 - 41 显示了高电压故障穿越期间定子功率和并网点总功率(并网点总功率为定子功率与网侧变流器功率之和)。故障期间,DFIG 定子发出 1 MW 有功功率、吸收 1 MVar 无功功率,表示串联阻抗的投入并未影响有功功率的送出。由于网侧变流器配合吸收无功功率,并网点总无功吸收可达 1.5 MVar,实现了在风机安全、保持有功功率送出的前提下对电网的足额功率支撑。

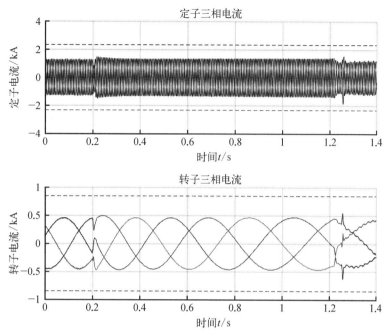

图 7 - 39　高电压故障穿越定子电流、转子电流

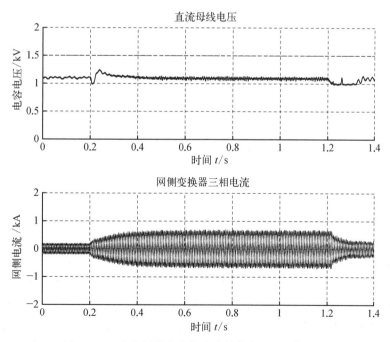

图 7 - 40　高电压故障穿越直流母线电压和网侧电流

高电压故障穿越期间,由于定子正常输出有功功率,故障穿越前后风轮转速无明显变化,如图 7 - 42 所示,保持了功率平衡,可以无需调整桨距角保持长时间稳定运行。

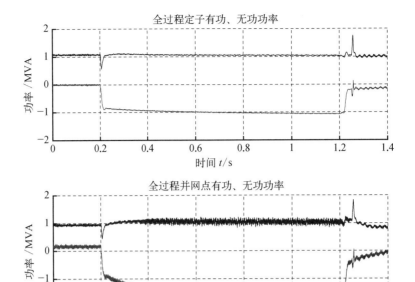

图 7 - 41   高电压故障穿越有功功率、无功功率

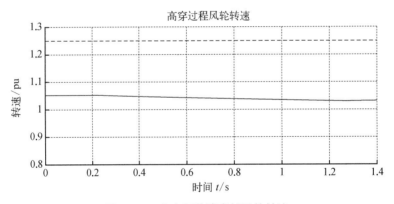

图 7 - 42   高电压故障穿越风轮转速

7.3.2   转子侧串联电阻

基于转子串电阻的双馈风电机组联合故障穿越方案的系统结构如图 7 - 43 所示。转子串联电阻投入后,转子电流由原本的 $\boldsymbol{u}_{ro}/R_r$ 减小为 $\boldsymbol{u}_{ro}/(R_r+R_{rsr})$,其中 u_{ro} 为故障时刻转子开路电压,R_r 和 R_{rsr} 分别为转子电阻和转子串联电阻值。串联电阻的投入直接抑制了转子过流,同时有别于转子并联的 Crowbar 电路,串联电阻的投入不会将转子短路,无须影响到转子侧变换器的可控性,因而可以通过转子侧变换器在故障期间对 DFIG 进行控制[21]。其缺陷在于,该保护拓扑下风机定子绕组仍然直接接入电网,当风机遭遇高电压故障时,转子串联电阻无法对定子绕组进行保护,使高电压故障下 DFIG 因过压脱网。另外,在转子串联电阻的投入将使定子瞬态时间常数增大,使电磁过渡过程延长,不利于系统稳定安全。

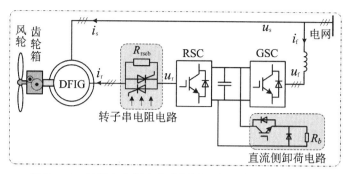

图 7-43　转子串电阻和直流侧协调的联合故障穿越方案

基于转子串电阻的联合故障穿越方案,在该联合方案中主要包含以下三个子方案:① 转子串电阻保护电路,利用该方案可以解决 Crowbar 保护电路存在的电机失控和机组吸收无功的问题;② 直流侧卸荷电路,用于释放故障期间变换器直流侧多余能量,抑制变换器直流母线过电压,确保直流母线电压在规定的范围内;③ 合适的转子电流控制策略,对于双馈风电机组而言,任何额外的硬件保护电路的投入都是一种扰动,因此,要尽可能地避免其启动。如此,需选择故障穿越能力强的电流控制策略,在该联合故障穿越方案中,选择了基于传统矢量控制技术基础上的前馈电压方案。

1. 转子串电阻阻值的确定

首先要分析最严重电压跌落故障条件下转子故障电流可能出现的最大值,与 Crowbar 保护电路不同的是,转子串电阻保护的限流电阻是串联在转子绕组回路的,转子侧变换器仍然处于工作状态,因此在确定电阻大小的时候需考虑转子侧变换器所能承受的电压上限,需要重新考虑转子故障电流的最大值的表达式,式中应该包含转子侧变换器的输出电压。

考虑最严重的双馈感应电机出口母线三相短路故障,此故障下的电压跌落深度 $h=1$,并假设 $\mathrm{e}^{-t/\tau}\approx 1$,于是转子故障电流表达式变为

$$
\begin{aligned}
\boldsymbol{i}_{\mathrm{r}}^{\mathrm{r}}(t\geqslant t_{0+})=&\frac{U_{\mathrm{rp}}}{R_{\mathrm{r}}+\mathrm{j}s\omega_1\sigma L_{\mathrm{r}}}\mathrm{e}^{\mathrm{j}s\omega_1 t}+\frac{k_{\mathrm{s}}(1-s)U_{\mathrm{s}}}{R_{\mathrm{r}}-\mathrm{j}\omega_{\mathrm{r}}\sigma L_{\mathrm{r}}}\mathrm{e}^{-\mathrm{j}\omega_{\mathrm{r}} t}\\
&+\left(\boldsymbol{i}_{\mathrm{r}}^{\mathrm{r}}(t_{0-})-\frac{U_{\mathrm{rp}}}{R_{\mathrm{r}}+\mathrm{j}s\omega_1\sigma L_{\mathrm{r}}}-\frac{k_{\mathrm{s}}(1-s)U_{\mathrm{s}}}{R_{\mathrm{r}}-\mathrm{j}\omega_{\mathrm{r}}\sigma L_{\mathrm{r}}}\right)\mathrm{e}^{-t/\tau_{\mathrm{r}}}\quad(7\text{-}84)
\end{aligned}
$$

于是,利用式 $i_{ra}=\mathrm{Re}[\boldsymbol{i}_{\mathrm{r}}^{\mathrm{r}}(t\geqslant t_{0+})]$,易得转子 a 相电流瞬时值表达式,经过整理后其为

$$
\begin{aligned}
i_{ra}=&\frac{U_{\mathrm{rp}}}{\sigma L_{\mathrm{r}}}\left[\frac{\tau_{\mathrm{r}}}{1+\tau_{\mathrm{r}}^2(s\omega_1)^2}\cos(s\omega_1 t)+\frac{\tau_{\mathrm{r}}^2 s\omega_1}{1+\tau_{\mathrm{r}}^2(s\omega_1)^2}\sin(s\omega_1 t)\right]\\
&+\frac{k_{\mathrm{s}}(1-s)U_{\mathrm{s}}}{\sigma L_{\mathrm{r}}}\left[\frac{\tau_{\mathrm{r}}}{1+\tau_{\mathrm{r}}^2\omega_{\mathrm{r}}^2}\cos(\omega_{\mathrm{r}} t)+\frac{\tau_{\mathrm{r}}^2\omega_{\mathrm{r}}}{1+\tau_{\mathrm{r}}^2\omega_{\mathrm{r}}^2}\sin(\omega_{\mathrm{r}} t)\right]\\
&+\left(i_{ra}(t_{0-})-\frac{U_{\mathrm{rp}}\tau_{\mathrm{r}}}{\sigma L_{\mathrm{r}}[1+\tau_{\mathrm{r}}^2(s\omega_1)^2]}-\frac{k_{\mathrm{s}}(1-s)U_{\mathrm{s}}\tau_{\mathrm{r}}}{\sigma L_{\mathrm{r}}(1+\tau_{\mathrm{r}}^2\omega_{\mathrm{r}}^2)}\right)\mathrm{e}^{-t/\tau_{\mathrm{r}}}\quad(7\text{-}85)
\end{aligned}
$$

式(7-88)能够进一步简化为单三角函数形式,其为

$$i_{ra} = \frac{U_{rp}}{\sigma L_r} \frac{\tau_r}{\sqrt{1+\tau_r^2(s\omega_1)^2}} \sin(s\omega_1 t + \beta_1) + \frac{k_s(1-s)U_s}{\sigma L_r} \frac{\tau_r}{\sqrt{1+\tau_r^2\omega_r^2}} \sin(s\omega_1 t + \beta_2)$$

$$+ \left(i_{ra}(t_{0-}) - \frac{U_{rp}\tau_r}{\sigma L_r[1+\tau_r^2(s\omega_1)^2]} - \frac{k_s(1-s)U_s\tau_r}{\sigma L_r(1+\tau_r^2\omega_r^2)}\right) e^{-t/\tau_r} \tag{7-86}$$

式中，$\beta_1 = \tan^{-1}(1/\tau_r s\omega_1)$，$\beta_2 = \tan^{-1}(1/\tau_r\omega_r)$。

考虑式(7-89)中等号右侧三相均取其最大值，转子故障电流最大值可近似的表达为

$$i_{ra,\max} = i_{ra}(t_{0-}) - \frac{U_{rp}\tau_r}{\sigma L_r[1+\tau_r^2(s\omega_1)^2]} - \frac{k_s(1-s)U_s\tau_r}{\sigma L_r(1+\tau_r^2\omega_r^2)}$$

$$+ \frac{U_{rp}}{\sigma L_r} \frac{\tau_r}{\sqrt{1+\tau_r^2(s\omega_1)^2}} + \frac{k_s(1-s)U_s}{\sigma L_r} \frac{\tau_r}{\sqrt{1+\tau_r^2\omega_r^2}} \tag{7-87}$$

于是，可得边界条件：

$$i_{ra,\max} \leqslant i_{r,\lim}, \quad V_{rp} \leqslant V_{RSC,\lim} \tag{7-88}$$

式中，$i_{r,\lim}$ 是转子电流安全限值，$V_{RSC,\lim}$ 是转子变换器电压安全限制。

利用式(7-90)和式(7-91)可求出时间常数 τ_r 值。根据所计算出的 τ_r 值，可求出转子串电阻保护的电阻阻值如式(7-92)所示。

$$R_{rsr} = \frac{\sigma L_r}{\tau_r} - R_r \tag{7-89}$$

式中，R_{rsr} 是转子串电阻阻值。

2. 直流侧卸荷电阻的确定

直流侧卸荷电路其主要由功率器件 IGBT、二极管、和卸荷电阻组成。通过控制功率器件闭合，维持直流母线电压的恒定。为了保持故障期间直流母线电压大致不变，需在直流母线上接入所谓的直流侧卸荷电路。可以认为卸荷电阻是近似恒定的负载，其电阻的大小取决于允许消耗的最大功率和直流母线允许的最大电压。此时，卸荷电阻阻值的大小为

$$R_b = \frac{U_{dc,\max}^2}{P_{b,\max}} \tag{7-90}$$

式中，$P_{b,\max}$ 是卸荷电阻允许消耗的最大功率，$U_{dc,\max}$ 是变换器直流母线允许的最大电压，R_b 是卸荷电阻。

卸荷电阻需要承受的功率为

$$P_R = \frac{U_{dc,\max}^2}{R_b} \tag{7-91}$$

需注意的是，在实际应用中设计卸荷电阻时，其功率参数应留出一定裕量。

3. 保护开关控制策略

在图 7-42 所述的保护该方案中，涉及转子串电阻电路和直流侧卸荷电路两种保护的

开关控制策略。根据两种电路保护目的的差别,其开关控制策略也不大相同。对于转子串电阻电路而言,其开关控制策略如图 7-44(a)所示。按照该图,转子串电阻的开关信号是通过测量的转子电流有效值与其安全限值

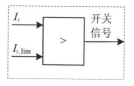

(a) 转子串电阻电路开关信号

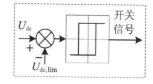

(b) 直流侧卸荷电路开关信号

图 7-44 保护电路开关控制策略

经过比较器产生。而直流侧卸荷电路的开关信号是通过测量所得的直流侧母线电压经过滞环比较器产生,如图 7-44(b)所示。

4. 双馈电机无功功率边界分析

转子串电阻保护的最大优点是故障期间不用封锁转子侧变换器,双馈感应电机仍然处于可控状态。因此,在故障期间可以充分利用双馈感应电机向电网输出无功,从而支撑电网电压。然而,双馈机组双馈机组输出无功是受双馈电机及电压故障程度限制的,因此,首先讨论双馈感应电机无功边界是非常有必要的,是转子侧变换器无功控制的基础。

双馈感应电机风力发电机组接入电网运行后,双馈感应电机可充当为一个有功和无功电源。考虑到定子热损耗,在正常的电压条件下有

$$P_s^2 + Q_s^2 = (3U_s I_s)^2 \leqslant (3U_s I_{s,\max})^2 \tag{7-92}$$

在同步旋转坐标系下,定子输出有功和无功功率可以写为

$$P_s = -\frac{3}{2}\frac{L_m}{L_s}U_s i_{qr} \tag{7-93}$$

$$Q_s = \frac{3}{2}\left(\frac{U_s^2}{\omega_1 L_s} - \frac{L_m}{L_s}i_{dr}U_s\right) \tag{7-94}$$

到此,能够看出,双馈电机定子侧有功和无功功率运行范围不仅受定子电流的影响,而且还受到转子电流尤其是变换器的控制电流的影响。根据式(7-96)和式(7-97),可分别求出转子电流的 dq 分量,其分别为

$$i_{qr} = -2P_s L_s/(3U_s L_m) \tag{7-95}$$

$$i_{dr} = U_s/(\omega_1 L_m) - 2Q_s L_s/(3U_s L_m) \tag{7-96}$$

由于

$$I_r^2 = i_{dr}^2 + i_{qr}^2 \tag{7-97}$$

把式(7-98)和式(7-99)代入式(7-100),可得

$$\left(\frac{L_s}{L_m}\frac{2}{3U_s}P_s\right)^2 + \left(\frac{L_s}{L_m}\frac{2}{3U_s}Q_s - \frac{U_s}{\omega_1 L_m}\right)^2 = I_r^2 \leqslant I_{r,\max}^2 \tag{7-98}$$

式中,$I_{r,\max}$ 是为转子侧变换器允许的最大电流。

式(7-101)经过整理后变为

$$P_s^2 + \left(Q_s - \frac{3U_s^2}{2X_s}\right)^2 \leqslant \left(\frac{3}{2}\frac{X_m}{X_s}U_s I_{rmax}\right)^2 \qquad (7-99)$$

由式(7-101)和式(7-102)可以看出,在有功功率和无功功率平面内,定子电流位于以平面原点为圆心,定子额定功率为半径的圆内,而转子电流则是在以坐标为 $(3U_s^2/2X_s,\ 0)$ 的点为圆心, $3/2(X_m/X_s)U_s I_r$ 为半径的圆内,依此易得双馈电机有功和无功边界。

而在电网电压故障的条件下,式(7-101)和式(7-102)分别变为

$$P_s^2 + Q_s^2 = [3(1-h)U_s I_s]^2 \leqslant [3(1-h)U_s I_{s,\ max}]^2 \qquad (7-100)$$

$$P_s^2 + \left(Q_s - \frac{3[(1-h)U_s]^2}{2X_s}\right)^2 \leqslant \left(\frac{3}{2}\frac{X_m}{X_s}(1-h)U_s I_{rmax}\right)^2 \qquad (7-101)$$

式中, h 为电压故障程度。

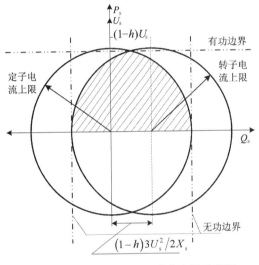

图 7-45　双馈感应电机功率边界示意图

依据以上分析,易得双馈电机功率边界示意图,如图 7-45 所示。由图 7-45 可知,定转子最大电流形成的圆的相叠部分便是双馈感应电机的理论工作边缘。可以看出,双馈感应电机工作范围由定子和转子最大电流决定,其正常工作范围不能超过此电流的限制,从而确保电机安全工作。

按照上述双馈感应电机功率边界的分析,实际发出的无功功率和定子无功功率容限的差值为 DFIG 所能发出的最大无功功率。基于此,通过适当的功率控制方式,可以在电网故障时,使双馈感应电机发出一定的无功功率,支撑电网电压恢复,可得转子侧变换器故障期间无功控制策略框图无功控制策略如图 7-46 所示。按照图 7-46 所示,在电网电压发生故障时,可以通过模式转换开关把功率参考值切换到故障模式,以使双馈感应电机输出无功功率,支撑电网电压恢复。

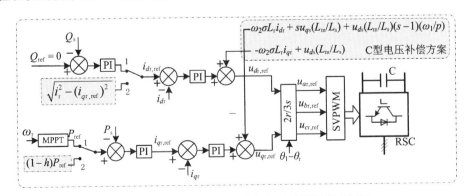

图 7-46　转子侧变换器故障期间无功控制策略框图
1 表示电网正常时的功率控制模式,2 表示故障时的无功支撑控制模式

5. 仿真验证

为了验证上述所提联合的故障穿越方案的有效性和可行性,采用附录 3 的 2 WM 平台进行仿真研究。条件:风速 11.5 m/s,电压在 8 s 跌落,持续时间为 625 ms,跌落程度分别为 30%、70% 和 80%。当转子故障电流大于其限值 2 pu 时,启动转子串电阻保护,否则关闭其运行。直流侧卸荷电路采用滞环控制,参考值 1.4 kV,带宽 0.2 kV;转子串电阻的阻值为 0.4 pu。

图 7 - 47 给出了电压分别跌落 30%、70% 和 80% 时双馈机组的瞬态响应波形。在该仿真波形中,在故障期间仍采用图 7 - 46 所示的控制模型 1 的控制,没有进行控制模式的转换,从上至下,依次是电压、转子电流、电磁转矩、直流侧母线电压、输出有功、输出无功和系统转速。按照图 7 - 47(a) 中相关波形所示,在电压跌落仅为 30% 时,直流侧卸荷电路和转子串电阻保护电路均没有启动,这能通过判断其开关信号的状态所知,即此时仅通过转子侧变换器所选的控制策略就能确保机组成功穿越该故障,其中转子电流、电磁转矩和直流侧母线电压均在限值的范围内。

按照图 7 - 47(b) 所示,在电压跌落 70% 的时候,根据图 7 - 48(b) 所示的开关信号可知转子串电阻保护电路仍然没有启动,也就是说仅在转子侧变换器所选的控制策略的控制下,足以控制转子故障电流在限值以内,但从变换器直流侧母线电压的波形或图 7 - 48(b) 所示的开关信号可以判断出,其未能稳定此时的直流侧母线电压,必须启动直流侧卸荷电路才能抑制直流侧母线电压在限值以内。也就是说,在电压跌落 70% 时,需要所选的控制策略和直流侧卸荷电路相互配合才能协助双馈机组成功穿越该故障,其中电磁转矩的振荡幅度约为 1.5 pu,远远低于安全限值 2.5 pu,系统转速没有超过额定值。

按照图 7 - 47(c) 所示,当双馈机组遭受 80% 的电压跌落时,从图 7 - 48(c) 和图 7 - 49(c) 所示的转子串电阻和直流侧卸荷电路开关信号可以看出,此时的转子串电阻保护电路和直流侧卸荷电路均已投入,也就是说,此时,仅在转子侧变换器所选控制策略的控制下,转子故障电流已超过了 2 pu,从而必须启动转子串电阻保护电路方可抑制转子故障电流在限值内。和电压跌落 70% 时一样,电压跌落 80% 时,也需要直流侧卸荷电路才能抑制直流母线在规定值之内,而电磁转矩和机组转速和电压跌落 70% 时的情况相差不大。

总之,在基于转子串电阻的联合故障穿越方案的保护下,双馈机组能够很好地满足我国电网规范中提出的故障穿越要求,实现双馈机组的不间断并网运行。在保护运行期间,双馈电机仍处于可控状态,有利于系统转速的稳定性。其不仅能够成功抑制转子电流在限值之内,还能抑制电磁转矩振幅在大约 1.5 pu 以内,远远低于安全限值 2.5 pu。同时,值得注意的是,即使在最严重的情况下,即电压跌落 80% 时,在电压故障清除时,转子电流也没有超过 2 pu,电磁转矩不超 2.5 pu。

(1) 无功电流不注入时转子串电阻与 Crowbar 方案的性能比较

在本节,通过仿真比较 Crowbar 电路保护和转子串电阻保护下双馈机组的瞬态特性。在仿真中,风速 11.5 m/s,电压跌落 80%、持续 625 ms,为了具有可比性,Crowbar 保护旁路电阻值和转子串电阻限流电阻值均取 0.1 pu,电压故障时保护投入,清除时保护退出。重点关注双馈机组的转子电流、无功功率、电磁转矩以及转速瞬态响应的差别。仿真结果如图 7 - 50 和图 7 - 51 所示,在图 7 - 50 中,从上至下依次是转子电流、无功功率和电磁转矩。

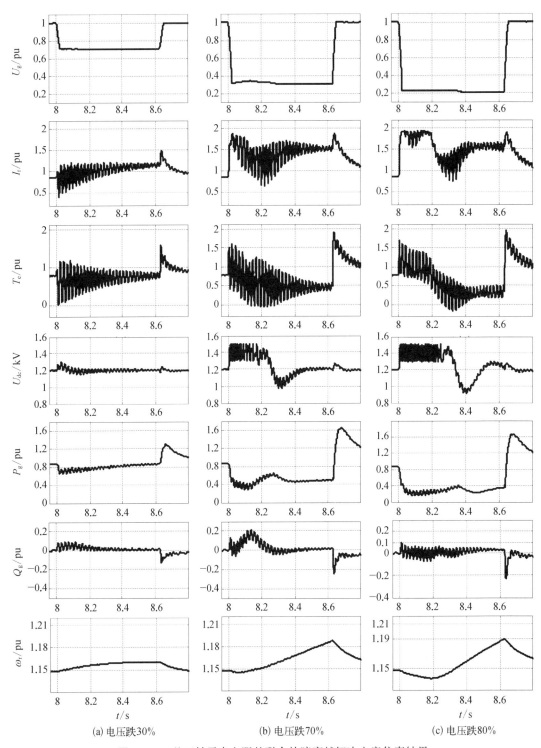

图 7－47　基于转子串电阻的联合故障穿越解决方案仿真结果

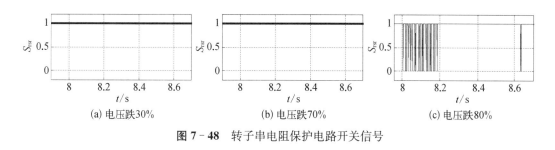

图 7 - 48　转子串电阻保护电路开关信号

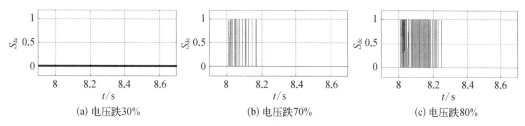

图 7 - 49　直流卸荷电路开关信号

从图 7 - 50 和图 7 - 51 中可知,在上述两种故障穿越方案中尽管使用电阻值相同,但由于二者接入转子绕组的方式不同,导致双馈机组故障期间的系统响应也不尽相同。

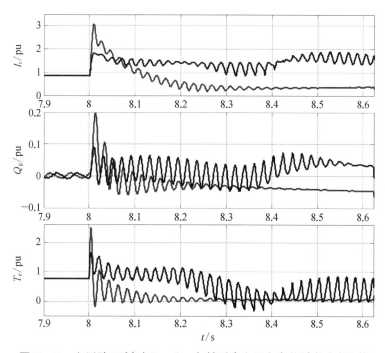

图 7 - 50　电压跌 80% 时 Crowbar 与转子串电阻方案的瞬态响应比较

灰色线代表 Crowbar 保护,黑色线代表转子串电阻保护

从图 7 - 50 所示的转子故障电流波形可以看出,在转子串电阻电路的保护下,其最大振幅较小,并且由于电机仍处于可控的状态,转子电流并未一直衰减下去,而是维持了一定的幅值。从双馈机组输出的无功响应可以看出,在转子串电阻的方案中,故障期间,无功的波动幅度也比 Crowbar 保护电路的小,同时,并未像 Crowbar 保护电路一样

向电网吸收无功功率。而电磁转矩振荡幅度也比 Crowbar 保护电路的小,从而更有利于延长双馈风电系统齿轮箱的使用寿命。但需要注意的是,在转子串电阻保护下无功功率和电磁转矩纹波比 Crowbar 保护下的更大。同时,从图 7-51 所示的双馈机组转速响应可以看出,在使用转子串电阻的故障穿越方案中,转速在故障期间的加速缓减,提高了系统的稳定性。

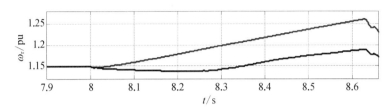

图 7-51 电压跌 80% 时 Crowbar 与转子串电阻方案的转速响应比较

灰色线代表 Crowbar 保护,黑色线代表转子串电阻保护

总之,转子侧串电阻的方案解决了 Crowbar 电路保护中电机失控的问题,而正是由于这一点,转子侧串电阻的方案故障发生时暂态性能较 Crowbar 保护电路的好。

(2) 无功电流注入时转子串电阻与 Crowbar 保护的性能及比较

仿真条件:风速 11.5 m/s,电压跌落 80%、持续 400 ms。重点关注转子电流、电磁转矩、机组转速和直流侧母线电压的瞬态特性,尤其关注二者无功电流注入的能力及其对网侧电压的影响。当双馈机组遭受电压跌落时,转子串电阻保护由转子电流启动,而 Crowbar 由网侧电压启动。控制模式由正常模式 1 转换到无功电流注入控制模式 2,实现故障期间的无功电流注入,故障清除后,控制模式再转换回 1。

图 7-52 为转子电流和电磁转矩的仿真结果。其中图 7-52(a)是基于转子串电阻保护下的结果,图 7-52(b)是基于 Crowbar 保护下的结果。从图中的仿真结果可以看出,基于转子串电阻的保护下的转子电流能够保持几乎恒定的输出,故障时刻和切除时均被抑制在安全范围,而在 Crowbar 保护下,转子电流快速衰减,也没有超过安全值,但在电压恢复时,短时出现较大的转子过电流。从该图给出的电磁转波形来看,也存在类似的现象。在转子串电阻的保护下,和图 7-50 的情况一样,电磁转矩存在高频振荡。

图 7-53 所示的是上述仿真条件下双馈机组直流侧母线电压和机组转速变化波形。在转子串电阻的保护下,直流侧母线的波动更大,卸荷电路已启动,而 Crowbar 电路保护下的直流侧母线电压在故障发生时刻波动较小,恢复时波动较大,但仍然不到 1.5 kV。从图 7-53 给出的双馈机组转速波形可以看出,转子串电阻时,由于双馈机组不失控,其转速稳定性较好,而在 Crowbar 的保护下,由于电机失控而造成机组转速上升很快,在故障结束时刻,已超过额定值 1.2 pu。这个结果与无无功电流注入时所得结果一致。

图 7-54 所示的是上述仿真条件下双馈机组注入的无功电流波形以及网侧电压波形。从图 7-54(a)中可以看出,在转子串电阻的保护下,双馈机组能够相电网提供大约 1 pu 之多的无功电流,按照式(7-29)计算的是需要注入 1.05 pu 的无功电流,可以看出基本满足要求。这个无功电流流过故障点后,抬升了大约为 0.1 pu 的网侧电压,也就是说将图 7-55

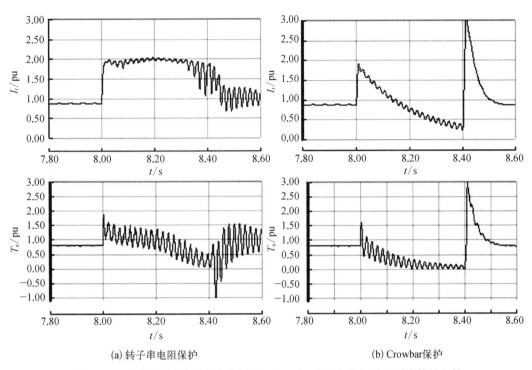

(a) 转子串电阻保护　　　　　　　　　(b) Crowbar保护

图 7 - 52　电压跌 80％时转子串电阻与 Crowbar 下，电流与转矩瞬态特性比较

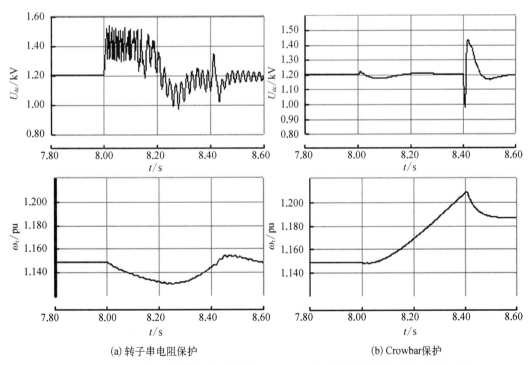

(a) 转子串电阻保护　　　　　　　　　(b) Crowbar保护

图 7 - 53　电压跌 80％时转子串电阻与 Crowbar 下，直流电压与转速瞬态特性比较

(a)所示的电压变为图7-54(a)所示的电压波形,其中图7-55所示的是在没有无功电流注入情况下的电压波形。然而,形成鲜明对比的是,按照图7-54(b)所示,在Crowbar的保护下,在电压故障发生初期,双馈机组不仅不向电网提供无功功率,反而向电网吸收了高达1 pu的无功电流,而这导致的结果是网侧电压从1 pu直接跌至0.2 pu,也就是说,从图7-55(b)所示的电压波形变为图7-54(b)所示的电压波形,这里图7-55(b)给出的是没有Crowbar也没有无功注入时的电压波形。在Crowbar的保护下,双馈机组转速攀升和吸收无功主要是因为双馈机组转子侧变换器脉冲被封锁,双馈电机处于失控状态,而且运行于异步状态。

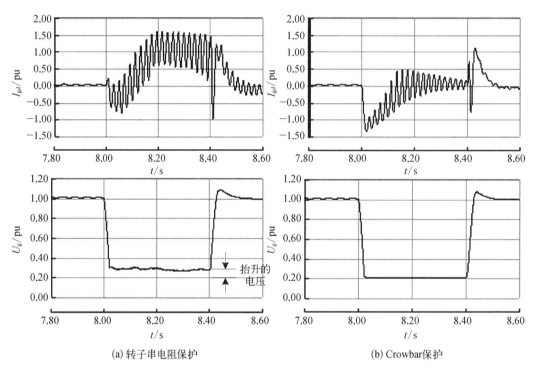

(a) 转子串电阻保护　　　　　　　　　　(b) Crowbar保护

图7-54　电压跌80%时转子串电阻与Crowbar下,无功电流与电网电压瞬态特性比较

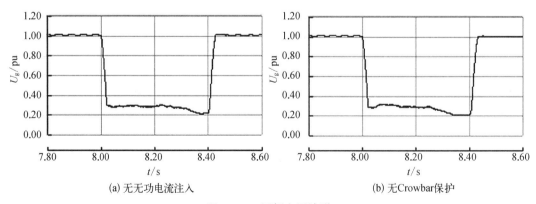

(a) 无无功电流注入　　　　　　　　　　(b) 无Crowbar保护

图7-55　网侧电压波形

经过以上分析和比较,我们可以发现,基于转子串电阻的联合故障穿越方案不仅仅能够

解决 Crowbar 保护存在的电机失控和吸收无功的问题,而且还能够向电网提供所需的无功。

参考文献

[1] Ling Y, Cai X. Rotor current dynamics of doubly fed induction generators during grid voltage dip and rise[J]. International Journal of Electrical Power and Energy System, 2013, 44(1): 17 - 24.

[2] Ling Y, Cai X, Wang N B. Rotor current transient analysis of DFIG-based wind turbines during symmetrical voltage faults[J]. Energy Conversion and Management, 2013, 76: 910 - 917.

[3] 凌宇. 大型双馈风电机组故障穿越关键技术研究[D]. 上海:上海交通大学,2014.

[4] 曾孟增. 双馈风力发电系统低电压穿越关键技术研究[D]. 上海:上海交通大学,2012.

[5] Zhang L H, Cai X, Cuo J H. Dynamic responses of DFIG fault currents under constant AC excitation condition[C]. Asia-Pacific Power and Energy Engineering Conference (APPEEC), IEEE, 2009.

[6] Zhang L, Cai X, Guo J. Dynamic responses of DFIG fault currents under constant AC exitation condition[C]. Power and Energy Engineering Conference, 2009. APPEEC 2009. Asia-Pacific. IEEE Xplore, 2009: 1 - 4.

[7] 郭家虎,张鲁华,蔡旭. 双馈风力发电系统在电网三相短路故障下的响应与保护[J]. 电力系统保护与控制,2010,38(6): 40 - 44,48.

[8] 张鲁华,郭家虎,蔡旭,等. 恒定交流励磁时双馈感应发电机的短路电流[J]. 上海交通大学学报,2010, 44(7): 1000 - 1004.

[9] 郭家虎,张鲁华,蔡旭. 双馈风力发电系统在电网故障下的动态响应分析[J]. 太阳能学报,2010,31 (8): 1023 - 1029.

[10] Ling Y, Cai X. Rotor current dynamics of doubly fed induction generators during grid voltage dip and rise. International Journal of Electrical Power and Energy Systems[J]. 2013, 44, (1), 17 - 24

[11] Ling Y, Cai X, Wang N B. Rotor current transient analysis of DFIG-based wind turbines during symmetrical voltage faults[J]. Energy Conversion and Management, 2013, 76: 910 - 917.

[12] 张琛,李征,蔡旭,等. 面向电力系统暂态稳定分析的双馈风电机组动态模型[J]. 中国电机工程学报, 2016,36(20): 5449 - 5460.

[13] Ling Y, Dou Z L, Gao Q, et al. Improvement of the low-voltage ride-through capability of doubly fed induction generator wind turbines[J]. Wind Engineering, 2012, 36(5): 535 - 551.

[14] 吴国祥,刘鸿泉,顾菊平,等. 双馈风力发电低电压故障穿越控制策略研究[J]. 华东电力,2013,41(5): 962 - 966.

[15] 凌禹,程孟增,蔡旭,等. 双馈风电机组低电压穿越实验平台设计[J]. 电力电子技术,2011,45(8): 37 - 38.

[16] 凌禹,高强,蔡旭. 双馈风电机组故障穿越技术实验研究[J]. 电力电子技术,2013,47(10): 25 - 26,54.

[17] 程孟增,窦真兰,张建文,等. 电压跌落时带有 Crowbar 电路的双馈感应发电机的瞬态分析[J]. 电网与清洁能源[J]. 2012,28(5): 54 - 60.

[18] 凌禹,高强,蔡旭. 紧急变桨与撬棒协调控制改善双馈风电机组低电压穿越能力[J]. 电力自动化设备, 2013,33(4): 18 - 23.

[19] 凌禹,蔡旭,江宁渤. 定子撬棒和直流侧卸荷电路协调的故障穿越技术[J]. 中国电力,2013,46(12): 90 - 94.

[20] 张琛,李征,蔡旭,等. 采用定子串联阻抗的双馈风电机组低电压主动穿越技术研究[J]. 中国电机工程学报,2015,35(12): 2943 - 2951.

[21] 凌禹,蔡旭. 基于转子串电阻的双馈风电机组故障穿越技术[J]. 电力自动化设备,2014,34(8): 25 - 30.

第 8 章

模块化组合并联风电变换器

随着风电机组容量不断变大，伴随着风电产业的快速发展，出现了不同类型、不同功率等级的风电机组。如何快速跟随机组功率的变化形成变换器产品、如何以最低成本快速实现高质量的变换器产品是迫切的需求。采用变换器并联扩大其功率等级，可快速形成系列变换器产品，并可大幅提升其可靠性。但多台变换器并联存在环流与桥臂电流不均恒问题，对控制算法和控制系统的硬件资源要求高，技术上存在一系列的挑战。本章系统地探讨并联风电变换器的设计与控制方法，针对多变流回路并联的特征，研究提高变流系统运行效率的方法、均流的软硬件措施，进而探索主动利用环流控制功率器件的发热，预防风电变换器的散热器上出现凝露的问题，达到提高效率和可靠性、优化电能质量和延长使用寿命的目的。

8.1 多变流回路并联技术

8.1.1 多变流回路并联方法

通过并联实现变换器扩容的方法有器件级、组件级和系统级并联三种，器件级并联主要由功率器件开发商实现，组件级和系统级并联多由变换器开发商实现。

图 8-1 为组件级并联构建风电变换器的结构示意图。IGBT 和 DC-Link 电容经平面母线连接组成一个组件。组件通过熔断器或者直接连接到公共直流母线。交流母线接入差模电感阻止不同组件上下桥臂直通引起的电流，对 IGBT 的一致性要求降低。使用组件并联集成变换器时，任一组件损坏，整个变换器都将停止工作，严重影响变换器的可靠性。

定义变流回路指完整的由两个三相变换器背靠背连接的变流系统。风电变换器的系统级并联指多变流回路的并联，具体有两种方式。由于大容量发电机一般采用多绕组形式，对应并联变流回路的机侧变换器可以不并联，直流母线可以连接也可以不连接，网侧并联在一起，这种方式称为并联运行。另一种方式是指多个独立的变流回路共用交、直流母线，体现为机侧变换器和网侧变换器均并联，如图 8-2 所示。系统级并联可以实现风电变换器的模

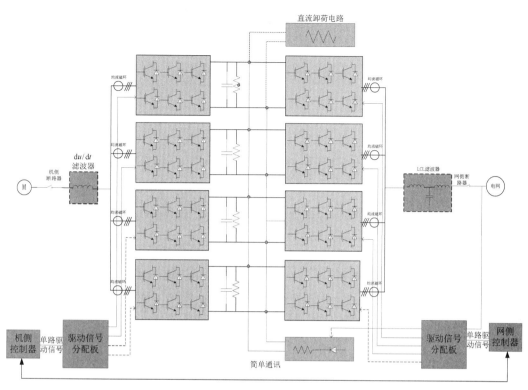

图 8-1　风电变换器的组件级并联示意图

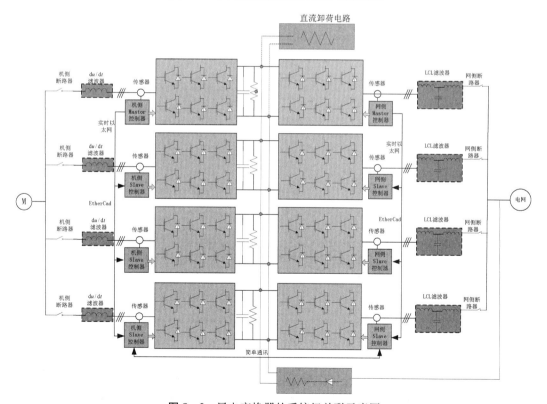

图 8-2　风电变换器的系统级并联示意图

块化设计,可通过并联满足系统容量的要求,能够快速满足多种容量需求,实现模块化生产、提高生产效率。各变流回路具有完整的变换器功能,其中任一回路故障,可通过快速切除之而维持变流系统持续运行。

8.1.2 多变换器并联的环流特性

当变换器并联运行时,电流会在并联的变换器之间流动,从而形成环流[1]。这种电流导致输出电流畸变,使变换器的载荷不平衡,严重损害变流系统的性能。

1. 环流的定义

以图8-3所示的两个单相变换器并联为例进行分析。当两个单相变换器完全均流时,有 $I_1 = I_2$,此时两变换器间无环流。若 $I_1 \neq I_2$,则变换器1的环流为 $C_1 = (I_1 - I_2)/2$,变换器2的环流为 $C_2 = (I_2 - I_1)/2$。

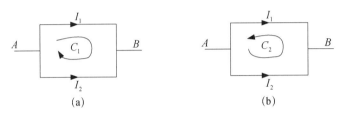

图8-3 两单相变换器并联

图8-4为两个三相变换器并联示意图。图中,i_{x1}、$i_{x2}(x=a, b, c)$ 分别代表各三相变换器单元的交流侧电流,L_1、L_2 分别代表各并联单元的滤波电感,U_{dc} 代表直流母线电压。

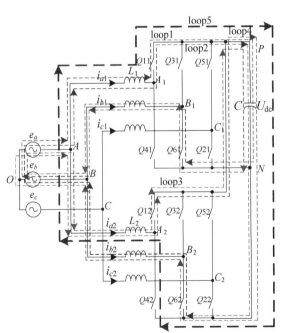

图8-4 两个三相并网变换器并联拓扑示意图

当两个并联变换器的开关状态完全一致时,设开关状态为 100,即 a 相上管导通,b、c 相下管导通,以 a 相为例,存在四条可能的通路:

loop1: $A - A_1 - Q_{11} - P - N - Q_{61}$
$\qquad - B_1 - B - O - A$
loop2: $A - A_1 - Q_{11} - P - N - Q_{62}$
$\qquad - B_2 - B - O - A$
loop3: $A - A_2 - Q_{12} - P - N - Q_{61}$
$\qquad - B_1 - B - O - A$
loop4: $A - A_2 - Q_{12} - P - N - Q_{62}$
$\qquad - B_2 - B - O - A$

对于 loop1 和 loop4 来说,电流流过同一个变换器。对于 loop2 和 loop3 来说,电流在两个变换器之间流通,因此构成了环流的一部分。此外,对于 $A - A_1 - Q_{11} - P - Q_{12} - A_2 - A$ 这样的闭环,回路中不含交流电源,环流可能通过交流侧电流的重新分配产生。

当两个变换器不完全同步时，设 Q_{42} 开通，Q_{21} 关断。此时将存在另一种环流通路：

$$\text{loop5：} A - A_1 - Q_{11} - P - N - Q_{42} - A_2 - A$$

在这个开关周期内，变换器交流侧输出电压将产生减小 i_{a1} 增大 i_{a2} 的环流成分。这种环流与前述环流的主要区别在于环流通路含有交流相电压。类似地，这种类型的环流也存在于 b 相和 c 相。

定义 n 个三相变换器的并联环流[2]：

$$C_{kj} = \sum_{i=1}^{n} C_{kji}, \quad C_{kji} = \frac{i_{kj} - i_{ki}}{n}, \quad k \in \{a, b, c\}, \quad j, i \in \{1, 2, \cdots, n\} \quad (8-1)$$

式中，C_{kj} 为第 j 个变换器的 k 相环流，i_{kj} 为第 j 个变换器的 k 相电流，$C_{kjj} = 0$。

以上是环流的一般性定义，我们关心的环流是只在并联变换器之间流通的环流，即 loop5 所对应的环流。后续内容提到的环流均指这种类型的环流。

可用环流百分比（circulating current percentage，CCP）评价环流的大小，其定义如下：

$$\text{CCP} = \frac{C_{mkj}}{i_{mkj}} \times 100\% \quad (8-2)$$

式中，C_{mkj} 为第 j 个变换器的 k 相环流幅值；i_{mkj} 为第 j 个变换器 k 相基波电流幅值。

2. 环流特性分析

三相变换器并联环流回路的微分方程[3]：

$$\begin{cases} L_1 \dfrac{\mathrm{d}i_{a1}}{\mathrm{d}t} + R_1 i_{a1} + s_{a1} U_{dc} - L_2 \dfrac{\mathrm{d}i_{a2}}{\mathrm{d}t} - R_2 i_{a2} - s_{a2} U_{dc} = 0 \\[2mm] L_1 \dfrac{\mathrm{d}i_{b1}}{\mathrm{d}t} + R_1 i_{b1} + s_{b1} U_{dc} - L_2 \dfrac{\mathrm{d}i_{b2}}{\mathrm{d}t} - R_2 i_{b2} - s_{b2} U_{dc} = 0 \\[2mm] L_1 \dfrac{\mathrm{d}i_{c1}}{\mathrm{d}t} + R_1 i_{c1} + s_{c1} U_{dc} - L_2 \dfrac{\mathrm{d}i_{c2}}{\mathrm{d}t} - R_2 i_{c2} - s_{c2} U_{dc} = 0 \end{cases} \quad (8-3)$$

式中，R_1、R_2 分别为电感 L_1、L_2 的等效电阻。s_{x1}、s_{x2}（$x = a, b, c$）分别为各并联单元的开关函数，$s_x = 1$ 表示对应桥臂上管导通，下管关断；$s_x = 0$ 表示对应桥臂下管导通，上管关断。

$$\text{定义：} \begin{cases} i_0 = (i_{a1} + i_{b1} + i_{c1})/3 = -(i_{a2} + i_{b2} + i_{c2})/3 \\ s_{01} = (s_{a1} + s_{b1} + s_{c1})/3 \\ s_{02} = (s_{a2} + s_{b2} + s_{c2})/3 \end{cases} \quad (8-4)$$

得到环流回路方程：

$$(L_1 + L_2) \frac{\mathrm{d}i_0}{\mathrm{d}t} + (R_1 + R_2) i_0 = (s_{02} - s_{01}) U_{dc} \quad (8-5)$$

图 8-5 为环流回路的等效电路，当采用不同的并联控制策略或者不同的 PWM 策略

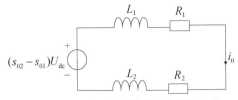

图 8-5　两台变换器并联环流等效电路

时,会造成并联变换器的占空比函数即开关状态的不同,从而会产生高频环流。各并联变换器输出滤波器阻抗的大小会影响环流的幅值。如果所有的变换器都具有完全相同的参数和结构且同步控制(即开关状态完全一致),是不会产生环流的。需要指出的是,当并联的变换器结构不完全一致时(比如线路阻抗的参数差异等),即使做到同步控制也会存在环流。

环流按照相序来分,可分为正序环流、负序环流和零序环流[4]。按照频率来分,可分为直流环流、基波环流、低频谐波环流和开关频率倍数次高频谐波环流。不同成分的环流产生的原因不同,不仅可由硬件的差异产生,软件的结构差异亦会产生环流。硬件上的差异,如并联变换器的 IGBT 参数不一致(包括死区时间、导通电阻等)、变换器等效输出阻抗不一致、输出滤波器参数不一致等;软件上的差异,如采用集中控制与采用分布式控制产生的环流便不同,当采用分布式控制方式时,每个变换器的电流控制器的控制参数会因硬件参数的差异而不同,继而对电流控制造成不一致性,该不一致性导致各并联变换器参考电压的差异,继而造成零序电压的差异,产生较大的零序环流。而集中控制方式产生的零序环流较小,这是因为集中控制时各并联单元 SVPWM 调制波中的零序电压相等。实际情况是为了实现变流器的模块化设计,多采用分布式控制方式,因此零序环流是需要抑制的主要成分。

图 8-6 和图 8-7 分别为集中控制方式与分布式控制方式下的 a 相环流波形,环流产生的条件为:输出滤波器参数偏差(电感偏差 2%,电容偏差 5%)+触发脉冲差 10 μs。

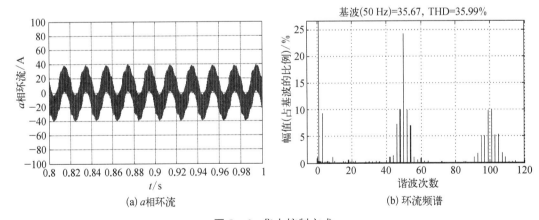

(a) a 相环流　　　　(b) 环流频谱

图 8-6　集中控制方式

集中控制方式不产生直流环流,其环流成分主要为基频环流、3 次谐波环流、谐振频率处谐波环流、奇数倍开关频率处谐波环流和开关频率倍数次边带谐波环流等,不均流现象明显,零序环流较小;而分布式控制方式产生很大的零序环流,其环流成分主要为直流环流、3 次谐波环流、奇数倍开关频率处谐波环流和开关频率倍数次边带谐波环流,但不均流现象不明显,零序环流很大。

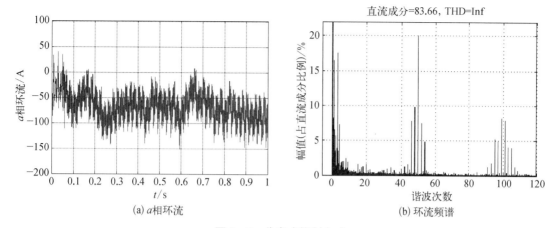

图 8 - 7　分布式控制方式

8.1.3　多变换器并联的环流控制

抑制环流[5]的方法有很多种,归纳起来可分为两大类:硬件抑制和软件抑制。硬件抑制环流方法如加隔离变压器、采用独立交流或直流电源、使用相间电抗器等;软件抑制方法即通过控制策略对环流进行抑制。下面重点探讨针对分布式控制方式的零序环流抑制问题。

1. 改进型 SVPWM 零序环流抑制

2 个并联的变换器均分电流,通过 2 个 PWM 发生模块的载波移相 180° 来实现系统的多重化(实现倍频的作用)。为了控制零序环流,仿照 d 轴和 q 轴电流控制的原理,提出了 0 轴反馈控制。将 0 轴电流指令设置为零,检测每个变换器实际的 0 轴电流,将这 2 个电流作差经过 PI 调节器,然后将 d 轴、q 轴和 0 轴电流调节器的输出作为 PWM 发生器的调制波来产生开关脉冲。

该控制策略实现简单,每个变换器相对独立,易于模块化设计。每个变换器模块的主电路和电流控制器的参数完全一致,且每个变换器模块的输入都是上级控制器(直流电压控制器和无功功率计算器)的输出,即有功电流指令 i_d^* 和无功电流指令 i_q^* 。另外,为了实现多重化以减少进入电网的谐波电流,上级控制器还需要为每个变换器提供一个 PWM 载波同步时钟信号。若要添加新的变换器模块,仅需要略微调整上级控制器的参数即可。但该控制策略仅适用于 SPWM 调制系统,而对需要采用 SVPWM 调制来获得较高直流侧电压利用率的场合不适用,需要进行相应地改进。

当采用基于零轴电流反馈控制的零序环流控制策略时,若采用 SVPWM 调制算法,直流电压利用率得不到保证,故需对其进行相应的改进。图 8 - 8 即为改进型 SVPWM 的控制框图。从图中可以看出,零轴闭环输出归一化后直接叠加到传统 SVPWM 调制输出的三相调制波信号上,改变的只是调制波中的直流分量,没有改变调制波的形状,即保留了调制波中的零序分量,由于 m_0 很小,直流电压利用率基本保持不变。该控制策略实现简单,所用电流传感器较少,且不需要改变原有控制策略的结构,对处理器的性能要求不高,同时保持了较高的直流电压利用率。

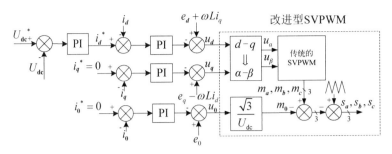

图 8-8 改进型 SVPWM 的控制框图

2. 基于矢量分配的零序环流抑制

设三相变换器上桥臂开关管 S_{ap}、S_{bp} 和 S_{cp} 的占空比分别为 d_a，d_b 和 d_c，定义零序占空比 $d_z = d_a + d_b + d_c$，则图 8-9 所示的环流等效电路变为图 8-9。对于 SVPWM，其在一个开关周期内的三相 PWM 波形如图 8-10 所示，其中 d_0 和 d_1、d_2 分别为零矢量和有效矢量的占空比。

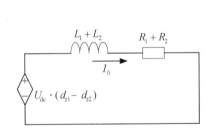

图 8-9 零序环流模型

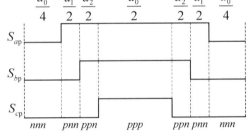

图 8-10 三相占空比

$$d_a = \frac{d_0}{2} + d_1 + d_2, \quad d_b = \frac{d_0}{2} + d_2, \quad d_c = \frac{d_0}{2} \tag{8-6}$$

则
$$d_z = d_a + d_b + d_c = 1.5d_0 + d_1 + 2d_2$$

不同的 SVM 策略有相同的 d_1 和 d_2，是因为合成的有效参考矢量是相同的，但 d_z 可以不同。在变换器并联的情况下，零矢量作用时各变换器模块的三相输出被短路，dq 轴电流的控制不会受到影响，但是各变换器模块间会形成环流回路。并且，在一个特定的开关周期内，零矢量总的作用时间一定的情况下，零矢量 ppp 和 nnn 的作用时间分配也会对零序环流产生很大影响。可见，改变零矢量的分配并不影响控制目标，但可以有效改变环流。引入 d_0 的分配因子 k：

$$k = \frac{d_{ppp}}{d_0} \tag{8-7}$$

对于常规的 SVM，$k = 0.5$，如图 8-9 和图 8-10 所示。则此时 d_z 为

$$d_z = d_a + d_b + d_c = 3kd_0 + d_1 + 2d_2 \tag{8-8}$$

故两个并联变换器零序占空比 d_z 的差异可表示为

$$d_{z1} - d_{z2} = 3d_0(k_1 - k_2) \tag{8-9}$$

则此时图 8-9 所示的零序环流平均模型变成如图 8-11 和图 8-12 所示。

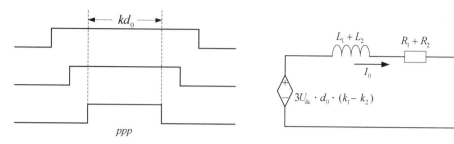

图 8-11 引入分配因子 k **图 8-12** 引入分配因子 k 的零序环流模型

该方法亦可理解为,当零矢量作用时,会在并联变换器的同相之间形成零序环流通路,而零矢量作用时产生的共模电压较之有效矢量的更大,从而在变换器间产生很大的零序环流。由于零矢量(000)和(111)作用时产生的共模电压大小相等、符号相反,故可通过改变零矢量(000)和(111)的作用时间来达到抑制零序环流的目的。

3. 基于零序电压补偿的环流抑制

根据 PWM 原理可知,SVPWM 调制波等价于向正弦调制波中注入三倍频的零序分量,

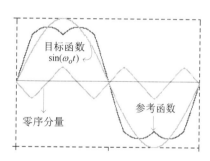

如图 8-13 所示。当变换器并联系统采用 SVPWM 调制时,由于零序电压的差异会在变换器间产生零序环流。因此,控制目标是使各并联单元 SVPWM 调制波中的零序分量相等。

由于采用 SVPWM 调制,当并联变换器的三相基频调制波存在幅值和相位差时,将产生零序电压差,继而产生零序环流。基于零序电压补偿的零序环流控制策略基本原理如图 8-14 所示,多个变换器并联有主从之分,假设以第一个变换器为主变换器,则以该变换器 SVPWM 调制波中的零序电压为参考,使从变换器 SVPWM 调制

图 8-13 等效 SVPWM 采用的零序分量

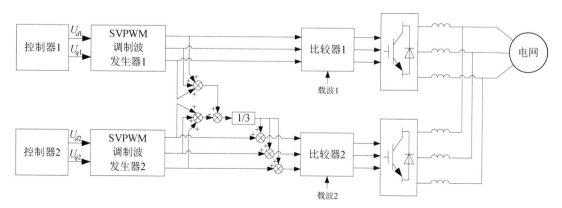

图 8-14 基于零序电压补偿的零序环流控制框图

波中的零序电压均跟踪主变换器 SVPWM 调制波中的零序电压。该方法使得从变换器的零序电压跟踪主变换器的零序电压,消除两者间的零序电压差,达到消除零序环流的目的。

该环流控制方法属于开环补偿,因此不受闭环带宽的限制,除了能有效抑制低频零序环流(主要为直流环流)外,对高频零序环流也有抑制作用。由于要对从变换器 SVPWM 调制波中的零序电压进行补偿,因此可能会略微改变原有 SVPWM 的谐波性能和直流侧电压利用率。

4. 基于前馈补偿的环流抑制

基于前馈补偿的环流控制原理如图 8 - 15 所示,将环流看作系统的一个扰动,根据环流扰动的大小对变换器交流侧输出电流进行前馈补偿。该方法通过采样各变换器交流侧输出电流,计算得到并联系统的三相环流,再经过三相静止到两相同步旋转坐标变换,得到环流的 d、q 轴分量,然后将环流的 d、q 轴分量作为扰动叠加到电流给定值上,补偿环流扰动对变换器交流侧输出电流的影响,达到减小环流的目的。

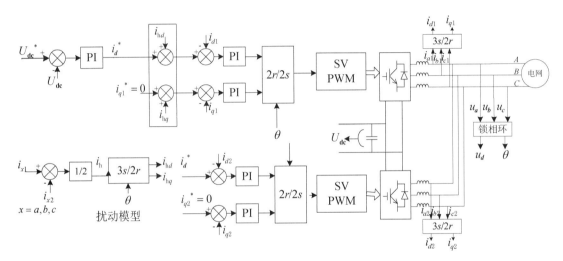

图 8 - 15 基于前馈补偿的环流控制框图

8.1.4 多变换器并联仿真分析

1. 基于零轴电流反馈的环流抑制

仿真条件 1: 输出滤波器的电感偏差 2%、电容偏差 5%。图 8 - 16 和图 8 - 17 所示为变换器的输出滤波器参数不一致时的电流波形。由图 8 - 16(a)和(b)对比可知,零轴电流与 a 相环流波形基本一致,说明此种情况下产生的环流绝大部分是零序环流,而 a 相环流中的高频成分为开关频率处谐波电流,体现为不均流现象。根据式(8 - 81)可得,加入环流控制前的环流百分比 CCP=20.6%,加入环流控制后的环流百分比 CCP=4.6%,因此该环流控制策略能有效抑制低频零序环流,仅残存一些高频零序环流,这是因为闭环控制带宽有限造成的。

仿真条件 2: 4 μs 死区时间差异。图 8 - 18 和图 8 - 19 所示为两台变换器的死区时间相差 4 μs 时的 a 相电流及环流波形。从图 8 - 18(b)中可以看出,死区时间的差异既会产生高频环流也会产生低频环流。加入环流控制前的环流百分比 CCP=12.6%,加入环流控制后

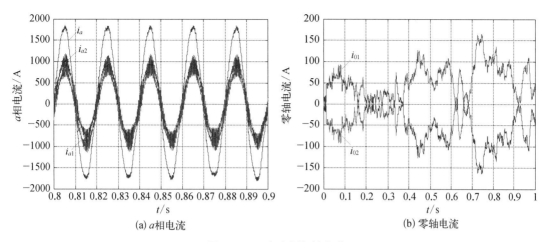

(a) a相电流 （b) 零轴电流

图 8-16 无环流控制波形

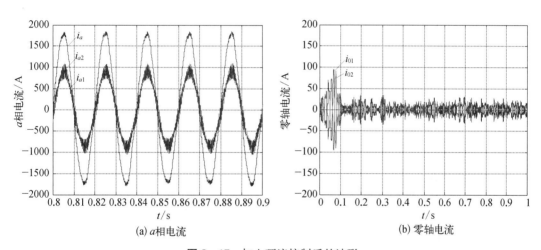

(a) a相电流 （b) 零轴电流

图 8-17 加入环流控制后的波形

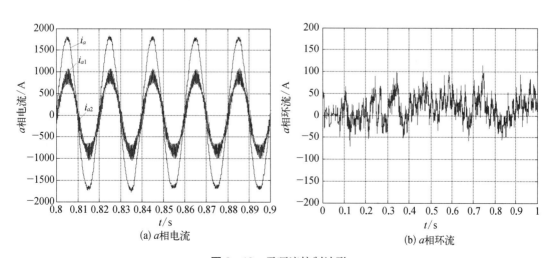

(a) a相电流 （b) a相环流

图 8-18 无环流控制波形

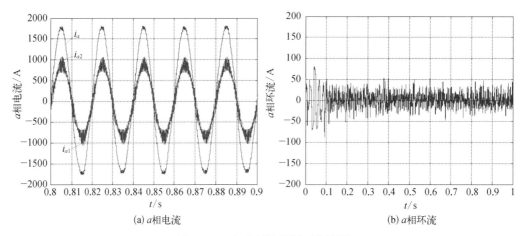

图 8‑19　加入环流控制后的波形

的环流百分比 CCP＝5.2%。

仿真条件 3：触发脉冲差 10 μs。图 8‑20 和图 8‑21 所示为两台变换器的触发脉冲相差 10 μs 时的 a 相电流及环流波形。从图 8‑20(b)中可以看出，触发脉冲的不一致性既会

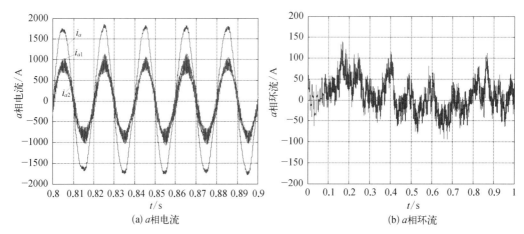

图 8‑20　无环流控制波形

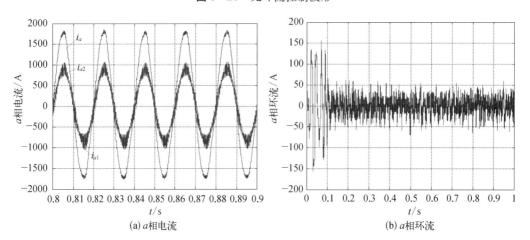

图 8‑21　加入环流控制后的波形

产生高频环流也会产生低频环流。加入环流控制前的环流百分比 CCP＝15.5％,加入环流控制后的环流百分比 CCP＝5.7％。

2. 改进型 SVPWM 环流抑制

仿真条件:输出滤波器的电感偏差 2％、电容偏差 5％,触发脉冲差 10 μs。图 8-22 和图 8-23 是在上述偏差条件下的仿真波形,可见该控制策略能有效消除直流和低频环流。加入环流控制前的流百分比为 CCP＝23％,加入环流控制后的环流百分比为 CCP＝8％。由图 8-24 和图 8-25 可以看出,由于叠加的直流量很小,故直流侧电压利用率可基本保持不变。

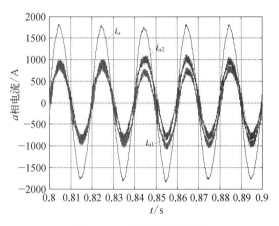

图 8-22　无环流控制波形

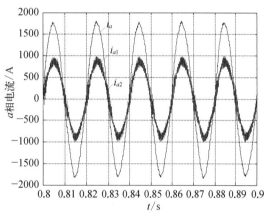

图 8-23　加入环流控制后的波形

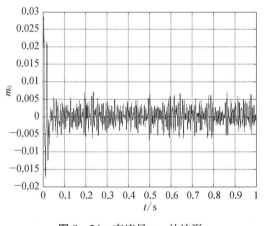

图 8-24　直流量 m_0 的波形

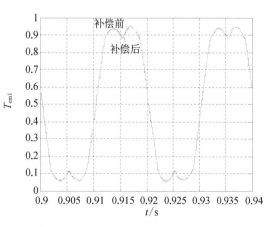

图 8-25　补偿前后的调制波波形

3. 基于零矢量分配的零序环流抑制

仿真条件:输出滤波器的电感偏差 2％、电容偏差 5％,触发脉冲差 10 μs。由图 8-26 和图 8-27 对比可知,该环流控制策略能有效消除直流和低频环流,实现各并联单元三相交流输出电流的平衡,加入环流控制前的环流百分比 CCP＝17.2％,加入环流控制后的环流百分比 CCP＝5.7％。

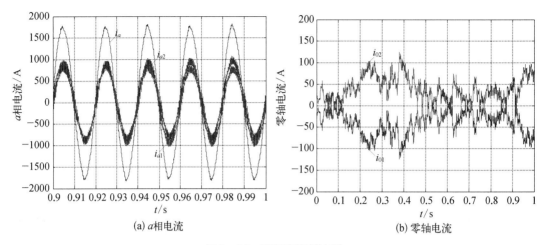

(a) a相电流

(b) 零轴电流

图 8 - 26 无环流控制波形

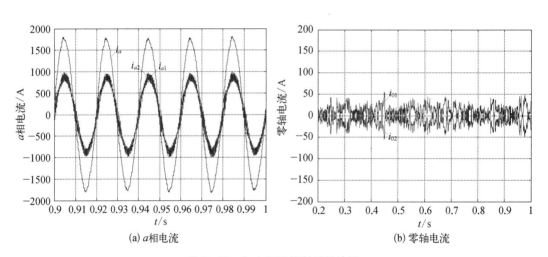

(a) a相电流

(b) 零轴电流

图 8 - 27 加入环流控制后的波形

4. 基于零序电压补偿的环流抑制

仿真条件:输出滤波器的电感偏差 2%、电容偏差 5%,触发脉冲差 10 μs。从图 8 - 28 和图 8 - 29 的对比结果可以看出,该补偿策略能够抑制零序环流,加入环流控制前 CCP = 17.3%,加入环流控制后 CCP = 8%。对图 8 - 29(b)进行频谱分析可知,加入环流控制后系统仍然有低频环流和 3 次谐波环流,这是因为该方法属于开环控制,对低频环流无法完全抑制。

5. 基于前馈补偿的环流抑制

两台变换器的滤波器参数分别为 100 μF/490 μF/190 μF 和 60 μF/440 μF/150 μF。对比图 8 - 30 与图 8 - 31 可见,加入环流前馈补偿后,直流环流得到抑制。环流控制前 CCP = 28.8%,环流控制后 CCP = 15%,但对谐波环流基本不起作用。开环补偿也不能完全抑制掉直流环流。

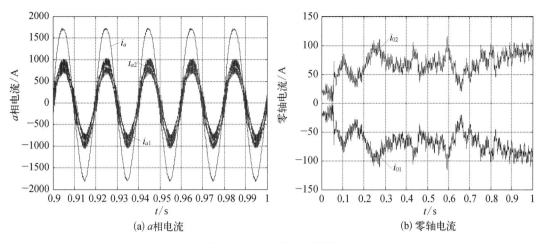

(a) a相电流

(b) 零轴电流

图 8 - 28 无环流控制波形

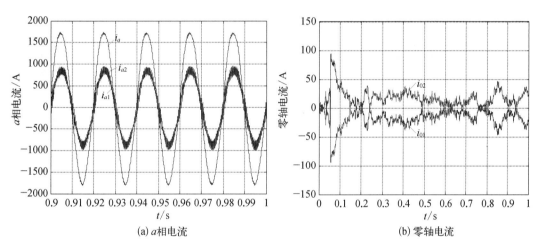

(a) a相电流

(b) 零轴电流

图 8 - 29 加入环流控制后的波形

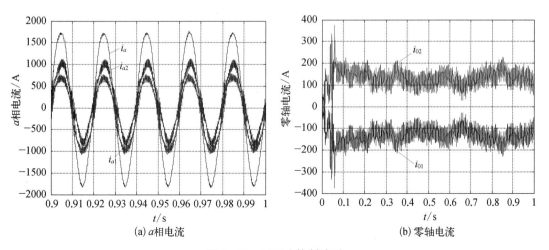

(a) a相电流

(b) 零轴电流

图 8 - 30 无环流控制波形

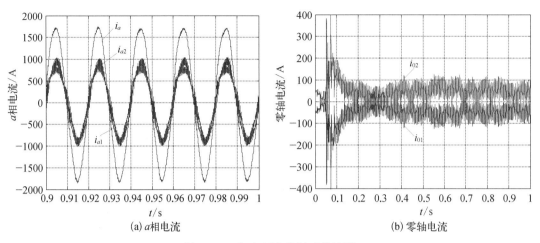

图 8 - 31　加入环流控制后的波形

8.2　并联变换器系统的效率提升技术

8.2.1　中低压开关混合的三电平 NPC 变换器

1. 低压 IGBT 串联体与中压 IGBT 的功率损耗

IGBT 的功率损耗分为导通损耗和开关损耗,导通损耗与变换器的负载功率密切相关,开关损耗则由功率器件的自身特性和负载功率共同决定。本节将比较单个 3 300 V 的 IGBT 和两个 1 700 V 的 IGBT 串联体在负载电流 500 A 时的功率损耗。3 300 V 和 1 700 V IGBT 的功率损耗参数如表 8 - 1 所示。

式(8 - 1)~式(8 - 3)为 IGBT 的功率损耗计算方法:

$$P_{\text{total}} = P_{\text{sw}} + P_{\text{con}} \tag{8 - 10}$$

$$P_{\text{sw}} = f_{\text{sw}}(E_{\text{on}} + E_{\text{off}} + E_{\text{rr}}) \tag{8 - 11}$$

$$P_{\text{con}} = U_{\text{ces}} I_{\text{c}} \tag{8 - 12}$$

其中,P_{sw} 为开关损耗,P_{con} 为导通损耗,U_{ces} 为通态电压,I_{c} 为通态电流,其他参数见表 8 - 1。

表 8 - 1　典型 IGBT 功率损耗参数

		额定电压/V	3 300	1 700
开关损耗/ (mJ/pulse)	E_{on}		1 300	143
	E_{off}		1 000	150
	E_{rr}		875	235
	V_{ces}/V		3. 15	2. 83
	结温 T_{j}/℃		125	

由式(8-10)~式(8-12)可得,单个 3 300 V IGBT 的功率损耗为

$$P_{3\,300\,V} = f_{sw}(E_{on} + E_{off} + E_{rr}) + P_{con} \tag{8-13}$$

两个 1 700 V IGBT 串联体的总功率损耗为

$$P_{1\,700\,V} = 2[f_{sw}(E_{on} + E_{off} + E_{rr}) + P_{con}] \tag{8-14}$$

图 8-32 为 3 300 V IGBT 和 2 个 1 700 V IGBT 串联体的功率损耗曲线。可见,功率器件的开关损耗远大于导通损耗,开关损耗是 IGBT 的主要损耗。两个低压 IGBT 的串联体比单个中压 IGBT 的开关损耗低、导通损耗略高。

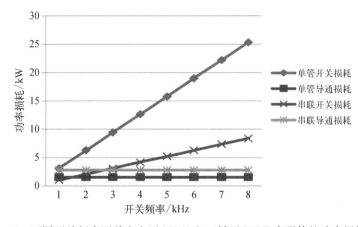

图 8-32　不同开关频率下单个中压 IGBT 和二低压 IGBT 串联体的功率损耗曲线

2. 拓扑结构及损耗分析

开关损耗是功率器件的主要损耗,减小功率器件的开关损耗可以有效提高变换器效率。在耐受相同电压应力时,低压 IGBT 串联体可以减小功率器件损耗。在 I 型三电平 NPC 拓扑中,内、外管 IGBT 的工作状态差异很大。通常外管 IGBT 在其导通周期内高频动作,不停地切换通断状态,内管 IGBT 则以工频动作,处于常开通或常关断状态。因此,三电平拓扑变换器的主要功率损耗是由外管 IGBT 产生的。如图 8-33 所示,如外管 S_1、S_4 分别采用由两个低压 IGBT 串联组成的 IGBT 阀串,内管 S_2、S_3 采用单个中压 IGBT,构成混合型三电平 NPC 拓扑变换器,理论上可提高变换器的效率。

图 8-33 是中低压开关混合的三电平变换器,图 8-34 是这种变换器的调制方法示意图。S_1、S_3 的开关状态互补,S_2、S_4 的开关状态互补。在电流的正半周期,虽然 S_3 也处于高频开关状态,但由于其电流为 0,其开关损耗和导通损耗可以忽略,负半周期的功率损耗同理可得。因此,功率器件的损耗主要由外管引起。下面以单相桥臂为例,对中低压开关混合三电平变换器的功率损耗进行分析,低压 IGBT 和中压 IGBT 分别选用 FUJI 电机的 1MBI1200U4C-170 和 1MBI1200UE-330。

在正半周期内,外管 $S_1(S_{11} + S_{12})$ 的导通损耗和开关损耗分别为

$$P_{S_{11}con} = \frac{1}{T}\int_0^{T/2} U_s d(t) \frac{P_o \sqrt{2}\sin(\omega t)}{U_{ac}} dt \tag{8-15}$$

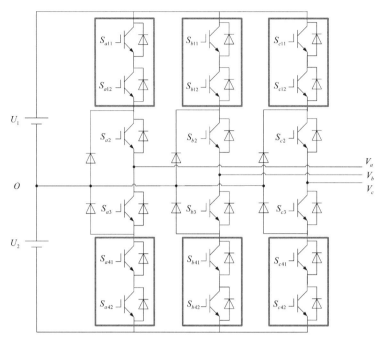

图 8 - 33 中低压开关混合的三电平变换器

$$P_{S_{11}\,\mathrm{sw}} = f \sum_{n=1}^{f_s/f} \left[E_{\mathrm{on}} \frac{P_o\sqrt{2}\sin(\omega n Ts)}{U_{\mathrm{ac}}} + E_{\mathrm{rr}} \frac{P_o\sqrt{2}\sin(\omega n Ts)}{U_{\mathrm{ac}}} + E_{\mathrm{off}} \frac{P_o\sqrt{2}\sin(\omega n Ts)}{U_{\mathrm{ac}}} \right]$$

$$(8 - 16)$$

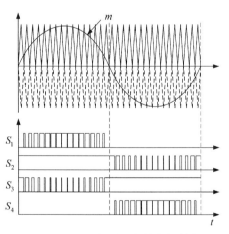

图 8 - 34 三电平 NPC 拓扑的调制方法

式中,U_s 为 IGBT 的饱和压降;P_o 为输出功率;U_{ac} 为交流电压;E_{on}、E_{off}、E_{rr} 分别为 IGBT 的导通、关断、反向恢复消耗的能量;T 和 f 分别为工频周期和频率;f_s 为开关频率;$d(t)$ 为占空比函数:

$$d(t) = \frac{2\sqrt{2}U_{\mathrm{ac}}}{U_{\mathrm{dc}}}\sin(\omega t) \qquad (8 - 17)$$

忽略内管 S_2 的开关损耗,其导通损耗:

$$P_{S_2\,\mathrm{con}} = \frac{1}{T}\int_0^{T/2} U_s \cdot \frac{P_o\sqrt{2}\sin(\omega t)}{U_{\mathrm{ac}}}\mathrm{d}t$$

$$(8 - 18)$$

负半周期内开关管的功率损耗同理可得。中低压开关混合桥臂总功率损耗为

$$P_{\mathrm{total}} = 4P_{S_{11}\,\mathrm{con}} + 4P_{S_{11}\,\mathrm{sw}} + 2P_{S_2\,\mathrm{con}} \qquad (8 - 19)$$

按照传统三电平拓扑,如功率器件均采用 3 300 V 的中压 IGBT,同样可计算出总功率损耗。以 3 MW 中压风电变换器为例,其单相桥臂的功率为 1 MW,图 8 - 35 给出了不同开关频率下中低压开关混合拓扑和传统拓扑的单相桥臂功率损耗柱状图。可见相同开关频率

下,中低压开关混合拓扑可以大幅度减小功率损耗,开关频率越高效果越明显。

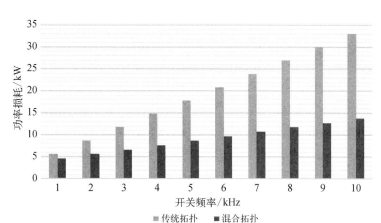

图 8 - 35　不同开关频率下单相桥臂功率损耗

中低压开关混合三电平拓扑中 IGBT 的功率损耗与其功率因数密切相关,功率器件的动作时间随着功率因数的变化而变化,从而造成内管、外管的功率损耗的不均衡分布。设 φ 为功率因数角,则在正半周期的 $\left[0, \dfrac{\varphi}{2\pi}T\right]$ 期间,功率器件的损耗分别为

$$P_{D_{11}\mathrm{con}}=\frac{1}{T}\left|\int_{0}^{\frac{\varphi}{2\pi}\cdot T}Vsd\cdot d(t)\cdot\frac{P_\mathrm{o}\cdot\sqrt{2}\cdot\sin(\omega t-\varphi)}{U_\mathrm{ac}}\mathrm{d}t\right| \tag{8-20}$$

$$P_{D_2\mathrm{con}}=\frac{1}{T}\left|\int_{0}^{\frac{\varphi}{2\pi}\cdot T}Vsd\cdot\frac{P_\mathrm{o}\cdot\sqrt{2}\cdot\sin(\omega t-\varphi)}{U_\mathrm{ac}}\mathrm{d}t\right| \tag{8-21}$$

$$P_{S_3\mathrm{sw}}=f\sum_{n=1}^{\frac{\varphi}{2\pi}\cdot\frac{f_\mathrm{s}}{f}}\left[E_\mathrm{on}\left(\left|\frac{P_\mathrm{o}\sqrt{2}\sin(\omega nTs-\varphi)}{U_\mathrm{ac}}\right|\right)+E_\mathrm{rr}\left(\left|\frac{P_\mathrm{o}\sqrt{2}\sin(\omega nTs-\varphi)}{U_\mathrm{ac}}\right|\right)\right.$$
$$\left.+E_\mathrm{off}\left(\left|\frac{P_\mathrm{o}\sqrt{2}\sin(\omega nTs-\varphi)}{U_\mathrm{ac}}\right|\right)\right] \tag{8-22}$$

在正半周期的 $\left[\dfrac{\varphi}{2\pi}T, \dfrac{T}{2}\right]$ 期间,功率器件的功率损耗分别为

$$P_{S_{11}\mathrm{con}}=\frac{1}{T}\int_{\frac{\varphi\cdot T}{2\pi}}^{\frac{T}{2}}Vs\cdot d(t)\,\frac{P_\mathrm{o}\cdot\sqrt{2}\cdot\sin(\omega t-\varphi)}{U_\mathrm{ac}}\mathrm{d}t \tag{8-23}$$

$$P_{S_2\mathrm{con}}=\frac{1}{T}\int_{\frac{\varphi\cdot T}{2\pi}}^{\frac{T}{2}}Vs\cdot\frac{P_\mathrm{o}\cdot\sqrt{2}\cdot\sin(\omega t-\varphi)}{U_\mathrm{ac}}\mathrm{d}t \tag{8-24}$$

$$P_{S_{11}\mathrm{sw}}=f\sum_{n=\frac{\varphi}{2\pi}\cdot\frac{f_\mathrm{s}}{f}+1}^{\frac{1}{2}\cdot\frac{f_\mathrm{s}}{f}}\left[E_\mathrm{on}\left(\frac{P_\mathrm{o}\sqrt{2}\sin(\omega nTs-\varphi)}{U_\mathrm{ac}}\right)+E_\mathrm{rr}\left(\frac{P_\mathrm{o}\sqrt{2}\sin(\omega nTs-\varphi)}{U_\mathrm{ac}}\right)\right.$$
$$\left.+E_\mathrm{off}\left(\frac{P_\mathrm{o}\sqrt{2}\sin(\omega nTs-\varphi)}{U_\mathrm{ac}}\right)\right] \tag{8-25}$$

同理可得负半周期内功率器件的功率损耗。因此,串联混合拓扑单相桥臂的总功率损耗为

$$P_{\text{total}} = 4(P_{S_{11}\text{con}} + P_{D_{11}\text{con}}) + 4P_{S_{11}\text{sw}} + 2(P_{S_2\text{con}} + P_{D_2\text{con}}) + 2P_{S_3\text{con}} \qquad (8-26)$$

图 8-36 给出了 2 kHz 开关频率时,中低压开关混合三电平拓扑在不同功率因数下的损耗。可见,随着功率因数的减小,功率器件的损耗分布越来越均衡,内管的损耗随着功率因数的减小而增大,外管的损耗随着功率因数的减小而减小。

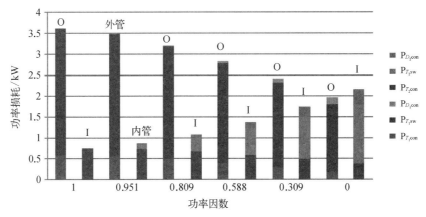

图 8-36　不同功率因数下功率器件的损耗分布

3. 基于 FPGA 的双 IGBT 串联实现方法

IGBT 自身寄生参数的差异会导致 IGBT 串联时的电压不均衡,包括静态和动态,必须进行抑制。对于 IGBT 的开关过程,集电极和发射极之间的电压和电流变化率是两个关键参数,对 IGBT 的安全可靠工作具有重要的意义,可通过控制 IGBT 开关过程中的 $\mathrm{d}i/\mathrm{d}t$ 和 $\mathrm{d}u/\mathrm{d}t$ 使 IGBT 安全可靠工作。

式(8-27)和(8-28)分别为 IGBT 开通过程和关断过程中集电极电流的变化率,可见,控制门极驱动电阻可以控制 IGBT 开关过程中的电流变化率,从而改变 IGBT 的开关速度。

$$\frac{\mathrm{d}i_{\mathrm{C}}}{\mathrm{d}t} = \frac{V_{\mathrm{GG}} - \left(V_{\mathrm{T}} - \dfrac{Ip}{2g_{\mathrm{m}}}\right)}{\dfrac{R_{\mathrm{g}}C_{\mathrm{ies}}}{g_{\mathrm{m}}} + L_{s1}} \qquad (8-27)$$

$$\frac{\mathrm{d}i_{\mathrm{C}}}{\mathrm{d}t} = \frac{V_{\mathrm{T}} + \dfrac{I_{\mathrm{L}}}{2g_{\mathrm{m}}} - V_{\mathrm{GG}}}{\dfrac{R_{\mathrm{g}}C_{\mathrm{ies}}}{g_{\mathrm{m}}} + L_{s1}} \qquad (8-28)$$

式中,V_{GG} 为门极驱动电压,I_{L} 为负载电流,g_{m} 是 IGBT 的跨导,R_{g} 为门极驱动电阻,C_{ies} 为 IGBT 输入电容,V_{T} 为 IGBT 的阈值电压,L_{s1} 为功率发射极和辅助发射极之间的寄生电感。

通过在线改变 IGBT 的门极驱动电阻,影响 IGBT 开关速度来实现串联 IGBT 的均压。在 IGBT 的开通过程中,基于对 $\mathrm{d}i/\mathrm{d}t$ 的检测来调整各 IGBT 的开关速度。由于 $u_{Ee} = L_{Ee}\dfrac{\mathrm{d}i_{\mathrm{C}}}{\mathrm{d}t}$,可以通过检测 u_{Ee} 间接实现对 $\mathrm{d}i/\mathrm{d}t$ 的检测;在 IGBT 的关断过程,通过对 $\mathrm{d}u/\mathrm{d}t$

的检测来调整串联 IGBT 的开关速度。

定义 IGBT 开通、关断过程的差异度 Δ_{on}、Δ_{off} 分别为

$$\Delta_{on} = \frac{\Delta \dfrac{di}{dt}}{\dfrac{di}{dt}} = 2\frac{u_{Ee1} - u_{Ee2}}{u_{Ee1} + u_{Ee2}} \tag{8-29}$$

$$\Delta_{off} = \frac{\Delta V_{CE}}{V_{CE}} = 2\frac{u_{CE1} - u_{CE2}}{u_{CE1} + u_{CE2}} \tag{8-30}$$

式(8-29)~式(8-30)中，u_{Ee1}、u_{Ee2} 分别为两个 IGBT 功率发射极和辅助发射极间的电压。u_{CE1}、u_{CE2} 分别为其功率发射极和集电极之间的电压。

IGBT 开通过程中，$\Delta_{on} > 0$ 表明 IGBT1 的开通速度快于 IGBT2；IGBT 关断过程中，$\Delta_{off} > 0$ 表明 IGBT1 的关断速度快于 IGBT2，其他情况同理可得。

影响开关速度快、慢的门极驱动电阻分别记为 R_{gf}、R_{gs}，其的选择判据为

$$\begin{cases} |\Delta_j| \leqslant 5\% & \text{保持不变} \\ 5\% < |\Delta_j| \leqslant 15\% & (R_{gs}-) \text{ 或}(R_{gf}+) \\ |\Delta_j| > 15\% & (R_{gs}-) \text{ 与}(R_{gf}+) \end{cases} \tag{8-31}$$

式中，$j =$ on 或 off；+、-分别表示驱动电阻增大一级、减小一级。

图 8-37 和图 8-38 分别是基于 FPGA 的门极驱动示意图和驱动控制框图，驱动电阻采用三级配置，多级驱动电阻可以优化 IGBT 的开关过程。门极控制单元根据 FPGA 的控制指令选择对应的驱动电阻。通过对 IGBT 的 u_{Ee} 和 u_{CE1} 实时采样，FPGA 根据 IGBT 开关过程中的电压、电流变化率来选择合适的门极驱动电阻，从而使得串联 IGBT 的开关过程同步。通过自适应门极驱动控制，IGBT 的开关过程分为多个阶段，FPGA 比较每个阶段 IGBT 的开关速度，从而决定下阶段各个 IGBT 的门极驱动电阻。多级驱动电阻控制可以控

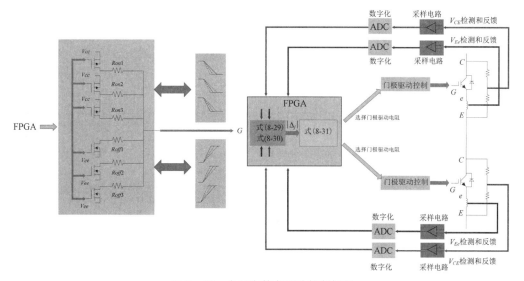

图 8-37 自适应数字驱动控制框图

制 IGBT 的开关速度,优化 IGBT 的开关过程,实现串联 IGBT 的动态均压,静态均压则通过并联均压电阻来实现。

自适应数字驱动能够实现串联 IGBT 的均压,从而使得中低压开关混合三电平拓扑具有可实现性。

4. 仿真分析及实验验证

基于 Matlab/Simulink 对中低压开关混合的三电平 NPC 变换器进行仿真分析。采用正弦脉宽调制(sinusoidal pulse width modulation,SPWM)算法,具体仿真参数如表 8 - 2 所示。

表 8 - 2   仿真参数

参 数	数 值	参 数	数 值
直流电压/V	5 400	电感/mH	5
开关频率/kHz	5	电阻/Ω	5

图 8 - 38 为中低压开关混合三电平 NPC 拓扑的桥臂相电压、电流的仿真波形,相电压为三电平,电流波形正弦。图 8 - 39 给出了 S_{11} 的电压和电流波形,由于仿真中 IGBT 的一致性很高,S_{12} 的电压、电流和功率损耗波形与 S_{11} 完全相同,并没有体现出串联 IGBT 的电压不平衡现象。实际应用中必须考虑串联 IGBT 的均压问题。

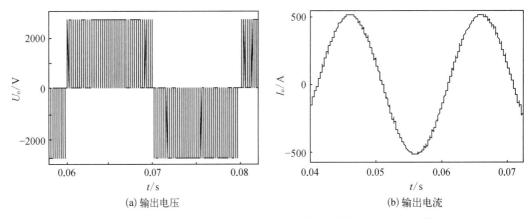

(a) 输出电压

(b) 输出电流

图 8 - 38   中低压开关混合三电平变换器的桥臂相电压、电流波形

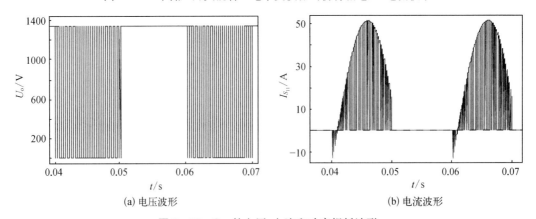

(a) 电压波形

(b) 电流波形

图 8 - 39 S_{11} 的电压、电流和功率损耗波形

搭建单相样机验证中低压开关混合三电平变换器的可行性,单相样机的具体参数如表 8-3 所示。

表 8-3　单相样机参数

直流电压/V	180	电阻/Ω	5
开关频率/kHz	5	串联 IGBT 额定电压/V	600
电感/mH	5	单管 IGBT 额定电压/V	1 200

图 8-40 为桥臂相电压、电流的实验波形,图 8-41 为串联 IGBT 的功率损耗波形。由图 8-41 可见,串联 IGBT 参数的不一致会导致各开关管功率损耗分布不均。

图 8-42 为不同均压控制策略下串联 IGBT 的电压波形。图 8-42(a) 为无均压控制的

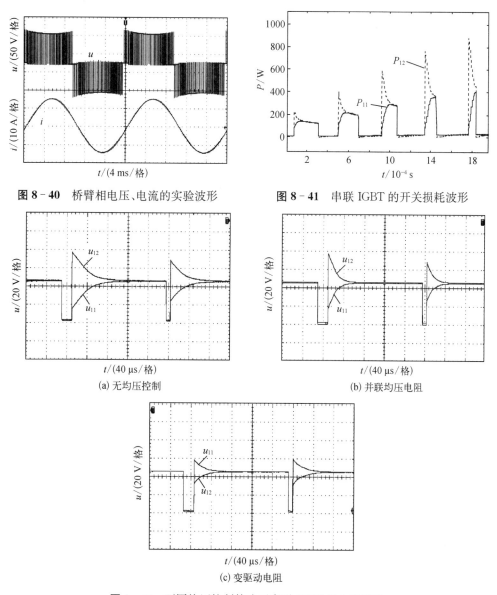

图 8-40　桥臂相电压、电流的实验波形　　图 8-41　串联 IGBT 的开关损耗波形

(a) 无均压控制　　　　(b) 并联均压电阻

(c) 变驱动电阻

图 8-42　不同均压控制策略下串联 IGBT 的电压波形

电压波形,图 8-42(b)为并联均压电阻的均压波形,图 8-42(c)为变驱动电阻均压控制的电压波形。图 8-42 中,u_{11} 为 S_{11} 的电压、u_{12} 为 S_{12} 的电压。由图 8-42(c)可知,变驱动电阻的方式可以影响串联 IGBT 的开关速度,减小串联 IGBT 的电压不均衡度,均压效果较好。并联均压电阻的方法不能调控动态电压的不平衡,只能调节动态性能。

8.2.2 基于 DPWM 的交错并联调制降损优化

图 8-43 所示的空间矢量调制方式由于直流电压利用率高而被所广泛使用。根据每个调制周期内开关的动作情况而分为两种,一种为连续 PWM 调制(continuous PWM,CPWM),体现为在每个调制周期内开关器件都有相应的状态转换;另一种是不连续 PWM 调制技术(discontinuous PWM,DPWM),体现为在调制波周期的一定区间内存在开关管不动作的情况。DPWM 调制减少了开关动作次数,可降低开关损耗,提高变换器效率。

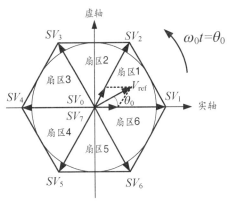

图 8-43 空间矢量示意图

对 SVPWM 的分析可知,目标输出电压矢量 V_{ref} 由两个相邻矢量合成,其载波周期内的伏秒平均值与有效空间矢量作用时间内的伏秒平均值是相同的。SVPWM 实现方式是将有效空间矢量居中放置在半个载波周期中间,将剩余的空间矢量时间平均分配给零矢量 SV_0 和 SV_7。此时每半个载波周期内空间矢量都是由零矢量开始,又以零矢量结束,而有效矢量彼此直接跟随,这样可保证每次切换都是仅有一个单相桥臂开关动作。可以根据不同扇区内开关序列的组合得到一个调制波周期内的电压矢量变化。

图 8-44(图中 T_c 为载波周期,ω_0 为调制波频率)给出了在不同扇区一个载波周期中输出脉冲的变化情况。可见在每个 60° 扇区中,都有零矢量 SV_0 和 SV_7 的共同存在,此时如果将相邻半个载波周期中的有效空间矢量彼此移动在一起,两者之间的零空间矢量就随之消失,这样能够减少电压矢量的切换,降低开关器件的动作次数,这就是 DPWM 调制的思路。

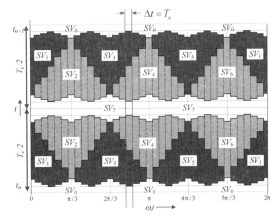

图 8-44 SVPWM 空间矢量放置示意图

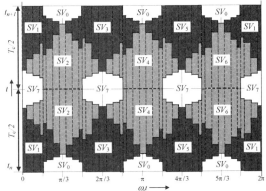

图 8-45 DPWM 空间矢量放置示意图

根据选择所消除的零矢量类型(SV_0 和 SV_7)和时刻(不调制区间)的不同,可以得到不同的 DPWM 调制方法。为了使逆变器输出线电压开关波形在基波周期内对称,保证内部开关损耗的平衡,选择在一个基波周期内相继的 60°扇区上交替地消除零空间矢量 SV_0 和 SV_7,这样每相桥臂一次只有 60°的不调制范围,这种 DPWM 调制技术就是 60°不连续调制,图 8-44 为 SVPWM 空间矢量放置示意图,图 8-45 为 DPWM 空间矢量放置示意图。

为了更好地阐述 DPWM 对正弦指令电压的跟随,根据 DPWM 的调制原理和矢量放置规则,得到在不同扇区内各相桥臂参考电压波形的数学表达式,如表 8-4 DPWM 调制下各相桥臂参考电压所示。利用上述参考波形的数学表达式可以绘制出 DPWM 调制波,图 8-44 SVPWM 空间矢量放置示意图。图 8-45 为调制比 0.9 时,A 相给定调制电压与 DPWM 输出的调制电压的对比波形(图中 V_{dc} 为直流母线电压)。

表 8-4　DPWM 调制下各相桥臂参考电压

60°扇区	A 相$[V_A/(V_{dc}/2)]$	B 相$[V_B/(V_{dc}/2)]$	C 相$[V_C/(V_{dc}/2)]$
$\dfrac{5\pi}{6} \leqslant \theta \leqslant \pi$	-1	$-1+\sqrt{3}M\cos\left(\theta+\dfrac{\pi}{6}\right)$	$-1+\sqrt{3}M\cos\left(\theta+\dfrac{5\pi}{6}\right)$
$\dfrac{\pi}{2} \leqslant \theta \leqslant \dfrac{5\pi}{6}$	$1+\sqrt{3}M\cos\left(\theta+\dfrac{\pi}{6}\right)$	1	$1-\sqrt{3}M\sin\theta$
$\dfrac{\pi}{6} \leqslant \theta \leqslant \dfrac{\pi}{2}$	$-1-\sqrt{3}M\cos\left(\theta+\dfrac{5\pi}{6}\right)$	$-1+\sqrt{3}M\sin\theta$	-1
$-\dfrac{\pi}{6} \leqslant \theta \leqslant \dfrac{\pi}{6}$	1	$1-\sqrt{3}M\cos\left(\theta+\dfrac{\pi}{6}\right)$	$1+\sqrt{3}M\cos\left(\theta+\dfrac{5\pi}{6}\right)$
$-\dfrac{\pi}{2} \leqslant \theta \leqslant -\dfrac{\pi}{6}$	$-1+\sqrt{3}M\cos\left(\theta+\dfrac{\pi}{6}\right)$	-1	$-1-\sqrt{3}M\sin\theta$
$-\dfrac{5\pi}{6} \leqslant \theta \leqslant -\dfrac{\pi}{2}$	$1-\sqrt{3}M\cos\left(\theta+\dfrac{5\pi}{6}\right)$	$-1-\sqrt{3}M\sin\theta$	1
$-\pi \leqslant \theta \leqslant -\dfrac{5\pi}{6}$	-1	$-1-\sqrt{3}M\cos\left(\theta+\dfrac{\pi}{6}\right)$	$-1+\sqrt{3}M\cos\left(\theta+\dfrac{5\pi}{6}\right)$

从图 8-46 中可以看到,DPWM 将各相桥臂的不调制区间居中对称地放置在基波参考电压正、负峰值的周边。这对于单位功率因数运行的场合是最佳的选择,因为这种工况下电

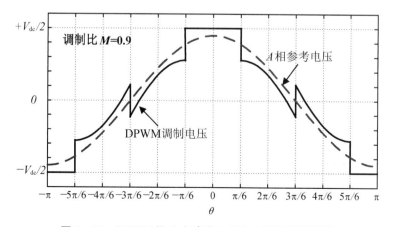

图 8-46　DPWM 的 A 相参考电压与电压伏秒平均值

流与基波电压峰值同相位,选择各相桥臂在其电流最大时不做开关动作,这样可以明显减小开关损耗。

以三相变换器的 A 相桥臂上管为例,在单位功率因数工况下,将 $E_{SW(on)}$、$E_{SW(OFF)}$、$E_{rr(OFF)}$ 线性化后,可得在半个调制波周期内基于 SVPWM 调制的三相变换器中单个功率开关管的开关损耗为

$$P_{sw\_loss(SVPWM)} = V_{dc}I_m f_s \frac{1}{\pi}k\int_{-\pi/2}^{\pi/2}\cos\theta d\theta = \frac{2}{\pi}V_{dc}I_m f_s k \tag{8-32}$$

当采用 DPWM 调制技术时,从表 8 - 4 可以看出 A 相桥臂上管在一个调制波周期内的 $-\pi/6 \leqslant \theta \leqslant \pi/6$、$\frac{5\pi}{6} \leqslant \theta \leqslant \pi$、$-\pi \leqslant \theta \leqslant -\frac{5\pi}{6}$ 区间开关管不动作,不会产生开关损耗。可得在半个调制波周期内基于 DPWM 调制的三相变换器中单个功率开关管的开关损耗为

$$P_{sw\_loss(DPWM)} = V_{dc}I_m f_s k \frac{1}{\pi}\left(\int_{-\pi/2}^{-\pi/6}\cos\theta d\theta + \int_{\pi/6}^{\pi/2}\cos\theta d\theta\right) = \frac{1}{\pi}V_{dc}I_m f_s k \tag{8-33}$$

比较式(8 - 32)与式(8 - 33)可见使用 DPWM 调制最多能够降低 50% 的开关损耗,这对于提高变换器整体效率非常有意义,尤其是在较高调制比、大功率变换器场合,DPWM 具有明显优势。

由于 DPWM 技术是通过设置一定的不调制区间减少开关动作次数,实现对开关损耗的降低,不可避免地会造成谐波性能的降低,导致总谐波畸变率(THD, the harmonic distortion)增加。由 DPWM 不连续调制引入的谐波电流及其对整体 THD 的影响可以通过详细的数学推导得出,文献[16]对多种调制策略所产生的谐波电流的解析式进行了详细推导,其结论用统一化的解析式表示为

$$I_{ab, h, rms}^2 = \left(\frac{V_{dc}}{L}\right)^2 \frac{T_c^2}{48}f(M) \tag{8-34}$$

此处函数 $f(M)$ 称为谐波畸变因数(harmonic distortion factor, HDF)。HDF 本身只与调制策略有关,与开关频率、直流侧电压及负载电感等因素无关,变换器输出的 THD 可以通过 HDF 变换得出,因此 HDF 通常被用作 PWM 策略的性能指标。

$$WTHD_0 = \frac{\pi}{f_c/f_0}\sqrt{\frac{HDF}{18}} \tag{8-35}$$

其中,$WTHD_0$ 为加权 THD 以直流电压为基准值的标幺值结果,f_c/f_0 为载波比。

连续空间矢量 SVPWM 调制与 DPWM 调制的 HDF 表达式分别为

$$f(M)_{SVPWM} = \frac{3}{2}M^2 - \frac{4\sqrt{3}}{\pi}M^3 + \frac{9}{8}\left(\frac{3}{2} - \frac{9}{8}\cdot\frac{\sqrt{3}}{\pi}\right)M^4 \tag{8-36}$$

$$f(M)_{DPWM} = 6M^2 - \left(\frac{45}{2\pi} + \frac{4\sqrt{3}}{\pi}\right)M^3 + \left(\frac{27}{8} + \frac{27}{32}\cdot\frac{\sqrt{3}}{\pi}\right)M^4 \tag{8-37}$$

图 8-47 为 SVPWM 和 DPWM 两种调制策略,谐波畸变因数随调制比 M 变化的曲线,不难发现,与连续 SVPWM 调制相比,在调制比 M 较低的情况下,DPWM 将产生较大的谐波畸变。但调制比达到较高水平时,两者的 HDF 趋同。DPWM 对开关损耗的降低效果在单位功率因数和高调制比工况中优势明显,而此时的谐波性能也在可以接受的范围内,满足 DPWM 应用于高调制比的设计理念。全功率风电变流器的网侧变换器调制比变化范围在 $0.92 \sim 1.1$ 之间,在这个范围内,DPWM 调制方式产生的谐波约是 SVPWM 调制方式的 1.5 倍,通过合理设计 LCL 滤波器,可以控制谐波电流含量满足并网标准。而对于机侧变换器,由于电机绕组的电感比较大,对 DPWM 造成的电流谐波有较大抑制作用。

在并联变换器系统中,子变换器之间载波移相交错调制,可使子变换器交流侧高次电压谐波之间存在一定相角差,再通过电抗并联叠加后可对高次谐波电流有效抑制。这种载波周期的相移可用图 8-47 和图 8-48 所示的交错角 κ($0 \leqslant \kappa \leqslant 2\pi$)表示。

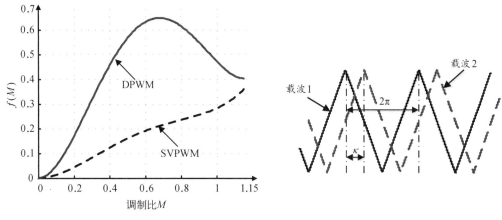

图 8-47 谐波畸变因数变化曲线　　　　图 8-48 交错角的定义

图 8-49 为交错并联调制下,N 套变换器并联系统拓扑结构图,交错并联技术能够在不改变当前滤波器的条件下,降低并联系统中子变换器的开关频率;而 DPWM 调制技术通过设置一定的不调制区间,减少开关动作次数。两者结合,能够有效减少系统损耗,提高效率。

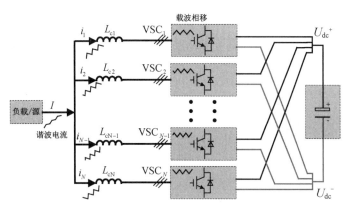

图 8-49 交错并联示意图

变换器交错并联能够抑制特定的高次谐波,而 DPWM 在降低系统开关损耗的同时引入了边带谐波,所以,可采用交错并联抑制边带谐波。首先需要对 DPWM 调制策略与调制比等因素对交流侧各频次谐波含量的影响作定量分析,得出各工况下的主导谐波,进而选择合适的交错角对主导谐波消除。

以图 8 - 49 和图 8 - 50 所示的双变换器(VSC$_1$ 和 VSC$_2$)并联系统为例进行分析,各子变换器采取共交流母线和共直流母线的方式连接。

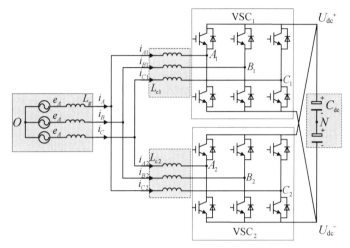

图 8 - 50　$N=2$ 的并联风电流器结构

变换器桥臂输出电压即交流端(A)与直流侧中电位点(N)之间的电位差 v_{A1N} 可以使用双重傅里叶级数展开。其中谐波电压分量的频率可以表示为 $(m\omega_c + n\omega_0)$,其中:ω_c 表示载波的角频率,ω_0 表示调制波成分的角频率,而 m,n 分别代表载波和基带的索引变量。则DPWM 调制输出电压 $v_{A1N}(m,n)$ 按级数形式展开,频率为 $(m\omega_c + n\omega_0)$ 处的谐波分量表示为

$$v_{A1N}(m,n)(t) = C_{mn}\cos\left[(m\omega_c + n\omega_0)t + m\theta_c + n\theta_0 + \theta_{mn}\right] \tag{8-38}$$

$$C_{mn}e^{j\theta_{mn}} = \frac{V_{dc}}{2\pi^2}\int_{y_s}^{y_e}\int_{x_r}^{x_f}e^{j(mx+ny)}\,\mathrm{d}x\mathrm{d}y \tag{8-39}$$

式中,C_{mn} 为谐波幅值,θ_c 和 θ_0 为载波和基波的相位偏移角,θ_{mn} 为与 PWM 调制策略和运行条件有关的常量。

那么 B 相谐波 $v_{B1N}(m,n)$ 和 C 相电压谐波 $v_{C1N}(m,n)$ 也可以采取同样的方式表示,其 C_{mn} 和 θ_{mn} 与 A 相相同,只在 θ_0 存在 120°相位差。其中特定频次谐波幅值 C_{mn} 是与PWM 调制策略和调制比 M 有关的系数,其数值可以通过双重傅里叶积分得到,其中积分上下限可以通过表 8 - 5 得到。

DPWM 的主导谐波在开关频率及其整倍数处。通过交错并联对 DPWM 调制的谐波优化主要是将开关频率处的谐波消除。使用双重傅里叶积分能够得到交错并联调制下输出电流的谐波频谱特性,数值分析显示交错并联调制系统的谐波成分与交错角 κ、调制比 M(交

表 8‑5 DPWM 的双重傅里叶积分上限与下限

y	x_r	x_f
$-\dfrac{\pi}{6} \leqslant y \leqslant \dfrac{\pi}{6}$	$-\pi$	π
$\dfrac{\pi}{6} \leqslant y \leqslant \dfrac{\pi}{2}$	$-\pi\dfrac{\sqrt{3}}{2}M\cos\left(y-\dfrac{\pi}{6}\right)$	$\pi\dfrac{\sqrt{3}}{2}M\cos\left(y-\dfrac{\pi}{6}\right)$
$\dfrac{\pi}{2} \leqslant y \leqslant \dfrac{5\pi}{6}$	$-\pi\left[1+\dfrac{\sqrt{3}}{2}M\cos\left(y+\dfrac{\pi}{6}\right)\right]$	$\pi\left[1+\dfrac{\sqrt{3}}{2}M\cos\left(y+\dfrac{\pi}{6}\right)\right]$
$\dfrac{5\pi}{6} \leqslant y \leqslant \dfrac{7\pi}{6}$	0	0
$\dfrac{7\pi}{6} \leqslant y \leqslant \dfrac{3\pi}{2}$	$-\pi\left[1+\dfrac{\sqrt{3}}{2}M\cos\left(y-\dfrac{\pi}{6}\right)\right]$	$\pi\left[1+\dfrac{\sqrt{3}}{2}M\cos\left(y-\dfrac{\pi}{6}\right)\right]$
$\dfrac{3\pi}{2} \leqslant y \leqslant \dfrac{11\pi}{6}$	$-\pi\dfrac{\sqrt{3}}{2}M\cos\left(y+\dfrac{\pi}{6}\right)$	$\pi\dfrac{\sqrt{3}}{2}M\cos\left(y+\dfrac{\pi}{6}\right)$

流线电压峰值与直流电压之比)、PWM 调制策略和功率因数 $\cos\theta$ 等因数有直接关系。在图 8‑49 的双变换器交错并联系统中，VSC_2 与 VSC_1 载波之间增加交错角 κ 后，v_{A1N} 和 v_{A2N} 中 $(m\omega_c + n\omega_0)$ 频率的谐波幅值保持 C_{mn} 不变，但相角产生相应的变化。变化值 $\Delta\theta_c = m\kappa$，并联系统总输出 $v_{AN}(m,n)$ 的谐波幅值为

$$C_{mn} = |(C_{mn1} + C_{mn2}\,\mathrm{e}^{jm\kappa})| = 2C_{mn}\cos(m\kappa/2) \tag{8-40}$$

从上式可知，如将交错角 κ 设置为 π/m，即相对于 VSC_1，VSC_2 载波相移 $1/2m$ 的开关周期，这时 C_{mn} 将会被抵消为零。特别地，对于图 8‑49 所示系统，采取相移 π 的交错并联方式能够完全消除开关频率奇次倍数的谐波，而对偶次倍数的谐波不会产生影响。对于相移 $\pi/2$ 的交错并联策略能够有效消除开关频率的 $(4k+2)$ 倍数次(如 2 次，6 次，10 次等)谐波分量，同时将奇数次谐波减小为原来的 $1/\sqrt{2}$。

交错角的选取直接影响到并联结构中谐波消除的频次与整体谐波畸变率 THD 的大小，所以需要根据并联变换器不同的工作状态选择最优的交错角 κ 以尽可能多地降低输出电流的总谐波含量，提高并联变换器的输出特性。对于使用 DPWM 作为调制策略的情况，开关频率处谐波是变换器输出的主要谐波成分，而选择交错角 $\kappa = \pi$ 的交错并联策略能够最大程度减少电流谐波畸变率。

为验证前文所述交错并联调制的谐波性能，针对附录 4 中 3 MW/4 MVA 并联变流系统的双并联网侧变换器，开关频率为 3 kHz。在 Matlab/Simulink 环境中搭建了并联变换器的仿真模型，对传统 SVPWM 调制、交错并联调制及 DPWM 调制等方案进行仿真分析。

图 8‑51 为四种调制策略下并网电流的频谱。SVPWM 调制方式下变换器输出基波电流 3 564 A 时，谐波畸变率 THD 为 1.65%，而采用 DPWM 调制时 THD 上升为 2.25%，由于调制比高，电流谐波含量仍能满足并网标准。采用交错并联后，输出总电流在奇次倍数开关频率的谐波几乎都被消除，偶次开关频率的谐波明显降低，SVPWM 下 THD 下降为 0.86%，DPWM 调制下 THD 下降为 1.37%。

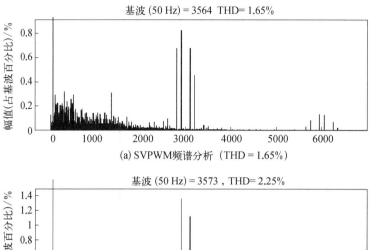

(a) SVPWM频谱分析（THD = 1.65%）

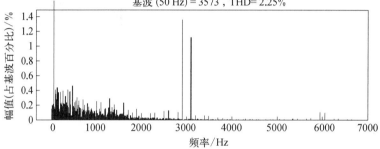

(b) DPWM频谱分析（THD = 2.25%）

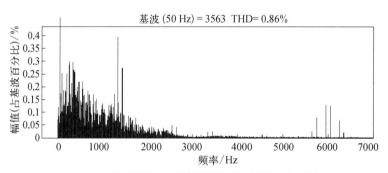

(c) SVPWM交错并联频谱分析（THD = 0.86%）

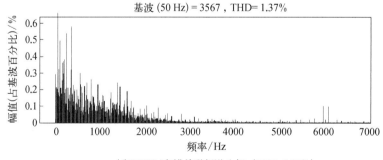

(d) DPWM交错并联频谱分析（THD=1.37%）

图 8 - 51 3 kHz 开关频率下不同调制策略的电流谐波特性

　　另外,交错并联将系统的等效开关频率提高了两倍,主要谐波频率上升为 6 kHz。所以在维持并联系统的滤波器参数不变的情况下,可将子变换器的开关频率降低为 1.5 kHz,使系统的等效开关频率维持在 3 kHz。此时并网电流的谐波含量为 2.74%。

　　在附录 2 的 350 kW 感应电机全功率变换实验平台进行实验验证。为了突显调制策略的影响,将其中 LCL 滤波器的电容去掉,图 8 - 52 所示为 DPWM 调制但不采用交错并联的方式时的电流波形,图 8 - 53 为采用交错并联后的波形,可以明显看出高频谐波大幅减少。通过频谱分析可知,采用交错并联后变换器三相电流开关频率处的谐波基本消失,转移到了两倍开关频率处。

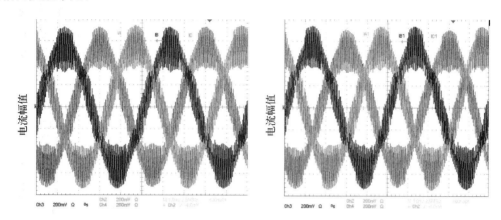

图 8 - 52　DPWM 调制、无交错并联时三相电流波形

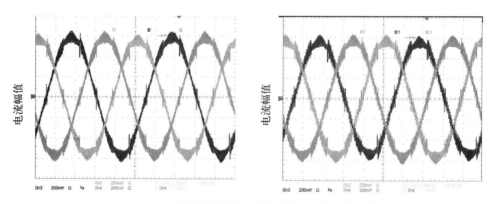

图 8 - 53　DPWM 调制、交错并联时三相电流波形

8.2.3　并联变换器系统运行效率优化控制

　　本节以永磁直驱全功率变换风电机组为例,介绍并联变换器系统的效率优化运行问题。图 8 - 54 为并联变换器系统的结构示意图,其中的变换器采用两电平拓扑结构,共直流母线。

　　1. 单变换器效率的数学模型

　　变换器的效率定义为

$$\eta(P_{\mathrm{IN}}) = \frac{P_{\mathrm{OUT}}}{P_{\mathrm{IN}}} = \frac{P_{\mathrm{IN}} - P_{\mathrm{loss}}}{P_{\mathrm{IN}}} \tag{8-41}$$

式中，$\eta(P_{IN})$ 为输入功率为 P_{IN} 时变换器的效率，P_{IN}、P_{OUT} 分别为变换器输入功率、输出功率，P_{loss} 为变换器的功率损耗。根据变换器效率的数学模型，可以求出变换器的效率函数。工业变换器的产品手册一般会给出不同负载下变换器的效率值，基于这些数据，采用数值拟合方法，可以方便地求出变换器的效率函数。

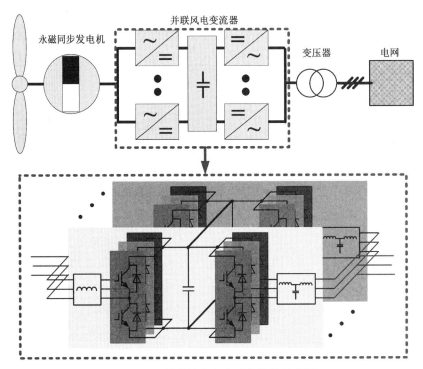

图 8‑54 并联风电变流系统结构示意图

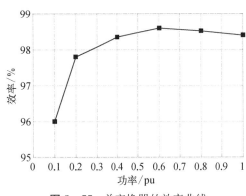

图 8‑55 单变换器的效率曲线

图 8‑55 为单个变换器不同负载下的效率值和采用分段线性化的数值拟合效率曲线。采用分段函数的数学表达方式，可得到变换器的拟合效率函数：

$$\eta(P)=\begin{cases} 0.18\times(P-0.1)+0.96 & 0\leqslant P\leqslant 0.2 \\ 0.0275\times(P-0.2)+0.978 & 0.2<P\leqslant 0.4 \\ 0.0125\times(P-0.4)+0.9835 & 0.4<P\leqslant 0.6 \\ -0.004\times(P-0.6)+0.986 & 0.6<P\leqslant 0.8 \\ -0.006\times(P-0.8)+0.9852 & 0.8<P\leqslant 1 \end{cases}$$

$$(8\text{-}42)$$

由图 8‑55 可知，变换器的效率随着负载的增加而不断提升，直至最大效率，其后，效率随着负载的增加而下降。由于变换器的运行效率取决于其实际负载的大小。因此，优化并联变换器系统各个子变换器的负载可以实现波动功率下并联系统的整体效率最优。

2. 并联系统的整体效率

以 n 个相同的变换器并联为例，并联变换器系统的整体效率[6]为

$$\eta_{\mathrm{T}}(P_{\mathrm{IN}}) = \frac{P_{\mathrm{OUT}}}{P_{\mathrm{IN}}} = \frac{\displaystyle\sum_{i=1}^{n} P_{\mathrm{OUT},i}}{\displaystyle\sum_{i=1}^{n} P_{\mathrm{IN},i}} = \frac{\displaystyle\sum_{i=1}^{n} P_{\mathrm{IN},i}\,\eta_i(P_{\mathrm{IN},i})}{\displaystyle\sum_{i=1}^{n} P_{\mathrm{IN},i}} \tag{8-43}$$

式中，$\eta_{\mathrm{T}}(P_{\mathrm{IN}})$ 为输入功率为 P_{IN} 时并联变换器系统的整体效率，P_{IN}、P_{OUT} 分别为并联变换器系统的总输入、输出功率，$P_{\mathrm{IN},i}$、$P_{\mathrm{OUT},i}$ 分别为变换器 i 的输入、输出功率，$\eta_i(P_{\mathrm{IN},i})$ 为输入功率为 $P_{\mathrm{IN},i}$ 时变换器 i 的效率。

由于并联变换器的规格相同，因此其效率曲线 $\eta_i(P) = \eta(P)$，$i=1, 2, \cdots, n$，代入式 (8-43)，并联变换器系统的整体效率可简化为

$$\eta_{\mathrm{T}}(P_{\mathrm{IN},1}, \cdots, P_{\mathrm{IN},i}, \cdots, P_{\mathrm{IN},n}) = \frac{\displaystyle\sum_{i=1}^{n} P_{\mathrm{IN},i}\,\eta(P_{\mathrm{IN},i})}{\displaystyle\sum_{i=1}^{n} P_{\mathrm{IN},i}} \tag{8-44}$$

整体效率优化目标函数为

$$g = \max\{\eta_{\mathrm{T}}(P_{\mathrm{IN},1}, P_{\mathrm{IN},2}, \cdots, P_{\mathrm{IN},i}, \cdots, P_{\mathrm{IN},n})\} \tag{8-45}$$

功率约束条件为

$$\begin{cases} P_{\mathrm{IN}} = \displaystyle\sum_{i=1}^{n} P_{\mathrm{IN},i} \\ 0 \leqslant P_{\mathrm{IN},i} \leqslant P_{\mathrm{R}} \end{cases} \tag{8-46}$$

式中，P_{R} 为单个变换器的额定功率。

3. 子变换器的最优载荷分配方法

以两台变换器并联系统为例，阐述并联变换器系统的自适应功率优化方法，两台变换器并联系统的整体效率为

$$\eta_{\mathrm{T}}(P_1, P_2) = \frac{P_1\eta(P_1) + P_2\eta(P_2)}{P_1 + P_2} \tag{8-47}$$

整体效率优化目标函数为

$$g_{\mathrm{op}} = \max\{\eta_{\mathrm{T}}(P_1, P_2)\} \tag{8-48}$$

功率约束条件为

$$\begin{cases} P_{\mathrm{IN}} = P_1 + P_2 \\ 0 \leqslant P_1, P_2 \leqslant P_{\mathrm{R}} \end{cases} \tag{8-49}$$

为了提高自适应功率优化控制策略的普适性，采用标幺制系统，则 $0 \leqslant P \leqslant 1$。对于两台变换器并联系统，可以采用冒泡排序算法得到系统的全局最优解。当并联系统的变换器数量较多时，冒泡排序算法的效率较低，宜采用遗传法、粒子群算法、蚁群算法等高级优化算法求最优解。本章采用冒泡排序算法，以 1‰ 的功率分辨率离线计算系统不同负载功率点

下的最优效率及其最优载荷分配比,两台变换器并联系统冒泡排序优化算法流程如图 8 - 56 所示。两台变换器并联系统的最优效率曲线、功率分配曲线如 8 - 57 所示。

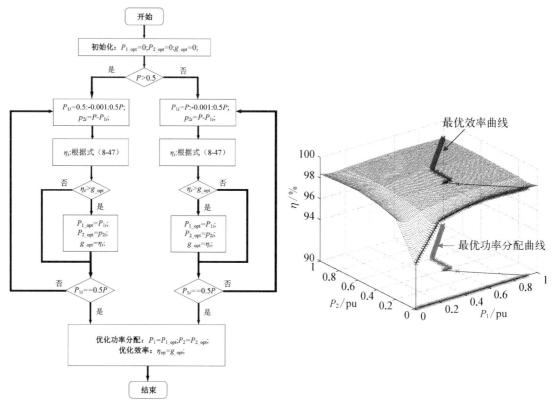

图 8 - 56　并联系统自适应载荷优化分配流程图　　图 8 - 57　双变换器并联系统的最优载荷分配曲线

8 - 57 为并联变换器的最优载荷分配的平面表示。在功率区间 A,并联系统的总负载低于 0.465 pu,并联系统只有变换器 1 单机运行。功率区间 B 可以分为两部分,当总负载处于 0.465~0.5 pu 区间时,变换器 1 的负载随总负载线性增加,变换器 2 的载荷保持不变;当总负载处于 0.5~0.6 pu 时,变换器 1 的运行载荷保持不变,变换器 2 的负载随总负载线性增加。在功率区间 C,变换器 1 和变换器 2 的负载相等。功率区间 A、C 具有普适性,其具体的功率边界取决于变换器的效率曲线与并联变换器的个数。而功率区间 B 的载荷分配方式与功率边界、变换器效率曲线和并联变换器个数密切相关。

由于并联变换器系统的最优载荷分配比的计算过程需要一定的时间,在线计算会影响并联系统的控制性能。因此,宜采用离线方式计算出不同负载下的最优载荷分配值,制成查找表,用于快速在线优化并联系统各个变换器的载荷。

4. 并联变换器整体运行效率优化

风电变流器采用背靠背结构,包括机侧变换器和网侧变换器。图 8 - 59 给出了双变流回路并联的风电变流器的载荷示意图,P_w 为机侧变换器的输入功率,P_d 为直流侧功率,P_g 为网侧变换器的输出功率。不考虑直流母线上的功率损耗,双变流回路风电变流器的整体运行效率为

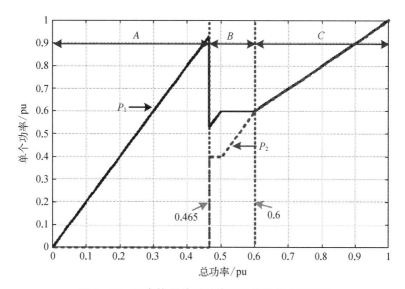

图 8 - 58　双变换器并联系统的最优载荷分配区间

$$\eta_{\mathrm{W}}(P_{\mathrm{w}}) = \frac{P_{\mathrm{g}}}{P_{\mathrm{w}}} = \frac{P_{\mathrm{d}}}{P_{\mathrm{w}}} \times \frac{P_{\mathrm{g}}}{P_{\mathrm{d}}} = \eta_{\mathrm{T}}(P_{\mathrm{w}}) \cdot \eta_{\mathrm{T}}(P_{\mathrm{d}}) \tag{8-50}$$

式中，$\eta_{\mathrm{W}}(P_{\mathrm{w}})$ 是风功率为 P_{w} 时风电变换器的效率，$\eta_{\mathrm{T}}(P_{\mathrm{w}})$、$\eta_{\mathrm{T}}(P_{\mathrm{d}})$ 分别为机侧变换器、网侧变换器的效率。

　　分别对机侧变换器和网侧变换器的运行效率进行优化，就可以实现双变流回路并联的风电变流系统整体运行效率：

$$\eta_{\mathrm{Wop}}(P_{\mathrm{w}}) = \eta_{\mathrm{Top}}(P_{\mathrm{w1}}, P_{\mathrm{w2}}) \cdot \eta_{\mathrm{Top}}(P_{d1}, P_{d2}) \tag{8-51}$$

式中，$\eta_{\mathrm{Wop}}(P_{\mathrm{w}})$ 是风功率为 P_{w} 时风电变换器的优化运行效率，$\eta_{\mathrm{Top}}(P_{\mathrm{w1}}, P_{\mathrm{w2}})$、

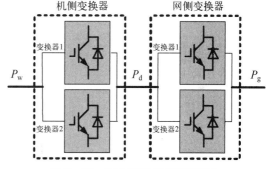

图 8 - 59　两台变换器并联型风电变换器功率示意图

$\eta_{\mathrm{Top}}(P_{d1}, P_{d2})$ 分别为机侧变换器、网侧变换器的优化运行效率。

5. 自适应载荷优化控制策略

　　以网侧变换器为例阐述自适应载荷优化控制策略[7-9]，网侧变换器通常采用电网电压定向控制，并联变换器系统中各个变换器的有功功率为

$$\begin{cases} P_1 = \dfrac{3}{2} E_d i_{d1} \\[2mm] P_2 = \dfrac{3}{2} E_d i_{d2} \end{cases} \tag{8-52}$$

式中，E_d 为电网电压幅值；i_{d1}，i_{d2} 分别为变换器 1、2 的 d 轴电流。

　　并联变换器的功率分配比为

$$\frac{P_1}{P_2} = \frac{i_{d1}}{i_{d2}} = \frac{i_{k1}}{i_{k2}}(k = \alpha, \beta) \tag{8-53}$$

式中，i_{k1}，i_{k2} 分别为变换器 1、2 的电流。

根据功率分配比，得到变换器 $j(j = 1, 2)$ 的 $k(k = \alpha, \beta)$ 轴电流的给定值 i_{kj}^* 为

$$i_{kj}^* = \frac{P_j}{P_1 + P_2} i_k^* \tag{8-54}$$

式中，$i_k^* (k = \alpha, \beta)$ 为并联变换器系统的总电流给定值。

由图 8-58 可知，当并联系统的总负载功率低于 0.465 pu 时，只有变换器 1 运行。当并联系统的总负载功率高于 0.465 pu 后，变换器 2 投入运行。风功率的随机波动会导致变换器 2 频繁投切。因此，需要引入功率滞环控制优化变换器 2 的投切模式，变换器 2 投切的临界功率为 $P^* = 0.465$ pu，滞环的环宽 $H_p = 0.005$ pu。式(8-47)给出了变换器 2 的运行状态函数，$S_2 = 1$ 时，变换器 2 投入运行；$S_2 = 0$ 时，变换器 2 切出运行。

$$S_2 = \begin{cases} 1, & P - P^* > H_p \text{ 或}(|P - P^*| \leqslant H_p \ \& \ \dot{P} < 0) \\ 0, & P - P^* < -H_p \text{ 或}(|P - P^*| \leqslant H_p \ \& \ \dot{P} > 0) \end{cases} \tag{8-55}$$

基于变换器 2 的运行状态函数，对查表所得变换器的最优载荷分配值进行修正：

$$\begin{cases} P_2 = p_2 \cdot S_2 \\ P_1 = P - P_2 \end{cases} \tag{8-56}$$

式中，p_2 为查表所得的变换器的载荷分配值。

图 8-60 给出了网侧变换器并联系统的自适应载荷优化控制策略。总 d 轴电流指令由电压外环的 PI 调节器输出得到，通过反 Park 变换，得到两相静止坐标系下的总电流给定，结合并联变换器的最优功率分配，根据式(8-54)得到各个变换器的电流指令。电流内环采用 PR 调节器和 SPWM 调制方式。自适应载荷优化包括离线计算、实时优化两部分。离线计算基于变换器的效率函数计算不同负载下并联变换器间的最优载荷分配；实时优化将离线计算结果制成线型查找表，在线得到对应风工况下并联变换器的载荷分配。根据变换器 2 的运行状态函数对查表所得变换器的最优载荷分配值进行修正，从而自适应分配波动功率下并联变换器系统中各变换器的载荷，优化并联系统的整体运行效率。

6. 不同控制方式下并联变换器系统的效率对比

并联变换器系统的载荷分配方法一般采用载荷均分、分级投切两种方式，分别称为控制方式 1 和控制方式 2。将自适应载荷优化控制称为控制方式 3。

控制方式 1：载荷均分控制，各子变换器平均分配系统的总负载。

控制方式 2：分级投切控制，已投运的变换器满载运行后，如载荷进一步增大，投入新的变换器承担增加的负载。反之，切除一台变换器。

控制方式 3：自适应优化控制，以并联系统整体运行效率最优为目标，自适应优化分配各并联变换器的载荷。

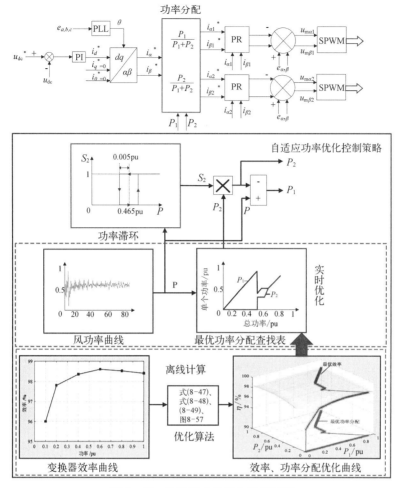

图 8 - 60　自适应功率优化控制框图

（1）静态效率对比

图 8 - 61 给出了三种控制方式下网侧并联变换器系统的载荷分配曲线。可见，自适应载荷优化控制下并联变换器的载荷随总负载变化而自适应优化。当总负载功率低于 0.465 pu 时，自适应优化控制等同于分级投切控制。当总负载功率高于 0.6 pu 时，自适应优化控制等同于功率均分控制。图 8 - 62 给出了三种控制方式下网侧并联变换器系统的静态运行效率。可见，自适应优化控制综合了功率均分控制和分级投切控制的优点，可以实现并联系统全功率范围内的整体运行效率最优。

（2）动态效率对比

上文给出了静态效率，本节比较波动功率下并联变换器系统在三种控制方式下的动态效率。图 8 - 63 给出了三种工况的风功率曲线，时间间隔为 3 s，三种工况的风功率平均值分别为 0.525 pu、0.368 pu 和 0.188 pu。

图 8 - 64 给出了三种风工况下不同控制方式时并联变换器系统的动态运行效率。可见，自适应功率优化控制方式能够实现三种波动功率下的运行效率最优。图 8 - 64 和图 8 - 65 为三种风工况时不同控制方式时网侧并联变换器的动态载荷分配曲线。可见，自

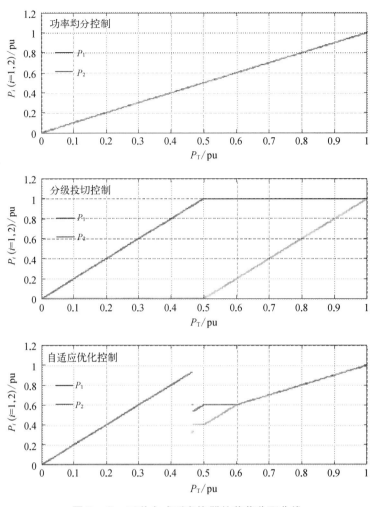

图 8 - 61 三种方式下变换器的载荷分配曲线

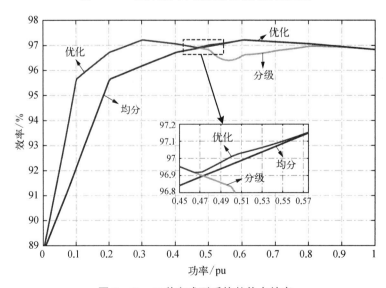

图 8 - 62 三种方式下系统的静态效率

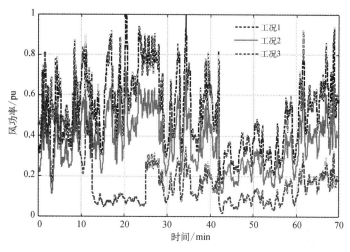

图 8-63　三种工况的风功率曲线

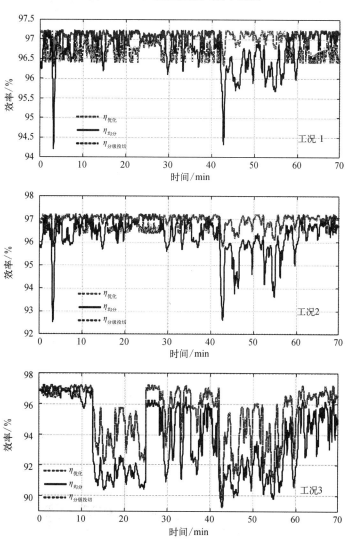

图 8-64　系统的动态运行效率

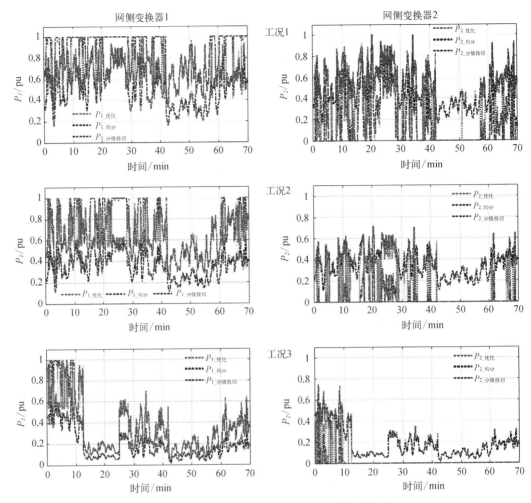

图 8 - 65　网侧并联变换器的动态载荷分配曲线

适应优化控制使变换器的载荷随风功率的变化实时优化。

　　并联变换器系统整体运行效率的提升效果与风工况的功率平均值和功率波动度密切相关。风工况的功率平均值越低、功率波动越剧烈,采用优化控制后并联系统的整体运行效率提升效果就越显著。图 8 - 66 给出了三种风工况下并联风电变流器三种不同控制方式的平

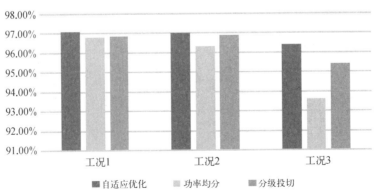

图 8 - 66　三种风工况下不同控制方式的平均运行效率

均运行效率,与其他两种控制方式相比,在三种风工况下,自适应优化控制方式使得并联系统的整体平均运行效率分别提升了 0.3%、0.71%、2.78%。

8.2.4　发电机-变流器组的整体效率优化控制

图 8-67 为感应电机全功率变换风电机组的功率流图,其中,P_{wind} 表示由风力机捕获的有功功率;P_{Tr_loss} 表示传动链损耗;P_{MG_loss} 表示感应发电机产生的损耗;P_{MC_loss} 表示机侧变换器功率器件产生的损耗;P_{DC_loss} 表示直流母线电容产生的损耗,由于这部分损耗较其他部分小很多,通常可以忽略;P_{GC_loss} 表示网侧变换器功率器件产生的损耗;P_{Gf_loss} 表示并网滤波器产生的损耗;P_{grid} 表示变换器机组最终注入电网的有功功率。其中,传动链损耗 P_{Tr_loss} 为不可控损耗;由于网侧变换器需要同时控制直流母线电压以及电网侧功率因数,可认为网侧变换器损耗 P_{GC_loss} 与 P_{Gf_loss} 也属于不可控损耗。因此,感应电机全功率变换风电机组的增效优化问题主要关注机侧变换器的控制算法。下面分别对发电机损耗和机侧变换器功率器件的损耗进行分析。

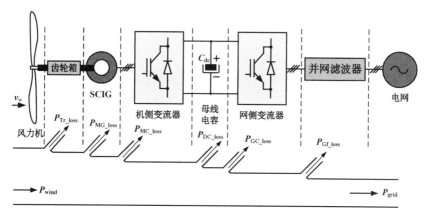

图 8-67　感应电机全功率变换风电机组功率流图

1. 考虑铁芯损耗的发电机损耗模型

为了建立发电机精确损耗模型,需要同时考虑定子铜损、转子铜损以及转子铁芯损耗。采用与发电机互感 L_m 并联的铁损电阻 R_m 代替运行过程中产生的铁芯损耗。铁损电阻 R_m 与感应电机运行转速有关,可通过参考公式或者实验结果进行曲线拟合获得。基于转子磁链定向的矢量控制技术,在旋转 dq 轴参考坐标系下,考虑铁芯损耗的感应电机等效电路图如图 8-68 所示。

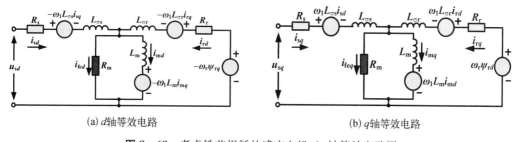

(a) d 轴等效电路　　　　　　　　　　　　(b) q 轴等效电路

图 8-68　考虑铁芯损耗的感应电机 dq 轴等效电路图

图 8-68 中，u、i、ψ 分别表示电压量、电流量与磁链量；下标 d、q 分别表示旋转坐标系下的对应的 dq 轴分量；下标 s，r 分别表示感应电机的定子量与转子量；下标 m 表示励磁回路状态量；下标 σ 表示漏感量；i_{fe} 表示流过铁损电阻 R_{m} 的电流量；T_{e} 为感应电机电磁转矩；n_{p} 为极对数；ω_1、ω_{r} 分别表示参考坐标系的旋转角速度与感应电机转子电角速度，根据机电转换关系，有 $\omega_{\mathrm{r}} = n_{\mathrm{p}}\omega_{\mathrm{m}}$。

采用转子磁链定向的矢量控制方法，忽略磁路饱和与温升对发电机参数的影响：

$$\psi_{\mathrm{r}d} = \psi_{\mathrm{r}}, \quad \psi_{\mathrm{r}q} = 0, \quad \omega_{\mathrm{s}} = \omega_1 - \omega_{\mathrm{r}} \tag{8-57}$$

$$i_{\mathrm{r}d} = 0 \tag{8-58}$$

$$i_{\mathrm{r}q} = -\omega_{\mathrm{s}}\psi_{\mathrm{r}}/R_{\mathrm{r}} = -L_{\mathrm{m}}i_{\mathrm{m}q}/L_{\sigma\mathrm{r}} \tag{8-59}$$

$$i_{\mathrm{m}d} = \psi_{\mathrm{r}}/L_{\mathrm{m}} \tag{8-60}$$

$$i_{\mathrm{m}q} = 2T_{\mathrm{e}}L_{\sigma\mathrm{r}}/(3L_{\mathrm{m}}\psi_{\mathrm{r}}n_{\mathrm{p}}) \tag{8-61}$$

$$i_{\mathrm{s}d} = i_{\mathrm{m}d} - \omega_1 L_{\mathrm{m}}i_{\mathrm{m}q}/R_{\mathrm{m}} \tag{8-62}$$

$$i_{\mathrm{s}q} = i_{\mathrm{m}q} + \omega_1 L_{\mathrm{m}}i_{\mathrm{m}d}/R_{\mathrm{m}} + \omega_{\mathrm{s}}\psi_{\mathrm{r}}/R_{\mathrm{r}} \tag{8-63}$$

$$P_{\mathrm{MG\_loss}} = P_{\mathrm{cus}} + P_{\mathrm{cur}} + P_{\mathrm{fe}} = (3/2)\left[R_{\mathrm{s}}(i_{\mathrm{s}d}^2 + i_{\mathrm{s}q}^2) + R_{\mathrm{r}}i_{\mathrm{r}q}^2 + R_{\mathrm{m}}(i_{\mathrm{fe}d}^2 + i_{\mathrm{fe}q}^2)\right] \tag{8-64}$$

式中，ω_{s} 为转差角频率，$P_{\mathrm{MG\_loss}}$ 为发电机损耗，P_{cus} 为发电机定子铜损；P_{cur} 为电机转子铜损；P_{fe} 为发电机铁芯损耗。

可得发电机定子铜损的表达式为

$$\begin{aligned}
P_{\mathrm{cus}} = {} & (3R_{\mathrm{s}}/2)(\psi_{\mathrm{r}}^2/L_{\mathrm{m}}^2 + 4T_{\mathrm{e}}^2L_{\sigma\mathrm{r}}^2\omega_{\mathrm{r}}^2/(9\psi_{\mathrm{r}}^2n_{\mathrm{p}}^2R_{\mathrm{m}}^2) + 16R_{\mathrm{r}}^2T_{\mathrm{e}}^4L_{\sigma\mathrm{r}}^2/(81\psi_{\mathrm{r}}^6n_{\mathrm{p}}^4R_{\mathrm{m}}^2) \\
& + 16R_{\mathrm{r}}T_{\mathrm{e}}^3\omega_{\mathrm{r}}L_{\sigma\mathrm{r}}^2/(27\psi_{\mathrm{r}}^4n_{\mathrm{p}}^3R_{\mathrm{m}}^2) + 4T_{\mathrm{e}}^2L_{\sigma\mathrm{r}}^2/(9L_{\mathrm{m}}^2\psi_{\mathrm{r}}^2n_{\mathrm{p}}^2) + \omega_{\mathrm{r}}^2\psi_{\mathrm{r}}^2/R_{\mathrm{m}}^2 \\
& + 4R_{\mathrm{r}}^2T_{\mathrm{e}}^2/(9\psi_{\mathrm{r}}^2n_{\mathrm{p}}^2R_{\mathrm{m}}^2) + 4R_{\mathrm{r}}T_{\mathrm{e}}\omega_{\mathrm{r}}/(3n_{\mathrm{p}}R_{\mathrm{m}}^2) + 4T_{\mathrm{e}}^2/(9\psi_{\mathrm{r}}^2n_{\mathrm{p}}^2) \\
& + 8T_{\mathrm{e}}^2L_{\sigma\mathrm{r}}/(9\psi_{\mathrm{r}}^2n_{\mathrm{p}}^2L_{\mathrm{m}}) + 4\omega_{\mathrm{r}}T_{\mathrm{e}}/(3n_{\mathrm{p}}R_{\mathrm{m}}) + 8R_{\mathrm{r}}T_{\mathrm{e}}^2/(9\psi_{\mathrm{r}}^2n_{\mathrm{p}}^2R_{\mathrm{m}}))
\end{aligned} \tag{8-65}$$

发电机转子铜损表达式为

$$P_{\mathrm{cur}} = 2R_{\mathrm{r}}T_{\mathrm{e}}^2/(3n_{\mathrm{p}}^2\psi_{\mathrm{r}}^2) \tag{8-66}$$

发电机铁芯损耗表达式为

$$\begin{aligned}
P_{\mathrm{fe}} = {} & (3/2)(4T_{\mathrm{e}}^2L_{\sigma\mathrm{r}}^2\omega_{\mathrm{r}}^2/(9\psi_{\mathrm{r}}^2n_{\mathrm{p}}^2R_{\mathrm{m}}) + 16R_{\mathrm{r}}T_{\mathrm{e}}^3\omega_{\mathrm{r}}L_{\sigma\mathrm{r}}^2/(27\psi_{\mathrm{r}}^4n_{\mathrm{p}}^3R_{\mathrm{m}}) \\
& + 16R_{\mathrm{r}}^2T_{\mathrm{e}}^4L_{\sigma\mathrm{r}}^2/(81\psi_{\mathrm{r}}^6n_{\mathrm{p}}^4R_{\mathrm{m}}) + \omega_{\mathrm{r}}^2\psi_{\mathrm{r}}^2/R_{\mathrm{m}} + 4\omega_{\mathrm{r}}T_{\mathrm{e}}R_{\mathrm{r}}/(3n_{\mathrm{p}}R_{\mathrm{m}}) \\
& + 4R_{\mathrm{r}}^2T_{\mathrm{e}}^2/(9\psi_{\mathrm{r}}^2n_{\mathrm{p}}^2R_{\mathrm{m}}))
\end{aligned} \tag{8-67}$$

由此可得发电机总损耗的表达式为

$$\begin{aligned}
P_{\mathrm{MG\_loss}} = {} & K_1 T_{\mathrm{e}}^2/\psi_{\mathrm{r}}^2 + K_2 T_{\mathrm{e}}\omega_{\mathrm{r}} + K_3 \psi_{\mathrm{r}}^2 + K_4 \omega_{\mathrm{r}}^2\psi_{\mathrm{r}}^2 + K_5 T_{\mathrm{e}}^2\omega_{\mathrm{r}}^2/\psi_{\mathrm{r}}^2 \\
& + K_6 T_{\mathrm{e}}^3\omega_{\mathrm{r}}/\psi_{\mathrm{r}}^4 + K_7 T_{\mathrm{e}}^4/\psi_{\mathrm{r}}^6
\end{aligned} \tag{8-68}$$

其中：

$$K_1 = 2(R_m^2 L_m^2 (R_s + R_r) + R_r^2 L_m^2 (R_m + R_s) + L_{\sigma r}^2 R_m^2 R_s + 2L_{\sigma r} R_s L_m R_m^2$$
$$+ 2R_r R_s R_m L_m^2)/(3n_p^2 R_m^2 L_m^2)$$

$$K_2 = 2(R_s R_m + R_r (R_m + R_s))/(n_p R_m^2), \quad K_3 = 3R_s/(2L_m^2)$$

$$K_4 = 3(R_s + R_m)/(2R_m^2), \quad K_5 = 2L_{\sigma r}^2 (R_s + R_m)/(3n_p^2 R_m^2)$$

$$K_6 = 8R_r L_{\sigma r}^2 (R_s + R_m)/(9n_p^3 R_m^2), \quad K_7 = 8R_r^2 L_{\sigma r}^2 (R_s + R_m)/(27n_p^4 R_m^2)$$

对于结构确定的风轮,可将发电机的转速与输入转矩视为风速 v_w 的函数,可通过下式表示:

$$\omega_m = f(v_w) = \frac{R_n \lambda v_w}{r} \tag{8-69}$$

$$T_L = f(v_w) = -\frac{1}{2} \frac{1}{R_n} \rho \pi r^3 C_t(\lambda, \beta) v_w^2 \tag{8-70}$$

将式(8-69)和式(8-70)代入式(8-68),得到发电机损耗与风速 v_w 和转子磁链 ψ_r 的函数关系式:

$$P_{MG\_loss} = f_1(v_w, \psi_r) \tag{8-71}$$

2. 功率器件损耗模型

风电变流器的功率器件由 IGBT 及其反并联二极管构成,它们各自产生损耗之和为功率器件的损耗。

IGBT 的损耗包括通态损耗与开关损耗两部分。IGBT 的通态损耗可通过下式表示:

$$P_{IGBT\_S} = i_p \cdot u_{CEO} \cdot \left(\frac{1}{2\pi} + \frac{M\cos\theta}{8}\right) + i_p^2 \cdot r_{CE} \cdot \left(\frac{1}{8} + \frac{M}{3\pi}\cos\theta\right) \tag{8-72}$$

IGBT 的开关损耗可通过下式表示:

$$P_{IGBT\_onoff} = \frac{1}{2} f_s [E_{on(ic)} + E_{off(ic)}] \tag{8-73}$$

式中, i_p 为回路正弦电流峰值; u_{ceo} 为 IGBT 的 CE 级门槛电压; M 为变换器调制度; $\cos\theta$ 为变换器侧功率因数; r_{CE} 为 IGBT 通态等效电阻; f_s 为变换器开关频率; $E_{on(ic)}$、$E_{off(ic)}$ 分别表示电流为 i_c(回路电流有效值)时,IGBT 开通关断一次所产生的损耗。

反并联二极管产生的损耗主要包括其通态损耗与关断损耗,其通态损耗:

$$P_{DIODE\_S} = i_p \cdot u_{FO} \cdot \left(\frac{1}{2\pi} - \frac{M\cos\theta}{8}\right) + i_p^2 \cdot r_F \cdot \left(\frac{1}{8} - \frac{M}{3\pi}\cos\theta\right) \tag{8-74}$$

反向关断损耗为

$$P_{DIODE\_off} = \frac{1}{2} f_s E_{rr(ic)} \tag{8-75}$$

式中：u_{FO} 为二极管门槛电压；r_{F} 为二极管通态等效电阻；$E_{\mathrm{rr(ic)}}$ 为当电流为 i_c（对应回路电流有效值）时，二极管关断一次所产生的损耗。u_{CEO}、u_{FO}、r_{CE}、r_{F}、$E_{\mathrm{on(ic)}}$、$E_{\mathrm{off(ic)}}$、$E_{\mathrm{rr(ic)}}$ 的大小与 IGBT 的结构特性有关，可以从器件手册中获得。

式(8-72)中变换器回路电流有效值 i_c 和峰值 i_p 的计算方法：

$$i_c = i_p \Big/ \sqrt{2} = \sqrt{i_{sd}^2 + i_{sq}^2} \Big/ \sqrt{2} \tag{8-76}$$

式中，i_{sd}、i_{sq} 分为发电机定子电流的 dq 轴分量。

变换器调制度 M 的大小与所采用的调制方法有关，可由下式计算：

$$M_{\mathrm{spwm}} = \frac{2u_p}{u_{\mathrm{dc}}} \tag{8-77}$$

$$M_{\mathrm{svpwm}} = \frac{4u_p}{\sqrt{3}\,u_{\mathrm{dc}}} \tag{8-78}$$

其中，M_{spwm}、M_{svpwm} 分别表示采用 SPWM 与 SVPWM 调制方式下的调制度；u_{dc} 为直流母线电压值；u_p 为调制波的峰值，可由下式计算：

$$u_p = \sqrt{u_{sd}^2 + u_{sq}^2} \tag{8-79}$$

其中，u_{sd}、u_{sq} 分为发电机定子电压的 dq 轴分量。

变换器的功率因数为

$$\cos\theta = \cos\left(\arctan\frac{u_{sd}}{u_{sq}} - \arctan\frac{i_{sd}}{i_{sq}}\right) \tag{8-80}$$

功率器件的损耗为

$$P_{\mathrm{IGBTmod\_loss}} = P_{\mathrm{IGBT\_S}} + P_{\mathrm{IGBT\_onoff}} + P_{\mathrm{DIODE\_S}} + P_{\mathrm{DIODE\_off}} \tag{8-81}$$

为满足大功率的需求，通常采用多个功率器件并联的方式，此时机侧变流器功率器件损耗为

$$P_{\mathrm{MC\_loss}} = k_{11} k_{12} P_{\mathrm{IGBTmod\_loss}} \tag{8-82}$$

其中，k_{11} 为机侧变流器总共含有功率器件的个数；k_{12} 为变流器并联系数，当只有一套变流器工作时，k_{12} 可取 1；当多套变流器并联工作时，需要考虑环流造成的损耗，k_{12} 取 1.05。

同理，将式(8-69)、式(8-70)代入式(8-82)，可得到机侧变换器功率器件损耗与风速 v_{w} 和发电机转子磁链 ψ_{r} 的函数关系：

$$P_{\mathrm{MC\_loss}} = f_2(v_{\mathrm{w}}, \psi_{\mathrm{r}}) \tag{8-83}$$

通过上面论述，将发电机损耗(8-71)与机侧变换器功率器件损耗(8-83)相加，可得发电机-机侧变换器组的总损耗为

$$P_{\mathrm{M\_loss}} = P_{\mathrm{MG\_loss}} + P_{\mathrm{MC\_loss}} = f_1(v_{\mathrm{w}}, \psi_{\mathrm{r}}) + f_2(v_{\mathrm{w}}, \psi_{\mathrm{r}}) = f(v_{\mathrm{w}}, \psi_{\mathrm{r}}) \tag{8-84}$$

3. 基于损耗模型的效率最优化控制

基于上节分析可知,发电机-机侧变换器组产生的损耗 P_{M_loss} 为风速 v_w 与发电机磁链 ψ_r 的函数。因此,在确定的风速下,可以通过调整发电机磁链的设定值使损耗功率达到最小,对式(8-84)求导,使其满足:

$$\frac{\partial f(v_w,\ \psi_r)}{\partial \psi_r}=0 \tag{8-85}$$

可得到系统效率达到最优的磁链给定值 ψ_r^*,同时,为了保证发电机工作在安全运行范围内,需要对状态量设定限幅值:

$$\begin{cases} u_s \leqslant U_{cms} \\ i_c \leqslant I_{cms} \end{cases} \tag{8-86}$$

其中,u_s 表示发电机定子电压;U_{cms} 表示定子电压限幅值,一般情况下选择额定值的 1.05 倍;I_{cms} 表示发电机定子最大允许电流,通常取额定电流 I_{se} 的 1.5 倍。

如果实时计算磁链最优解会导致实际应用时计算量过大。根据前文分析,在 MPPT 工作范围内,可认为风速 v_w、发电机转速 w_m、电磁转矩 T_e 以及最优磁链值 ψ_r^* 在稳态情况下为唯一对应关系。因此,可对特征工作点的最优磁链给定值 ψ_r^* 进行求解,并通过曲线拟合的方法建立整个运行范围内转速信号和磁链最优设定值对应的二维表格,采用查表法来简化计算过程。

将上述基于损耗模型控制的效率最优化方案应用到发电机控制中,可得机侧变换器增效控制框图 8-69。根据式(8-81)~式(8-83),考虑铁芯损耗对控制精度的影响,可采用铁损电阻补偿器对控制效果进行修正,如图 8-70 所示。

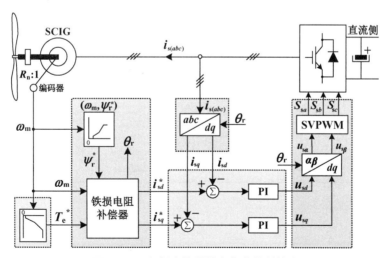

图 8-69　机侧变换器效率优化控制策略

4. 实验研究与分析

为了验证感应发电机全功率变换器风电机组增效控制策略的正确性,利用附件 4 的 350 kW 鼠笼型感应电机全功率变换实验平台进行实验验证。变换器的功率器件采用富士

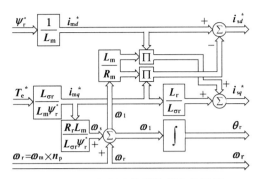

图 8‑70　机侧变换器控制中的铁损
电阻补偿器

2BS2400U4170DFW 型号 IPM。每个 IPM 模块为一个桥臂,上、下桥臂分别由 4 个 IGBT 并联组成。单个 IGBT 基本参数为:$u_{CEO} = 1.3$ V;$u_{FO} = 1$ V;$r_{CE} = 0.002\,56\ \Omega$;$r_F = 0.001\,5\ \Omega$;驱动电阻 $r_g = 2.2\ \Omega$。驱动电阻、回路电流与器件开关损耗的关系曲线如图 8‑71 所示。

实验环境:机侧变换器工作在发电模式;网侧变换器基于传统双闭环控制模式控制直流母线电压稳定并保证单位功率因数运行;机侧变换器采用转子磁链定向的矢量控制技术,采用转速外环与电流内环的工作形式。设定系统特征工作点,比较传统的恒定磁链给定方案、发电机定子电流最优方案、发电机损耗最优方案以及本文提出的考虑变换器损耗在内的系统损耗最优方案的效率优化效果。根据最大风能跟踪原理,考虑风速在 5~10 m/s 的变化范围内,可得在不同风速下对应的发电机转速与输入转矩值,选取特征工作点如表 8‑6 所示。

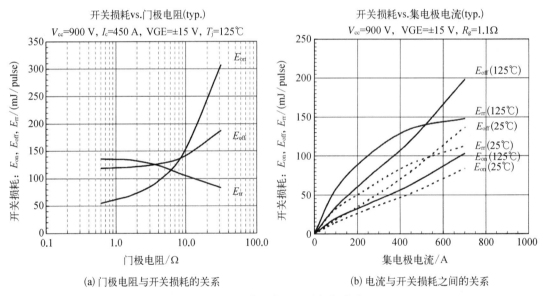

(a) 门极电阻与开关损耗的关系　　　　(b) 电流与开关损耗之间的关系

图 8‑71　功率器件的开关损耗曲线

表 8‑6　特征工作点设定

风速/(m/s)	5	6	7	8	9	10
发电机转速/(r/min)	500	600	700	800	900	1 000
输入转矩/(N·m)	506	579	922	1 309	1 789	2 407

铁损电阻 R_m 的大小与定子电流的频率 f 有关,可采用如下公式对铁损电阻进行估计:

$$R_m = 0.064\,67 R_{me} f^{0.7} \tag{8-87}$$

将上述参数代入损耗模型(8‑75),可计算变换器系统各环节产生的损耗,观察功率器件损耗、发电机损耗的变化趋势以及系统效率最优时发电机磁链最优点设置的规律。以 600 rpm/579 N·m 特征工作点为例,说明不同磁链给定时系统各环节产生损耗的情况。图 8-72 为不同转子磁链与发电机损耗、功率器件损耗以及机侧变换器系统总损耗的关系曲线。可以看到,发电机损耗 P_{MG_loss}、变换器功率器件损耗 P_{MC_loss} 都是关于发电机磁链的凸函数,其最优值发生在不同的磁链值处(图中方框处)。而机侧变换器系统总损耗 P_{M_loss} 由发电机损耗与变换器损耗共同构成,其最优值发生在发电机损耗最优值与变换器损耗最优值之间。因此,在磁链安全工作范围内,求解最优磁链给定值时需要同时考虑发电机损耗与变换器损耗。

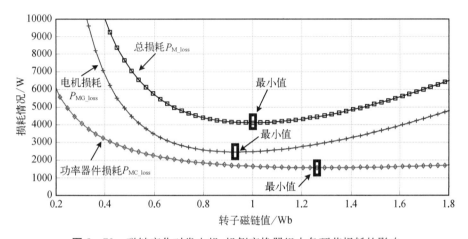

图 8-72　磁链变化对发电机-机侧变换器组中各环节损耗的影响

通过损耗模型对最优磁链进行求解,将结果应用于优化控制中。鉴于低速轻载情况下系统具有较好的增效性能,并且又是常年风速对应工作范围,本节选取 500 r/min/506 N·m 特征工作点对感应发电机全功率变换机组进行增效优化实验。

初始状态,发电机工作在传统方式下,磁链给定值为额定值 1.79 wb,伴随磁链给定值从额定值过渡到最优值(0.94 wb),变换器系统各状态量如图 8-73 至图 8-77 所示。从图中可见,伴随磁链给定值的减小(程序中采用斜坡给定方式逐渐降低磁链给定值以抑制状态量突变),发电机励磁电流给定值 i_{sd}^* 降低(图 8-73),转矩电流 i_{sq} 增大(图 8-74)。图 8-76 与图 8-75 分别为网侧变换器的电网电压矢量 u_d 以及网侧有功电流分量 i_{gd}。由于全功率

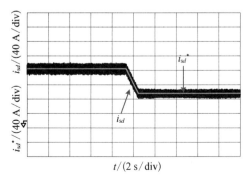

图 8-73　发电机励磁电流(500 r/min)

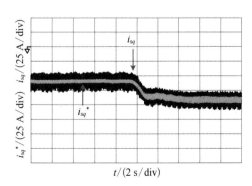

图 8-74　发电机转矩电流(500 r/min)

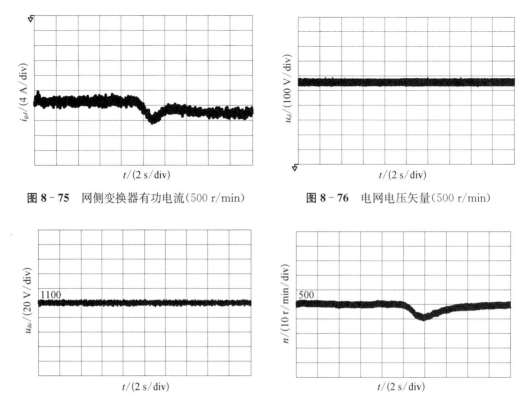

图 8‑75 网侧变换器有功电流(500 r/min)

图 8‑76 电网电压矢量(500 r/min)

图 8‑77 直流母线电压动态响应(500 r/min)

图 8‑78 发电机转速(500 r/min)

变换器输出有功功率可以近似表示为 $P_G = 1.5 \times u_d \times i_{gd}$,从实验波形可知,网侧有功电流分量 i_{gd} 直接反应增效优化算法的效果。可见,磁链变化前后,网侧有功电流分量从 22 A 变化至 25.8 A,发电量增加超过 3.2 kW。变换器系统直流母线电压 u_{dc} 与转速 n 的动态波形如图 8‑77 与图 8‑78 所示,由于动态过程中有功功率波动较小,直流母线电压基本保持不变;而发电机磁链的变化会导致转矩电流产生一定波动,从而使发电机转速 n 也会存在一定波动。从实验结果来看,对于特征工作点 500 r/min/506 N·m,应用本章所提出的基于损耗模型控制的效率最优化方案具有较好的增效效果。

基于各个特征工作点的实验结果,对恒定磁链给定方案、发电机定子电流最优方案、发电机损耗最优方案以及系统损耗最优方案的损耗情况进行分析与总结。根据各个特征工作点(这里用风速 v_w 表示)的运行情况,可以得到采用不同控制方式时,机侧系统节能情况如图 8‑79 所示。

8.3 基于环流的并联变换器系统热状态控制

变换器热状态控制是指通过对功率模块的损耗控制,改变功率器件的热环境。在变换器损耗模型中,功率器件的损耗由导通损耗和开关损耗组成。在直流母线电压恒定的情况下,IGBT 导通损耗只与负载电流有关系,而开关损耗除了与开关器件本身特性相关外,还与

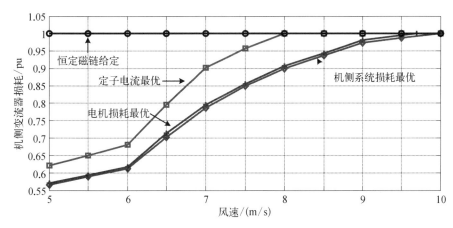

图 8 - 79　不同工作方式下机侧变换器的损耗情况

温度、电压、电流和驱动电阻相关。DIODE 是被动开关器件,它的损耗除了其本身特性以外,只与温度、直流母线电压、负载电流相关。对于变换器而言其直流母线电压是恒定的,因此可以通过调整调制方式、开关频率、驱动波形、负载电流等方式改变变换器损耗,这些方法都有局限性。对于并联变换器系统,可对多个子变换器之间的环流进行控制,能够在不改变变换器总输出的情况下,调节子变换器的电流大小,改变功率模块的导通和开关损耗,实现对变换器的热控制。本节将探讨并联变换器系统特有的基于环流的热控制技术。

8.3.1　并联变换器系统的主动环流控制

根据并联结构的拓扑形式及变换器工作状态,可以选择利用无功环流和正交环流。无功环流和正交环流都将环流限制在子变换器之间流通,不影响对外输出。而环流的引入,改变了子变换器的负载电流,也就改变了功率器件的损耗,从而实现对变换器的热控制。图 8 - 80 为对应不同并联结构的 2 种环流路径。

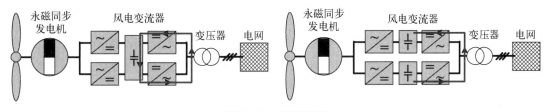

图 8 - 80　环流路径

图 8 - 81 为基于环流的并联变换器系统的热控制框图。由于变换器的热控制是基于环流的温度控制,环流增加,温度只能上升,因此基于环流对温度的控制方法只能适应于 $e_T > 0$ 的情况,为此在温度控制的入口处增加温差判断环节,当 $e_T > 0$ 时才输出电流内环给定值,否则环流的给定值设为 0。

环流控制可以通过无功环流和正交环流来实现,下后面详细分析两种环流的控制原理、方法和数学模型,并进行仿真验证。

1. **无功环流控制**

无功环流控制是指在并联变换器系统中的子变换器通过吸收或发出相同的无功电流,

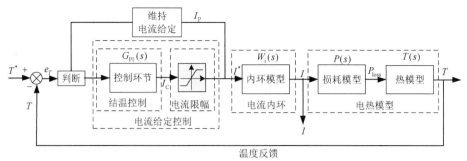

图 8 - 81 基于环流的变换器热控制技术框图

同时使这些无功电流总和为零,实现无功电流在子变换器之间流动。这种方法不存在子变换器间的有功功率交互。并联变换器系统可以是共直流母线的方式,也可以是独立直流母线的方式。在独立直流母线的并联变换器系统中,子变换器之间无法实现有功功率的交互,只有无功环流能够使用。

假定并联系统运行于单位功率因数,输出的总无功电流 I_q 为零。如图 8 - 82 所示,I_{d1} 与 I_{d2} 为子变换器的有功功率,两者的方向和大小相同。两子变换器的无功电流 I_{q1} 与 I_{q2} 大小相同、方向相反。变换器 VSC1 和 VSC2 的电流 I_{g1} 和 I_{g2} 可分别表示为

$$\begin{cases} I_{g1} = \sqrt{I_{d1}^2 + I_{q1}^2} \\ I_{g2} = \sqrt{I_{d2}^2 + I_{q2}^2} = \sqrt{I_{d1}^2 + (-I_{q1})^2} = I_{g1} \end{cases} \tag{8-88}$$

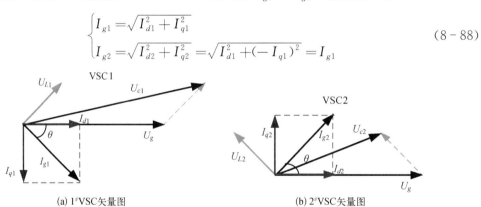

(a) 1#VSC矢量图 (b) 2#VSC矢量图

图 8 - 82 单位功率因数下子变换器矢量图

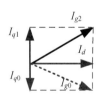

(a) 1#VSC矢量图

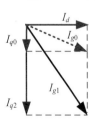

(b) 2#VSC矢量图

图 8 - 83 非单位功率因数下子变换器的矢量图

当风电变流器工作在非单位功率因数下,采取无功环流控制时,各子变换器的矢量图如图 8 - 83 所示。

图 8 - 83 中有功电流 I_d 及无功电流 I_{q0} 为并联变换器系统的总输出,在无功环流控制前后不会改变。加入无功环流控制后,注入相同幅值的无功电流 I_q 后,各子变换器输出的无功电流变为 $I_{q1} = I_q - I_{q0}$ 和 $I_{q2} = I_q + I_{q0}$,则变换器 VSC1 与 VSC2 的总电流 I_{g1} 和 I_{g2} 可以表示为

$$\begin{cases} I_{g1} = \sqrt{I_{d1}^2 + I_{q1}^2} = \sqrt{I_d^2 + (I_q - I_{q0})^2} \\ I_{g2} = \sqrt{I_{d2}^2 + I_{q2}^2} = \sqrt{I_d^2 + (I_q + I_{q0})^2} \end{cases} \tag{8-89}$$

由式(8-89)可知,在非单位功率因数条件下,无功环流的控制使两个子变换器之间电流大小不同,这也就意味着子变换器之间运行环境变得不一致,造成子变换器之间热环境不对称,这对并联变换器系统整体运行是不利的。这种不对称现象随着功率因数的降低越发明显,所以基于无功环流的热控制受到一定程度上的制约。正交环流控制在这种情况下被提出。

2. 正交环流控制

无功环流在非单位功率因数工况时会导致各子变换器的电流幅值不相同,从而引起热环境不对称。如图 8-84 所示,如调整环流矢量的大小和方向,可使环流注入后子变换器电流幅值大小相同,称为正交环流控制。

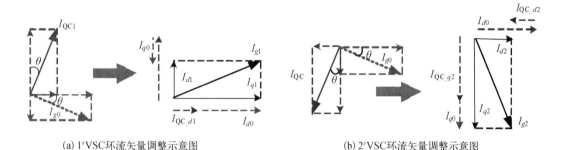

(a) 1#VSC环流矢量调整示意图　　　　　　(b) 2#VSC环流矢量调整示意图

图 8-84　非单位功率因数下正交环流控制矢量图

图 8-84 中,两子变换器的初始电流幅值均为 I_{g0},功率因数为 $\cos\theta$。变换器注入正交电流 I_{QC},则变换器的 dq 轴电流产生相应的变化:

$$\begin{cases} I_{d1} = I_{d0} + I_{QC\_d1} = I_{g0}\cos\theta + I_{QC}\sin\theta \\ I_{q1} = I_{QC\_q1} - I_{q0} = I_{QC}\cos\theta - I_{g0}\sin\theta \end{cases} \tag{8-90}$$

$$\begin{cases} I_{d2} = I_{d0} - I_{QC\_d2} = I_{g0}\cos\theta - I_{QC}\sin\theta \\ I_{q2} = I_{q0} + I_{QC\_q2} = I_{g0}\sin\theta + I_{QC}\cos\theta \end{cases} \tag{8-91}$$

子变换器电流 I_{g1} 和 I_{g2} 可以表示为

$$\begin{cases} I_{g1} = \sqrt{I_{d1}^2 + I_{q1}^2} = \sqrt{(I_{g0}\cos\theta + I_{QC}\sin\theta)^2 + (I_{QC}\cos\theta - I_{g0}\sin\theta)^2} = \sqrt{I_{g0}^2 + I_{QC}^2} \\ I_{g2} = \sqrt{I_{d2}^2 + I_{q2}^2} = \sqrt{(I_{g0}\sin\theta + I_{QC}\cos\theta)^2 + (I_{g0}\sin\theta + I_{QC}\cos\theta)^2} = \sqrt{I_{g0}^2 + I_{QC}^2} \end{cases}$$
$$\tag{8-92}$$

电流 $I_{g1} = I_{g2}$,可见采取正交环流控制,能够保证并联变换器的电流幅值一致,这有利于平衡各子变换器之间的电热环境。特别需要指出的是,由于正交环流涉及有功分量和无功分量,所以正交环流只能应用于共直流母线的并联结构。与基于无功环流的热控制相比,采取正交环流的热控制适用于变换器各种工作状态,拓展了状态控制的应用范围。而当系统为单位功率因数时,正交环流等同于无功环流。

3. 仿真验证

利用附录 4 的 3 MW/4 MVA 风电变流器参数进行仿真分析,采用图 8-86 所示的阶跃

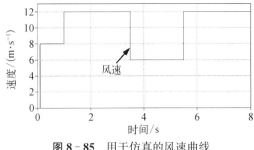

图 8-85　用于仿真的风速曲线

风速模型,分为三个阶段。第一阶段[0,1 s]风速为 6 m/s。第二阶段[1 s,3.5 s]风速增大到 10 m/s,此时风电变换器有功电流变大,结温上升,从图 8-90 热控制框图可知,此时无需加入环流,将环流设定值调整为 0。第三阶段[3.5 s,5.5 s]风速从 10 m/s 降为 8 m/s,此时加入环流控制。第四阶段[5.5 s,8 s]风速从 8 m/s 再次增加到 10 m/s,环流控制不起作用。

第三阶段并联变换系统施加环流控制,在该阶段分为三种情况进行仿真分析。

1) 功率因数为 1,$I_q = 0$,基于无功环流控制,仿真波形如图 8-86 所示,图(a)表明变换器输出有功电流随着风速变化而变化,电流响应速度快。图(b)表明子变换器之间具有无功环流,且此时各子变换器的电流大小一致,无功电流环控制正确。

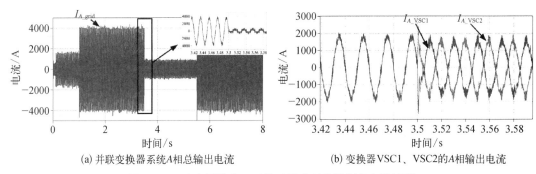

(a) 并联变换器系统 A 相总输出电流　　(b) 变换器 VSC1、VSC2 的 A 相输出电流

图 8-86　功率因数为 1 时基于无功环流控制的电流波形

2) 并联变换器系统输出无功电流 $I_q = 500$ A,基于无功环流控制,仿真波形如图 8-87所示,图 8-87(a)可以看出变换器输出有功电流随着风速变化而变化,电流环响应速度快,PI 参数整定正确,与图 8-86(a)相比,由于总输出电流中存在无功电流成分,总电流较大。图 8-87(b)可以看出子变换器之间具有无功环流,由于总输出电流中存在无功电流成分存在,各子变换器的电流大小不一致,VSC1 电流应力大与 VSC2。图 8-87(c)和(d)表明,各子变换器的有功电流一致,但是无功电流不同,造成各子变换器电流大小不一致。

3) 变换器总输出无功电流 $I_q = 500$,基于正交环流控制,仿真波形如图 8-88 所示。图8-88(a)表明并联变换器系统输出有功电流随着风速变化而变化,电流环响应速度快,PI 参数整定正确,与波形图 8-86(a)相比,由于总输出电流有无功电流成分,电流较大。图 8-88(b)表明子变换器之间具有正交环流,各子变换器的电流大小相等。图(c)为子变换器的 dq轴电流,可以清晰地看出各子变换器的有功电流、无功电流均不同,子变换器之间存在有功功率交互。

从上述三种条件下的仿真表明:并联变换器系统输出为单位功率因数时,无功环流控制可以形成子变换器之间的无功环流,并且各子变换器的电流大小一致。而当输出不为单位功率因数时,无功环流控制会使得各子变换器的电流不一致,此时采用正交环流控制可以

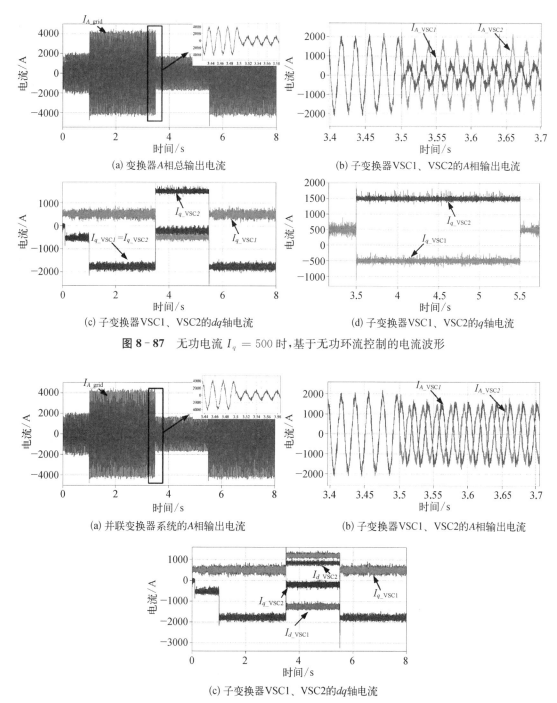

(a) 变换器A相总输出电流

(b) 子变换器VSC1、VSC2的A相输出电流

(c) 子变换器VSC1、VSC2的dq轴电流

(d) 子变换器VSC1、VSC2的q轴电流

图 8‑87　无功电流 $I_q = 500$ 时，基于无功环流控制的电流波形

(a) 并联变换器系统的A相输出电流

(b) 子变换器VSC1、VSC2的A相输出电流

(c) 子变换器VSC1、VSC2的dq轴电流

图 8‑88　无功电流 $I_q = 500$ 时，基于正交环流控制的电流波形

在产生环流的同时，使各子变换器的电流相同。

8.3.2　基于环流的热应力平滑控制

风能的波动性引起变换器负载大幅变化，这种波动造成开关器件结温较大的起伏。进而引起热机械应力，造成器件及封装结构机械形变和疲劳损伤累积。本节探讨基于环流的热控制技术,减小开关器件结温的波动幅值,尤其是在风速骤降时实现器件结温平滑过渡,提高变换器系统的运行可靠性。

1. 功率器件的电热模型

功率器件的电热模型包括损耗模型和热模型两部分,本节以两电平变流器为例说明其功率损耗模型。功率器件的损耗模型包括通态损耗和开关损耗。

在一个基波周期内的通态损耗为

$$
\begin{aligned}
P_{\text{cond}(T)} &= \frac{1}{2\pi}\int_0^\pi p_{\text{cond}(T)}(i_{\text{C}}) \cdot d_{T\text{top}}\mathrm{d}\theta \\
&= \frac{I_{\text{p}}}{12\pi}(a_{Tc0} + a_{Tc1} \cdot T_{\text{j}})(6 + m\sqrt{3}\cos\varphi) + I_{\text{p}}^2(b_{Tc0} \\
&\quad + b_{Tc1} \cdot T_{\text{j}})\left(\frac{1}{8} + m\frac{30\cos\varphi - \cos3\varphi}{45\pi\sqrt{3}}\right)
\end{aligned}
\tag{8-93}
$$

$$
\begin{aligned}
P_{\text{cond}(D)} &= \frac{1}{2\pi}\int_0^\pi p_{\text{cond}(D)}(i_{\text{C}}) \cdot d_{D\text{bot}}\mathrm{d}\theta \\
&= \frac{I_{\text{p}}}{12\pi}(a_{Dc0} + a_{Dc1} \cdot T_{\text{j}})(6 - m\sqrt{3}\cos\varphi) \\
&\quad + I_{\text{p}}^2(b_{Dc0} + b_{Dc1} \cdot T_{\text{j}})\left(\frac{1}{8} - m\frac{30\cos\varphi - \cos3\varphi}{45\pi\sqrt{3}}\right)
\end{aligned}
\tag{8-94}
$$

式中,I_{p} 为相电流的幅值,m 为调制度,φ 为功率因数角,$d_{T\text{top}}$、$d_{D\text{bot}}$ 分别为上桥臂 IGBT 和下桥臂二极管的占空比函数:

$$
d_{T\text{top}} = \frac{1}{2} + \frac{m}{\sqrt{3}}\sin(\theta + \varphi) + \frac{m}{6\sqrt{3}}\sin(3\theta + 3\varphi)
\tag{8-95}
$$

$$
d_{D\text{bot}} = 1 - d_{T\text{top}} = -\frac{1}{2} - \frac{m}{\sqrt{3}}\sin(\theta + \varphi) - \frac{m}{6\sqrt{3}}\sin(3\theta + 3\varphi)
\tag{8-96}
$$

功率器件在其基波周期内的开关损耗为

$$
\begin{aligned}
P_{\text{sw}(T)} &= \frac{f_{\text{s}}}{2\pi}\int_0^\pi E_{\text{on+off}}(V_{\text{dc}},\ T_{\text{j}},\ i_{\text{c}}) \cdot \mathrm{d}\theta \\
&= \frac{f_{\text{s}} \cdot I_{\text{p}}}{2\pi}\begin{bmatrix} 2(a_{Ts0} + a_{Ts1} \cdot T_{\text{j}})(b_{Ts0} + b_{Ts1} \cdot V_{\text{dc}}) + \\ \dfrac{\pi \cdot I_{\text{p}}}{2}(c_{Ts0} + c_{Ts1} \cdot T_{\text{j}})(d_{Ts0} + d_{Ts1} \cdot V_{\text{dc}}) + \\ \dfrac{4 \cdot I_{\text{p}}^2}{3}(e_{Ts0} + e_{Ts1} \cdot T_{\text{j}})(f_{Ts0} + f_{Ts1} \cdot V_{\text{dc}}) \end{bmatrix}
\end{aligned}
\tag{8-97}
$$

$$
P_{\text{sw}(D)} = \frac{f_{\text{s}}}{2\pi}\int_0^\pi E_{\text{rr}}(V_{\text{dc}},\ T_{\text{j}},\ i_{\text{c}}) \cdot \mathrm{d}\theta
$$

$$=\frac{f_s \cdot I_p}{2\pi}\begin{bmatrix}2(a_{Ds0}+a_{Ds1}\cdot T_j)(b_{Ds0}+b_{Ds1}\cdot V_{dc})+\\[2mm]\dfrac{\pi \cdot I_p}{2}(c_{Ds0}+c_{Ds1}\cdot T_j)(d_{Ds0}+d_{Ds1}\cdot V_{dc})+\\[2mm]\dfrac{4\cdot I_p^2}{3}(e_{Ds0}+e_{Ds1}\cdot T_j)(f_{Ds0}+f_{Ds1}\cdot V_{dc})\end{bmatrix} \tag{8-98}$$

功率器件在其基波周期内的总功率损耗为

$$P_{tot\_PM}=P_{cond(T)}+P_{sw(T)}+P_{cond(D)}+P_{sw(D)} \tag{8-99}$$

功率器件产生的热量主要通过热传导的方式从晶圆传递至外壳。根据 IGBT 模块各层材料结构,可以采用一维等效电路建立其考尔(Cauer)热模型,如图 8-89 所示。其中,电流源表示热源的功率损耗,电阻和电容分别表示热阻 R_{th} 和热容 C_{th},接地表示环境温度。

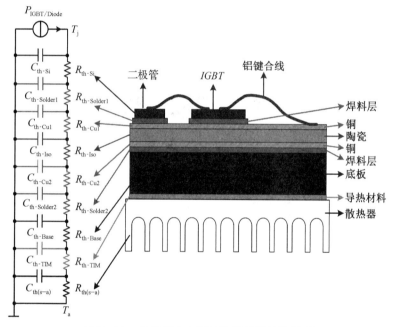

图 8-89　功率模块内部结构及其等效热模型

考尔模型物理意义明确,但是准确获取其热阻、热容参数较难,因此其等效的福斯特(Foster)模型更受欢迎,该模型采用热容和热阻并联,如图 8-90 所示,其等值参数比较容易从热动态响应实验曲线拟合得到,功率器件的数据手册一般也会提供 Foster 热模型参数。

系统热阻抗 Z_{th} 可以表示为

$$Z_{th}=R_{th}(t)=\sum_{i=1}^{n}R_i \cdot (1-e^{-\frac{t}{\tau_i}}) \tag{8-100}$$

式中,R_i、τ_i 为功率器件的福斯特热模型等效参数。

功率器件的结温为

$$T_{j-T/D}=P_{T/D}\sum_{i=1}^{4}R_{thjc-T/D}(i)+P_{T/D}\sum_{j=1}^{2}R_{thca}(j)+P_{T/D}\cdot R_{thHA}+T_a \tag{8-101}$$

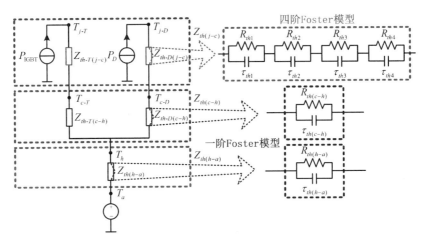

图 8 - 90 功率模块的福斯特热模型

式中,$P_{T/D}$ 为 IGBT 或续流二极管的功率损耗,R_{thJC},R_{thCH},R_{thHA} 分别为结到外壳,外壳到散热器,散热器到外部环境的热阻,T_a 为环境温度。

由式(8 - 101)可知,功率器件的热应力产生的内因是其自身的功率损耗,外因是环境温度。因此,功率器件的热应力控制本质上是对其功率损耗的控制。

2. 环流控制机制

风电变流器中功率器件的结温波动与风功率密切相关,根据结温的分布特点,可以分为工频结温波动与低频结温波动。工频结温的波动周期短、幅度小;低频结温的波动周期相对长,幅度大。研究表明:低频结温波动是功率器件寿命消耗的主要原因[10-12]。基于环流的热应力控制就是通过在并联系统内部形成环流,控制功率波动前后的电流幅值[13-14],实现对功率器件的低频结温波动进行控制,从而提高系统的可靠性。环流控制机制包括环流启动、环流幅值、环流作用时间以及环流退出方式,下面以无功环流为例,讨论之。

(1) 环流的启动

研究表明,功率器件的电热应力变化率超过 15% ~ 20%,会加速器件的老化失效,对其使用寿命影响较大。基于环流控制的电热应力控制主要是为了平滑其低频结温波动,因此环流控制指令的采样周期为 1 s。

环流的启动条件为

$$\Delta \xi_P = \frac{|i_d(k)| - |i_d(k-1)|}{|i_d(k-1)|} < -20\% \tag{8-102}$$

当风功率的跌落超过 20% 时候,环流控制启动。环流控制的运行状态 Flag 如式(4-14)所示,Flag=1 时启动环流控制。

$$Flag = \begin{cases} 1 & \Delta \xi_P < -20\% \\ 0 & \Delta \xi_P \geq -20\% \end{cases} \tag{8-103}$$

(2) 环流的幅值

为了避免不必要的环流注入量对变流器效率的影响,注入环流的幅值标准为注入环流

维持功率器件的电流幅值为风功率跌落前的 80%,注入环流后,功率器件的电流幅值为

$$i_s(k)=\begin{cases}0.8\cdot i_s(k-1)&\text{Flag}=1\\0.8\cdot|i_d(k-1)|&\text{Flag}=0\end{cases}\qquad(8\text{-}104)$$

因此,变换器 1 注入的无功环流为

$$i_{q1}(k)=-\sqrt{i_{s1}^2(k)-i_{d1}^2(k)}\qquad(8\text{-}105)$$

(3) 环流的退出

当式(8-102)的环流启动条件不再满足时,环流控制进入环流退出阶段。此时,当风功率增加时,环流直接退出;当风功率较小时,为避免环流突减为 0 的硬切换方式加剧功率器件的电热应力,采用环流梯次减小的软切换方式,平滑环流退出过程中功率器件的电热应力。环流退出阶段的幅值为

$$i_{q1}(k)=\begin{cases}0&|i_d(k)|>|i_d(k-1)|\\0.8\cdot i_{q1}(k-1)&\text{其他}\end{cases}\qquad(8\text{-}106)$$

环流控制机制的流程图如图 8-91 所示,其中,i_{q1} 和 i_{q2} 是环流控制指令。

变换器 2 的无功电流为:

$$i_{q2}(k)=-i_{q1}(k)\qquad(8\text{-}107)$$

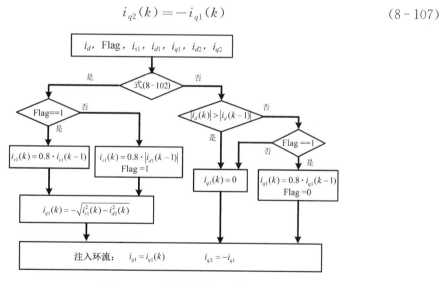

图 8-91　环流控制流程图

3. 基于环流控制的热应力平滑控制

图 8-92 给出了并联型网侧变换器基于环流控制的热应力平滑控制框图。总 d 轴电流指令由电压外环的 PI 调节器输出得到,通过功率分配环节得到并联系统各个变换器的有功电流指令;通过低通滤波器滤除 d 轴电流中的高频扰动量,得到有功电流的低频分量,环流控制环节根据式(8-102)~式(8-107),基于变换器 1 的 d 轴电流指令,得到并联系统各个变换器的无功电流指令。通过反 Park 变换,得到三相静止坐标系下各个变换器的电流指令。电流内环采用 PR 调节器,采用 SPWM 调制方式。尽管机侧变换器和网侧变换器的控

制策略有所差异,但其环流控制机制具有类似性,都体现为无功电流指令的优化。因此,并联型机侧变换器的基于环流控制的热应力平滑控制同理可得。

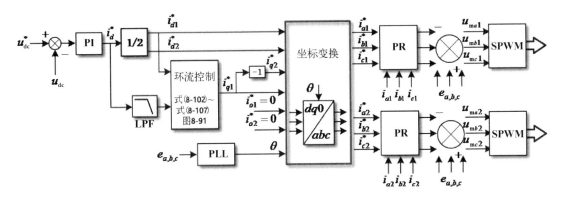

图 8-92 并联风电变流系统的基于环流的热应力平滑控制

4. 仿真分析

采用附录 4 的仿真分析平台,3 MW/4 MVA 变流器由 2 台 2 MVA 的变换器并联而成。利用阶跃功率来模拟波动风功率,并将阶跃功率的时间间隔减小为 0.1 s,风功率如图 8-93 所示,其中 P^* 为功率给定,P 为实际功率。基于环流控制的热应力控制策略下,并联系统各个变换器的无功电流、三相电流波形分别如图 8-93、图 8-94 所示。

由图 8-93 可见,并联系统的稳态运行功率为 0.9 pu,0.3 s 时功率减小为 0.75 pu,此时不满足环流控制的启动条件,系统环流为 0;0.4 s 时功率减小为 0.5 pu,环流控制启动,并联系统内部注入无功环流,各个变换器的无功电流大小相等,方向相反;0.5 s 时功率减小为 0.4 pu,系统无需环流,环流控制进入退出阶段,采用环流软切换方式,环流幅值减小为退出前的 80%,避免环流突减为 0 带来的电热应力急剧变化;0.6 s 时功率增加为 0.52 pu,系统

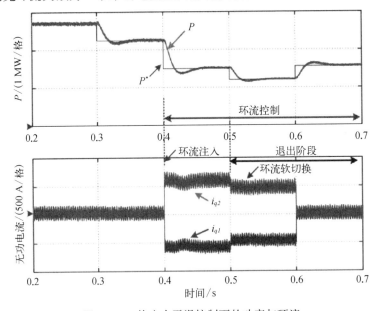

图 8-93 热应力平滑控制下的功率与环流

功率增加,系统环流减为 0。由图 8-94 可见,基于环流的热应力控制策略下,环流控制采用 80%电流幅值的环流注入机制,风功率大幅跌落后,控制变换器电流的幅值为跌落前的 80%。采用环流软切换的退出方式,环流逐步退出,电流幅值的变化幅度较小。

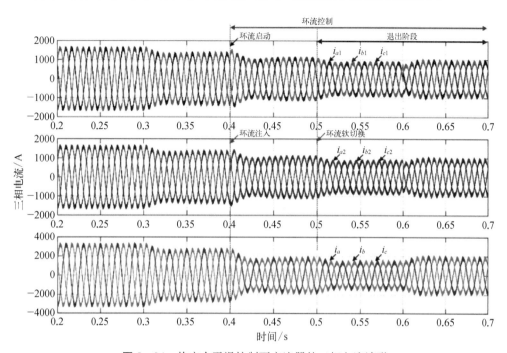

图 8-94　热应力平滑控制下变流器的三相电流波形

8.3.3　基于环流的预防凝露控制

1. 凝露产生的机理及预防措施

凝露现象是一种在气候潮湿、温差较大的环境中普遍存在的现象。我们所处的大气环境中是空气和水蒸气的混合气体,而一定温度下空气所能容纳的水蒸气存在最大限值(即饱和状态)。当空气中水蒸气含量保持不变时,降低空气的温度,其饱和绝对湿度变小,相对湿度增加。当气温降低到一定温度,相对湿度增至 100%,空气达到饱和状态,这个温度称之为露点温度。当温度较高且湿度较大的空气遇到温度较低的物体,且物体表面温度低于此时露点温度时,空气中的水蒸气就会在物体表面凝结,即为凝露现象。

凝露会在电气设备金属表面发生电化腐蚀,损坏金属强度和性能,影响其使用寿命,而当凝露严重时可能会引起电气短路,造成保护设备的误动,严重威胁电气设备的稳定运行及人身的安全。同理,变换器内部的凝露现象同样会造成较大的安全隐患。发生在功率模块表面上的凝露可能结合表面尘埃,在栅极和漏极之间形成导电通道,导致整个功率器件失效损坏,而控制器表面的凝露有可能造成短路、元件失效或信号混乱的情况,这些问题都将给变换器的控制和运行造成严重影响。

海上风电变换器一般采用全水冷高防护等级的设计方案,柜体内部为空气自循环。当风速发生骤降时,变流器的载荷大幅下降,其损耗及由此产生的热量急剧降低,在外部水冷条件恒定的情况下,此时水冷板温度急剧下降,而柜内空气温度下降较慢,使水冷板成为柜内环境的局部冷点。这样的局部冷点易满足凝露的发生条件,从而在水冷板上出现凝露现象,危害风电变流器的安全运行。

表 8-7 给出了柜内空气的温度、湿度和露点温度的关系,比如在湿度 $\Phi=80\%$ 时,柜内空气温度为 25℃时,露点温度为 21.4℃,如果水冷板的温度低于 21.4℃时,水冷板上将出现凝露现象。由此可知,当空气湿度一定时,只要水冷板的和柜内空气的温差满足一定的关系时,或者保持空气湿度在一定范围内时,能有效避免凝露的出现。

表 8-7 柜内空气温度、湿度、露点温度

T_{air}/℃	最低水冷板温度(℃)露点温度				
	$\Phi=95\%$	$\Phi=80\%$	$\Phi=65\%$	$\Phi=50\%$	$\Phi=40\%$
5	4.3	1.9	−0.9	−4.5	−7.4
10	9.2	6.7	3.7	−0.1	−3.0
15	14.2	11.5	8.4	4.6	1.5
20	19.2	16.5	13.2	9.4	6.0
25	24.1	21.4	17.9	13.8	10.5
30	29.1	26.2	22.7	18.4	15.0
35	34.1	31.1	27.4	23.0	19.4
40	39.0	35.9	32.2	27.6	23.8
45	44.0	40.8	36.8	32.1	28.2
50	49.0	45.6	41.6	36.7	32.8
55	53.9	50.4	46.3	42.2	37.1

消除凝露现象有两种方法:湿度控制法和温度控制法。湿度控制法主要是通过增加额外除湿机、干燥剂等除湿部件来吸收柜内空气中的水蒸气,减小空气中水汽的含量,从而降低空气中的绝对湿度,使露点温度远低于水冷板的温度,抑制凝露现象的发生。温度控制法是以柜内空气和水冷板表面温度差为控制目标,使水冷板的温度高于柜内空气的露点温度,避免凝露的产生。

温度控制方法一般有两种,一种是在水冷回路上加装带控制功能的旁通阀,在风功率骤降,水冷板温度变低前,将流入水冷板的水冷回路旁路掉,这样热量不会再被冷却介质带走,保证水冷板温度高于露点温度,这种方式需要加装带控制功能的旁通阀。

另外一种方法是在柜内加装加热装置,通过控制加热装置确保水冷板的温度高于柜内空气的露点温度,但加热器控制水冷板温度的响应速度较慢,仍有产生凝露的风险。

基于环流的热控制方法,在变换器载荷剧烈下降的时候,短时提高变换器的损耗,控制水冷板与空气的温度差在一定范围内,能够有效避免凝露现象的发生。这种控制方法不需要增加任何辅助设备,控制简单,响应速度快。

2. 基于环流的预防凝露控制

在高防护等级风电变流器的冷却系统中,开关器件、电抗器等产生的热量绝大部分直接通过散热器及水冷循环以传导形式散去,而辐射到柜内空气的热量在空气循环中经过热交换器的传递,再流入水冷循环系统中,整个损耗及热循环过程及其热模型分别如图 8-95(a)和(b)所示。散热器的散热效率高,而空气是间接散热,柜内空气的散热效率低,当风功率迅速下降时,散热器温度迅速下降并在几十秒内达到稳定值,而柜内空气的需要在三十分钟以上的时间才能达到稳定。热控制的目的是使水冷板温度与空气温度同步下降,并保证温差在一定范围内。

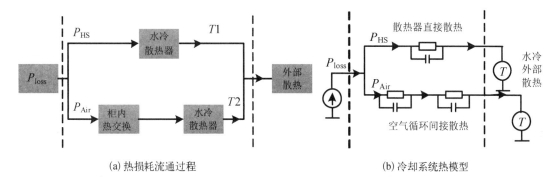

(a) 热损耗流通过程　　　　　　　　　　(b) 冷却系统热模型

图 8‑95　冷却系统热流示意图

基于环流的防凝露控制框图如图 8‑96 所示。利用环流对功率模块的散热器温度进行控制,温度外环的反馈是功率模块的水冷板温度。T_H^* 是通过柜内空气湿度以及温度修正的控制凝露点温度参考值,功率模块的散热器温度 T_H 可以表示为 $T_H = T_a + \Delta T_{Ha}$。

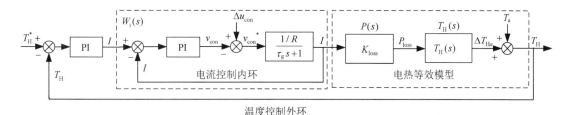

图 8‑96　基于环流的防凝露控制框图

若取输入为 P_{loss},输出为温升 ΔT_H,可得到从热损耗到温升的传递函数为

$$T_H(s) = \frac{R_{th(h-a)}}{R_{th(h-a)}C_{th(h-a)}s + 1} = \frac{R_{th(h-a)}}{\tau_{th(h-a)}s + 1} \tag{8-108}$$

其中,$\tau_{th} = R_{th}C_{th}$ 为热时间常数。

可得防凝露控制系统开环传递函数 $H_H(s)$:

$$H_H(s) = \frac{K_{HP}(\tau_H s + 1)}{\tau_H s} \frac{K_{loss}}{[(2a+b)T_c s + 1]} \frac{R_{th(h-a)}}{\tau_{th(h-a)}s + 1} \tag{8-109}$$

由于热时间常数远大于电流环等效环节的时间常数,所以可简化为

$$H_H(s) = K_{loss} \frac{K_{HP}(\tau_H s + 1)}{\tau_H s} \frac{R_{th(h-a)}}{\tau_{th(h-a)}s + 1} \tag{8-110}$$

以 SEMIKRON 公司的 SKiiP1814GB17E4‑3DUM 模块为例。损耗模型中的电流‑损耗增益系数 $K_{Loss} = k_{on} + k_{sw} = 0.45 + 1.5 = 1.95$。查数据手册可知 $\tau_H = \tau_{th(h-a)} = 17.93\,\mathrm{s}$,将具体的热容,热阻参数代入式(8‑110)可得

$$H_{\mathrm{H}}(s)=1.95\frac{K_{\mathrm{HP}}(\tau_{\mathrm{H}}s+1)}{\tau_{\mathrm{H}}s}\frac{0.0087}{17.93s+1}=K_{\mathrm{HP}}\frac{9.46\times10^{-4}}{s}=\frac{K}{s} \qquad (8-111)$$

其中，$K=9.46K_{\mathrm{HP}}\times10^{-4}$。此时系统闭环函数为

$$T_{\mathrm{ctl}}(s)=\frac{K}{s+K}=\frac{1}{s/K+1} \qquad (8-112)$$

可见，防凝露控制系统的传递函数为一阶系统，且时间常数为 $1/K$。由于此系统以柜内空气温度为给定量，控制散热器温度的变化，而控制量动态变化速度较慢，取系统 $T_{\mathrm{ctl}}(s)$ 传递函数的时间常数为 30 s，即 $K_{\mathrm{HP}}=35.3$，而 $K_{\mathrm{HI}}=K_{\mathrm{HP}}/\tau_{\mathrm{H}}=35.3/17.93=1.9$，则防凝露控制的传递函数为：$T_{\mathrm{ctl}}(s)=1/(30\,\mathrm{s}+1)$。

采用 3 MW/4 MVA 全功率变换机组平台进行仿真分析。仿真结果如图 8-97 所示。假定正常运行中水冷板温度与柜内控制保持在同一温度，当风速突然下降时，变换器功率及损耗下降，水冷板温度将很快下降，柜内空气由于散热条件限制，其温度缓慢下降，如图 8-97(a) 所示。此时水冷板温度比柜内控制温度低达到十多度，从表 8-7 可知，当柜内空气湿度为 $\Phi=80\%$ 时，水冷板将会发生凝露现象。

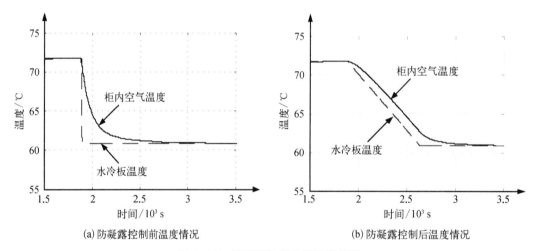

(a) 防凝露控制前温度情况   (b) 防凝露控制后温度情况

图 8-97   防凝露控制前后温度情况

使用基于环流的热控制技术，在风功率骤降后先使用环流注入的方法增加变换器的损耗，然后通过检测水冷板温度和柜内空气温度，得到一定的调节率逐步降低环流注入的大小，保证两者的温差在一定的范围内，同时控制两者温度最终稳定于相同的稳定值，然后结束基于环流的热控制，使变换器再次处于高效的工作状态。如图 8-97(b) 所示，当温差控制在 3℃ 以内时，从表 8-7 可知，在柜内空气湿度 $\Phi=80\%$ 条件下，水冷板上不会发生凝露现象。

参考文献

[1] Keller C, Tadros Y. Are paralleled IGBT modules or paralleled IGBT inverters the better choice. In Power Electronics and Applications, Fifth European Conference on[C], 1993: 1-6.

[2] 吕敬. 风电变换器中多单元并联的关键技术研究[D]. 上海：上海交通大学, 2011.

［3］ Lyu J，Zhang J，Cai X，et al. Circulating current control strategy for parallel full-scale wind power converters［J］. Iet Power Electronics，2016，9(4)：639 – 647.

［4］ 吕敬，张建文，蔡旭. 基于环流前馈补偿的多变换器并联环流控制策略［C］. 第七届中国高校电力电子与电力传动学术年会论文集，2013.

［5］ 张建文，王鹏，王晗，等. 多逆变器并联的均流控制策略［J］. 电工技术学报，2015，30(18)：61 – 68.

［6］ Birk J，Andresen B. Parallel-connected converters for optimizing efficiency，reliability and grid harmonics in a wind turbine［A］. In Power Electronics and Applications，2007 European Conference on［C］. 2007：1 – 7.

［7］ Chen G，Cai X. Adaptive Control strategy for improving the efficiency and reliability of parallel wind power converters by optimizing power allocation［J］. IEEE ACCESS，2018，6：6138 – 6148.

［8］ 陈根，蔡旭. 提升并联型风电变换器运行效率的自适应功率优化控制［J］. 中国电机工程学报，2017，37(22)：6492 – 6499，6761.

［9］ Chen G，Zhang J W，Zhu M，et al. Optimized design for multi-MW wind power converter based on efficiency and reliability［C］. Power Electronics Conference (IPEC – Hiroshima 2014 – ECCE – ASIA)，2014 International IEEE，2014：1769 – 1774.

［10］ Chen G，Zhang J W，Zhu M，et al. Adaptive thermal control for power fluctuation to improve lifetime of IGBTs in multi-MW medium voltage wind power converter. Power Electronics Conference (IPEC – Hiroshima 2014 – ECCE – ASIA)，International. IEEE，2014：1498 – 1500.

［11］ Zhang J W，Chen G，Cai X. Thermal smooth control for Multi-MW parallel wind power converter. IEEE Region 10 Annual International Conference，Proceedings/TENCON，2013 IEEE International Conference of IEEE Region 10，IEEE TENCON 2013 – Conference Proceedings.

［12］ Zhang J W，Wang J C，Cai X，et al. Active Thermal control-based anticondensation strategy in paralleled wind power converters by adjusting reactive circulating current［J］. IEEE Journal of Emerging and Selected Topics in Power Electronics，2018，6 (1)：277 – 291.

［13］ Zhang J W，Wang H S，Cai X，et al. Thermal control method based on reactive circulating current for anti-condensation of wind power converter under wind speed variations［C］. Electronics and Application Conference and Exposition (PEAC)，2014 International IEEE，2014：152 – 156.

［14］ Zhang J W，Li Y，Wang H S，et al. Thermal smooth control based on orthogonal circulating current for multi-MW parallel wind power converter［C］. Electronics and Application Conference and Exposition (PEAC)，2014 International IEEE，2014：148 – 151.

［15］ Holmes D G，Lipo T A. Pulse width modulation for power converters：Principles and practice［M］. John Wiley & Sons，2003.

第 9 章

并联变流系统的容错与重构运行

随着大电力电子变流器容量的不断增大,尤其是海上等易达性差的特殊应用场合,变流器的安全可靠运行至关重要。当变流器出现故障时,如能容错运行,短期保证一定的运行能力直至有条件时进行维修,意义重大。

正常运行模式下,风电变流器需要具有良好的输出性能;而容错运行模式下,变流器可以牺牲部分性能指标来维持系统继续运行。由于风功率波动性,风电变流器长期处于载荷不足工况,降功率容错运行在大部分情况下不影响机组的正常发电。

根据系统有无冗余配置,容错变流系统可以分为余度控制系统和容错控制系统。冗余度控制系统利用冗余桥臂或冗余变换器替代故障单元从而实现系统硬件拓扑的容错;容错控制系统则改变控制策略实现系统软件控制的容错。有冗余配置变流器一般可以保证故障前后性能不变,无冗余变流器容错后往往需要降功率运行。

对于有冗余配置变流器系统,根据系统硬件冗余的方式可以分为开关级冗余、桥臂级冗余、模块级冗余和系统级冗余。变换器发生故障后,先隔离故障器件、桥臂、模块或系统,再利用冗余的硬件单元替代故障单元,从而实现变换器故障后的容错运行。功率开关器件发生开路故障后,可以通过冗余桥臂、虚拟桥臂的容错控制策略实现变换器的容错运行。冗余桥臂方法是指变换器发生故障后,先隔离故障桥臂,再投入冗余桥臂替代故障桥臂,从而实现变换器故障后的容错运行。虚拟桥臂利用双向开关将故障桥臂与直流母线中点相连,利用直流母线虚拟桥臂,变流器运行在三相四开关模式,从而实现故障后的容错运行。利用冗余桥臂与虚拟桥臂重构变换器时,每相桥臂都需要配置双向开关,增加了硬件成本,不便于推广应用。对于无硬件冗余变流器系统,利用双向开关连接背靠背变流器两侧变换器的同相桥臂,可以通过共用桥臂实现容错控制。但是桥臂复用会增加共用桥臂的电压、电流应力,系统需要降功率运行。

对于并联型变换器系统,并联拓扑结构增加了容错控制的自由度。常规控制策略下,并联变流系统中的变换器故障后即切除,系统降功率运行。这种控制策略虽然简单却降低了并联系统的可用度。本章探讨提高并联型风电变流器可用度的容错控制方法,通过健康变换器补偿故障变换器产生的负序电流,优化不同工况下并联系统的运行方式,提高并联系统的容错运行功率;讨论基于无功环流注入的三电平变换器外管开路故障的容错控制方法,通过精确注入无功环流,避免电流流经故障器件,从而消除故障引起的电流畸变和转矩脉动,提升系统的容错性能。基于并联系统的结构特点,研究用健康桥臂重新构成三相系统的故障重构控制方法,实现多桥臂故障下的重构运行,提高并联系统的可用度。

9.1　并联型风电变流器的容错控制

9.1.1　并联变流系统的桥臂开路故障运行机制

1. 两电平拓扑的电流路径分析

两电平拓扑有 P、N 两种开关状态,开关状态 P 表示 $S_{x1}(x=a,b,c)$ 开通,S_{x2} 关断;开关状态 N 表示 S_{x2} 开通,S_{x1} 关断。根据电流方向和开关状态的不同,两电平拓扑共有 4 种电流路径,如图 9-1 所示。

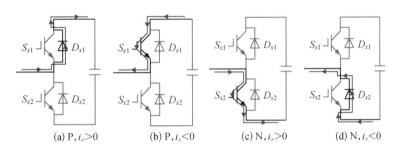

(a) P,$i_x>0$　　(b) P,$i_x<0$　　(c) N,$i_x>0$　　(d) N,$i_x<0$

图 9-1　两电平拓扑的电流路径与开关状态

两电平拓扑的正向电流路径如图 9-1(a)、图 9-1(c)所示,负向电流路径如图 9-1(b)、图 9-1(d)所示。当 S_{x1} 发生开路故障时,图 9-1(b)所示的电流路径将缺失;当 S_{x2} 发生开路故障时,图 9-1(c)所示的电流路径将缺失。

2. 桥臂开路故障后变换器的数学模型

当变换器的一相桥臂发生开路故障,如保持继续运行,则变换器的三相电压、电流不再平衡,变换器进入不对称运行工况。

根据对称分量法,可以分解为正序分量、负序分量和零序分量。对于三相三线系统,可以不考虑零序分量,变换器两相静止坐标系和旋转坐标系下的电压、电流分别为

$$\begin{cases} u=u^+ + u^- = u_{\alpha\beta}^+ + u_{\alpha\beta}^- = u_{dq}^+ e^{j\omega t} + u_{dq}^- e^{-j\omega t} \\ i=i^+ + i^- = i_{\alpha\beta}^+ + i_{\alpha\beta}^- = i_{dq}^+ e^{j\omega t} + i_{dq}^- e^{-j\omega t} \end{cases} \tag{9-1}$$

式中,$u_{\alpha\beta}^+ = u_{\alpha}^+ + ju_{\beta}^+$、$u_{\alpha\beta}^- = u_{\alpha}^- + ju_{\beta}^-$ 分别为两相静止坐标系下变换器电压的正、负序分量;$i_{\alpha\beta}^+ = i_{\alpha}^+ + ji_{\beta}^+$、$i_{\alpha\beta}^- = i_{\alpha}^- + ji_{\beta}^-$ 分别为两相静止坐标系下变换器电流的正、负序分量;$u_{dq}^+ = u_d^+ + ju_q^+$、$u_{dq}^- = u_d^- + ju_q^-$ 分别为两相旋转坐标系下变换器电压的正、负序分量;$i_{dq}^+ = i_d^+ + ji_q^+$、$i_{dq}^- = i_d^- + ji_q^-$ 分别为两相旋转坐标系下变换器电流的正、负序分量。

在旋转坐标系中,电流可以分解为逆时针旋转的正序分量和顺时针旋转的负序分量,如

式(9-2)所示：

$$\begin{cases} i^+ = i_{dq}^+ \mathrm{e}^{\mathrm{j}\omega t} = (i_d^+ + \mathrm{j}i_q^+)\mathrm{e}^{\mathrm{j}\omega t} \\ i^- = i_{dq}^- \mathrm{e}^{-\mathrm{j}\omega t} = (i_d^- + \mathrm{j}i_q^-)\mathrm{e}^{-\mathrm{j}\omega t} \end{cases} \tag{9-2}$$

式(9-2)中，i_d^+、i_d^- 分别为旋转坐标系下 d 轴电流的正、负序分量；i_q^+、i_q^- 分别为旋转坐标系下 q 轴电流的正、负序分量。

将负序电流变换到正序同步旋转坐标系下：

$$\begin{aligned} i^- &= i_{dq}^- \mathrm{e}^{-\mathrm{j}\omega t} = (i_{dq}^- \mathrm{e}^{-\mathrm{j}2\omega t})\mathrm{e}^{\mathrm{j}\omega t} = [(i_d^- + j i_q^-)\mathrm{e}^{-\mathrm{j}2\omega t}]\mathrm{e}^{\mathrm{j}\omega t} \\ &= \{[i_d^- \cos(2\omega t) - i_q^- \sin(-2\omega t)] + \mathrm{j}[i_d^- \sin(-2\omega t) + i_q^- \cos(2\omega t)]\}\mathrm{e}^{\mathrm{j}\omega t} \end{aligned} \tag{9-3}$$

由式(9-3)可知，负序电流分量在正序旋转坐标系下会表现为 2 倍工频的脉动分量。在正序旋转坐标系基于 PI 调节器的传统控制下，负序电流将处于不控状态，需要采取额外措施。

将式(9-3)代入式(9-1)可得

$$i = \{[i_d^+ + i_d^- \cos(2\omega t) - i_q^- \sin(-2\omega t)] + \mathrm{j}[i_q^+ + i_d^- \sin(-2\omega t) + i_q^- \cos(2\omega t)]\}\mathrm{e}^{\mathrm{j}\omega t} \tag{9-4}$$

由式(9-4)可得，正序同步旋转坐标系下电流的 dq 轴分量为

$$\begin{cases} i_d = i_d^+ + i_d^- \cos(2\omega t) - i_q^- \sin(-2\omega t) \\ i_q = i_q^+ + i_d^- \sin(-2\omega t) + i_q^- \cos(2\omega t) \end{cases} \tag{9-5}$$

不对称运行工况下网侧变换器的复功率为

$$S = P_\mathrm{g} + \mathrm{j}Q_\mathrm{g} = \frac{3}{2}(e_{dq}^+ \mathrm{e}^{\mathrm{j}\omega t} + e_{dq}^- \mathrm{e}^{-\mathrm{j}\omega t}) \cdot \overline{(i_{dq}^+ \mathrm{e}^{\mathrm{j}\omega t} + i_{dq}^- \mathrm{e}^{-\mathrm{j}\omega t})} \tag{9-6}$$

将式(9-2)~式(9-3)代入式(9-6)可得，网侧变换器的有功功率和无功功率分别为

$$\begin{cases} P_\mathrm{g} = P_0 + P_1 \cos 2\omega t + P_2 \sin 2\omega t \\ Q_\mathrm{g} = Q_0 + Q_1 \cos 2\omega t + Q_2 \sin 2\omega t \end{cases} \tag{9-7}$$

$$\begin{cases} P_0 = \dfrac{3}{2}(e_d^+ i_d^+ + e_q^+ i_q^+ + e_d^- i_d^- + e_q^- i_q^-) \\[2mm] P_1 = \dfrac{3}{2}(e_d^+ i_d^- + e_q^+ i_q^- + e_d^- i_d^+ + e_q^- i_q^+) \\[2mm] P_2 = \dfrac{3}{2}(e_d^+ i_q^- - e_q^+ i_d^- - e_d^- i_q^+ + e_q^- i_d^+) \end{cases} \tag{9-8}$$

$$\begin{cases} Q_0 = \dfrac{3}{2}(-e_d^+ i_q^+ + e_q^+ i_d^+ - e_d^- i_q^- + e_q^- i_d^-) \\[2mm] Q_1 = \dfrac{3}{2}(-e_d^+ i_q^- + e_q^+ i_d^- - e_d^- i_q^+ + e_q^- i_d^+) \\[2mm] Q_2 = \dfrac{3}{2}(e_d^+ i_d^- + e_q^+ i_q^- - e_d^- i_d^+ - e_q^- i_q^+) \end{cases} \tag{9-9}$$

式中, P_0 为有功功率平均值; P_1、P_2 分别为有功功率两倍频波动的余弦分量和正弦分量的峰值。Q_0 为有功功率平均值; Q_1、Q_2 分别为有功功率倍频量的余弦和正弦分量峰值。

由于电网电压三相平衡,因此, $e_d^- = e_q^- = 0$。 采用电网电压定向控制时,q 轴电压为 0, $e_q^+ = 0$。

不对称运行工况下网侧变换器的有功功率、无功功率可简化为

$$\begin{cases} P_g = \dfrac{3}{2}(e_d^+ i_d^+ + e_d^+ i_d^- \cos 2\omega t + e_d^+ i_q^- \sin 2\omega t) \\ Q_g = \dfrac{3}{2}(-e_d^+ i_q^+ - e_d^+ i_q^- \cos 2\omega t + e_d^+ i_d^- \sin 2\omega t) \end{cases} \tag{9-10}$$

由式(9-10)可知,不对称运行工况下网侧变换器的有功功率、无功功率主要取决于并网正负序电流的 dq 轴分量。

9.1.2　并联变流系统的容错控制策略

1. 并联变换器系统的故障容错运行特性和负序电流补偿机制

以两台变换器并联系统为例,如变换器 1 的 S_{a1} 发生开路故障,变换器 2 正常。变换器 1 的 A 相桥臂发生故障后切除,B、C 相桥臂继续工作,则有

$i_{a1} = 0$, $i_{b1} = I_1 \cos(\omega t + \gamma)$, $i_{c1} = -i_{b1}$。 ω 为电网角频率,γ 为相电流的初始相位角。

通过 Park 变换,变换器 1 的 dq 轴电流为

$$\begin{bmatrix} i_{d1} \\ i_{q1} \end{bmatrix} = T_{abc/dq} \begin{bmatrix} i_{a1} \\ i_{b1} \\ i_{c1} \end{bmatrix} = \begin{bmatrix} \dfrac{I_1}{\sqrt{3}}\left[\sin(2\omega t + \gamma) - \sin\gamma\right] \\ \dfrac{I_1}{\sqrt{3}}\left[\cos(2\omega t + \gamma) + \cos\gamma\right] \end{bmatrix} \tag{9-11}$$

$$T_{abc/dq} = \dfrac{2}{3}\begin{bmatrix} \cos\theta & \cos\left(\theta - \dfrac{2}{3}\pi\right) & \cos\left(\theta + \dfrac{2}{3}\pi\right) \\ -\sin\theta & -\sin\left(\theta - \dfrac{2}{3}\pi\right) & -\sin\left(\theta + \dfrac{2}{3}\pi\right) \end{bmatrix}$$

由式(9-11)可知,变换器 1 的 d 轴电流含有二倍频分量,将导致变换器 1 的有功功率中包含二倍频波动分量。

为了使变换器 1 的容错运行功率最大,则其 d 轴电流的直流分量最大:

$$\max\{i_{d1} \mid_{dc}\} \tag{9-12}$$

即

$$\max\left\{-\dfrac{I_1}{\sqrt{3}}\sin\gamma\right\} \tag{9-13}$$

则 $\gamma = -\dfrac{\pi}{2}$,式(9-11)可以简化为

$$\begin{bmatrix} i_{d1} \\ i_{q1} \end{bmatrix} = \begin{bmatrix} \dfrac{I_1}{\sqrt{3}}(1 - \cos 2\omega t) \\ \\ \dfrac{I_1}{\sqrt{3}}\sin 2\omega t \end{bmatrix} \tag{9-14}$$

对比式(9-14)和式(9-15)可得

$$\begin{cases} i_{d1}^+ = \dfrac{I_1}{\sqrt{3}} \\ \\ i_{q1}^+ = 0 \end{cases} \tag{9-15}$$

$$\begin{cases} i_{d1}^- = -\dfrac{I_1}{\sqrt{3}} \\ \\ i_{q1}^- = 0 \end{cases} \tag{9-16}$$

由式(9-15)和式(9-16)可知,变换器发生单相故障后,变换器的有功功率中会产生二次脉动,需要对其进行抑制。对于多变换器并联系统,故障变换器容错运行产生的负序电流可以通过健康变换器产生相反的负序电流来补偿,使并联系统的总负序电流为零。

为了补偿变换器 1 的 d 轴电流中的负序分量,变换器 2 的 dq 轴电流为

$$\begin{bmatrix} i_{d2} \\ i_{q2} \end{bmatrix} = \begin{bmatrix} I_2 + \dfrac{I_1}{\sqrt{3}}\cos 2\omega t \\ \\ 0 \end{bmatrix} \tag{9-17}$$

对比式(9-17)和式(9-15)可得

$$\begin{cases} i_{d2}^+ = I_2 \\ i_{q2}^+ = 0 \end{cases} \tag{9-18}$$

$$\begin{cases} i_{d2}^- = \dfrac{I_1}{\sqrt{3}} \\ \\ i_{q2}^- = 0 \end{cases} \tag{9-19}$$

此时并联变换器系统的总 d 轴电流为

$$\begin{cases} i_d^+ = i_{d1}^+ + i_{d2}^+ = \dfrac{I_1}{\sqrt{3}} + I_2 \\ \\ i_d^- = i_{d1}^- + i_{d2}^- = 0 \end{cases} \tag{9-20}$$

由式(9-20)可知,通过健康变换器的负序电流补偿可以有效消除并网有功功率的二倍频功率脉动。

因此,对于多变换器并联系统,只要健康变换器能够对故障变换器产生的负序电流进行完全补偿,就可以实现故障后总的三相电流平衡。但是,随着并联变换器系统运行功率的增加,健康变换器不一定能够完全补偿故障变换器的负序电流,此时并网总电流中不可避免存

在一定的负序分量,并网有功功率将会产生二倍频脉动。

2. 容错控制的模式及其功率约束条件

以网侧变换器为例,其控制目标为维持直流侧电压稳定并保持三相并网功率平衡。根据并联系统负序电流的补偿程度,网侧变换器并联系统的优化容错控制模式可以分为

控制模式 1:负序电流全补偿,并网三相电流平衡。实现并网三相功率平衡,消除直流母线的电压波动,消除了二倍频的功率波动。

控制模式 2:负序电流欠补偿,并网有功功率存在波动。随着并联系统负载功率的增加,并联系统的健康变换器无法完全补偿故障变换器产生的负序电流,并网三相功率将不再平衡,直流母线电压会出现二倍频波动。

分析可知,不对称运行工况下,变换器电流的正、负序分量分别为:

$$\begin{cases} i_\alpha^+ = i_d^+ \cos(\omega t) - i_q^+ \sin(\omega t) \\ i_\beta^+ = i_d^+ \sin(\omega t) + i_q^+ \cos(\omega t) \end{cases} \quad (9-21)$$

$$\begin{cases} i_\alpha^- = i_d^- \cos(\omega t) - i_q^- \sin(-\omega t) \\ i_\beta^- = i_d^- \sin(-\omega t) + i_q^- \cos(\omega t) \end{cases} \quad (9-22)$$

采用控制模式 1 时,负序电流全补偿,并联系统的总负序电流为 0,系统的三相电流平衡,其电流矢量轨迹如图 9-2(a)所示。图 9-2(a)分别给出了 0.2 pu、0.35 pu、0.5 pu 功率时的电流矢量图,在控制模式 1 下,并联系统的总电流矢量只含有正序分量,负序分量为 0。

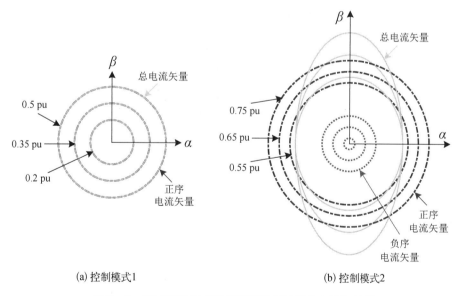

(a) 控制模式1　　　　　　　　　　　(b) 控制模式2

图 9-2　不同控制模式下并联变换器系统的电流矢量图

由于健康变换器需要补偿故障变换器产生的负序电流,健康变换器的三相电流将不平衡,当最大相电流达到桥臂电流的额定值时,控制模式 1 达到其功率极限,进一步增大运行功率,健康变换器电流较小的相电流将继续增大,此时健康变换器就无法完全补偿故障变换器产生的负序电流,并联系统进入控制模式 2,故障变换器产生的负序电流欠补偿,并联系统

的总负序电流不为 0,三相电流不平衡,其电流矢量由圆形变为椭圆,如图 9-2(b)所示。图 9-2(b)分别给出了 0.55 pu、0.65 pu、0.75 pu 时的电流矢量图,可见,控制模式 2 下,并联系统的总电流矢量同时含有正、负序分量。当健康变换器的三相电流均达到额定值时,控制模式 2 达到其功率极限,并联系统达到最大容错运行功率。

并联变换器容错控制的功率约束条件为

$$\begin{cases} i_{d1}^+ - i_{d1}^- \leqslant I_{\lim} \\ i_{d2}^+ + i_{d2}^- \leqslant I_{\lim} \end{cases} \tag{9-23}$$

式中,$I_{\lim}$ 为单个变换器桥臂电流的极限值。

对于故障变换器 1,由式(9-15)和式(9-16)可知:

$$i_{d1}^+ = -i_{d1}^- \leqslant \frac{1}{2} I_{\lim} \tag{9-24}$$

采用控制模式 1 时,健康变换器 2 可以完全补偿故障变换器 1 产生的负序电流分量。因此,对于健康变换器 2:

$$\begin{cases} i_{d2}^- = -i_{d1}^- \\ i_{d2}^+ + i_{d2}^- \leqslant I_{\lim} \end{cases} \tag{9-25}$$

此时并联系统的总 d 轴电流为

$$i_d = i_{d1}^+ + i_{d2}^+ = -i_{d1}^- + i_{d2}^+ = i_{d2}^- + i_{d2}^+ \leqslant I_{\lim} \tag{9-26}$$

控制模式 1 下,并联系统的容错功率比为

$$A_1 = \frac{i_d}{2I_{\lim}} = \frac{i_{d1}^+ + i_{d2}^+}{2I_{\lim}} \leqslant 50\% \tag{9-27}$$

当并联系统的功率负载量大于 50% 时,采用控制模式 2,健康变换器 2 不能完全补偿故障变换器 1 产生的负序电流分量,并联系统将输出负序电流,并网有功功率中将存在二倍频波动分量。因此,对于健康变换器 2:

$$\begin{cases} 0 \leqslant i_{d2}^- \leqslant -i_{d1}^- \\ i_{d2}^+ + i_{d2}^- \leqslant I_{\lim} \end{cases} \tag{9-28}$$

控制模式 2 下,当 $i_{d2}^- = \dfrac{1}{2} I_{\lim}$,并联系统的最小容错功率比为

$$A_{2\min} = \frac{i_d}{2I_{\lim}} = \frac{i_{d1}^+ + i_{d2}^+}{2I_{\lim}} = \frac{\dfrac{1}{2} I_{\lim} + \dfrac{1}{2} I_{\lim}}{2I_{\lim}} = 50\% \tag{9-29}$$

当 $i_{d2}^- = 0$,并联系统的最大容错功率比为

$$A_{2\max} = \frac{i_d}{2I_{\lim}} = \frac{i_{d1}^+ + i_{d2}^+}{2I_{\lim}} = \frac{\dfrac{1}{2} I_{\lim} + I_{\lim}}{2I_{\lim}} = 75\% \tag{9-30}$$

综上,针对双变换器并联系统,当单台变换器的一相桥臂故障切除后,并联系统的最大容错功率为额定功率的 75%,大于传统容错控制 50% 额定容量的容错功率,提高了并联系统的可用容量。

3. 变换器电流指令优化

由于不同控制模式下变换器的功率约束不同。因此需要确定变换器的控制模式。定义 Mode 为变换器控制模式的控制字,则有

$$\text{Mode} = \begin{cases} 0 & 0 < i_d^* \leqslant 0.5 \text{ pu} \\ 1 & 0.5 \text{ pu} < i_d^* \leqslant 0.75 \text{ pu} \end{cases} \tag{9-31}$$

当 Mode=0,并联系统采用控制模式 1;当 Mode=1,并联系统采用控制模式 2。容错控制的模式选择如图 9-3 所示。

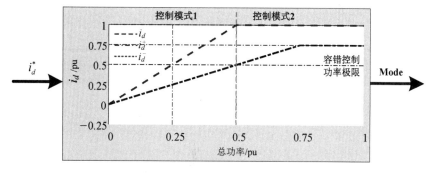

图 9-3　容错控制的模式选择

不同的控制模式下,并联系统各变换器的电流给定指令不同。控制模式 1 下,并联系统各变换器的 dq 轴电流指令为

$$\begin{cases} i_{d1}^{+*} = \dfrac{1}{2} i_d^* \\ i_{d1}^{-*} = -\dfrac{1}{2} i_d^* \\ i_{d2}^{+*} = i_d^* - i_{d1}^{+*} \\ i_{d2}^{-*} = -i_{d1}^{-*} \end{cases} \tag{9-32}$$

控制模式 2 下,并联系统各变换器的 dq 轴电流指令为

$$\begin{cases} i_{d1}^{+*} = \dfrac{1}{2} i_{\lim} \\ i_{d1}^{-*} = -\dfrac{1}{2} i_{\lim} \\ i_{d2}^{+*} = i_d^* - i_{d1}^{+*} \\ i_{d2}^{-*} = i_{\lim} - i_{d2}^{+*} \end{cases} \tag{9-33}$$

式(9-32)和式(9-33)中,i_d^* 为 d 轴电流给定值。i_{dj}^{+*}、i_{dj}^{-*}($j=1, 2$)分别为变换器 j 的 d

轴电流正、负序分量给定值。$i_{\lim}$ 为桥臂电流的最大值。

4. 桥臂开路故障容错控制策略

以两台变换器并联的网侧变流系统为例说明桥臂开路故障容错控制策略。故障容错控制策略如图 9-4 和图 9-5 所示,电压外环的 PI 调节器输出 d 轴电流,根据并联系统的风功率载荷率,选择相应的控制模式,根据并联系统的控制模式,得到并联系统各个变换器的 d 轴电流正、负序分量的给定值,通过坐标变换,得到三相静止坐标系下各个变换器的各相电流参考指令。通过基于 PR 调节器的电流内环得到调制指令。

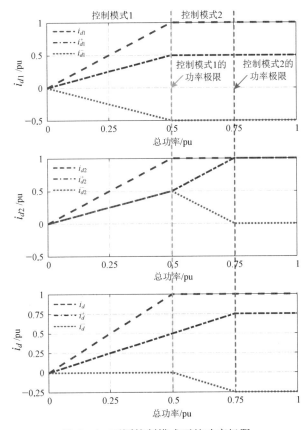

图 9-4 不同控制模式下的功率极限

在图 9-5 桥臂开路故障容错控制下,并联系统的最大容错功率可达额定功率的 75%。该优化容错控制基于软件层面的优化,不增加硬件设计成本。

9.1.3 并联三电平变换器系统的外管开路故障容错控制

以永磁直驱全功率变换风电机组为例,其系统结构如图 9-6 所示,风电变流器采用三电平拓扑并联结构,共直流母线。

1. 三电平拓扑的电流路径分析

三电平拓扑有 P、O、N 三种开关状态,开关状态 P 表示 S_{x1}、S_{x2} 开通,S_{x3}、S_{x4} 关断;开关状态 O 表示 S_{x2}、S_{x3} 开通,S_{x1}、S_{x4} 关断;开关状态 N 表示 S_{x3}、S_{x4} 开通,S_{x1}、S_{x2} 关断。根据电流方向和开关状态的不同,三电平拓扑共有六种电流路径,如图 9-7

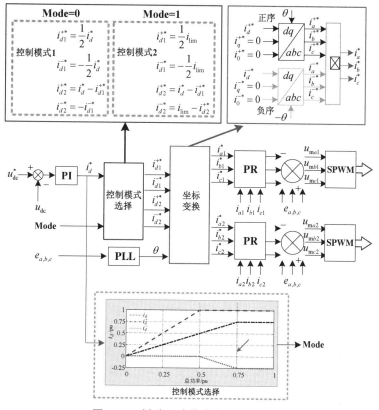

图 9‑5 桥臂开路故障容错控制策略

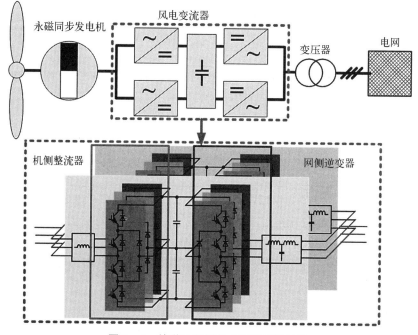

图 9‑6 并联三电平风电变流系统结构

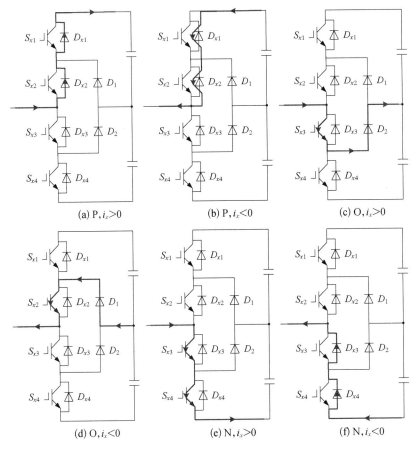

(a) P, $i_x > 0$　　　(b) P, $i_x < 0$　　　(c) O, $i_x > 0$

(d) O, $i_x < 0$　　　(e) N, $i_x > 0$　　　(f) N, $i_x < 0$

图 9-7　三电平 NPC 拓扑的电流路径与开关状态

所示。

　　三电平拓扑的电流路径与其工作模式密切相关,整流模式和逆变模式的电流路径并不相同。当变流器工作在单位功率因数逆变模式,正向电流路径如图 9-7(c)、图 9-7(e) 所示,负向电流路径如图 9-7(b)、图 9-7(d) 所示,当 S_{x1} 或 S_{x4} 发生开路故障时,图 9-7(b) 或图 9-7(e) 所示的电流路径将缺失。当变流器工作在单位功率因数整流模式,正向电流路径如图 9-7(a)、图 9-7(c) 所示,负向电流路径如图 9-7(d)、图 9-7(f) 所示,由于这些路径均不包含 S_{x1} 或 S_{x4},当 S_{x1} 或 S_{x4} 发生开路故障时,不影响其电流路径。表 9-1 列出了不同运行模式下三电平 NPC 变流器的电流路径。

表 9-1　三电平 NPC 变流器的电流路径

	运 行 模 式	
	整流模式	逆变模式
正向电流	图 9-7(a)、图 9-7(c)	图 9-7(c)、图 9-7(e)
负向电流	图 9-7(d)、图 9-7(f)	图 9-7(b)、图 9-7(d)

2. 永磁同步发电机的简化数学模型

同步旋转坐标下,采用发电机惯例,永磁同步发电机的数学模型如式(9-34)所示,其动态等效电路如图 9-8 所示。

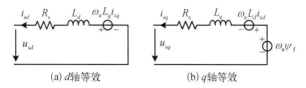

(a) d 轴等效　　　　(b) q 轴等效

图 9-8　永磁同步发电机的 dq 轴等效数学模型

$$\begin{cases} u_{sd} = -R_s i_{sd} - L_d \dfrac{\mathrm{d}i_{sd}}{\mathrm{d}t} + \omega_e L_q i_{sq} \\[2mm] u_{sq} = -R_s i_{sq} - L_q \dfrac{\mathrm{d}i_{sq}}{\mathrm{d}t} - \omega_e L_d i_{sd} + \omega_e \psi_f \end{cases} \tag{9-34}$$

式中,u_{sd}、u_{sq} 分别为定子电压的 d、q 轴分量,i_{sd}、i_{sq} 分别为定子电流的 d、q 轴分量,L_d、L_q 分别为定子 d、q 轴电感,R_s 为定子绕组电阻,ω_e 为转子电角速度,ψ_f 为永磁体磁链。

永磁同步发电机的电磁转矩 T_e 为

$$T_e = \frac{3}{2} n_p \big[(L_q - L_d) i_{sd} i_{sq} + \psi_r i_{sq} \big] \tag{9-35}$$

式中,n_p 为极对数。

3. 外管开路故障分析

由于发电机绕组的电感和电阻的作用,发电机端电压 u_s 与转子磁链感应电动势 e_s 之间存在一定的相位差,假设定子电流 i_s 与感应电动势 e_s 同相位,永磁发电机端电压 u_s 与电流 i_s 的相位关系如图 9-9 所示,根据电压电流方向,一个基波周期内,输出波形可以分为四个区域。其中,区域 Ⅰ、Ⅲ 的时间长度远小于区域 Ⅱ、Ⅳ,区域 Ⅰ、Ⅲ 的时间间隔的长短与电流幅值、调制度密切相关。分析可知,当 S_{x1} 或 S_{x4} 发生开路故障时,会影响区域 Ⅲ 或区域 Ⅰ 的电流路径。

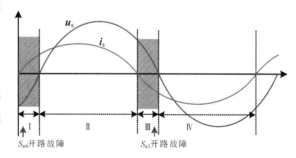

图 9-9　外管开路故障对电流路径的影响

图 9-10(a) 和 (b) 分别给出了 S_{a1}、S_{a4} 开路故障下的三相电流波形。可见,外管开路故障会导致 A 相电流在过零点附近发生畸变,同时影响其他两相电流。

S_{x1} 开路故障时,由于图 9-7(b) 所示的电流路径的缺失,导致区域 Ⅲ 内产生电流畸变。S_{x4} 开路故障时,由于图 9-7(e) 所示的电流路径的缺失,导致区域 Ⅰ 内产生电流畸变。如果区域 Ⅰ、Ⅲ 的持续时间比较短,不足以造成输出电流畸变,那么 S_{x1} 或 S_{x4} 开路故障对发电机运行的影响就可以忽略不计。但是大功率永磁直驱风电机组中,发电机定子电流大,即使区域 Ⅰ、Ⅲ 的持续时间比较短,也会造成较大的电流畸变,从而引起发电机电磁转矩的脉动。因此,外管开路故障造成的影响需要考虑。

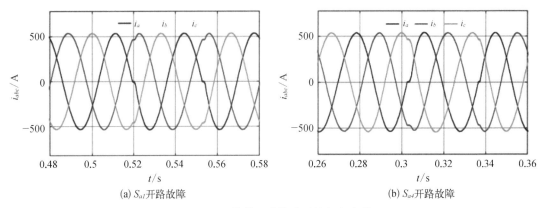

(a) S_{a1}开路故障 (b) S_{a4}开路故障

图 9 - 10 外管开路故障下的电流波形

4. 无功环流注入容错控制

S_{x1}、S_{x4} 开路故障下会造成区域 I、III 内电流路径的缺失从而导致输出电流畸变。因此,只要避免故障变换器运行在区域 I、III 内,就可以实现外管开路故障的容错控制。并联三电平变换器,电流 $i_{s1} = i_{s2}$,其电压、电流波形如图 9 - 11(a)所示。

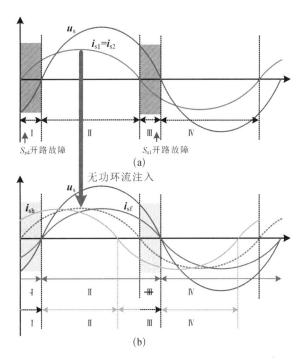

图 9 - 11 无功环流注入容错控制下的电压电流示意图

假设变换器 1 的 S_{x1} 发生开路故障,在并联变流器内部注入无功环流 $i_{sd1} = -i_{sd2}$,则故障变换器 1、正常变换器 2 的电流分别变为 i_{sf}、i_{sh},无功环流注入容错控制的电压电流示意图如图 9 - 11(b)所示。通过在并联变流器内部注入无功环流,故障变换器 1 的运行区域 I、III 消除了,正常变换器 2 的运行区域 I、III 扩展了。为了消除故障变换器 1 的运行区域 I、III,需要精确注入无功环流,过多或过少的无功环流都会使得运行区域 I、III 继续存在,这样就不能消除外管开路故障导致的电流畸变。

永磁同步发电机机侧变流器的电路模型如图 9 - 12 所示,假设永磁发电机反电动势 e_s、定子电流 i_s 相位角为零,其幅值分别为 E_s、I_s,发电机端电压 u_s 的相位角为 θ,幅值为 U_s,则

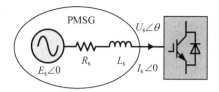

图 9 - 12　永磁同步发电机电路模型

$$\frac{e_s - u_s}{Z_s} = \frac{E_s \angle 0 - U_s \angle \theta}{R_s + j\omega_s L_s} = I_s \angle 0 \quad (9 - 36)$$

式中,Z_s 为发电机定子阻抗,L_s、R_s 分别为其电感和电阻,ω_s 为转子电气角频率。

由式(9 - 36)可得 θ:

$$\theta = \arctan\left(-\frac{\omega_s L_s I_s}{E_s - I_s R_s}\right) \quad (9 - 37)$$

则并联变流器内部注入的无功环流分别为

$$i_{sd1}^* = \frac{1}{2} i_{sq}^* \tan\theta \quad (9 - 38)$$

$$i_{sd2}^* = -\frac{1}{2} i_{sq}^* \tan\theta \quad (9 - 39)$$

此时,$i_{sd}^* = i_{sd1}^* + i_{sd2}^* = 0$,并联系统的总 d 轴电流为 0。无功环流注入容错控制并不改变故障前后系统功率因数。

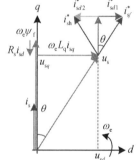

图 9 - 13　无功环流注入容错控制下永磁同步发电机矢量图

无功环流注入容错控制下永磁同步发电机矢量图如图 9 - 13 所示。通过注入无功环流使得故障变换器运行在单位功率因数状态,消除故障变换器的运行区域 Ⅰ、Ⅲ,避免了外管开路故障导致的电流畸变。

注入无功环流的大小需要考虑变换器容量的约束条件:

$$i_{sd1} < i_{d,max} = \sqrt{i_{rated}^2 - i_{sq1}^2} \quad (9 - 40)$$

式中,i_{rated} 为单个变换器的额定电流。

永磁同步发电机定子绕组的功率损耗为

$$p_{cu} = \frac{3}{2} R_s (i_d^2 + i_q^2) \quad (9 - 41)$$

由式(9 - 41)可知,无功环流注入容错控制并不会额外增加发电机定子绕组的功率损耗。

9.1.4　仿真分析与验证

1. 并联变流系统桥臂开路容错控制

采用附录 4 中双 2 MW 并联变流系统的参数进行仿真分析。定义并联变流系统的三种运行模式为:正常模式,所有并联变换器均健康,系统正常运行;传统容错模式:故障变换器

完全切除,仅健康变换器继续工作,系统降功率运行;优化容错模式:仅故障桥臂被切除,健康桥臂继续运行,系统故障后以最大容错功率运行。

以变换器1的S_{a1}开路故障为例验证开路故障优化容错控制。仿真中,变流器分别运行在正常模式和容错模式:0~0.5 s为正常模式;0.5~0.6 s为容错模式。图9-14(a)、(b)分别给出了1 MW工况下采用传统容错控制和优化容错控制时变换器1、2和并联系统的三相电流波形。$t=0.5$ s时S_{a1}发生开路故障。图9-14(a)表明,采用传统容错控制策略时,变换器1故障后整体切除,仅变换器2工作,故障后变换器1的三相电流为0,变换器2的三相电流为故障前的两倍。图9-14(b)表明,采用优化容错控制策略时,变换器1整体不切除,仅桥臂A_1切除,桥臂B_1 C_1继续工作,变换器2正常工作,故障后B_1 C_1桥臂相电流大小相等、方向相反,变换器1容错运行造成的负序电流由变换器2完全补偿,因此变换器2的三相电流并不对称,但是并联系统的三相总电流保持平衡。

在图9-14中,由于变流器的运行功率仅为1 MW,低于并联系统额定功率的50%,所以健康变换器能够完全补偿故障变换器的负序电流,故障后并联系统的三相总电流可以保持不变,系统不需要降功率运行。

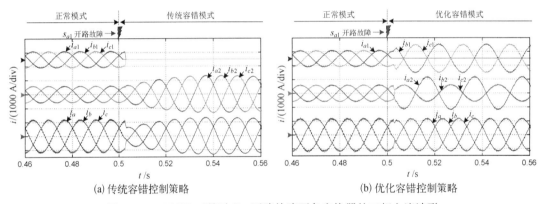

(a) 传统容错控制策略　　　　　　　　　(b) 优化容错控制策略

图9-14　1 MW工况下S_{a1}开路故障下各变换器的三相电流波形

当变流器的运行功率超过并联系统额定功率的50%,健康变换器不能完全补偿故障变换器产生的负序电流,并联系统的三相总电流将不再平衡。图9-15给出了2 MW工况下

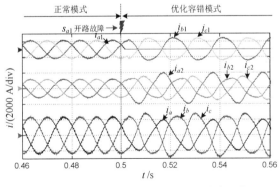

图9-15　2 MW工况下S_{a1}开路故障下各变换器的三相电流波形

采用优化容错控制时S_{a1}开路故障下变换器1、2和并联系统的三相电流波形。可见,$t=0.5$ s时S_{a1}发生开路故障。采用优化容错控制策略时,变换器1整体不切除,仅桥臂A_1切除,桥臂B_1 C_1继续工作,变换器2正常工作,故障后B_1 C_1桥臂相电流大小相等、方向相反。由于变换器2不能完全补偿变换器1容错运行产生的负序电流,因此变换器2的三相电流不对称,并联系统的三相总电流也不平衡。

图9-16(a)、(b)分别给出了1 MW、

2 MW 工况下采用优化容错控制时 S_{a1} 开路故障下并联系统的并网功率波形。可见,控制模式 1 下,并网功率稳定;控制模式 2 下,并联系统有功功率中存在二倍频脉动分量。控制模式 2 虽然提高了系统的容错容量,但是不可避免地带来一定的二倍频功率波动。

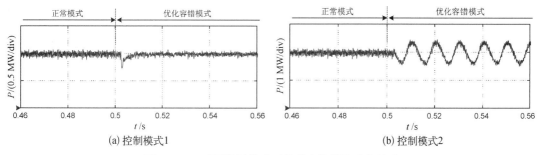

(a) 控制模式1　　　　　　　　　　　(b) 控制模式2

图 9 - 16　不同控制模式下并联变换器的功率波形

优化容错控制策略在并联变换器系统发生开路故障时,仅仅切除故障桥臂,故障变换器不对称运行,可以提高并联系统的可用度,增加发电量,提高风电机组的经济效益。

2. 三电平变换器并联系统外管开路故障的容错控制

以变换器 1 外管 S_{a1} 开路故障为例进行仿真验证,并对比 d 轴电流注入容错控制与无功环流注入容错控制的性能。仿真工况为永磁发电机转速为 18 r/min,发电功率为 1 MW。图 9 - 17 分别给出了变换器 1 外管 S_{a1} 开路故障下故障变换器 1 的三相电流波形,故障桥臂 A_1 的相电压、电流波形,直流母线电压和发电机电磁转矩波形。0.4 s 时变换器 1 外管 S_{a1} 发生开路故障,由于此时 A_1 相电流为负,并未流经故障器件,因此不会立即影响输出电流,但在下一个电流由正到负的过零点后,变换器进入图 9 - 17 所示的运行区域Ⅲ,由于图 9 - 17(b) 所示的电流路径的缺失,部分负向电流变为零,使得 A_1 相输出电流发生畸变,同时影响其余两相。此外,i_{a1} 的畸变还会导致直流母线电压波动和发电机电磁转矩脉动。S_{a4} 开路故障下的电流畸变机制及其影响同理可得。外管 S_{a1} 开路故障下,故障变换器的电流超前电压,只要注入适当的无功电流,就可以使得故障变换器工作在单位功率因数状态,从而消除外管开路造成的电流畸变。

图 9 - 17 和图 9 - 18 给出了变换器 1 外管 S_{a1} 开路故障后无功环流注入容错控制下故障变换器 1 的三相电流波形,故障桥臂 A_1 的相电压、电流波形,变换器 1、2 的 d 轴电流和发电机电磁转矩波形。可见,0.4 s 时变换器 1 外管 S_{a1} 发生开路故障,A_1 相输出电流发生畸变,导致变换器 1 的 d 轴电流、发电机的电磁转矩发生脉动。0.55 s 时开始无功环流注入容错控制,并联变换器内部注入无功环流,消除了 A_1 相电流由正到负过零点后的电流畸变。此时变换器 1、2 的 d 轴电流分别为 -121 A 和 121 A。并联系统的总 d 轴电流为 0。通过注入无功环流,消除了外管 S_{a1} 开路故障导致的电流畸变和发电机电磁转矩脉动。由于注入的无功电流只在并联变换器内部流动,并不影响系统的总 d 轴电流大小,此时永磁同步发电机仍然处于零 d 轴电流控制,本节提出的容错控制策略不改变系统的功率因数。

基于无功环流注入的容错控制不可避免地增加了变流器的功率损耗,但是可以使并联系统继续容错运行,向电网输出功率,避免了风电机组停机导致的巨大经济损失。

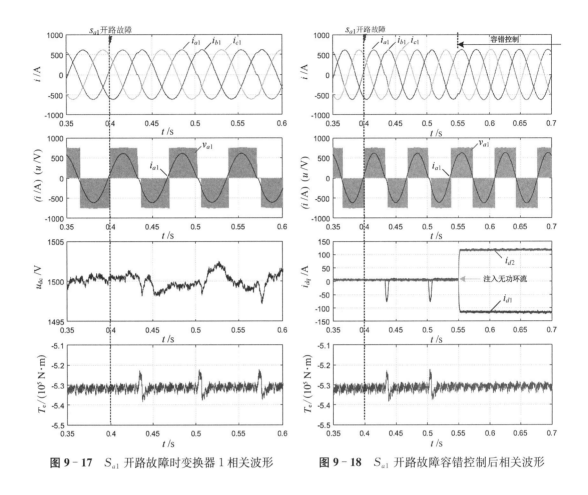

图 9 - 17 S_{a1} 开路故障时变换器 1 相关波形　　　　**图 9 - 18** S_{a1} 开路故障容错控制后相关波形

9.2　故障重构控制

9.2.1　并联变流系统的故障重构系统结构

仍以永磁直驱全功率变换风电机组为例,并联变流系统的故障重构结构示意如图 9 - 19 所示,系统由并联背靠背变流器、故障检测与隔离模块、控制系统组成。故障检测与隔离模块是故障重构系统中最为关键的部分,通过监测桥臂相电压实现故障检测;通过闭锁驱动信号、快速熔断器实现开路、短路故障的隔离。控制系统根据故障检测结果实现变流器正常、故障状态下的控制。采用软件重构方式,通过改变控制策略满足并联变流系统重构后的控制需求。重构变流器系统的总体性能与故障检测的速度与精度、重构控制策略密切相关[1-3]。

设定变换器中功率器件发生故障后,故障器件所在桥臂即被切除。并联变流器系统的故障类型定义为 F_{i-jt},i 表示故障变流器个数,$i = 1, 2, \cdots, N$;j 表示故障桥臂个数,$j = i, i+1, \cdots, 3i$;$t = s$,s 表示同相桥臂故障,d 表示异相桥臂故障。

以 2 台变换器并联系统为例说明故障类型及其重构方式。故障 F_{1-1d},假设桥臂 A_1 故障,如图 9 - 20(a)所示,故障桥臂 A_1 被切除,健康桥臂 B_1,C_1 继续运行,并联变流系统进入

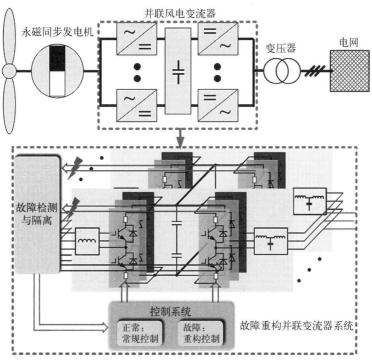

图 9‑19　并联变流系统的故障重构结构示意

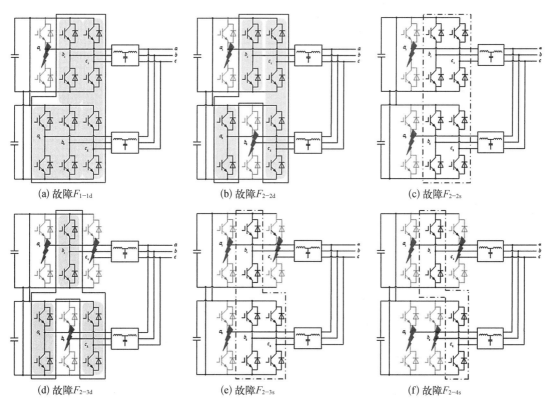

图 9‑20　并联变流器系统故障类型及其重构方式

重构运行模式，如图 9-20 中实线框所示。

故障 F_{2-2d}，假设桥臂 A_1，B_2 故障，如图 9-20(b)所示，故障桥臂 A_1，B_2 被切除，健康桥臂 A_2，B_1，C_1，C_2 重构后如图 9-20 中实线框所示。故障 F_{2-2s}，桥臂 A_1，A_2 故障，如图 9-20(c)所示，由于 A 相没有健康桥臂，并联变流系统无法重构。

故障 F_{2-3t}，当且仅当三个故障桥臂均异相，并联变流器系统才能实现重构。故障 F_{2-3d}，假设桥臂 A_1，C_1，B_2 故障，如图 9-20(d)所示，故障桥臂 A_1，C_1，B_2 被切除，健康桥臂 A_2，B_1，C_2 重构后如图 9-20(d)中实线框内所示。故障 F_{2-3s}，以桥臂 A_1，C_1，A_2 故障为例，如图 9-20(e)所示，并联变流系统无法重构。

可见，对于四个以上桥臂的故障，总有故障桥臂同相，因此并联变流系统均无法进行重构。如故障 F_{2-4s}，假设桥臂 A_1，C_1，A_2，B_2 故障，如图 9-20(f)所示。

通过上节的分析，可以得出 N 台变换器并联系统的重构机制。假设各相故障桥臂的个数为 $n_{kF}(k=a，b，c)$，$0 \leqslant n_{kF} \leqslant N$，各相健康桥臂的个数为 n_{kH}，$n_{kH}=N-n_{kF}$，如图 9-21 所示。

N 台变换器并联系统的故障重构约束条件：

$$\max\{n_{kF}(k=a，b，c)\} \leqslant N-1 \tag{9-42}$$

$$\text{或 } \min\{n_{kH}(k=a，b，c)\} \geqslant 1 \tag{9-43}$$

由式(9-42)和式(9-43)可知，只要并联系统的每相存在至少一个健康桥臂，并联变流系统故障后就可以进行重构。

综上，并联变流器系统的重构运行模式定义为桥臂发生故障后，仅切除故障桥臂，其所在变换器的其余健康桥臂正常运行。

并联变流器系统重构后的额定功率 P_r 为

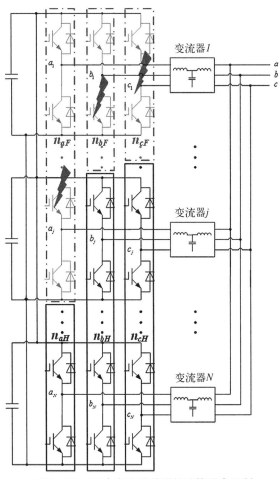

图 9-21 N 台变流器并联的重构约束机制

$$P_r=(N-\max\{n_{aF}，n_{bF}，n_{cF}\}) \cdot P=\min\{n_{aH}，n_{bH}，n_{cH}\} \cdot P \tag{9-44}$$

式中，P 为单个变换器的额定功率。

对于 N 台变流器并联系统，重构后并联系统的重构容量为额定容量的 $(N-1)/N \sim 1/N$，具体重构容量与故障桥臂的数量密切相关。当并联变流器系统的实际负载功率低于并联系统的额定重构功率时，并联变流器系统可以保持输出功率不变。否则，重构后的变流器系统需要降功率运行。

9.2.2　故障检测与故障隔离

故障检测是故障重构系统的必不可少的部分,故障检测通过分析器件和设备的状态信号,评估其运行是否正常,从而判断是否发生故障。故障检测方法很多,如通过检测功率器件的电压、电流等状态量来实现。本节采用的故障检测方法,通过比较桥臂相电压的测量值与估计值来实现开路故障检测。这种方法虽然简单易行,但是需要增加额外的传感器,可以采用无传感器的故障检测方法。由于故障检测原理不是本节的核心问题,不作深入研究。

图 9-22 为变换器的一相桥臂示意图,其相电压测量值和
估计值分别为 u_{knm}、$u_{kne}(k=a,b,c)$,相电压估计值如式(9-45)
所示:

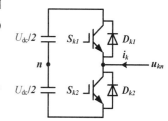

图 9-22　变换器一相桥臂
示意图

$$u_{kne} = (2S_k - 1)\frac{U_{dc}}{2} \qquad (9-45)$$

式中,S_k 为桥臂状态函数。

桥臂相电压的测量值和估计值之差 e_{kn} 为

$$e_{kn} = u_{knm} - u_{kne} \qquad (9-46)$$

当功率器件为理想开关时,正常运行状态下,桥臂相电压的测量值和估计值相等,$e_{kn}=0$。实际中,功率器件并非理想开关,其开关过程中存在延时和驱动死区,以及测量、数字控制离散化误差的存在,正常运行状态下,相电压的测量值和估计值并不相等。因此,为避免故障误检测,引入阈值电压 h,当 $|e_{kn}|>h$ 时,才认为发生了开路故障。$|e_{kn}|>h$ 为故障检测的幅值标准。

由于控制、开关延时的影响,还需要利用电压幅值故障信号的持续时间来判断是否发生了故障,通过设置合理的时间阈值 T,数字控制中采用计数器来计时,计数阈值为 N_T。$n_t > N_T$ 为判断故障的时间标准。

只有同时满足故障检测的幅值标准和时间标准,才诊断为发生故障。图 9-23 给出了故障检测原理图,首先比较桥臂相电压测量值与估计值的差值,将该差值的绝对值与电压阈值 h 比较,一般取 $h=10\,\mathrm{V}$;如 $|e_{kn}|>h$,再评估该信号的持续时间是否满足时间标准。如 $|e_{kn}|<h$,则时间计数器重置,避免测量误差与控制延时引起的故障误检测。

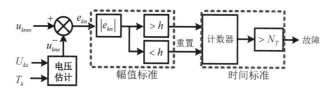

图 9-23　故障检测原理图

故障检测的时间标准定义为故障检测时间 $T_{Fd}=N_T T_S$,N_T 为时间系数,T_S 为系统采样周期,一般取 $T_s=10\,\mu\mathrm{s}$。为了快速检测故障,故障检测时间设置为 1 个开关周期。变流器开关频率 $2\,\mathrm{kHz}$ 时,$N_T=50$。当 $n_t>50$ 时开路故障可以被检测到。

故障检测与电流方向密切相关。如图 9-11 所示,对于 S_{k1} 开路故障,当 $i_k > 0$,此时电流通过 D_{k1},故障无法被检测到。因此,如开路故障发生在正向电流时刻,需要等到电流过零为负后才能被检测到,电流正向时的检测时间是二极管续流时间与故障检测时间之和。同理,负向电流时刻的开路故障则可以立刻被检测到。

对于器件开路故障,只需闭锁桥臂中其他正常器件的驱动信号即可切除该故障桥臂。IGBT 发生短路故障后,当故障器件的开关函数为 1 时,故障器件能够实现对应开关状态,不影响变换器正常运行。当故障器件的开关函数为 0 时,故障器件由于短路无法实现对应开关状态,从而导致所在桥臂上下直通,直流母线被短路。由于短路回路的内阻很小,会产生很大的瞬时短路电流,该短路电流可以使得快速熔断器动作,快速熔断器具有"快速"熔断特性。快速熔断器熔断后,短路故障就可以等效为开路故障。

RC 电路的时间常数 $\tau_c = R_{eq} C$,$R_{eq} = 2(R_{on} + R_f)$,R_{on}、R_f 分别为 IGBT 通态电阻、熔丝电阻,C 为直流母线电容,如 $R_{on} = 0.1 \, \mathrm{m\Omega}$,$R_f = 10 \, \mathrm{m\Omega}$,$C = 60 \, \mathrm{mF}$,则 $\tau_c = 1.2 \, \mathrm{ms}$。负载功率变化对直流母线电压的影响,体现在电压外环对直流母线电压的调节。一般地,电压外环的时间常数约为电流内环的 10 倍,电流内环的时间常数约为开关周期的 10 倍。开关频率为 2 kHz 时,电压环的时间常数为 50 ms。电容回路的时间常数远小于电压环的时间常数,因此电容回路的充放电对电容电压的影响起主导作用,可以忽略功率变化对直流母线电压的影响。

功率器件发生短路故障后,当 $S = 1$ 时,变流器正常运行;当 $S = 0$ 时,直流母线被短路。一个开关周期内,母线电容将处于充、放电状态。开关频率为 2 kHz 时,开关周期为 0.5 ms。短路故障后母线电压 $u_{c1} = u_0 e^{-t/\tau_C}$,故障持续时间 $0 < t_{sh} < t_s = 0.5 \, \mathrm{ms}$,因此一个开关周期后,$0.6592 u_0 < u_{c1} < u_0$。第二个开关周期内,由于直流母线电压低于额定值,当 $S = 1$ 时,直流母线充电 $u_{c2+} = u_0(1 - e^{-t/\tau_C}) + u_{c1} e^{-t/\tau_C}$;当 $S = 0$ 时,直流母线放电 $u_{c2-} = u_{c2+} e^{-t/\tau_C}$,则 $0.7753 u_0 < u_{c2-max} < u_0$,$0.4345 u_0 < u_{c2-min} < 0.6592 u_0$。SPWM 调制下变流器正常运行的最低母线电压为 976 V,$u_{dc-min} = 0.6507 u_0$。两个开关周期后,直流母线电压将低于允许的最小值,变换器将无法正常运行。因此,快速熔断器的熔断时间需小于 2 个开关周期,即 1 ms。

9.2.3 并联变流器系统重构控制策略

定义 H_{kj} 为变换器 j 的 k 相桥臂的健康状态函数,其中 $j = 1, 2, \cdots, N$;$k = a, b, c$,则有

$$H_{kj} = \begin{cases} 1 & \text{正常} \\ 0 & \text{故障} \end{cases} \tag{9-47}$$

重构控制策略本质上是对各相桥臂电流指令的重构。基于各桥臂健康状态函数 H_{kj},对各桥臂电流的参考指令进行重构,在静止坐标系下对各桥臂电流进行独立控制。静止坐标系下的电流控制器在正常、故障工况均适用。

三相静止坐标系下的各相总电流给定 i_k^*,$k = a, b, c$,则变流器 j 的 k 相电流给定值 i_{kj}^* 为

$$i_{kj}^{*} = \frac{H_{kj}}{\sum\limits_{j=1}^{N} H_{kj}} i_{k}^{*} \qquad (9-48)$$

以两台变换器并联系统为例,变换器 i 的 k 相电流参考指令如式(9-49)所示:

$$i_{ki}^{*} = \frac{H_{ki}}{\sum\limits_{i=1}^{2} H_{ki}} i_{k}^{*} \quad (i=1,2; k=a,b,c) \quad (9-49)$$

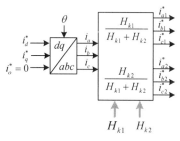

图 9-24　电流参考指令重构控制框图

电流指令重构控制框图如图 9-24 所示,电压外环输出三相总 d 轴电流给定,通过反 Park 变换,得到三相静止坐标系下的各相总电流,根据式(9-49)得到变换器 1 和变换器 2 的相电流参考指令。

以故障 F_{2-2d} 的 6 种故障类型为例,表 9-2 给出了其桥臂健康状态函数、故障桥臂、重构电流指令的详细信息。

表 9-2　故障 F_{2-2d} 的 6 种不同故障类型下的重构电流指令

$\begin{bmatrix} H_{a1}, H_{b1}, H_{c1} \\ H_{a2}, H_{b2}, H_{c2} \end{bmatrix}$	故障桥臂	$\begin{bmatrix} i_{a1r}^{*}, i_{b1r}^{*}, i_{c1r}^{*} \\ i_{a2r}^{*}, i_{b2r}^{*}, i_{c2r}^{*} \end{bmatrix}$
$\begin{bmatrix} 0,1,1 \\ 1,0,1 \end{bmatrix}$	a_1, b_2	$\begin{bmatrix} 0,1,\dfrac{1}{2} \\ 1,0,\dfrac{1}{2} \end{bmatrix} \begin{bmatrix} i_a^{*} \\ i_b^{*} \\ i_c^{*} \end{bmatrix}$
$\begin{bmatrix} 0,1,1 \\ 1,1,0 \end{bmatrix}$	a_1, c_2	$\begin{bmatrix} 0,\dfrac{1}{2},1 \\ 1,\dfrac{1}{2},0 \end{bmatrix} \begin{bmatrix} i_a^{*} \\ i_b^{*} \\ i_c^{*} \end{bmatrix}$
$\begin{bmatrix} 1,0,1 \\ 0,1,1 \end{bmatrix}$	b_1, a_2	$\begin{bmatrix} 1,0,\dfrac{1}{2} \\ 0,1,\dfrac{1}{2} \end{bmatrix} \begin{bmatrix} i_a^{*} \\ i_b^{*} \\ i_c^{*} \end{bmatrix}$
$\begin{bmatrix} 1,0,1 \\ 1,1,0 \end{bmatrix}$	b_1, c_2	$\begin{bmatrix} \dfrac{1}{2},0,1 \\ \dfrac{1}{2},1,0 \end{bmatrix} \begin{bmatrix} i_a^{*} \\ i_b^{*} \\ i_c^{*} \end{bmatrix}$
$\begin{bmatrix} 1,1,0 \\ 0,1,1 \end{bmatrix}$	c_1, a_2	$\begin{bmatrix} 1,\dfrac{1}{2},0 \\ 0,\dfrac{1}{2},1 \end{bmatrix} \begin{bmatrix} i_a^{*} \\ i_b^{*} \\ i_c^{*} \end{bmatrix}$
$\begin{bmatrix} 1,1,0 \\ 1,0,1 \end{bmatrix}$	c_1, b_2	$\begin{bmatrix} \dfrac{1}{2},1,0 \\ \dfrac{1}{2},0,1 \end{bmatrix} \begin{bmatrix} i_a^{*} \\ i_b^{*} \\ i_c^{*} \end{bmatrix}$

以两台变换器并联的网侧变流系统为例说明故障重构控制策略。故障重构控制策略如图 9-25 所示,电压外环的 PI 调节器输出 d 轴电流,根据变换器的桥臂健康状态函数,选择

相应的运行模式,得到三相静止坐标系下各个变换器的各桥臂的电流参考指令。通过基于 PR 调节器的电流内环得到调制指令。为了避免不对称工况下三相电感磁路耦合造成的不利影响,提高滤波电感的可靠性和大功率风电变换系统的故障容错性能,三相滤波电感采用三个单相电感。各桥臂的电流可独立控制到目标值,这样可以避免同相桥臂的环流。

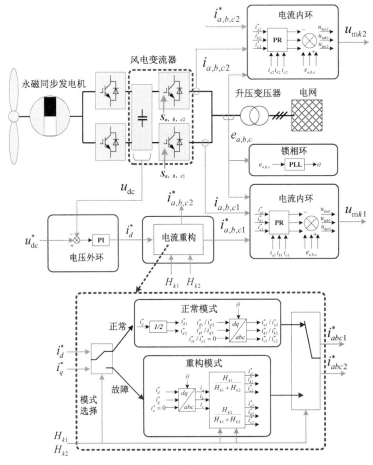

图 9-25 并联风电变流系统的故障重构控制策略

本节提出的重构控制基于软件层面的控制策略的优化,可以实现并联变换器系统多桥臂故障工况下的重构运行,提高了并联变流器系统的可用度,保证运维不可及期间风电机组的持续运行,从而提高风电机组的发电量。尽管重构后变流系统的容量降低,但对发电量的影响取决于这期间的具体风况。由于风电机组的全年最大利用小时数一般小于 3 000 h,变换器重构容量的降低对风电机组发电量的影响不大。因此,重构后的变换器可以降功率运行,无须增加额定设计容量。

9.2.4 仿真分析与验证

采用附录 4 双变换器并联的变流系统参数,以故障 F_{1-1d} 和 F_{2-2d} 为例进行仿真分析。首先以 S_{a1} 开路故障为例验证电流方向对故障检测的影响,图 9-26 故障发生在正向电流时刻的检测波形,图 9-27 分别给出了开路故障发生在正、负方向电流时刻的故障检测波形。

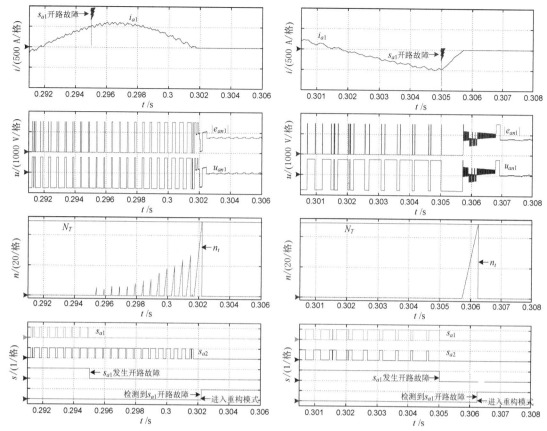

图 9 - 26　故障发生在正向电流时刻的检测波形　　图 9 - 27　故障发生在负向电流时刻的检测波形

由图 9 - 26 可见，$t=0.295$ s 时 S_{a1} 开路，此时桥臂电流为正，电流流经续流二极管，不流经 S_{a1}。尽管此时满足故障检测的电压标准，但是不满足时间标准。因此，S_{a1} 开路故障无法被立刻检测到。开路故障需要等到电流过零为负后流经故障器件时才能被检测到。因此，0.295 s 发生的 S_{a1} 开路故障直到 0.302 s 时才被检测到，检测到开路故障后，并联变流系统进入重构控制模式。电流正向时检测时间取决于电流流经二极管的时间，远大于故障诊断时间。

由图 9 - 26 故障发生在正向电流时刻的检测波形，如图 9 - 27 可见，$t=0.305$ s 时 S_{a1} 开路，此时桥臂电流为负，电流流经 S_{a1}，所以 S_{a1} 开路故障可以被立即检测到。此时故障检测的电压标准和时间标准同时满足。因此，0.305 s 发生的 S_{a1} 开路故障在 0.306 s 即被检测到。检测到开路故障后变流器进入重构模式。

仿真验证中，并联变流系统的三种运行模式分别定义为正常模式，所有并联变换器均健康，系统正常运行；传统容错控制模式，故障变换器完全切除，仅健康变换器继续工作，系统降功率容错运行；故障重构控制模式，仅故障桥臂被切除，所有健康桥臂继续运行，系统故障后以最大重构功率运行。

以故障 F_{1-1d} 和 F_{2-2d} 为例验证桥臂开路故障下的重构控制，故障 F_{1-1d} 设定桥臂 A_1 的 S_{a1} 开路，故障 F_{2-2d} 设定桥臂 A_1 的 S_{a1}、桥臂 B_2 的 S_{b2} 开路。

仿真中,变流器分别运行在正常模式和重构模式:0~0.295 s为正常模式;0.295~0.41 s为重构模式。重构模式包括两种故障:故障F_{1-1d}(0.295~0.355 s),F_{2-2d}(0.355~0.41 s)。图9-28(a)、(b)分别给出了1 MW工况下采用传统容错控制和故障重构控制模式时,故障F_{1-1d}下变换器1、2的三相电流及故障相的电压波形。

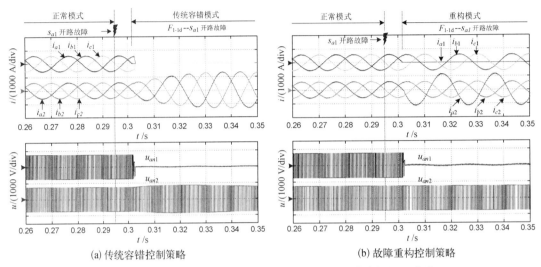

(a) 传统容错控制策略   (b) 故障重构控制策略

图9-28 故障F_{1-1d}下各变换器的三相电流及故障相电压波形

由图9-28可见,$t=0.295$ s时桥臂A_1发生开路故障。采用传统容错控制策略时,变换器1故障后整体切除,仅变换器2工作,如图9-28(a)所示,故障后变换器1的三相电流为0,变换器2的三相电流为故障前的两倍。采用故障重构控制策略时,变换器1整体不切除,仅桥臂A_1切除,桥臂B_1 C_1继续工作,变换器2正常工作,如图9-28(b)所示,为保持A相电流输出,故障后A_1桥臂相电流变为0,A_2桥臂相电流变为故障前的两倍,其余各桥臂的电流故障前后保持不变。

由图9-29可见,$t=0.335$ s时桥臂B_2发生开路故障。采用传统容错控制策略时,变换

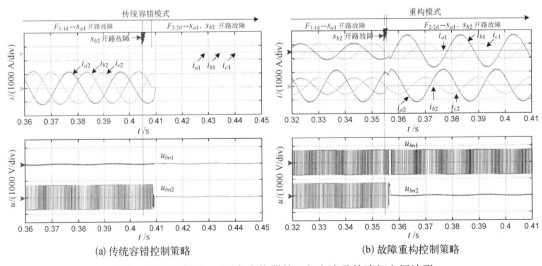

(a) 传统容错控制策略   (b) 故障重构控制策略

图9-29 故障F_{2-2d}下各变换器的三相电流及故障相电压波形

器 2 故障后也被整体切除,此时并联变流器系统整体将整体切除,风电机组将不得不停机,故障后变换器 1、变换器 2 的三相电流均为 0,如图 9-29(a)所示。采用故障重构控制策略时,变换器 2 整体不切除,仅桥臂 B_2 切除,并联系统其余各相健康桥臂继续工作,如图 9-29(b)所示,为保持 B 相电流输出,故障后 B_2 桥臂相电流变为 0,B_1 桥臂相电流变为故障前的两倍,其余各桥臂的电流故障前后保持不变。

在图 9-28、图 9-29 中,由于变流器的运行功率仅为 1 MW,低于并联系统额定功率的 50%,所以故障前后并联变流器输出的三相总电流可以保持不变,系统不需要降功率运行。当变流器的运行功率超过并联系统额定功率的 50%,故障后并联系统需要降低功率运行,图 9-30 给出了 2 MW 工况下采用故障重构控制时,发生故障 F_{1-1d} 下变换器 1、2 的三相电流波形,此时故障后的并联变流系统只能运行在 1.5 MW 功率。

由图 9-30 可见,$t=0.295$ s 时桥臂 A_1 发生开路故障。采用故障重构控制策略时,变换器 1 整体不切除,仅桥臂 A_1 切除,桥臂 B_1、C_1 继续工作,变换器 2 正常工作。由于故障后并联系统的运行功率由 2 MW 限制为 1.5 MW,因此故障后 A_2 桥臂相电流小于故障前的两倍,其余各桥臂的电流故障后也同步变小。

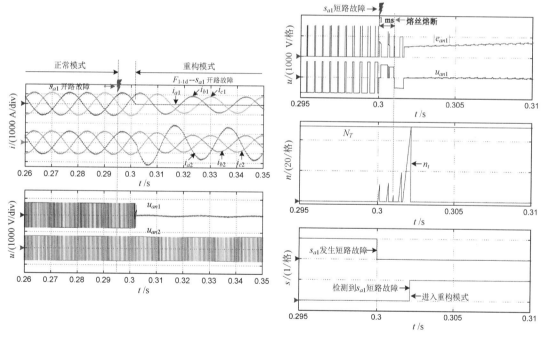

图 9-30　故障 F_{1-1d} 下各变换器的三相电流及故障相电压波形

图 9-31　短路故障检测波形

以 S_{a1} 短路为例,图 9-31 给出了短路故障下的故障检测波形。$t=0.3$ s 时发生 S_{a1} 短路故障,产生的短路电流使得快速熔丝在 1 ms 后熔断。熔丝熔断后,短路故障转换为开路故障。只有当故障检测的电压标准和时间标准同时满足时,故障才能被检测到。因此,0.3 s 时发生 S_{a1} 短路故障,在 0.302 1 s 时被检测到,检测到故障后,变流器系统进入重构控制模式。

　　$t=0.3\,\mathrm{s}$ 时 S_{a1} 发生短路故障，故障器件上会产生短路电流，同时直流母线电压迅速下降，直至熔丝熔断，直流母线电压开始恢复正常，如图 9-32 所示。熔丝熔断后，短路故障转换为开路故障，其故障重构控制与开路故障下一样。图 9-32 短路故障时电流、母线电压波形。图 9-33 给出了 1 MW 工况下采用故障重构控制时短路故障 F_{1-1d} 下变换器 1、2 的三相电流及故障相的电压波形。

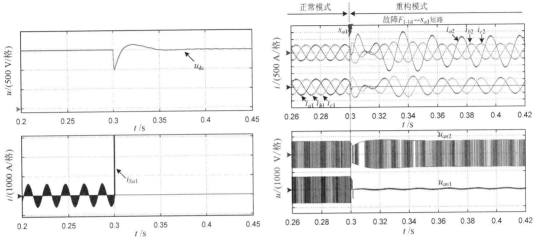

图 9-32　短路故障时电流、母线电压波形　　　　**9-33**　短路故障下三相电流及故障相电压波形

　　由图 9-32 短路故障时电流、母线电压波形由 9-33 可知，$t=0.3\,\mathrm{s}$ 时桥臂 A_1 发生短路故障，1 ms 后器件上的短路电流使得熔丝熔断。快速熔丝熔断后，短路故障演变为开路故障，检测到故障后并联变流器系统进入重构模式。采用故障重构控制策略时，变换器 1 整体不切除，仅桥臂 A_1 切除，桥臂 B_1、C_1 继续工作，变换器 2 正常工作。为保持 A 相电流输出，故障后 A_1 桥臂相电流变为 0，A_2 桥臂相电流变为故障前的两倍，其余各桥臂的电流故障前后保持不变。

9.2.5　实验研究

　　采用附录 1 控制器硬件在环仿真平台研究开路故障 F_{1-1d} 和 F_{2-2d} 下的重构控制。图 9-34(a)、(b) 分别给出了 1 MW 工况下采用传统容错控制和故障重构控制模式时故障 F_{1-1d} 下变换器 1、2 的 AB 相电流波形。图 9-35(a)、(b) 分别给出了故障 F_{2-2d} 下变换器 1、2 的 AB 相电流波形。

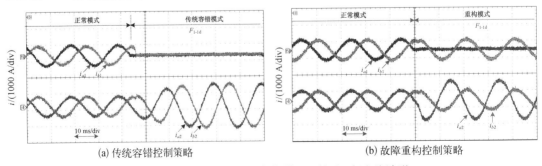

(a) 传统容错控制策略　　　　　　　　　(b) 故障重构控制策略

图 9-34　故障 F_{1-1d} 下变换器 1、2 的 AB 相电流波形

由图 9 - 19 可知,采用传统容错控制策略时,S_{a1} 发生开路故障后,变换器 1 整体切除,桥臂 A_1 和 B_1 的电流故障后均为 0。而变换器 2 的桥臂 A_2、B_2 的电流均变为故障前的两倍,如图 9 - 19(a)所示。采用故障重构控制策略时,变换器 1 整体不切除,仅桥臂 A_1 切除,并联系统其余各相健康桥臂继续工作,故障后 A_1 桥臂相电流变为 0,A_2 桥臂相电流变为故障前的两倍,其余各桥臂的电流故障前后保持不变,如图 9 - 19(b)所示。

由图 9 - 35 可知,采用传统容错控制策略时,S_{b2} 发生开路故障后,变换器 2 也整体切除,变换器 2 的桥臂 A_2、B_2 的电流也变为 0,如图 9 - 35(a)所示。采用故障重构控制策略时,变换器 2 整体不切除,仅桥臂 B_2 切除,并联系统其余各相健康桥臂继续工作,故障后 B_2 桥臂相电流变为 0,B_1 桥臂相电流变为故障前的两倍,其余各桥臂的电流故障前后保持不变,如图 9 - 35(b)所示。

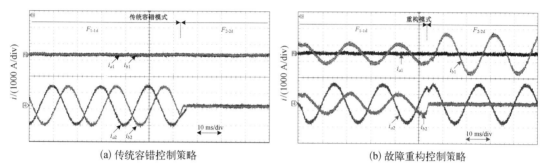

图 9 - 35　故障 F_{2-2d} 下变换器 1、2 的 AB 相电流波形

当变流器的运行功率超过并联系统额定功率的 50%,故障后并联系统需要降低功率运行,图 9 - 36 给出了 2 MW 工况下采用故障重构控制时故障 F_{1-1d} 下变换器 1、2 的三相电流波形,此时故障后的并联变流器系统只能运行在 1.5 MW 功率。

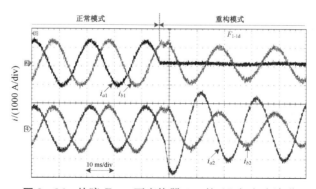

图 9 - 36　故障 F_{1-1d} 下变换器 1、2 的 AB 相电流波形

由图 9 - 36 可知,采用故障重构控制策略时,变换器 1 整体不切除,仅桥臂 A_1 切除,桥臂 B_1、C_1 继续工作,变换器 2 正常工作。由于故障后并联系统的运行功率由 2 MW 限制为 1.5 MW,故障后 A_2 桥臂相电流小于故障前的两倍,桥臂 B_1 和 B_2 的电流故障后也同步减小。

图 9 - 37(a)、(b)分别给出了 1 MW 工况下采用传统容错控制和故障重构控制模式时故障 F_{1-1d} 下变换器 1、2 的 A 相电压电流波形。图 9 - 38(a)、(b)分别给出了 1 MW 工况下采

用传统容错控制和故障重构控制模式时故障 F_{2-2d} 下变换器 1、2 的 B 相电压电流波形。

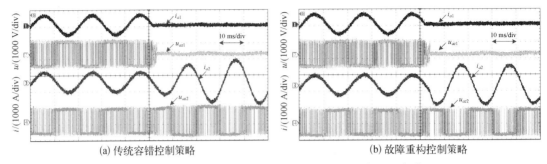

(a) 传统容错控制策略　　　　　(b) 故障重构控制策略

图 9-37 故障 F_{1-1d} 下变换器 1、2 的 A 相电流电压波形

由图 9-37 可知,采用传统容错控制策略时,S_{a1} 发生开路故障后,变换器 1 整体切除,桥臂 A_1 的电流、电压故障后均为 0。而变换器 2 的桥臂 A_2 的电流变为故障前的两倍。采用故障重构控制策略时,变换器 1 整体不切除,仅桥臂 A_1 切除,并联系统其余各相健康桥臂继续工作,故障后 A_1 桥臂相电流变为 0,A_2 桥臂相电流变为故障前的两倍。

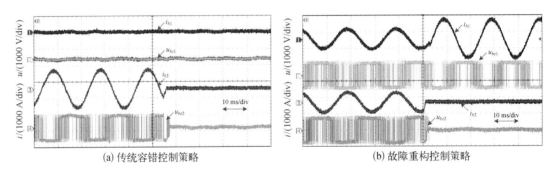

(a) 传统容错控制策略　　　　　(b) 故障重构控制策略

图 9-38 故障 F_{2-2d} 下变换器 1、2 的 B 相电流电压波形

由图 9-38 可知,采用传统容错控制策略时,S_{b2} 发生开路故障后,变换器 2 也整体切除,变换器 2 的桥臂 B_2 的电流、电压均变为 0。采用故障重构控制策略时,变换器 2 整体不切除,仅桥臂 B_2 切除,故障后 B_2 桥臂相电流变为 0,B_1 桥臂相电流变为故障前的两倍。

参考文献

[1] 陈根,蔡旭.并联型风电变流器故障重构控制[J].中国电机工程学报,2018,38(15):4339-4349,4634.

[2] Chen G, Cai X. Reconfigurable control for fault-tolerant of parallel converters in PMSG wind energy conversion system[J]. IEEE Transactions on Sustainable Energy,2019,10(2):604-614.

[3] 陈根,蔡旭.海上风电变流器多故障模式下的重构控制[C].中国电机工程学会直流输电与电力电子专业委员会 2016 年学术年会,哈尔滨,中国,2016:1-5.

第 *10* 章

风电变流器的电压源控制

电力系统发电与用电的平衡通过两个步骤完成,调度按照对未来电力负荷的预测情况给发电厂发出发电指令,作为电力平衡的静态工作点,而实时平衡由同步发电机的转子运动完成。在基本发电工作点确定后,同步发电机能够自动调节转子的转速储存和释放能量,达到自动跟随负荷变化、实现发电与用电实时平衡的目的。同步发电机的这种能力得力于其作为电压源的固有特性,对电力系统具有惯量。而风电机组经变流器的控制并网,由于变流器采用电网电压定向的电流控制策略,使其体现为电流源性质,隔离了机组的惯量,对电网的实时平衡基本没有贡献。随着风电并网比例的提高,风电电源比重愈来愈大,电力系统的惯量相对变弱,造成电力实时平衡困难,严重影响电网的安全稳定运行。解决这一问题的方法有两种,一种是充分利用变换器响应的快速性,通过上层控制系统基于对电网频率的感知快速控制风电场响应负荷的变化,大幅减轻系统中同步发电机实时平衡电力负荷的压力。另一种是改变风电变流器的控制策略,将风电机组控制成电压源,是其具有惯量响应能力,实现风电机组对电网频率波动的主动阻尼。本章探讨风电变流器的电压源控制方法,使风电机组具备电压源特性,并对这种特性进行量化分析。

10.1 基本概念

电力系统的惯量反应的是系统阻尼频率变化的能力,是反应电网稳定的重要参数,当系统中由于负荷投切等因素导致频率波动时,系统的惯量将对频率变化率、功角变化起到阻尼作用。电力系统的惯量越大,则电网频率波动越小,功角变化越小,系统越稳定,反之,系统惯量的缺失将导致无法有效阻尼频率的变化,造成电力实时平衡困难,引发系统的稳定性问题[1-2]。风电接入电力系统之前,电力系统的惯量主要由同步发电机提供,常规同步发电机组的转子储能 E_k 及发电系统的惯性时间常数 H_s 可以表示为

$$E_k = \frac{1}{2p_s^2} J_s \omega_s^2 \tag{10-1}$$

$$H_s = \frac{J_s \omega_s^2}{2 p_s^2 S_N} \quad\quad (10-2)$$

式中，J_s 为发电机组的转动惯量，p_s 为发电机极对数，S_N 为同步机发电系统的额定容量。

系统的惯性时间常数 H_s 定义为系统旋转储能和额定容量的比值，根据此定义可推算得到含大型风电机组的电力系统等效惯性时间常数 H_{equ}：

$$H_{equ} = \frac{\sum\limits_{i=1}^{n} \left(\dfrac{J_{s,i} \omega_s^2}{2 p_{s,i}^2} \right)}{\sum\limits_{i=1}^{n} S_{N,i} + \sum\limits_{j=1}^{m} S_{M,j}} \quad\quad (10-3)$$

式中，n 为同步发电机组台数，m 为风电机组台数，$p_{s,i}$ 为第 i 台同步发电机极对数，$S_{N,i}$ 为第 i 台同步发电机额定功率，$S_{N,j}$ 为第 j 台风电机组额定功率。

根据式(10-3)可知，伴随着风电渗透率的增加，风电装机容量在电网中的比例不断提高，导致系统整体惯量减少，恶化电力系统的惯量特性，如若不采用有效的惯量控制措施，高比例风电并网必将严重威胁电力系统的频率稳定性。

与此同时，由于风电机组变换器的隔离作用，机组对电网几乎不提供短路电流和惯量，因而风电的大量接入降低了电网的惯量和短路比，使电网逐渐变弱。在弱电网环境下，基于电网电压锁相的风电变换器控制会使风电机组与电网间产生多种异常交互现象，如风场与电网中串联补偿设备产生的次同步振荡、风场经 HVDC 并网产生的低频振荡、风机传动链扭振产生的功率振荡以及风电场汇集网出现的高频谐波振荡等，引发诸多并网稳定性问题。

目前风电变流器均采用锁相环(PLL)与电网同步、定向，并以电流注入的形式实现功率调节，体现为电流源特性，负荷的变化不影响注入电网的电流，因此不参与电力系统的调频，也无法提供惯量支撑与频率响应。弱电网环境下，变换器与电网间存在复杂的电磁交互现象，典型的有谐波振荡、低频振荡等，这些异常交互现象与变换器的电流控制、锁相环以及电网的强弱有密切关系。因此，常规变流器控制下的风电机组在电气特性上体现为电流源，机电特性上体现为机械频率与电网频率解耦的无惯量系统，不利于电网频率的暂态稳定。并且在弱电网下也易发生与电网异常交互的问题，稳定运行难度大。

风电变流器的电压源控制着眼于改进变流器的控制策略，用电压型控制替代传统的电流型控制，使风电机组对外体现为电压源性质、输出的功率能够自主响应负荷的变化[3-4]。这样一来，风电机组具备了惯量支撑的能力，体现出与同步发电机类似的"电网友好"特性。

10.2 网侧变换器的惯性同步控制

网侧变换器惯性同步控制(inertial synchronization control，ISynC)的核心思想是将变换器直流母线电容电压的动态方程类比于同步机的转子运动方程，并根据动力系统相似性原理进行类比控制，实现网侧变换器的无锁相环同步控制。

网侧变换器的直流母线电压方程为

$$2H_C\left(u_{dc0}\frac{\mathrm{d}u_{dc}}{\mathrm{d}t}\right)=P_m-P_g \tag{10-4}$$

式中，P_m 为机侧变换器输出功率的标幺值，P_g 为网侧变换器输出功率的标幺值，u_{dc} 为变换器直流母线电容的电压标幺值，u_{dc0} 为稳态直流电压的标幺值，H_C 为直流母线上电容的惯量时间常数。

直流电容惯量时间常数 H_C 的表达式为

$$H_C=\frac{CU_{dcn}^2}{2S_n} \tag{10-5}$$

式中，C 为直流电容容值，U_{dcn} 为直流电压的基准值，S_n 为风电机组的额定功率（基准值）。

忽略网侧变换器的功率损耗，其输出功率的标幺值 P_g 可以表示为

$$P_g=\frac{mu_{dc}e_g}{x_g}\sin\delta \tag{10-6}$$

式中，m 为网侧变换器的调制比，e_g 为电网电压的标幺值，x_g 为网侧变换器与电网间电抗的标幺值，δ 为网侧变换器输出电压向量超前电网电压的相位。

电力系统中同步发电机的转子运动方程为

$$2H_J\left(\omega_r\frac{\mathrm{d}\omega_r}{\mathrm{d}t}\right)=P_M-P_e \tag{10-7}$$

式中，P_M 为输入同步发电机的原动功率标幺值，P_e 为同步机输出电磁功率的标幺值，ω_r 为转子转速的标幺值，H_J 为机组转子的惯量时间常数。

电磁功率标幺值 P_e 又可以表示为

$$P_e=\frac{\psi\omega_r e_g}{x_G}\sin\delta_G \tag{10-8}$$

其中，ψ 为转子磁链标幺值，x_G 为等效电抗标幺值，δ_G 为同步发电机功角。

对比式（10-4）与式（10-7）可以看出，变换器直流母线电压 u_{dc} 具有与同步发电机转速 ω_r 相似的动态特性。根据动力系统相似原理，式（10-6）中的调制比 m 可类比为式（10-8）中的磁链 ψ，式（10-4）中的电容惯性时间常数 H_C 可类比为式（10-7）中转子惯量时间常数 H_J。上述变量之间的类比关系如图 10-1 所示。

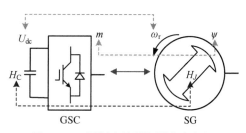

图 10-1　网侧变换器与同步发电机之间的类比关系

同步发电机功角 δ_G 与转子转速 ω_r 之间的关系可表示为

$$\frac{\mathrm{d}\delta_G}{\mathrm{d}t}=\omega_{Bg}(\omega_r-\omega_g) \tag{10-9}$$

式中，ω_{Bg} 为电网角频率的基准值，即 $100\pi \text{rad/s}$；ω_g 为电网角频率的标幺值。

为了模拟同步发电机功角 δ_G 与转子转速 ω_r 之间的关系，在控制环路中使网侧变换器输出电压的相位 θ 与直流母线电压标幺值 u_{dc} 之间具有如下关系：

$$\frac{\mathrm{d}\theta}{\mathrm{d}t} = \omega_{Bg}(u_{dc} - \omega_g) \tag{10-10}$$

图 10-2 给出了网侧变换器采用惯性同步控制的示意图。其中 L_g 为网侧等效电感，即输电线电感、变压器漏电感和网侧变换器滤波电感之和，R_g 为对应的网侧等效电阻。根据

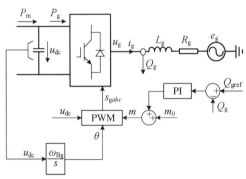

图 10-2 网侧变换器惯性同步控制框图

式(10-10)，直流侧电压 u_{dc} 的标幺值输入到积分控制器，该控制器的输出 θ 用于脉冲宽度调制(PWM)，使网侧变换器输出相位为 θ 的电压。通过调节调制比 m 来控制网侧变换器 GSC 输出电压的幅值，进而调节无功功率 Q_g。PWM模块基于 θ、m 和 u_{dc} 生成三相开关信号 s_{abc}。

从图 10-2 中可以看出，由于直流母线电容的物理惯量直接用于电网同步，因此不需要像虚拟同步控制那样模拟转子运动方程，实现风电机组的无锁相环电网同步功能。惯性同步控制能够将交流电网频率直接镜像到直流母线电压，这一特征可用于风电机组的自主惯量响应，即机侧变换器通过实时跟踪检测变流器的直流母线电压、控制风电机组实现对电网的惯量响应，阻尼电网的频率波动。

10.3 机侧变换器的惯量传递控制

10.3.1 全功率变换风电机组的机侧变换器控制

对于全功率变换的风电机组而言，发电机功率全部经风电变流器变换后并入电网。网侧变换器采用惯性同步控制策略将电网的频率实时镜像到直流母线电压，机侧变换器如何将电网频率的波动实时反映到发电机的有功输出上，实现机组惯量的传递极为关键。将机侧变换器的这种控制称为惯量传递控制(inertia transfer control，ITC)[5-6]。

机侧变换器常用的控制方法是基于磁链定向的矢量控制，其中控制结构包含内环电流和外环功率控制。图 10-3 为这种机侧变换器的控制框图，轴编码器为定子电流从静止坐标系变换到旋转 dq 坐标系提供相位参考。MPPT 环节依据风轮转速 ω_t 计算有功功率参考值 P_{mref}，实现对最大风能的捕获。在旋转 dq 坐标系中，由于转子磁链 ψ_r 与 d 轴定向，PMSG 的输出有功功率和无功功率分别与定子的 q 轴电流 i_{sq} 和 d 轴电流 i_{sd} 成比例。因此，有功功率控制器的输出被设置为 q 轴电流参考 i_{sqref}，无功功率控制器的输出为 d 轴电流参考 i_{sdref}。为了消除 d 轴和 q 轴电流之间的耦合，在电流控制器中加入了前馈解耦控制。

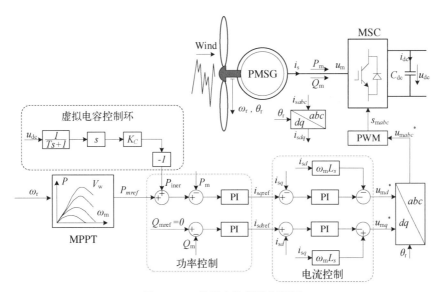

图 10-3　机侧变换器控制框图

将电流控制器的输出经旋转 dq 坐标系变换到静止 abc 坐标系后用于 PWM 调制。

惯性同步控制的目的是将电网频率实时镜像到直流母线电容电压,由于电容器的电容值有限,能够快速反应电网频率波动但对电网体现出的物理惯量很小。需要网侧变换器采用惯量传递控制,将风电机组的风轮和传动链的惯量进行实时传递。惯量传递控制可以通过在机侧变换器的有功功率控制环中引入虚拟电容控制(virtual capacitor control loop, VCCL)来实现。虚拟电容控制环节以直流母线电压为输入量,经惯性、微分和放大环节后加到有功功率参考 P_{mref} 中。其物理意义是通过检测直流电压的变化率对发电机输出功率进行控制,其中放大环节的 K_C 称为虚拟电容系数。由于直流母线电压中含有高频谐波成分,微分环节会引入较大的干扰从而引发系统失稳,因此在虚拟电容器控制环路中增加了低通滤波器。

在惯量响应的大时间尺度下可忽略低通滤波器,虚拟电容控制环的输出 P_{iner} 可表示为:

$$P_{iner} = -K_C \frac{\mathrm{d}u_{dc}}{\mathrm{d}t} \tag{10-11}$$

忽略控制环的响应时间,机侧变换器输出功率 P_m 可表示为

$$P_m = P_{mref} - K_C \frac{\mathrm{d}u_{dc}}{\mathrm{d}t} \tag{10-12}$$

将式(10-12)代入式(10-4),可得

$$2\left(H_C + \frac{K_C}{2u_{dc0}}\right)\left(u_{dc0} \frac{\mathrm{d}u_{dc}}{\mathrm{d}t}\right) = P_{mref} - P_g \tag{10-13}$$

根据式(10-13),加入虚拟电容控制后的等效惯量时间常数 H_{VC} 可表示为

$$H_{\mathrm{VC}} = H_{\mathrm{C}} + \frac{K_{\mathrm{C}}}{2u_{\mathrm{dc0}}} \qquad (10-14)$$

可见,通过增加虚拟电容系数 K_{C},可以增大风电机组对电网的惯量响应。

10.3.2 双馈风电机组的机侧变换器控制

对于双馈风电机组,发电机的定子直接与电网相连,变流器经转子对发电机进行交流励磁,间接实现对定子输出功率的控制。其中机侧变换器传递惯量的控制方式有两种,一种是虚拟同步控制,采用这种控制方式可以直接实现叶轮及机组传动链惯量的传递,与网侧变换器的控制方式无关。另一种是惯量传递控制,需要网侧变换器采用惯性同步控制方式实时镜像电网的频率。

1. 机侧变换器的虚拟同步控制

根据双馈风力发电机在 dq 旋转坐标系下的模型,定子侧的电路方程可以表示为

$$\begin{cases} u_{ds} = R_{\mathrm{s}} i_{ds} + p\psi_{ds} - \omega_{\mathrm{s}}\psi_{qs} \\ u_{qs} = R_{\mathrm{s}} i_{qs} + p\psi_{qs} + \omega_{\mathrm{s}}\psi_{ds} \end{cases} \qquad (10-15)$$

其中,$u_{dqs}i_{dqs}$ 和 ψ_{dqs} 分别表示 dq 坐标系下的定子电压,定子电流以及定子磁链。

从式(10-15)不难看出,在机电暂态的时间尺度中,定子磁链以及电子电流的变化忽略不计,则式(10-15)则可以简化表示为

$$\begin{cases} \psi_{ds} = \dfrac{u_{qs} - R_{\mathrm{s}} i_{qs}}{\omega_{\mathrm{s}}} \\[3mm] \psi_{qs} = -\dfrac{u_{ds} - R_{\mathrm{s}} i_{ds}}{\omega_{\mathrm{s}}} \end{cases} \qquad (10-16)$$

注意到上式建立在 dq 旋转坐标系中,若将其转换到复向量的形式,则有

$$\boldsymbol{\psi}_{\mathrm{s}} = \frac{\boldsymbol{U}_{\mathrm{s}} - R_{\mathrm{s}} \boldsymbol{I}_{\mathrm{s}}}{\mathrm{j}\omega_{\mathrm{s}}} \qquad (10-17)$$

在另一方面,双馈发电机的定子磁链向量以及转子磁链向量可以表示为

$$\begin{cases} \boldsymbol{\psi}_{\mathrm{s}} = L_{\mathrm{s}} \boldsymbol{I}_{\mathrm{s}} + L_{\mathrm{m}} \boldsymbol{I}_{\mathrm{r}} \\ \boldsymbol{\psi}_{\mathrm{r}} = L_{\mathrm{m}} \boldsymbol{I}_{\mathrm{s}} + L_{\mathrm{r}} \boldsymbol{I}_{\mathrm{r}} \end{cases} \qquad (10-18)$$

$\boldsymbol{I}_{\mathrm{s}}$ 与 $\boldsymbol{I}_{\mathrm{r}}$ 分别表示定子电流以及转子电流的向量,而 L_{s} 以及 L_{r} 则表示发电机的定子电感以及转子电感,L_{m} 则表示激磁电感。

将式(10-18)带入式(10-17)能够得到双馈发电机的定子电压表达式:

$$\boldsymbol{U}_{\mathrm{s}} = \left[R_{\mathrm{s}} + \mathrm{j}\omega_{\mathrm{s}} \left(L_{\mathrm{s}} - \frac{L_{\mathrm{m}}^2}{L_{\mathrm{r}}} \right) \right] \boldsymbol{I}_{\mathrm{s}} + \mathrm{j}\omega_{\mathrm{s}} \frac{L_{\mathrm{m}}}{L_{\mathrm{r}}} \boldsymbol{\psi}_{\mathrm{r}} \qquad (10-19)$$

将式(10-19)与同步发电机的定子电压方程对比,不难发现双馈发电机的定子电压具有与同步发电机定子电压类似的表达式,进一步定义双馈发电机的等效暂态电抗 $X_{\mathrm{m}}^{\mathrm{eq}}$ 与等

效内电势 $\boldsymbol{E}_{\mathrm{r}}^{\mathrm{eq}}$ 为

$$X_{\mathrm{m}}^{\mathrm{eq}}=\omega_{\mathrm{s}}\left(L_{\mathrm{s}}-\frac{L_{\mathrm{m}}^{2}}{L_{\mathrm{r}}}\right) \tag{10-20}$$

$$\boldsymbol{E}_{\mathrm{r}}^{\mathrm{eq}}=\mathrm{j}\omega_{\mathrm{s}}\frac{L_{\mathrm{m}}}{L_{\mathrm{r}}}\boldsymbol{\psi}_{\mathrm{r}} \tag{10-21}$$

同理,定义双馈发电机的等效功角 δ_{sg} 为等效内电势领先定子电压的角度。对比双馈发电机与同步发电机的表达式,不同之处在于,对于同步发电机,其内电势是由直流励磁产生,并且内电势的角度取决于同步发电机的旋转速度,而对于双馈发电机而言,等效内电势的幅值取决于转子侧变流器的控制策略,等效内电势的旋转角速度则是交流励磁角速度与发电机转子角速度之和。

双馈发电机机侧变换器的虚拟同步控制(virtual synchronous generator, VSG)的控制原理来源于双馈发电机定子电压方程于同步发电机定子电压方程的类似性[7-9]。根据式(10-19),如果控制双馈发电机的转子磁链,则等效控制同步发电机的内电势,则双馈发电机的无功功率控制则能够通过控制等效内电势的幅值得以体现,对应了同步发电机的无功控制;同样的,双馈发电机的有功功率控制则能够通过控制等效功角得以体现,对应了同步发电机的有功控制。详细的双馈发电机虚拟同步控制框图如图 10-4 所示。

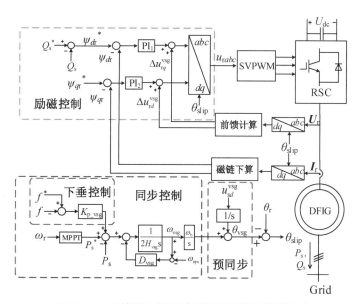

图 10-4　双馈风电机组转子侧虚拟同步控制框图

同步控制模拟同步发电机的转子运动方程,实现最大功率跟踪并输出转子磁链定向的转子角;励磁控制用于在风电机组运行过程中通过调节转子磁链幅值来控制无功功率;预同步控制环采用积分调节器,主要用于转子侧变流器并网之前的相角同步。值得注意的是,若仅模拟同步发电机的惯量阻尼特性,则同步控制环中无需引入下垂控制,若在同步控制环中加入下垂控制,则能够迫使发电机转速进一步下降,释放转子动能。我们将虚拟同步控制中的两种方式称为"虚拟同步微分控制"以及"虚拟同步比例微分控制",一般情况下虚拟同步控制指的是虚拟同步比例微分控制。

2. 机侧变换器的惯量传递控制

双馈风电机组机侧变换器的惯量传递控制与全功率风电机组机侧变换器的类似[3]，其应用的前提是网侧变换器采用惯性同步控制，这样能够将电网频率的波动自主体现在直流母线电压的波动上。双馈风电机组机侧变换器的惯量传递控制如图 10-5 所示[10-12]，在网侧变换器惯性同步控制下，直流母线电压的变化趋势与电网频率的变化同步，因此在转子侧变换器功率外环中增加反应直流母线电压变化的控制环路即能够实现机组惯性的传递与释放。

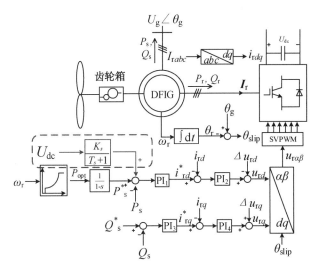

图 10-5 双馈风电机组机侧变换器惯量传递控制框图

10.4 电压源控制的实验研究与对比分析

为量化分析电压源控制方式的效果，并进行横向对比，本节以双馈发电机为研究对象，基于附录 3 的 RTDS-Bladed 风电机组气-机-电混合仿真实验平台[13]开展电压源控制的实验研究。实验环境条件如图 10-6 所示：采用额定功率为 10 MW 的传统同步发电机模拟电网，固定负载为 6 MW，临时负载为 0.5 MW，在 $t=2$ s 时临时负载投入。发电机参数和气动参数如表 10-1 和表 10-2 所示。

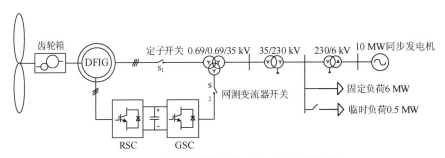

图 10-6 虚拟惯量控制仿真实验系统结构图

本次实验中列入对比的控制组合包括：将电网频率的比例微分量引入风电机组功率给定的比例-微分控制(PD-VC,这种控制方式基于机组的主控制器实现,不涉及变流器控制策略的变更);转子侧惯量传递-网侧惯性同步控制(ITC-ISynC);转子侧虚拟同步-网侧矢量控制(VSG-VC);转子侧虚拟同步控制-网侧惯性同步控制(VSG-ISynC)。对照组选两种：同步发电机独立带负载方式;转子侧矢量控制-网侧矢量控制(VC-VC)。

表 10 - 1　2 MW 双馈风电机组参数

参　数　名	数　值	参　数　名	数　值
额定定子电压/kV	0.69	定子电阻/pu	0.034 4
定转子绕组比/pu	0.333	定子漏抗/pu	0.274 8
额定功率/MWA	2	励磁电抗/pu	12.97
额定频率/Hz	50	转子电阻/pu	0.027 3
直流母线电容/mF	3.6	转子漏抗/pu	0.397 9

表 10 - 2　2 MW 风力机气动参数

参　数　名	数　值	参　数　名	数　值
机组气动功率/MW	2.18	额定风速/(m/s)	11.8
切入风速/(m/s)	3	切出风速/(m/s)	25
风轮直径/m	90.76	齿轮箱变比	84.26
C_{pmax}	0.483	最佳叶尖速比	8.37

10.4.1　对电网频率阻尼的能力

以风电机组传统矢量控制作为对照组,将四种不同的惯量控制方式进行横向对比。定义电网频率最大相对偏差 δ_{f_damp} 为主要量化指标,同时定义发电机转速变化的最大值 $\Delta\omega_{r\_max}$ 为辅助指标。

$$\delta_{f\_damp} = \frac{\Delta f_{max}}{f_B} \times 100\% \tag{10-22}$$

其中,Δf_{max} 为动态过程中电网频率变化的最大值,f_B 为电网频率基准值,此处选取为 50 Hz。

0.5 MW 临时负载投入后的响应如表 10-3 以及图 10-7 所示。在同步发电机独立带负载的对照组实验中,频率跌落仅依靠同步发电机的一次调频能力进行抑制,频率跌落程度最深,δ_{f_damp} 达到 0.442%。同步发电机与传统矢量控制(VC-VC)的风电机组同时带载时,由于风电机组基本不参与惯量响应,因此 δ_{f_damp} 同样达到 0.44%。

风电机组采用惯量控制后,δ_{f_damp} 和 Δf_{max} 大幅降低。四种惯量控制方式在 δ_{f_damp}、Δf_{max} 量化指标上结果类似,说明在参数选择合适的情况下,四种惯量控制方式均能有效阻尼频率波动,且阻尼效果相当。主要区别之处在于除了控制参数的影响之外,比例-微分控制的频率响应效果还取决于电网频率检测模块的精度与速度,而虚拟同步控制以及惯性同步控制则能够实时响应频率变化。

表 10-3 不同控制方式的阻尼效果对比

控 制 方 式	δ_{f_damp}	$\Delta f_{max}/Hz$	$\Delta\omega_{r\_max}/pu$
同步发电机(对照组)	0.442%	0.221	N/A
VC-VC(对照组)	0.44%	0.220	0
PD-VC	0.21%	0.106	0.052
VSG-VC	0.22%	0.111	0.054
VSG-ISynC	0.22%	0.11	0.051
ITC-ISynC	0.22%	0.111	0.078

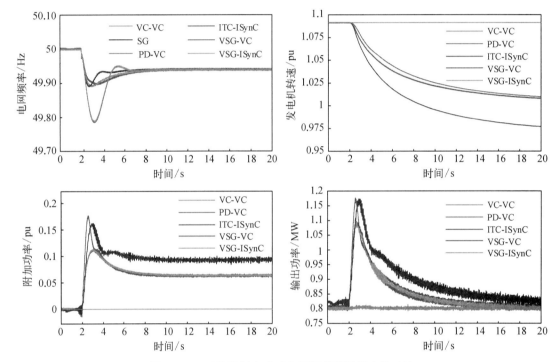

图 10-7 四种控制方式对电网频率阻尼能力的对比

10.4.2 弱电网运行的稳定性

将风电机组并网点的短路比依次从 6 减小到 3.5 和 2.5,模拟电力系统从强系统逐渐变为极弱系统的过程,并定义短路比变化时的频率最大相对偏差 δ_{f_scr} 为刻画弱网稳定性的量化指标,用于表征短路比变化时电网频率波动程度:

$$\delta_{f\_scr} = \frac{\Delta f_{scr}}{f_B} \times 100\% \tag{10-23}$$

其中,Δf_{scr} 表示短路比变化时电网频率波动的最大值。

对四种组合方式的实验测试,得到电网频率的变化对比如表 10-4 和图 10-8 所示。

在三种短路比情况下,比例-微分控制的风电机组由于其电流源的控制结构,只能在 SCR=6 的电网环境中稳定运行,系统变弱后出现频率振荡失稳。

表 10 - 4　弱网稳定性实验对比

控制方式	$\Delta f_{\text{scr3.5}}/\text{Hz}$	$\delta_{f\_\text{scr3.5}}$	$\Delta f_{\text{scr2.5}}/\text{Hz}$	$\delta_{f\_\text{scr2.5}}$
ITC - ISynC	0.08	0.16%	0.09	0.18%
VSG - VC	0.1	0.20%	0.11	0.22%
VSG - ISynC	0.05	0.10%	0.05	0.10%

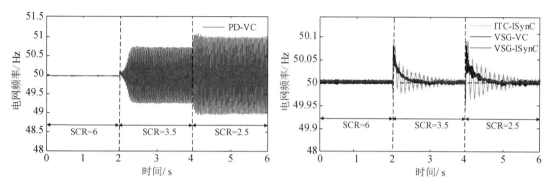

图 10 - 8　弱电网稳定性实验对比波形

　　风电变流器的电压源控制能够明显提升风电机组的弱网运行稳定性。VSG - VC 控制方式下频率最大相对偏差 $\delta_{f\_\text{scr3.5}}$ 以及 $\delta_{f\_\text{scr2.5}}$ 分别为 0.2% 以及 0.22%。进一步将网侧变流器做惯性同步控制后，VSG - ISynC 控制方式下 $\delta_{f\_\text{scr3.5}}$ 以及 $\delta_{f\_\text{scr2.5}}$ 均减小为 0.1%，运行稳定性明显提高。上述两种方式均能够在 SCR = 3.5 以及 SCR = 2.5 的弱网中稳定运行，没有明显的频率振荡。ITC - ISynC 控制方式中，由于仅网侧变流器具备电压源性质，转子侧变换器对定子功率的控制仍体现为电流源性质，结果虽能在弱电网中运行，但存在较长的振荡调节时间。

10.4.3　电网频率的二次跌落

　　在电网频率二次跌落的对比实验中，根据惯例设置转速跌落下限值为 0.75 pu，风速 7 m/s，临时负载 1.5 MW。当转速低于下限值时强制退出惯量响应，因此将导致电网频率的"二次跌落"，定义电网频率二次跌落相对于基准频率的偏差 δ_{2_B} 表征不同控制方式下电网频率二次跌落的程度：

$$\delta_{2\_\text{B}} = \frac{\Delta f_{2\_\text{max}}}{f_{\text{B}}} \times 100\% \tag{10 - 24}$$

　　为了排除不同控制器参数对于频率二次跌落的影响，进一步定义频率二次跌落相对于其一次跌落的比例 δ_{2_1}：

$$\delta_{2\_1} = \frac{\Delta f_{2\_\text{max}}}{\Delta f_{1\_\text{max}}} \times 100\% \tag{10 - 25}$$

　　其中，Δf_{1_max} 和 Δf_{2_max} 分别为电网频率一次、二次跌落的最大偏差值。

　　电网频率二次跌落的严重程度取决于转子侧变流器的控制方式，四种控制方式的对比如表 10-5 和图 10-9 所示。

表 10-5 电网频率二次跌落实验对比

控制方式	$\Delta f_{1\_max}/Hz$	$\Delta f_{2\_max}/Hz$	δ_{2_B}	δ_{2_1}
PD-VC	0.395	0.114	0.23%	28.86%
ITC-ISynC	0.396	0.114	0.23%	28.79%
VSG-VC	0.417	0.083	0.17%	19.90%
VSG-ISynC	0.417	0.083	0.17%	19.90%

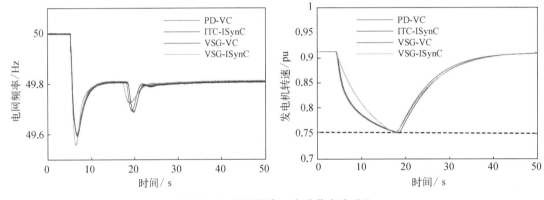

图 10-9 电网频率二次跌落实验对比

电网频率的二次跌落仅与转子侧变换器的控制方式有关。临时负载投入之后,VSG-VC 和 VSG-ISynC 的转子侧虚拟同步控制率先触发转速保护,从频率二次跌落的相对程度上分析,VSG-VC 和 VSG-ISynC 的二次跌落的 δ_{2_B}(0.17%)以及 δ_{2_1}(19.90%)均低于 PD-VC 的 δ_{2_B}(0.23%)、δ_{2_1}(28.86%)以及 ITC-ISynC 的 δ_{2_B}(0.23%)、δ_{2_1}(28.79%)。这是由于当发电机转速低于设定的下限值,触发转速保护,PD-VC 和 ITC-ISynC 控制策略中的附加功率立刻退出控制。VSG-VC 和 VSG-ISynC 虽然比例控制失去作用,但是虚拟同步控制本身即包含了等效于微分控制的同步控制环,仍能有效抑制电网频率波动。因此从频率二次跌落的角度分析,转子侧变换器的虚拟同步控制拥有更出色的抑制效果。

10.4.4 机组载荷分析

风电机组的载荷分析是机组机械结构设计的基础。特殊工况下的极限载荷决定了机组的结构强度,部件长期振动产生的疲劳损伤会影响机组寿命,在本实验中将塔架顶部左右加速度峰值 a_{ss_max} 作为风电机组惯量响应载荷分析的指标,用以比较不同控制方式下负载变化对于塔架振动的影响。

同时为了量化分析不同惯量控制方式对电磁转矩的影响,定义发电机电磁转矩的最大相对偏差 δ_{T_e}:

$$\delta_{T_e} = \frac{\Delta T_{e\_max}}{T_{e\_ref}} \times 100\% \tag{10-26}$$

其中，ΔT_{e_max} 为动态过程中发电机电磁转矩变化的最大值，T_{e_ref} 为临时负载投入前发电机的电磁转矩。在混合平台的 GH Bladed 中对机组进行载荷分析，结果如图 10-10 和表 10-6 所示。负载投入后的暂态过程对机组载荷影响最大，塔架顶部左右加速度在此过程中达到峰值。其中 VSG-VC 以及 VSG-ISynC 控制方式的塔顶左右加速度峰值较小，分别仅有 0.029 9 m/s² 以及 0.029 3 m/s²，明显小于 PD-VC 以及 ITC-ISynC 控制策略下的加速度。针对发电机电磁功率进行量化分析可知，VSG-VC 以及 VSG-ISynC 控制方式的电磁转矩最大相对偏差分别为 31.41% 与 32.31%，而另外两种控制方式的电磁转矩最大偏差达到了 41.62%（PD-VC）与 45.64%（ITC-ISynC）。

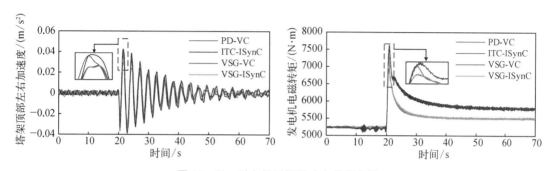

图 10-10　风电机组惯量响应载荷分析

表 10-6　风电机组惯量响应载荷分析

	PD-VC	ITC-ISynC	VSG-VC	VSG-ISynC
$a_{ss\_max}/(m/s^2)$	0.041	0.042 7	0.029 9	0.029 3
$T_{e\_max}/(N \cdot m)$	7 421	7 632	6 886	6 933
$\Delta T_{e\_max}/(N \cdot m)$	2 181	2 392	1 646	1 693
$\delta_{T_{e\_max}}$	41.62%	45.64%	31.41%	32.31%

不难发现，转子侧采用虚拟同步控制时，电磁转矩的变化对塔架载荷的不利影响较低，这是因为在 PD-VC 和 ITC-ISynC 中附加功率直接体现在外环功率给定，而 VSG-VC 以及 VSG-ISynC 中附加功率需要经过有功同步控制环，同步控制环的阻尼作用抑制了电磁转矩的波动，等效减小塔架左右方向振动，因此在相同的临时负载投入条件下，转子侧变换器的虚拟同步控制能有效降低塔架疲劳载荷。

10.4.5　对比分析与综合评估

比例-微分控制通过在主控制器的功率给定中引入频率的比例-微分量，网侧变流器做矢量控制，风电机组更多地体现为电流源性质，由于可在主控制器中实现，无需改变变流器控制方法，因此相对简单，整机厂商接受度较高，组成风电场的组网能力与常规风电机组一样，并且对于双馈风电机组以及全功率风电机组效果相同，但是需要外加高精度、高速的电网频率检测设备，电网频率检测环节对控制效果影响显著。

网侧变换器惯性同步控制是通过模拟同步发电机转速控制的方法控制变换器的直流母线电压，将直流母线电压的变化反应到转子侧变换器的功率给定中，可实现"惯量传递"。在这种组合控制方式下,双馈风电机组体现为电流源性质,全功率风电机组则体现为电压源性质。其特点是弱电网运行能力较强,能自主响应电网频率的变化,但是对稳态运行点的影响较大。风电机组组成风电场稳定运行的能力有待进一步论证。针对双馈风电机组,相对其他控制方式,电网频率的二次跌落以及惯量响应过程中引发的塔架尖峰载荷较大。

转子侧变换器做虚拟同步控制,网侧变换器做矢量控制,这种组合控制下的风电机组较多地体现为电压源,弱电网运行稳定性得到提高,电网频率二次跌落以及塔架载荷振荡问题较小,但是存在明显的多机自同步问题,组成风电场的能力尚待验证。

转子侧变流器做虚拟同步控制,网侧变流器做惯性同步控制,这种组合控制下的风电机组整体体现为电压源,弱电网运行稳定性最高,电网频率二次跌落以及塔架的载荷振荡问题小,对于双馈风电机组存在多机自同步问题,需要进一步研究其组网能力。

10.4.6　机侧惯量传递-网侧惯性同步控制的优化

网侧变流器的惯性同步控制,由于其目的在于将电网的频率变化反映在直流母线电压的变化上,因此需要屏蔽掉其他无关的信号干扰,比如说电网电压的变化,无功功率的变化

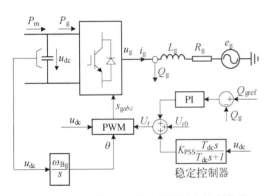

图 10-11　网侧变换器的惯性同步控制优化

控制框图如图 10-11 所示。

等等。网侧变换器采用惯性同步控制时,电网电压的变化以及无功功率的变化都将影响直流母线电压,导致直流母线电压与电网频率之间并非严格保持对应关系。为解决该问题,可使直流母线电压输入由高通滤波器和比例增益构成的稳定控制器(stabilization controller, SC),SC 的输出引入到网侧变换器的调制环节中,抑制电网电压波动的干扰,同时有效增加网侧变换器的阻尼功率系数,进一步提高风电机组的弱电网运行能力。优化后的惯量传递

在网侧惯性同步控制中增加稳定控制器之后,进一步在转子侧变换器的惯量传递控制中加入三级低通滤波器,优化惯量传递控制,如图 10-12 所示。其效果是一方面在较小时间尺度内调节机侧阻尼功率系数,提高系统稳定性;另一方面,在较大时间尺度上不影响惯量响应功能的实现。

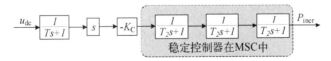

图 10-12　机侧变换器的惯量传递控制优化

针对网侧变换器加入稳定控制器后进行仿真分析,结果如图 10-13、图 10-14 和图 10-15 所示。图 10-13 给出了 8 s 时电网频率分别增大和减小 0.01 pu,新环节加入前后的对比效果。可见,直流电压能够跟随电网频率变化,加入新环节后,直流电压振荡显著减小。图 10-14 给出了 8 s 时电网电压幅值发生变化,新环节加入前后的对比效果。可见,

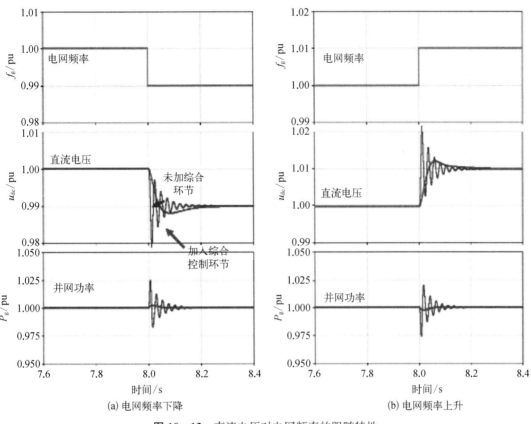

(a) 电网频率下降　　　　　　　　　　　(b) 电网频率上升

图 10‑13　直流电压对电网频率的跟随特性

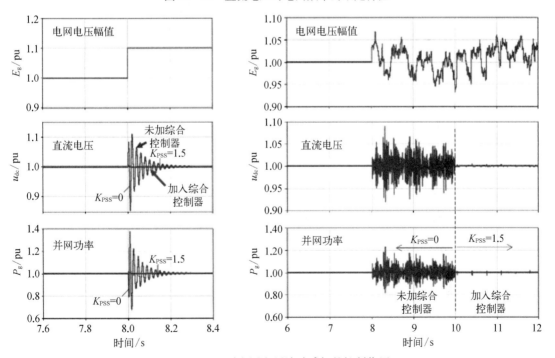

图 10‑14　对电网电压波动感知的抑制作用

新环节有效地抑制了直流电压对电网电压波动的响应。图 10-15 给出了新环节对惯量提取能力的效果,虚拟电容系数 K_C 为 3.28 时系统稳定运行,但当 K_C 从 3.28 增大到 3.30 时,直流电压、并网功率振荡发散。

图 10-16 显示,若网侧加入新环节后,同时在转子侧也采用图 10-12 的优化控制,K_C 增大到 60.02 时系统仍能稳定运行,惯量传递能力提高了 150 倍。

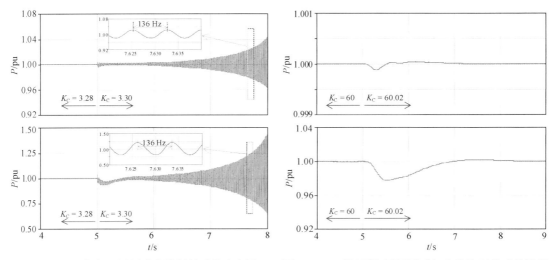

图 10-15 仅加入网侧致稳控制的系统响应图　　**图 10-16** 转子侧、网侧同时加入稳控环节后的效果

参考文献

[1] 董贺贺,张延迟,杨宏坤,等.基于双馈感应风机的虚拟惯量控制研究[J].可再生能源,2016,34(8):1174-1179.

[2] 李益楠.含虚拟惯量控制的双馈风电机组接入对系统小干扰稳定性的影响分析[D].北京:华北电力大学,2016.

[3] 张琛,蔡旭,李征.具有自主电网同步与弱网稳定运行能力的双馈风电机组控制方法[J].中国电机工程学报,2017,37(2):476-485.

[4] 秦晓辉,苏丽宁,迟永宁,等.大电网中虚拟同步发电机惯量支撑与一次调频功能定位辨析[J].电力系统自动化,2018(9):36-43.

[5] Zhang C, Cai X, Li Z, et al. Properties and physical interpretation of the dynamic interactions between voltage source converters and grid: Electrical oscillation and its stability control[J]. IET Power Electronics, 2017, 10(8): 894-902.

[6] 邵昊舒,蔡旭.大型风电机组惯量控制研究现状与展望[J].上海交通大学学报,2018,52(10):1166-1177.

[7] 蔡游明,李征,蔡旭.以并网点电压和机端电压平稳性为目标的风电场无功电压协调控制[J].电力自动化设备,2018,38(8):166-173.

[8] 王磊,张琛,李征,等.双馈风电机组的虚拟同步控制及弱网运行特性分析[J].电力系统保护与控制,2017,45(13):85-90.

[9] Jia F, Cai X, Li Z. Fluctuating characteristic and power smoothing strategies of WECS[J]. Iet

Generation Transmission & Distribution，2018，12(20)：4568-4576.

[10] Zhang C，Cai X，Rygg A，et al. Sequence domain SISO equivalent models of a grid-tied voltage source converter system for small-signal stability analysis[J]. IEEE Transactions on Energy Conversion，2018，33(2)：741-749.

[11] 韩刚,蔡旭.虚拟同步发电机输出阻抗建模与弱电网适应性研究[J/OL].电力自动化设备,2017(12)：1006-6047.

[12] 张琛,蔡旭,李征.电压源型并网变流器的机-网电气振荡机理及稳定判据研究[J].中国电机工程学报,2017,37(11)：3174,3183,3372.

[13] 贾锋,蔡旭,李征,等.风电机组精细化建模及硬件在环实时联合仿真[J].中国电机工程学报,2017(4)：308-320.

附录 1

2 MW 永磁直驱风电机组变流控制器硬件在环实时仿真平台

1   实验平台结构

附图 1-1 为 2 MW 永磁直驱风力发电系统变流控制器硬件在环实时仿真实验平台结

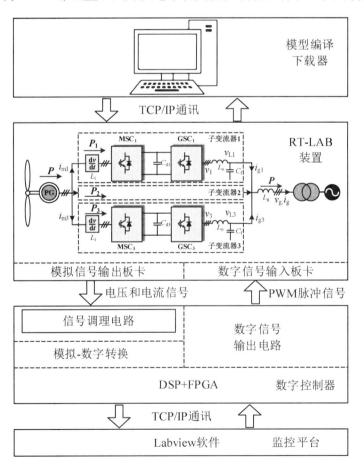

附图 1-1   2 MW 永磁直驱风力发电系统硬件在环实时仿真实验平台结构图

构图,附图 1-2 所示为对应的实物照片。该平台基于 RT-LAB 构建,首先在普通 PC 机中实现一台 2 MW 永磁直驱风力发电机组主功率电路模型的编辑、编译,其中变流器采用三台背靠背双 PWM 变换器并联组成,编译后的功率电路模型通过以太网下载至 RL-LAB 装置中;RT-LAB 装置由 OP5600 实时仿真器组成,其中风力机、传动链、永磁同步发电机和变流器主电路模型均在 OP5600 中实时运行。RT-LAB 配置的模拟和数字信号 I/O 输出板卡,用于 RT-LAB 与变流器的数字控制器进行物理对接。变流器的数字控制器采用 DSP+FPGA 架构,主处理器采用 TI 公司的 OMAP-L137,内置 TMS320C6747 DSP 内核和 ARM926 内核,主要完成机侧变换器和网侧变换器的控制算法;协处理器采用 Xilinx 公司的 XC6SLX150,主要完成 PWM 波形的发生和故障保护,主协处理器分工协作,共同实现对风电变流器的控制与保护。Labview 实时监控平台与变流器的数字控制器通过 TCP/IP 协议进行高速通信,完成程序的下载、变流器的启停控制以及变流器实时波形显示和故障录波等功能。

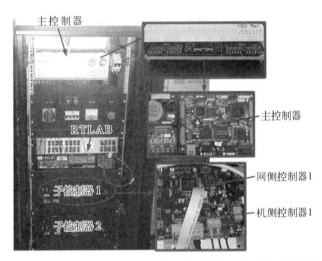

附图 1-2　2 MW 永磁直驱风力发电系统硬件在环仿真实验平台示意图

该平台可以进行风电机组最大功率跟踪控制、高/低电压故障穿越、多变流器并联的环流抑制和均流控制、多变流器并联的容错控制和故障重构、电网不平衡和谐波情况下风电变流器的控制等试验研究。可验证不同控制算法的有效性、可靠性和稳定性,测试变流器的控制器,便于控制器与实际风电变流器产品的对接。

2　系统参数

在 RT-LAB 中,风力机与永磁同步发电机轴直接连接,发电机定子与 2 台并联背靠背双 PWM 变换器连接,经升压变压器接入大电网。RT-LAB 通过模拟信号 I/O 板输出发电机的转速和电流、变流器的直流母线电压、电网电压和电流等信号给变流器的数字控制器,RT-LAB 的数字 I/O 板接收变流器的数字控制器输出的 PWM 信号;数字控制器根据 RT-LAB 输入的模拟信号,执行相应的控制算法并输出 PWM 信号,由此构成控制器硬件在环实时仿真系统。其中风力机的参数如附表 1-1 所示;永磁同步发电机和机侧变换器的参数如附表 1-2 所示;网侧变换器的参数如附表 1-3 所示;变压器参数如附录 1-4 所示,电网参数如附录 1-5 所示。

附表 1-1　风力机参数

参　　数	数　　值	参　　数	数　　值
额定功率	2 MW	额定转速	1.57 rad/s
半径	40 m	最优叶尖速比	7.771
空气密度	1.225 kg/m³	最大风能利用系数	0.471

附表 1-2　永磁同步发电机和机侧变换器参数

发电机参数	数　　值	变流器参数	数　　值
额定容量	2 MW	额定电压	690 V
定子电阻	0.003 87 pu	滤波电感	0.1 pu
同步电抗	0.453 8 pu	直流母线电容	30 mF
转子磁链	0.896 pu	额定直流母线电压	1.1 kV
极数	64	额定电流	2.38 kA
发电机惯量	0.7 s	机组升压变比	0.69/35 kV
发电机额定转速	13 r/min	升压变漏感	0.1 pu

附表 1-3　网侧变换器参数

参　　数	数　　值	参　　数	数　　值
额定容量	750 kVA	额定电网电压	690 V/50 Hz
变流器侧电感	170 μH	直流母线电容	18.8 mF
滤波电容	466 μF	额定直流母线电压	1 200 V
电网侧电感	80 μH	开关频率	2.5 kHz
阻尼电阻	0.1 Ω	死区时间	3 μs

附表 1-4　变压器参数

参　　数	数　　值	参　　数	数　　值
额定容量	2 MVA	额定频率	50 Hz
一次侧额定电压	35 kV	二次侧额定电压	690 V
短路电压百分比	6.5%	连接组标号	Dyn11

附表 1-5　电网参数

参　　数	数　　值	参　　数	数　　值
额定电压	35 kV	额定频率	50 Hz
短路比(强网)	20	短路比(弱网)	5.8~2.4
单相跌落幅度(不平衡电网)	40%	电网不平衡(不平衡电网)	15%
基波负序分量(谐波电网)	10%	5 次谐波负序分量(谐波电网)	7%
7 次谐波正序分量(谐波电网)	5%	—	—

350 kW 感应电机全功率变换风电机组变流系统实验平台

350 kW 感应电机全功率变换风电机组变流系统实验平台包括 2 套系统,一套是具有 350 kW 功率的物理模拟实验系统,另一套是基于 RTLAB 的变流控制器硬件在环实时仿真系统。

1 物理模拟实验平台

附图 2-1 所示为构成 350 kW 感应发电机全功率变换风电机组实验平台的主要部件照片,这些部件包括动力电源、风力机模拟器、鼠笼感应发电机和全功率风电变流器主电路、变流器的分布式数字控制器以及 Labview 监控平台。

附图 2-1 350 kW 感应电机全功率变换风电物理模拟实验平台组件照片

附图 2-2 为实验平台结构示意图,其中风力机采用一台直流电动机及其驱动器模拟,可通过配置驱动器控制直流电机的驱动转矩,模拟风力机的转矩特性。分布式控制器用来实现全功率变流器的控制与保护,采用 OMAP-L137＋DSP6747＋FPGA 架构,其中 OMAP-L137 负责参数设定,程序更新,故障数据记录,人交互以及测试等;DSP6747 实现控制算法与保护控制等;采用 Xilinx Spartan-3A 系列 FPGA 实现主从控制器之间的信息交互;子控制器采用全 FPGA 架构,主要实现模拟信号采集、PWM 信号发生及与主控制器的串行通讯;Labview 实时监控平台,对实验平台的工作状态量(电压、电流、转速、温度等)进行在线检测故障录波,并具有简单数据处理(FFT 分析、功率计算等)功能。

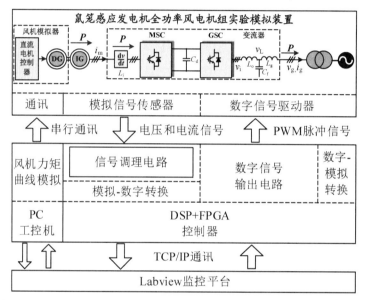

附图 2-2 350 kW 感应电机全功率变换风电物理模拟实验平台结构示意图

2 控制器硬件在环实时仿真平台

附图 2-3 所示为 350 kW 感应电机全功率变换风电系统变流控制器硬件在环实时仿真实验平台,该平台基于 RT-LAB 构建,RT-LAB 中构建风力机、齿轮箱、鼠笼异步发电机和风电变流器主电路的模型,变流器的数字控制器和监控平台与附录一相同,其功能不再赘述。

3 系统参数

350 kW 感应电机全功率风电系统的主要参数如附表 2-1、附表 2-2、附表 2-3、附表 2-4 和附表 2-5 所示,其他参数与物理实验平台参数完全一致,此处不再重述。

附表 2-1 直流电机参数

参　数	数　值	参　数	数　值
额定容量	355 kW	额定励磁电压	180 V
额定电压	440 V	额定励磁电流	9.13 A
额定电流	853 A	额定转速	1 300 r/min
励磁方式	他励	—	—

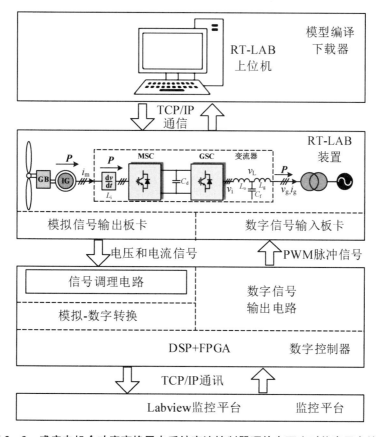

附图 2－3　感应电机全功率变换风电系统变流控制器硬件在环实时仿真平台结构图

附表 2－2　350 kW 鼠笼感应发电机参数

参　　数	数　　值	参　　数	数值
发电机额定容量	350 kW	发电机转子电阻	23.3 mΩ
发电机额定电压	690 V	发电机定子电阻	17.9 mΩ
发电机额定电流	293 A	发电机定子漏感	0.295 5 mH
发电机定、转子互感	12.414 mH	发电机极对数	3
发电机转子漏感	0.283 9 mH	发电机额定转速	1 100 r/min

附表 2－3　350 kW 变换器参数

参　　数	数　　值	参　　数	数　　值
网侧电感	600 μH	母线电容	18 800 μF
变换器侧电感	500 μH	母线电压设定值	1 100 V
滤波电容	120 μF	机侧 dv/dt 电抗器	100 μH
阻尼电阻	0.33 Ω	机侧 VSC 开关频率	3 kHz
网侧 VSC 开关频率	3 kHz	—	—

附表 2−4 变压器参数

参数(实验平台)	数 值	参数(硬件在环仿真平台)	数 值
额定容量	500 kVA	额定容量	500 kVA
额定频率	50 Hz	额定频率	50 Hz
一次侧额定电压	380 V	一次侧额定电压	35 kV
二次侧额定电压	690 V	二次侧额定电压	690 V
短路电压百分比	5.85%	短路电压百分比	5.85%
连接组标号	Dyn11	连接组标号	Dyn11

附表 2−5 电网参数

参 数	数 值	参 数	数 值
额定电压	35 kV	额定频率	50 Hz
短路比	20	基波负序分量(不平衡电网)	30%
5 次谐波正序分量(谐波电网)	10%	5 次谐波负序分量(谐波电网)	8%
7 次谐波正序分量(谐波电网)	7%	7 次谐波负序分量(谐波电网)	5%
11 次谐波正序分量(谐波电网)	3%	11 次谐波负序分量(谐波电网)	1%

附录 3

2 MW 双馈风电机组变流控制器硬件在环实时仿真平台

1 平台结构

附图 3-1 所示为 2 MW 双馈风力发电系统控制器硬件在环实时仿真平台结构示意图，该平台基于 RTDS 和 GH-Bladed 构建，在 GH Bladed 中建立机组气动和机械部分的模型，在 RTDS 中建立风电机组电气部分的模型。GH Bladed 是一个用于风力发电机组性能与载荷计算的集成软件包，可以通过填入相关机械参数建立风力机模型，进行风力机模态分析、载荷计算与发电仿真。RTDS 是一个专门用于分析电力系统电磁暂态过程的装置，它能实时的模拟电气设备的运行情况。RTDS 与 Bladed 之间的联系由作者课题组研发的通讯

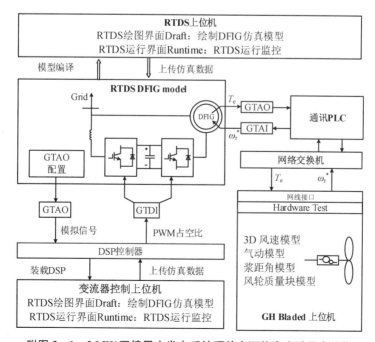

附图 3-1　2 MW 双馈风力发电系统硬件在环仿真实验平台结构

PLC 承担,实现 RTDS 实时仿真器与 GH-Bladed 离线仿真软件之间的信号闭环,该系统可实现对 2 MW 双馈风电机组的镜像复现。

2 系统参数

RTDS 中电气部分接线如附图 3-2 所示,双馈发电机的定子与升压变压器的低压侧相连,转子通过背靠背变流器接入升压变压器低压侧,汇合后经升压变压器接入大电网。风电变流器的数字控制器经 I/O 板块接入 RTDS,实现对变流器的控制。

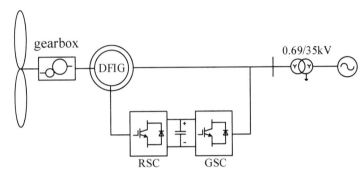

附图 3-2 主电路系统图

双馈发电机、风力机气动参数、电网和变流器主电路参数如附表 3-1、附表 3-2、附表 3-3 和附表 3-4 所示。

附表 3-1 2 MW 双馈发电机参数

参 数 名 称	数 值	参 数 名 称	数 值
额定功率	2 MW	定子电阻	0.034 4 pu
额定频率	50 Hz	定子漏抗	0.274 8 pu
额定电压	690 V	转子电阻	0.027 3 pu
励磁电抗	12.97 pu	转子漏抗	0.397 9 pu

附表 3-2 风力机气动参数

参 数 名 称	数 值	参 数 名 称	数 值
机组气动功率	2.18 MW	额定风速	11.8 m/s
切入风速	3 m/s	切出风速	25 m/s
风轮直径	90.76 m	齿轮箱变比	84.26
最大风能利用系数	0.483	最佳叶尖速比	8.37

附表 3-3 电网参数

参 数 名 称	实 际 值	参 数 名 称	实 际 值
电网电压	35 kV	电网频率	50 Hz
变压器额定容量	5 MW	变压器原副边电压	0.69 kV/35 kV
变压器内阻	0.01 pu	变压器电抗	0.1 pu
网侧滤波器电感	0.25 mH	Chopper 电阻	1.6 Ω
网侧滤波器电容	1 002.6 μF	du/dt 滤波器电感	0.07 mH

附表 3 - 4 变流器主电路参数

参 数 名 称	实 际 值	参 数 名 称	实 际 值
网侧变流器容量	400 kVA	转子侧变流器容量	700 kVA
网侧变流器额定电流	305 A	转子侧变流器额定电流	580 A
网侧变流器最大电流	510 A	转子侧变流器最大电流	640 A
直流母线电容	3 600 μF	直流母线电压	1.1 kV

附录 *4*

双变流回路并联的 3 MW/4 MVA 全功率变流实验系统

1 系统结构

多变流回路并联的 3 MW 全功率变流器由两套相同的两电平背靠背双 PWM 变换器并联组成,如附图 4-1 所示。如图可见,机侧变换器经均流磁环并联,再经 du/dt 滤波电抗与发电机连接;网侧变换器经均流磁环并联,再经 LCL 滤波器与升压变压器连接;两并联回路的直流母线经联络线互联形成共直流母线结构。附图 4-2 所示为多变流回路并联的

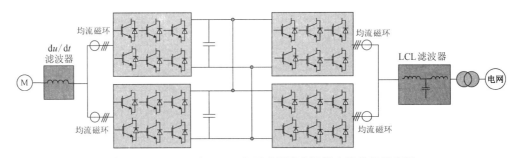

附图 4-1 3 MW/4 MVA 多回路并联变流器电路结构示意图

附图 4-2 3 MW/4 MVA 多回路并联变流器照片

3 MW/4 MVA 全功率变流器照片。

2　系统参数

多变流回路并联的 3 MW/4 MVA 全功率变流器主要参数如下。附表 4 - 1 为 3 MW 鼠笼感应发电机的参数;附表 4 - 2 为全功率变换器的参数;附表 4 - 3 为升压变压器参数。

表 4 - 1　鼠笼感应发电机参数

参　数	数　值	参　数	数　值
发电机额定容量	3 100 kW	发电机定子电阻	0.829 7 mΩ
发电机额定电压	690 V	发电机定子电感	0.034 57 mH
发电机额定电流	2 593 A	发电机极对数	3
发电机定、转子互感	1.180 3 mH	发电机额定转速	1 200 r/min
发电机额定磁链	1.27 Wb	发电机转动惯量	2 400 kg·m²

表 4 - 2　全功率变换器参数

网侧变换器参数	数　值	机侧变换器参数	数　值
输出电压	0～770 V	输出电压	0～700 V
输出电流	0～1 800 A	输出电流	0～1 500 A
网侧电感 L_g	32 μH	母线电容 C_d	59 400 μF
变换器侧电感 L_i	100 μH	母线电压设定值	1 100 V
滤波电容 C_f	668 μF	du/dt 滤波器电感	40 μH
开关频率	3 000 Hz	开关频率	3 000 Hz

附表 4 - 3　变压器参数

参数(实验平台)	数　值	参数(硬件在环仿真平台)	数　值
额定容量	3.3 kVA	额定频率	50 Hz
一次侧额定电压	690 V	二次侧额定电压	38.5 kV
短路电压百分比	7%	连接组标号	Dyn11